中国城市科学研究系列报告

中国城市规划发展报告 2013—2014

中国城市科学研究会
中国城市规划协会
中国城市规划学会
中国城市规划设计研究院
编

中国建筑工业出版社

审图号：GS（2014）2105号

图书在版编目（CIP）数据

中国城市规划发展报告2013—2014/中国城市科学研究会等编.
北京：中国建筑工业出版社，2014.9
ISBN 978-7-112-17229-0

Ⅰ.①中…　Ⅱ.①中…　Ⅲ.①城市规划-研究报告-中国-2013~
2014　Ⅳ.①TU984.2

中国版本图书馆CIP数据核字（2014）第206009号

责任编辑：徐　冉　何　楠
责任校对：张　颖　党　蕾

中国城市科学研究系列报告
中国城市规划发展报告
2013—2014
中国城市科学研究会
中国城市规划协会
中国城市规划学会　　编
中国城市规划设计研究院
*
中国建筑工业出版社出版、发行（北京西郊百万庄）
各地新华书店、建筑书店经销
北京嘉泰利德公司制版
北京中科印刷有限公司印刷
*
开本：787×1092毫米　1/16　印张：$31\frac{1}{2}$　字数：618千字
2014年9月第一版　2014年9月第一次印刷
定价：108.00元
ISBN 978-7-112-17229-0
（26005）

前　言

党的十八大明确提出了“坚持走中国特色新型工业化、信息化、城镇化、农业现代化道路”新要求。新型城镇化成为规划行业发展的关键词，中国城市规划行业发展亦已开启了新里程。

围绕推进新型城镇化，中央接连出台一系列新举措，指明了其前进方向和实现路径。2013 年 12 月，中央城镇化工作会议在北京举行。习近平总书记在会上发表重要讲话，分析城镇化发展形势，明确推进城镇化的指导思想、主要目标、基本原则、重点任务。2014 年 3 月，中共中央、国务院颁布了《国家新型城镇化规划（2014—2020 年）》，该文件内容全面、指导性强、意义深远，是今后 7 年指导我国新型城镇化建设的总纲。文件阐明推进新型城镇化的原则，提出推进新型城镇化既要积极又要稳妥，不搞大跃进；提出新型城镇化要以人为本，注重提高质量。同时，文件明确了推进新型城镇化的四大战略任务，包括有序推进农业转移人口市民化，优化城镇化布局和形态，提高城市可持续发展能力，以及推动城乡发展一体化。

城市规划在新型城镇化战略实施过程中将会发挥引领作用。城镇化是现代化的应有之义和基本之策。2013 年底，我国城镇化率达到 53.7%，对比发达国家的城镇化率一般稳定在 75%–80%，可以预见在未来相当长的一段时间内，我国城镇化发展还有很大的空间。2014 年 2 月 26 日，中共中央总书记、国家主席、中央军委主席习近平在北京市考察工作时强调，建设和管理好首都是国家治理体系和治理能力现代化的重要内容。他指出，城市规划在城市发展中起着重要引领作用，考察一个城市首先看规划，规划科学是最大的效益，规划失误是最大的浪费，规划折腾是最大的忌讳。传统城镇化和新型城镇化两种发展道路的不同决定着城市发展模式的不同，因此城市规划行业需要以国家推进新型城镇化为契机，顺应城市转型发展的大趋势，重新认识城市规划行业的发展变化，及时转换工作思路，探索新的方法和途径，优化规划编制的目标、原则和任务，明确不同规划要素相应改变的内容和深度，并完善城市规划管理制度，达到整体提高我国城乡规划设计技术水平的综合目标，促进中国经济社会的升级改造和完美转型。

在新型城镇化发展战略的宏观指导下，未来我国城市规划行业将从理念、方法和制度等多个方面进行相应的转型升级。

在新型城镇化的引领下，中国城市规划发展理念将不断转变提升。先进的理念是规划之本。新型城镇化提出的以人为本，公平共享；四化同步，统筹城乡；优化布局，集约高效；生态文明，绿色低碳；文化传承，彰显特色；市场主导，政府引导；统筹规划，分类指导等关键词，成为城乡规划的基本原则。绿色城市、智慧城市、人文城市、低碳城市、生态城市、海绵城市、韧性城市等城市发展理念，成为顺应现代城市发展新理念、新趋势。在生态理念的影响下，改变以往片面重视城市规模和增长速度的定向思维模式，转向对城市增长容量和生态承载力的重视；同时，关注提升居民生活质量，全面提升城市内在品质，正成为各地城市的共同追求。现阶段亟须从规划目标的制定上增补扩充资源利用、环境保护和社会人文方面的内涵，并量化体现在城市发展指标体系中，以此来实现规划对城市资源、环境、经济、社会全方位的引导，促进城市不断朝着可持续方向发展。

在新型城镇化的引领下，中国城市规划编制方法将不断优化创新。基于规划理念的转变和规划目标的提升，各层次的规划应该重点优化和创新以下几方面的内容：(1) 区域城镇体系规划层面，应充分重视集聚和协同发展，研究区域内的一体化发展战略和政策、综合交通体系和区域生态安全格局；(2) 城市总体规划层面，应重视强调规划的灵活性和基础设施等公共资源的合理配置，城市增长边界划定，保障规划对变化形式和环境的适应性；(3) 控制性详细规划层面，应重视研究合理的土地利用模式和建设容量控制，通过结合用地性质引入生态控制指标，实现土地集约利用和职住平衡。规划技术是落实理念和目标的有效手段。现阶段基于生态学理论和低碳方法的规划技术正呈现出由单一技术向集成综合发展的过渡趋势，包括敏感性分析、生态安全格局构建、通风分析、生态功能区划、生态红线、能耗模拟、碳平衡计算等，这些低碳生态规划技术手段通过整合梳理，分别应用于不同的规划阶段和不同的规划层次，可以从空间上实现技术的落实和实施，从而使得城市空间的开发利用更加符合城市生态系统发展的一般规律。

在新型城镇化的引领下，中国城市规划管理制度将不断改进完善。规划理念和方法的提升优化必然伴随着规划管理制度的改进完善，这样才能建立起系统的城市规划建设的保障机制。中国城市规划管理正积极推进行政审批制度改革，取消和下放行政审批事项，规划审批由行政审批转向政府内部审批；并在优化和改进建设项目规划许可程序，充分发挥城乡规划的调控引导作用，强化宏观规划的战略性地位，切实发挥其在指导下位规划制定和实施规划管理中的作用。展望未来，城乡规划管理制度还将不断改进和完善：(1) 完善城乡规划体系，适时启动全国城镇体系规划研究，做好重点地区尤其是城镇群协调发展的指导，探索县域统筹规划试点；(2) 强化城乡规划实施监督，贯彻落实《城乡规划违法违纪行为处分办法》，开展实施情况专项检查，强化责任追究；(3) 推进各项试点工作，包括推进地下空间规划管理试点工作，推进县、市"三规合一"试点工作，推进绿色生态城区试点示范工作，推进全过程公众参与试点工作。规划成果将形成适宜的法规条文和技术体系，同时补充制定配套的政策措施，以城市公共政策的形式从宏观上提高城乡规划的实施效能，引导和保障城市发展。

英国作家狄更斯在《双城记》开篇词说道："这是一个最美好的时代，这是一个最糟糕的时代；这是一个智慧的年代，这是一个愚蠢的年代……我们正走向天堂，我们也正直奔相反的方向。"展望未来，中国快速城镇化机遇与挑战并存，中国的新型城镇化发展道路任重而道远。全体城市规划工作者有责任也有义务把握机遇、研判形势并积极应对，在新型城镇化的浪潮中栉风沐雨、砥砺前行！

李迅

中国城市科学研究会秘书长、中国城市规划设计研究院副院长、教授级高级城市规划师

目　录

CONTENTS

重点篇

院士专家关于新型城镇化的观点集萃

2013 年 12 月 12 日，全国城镇化工作会议正式召开，国务院总理李克强主持会议，这是目前为止规格最高、同时也是中央首次召开的一次城镇化工作会议。会议指明了新型城镇化的发展方向，对即将出台的新型城镇化发展规划明确了要求，进一步明确了推进城镇化的主要任务：第一，推进农业转移人口市民化；第二，提高城镇建设用地利用效率；第三，建立多元可持续的资金保障机制；第四，优化城镇化布局和形态；第五，提高城镇建设水平；第六，加强对城镇化的管理。

2014 年 3 月 16 日，新华社发布中共中央、国务院印发的《国家新型城镇化规划（2014—2020 年）》（以下简称《规划》）。印发通知指出，《规划》是今后一个时期指导全国城镇化健康发展的宏观性、战略性、基础性的规划。城镇化是现代化的必由之路，是解决农业农村农民问题的重要途径，是推动区域协调发展的有力支撑，是扩大内需和促进产业升级的重要抓手。制定实施《规划》，努力走出一条以人为本、四化同步、优化布局、生态文明、文化传承的中国特色新型城镇化道路，对全面建成小康社会、加快推进社会主义现代化具有重大现实意义和深远历史意义。

2014 年 1 月 12 日，中国城市规划学会及时组织院士专家召开新型城镇化座谈会。会后，中国城市规划学会将院士专家意见进行整理，提出了有关加强我国城镇化进程中城乡规划建设的对策与建议，具体内容如下。

以下观点按专家发言顺序整理。

石楠——中国城市规划学会副理事长兼秘书长，国际城市与区域规划师学会副主席

有关城镇化的研究最早要追溯于吴友仁 1979 年 10 月发表在《城市规划》杂志上的“关于我国社会主义城市化问题”，这是中华人民共和国历史上第一篇关于城市化问题的学术文章。三年后，1982 年 12 月 6–10 日，中国城市规划学会（当时叫中国建筑学会城市规划学术委员会）在南京召开了我国历史上第一次中国城镇化道路问题学术研讨会，并且连续三年进行城镇化问题的专题研讨。会议讨论了城镇化的概念和标准、城镇化发展趋势、我国的城镇化发展道路等问题。会议当时指出，我国是社会主义国家，应该走具有中国特色的城镇化道路，为加速我国现代化进程、逐步缩小城乡差别创造条件。2005 年周一星老师给中央政治局讲城镇化，那一年规划年会的主题就是健康城镇化。前两年学会专门召开了中国特色城镇化的研讨会；去年吴先生、邹先生以及学会的很多专家又专门做了科学院的课题、工程院的课题，给中央也做了汇报等。

从学术界开始研究城镇化，相当长一段时间里还只是学术话题，到前几年一些地方重视了这个话题，可能看重了经济增长的诉求，扩大内需的需求，到最近十八届三中全会以后，特别是中央城镇化工作会议之后，对城镇化基本政策做了定调，上升到国家政策的高度，这个过程花了 32 年。

如今，对城镇化问题的把握更多的是基于政治、经济、社会综合的定位，除了从学术话题到政治话题的转换以外，区域的差异很明显，市场化力量的作用更强，资源环境的矛盾以及历史文化遗产的保护矛盾也更加突出，多元化的利益格局也有非常大的变化。城镇化工作会议提出了要建立国家空间规划体系，要推进规划体制改革，要完善规划立法等具体要求，现在需要我们回过头来重新讨论城市规划究竟起什么作用？在推进城镇化的过程中，是否全国各地一律采用城镇群、都市圈的空间形态？各种新城、新区是不是都要几百或上千平方公里的规模？既有的建成区是否都采用旧城改造推倒重来的模式？传统的学术研究面临新的挑战。

胡序威——中国城市规划学会顾问、原副理事长，中国科学院地理研究所研究员

在我国的城镇化进程中，大城市的比重在迅速提高，中小城市的比重显著下降，城市个数不断减少。这实际上与“大中小城市协调发展”的方针相背离。城市的区域化发展加剧，大城市不断向周围区域扩展，多个县级市和市辖县变成大城市的市辖区，导致城市管辖区范围不断扩大。将广大市域称为城市，使城市和区域概念混淆。城市政府对扩大城市管辖的空间范围非常积极。越扩大城市管辖范围，就越能把大量农村集体所有土地征用为城市国有土地，就可以直接以地生财。有了土地，还可以用土地作担保，向银行大量贷款，大搞城市建设，以突显政绩。这也就成为我国以往土地城镇化远超人口城镇化的主要根源。规划作为政府的主要职能，要代表城市和区域的社会公众利益。然而许多城市政府通过对规划招标的市场化运作，要求经过一次次的规划修编，不断扩大城市发展空间，为城市建设提供更多土地资源。这几乎已成为现行规划体制的顽症，值得我们深思。

我国人口的城镇化，不能过于强调发展以少数大城市、特大城市为中心的分布较密集的城市群，用以吸纳全国大量农村人口跨省市的远距离转移；还应充分重视城市群外围广大农村地区的部分农村人口向县域内的小城市和重点小城镇转移的就近城镇化。在我国具备发展城市群的地域多属区位和发展条件较优越的经济较发达的核心地区，毕竟其地域范围只占全国较小的比重。如果让今日遍布全国的尚有2亿多需向城镇转移的农村人口都继续往少数城市群所在地区集聚，将会导致生态灾难。我国的新型城镇化应有利于逐步缩小区域间、城乡间的贫富差距。现今我国区域之间的协调发展，已不能只停留在东部地区与中、西部地区之间的协调发展，还应包括城市群所在的较发达的核心地区与其外围以广大农村为主的欠发达地区之间的协调发展。在着力于因地制宜发展农村地区的县域经济，推行区域间社会基本公共服务均等化的基础上，促进城市群外围地区中小城市和小城镇的发展，使其与新农村建设密切结合，将有助于在全国各地全面建成小康社会，并可有效缓解过多农村人口向少数特大城市及其周围城市群过度集聚的压力。

赵士修——中国城市规划学会荣誉理事、常务理事，原建设部规划司司长

新型城镇化的核心内容主要有三点：一是以人为本，二是城乡统筹，三是以提高质量为中心。

城市规划应在切实提高质量上下功夫，倡导绿色发展、生态文明、节约土地、传承文化，建设具有地域特色、民族特点的优美城镇。城市规划要切实加强区域统筹规划，并坚持科学规划的要求严格按规划的内容全面实施。比如，按城市规划的要求，工业区特别是污染工业区，它与居住区之间应设防护带。这是城市规划的一条基本原则。但是，现在有的城市在规划建设中就没有做到，发生了意想不到的灾难性后果。

新型城镇化是以城乡一体、节约集约、生态宜居、和谐发展为基本特征的城镇化，是大中小城市、新型农村社区协调发展、互促共进的城镇化。实现城乡基础设施一体化和公共服务均等化，是促进经济社会发展、共同富裕的必然要求。

城市规划部门和城市规划工作者要努力适应新型城镇化发展的客观要求，不断提高规划设计和规划管理水平。

周一星——中国城市规划学会顾问、原副理事长，北京大学教授

31年后，来回忆我国第一次城镇化学术讨论会，仍然记忆犹新。会议在通向南京中山陵的一条干道边的一家旅馆举行（中山宾馆？），没有像样的大会议室，我的发言好像就在挤得满满当当的走廊里做的，题目是“关于中国城镇化的几个问题”。当时，我刚40出头，“文革”以后恢复工作，情绪高涨，精力充沛，效率很高，要把已经失去的时间抢回来。31年，弹指一挥间，城镇化已从民间少数学者讨论走入全党、全国、全民关注的热点，城市规划学会功不可没。最近认真学习了中央城镇化工作会议的文件，讲几点想法。

文件里的很多话都讲到我的心里，例如，说“城镇化是现代化的必由之路”，“城镇化是一个自然历史过程，是我国发展必然要遇到的经济社会发展过程”。这些观点就是31年前的城镇化会议所要强调的。这些观点成为今天的共识，出现在中央文件里，经历了多长的过程呀。

再例如，终于提出“使城镇化成为一个顺势而为、水到渠成的发展过程。确定城镇化目标必须实事求是、切实可行，不能靠行政命令层层加码、级级考核，不要急于求成、拔苗助长”，还提出“要紧紧围绕提高城镇化质量，稳步提高户籍人口城镇化水平”，等等。也是我过去多年研究城镇化时，曾经为之呼吁的一些观点。只是翘首等待着下一步更具体的行动。

有两点我不理解，提出来请教诸位。

第一，把“城市群作为城镇化宏观布局的主体形态”，究竟是什么含义？类似提法最早出现在“十一五规划”中：“要把城市群作为推进城镇化的主体形态”。我对关于“城市群”的两个“主体形态”的字面含义不太理解。

首先，什么叫“城市群”？有没有尺度？有没有组合标准？之所以叫“城市群”，是不是意味着至少是地级市的组合？为什么不叫“城镇群”？现在的一个县或县级市不就是一个“城镇群”吗？它们不就是我们推进城镇化过程中最基本的“主体形态”吗？

文件说：“我国已经形成京津冀、长三角、珠三角三大城市群，同时要在中西部和东北……逐步发展形成若干城市群……成为增长极，推动……国土空间均衡开发。”这是否可以理解为，京津冀、长三角、珠三角以外，我们还没有形成其他的城市群？那么，为什么说这三个城市群已经形成？有什么指标？以后要形成的城市群就是像京津冀、长三角、珠三角那样的超大型城市群？现在，全国各地已经或正在大张旗鼓地推行的“城市群”或“城镇群”建设乱象（把若干市县圈起来联合组建大城市）值得引起高层关注。几年前我参加的规划会议上，知道有的省（如浙江）的规划把全省作为一个城市群，然后全省又分成3个城市群，3个城市群内部又包含许多城市群，其中还有都市连绵区。有的省（如山西）把3个县、3个县圈起来进行城市群建设，组建一个大城市。总之挺乱。我一向不主张使用“城市群”或“城镇群”这个术语，没有严格的科学界定，在理论和实践上任意性太大。我的看法以前说过多次，认为中国城市的当务之急是组建都市区。我的观点都记录在我生病后的两本书中，不再重复。

我认为京津冀、长三角、珠三角这样的“城市群”，地球上只有一个，不会形成第二个。我希望今后不至于有在东北形成哈大城市群（哈尔滨、长春、沈阳、大连），西北形成兰西（兰州、西安）或兰西西（兰州、西安、西宁）城市群，西南形成成渝昆贵（成都、重庆、昆明、贵阳）城市群，中部形成鄂豫湘赣城市群（武汉、郑州、长沙、南昌）等一类的大胆设想，你要从全国地图上看，它们都挨得很近，把它们圈起来就是“城市群”。

第二点不理解的是，文件提出“要尽快划定每个城市特别是特大城市的开发边界”。我脱离城市规划实践已经很多年，不知道在规划实践上是如何划定城市开发边界的。是规划期的、可以滚动的开发边界？还是最终的一劳永逸的开发边界？如果是前者，以前的城市总体规划就这么做。如果是后者，是不是有难度？从上下文字判断，似乎是用划分主体功能区的办法来做。我的理解对不对？我还关心开发边界与城市行政边界是什么关系？最大的城市开发边界是否就是市域边界？

最后提三点建议。

（1）对我国市镇设置的模式，应该给予关注。我国城镇化健康发展的许多方方面面的问题，例如人口向大城市集聚的势头越来越猛，城市土地的消耗越来越大，城市环境问题越来越尖锐，等等，可能都与我国的市镇设置模式有关。中国13–15亿人口是否就是660个左右设市城市？随着县级市逐渐并入地级市，设市数还在缓慢减少。如果当年听取专家意见，实行切块设市，设立县辖市，不是大面积县改市、县改区，绝不会是今天这样的大、特大城市过分发展的城市规模结构，不至于会出现几百平方公里、几千平方公里的开发区和新区。

（2）文件已经提出：“提高城镇人口素质和居民生活质量，把促进有能力在城镇稳定就业和生活的常住人口有序实现市民化作为首要任务”。这是完全正确的。我建议还要把“提高乡村居民的人口素质和生活质量，让乡村居民也享受城市文明”的间接城镇化也纳入国家整个城镇化的视野。

（3）针对中国的特殊国情，尽早着手研究我国城镇化的终极目标和进入城镇化后期阶段的时间点。我们这样一个面积很大、人口特多，人均耕地和人均资源特少的特殊国家，城镇化的终极目标大概会是百分之多少？大概在什么时间点进入城镇化的后期缓慢增长阶段？这个问题很具复杂性，现在应该有人来研究。要早一点想到，如果中国13–15亿人口的国家，城镇化水平是70%、80%、90%时世界会是什么状况。

陈为邦——中国城市规划学会顾问、原副理事长，原建设部总规划师

对于城镇化，要从国家发展全局来认识和理解。“完善城镇化健康发展体制机制”是中央在十八届三中全会《关于全面深化改革若干重大问题决定》的第六部分“健全城乡发展一体化体制机制”中提出来的。在这个大背景下，才有中央城镇化工作会议。从2000年前后中央正式提出城镇化，至今已十三四年，得到现在的认识，非常难得，非常可贵。

推进新型城镇化和空间规划体系关系密切。中央十八届三中全会《决定》的第 14 部分“加快生态文明制度建设”中提出，要“建立空间规划体系”。这是我国现代化建设中的一件大事。建立这个体系，就是把有关的空间规划组织起来，协调起来，形成体系。现在我国空间规划存在主要问题之一，就是互不衔接，甚至互相矛盾。体系的建立就是让他们互相协调，有机衔接起来，各自完成好自己的任务。但如果在城市把多个空间规划合并起来，成为一个规划，那么，体系又有何需要呢！？其实，在城市（直辖市除外），真正的空间规划目前主要有城市规划和土地利用规划，他们依法各有自己的国家任务，当然，也确实需要互相有机衔接。至于城市的经济社会发展总体规划，它是高一个层次的统揽全局的综合规划，它应当不属于空间规划，如果让它勉强和城市规划、土地利用规划去“合”，那就不仅降低了它的地位，也不利于其质量和管理水平的提高。总之，国家空间规划体系的建立，要立足于国家生态文明制度建设，要先试点，先“摸石头”，再看发展，要尊重历史、尊重现实、慎重研究、科学决策。

新中国的城市规划指导城市建设与发展，不断地落实到地，已经六十多年了。城市规划在国家城镇化过程中已经发挥了历史性的重大作用，成为国家非常重要的规划。中央历来非常重视城市规划。这次中央城镇化工作会议对城市规划提出了许多非常重要的要求，我们必须认真学习，认真理解，认真实施。我们需要认清在国家新型城镇化过程中城市规划的地位和作用，努力做好工作，完成好我们的任务。

王静霞——中国城市规划学会副理事长，国务院原参事、国务院参事室特约研究员，中国城市规划设计研究院顾问、原院长

中央这次讲城镇化发展到了一个新的起点、新的发展阶段。三十年以前刚起步，随着三十年过去，在工业化发展的基础上，经济发展到了一定程度时城镇化发展进入了新阶段，这个历史阶段无可替代，既不能后退也不可回避，是中央战略性、全局性的部署，意义十分重大。城镇化离不开现代化、信息化、农业现代化，没有城镇化后面这几个化都实现不了，全面小康也会拖后腿。需要贯彻落实中央文件，加强学习理解，一方面，对重要的还比较模糊的概念要及时澄清、更正，发出我们行业的声音；另一方面，文件中提到要提高建设用地集约化程度，边界要圈好，要减少工业用地，加大居住用地，这些要求还必须通过对城市不同发展规模和发展阶段的详实分析来调整既有的技术方法和标准规范，不能搞一刀切。

当前，我国城镇化的内外部条件都发生了深刻变化，随着国际金融危机以来全球经济再平衡和产业结构再调整，随着国内农业富余劳动力减少和人口老龄化程度提高，资源环境瓶颈制约日益加剧，城乡内部二元结构矛盾日益凸显，传统的高投入、高消耗、高排放的工业化、城镇化模式难以为继，主要依靠劳动力廉价供给、土地资源粗放消耗、压低公共服务成本来推动城镇化的道路不可持续，城镇化转型发展势在必行。转型就是要走中国特色新型城镇化道路，就是党中央提出的要实施五大任务：质量明显提高的城镇化；四化同步的城镇化；以人为本的城镇化；体现生态文明的城镇化；以城市群作为主体形态的城镇化。

就优化城镇化的布局和形态而言，我们还要关注：

1. 合理推进和引导大中小城市协调发展

从城市群布局看，我国东部京津冀、长三角、珠三角三大城市群，以 2.8% 的国土面积集聚了 18% 的人口，创造了 36% 的国内生产总值，但持续发展的压力在加大，而中西部资源环境承载能力较强地区的城镇化潜力尚有待挖掘。从城市规模结构看，部分特大城市人口规模与资源环境综合能力的矛盾在加剧，但一些中小城市集聚产业和人口不足，潜力没有得到充分发挥。到 2020 年我国城镇人口将达 8.5 亿人，合理引导他们在东中西部地区、在大中小城市之间有序流动，尤其引导他们在中小城市就业、安居是极为重要的举措。要加快中小城市的人口集聚，首先是解决就业，一定要加快发展中国的民营经济，据有关数据，城镇全部就业人口不到 3.8 亿人，而这些人在国有部门就业不到 7000 万人，城镇就业 80% 以上是靠非国有部门来提供就业岗位，所以政策上一定要让非国有部门与国有部门获得同等的政策调节和环境，促进它更好地解决农民工就业问题；其次是进城后的住房，要研究中小城市里进城人员统一的购房、公租、廉租政策；三是社会保障，加快解决好流动人口的保障基金的规范统一，在区域范围的顺畅移动；四是解决好子女的就学问题。

应该以更符合规律、自然的状态去引导大中小城市协调发展，产业、项目的选择一方面要遵循经济规律，也应该依据中小城市的经济基础、区位特征、交通条件给予扶持、倾斜，大城市不能一味以行政手段争项目、争资源。

2. 规划结构紧凑、密集、充满活力的城市

由于中国宜居面积小，一类宜居面积仅占国土面积的 19%，因此，城市发展必须坚持土地节约原则，采用紧凑发展模式。国外城市发展有两种模式：一种是以欧盟为代表的紧凑型模式，在有限的城市空间布置较高密度的产业和人口，节约城市建设用地，提高土地的配置效率；另一种是以美国为代表的松散型模式，人口密度偏低，但消耗的能源要比紧凑型模式多。

美国平均的能源消耗是中国的 10 倍、印度的 20 倍，是世界平均水平的 5 倍，美国城市造成的这些污染是全世界最高的，根本的原因其实在于它是一种蔓延式的、郊区化的发展模式。而美国的土地资源比我们多几倍，54% 的土地可以开垦

为耕地（我们只有15%），水资源、矿产资源也比我们多出好几倍。因此，我国的城镇化发展必须以紧凑型城市发展模式为主体，要坚持“紧凑型”的城镇规划建设方针，提高土地利用强度，发展密集型的城市，防止城市郊区化，减少经济成本、环境成本和社会成本的浪费。

“紧凑”应包括城市形态的紧凑、以步行非机动车系统与公共交通系统为主体的城市交通体系，以及完善的城市功能和居住舒适、卫生安全的环境条件等。如公共交通运行在低密度地区缺乏经济上的可能性，城市空间的紧凑是城市交通集约化发展的首要前提；基础设施的建设更多的也是有赖于城市的紧凑发展；紧凑的发展模式为发展第三产业提供了非常好的就业条件。

与一些外国专家交流时，他们都认为中国城市的街区很大，每侧边长超过400-500m，他们将此称为“超级街区”。这主要是我们长期受传统理念的影响造成的，大单位、大机构，围墙一圈、画地为牢，北京就因为很多此类情况，道路不通、不畅。相比而言，日本的小型街区平均只有50m宽，地中海沿岸的大多数城镇中的街区只有70m宽，巴黎、伦敦和曼哈顿的街区平均只有120m宽。由于地块过大阻碍了对土地的更具有竞争性和更灵活性的开发，城市风貌和建筑风貌也缺乏多样性和差异性。

紧凑、致密化、混合利用和细密开发应该在街区、城区和城市群等各个层次得到应用。在街区层次，超级街区应演化为小街区，以增高容积率，实现更好的内部连接和交通通达性；在城区层次，应提高公共设施项目和规模，以及人性化程度；在城市群层次，需要强化内填式开发模式以及交通与土地的整合。密度不是紧凑和可持续城市的唯一特征，位置相邻、便于通达、混合使用、紧密联系也是提高城市集聚经济、社会包容和环境友好的重要前提条件。

3. 高度重视城市交通对土地利用的影响力和引导作用

近20多年来我国的交通事业获得了空前的大发展，无论是规模和速度都是史无前例的，城市间的交通时间通常减少了50%-70%。无论是一线城市还是二线城市，都通过现代化的交通运输设施连接起来，这样可以在大范围内自由选择合适的交通服务。但我们的城市土地利用和交通政策的协调不完善，没有受到足够的重视。

城市中的通达性被长时间的通勤、高峰时段过于拥挤的公共交通、能源消耗、空气污染以及交通事故所困扰，尽管再次强调了发展公共交通，但总体上由于在硬件、管理、费用和信息等方面的整合不够而缺乏吸引力，所以协调好城市交通和土地利用的关系是解决通达性、减少交通拥堵的重要策略和措施：提高和细化城市流动性规划；大大提高大容量公共交通和高速铁路站点周边居住和产业用地的利用强度；加强交通需求管理，在许多国际化城市，与使用功能良好的公共交通系统相比，使用小汽车成为一种很昂贵的选择（高峰时段的费用很高），通过使用灵活的定价、交通需求管理能够为城市高峰时段的空间稀缺性定价，从而更有效地配置交通资源。

崔功豪——中国城市规划学会荣誉理事、原常务理事，南京大学教授

要积极、稳妥、扎实地推进城镇化，首先要搞清城镇化的内涵。现在所谓的这种城镇化的状况令人担忧，政府把城市化作为自己的政绩，作为提高 GDP 的重要手段和提高城市竞争力的指标，这样一搞就把城镇化本质搞没了。各地政府在认识上存在很多突出问题，其中一个最主要的问题就是没有将城市化过程看作是一个社会变革、社会演化的过程，而仅仅视之为一种单纯的经济现象，城镇化演变成了造城运动。

城镇化是一个重要的社会问题，不完全是经济问题，不能把城市看作是制造 GDP 的机器。要把城市和人结合起来，而非简单地和经济挂钩，城镇化过程中重要的社会变革就是分散的、封闭的、传统的农村人口进入到城市成为城市人口，接受城市文明、生态文明等。人的城镇化是全面的城镇化，须关心人的就业、生存、生活、发展。

城镇化的载体是城市，作为载体的主要规划者，我们规划界需要正本清源，厘清城镇发展规律等基本问题。准确把握城市区域化的涵义，只有集聚才能创新和形成互相紧密联系的社会，避免一味地扩大空间使城市区域变得分散。城市群的发展也要防止中心城市单一式扩大发展现象的出现。要带动乡村发展，保证乡村繁荣和城市繁荣同步，实现大、中、小城市协调发展。

邹德慈——中国城市规划学会名誉理事长、原副理事长，中国工程院院士，中国城市规划设计研究院顾问、原院长

我本人 31 年前就参与过城镇化问题的研究，后来断断续续，直到今年工程院重大咨询课题结题，中央提出新型城镇化作为国家发展战略之一，在这个过程中有两点思考：第一，城镇化的研究高度逐步提升，31 年前只是一个学术界的研究课题，现在上升到了中央政治局研究的层面，变化很大；第二，为什么它会上升到这样一个位置上，值得深入研究和学习。初步理解，国家把城镇化作为我们今后经济发展最重要的一个抓手，靠城镇化来拉动国内需求，这对中国经济来说是一个很大的转换。城镇化是一个过程，31 年前讨论就说过，而且这个过程不可逆转。它随着工业化，随着经济社会的发展而推进，而且还要继续向前推进。推进最主要的目的在于创造一个美好、宜居、和谐的城乡。城镇化对经济发展当然有正面的促进作用：一是当农业人口真正成为城镇人口以后，生活消费等方面需求显然会提高；二是城镇化要造城。造城能提高需求，消耗水泥、钢材，造房子、修道路，且不管城市造完以后住房的空房率有多少，甚至于制造出一座空城。即便是空城也提高了需求，对 GDP 有贡献，这些在发展过程中出现的乱象值得我们总结经验，密切关注。

提两点建议。一是目前往往把城镇化和城市规划混为一谈，这点要注意。现在全中国都在谈城镇化，从顶层到社会，认为当前主要就是把新型城镇化搞好，这样好像很多城市问题就解决了，实际不然，不能这样认为。新型城镇化本身也刚开始提出来，首先要好好学习。我感到现在有少数城市政府“旧习未改”，就拿着新型城镇化说事，在新型城镇化的旗帜下滥建新开发区，对很多存在的根本问题不进行重视和研究。第二，城市规划确实需要普及，需要重新来解释和认识，传统做法必须要有所改革，要重视中国规划体制的改革。

吴良镛——中国城市规划学会名誉理事长、原理事长，中国科学院院士、中国工程院院士，清华大学教授

我的人生和学术经历，如果以 30 年为阶段，是可与我国城市规划的发展联系起来，说明一些问题的。我出生于 1922 年，第一个 30 年是学习成长阶段，接受国内外的建筑教育。第二个 30 年是初步笃行的阶段，1950 年底，我自美归国，1952 年起担任清华大学建筑系的行政职务，直到 1983 年卸去。这一时期各方面都在初创，“文革”以前，新中国成立初期，提出种种大的方向，建设领域也取得了一系列成就，例如:156 个工业项目选点，各部门的关键人物组织在一起“联合选厂”，先做区域调查，在此基础上确定全国范围内的八个点，重点发展城市等，还是有一定章法和创造。当然，也随着大的政治方向有所曲折，包括“文革”的动乱与破坏等，总的来说仍然在前进。改革开放至今，可以说是第三个 30 年，举国上下以充沛的热情推动多方面事业大发展，取得了了不起的成就，但也有不少问题。例如：为了改善 1950–1960 年代的封闭状况，提出“向西方接轨”，这是必要的，也有成效，但在发掘中国传统、提倡本土文化方面又显然是不足的，资源大量耗费、生态环境破坏等问题同样不容忽视，转型势在必行。

2007 年，我在中国科学院大会上提出“城乡发展模式转型”的问题，这一议题受到多方面的议论与探索，直到十八届三中全会上提出“深化改革”，此后一系列的会议提出政治、经济、社会、文化、生态等的全面改革，开始制定转型的“顶层设计”，可以看到一个新的大时代的到来。当然也仍存在一系列重大的讨论，例如：政府与市场的关系问题、城镇群问题、确定边界问题，等等，还有房地产的畸形发展问题，必须要从学术上进行研究。

在 20 世纪 80–90 年代有位德国学者曾提出从农业社会到工业社会再向前发

展到一个新的模式，需要有一个过渡。转型不可能是一蹴而就的，在社会向一个理想模式发展的过程中，需要分阶段、不断改革、不断推进，其间需要有合理的过渡模式。既要高瞻远瞩，筹划设计未来，也要审慎地检查过去的得失，寄期望于智库的成长，这是当前最紧要的任务。我们应在十八届三中全会精神的指导下，进行创造性的探索，寻找全国性的、涉及城乡各个方面的新的道路。

（供稿：中国城市规划学会，院士专家发言由中国城乡规划行业网郭磊根据会议录音整理，已经本人审阅）

中国城镇化的道路、模式与政策

改革开放30多年来，我国城镇化持续快速发展，中国正在从一个传统农业大国，转变为城镇化水平与世界基本持平的城市型国家。在这一过程中，我国经济社会发展取得了举世瞩目的成绩，同时也积累了一些问题。在此背景下，党的十八大提出了"坚持走中国特色新型工业化、信息化、城镇化、农业现代化道路"，为我国积极稳妥推进新型城镇化指出了方向。

2013年5月，中央财经领导小组办公室根据中央财经领导小组第一次会议通过的《经济社会发展若干重大课题》，要求住房和城乡建设部就"中国城镇化的道路、模式和政策"进行专题研究，为中央有关重大决策提供支持。接到任务后，住房和城乡建设部迅速组织研究队伍，由规划司、城建司和中国城市规划设计研究院共同成立课题组。

课题组[①]梳理了住房和城乡建设部近年的相关研究与规划实践成果，对城镇化的突出问题、发展态势、总体思路、路径与政策开展了深入翔实的数据分析和案例研究。课题研究中，住房和城乡建设部规划司、城建司与中规院对山东、安徽、河南、湖北、甘肃省的7个县进行实地调研。在规划司的支持下，中规院组织20个调研组，共90多人对全国不同地区20个县（市）进行了深入调研。课题形成研究总报告，以及多个专题报告和20县（市）调研报告。

本文基本保留了政策咨询报告的体例，将部分重要的分析、预测与佐证内容补入报告。

一、突出问题

我国城镇化在起点较低的情况下经过多年的快速发展，所积累的矛盾和问题已越来越突出，主要表现在7个方面。

一是城镇化推进过度依赖投资与土地，导致供需失衡难以为继；二是资源过度向大城市集聚，特大城市"城市病"问题凸显，中小城市和小城镇发展受限；三是大量流动人口就业地与家庭长期分离，城市内部二元结构问题显现，降低了城镇化发展质

① 中规院参加本课题研究工作和县域调研的单位和部门有城建所、水务院、城乡所、研究一室、环境所、交通院、西部分院、上海分院、深圳分院、区域所、信息中心、名城所、风景所、住房所等。

量；四是区域发展不平衡、城乡收入差距显著，制约全面小康目标实现；五是城镇发展模式粗放，生态环境持续恶化，区域性复合型大气污染事件频发，并达到历史最严重水平；六是城乡基础设施建设严重滞后，制约居民生活水平提升；七是一些地方政府推进城镇化发展方式出现偏差，盲目追求城镇化速度指标，忽视城乡文化传承，人为"造城"现象严重，甚至出现强征、强拆等与农民争利行为，严重影响社会稳定。

二、我国城镇化若干重大趋势判断

1. 基本国情决定2030年[①]前后我国城镇化率将保持在65%左右

长期坚持不以牺牲农业为前提的发展理念决定了我国城镇化发展将不同于人口小国和移民国家的高度城镇化模式。多民族人口大国，传统农业文化和人地关系，国家粮食安全与农业现代化，独有的集体所有制土地制度以及土地作为农民基本保障等因素决定了我国特有的城镇化模式，未来我国农村将会长期保有相当数量的人口。

我国已进入人口老龄化阶段[②]，农村将成为老龄人口的重要养老地。未来乡村老龄人口将持续增长，目前乡村常住人口中40岁以上的为2.96亿，占乡村总人口的44.6%，占全国总人口的21.9%。根据农村迁居意愿调查[③]，这些人在农村居住、养老意愿强烈。

城乡居民收入差距的缩小正在降低农民向城镇转移的意愿。我国城乡收入差距由2007年的3.33下降到2012年的3.10，东部多数省份降至2.5–2.8。受此影响，从一产析出的劳动力数逐年减少，由2006年的1501万人下降到2012年的821万人（图1）。分析表明，1990年代以来，三次产业就业规模与城乡收入差距之间存在较大的相关性，当收入差距缩小时，一产就业规模下降趋缓。

未来我国劳动年龄人口供给减少，将影响城镇化推进速度。2012年全国劳动年龄人口较2011年减少345万人，20多年来首次出现绝对量下降。根据推算，2013年乡村地区16–60岁年龄人口将首次出现下降，约为25万，标志着我国劳动年龄人口不再延续一直以来的净增长态势，进入下行通道。乡村地区劳动力资源的"无限供给"的情况已经改变。

受生命周期规律影响，不同年龄层的农村劳动力就业地选择差异明显。随着年龄增长，进城农民工出现返乡态势（表1），这将降低城镇化发展的速度。全

---

① 《国家人口发展战略研究报告》指出中国人口发展在2033年达到峰值15亿左右。

② "六普"数据显示，我国60岁及以上人口占我国总人口的13.32%。乡村常住人口6.63亿人，其中60岁以上0.99亿人，占14.98%；65岁以上0.67亿人，占10.06%。城镇常住人口6.70亿人，其中60岁以上0.78亿人，占11.69%；65岁以上0.52亿人，占7.80%。

③ 20县调研结果。

国20县调查显示，年轻的农村劳动力倾向于外出务工，随着年龄增大，外出务工比重下降，务农与本地兼业比重上升。当前我国农民工中40岁以上比重已经超过40%，可以预见在未来一定时期内将出现较大规模的返乡浪潮。

综合前述因素，通过对现有农民工转化数量分析，对全国新出生人口和新进入劳动年龄的农村人口数量分析，对农业劳动力继续向非农产业转移数量分析[①]，测算出2020年我国城镇化率将达到60%，相当于城镇化率平均每年提升0.9个百分点；2033年[②]城镇化率将保持在65%左右，相当于城镇化率平均每年提升0.4个百分点左右。

全国20县的农村劳动力就业地选择抽样调查统计情况　　表1

	务农	农业兼业	本地务工	常年外出务工	就学参军及其他
16–19岁	3%	2%	5%	15%	75%
20–29岁	9%	9%	23%	46%	12%
30–39岁	13%	25%	26%	34%	2%
40–49岁	22%	37%	20%	20%	1%
50–69岁	30%	43%	15%	9%	3%
60–64岁	37%	46%	8%	4%	5%

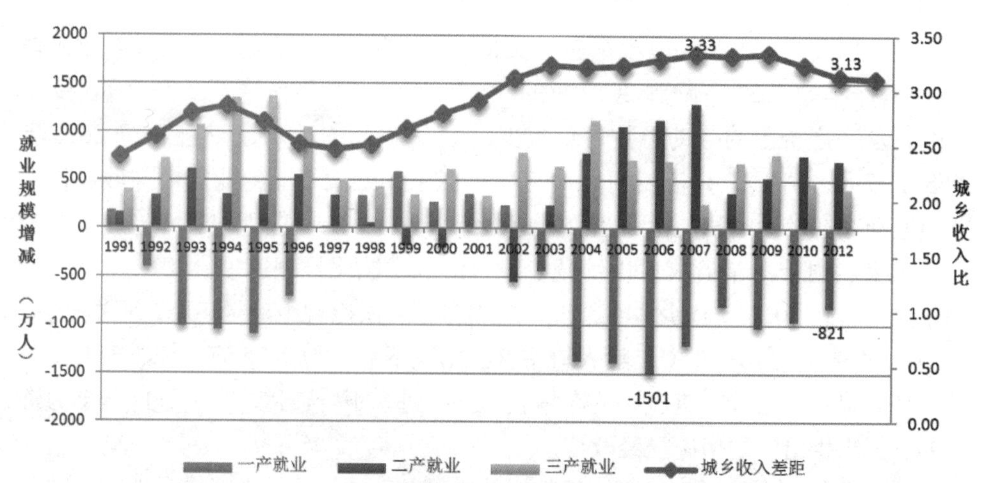

图1　全国三次产业就业规模变化与城乡收入差距的关系示意图

数据来源：中国统计年鉴2013

① 上述三部分预测方法，从80、90后农民工的留居可行性（100%留在城市）、新增劳动力的进城意愿、农村未成年子女进城抚养和接受教育以及农业未来可能转移的劳动力规模等方面进行了偏大的预测估算，因此预测规模是一种相对乐观的估计。

② 国家人口发展战略研究课题组《国家人口发展战略研究》提出我国人口将在2033年前后达到峰值15亿人左右。

2. 中西部地区发展加快，经济与人口聚集的区域化格局逐步强化

随着西部大开发、中部崛起政策相继实施，中西部经济产业加快发展，2008–2011 年 GDP 年均增速保持在 17% 以上，总体超过东部，呈现较快的工业化态势（图 2）。农民工工资水平与东部差距缩小，就业吸纳能力明显增强，2012 年农民工在中西部务工的比重较上年分别提高 0.3 和 0.4 个百分点，连续两年保持上升态势①。国家统计局农民工监测报告显示，2012 年中部、西部农民工外出到东部就业的收入结余分别是 1518 元和 1344 元，低于在本地区内务工的收入结余。东部地区发展成本快速上升，对农民工的吸引力进一步降低，在长三角和珠三角就业的农民工占全国的比重已经连续 4 年呈下降状态。

人口近域流动态势增强，区域化聚集的全国格局显现。第六次人口普查显示农民工跨省流动多转向地域文化相近的经济相对发达省份。未来一段时间，全国层面人口红利趋向缩小，但中部部分省份和西部成渝地区仍将保持区域性人口红利(图 3)。农民工近域就业的态势显著增强，2011 年以来本地农民工②增速超过外出，省内农民工增速超过省外，农民工流动更趋向于本省以内。受交通运输成本提升、内需市场扩大、传统地域文化认同等因素影响，以沿海城镇群、成渝地区、中部各省会城市所在的城镇密集地区为主体的经济与人口区域化聚集格局正在形成。

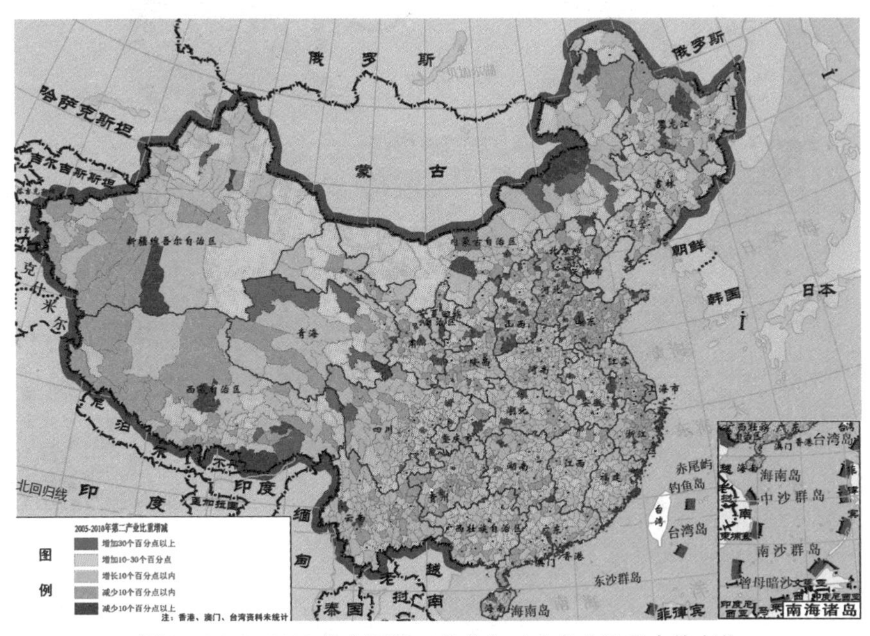

图 2　2005–2010 年全国第二产业在三次产业比重中的变化

① 2012 年在东部务工的中西部农民工收入结余开始低于其在本省内务工的收入结余。

② 按照国家统计局的解释，本地农民工是指调查年度内，在本乡镇内从事非农活动（包括本地非农务工和非农自营活动）6 个月及以上的农村劳动力。

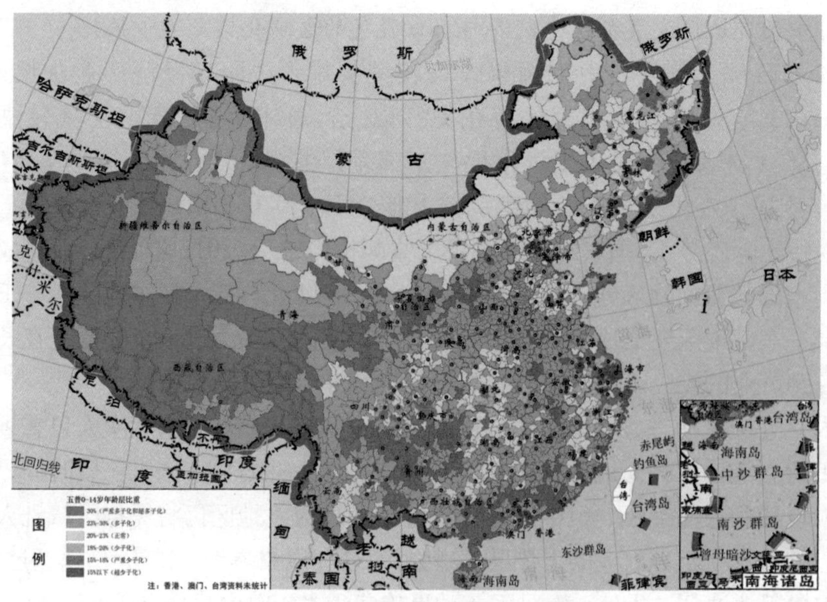

(a)“五普”0–14 岁人口占比分布

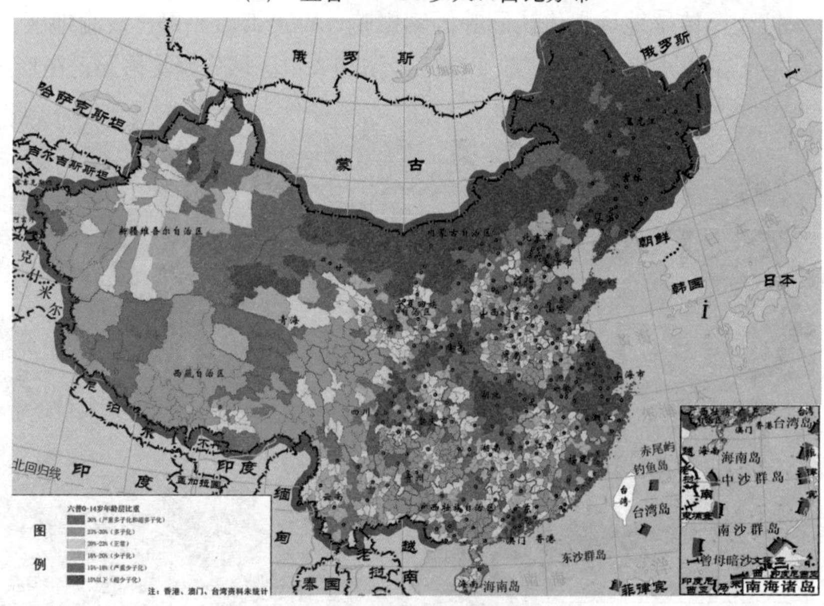

(b)“六普”0–14 岁人口占比分布

图 3　区域性人口红利

3. 人口向大城市和小城市两端聚集，县级单元[①]成为城镇化的重要层级

我国城镇人口发展整体上呈现向大城市与小城市（镇）两端集聚的态势。

① 这里的县级单元，具体包括县级市、县、自治县、旗、自治旗、特区、林区等 7 种，不包括地级市的市辖区。以下皆同。

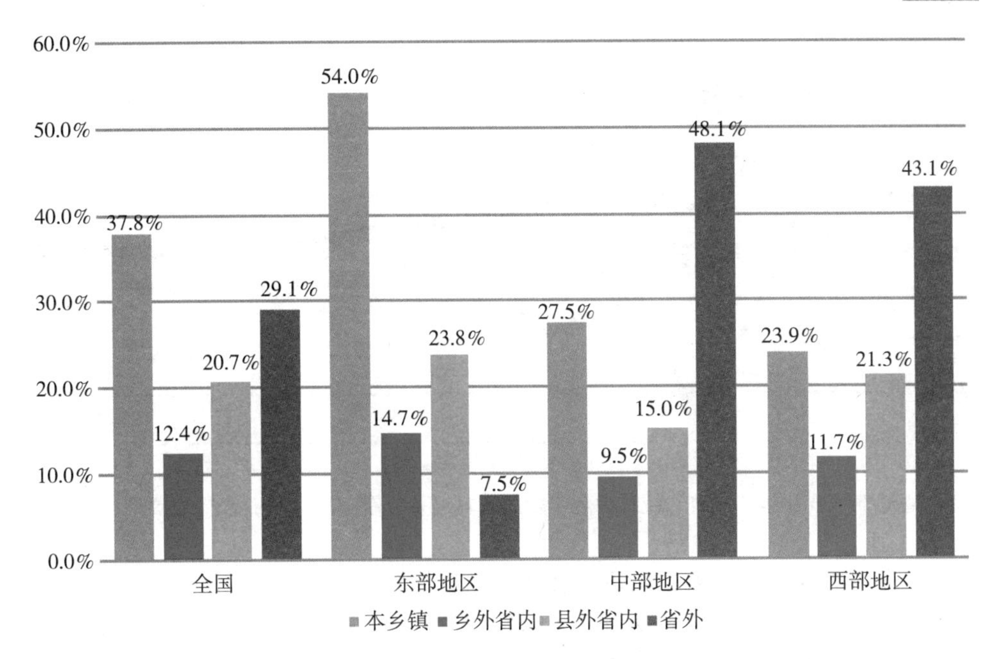

图 4　2012 年全国农民工分布情况示意图

2010 年，我国 57 座城区人口百万以上的城市集中了 1.66 亿人，占全国城镇人口的 27%。20 万人口以下的小城市与小城镇，集聚了全部城镇人口的 51%；其中县级单元自 2000 年以来聚集了全国新增城镇人口的 54.3%，成为城镇化发展的重要层级（图 4）。

县级单元经济活力显现。2008–2010 年全国县级单元经济增速达到 16.1%，高于同期地级及以上城市市辖区的 11.8%。“六普”显示二产就业中县级单元占全国的比重达到 49%。“工农兼业”、“城乡双栖”等灵活的就业与居住形式和相对较低的综合成本成为县级单元产业发展的优势。

当前 2.6 亿农民工中的 50% 以上集聚在县级单元[①]，农民工选择就近打工，安家定居的意愿越来越强。外出农民工呈现出年轻外出务工，中年以后回乡照顾家庭、养老的生命周期规律（图 5）。2011 年全国农民工调查报告显示，本地农民工平均年龄高出外出农民工 12 岁，本地农民工中 40 岁以上的占 60.4%，而外出农民工 40 岁以上仅占 18.2%。这反映了已婚大龄农民工不仅外出务工缺少竞争力，而且需要照顾家庭，更倾向于就近就地转移，这使得他们的外出积极性减弱。县级单元应对作为农村劳动力老龄化，容纳大龄农民工落脚定居与养老福利地的功能日趋重要。

① 数据来源：2012 年全国农民工监测调查报告。

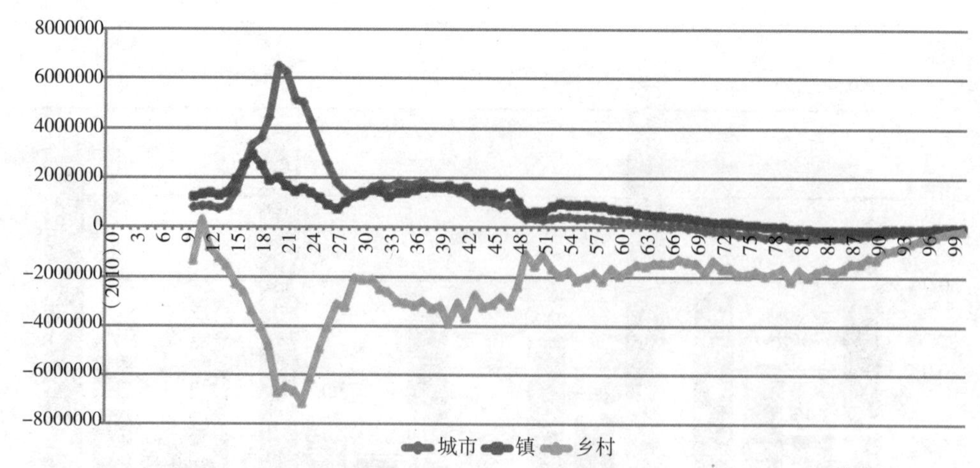

图 5 2010 年“六普”统计中各年龄段人口增量分布图（以“五普”为参照）

4. 资源环境约束趋紧，倒逼发展模式转型

资源能源短缺制约产业和城镇发展。我国每年因为城镇化减少的耕地数量就接近 2000 万亩，水土资源短缺进一步加剧。2000−2009 年，我国城镇化率年均增长 1.35 个百分点，而人均能源消费量年增长 7.99%，按此估算城镇化率达到 65% 时，我国年能源消费总量将达到 64 亿吨标煤，突破我国 40 亿吨标煤的能源消费上限①。而我国石油对外依存度已经从 21 世纪初的 26% 上升至 2011 年的 57%。快速城镇化伴随的资源能源消费增长，已经影响资源能源供给安全。

环境约束凸显，倒逼产业与城镇发展模式转型。2012 年我国二氧化硫排放总量 2117.6 万吨，氮氧化物排放总量 2337.8 万吨，主要污染物和温室气体排放总量居世界前列。2013 年上半年，京津冀、长三角、珠三角的 74 个城市空气质量超标天数比例为 35.6%。城市环境急剧恶化，环境污染对人体健康造成的威胁不断提高。传统发展模式难以为继，产业与城镇发展模式亟待转型。

三、新型城镇化总体思路

1. 坚持实现小康社会和现代化目标，以人为本，四化同步

推进新型城镇化要以全面建设小康社会、实现现代化为总体目标，坚持以人为本，工业化、信息化、城镇化和农业现代化同步，走区域协调、城乡互动、低成本、低风险的城镇化之路，形成经济高效、社会和谐、文化繁荣、资源集约、绿色低碳、人民安居乐业的城乡健康发展新格局。

① 2010 年能源统计年鉴。

2. 坚持立足解决近期发展的主要矛盾，远近结合，积极稳妥

推进新型城镇化既要突出长期性和前瞻性，更应有利于解决当前社会经济发展的主要矛盾，重点解决现阶段经济增长乏力、就业形势严峻、城乡差距过大、生态环境持续恶化等突出问题，不盲目追求城镇化速度，不简单下达城镇化指标。

3. 坚持转变城镇化发展路径，体制创新，政策配套

改革体制机制，加强配套政策的综合设计。重点协调国家经济产业、财税金融、土地管理、户籍制度、社会保障、行政区划、城乡建设、交通能源等相关政策的制定和衔接。设置国家层级政策试验区，将具有典型性、代表性的城市和县域单元作为改革试点，进行综合配套实验。

探索路径转变，实现新型城镇化，要积极推进四个转变。一是转变发展模式，从强调发展速度转变为注重发展质量，将提高城乡居民生活质量，缩小城乡差距，实现农村转移人口就业与居住地统一，生态环境改善作为衡量城镇化发展质量的重要标准。二是调整发展动力，从扩张型投资和出口拉动转向以消费需求、民生型与环保型投资拉动。通过新型城镇化扩大城乡就业，提高城乡居民收入，从而引导有效投资需求，释放消费需求。三是均衡发展权力，改变当前由城市行政层级主导的大、中、小城市发展资源不均衡现状，既要发挥城镇群和大城市的引领作用，更应以县级单元为着力点，大力提升中小城市发展水平，促进本地城镇化。四是更新发展理念，从重视物质建设转变为以人为本，加快消除农村转移人口在就业、居住、子女教育以及社会福利保障方面与城市居民待遇上的差别，2020年在大、中、小城市实现就业期间待遇与保障的统一。

4. 坚持实事求是，多层级、多方式推进城镇化

当前2.6亿农民工分布在不同区域：在本乡镇占37.8%，乡外县内占12.4%，合计50.2%，该群体的城镇化应当通过发展县域经济，加快推进县域内城乡居民身份待遇一致，实现本地城镇化；在县外省内的占20.7%，该群体的城镇化应由各省根据条件和能力，创新推进省域城镇化；跨省流动的占29.1%，约3850万集中在10个特大城市或大城市[①]，该群体不可能短期内实现完全的“市民化”，应当通过体制创新，提高社会保障和福利，公平享受基本公共服务，改善居住条件，逐步缩小身份待遇差距。

农村转移人口是新型城镇化的主体，应以公平享有发展机会和权益为原则，创造条件为农村转移人口提供可自主选择的多种城镇化路径。建立大中小城市和小城镇在就业、居住、公共服务等方面不同优势的梯度供给结构，以“大中城市就业 + 定居”、“大中城市就业 + 周边小城镇定居”、“大中城市就业与居住 + 回

① 上海、北京、深圳、东莞、苏州、广州、天津、温州、佛山、宁波。

乡养老”、“县域就业＋定居”等多种方式解决农村转移人口身份待遇统一和安家诉求，实现以人为核心的新型城镇化。

四、新型城镇化路径与策略

1. 推进体制改革，建立市场主导的城镇化调控机制

简政放权，依据事权划分，改革中央、省级、地级和县级城镇化推进机制，转变各级政府职能，减少行政权力对资源配置的过度干预，保证各级城市依据自身资源禀赋发展的自主权。

加快改革人口管理政策，推进农村转移人口在居住、子女教育、社会保障等方面享有城市基本公共服务。在确保农民集体土地产权基础上，创造符合地方特点、灵活多样的集体土地使用制度。探索建立区域生态环境保护补偿和处罚机制。促进相关配套政策跟进，加快综合配套改革的先行先试。

充分发挥市场配置资源的基础性作用，改革投融资体制。加快建立风险可控的地方政府融资机制，把地方政府债务收支纳入预算管理，探索符合条件的城市发行市政债券。完善财税体制，将土地出让金收入全部纳入土地储备基金，实行比一般预算资金更加严格的支出审查。提高城市基础设施融资比重，通过政府与社会资本合作，吸引社会资本参与基础设施和公共服务设施的建设和运营。将政府投资重点转向公共服务、民生与环境保护等基础性公益性领域。

2. 实施差异化政策，加快缩小区域差距

实施差异化的区域发展政策。根据经济产业联系、人口流动空间特征、自然地理条件、地域文化类型等多种因素，将全国划分为若干个城镇化发展分区（图6），建立因地制宜、分类引导、分区优化的政策体系，引导各地走差异化、特色化的城镇化道路。

推动东部地区的发展转型，促进产业升级和城镇格局优化，保持与生态环境承载力相适应的人口与经济规模适度增长。以内需发展和内陆开放为导向，顺应当前产业与人口在中西部聚集的区域化趋势，利用区域资源禀赋、发展空间和人口红利优势，创新发展中西部特色工业化、城镇化道路。制定多渠道、多方式的区域振兴扶贫政策，扶持老少边穷地区发展。

3. 构建弹性城乡关系，保障城镇化进程中的人口双向流动

充分尊重城乡发展的不同规律与合理差别，充分利用城乡发展的互补优势，实现城乡人口和要素自由流动，建立弹性互动的新型城乡关系，抵御经济社会发展风险，促进城镇化健康发展。

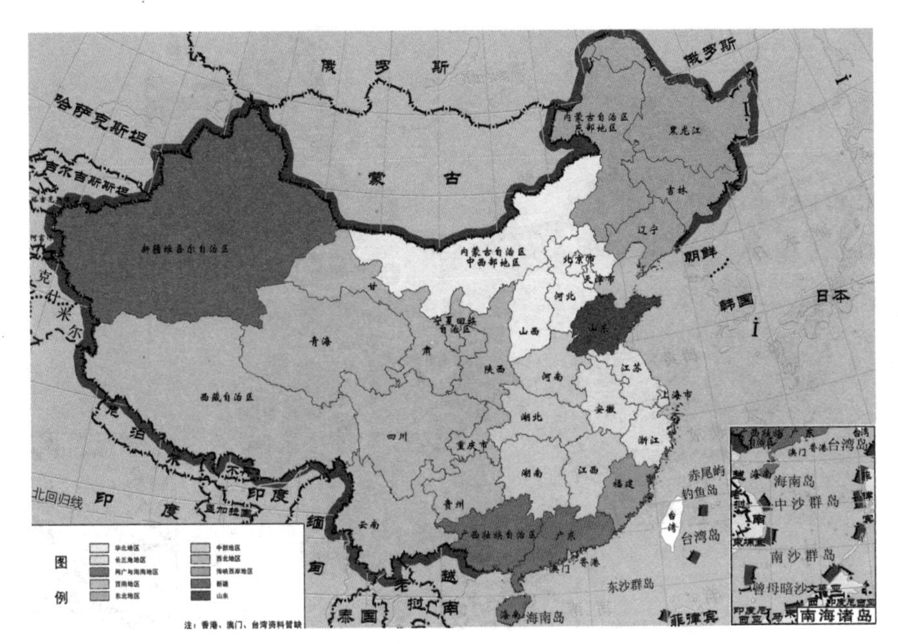

图 6　城镇化发展政策分区示意图（10 大分区）

资料来源：邹德慈、李晓江、吴志强编著 . 城镇化发展空间规划与合理布局研究 // 徐匡迪主编，中国特色新型城镇化发展战略研究（第一卷）M. 北京：中国建筑工业出版社，2013.

逐步完善城乡双向流动机制。近期推进农民工平等享有城市基本公共服务，稳定农民的耕地和宅基地权益，保持农民工在转移过程中的基本养老、基本医疗卫生等社会保障的延续性。远期建立更加一体化的社会服务与保障制度，实现城乡居民自由流动。

农村发展应当与我国适度规模经营的农业现代化道路、老龄化社会需求、绿色低碳模式和历史文化传承相适应。随着工业化和现代化进程，乡村生态环境、田园风光、历史文化与民俗、传统农耕生活方式的价值将越来越高，乡村与城市相互服务关系日益重要。应当发挥乡村农产品生产、生态保育、历史文化保护、养老和休闲等多重服务功能，满足城乡居民需要，扩大消费需求，带动农民收入提高，提升乡村文明，促进城乡融合。

4. 加快转型升级，发挥城镇群和大城市引领作用

优化提升珠三角、长三角、京津冀、成渝、长江中游等 5 大核心城镇群，积极发展海峡西岸、海南（南海）、天山北坡、哈长、滇中、藏中南等 6 个战略支点地区，培育 11 个城镇化重点地区，构建“5611”空间结构，促进区域均衡发展，引领我国城镇化空间合理布局（图 7）。

加快大城市转型发展。提升北京、上海、广州、天津、重庆、武汉等重要中

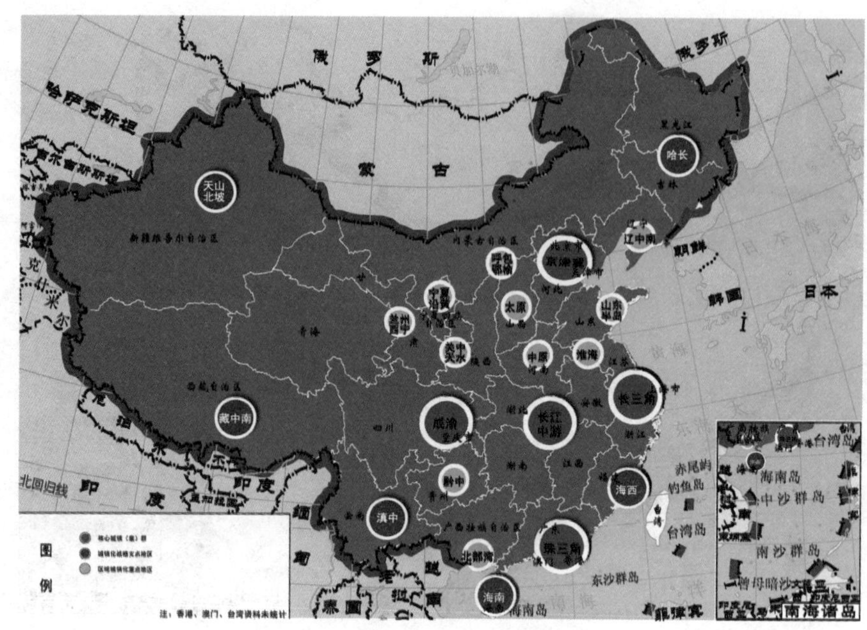

图 7　城镇化重要地区空间格局图

资料来源：邹德慈、李晓江、吴志强编著 . 城镇化发展空间规划与合理布局研究 // 徐匡迪主编，中国特色新型城镇化发展战略研究（第一卷）M. 北京：中国建筑工业出版社，2013.

心城市的创新与综合服务水平，增强国际竞争力。以省域中心城市为核心，构建中心城市和周边地区一体化发展的都市区格局，带动各省区工业化、城镇化发展。推动省域的水体、大气和垃圾的综合整治，建立省域污染控制与生态安全格局，倒逼大城市转型发展。

5. 激发县级单元发展活力，促进全面实现小康

赋予县级单元更多发展机会，激发自下而上的创造和探索。改变高行政层级城市优先获得财政、土地、项目、园区设立等发展资源的状况，保障县级单元和重点小城镇获取更多发展权利。鼓励县级单元发掘自身优势特色，探索农民自主选择的城镇化机制。

繁荣县域经济，全面提高农民收入。加快农业现代化步伐，提高务农收入；积极推进县域工业和服务业发展，引导农业劳动力向二、三产业转移，促进就近就业，提高非农收入。多渠道、多方式帮扶贫困县发展，提升特困地区城乡居民收入、加快脱贫。

促进县域全面发展，实现本地城镇化。全面振兴县域社会、经济和文化发展，提升城乡公共服务和基础设施水平，保护生态环境，传承地域文化，实现就近安居乐业的本地城镇化。

6. 推进农村转移人口住有所居，平等享用基本公共服务

加快解决农村转移人口住房困难。建立市场配置和政府保障相结合的分层次、多样化的住房供给模式，将符合条件的农村转移人口纳入住房保障范围，实现住有所居的目标。

鼓励农村转移人口在城镇租赁和购买各类商品住房，给予与城镇居民同等的信贷、金融、税收等政策优惠待遇。鼓励用工企业采取廉价租赁等方式向农村转移人口提供居住场所。

创新大中城市农村集体建设用地管理模式，在符合城乡规划和土地利用规划前提下，对城中村、城边村宅基地上的住房进行更新改造，划定范围，控制规模，不变土地性质，形成城乡互动、低成本、农民自主经营的“公租房”、“廉租房”，为农村转移人口提供居住服务。

按照城镇常住人口规模，统筹配置学校、幼儿园、医院、文化和体育等公共服务设施。鼓励多种方式办学，合理布局中小学校，均衡教育资源，全面解决进城农民工随迁子女平等接受义务教育的问题。

7. 建设低碳生态智慧城市，提高民生环境基础设施建设水平

制定生态城市建设发展目标和战略，加强技术集成应用，广泛推进生态城市（城区）建设，实现土地集约紧凑和混合布局。大力发展绿色交通和绿色市政基础设施，加大可再生能源推广规模，加强水资源循环利用和垃圾无害化处理设施建设。大力发展绿色建筑，提高新建筑节能标准水平，加快对既有老旧建筑的节能改造，增加城乡绿地空间，保护和恢复湿地，完善提升城市绿地的生态功能。

完善城市生命线工程建设，应对各类突发公共安全事件，提高基础设施建设水平。加强城市新区科学选址，避让自然灾害高发区。加强备用水源建设，提高供水保障能力。加强排水设施建设与管理，减小城市内涝的危害。完善城市避难场所建设，制定各类灾害应急预案。城市供水设施以提标改造为主，保障城市用水安全。优化能源供给类基础设施，解决能源供给与区域发展需求的矛盾。

推进投融资体制改革，在加强政府对民生、环保公益性基础设施建设投入的基础上，建立多层次、多渠道的基础设施建设投融资模式，完善价格机制，利用市政债券、基础设施建设产业基金、特许经营、政府购买公共服务等方式吸引民间资本参与经营性项目建设与运营。对中央和地方在基础设施建设投资上的事权进行划分，地方政府承担提供基础设施和保障公共服务的基本职责；中央政府对贫困落后地区、公益性基础设施建设实行财政转移支付。投资作为经济增长主要动力的状况难以在短期内改变，把政府的公共投资转向民生与环境领域，既可保持一定的投资总量，又可降低能源消耗、污染排放和城乡生活成本。

8. 保护自然与文化遗产，体现地域文化与特色风貌

加强历史文化名城、名镇、名村和历史文化街区保护。加大国家财政专项保护资金支持力度，引导社会资金进入，加大保护投入。禁止在保护区内大拆大建，将历史文化保护与改善民生紧密结合。建立历史文化名城保护规划体系，编制全国历史文化名城（镇村）保护体系规划，严格制定和实施历史文化名城、名镇、名村和历史文化街区的保护规划。将历史文化保护作为各级相关政府的考核内容，开展保护专项检查，加强对保护效果的动态监督。

整合现有风景名胜区、自然保护区、森林公园、国家地质公园、湿地公园等资源，强化各类自然遗产保护区域的统一保护和建设。启动《风景名胜区法》立法工作，编制全国风景名胜区体系规划。将风景名胜区纳入国家生态补偿范围，落实生态补偿和生态转移支付政策和资金；建立"国家级风景名胜区保护基金"，吸引社会捐赠。

保护城乡特色风貌，建设美好城乡。转变大规模旧城改造模式，推进城市建成区有机更新。加强重点地区规划设计和管理，构建具有地方特色的城市公共空间。结合水系统、绿地系统建设，优化城乡空间形态和环境，传承人文风貌特色，鼓励城乡文化多样性发展。建设大城市永久性生态保护区，区域性绿地、绿带和绿道网，通过地方立法保障实施。

9. 坚持规划调控和交通引导，促进城镇合理布局

城乡规划是引导城镇化健康发展的重要依据和手段。强化城乡规划综合调控作用，建立健全各级部门之间的协调机制，加强城乡、土地利用和社会经济等各类规划之间的协调和衔接，避免土地指标分配肢解城乡整体布局，避免以单一经济目标评价城乡发展。

优化城镇体系布局和形态。组织开展全国城镇体系规划和跨区域的京津冀、长三角、珠三角、成渝和长江中游城镇群的规划编制。加强省域城镇体系规划制定和实施。推动城乡规划全覆盖，开展县（市）域城乡总体规划。

加强城乡规划管理。划定城镇建设用地增长边界，完善"三区"、"四线"[①]等强制性内容管理制度，将各类开发区、新城纳入城市总体规划统一管理，强化城乡空间开发管制。健全国家城乡规划督察制度，继续加强对规划实施的事前、事中监督。探索建立城市总规划师和乡村规划师制度。

确立以轨道交通为骨干，公共交通为主导的绿色综合交通体系，通过规划控制与绿色交通引导，维护我国城市的紧凑、可持续发展。加快发展城市大运量快

---

① 在区域层面确定禁止建设区、限制建设区、适宜建设区（简称"三区"），在城市层面划定蓝线（水体控制线）、绿线（绿地控制线）、紫线（历史文化保护控制线）、黄线（基础设施建设控制线）。

速公交系统，大力提倡绿色交通出行，加强自行车和步行交通系统建设，公平分配道路空间资源。加强交通需求管理，合理引导小汽车有序发展和适度消费。建立城市之间以轨道交通为骨干的网络化交通格局，促进城镇沿主要交通线集聚发展，引导城镇合理布局。

10. 纠正城镇化工作偏差，推动发展模式转型

坚持城市发展的科学性，遵循城镇发展客观规律，实事求是确立城市发展目标。反对盲目追求城镇化指标、盲目追求城市规模和制定不切实际的城市定位。坚持现有国家建设用地标准，严控城市建成区低水平蔓延，确保城市空间紧凑集约，推动城乡开发建设向环境友好、资源节约的内涵式、效益型模式转变。

规范各级城市盲目建新城、新区的行为，杜绝各类“空城”、“鬼城”、“债城”。新区建设应依托老城，加强产城融合，防止新区功能和产业过于单一，严控远距离、飞地型的新城开发。清理整顿各类开发区、工业园区和低效使用的工业用地，建立工业用地集约利用指标体系，制止以工业发展名义大规模圈地占地。

重视建成区和旧城功能提升与有机更新，挖掘存量土地价值，提高人居环境品质。发挥城市非正规空间、非正规就业[①]在提供低收入人群住房、就业、收入与服务等方面的作用，缓解城市内部二元结构压力，实现包容性增长。

控制政府债务风险，建立政府任期举债责任制。合理控制居住用地容积率，防止过度以住宅用地出让收益补贴工业用地。加快财税体制改革，转变以土地财政为主的投融资机制。扩大房地产税试点范围，建立保障城市可持续运行的长效财政金融体制。

五、以县级单元为近中期重点，推进新型城镇化

新型城镇化的重要内涵是以人为本，提供给农村转移人口多种就业和居住选择。县级单元不仅是统筹城乡一体化发展的重要空间，更是推进本地城镇化的合理单元，其优势在于：一是可有效降低全社会城镇化成本，促进产业空间布局与劳动力分布合理契合；二是可以使农民工兼顾就业与安家。当前农村转移人口大规模长期流动、城乡发展差距过大、农民工市民化等一系列问题单靠大城市难以解决。因此，迫切需要将县级单元作为近中期推进新型城镇化的主要突破口，积极稳妥，优先发展。

---

① 非正规就业是指在广大发展中国家的城镇地区，那些发生在小规模经营的生产和服务单位内的以及自雇佣型就业的经济活动。非正规空间泛指从事非正规就业的群体工作和居住聚集的空间，城中村是当前我国城市中规模最大的非正规空间类型。

推进新型城镇化，应从全国选取不同地区的县级单元进行综合型制度与政策试验。“县”一直是我国最基本、最稳定的行政治理单元，县域改革包含政治、社会、经济和文化的综合试验，且政策试验风险较低，可为推动顶层体制、机制改革和社会经济全面发展提供有益探索。

全国 20 县（市）调研样本数量约为全国县级单元总量的 1%，样本涵盖我国东、中、西部 9 个省份和 1 个直辖市。县（市）样本具有一定代表性和典型性，多是人口数量在中等以上的县（市），经济发展水平则涵盖了富裕的、中等的和落后的县（市）。通过 20 县（市）城镇化专门调研，项目组获得大量一手信息和数据，成为本研究中县级单元政策建议的直接依据。

1. 发挥资源整合优势，推进县级单元综合改革试验

合理划分市、县两级政府事权，调整市代管县管理体制，全面推进省直管县。慎重对待撤县改市，严格控制撤县改区；扩大人口产业大镇的政府权限，提高社会治理和公共服务能力。实施省直接给县级单元下达土地指标、审批县级单元城乡总体规划等多项改革。

选择不同类型的县级单元进行综合改革试验。探索户籍制度、土地制度、财税体制、投融资体制等系统改革，促进城乡资源统一配置，土地、住房等要素平等交换，城乡居民享有统一的就业机会、公共服务、福利与保障，打破城乡二元结构，真正实现城乡一元化社会。积极探索上级转移支付专项资金打包统筹使用。

县级单元应根据城乡总体规划，统筹城乡建设用地在县域内平衡使用，合理布局三次产业；统筹各级城镇和农村居民点建设，实现适度集聚和品质提升；统筹城乡各项公共服务设施和基础设施，实现设施和资源平等共享。统筹使用资金，同步推进城乡建设，加快形成“以工促农、以城带乡”的良性互动。

2. 鼓励土地流转提升生产效率，合理利用宅基地激发农村活力

保持土地制度连续性，稳定农村土地承包关系。不搞强迫命令，采用多种方式鼓励耕地向专业大户、家庭农场、农业合作社流转，促进适度规模的农业生产。

加快农村集体土地确权。在符合城乡规划、保证居住功能不变的情况下，鼓励以租赁方式促进宅基地有效利用，探索市场化机制。

提升县域配置资源的效率，在县域内探索宅基地统筹分配、交易、腾退补偿机制，允许农民宅基地在县域内自主流动。土地流转率超过 80% 的村庄，在村民集体同意的情况下，允许在县城、镇区或乡集镇集中宅基地建设新居或选择保障房。政府负责规划管理和基础设施建设，省级政府在土地置换政策和基础设施建设投资上予以支持。

3. 促进三次产业协调发展，重点支持涉农产业

大力支持农业及涉农产业。重点支持安全农产品生产基地建设，全面加强农

产品安全生产管理与监控。明晰涉农企业门类，制定支持涉农产业的专门政策，降低涉农企业设立门槛，对涉农产业设立专项土地指标，并给予金融和税收等支持。发展农业科技、管理、营销等农业服务业，建立农资市场体系和综合型、专业型互补的农产品市场体系。

加快工业发展，引导产业合理布局。创新县域工业生产组织模式，以产业集中区引导工业企业在县城和重点镇布局。整合分散的劳动力资源，集聚人口和消费，促进形成集中紧凑的小城镇。中央和省级财政对中西部县城和重点镇的产业集中区基础设施建设给予重点支持。

促进生产性服务业发展，构建三产融合发展的平台。建设专业市场和流通网络，促进本地农业、工业和服务业融入区域市场。繁荣生活性服务业，释放消费潜力。完善覆盖县域的便民商业体系，加强休闲娱乐、体育文化等服务设施建设。鼓励具有区位和资源优势的县级单元，发展区域性商贸流通、休闲旅游等服务业。

20县（市）调研表明，工业是带动就业、促进人口集聚的重要动力。县级单元暂住人口数量与工业发展水平密切相关（图8），暂住人口较多的丹阳、太仓、平湖在2012年全部规模以上工业总产值平均值达到1420亿元。人口大量流出的临泉、高州、安岳、西华、大悟在2012年全部规模以上工业总产值平均值仅为142亿元。

农业的稳定发展是本地城镇化的重要支撑。20县人口稳定或呈现净流入，本地城镇化特征较为明显的县级单元不仅城镇居民人均可支配收入较高，农村人

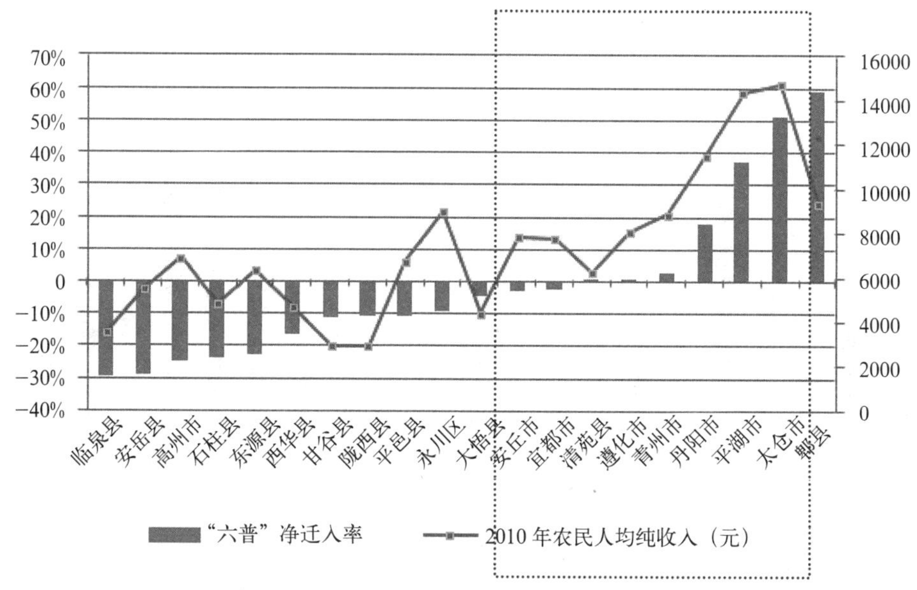

图8　20县（市）调研：人口迁入特征与本地农民人均收入相关性分析

均收入水平也明显高于其他县。

4. 鼓励灵活多样就业，促进农村转移人口就近安居乐业

加快中西部县级单元二、三产业发展，引导农业转移劳动力就近就业。发挥资源丰富、劳动力充沛等优势，吸引沿海资源型和劳动密集型产业向中西部转移。将每年新增就业岗位数作为衡量城镇化推进工作的重要考核指标。

依托县城及重点镇提供多产业、多门类、多形式的劳动岗位，形成灵活互补的就业体系。在小额贷款、税收减免、土地利用等领域提供优惠，鼓励外出劳动力回乡创业，重点发展农业、休闲旅游、生活性服务业。加强县域内劳务市场建设，鼓励短期劳务和非正规就业、兼业、自雇等多种就业方式。

引导县域房地产市场提供价格合理、经济舒适的普通商品房。通过规划、土地供应、税收和金融等调节手段，增加中小户型、中低价位商品住房供应，满足农村转移人口进城购房需求。采用货币补贴，利用城中村提供“公租房”、“廉租房”等方式为低收入人群提供住房保障。

县级单元私营和个体从业人员规模快速增长，是非正规就业的重要载体。2001 年，全国县域城镇从业人员数 6045 万人，其中私营企业和个体从业人员为 1427 万，占比为 23.6%。到 2011 年，县域城镇从业人员数增长到 10884 万人，其中私营企业和个体从业人员为 5746 万人，相比于 2001 年增长了 3 倍，占比为 52.8%。而同期单位就业人员仅增长了 11.2%。

20 县调查显示，大部分县的农民主要选择在县城购房（图 9）。20 县的县城房价、农民家庭收入、可承受房价等调查显示，县城房价和购房农民家庭收入比

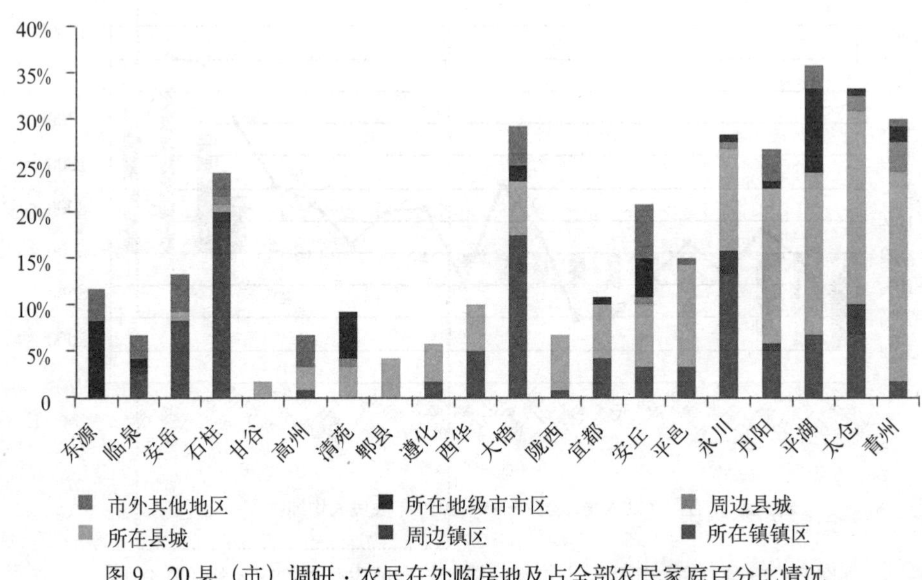

图 9　20 县（市）调研：农民在外购房地及占全部农民家庭百分比情况

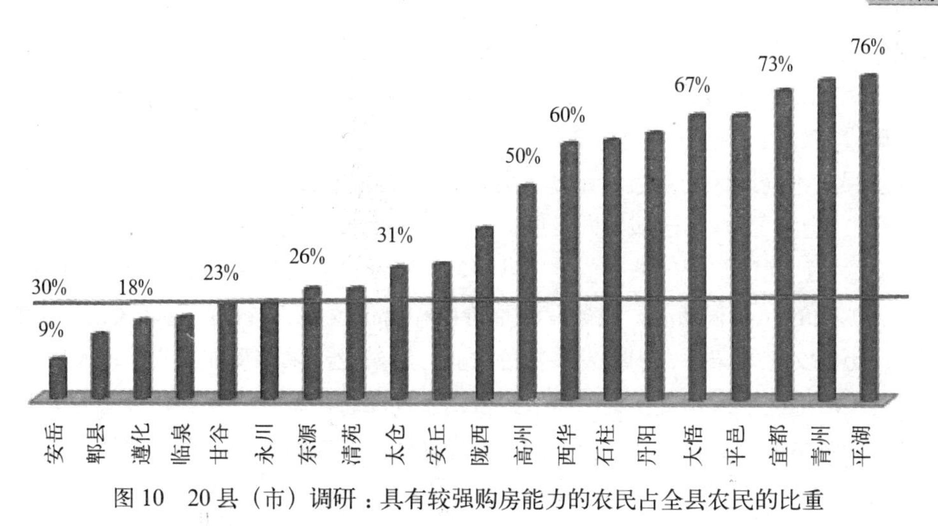

图 10　20 县（市）调研：具有较强购房能力的农民占全县农民的比重

全部在 6–13 之间，表明目前县城房价尚在合理价格区间（图 10）；对县城房价具有较强支付能力（房价收入比为 6–10 之间）的农民占全县农民的比例较高，表明农民到县城购房的潜力较大。

5. 分级分类，因地制宜推进县级单元城镇化

20 个县（市）的城镇化率差距较大，最高的永川县为 73.3%，而甘谷县仅为 17.5%。同时，县域内城镇居民点的人口聚集能力存在较大差异。郫县人口净流入率高达 59.2%，临泉县人口净流出率达到 29.5%。县域内部城镇人口聚集的能力出现分化：20 个样本中 7 个县（市）的县城人口快速增长，4 个县（市）出现镇区人口比县城增长更快的现象，还有少量县（市）的村庄地区人口较快增长。因此，针对不同地区、处于不同发展阶段的县级单元，应当因地制宜推进城镇化，同时，对于县域内不同层级的城镇、乡村居民点提出差异化的发展政策。

突出县城公共服务和产业带动的双重职能。发挥县城在带动经济发展、组织三次产业联动、吸纳就业方面的重要作用，促进县城优质公共服务向城乡全域延伸，提升农村居民生活水平。地广人稀和生态环境敏感脆弱地区，着重强化县城的公共服务职能。

发挥镇联系城乡的重要服务职能。将重点镇的公共服务设施配套标准提高到城市配套水平。支持人口规模较大的镇区积极发展产业，成为农村劳动力转移的首选地区。对人口聚集能力弱、公共服务不足的平原区乡镇，实施行政区划调整，简化管理层级，提高服务能力。

适度规模的农业生产方式决定了农村分散的居住形态，村庄建设要防止照搬城市模式盲目集中建设。农村建设应尊重长期形成的人与自然和谐的乡村环境，坚持延续文脉、节约土地和保护生态的原则，提倡生态园林化、村庄特色化、生

活现代化；严禁破坏乡村传统风貌、村落格局、生态景观和历史文化价值的行为。近期重点加强农民最急需和最基本的住房、交通、给水排水、电力、通信、环卫等基础设施建设，推进环境综合整治。

加强对不同地区的县级单元分类指导。城镇群核心地区及大城市周边地区重点发展都市农业，工业与区域协同发展，加强区域型和专业化服务功能，基础设施和综合交通设施建设实现区域一体化。城镇群边缘地区重点发展高效农业，积极承接核心区扩散的产业和功能，服务业注重特色和错位发展。特色产业地区根据资源、环境、历史文化等条件，积极发展特色农业、旅游业、采矿及加工业等。人口众多的粮食主产地区，采用直接补贴等方式鼓励土地流转，释放农业剩余劳动力；重点发展劳动密集型产业，扩大就业。地广人稀地区和贫困地区，重点建设公共服务完善的城乡居民点，引导集中居住，加大教育扶贫投入，稳妥推进农牧区、扶贫开发区、地方病重病区、灾害频发区和生态自然保护区等地区的生态移民和安居工程。

6. 缩小县城、重点镇与城市公共服务差距，提高人口集聚能力

重点提高县城和重点镇公共服务设施质量，以优质的公共服务吸引农村转移人口向县城和重点镇集聚（图 11）。创新机制，引进优秀师资和优秀医疗人才，鼓励大中城市的学校、医院在县级单元设置分校（院），大力提升县城教育和医疗服务标准和水平；将城镇优质公共服务向乡村地区延伸，促进公共服务城乡共享。

加强对县域各级教育设施的投入，尽快填补县域教育设施缺口。大力发展中等职业教育，提升农村年轻劳动力的就业能力。加强以农业新技术应用为主的农村劳动力技能培训，促进农村劳动力向城镇技术性岗位转移和农业生产率提升。

加强对县域各级医疗设施的投资，重点加大落后地区乡镇和村级医疗卫生设施建设。现状城乡医疗设施差距明显，各级城市医疗服务差距持续扩大。2011 年，全国各级城市市辖区千人医疗卫生机构平均床位数为 6.24 张（近 5 年增长 1.34 张），县和县级市仅 2.80 张（近 5 年增长 0.80 张）。建立村级医务人员培训制度

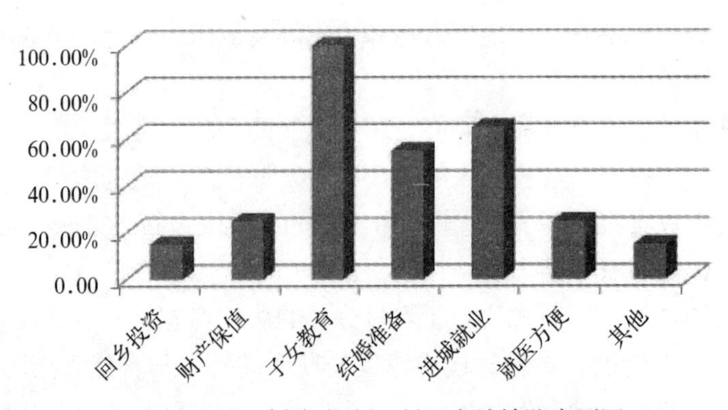

图 11　20 县（市）调研：村民在城镇购房原因

和县乡医务人员交流制度，缩小城—镇—村医疗服务水平差距。逐步提升农村合作医疗国家补贴额度，建立县域城乡一体的医疗保险制度。

加快推进一体化的城乡公交服务。建立公交化的客运系统，构建服务城—镇—村三级的城乡公交网络。将城乡公交和农村客运服务一并纳入政府公共服务范围，按照政府主导、因地制宜、利益兼顾的原则制定服务标准，创新运营模式。

7. 统筹城乡基础设施建设，提升县域现代化水平

构建城乡一体化的新型基础设施体系。将城市交通、给水排水、能源、通信以及环卫等设施延伸到农村地区，实现农村居民生活现代化，促进城乡融合；完善镇、村基础设施建设标准体系，因地制宜开展村镇基础设施建设，实现城乡基础设施统一布局和建设。

加大县域环境保护力度，依托自然山体、水岸、湿地等自然资源开展生态环境建设，提升县城园林绿化建设水平。加强农业污染和工业污染的监管与治理力度。完善生态补偿机制，防止污染向生态脆弱地区转移，保障县域生态安全。

县域基础设施需分地区、分行业设定差别化的建设目标和投资主体，加大县城基础设施的政府投资力度，各地区因地制宜地选择市政债券、特许经营、政企合营等基础设施投融资模式，建立投资利益分配协调机制，完善价格体系，保障公益性和营利性基础设施的协调发展。

20县（市）调研显示，县城集中供水普及率较高，水厂工艺以传统工艺为主。各县均设有污水处理厂，40%进行污水再生利用，15%对污泥进行处置与资源化利用。县城垃圾处理以填埋为主，但填埋场运行水平较低，存在二次污染的危险。供暖是县城基础设施建设的短板，北方部分县城没有集中供暖。集中供暖以燃煤为主要能源，自采暖以电、分散式锅炉房、燃气壁挂炉为主要采暖方式，少数县城有热电联产发电厂进行供暖。

20县（市）调研表明，农村地区污染治理设施几近空白，化肥农药、畜禽养殖、农田固废、农村生活等造成的污染日益严重。不少县城及乡镇的经济发展以牺牲环境为代价，发展方式粗放，对污染企业监管不力。部分地区污染问题长期积累，老债新账叠加并存。

8. 完善政策，防范风险

完善土地增减挂钩政策。充分尊重农民意愿，结合农业产业化和农村现代化，同步推进土地增减挂钩，防止以获取土地指标为目的，盲目进行迁村并点和农村新社区建设。土地增减挂钩中新增的土地指标在县域内使用。

实施区域环境监管，防止重污染企业向生态敏感地区和优质农产品产区转移。建立对承担区域生态环境保护责任的县级单元的合理补偿机制，尝试碳汇交易制度。

避免县级单元生活成本过快上涨，提前制定相关政策，严控住房投机，谨防

房地产泡沫向县级单元转移。

强化省级政府对县级政府的监管力度，加强县级政府行政管理能力与公务员队伍建设，提升县级政府在推进新型城镇化中的综合治理水平。

坚持村民自治的民主管理方式，鼓励农民自主自立建设新农村。吸引社会精英回乡，提升治理水平。在小城镇和新农村社区引入市场化、专业化管理，控制财政供养人口，降低财政负担，提高管理效能。

县级财政对土地出让存在一定依赖。20 县（市）调研显示，本级县财政收入共 651.5 亿元，其中土地出让收入共 188.5 亿元，占比为 28.9%。土地出让收入最高的是丹阳市，为 31.5 亿元，最低的是遵化市，为 0.4 亿元。各县本级财政对土地出让收入的依赖度差距较大，土地出让收入占本级财政收入最高的是安岳县，比重达 64.2%，最低的是遵化市，比重为 2.9%。

20 县新增城镇建设用地来源及建设用地增长量调查显示（表 2），随着国家对城乡建设用地增长控制趋于严格，县级单元从上级获得的土地指标逐步减少。但是县级实际新增的建设用地并未减少，原因是利用城乡建设用地增减挂钩政策已成为当前获得土地指标的重要手段。

20 县城镇建设用地指标来源与增长情况 **表 2**

各项土地指标来源	2010 年	2011 年	2012 年
上级下达计划指标（亩）	2581.79	1749.05	1469.26
单个项目独立指标（亩）	849.51	845.34	936.51
低丘缓坡政策（亩）	214.13	209.69	513.75
城乡建设用地增减挂钩（亩）	780.96	422.15	1066.01
未利用地转建设用地（亩）	62.51	96.78	64.10
其他政策新增建设用地（亩）	120.94	132.45	46.20
合计（亩）	4609.84	3307.49	4014.48

注：表中数据为 20 县各项指标的平均值

注：本篇文章所用地图已经国家测绘地理信息局审核批准，审图号为 GS（2014）286 号。

（撰稿人：李晓江，中国城市规划设计研究院，院长，教授级高级城市规划师；尹强，中国城市规划设计研究院城市建设规划设计研究所，所长，教授级高级城市规划师；张娟，中国城市规划设计研究院，高级城市规划师；张永波，中国城市规划设计研究院，高级城市规划师；桂萍，中国城市规划设计研究院，研究员；张峰，中国城市规划设计研究院，城市规划师）

新型城镇化视角下乡村发展的未来之路

传统的城镇化发展模式更多地以城市为中心，乡村地区作为城市发展的背景而存在，为城市发展提供基础资源和消费市场的支撑。2012 年，党的十八大明确提出了新型城镇化的概念，要求“推动城乡发展一体化”，“形成以工促农、以城带乡、工农互惠、城乡一体的新型工农、城乡关系”。同年，在中央城镇化工作会议当中，又提出了“让居民望得见山、看得见水、记得住乡愁”的形象化发展目标。自此，我国的城镇化发展模式从传统的偏重物质空间建设，正式进入到一个以人为核心、综合统筹协调发展的新阶段。

在新型城镇化背景之下，乡村地区的价值将越发凸显，并逐渐受到重视。随着中央对乡村地区的农业发展、土地使用、产业创新等一系列的制度变革和政策扶植，以及人们认识水平的提高，乡村地区将会迎来新的发展机遇，甚至成为未来中国经济转型、可持续发展的重要抓手和新的经济增长点。

一、当前我国乡村发展的基本特征

（一）人口数量和建设用地规模巨大

在我国，乡村一般指县城以下的广大地区，包括乡镇与村庄。在我国大陆的地方行政体系中，乡镇包括建制镇与集镇，村庄分为行政村与自然村。2012 年，全国共有建制镇 1.72 万个，户籍人口 1.47 亿人，建成区面积 3.71 万 km^2；乡 1.27 万个，户籍人口 0.31 亿人，建成区面积 0.80 万 km^2；村庄 266.96 万个，户籍人口 7.63 亿人，建成区面积 14.09 万 $km^2$①(表 1)。

2012 年全国建制镇、乡、村庄基本情况表　　表 1

	数量（万个）	户籍人口（亿人）	建成区面积（万 km^2）
建制镇	1.72	1.47	3.71
乡	1.27	0.31	0.80
村庄	266.96	7.63	14.09

数据来源：《中国城乡建设统计年鉴（2012 年）》。

① 数据来源为 2013 年 10 月出版的《中国城乡建设统计年鉴(2012 年)》。这里的“人口”为户籍人口，村庄指自然村。由于 2013 年数据尚未出版，因此本文采用 2012 年数据。

总体来看，包括建制镇、乡和村庄的我国乡村地区，2012 年的总户籍人口为 9.45 亿人，占总人口的 65.15%；建成区总面积为 18.6 万 km^2，占全国城乡建设用地总面积的 74.19%。可见，乡村地区牵系着数量巨大的人口，也占据了我国城乡存量建设用地的主体。

（二）空间形态因地制宜、丰富多样

由于受到了地形地貌、农业特征、交通条件、区域文化和社会变迁等因素的影响，我国的乡村，在空间上形成了多样的特征——在南方水网地区，村庄沿着河流溪沟分布，得水运交通之便利；在丘陵地区，村庄坐落于台地和山麓，体现了对风水环境的考虑，达到节约耕地和防洪的要求；在华北平原地区，村庄规模较大，布局方正，有利于集中耕作以及出行便利；在西北地区，地广人稀，村庄位于绿洲、山脉与河流沿岸，方便获取水源。改革开放带来的经济发展机遇，使得我国乡村地区变得更加丰富，东莞市虎门镇、河南省南街村、江苏省华西村等，虽然行政编制依然是乡村单元，但是其建筑和经济特征，已经完全脱离了传统乡村形态，演变为繁华的城市形态。

（三）人口及建设用地向城市和建制镇集中

随着经济社会的发展，村庄和乡的数量在不断减少——乡的数量，从 1990 年的 4.02 万个，减少到了 2012 年的 1.27 万个，减少幅度为 68.4%；自然村的数量，从 1990 年的 377.3 万个，减少到了 2012 年的 267.0 万个，减少幅度为 29.2%。与此相对应的是，城市和建制镇的数量在增加——城市的数量，从 1990 年的 467 个，增长到 2012 年的 657 个，增长幅度为 40.7%；建制镇的数量，从 1990 年的 1.01 万个，增加到 2012 年的 1.72 万个，增长幅度为 70.3%（表 2）。可见，乡村地区的人口向城市和建制镇集中，已经成为趋势。与人口变化相呼应的是，乡村地区的建设用地扩张，也向建制镇集中——与 1990 年数据相比，建制镇的建成区面积增加了 350.2%，而村庄的建成区面积仅增加 23.6%，乡的建成区面积则减少了 27.7%。

1990—2012 年城市、建制镇、乡、自然村数量变化情况表（个）　表 2

空间单元	1990 年	2012 年	数量变化	变化比例
城市	467	657	304	40.7%
镇	1.01 万	1.72 万	0.71 万	70.3%
乡	4.02 万	1.27 万	−2.75 万	−68.4%
自然村	377.3 万	267.0 万	−110.3 万	−29.2%

（四）不同地域之间的发展差距巨大

乡村地区的发展，呈现出了较大的差距。在东部沿海地区大城市的辐射带动下，周边地区的乡村，打破了传统的封闭局面，开始融入区域空间格局之中，乡村的居民也开始享受到了城市化的公共服务。比如东莞市的虎门镇，常住人口已经超过了60万人，经济实力和空间形态，甚至已经达到了中等城市的水平。但是同时也应当看到，大部分乡镇的发展依然是缓慢的。2000年以来，我国建制镇的平均人口规模变化不大，至2012年刚刚达到1.02万人（含暂住人口，不含暂住人口数据为0.86万人）（表3）。在内陆欠发达地区，大量远离大城市的乡村，仍然处于发展缓慢、停滞甚至逐渐衰败的状态，呈现出与东部沿海的明星乡镇完全不同的发展状态。这种巨大的差距，主要源于经济不断市场化的背景下，政府职能的"缺位"，尤其是乡村公共服务的严重缺失。

1990—2012年全国建制镇基本情况表　　表3

年份	建制镇个数（万个）	人口（亿人）	建成区面积（万 hm^2）	平均建制镇人口数（万人／个）
1990	1.01	0.61	82.5	0.60
1995	1.5	0.93	138.6	0.62
2000	1.79	1.23	182	0.69
2001	1.81	1.3	197.2	0.72
2002	1.84	1.37	203.2	0.74
2004	1.78	1.43	223.6	0.80
2005	1.77	1.48	236.9	0.84
2006	1.77	1.4	312	0.79
2007	1.67	1.31	284.3	0.78
2008	1.7	1.38	301.6	0.81
2009	1.69	1.38	313.1	0.82
2010	1.67	1.39	317.9	0.83
2011	1.71	1.44	338.6	0.84
2012	1.72	1.48	371.4	0.86

（五）部分小城镇的功能趋于复合化

在乡村功能上，一些发展条件较好的小城镇，也开始由传统时期简单的乡村中心，转为了复合型的城镇功能，附近的农民呈现出了一种城乡两栖的生产生活方式——有的白天在镇区务工经商，晚上返回农村居住；有的则直接在农村的家中从事与镇区二、三产业相关的生产活动，比如家庭手工业等。

二、当前我国乡村发展的主要问题

（一）小城镇发展模式粗放，公共服务供给不足

我国乡村发展一直存在模式粗放的问题。根据统计，与1990年数据相比，2012年，我国建制镇户籍人口增加了142.6%，而建设用地却增加了350.2%，远高于户籍人口增长。村庄户籍人口减少了3.7%，但建设用地反而增加了23.6%。近些年乡村人均建设用地面积呈扩张趋势。2012年底，乡和建制镇的人均建设用地规模已经达到250m²/人，村庄的人均建设用地规模也回升至接近200m²/人（图1）。

我国小城镇发展普遍乏力。我国小城镇人口占总城镇人口的比重呈下降趋势，小城镇对人口的吸引力整体减弱。2012年底，建制镇平均人口规模为1.02万人（含暂住人口），当年小城镇人口占全国城镇总人口的比重为26.21%，远远低于欧美发达国家（比如德国有60%的人口居住在2000至10万人之间的中小城镇，美国也有45%的人口居住在郊区和小城镇，占其城镇居住人口的3/5）。

乡镇公共服务供给严重不足。2012年乡镇的市政公用设施投资与城市相比相差甚远，建制镇和乡的每平方公里市政公用设施投资分别仅有362.8万元和191.5万元，单位土地投资密度分别只有城市的1/9和1/17。

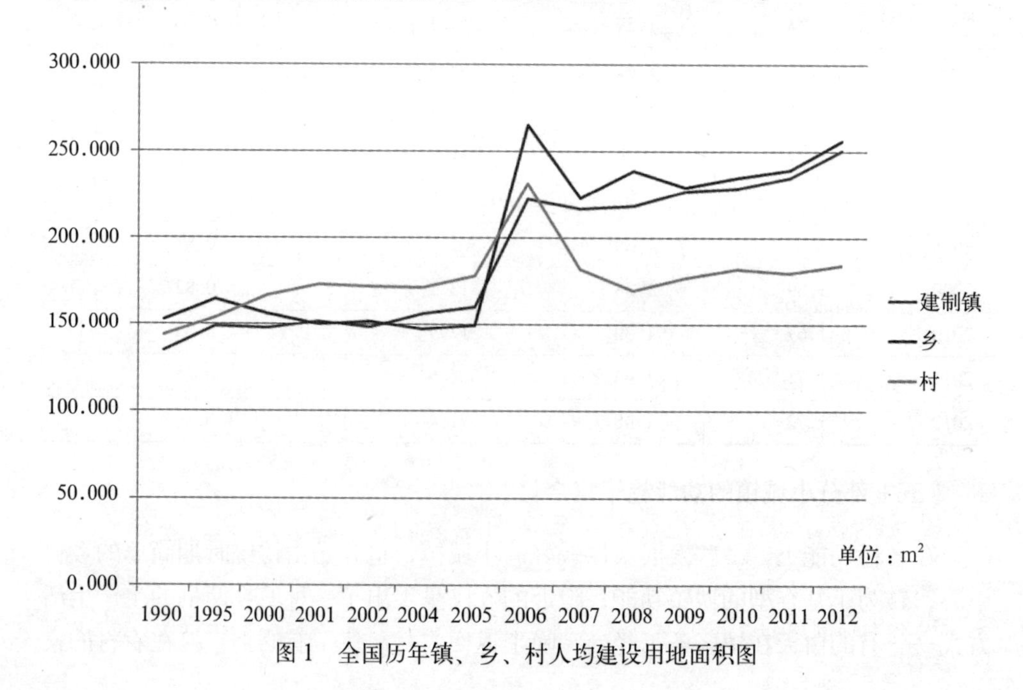

图1　全国历年镇、乡、村人均建设用地面积图

（二）乡村建设照搬城市模式，缺乏对乡土特色的尊重和延续，环境污染严重

在乡村建设过程中，盲目照搬城市模式。用城市建设的理论和标准指导乡村规划和村庄整治建设，结果出现了大量“兵营式”的乡村规划，“千村一面、千镇一面”的问题日渐突出。许多地区热衷于统一发放“农宅标准图册”，将乡村住宅标准化与模式化，忽略了农民的收入差别、地方民居的特色以及传统民居的各种使用特性。

乡村建设不注重科学选址，缺乏对传统格局、自然环境和本土多样性等乡土特色的尊重和延续。传统乡村的选址、空间格局、建筑形式都是经过长时间的适应与演变而形成的，是与农业生产、农民生活习惯、地方文化与气候特征等相适应的，有其内在的合理性。一些乡村建设却要以“科学的”、“现代的”方法去改造传统的乡村，结果往往与乡村发展的现阶段需求相背离，不仅对周边的自然环境造成破坏，甚至会危害乡村的安全。

小城镇的建设管理体系尚不健全，大量粗放的、不尽合理的建设需求在小城镇空间肆意体现，乡村地区环境污染问题日趋突出。2012 年对生活污水和垃圾进行处理的行政村比例分别只有 7.7% 和 29.4%①。乡村日益严重的面源污染问题目前已经影响到了城市，从华北地区的雾霾到河北地下水污染，当前的一系列重大环境保护、灾害防控等问题都与乡村建设发展息息相关。

（三）乡村建设资金匮乏，金融体系薄弱，小城镇土地指标紧缺

乡村建设资金匮乏。2006 年，农业部农村合作经济经营管理总站曾调查统计，全国的乡镇负债总额已超过 2000 亿元，全国负债乡镇占乡镇总数的 84%，平均每个乡镇负债近 450 万元②。2009 年，在上海郊区 102 个乡镇中，共有 92 个乡镇负债，负债乡镇占所有乡镇的 90.2%③。湖北部分乡镇负债，甚至连建防洪闸门的钱都没有，导致洪水时受灾严重。目前我国义务教育投入中，78% 由乡镇负担，9% 左右由县财政负担，11% 左右由省地负担，由中央财政负担的甚少。

乡村金融体系薄弱。2012 年，湖北省的县域存贷比为 40.2%，最低的仅为 11.3%。也就是说，在乡村地区，只有四成甚至一成左右的当地存款转化为贷款服务于当地的经济社会发展，而其余的绝大部分资金没有留在乡村④。截至 2012

---

① 数据来源为 2013 年 10 月出版的《中国城乡建设统计年鉴（2012 年）》。

② 国务院专家：八成以上乡镇负债，总额超过 2000 亿．第一财经日报，2006-09-04．

③ 上海为何有 90% 的郊区乡镇负债．瞭望东方周刊，2010-11-03．

④ 杨宁．他们为何不愿给农民贷款（经济聚焦）——湖北农村金融服务调查．人民日报，2012-02-06（10）．

年 9 月末，邮储银行县及县以下乡村地区储蓄存款余额超过 2.5 万亿元，同年 10 月底，邮储银行累计向县及县以下乡村地区发放小额贷款金额超过 4300 亿元。占储蓄总额的 17.2%[①]。

小城镇土地指标紧缺。1987—1988 年土地使用制度改革，乡镇建设用地指标需经征用后，自上而下获得分配，自此，小城镇土地指标紧缺问题开始凸显。比如山东省平邑县地方镇，沿国道绵延 5 公里，各类商业设施布局在交通繁忙的国道两侧，非常危险，想调整城镇建设框架，但却陷入“无地—不能集中改造—不能节约土地置换”的尴尬循环。

三、新型城镇化下乡村价值与机遇的再认识

在传统的城镇化发展模式下，乡村地区的发展受到了严重制约，三农问题愈发严重，引起了党中央的高度重视。在此背景下，中共中央提出了“新型城镇化战略”，明确了转变城镇化发展模式，加强对乡村地区的支持力度。

2013 年 11 月 9 日召开的十八届三中全会，为我国未来全面深化改革提供了方向指引。十八大报告提出：“坚持走中国特色新型工业化、信息化、城镇化、农业现代化道路，推动信息化和工业化深度融合、工业化和城镇化良性互动、城镇化和农业现代化相互协调，促进工业化、信息化、城镇化、农业现代化同步发展”，提出了“推动城乡发展一体化”，“形成以工促农、以城带乡、工农互惠、城乡一体的新型工农、城乡关系”的重要指示。报告特别提出了要建立城乡统一的建设用地市场，构建新型农业经营体系，推进城乡要素平等交换和公共资源均衡配置，完善城镇化健康发展机制体制，加快户籍制度改革，推进城市建设管理创新等具体制度要求，对乡村地区发展的支持意义重大。

2013 年 12 月 12 日至 13 日，中央城镇化工作会议在北京举行。会议分析了城镇化发展形势，提出了推进城镇化的主要任务：推进农业转移人口市民化，提高城镇建设用地利用效率，建立多元可持续的资金保障机制，优化城镇化布局和形态，留住青山绿水，提高城镇建设水平，让居民望得见山、看得见水、记得住乡愁，并加强对城镇化的管理等。

作为新一届党中央领导集体的最重要任务之一，要实现新型城镇化的健康发展，需要积极推进四个转变：一是转变发展模式，从强调发展速度，转变为注重发展质量，包括居民生活改善与生态环境改善；二是调整发展动力，从投资和出口拉动，转变为居民消费需求拉动、民生型与环保型投资拉动；三是均衡发展权利，

---

① 截至 9 月末邮储银行农村存款余额超 2.5 万亿元．经济观察报，2012-11-12．

既要发挥大城市的引领作用，也要提升中小城镇的发展水平，扭转人口和资源向大城市过度集中的局面；四是更新发展理念，从重视物质建设，转变为以人为本。

在新型城镇化的背景之下，从中央到地方的一系列扶持政策及行动计划，促进了乡村价值的重新审视，乡村的发展面临新的机遇。

（一）乡村仍是我国人口承载的重要空间载体

首先，根据中国城市规划设计研究院的有关研究，我国城镇化水平快速增长的态势不会一直持续，2030 年前后我国城镇化率将达到 65%。这就意味着村庄仍然是 5.2 亿 –6 亿人的安居家园。未来我国的县城将成为推进新型城镇化的重要空间载体，量大面广的乡村地区仍将是我国大量人口的最终居所（图 2）。

此外，受住房与生活成本的影响，大城市难以成为农民工安家立业的首选场所。2012 年我国农民工群体内部年龄结构明显“老龄化”，40 岁以上占比已由 2008 年的 30% 上升到 41%。农村劳动力年轻时外出务工，中年以后回乡照顾家庭和养老，小城镇和乡村将成为他们的重要安居地之一（图 3）。

最后，在新型城镇化背景之下，中央对于乡村地区农业、土地和产业政策的大力支持，将会增加乡村地区的就业岗位和农民的经济收益，促进一部分人口从城市回流到乡村地区就业，进一步增加乡村地区的适龄人口数量和经济活力。

（二）乡村在中华文化传承与发展中的作用日益凸显

城市更多地追求规模效益和经济运行效率，在发展模式和空间建设方面，更多体现为经济效益的最大化，不少体现传统文化的场所被迫让位于经济建设，最

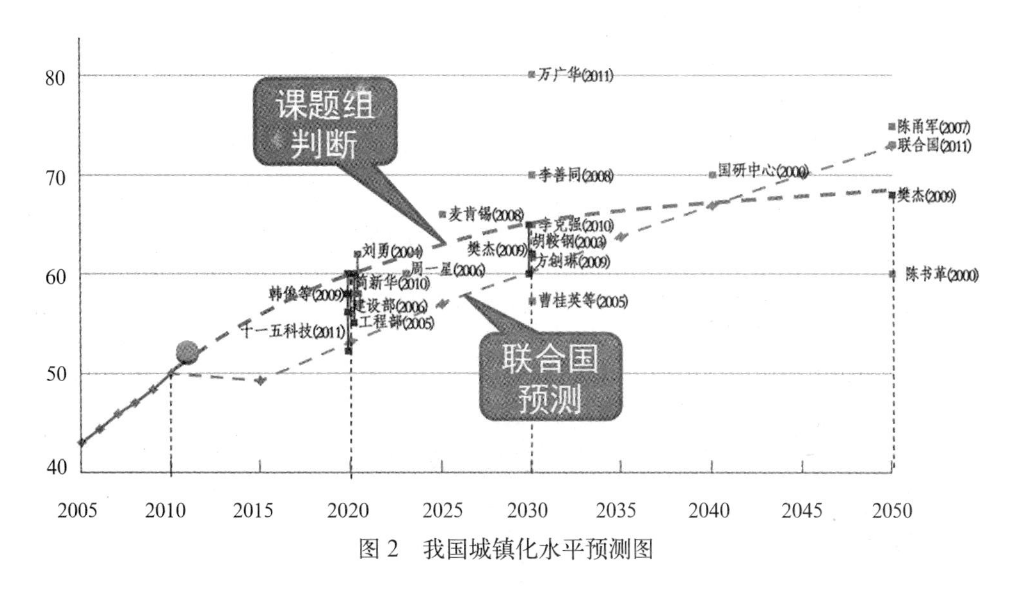

图 2　我国城镇化水平预测图

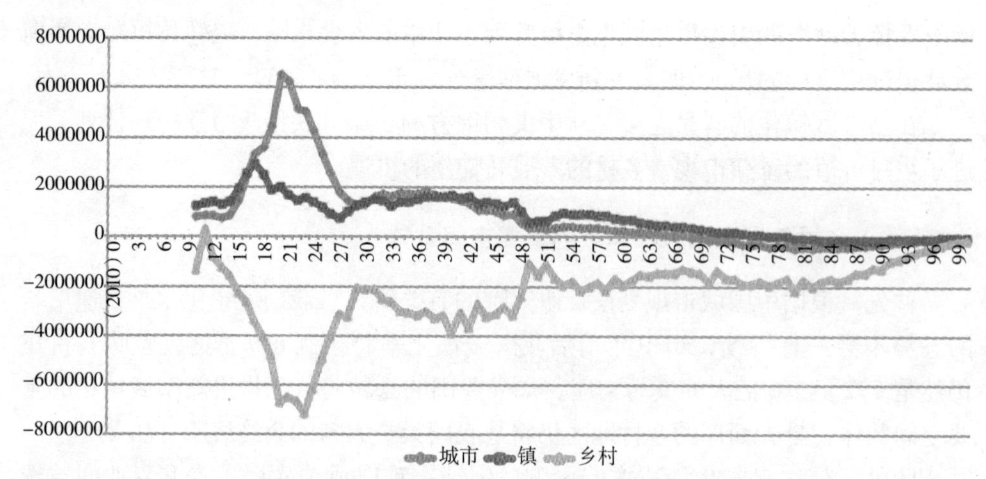

图 3　2010 年六普统计中各年龄段人口增量分布图（以五普为参照）

为典型的是北京四合院的拆除。另外，非物质文化遗产和传统手工艺者，也逐渐从城市当中消失。与此相对比的是，经济发展相对缓慢的乡村地区，反而成为了文化保存与延续，特别是非物质文化遗产得以持续生存的土壤。作为一个传统农业国家，乡村地区是中国传统文化的延续与体现，众多地方方言、风俗、手工艺品、传统节庆等文化元素都是通过乡村得到传承。随着经济社会的发展，文化也越发凸显出其经济价值，将会对乡村地区带来新的经济增长机会，并进一步促进文化的繁荣。

（三）乡村在亲近自然和健康休闲方面的价值不可替代

随着工业化与城镇化的持续推进，乡村地区对于城市的价值正在不断提升和更加多样化，从某种意义上讲，城市对乡村的依赖更强。发达国家的经验表明，乡村可以为高度城镇化时代的城市居民提供不可或缺的、多样化的服务，甚至成为城市居民向往的场所。在未来，城市居民将会更加积极与频繁地进入乡村地区，开展旅游与休闲活动，亲近自然，体验传统文化。与过去乡村地区作为城市发展的基础和背景不同，未来的城市需要乡村地区积极提供休闲活动与养老场所。

（四）乡村有条件培育新兴产业，成为经济增长的动力源泉

随着信息技术与交通网络的发展，远距离的办公已经成为可能。再加上城市的运行成本高企，环境恶化，将会促使资金相对缺乏的创业者们，或对成本敏感、对距离相对不敏感的科技研发、网络服务等高新企业，离开城市，进入到成本低廉、环境优美的乡村地区。未来的乡村地区，将有可能成为新兴产业的孵化器。同时，伴随着现代农业、绿色休闲农业等复合功能的农业发展，乡村地区的经济将会进

一步被带动，发展潜力将会进一步被挖掘，并成为未来我国经济的转型抓手和增长点。

四、多元化的乡村发展未来之路

（一）趋势判断：平等、幸福、转型、绿色、健康、集约

在新型城镇化的发展要求之下，总体来看，我国乡村地区将会迎来平等、幸福、转型、绿色、健康和集约的发展道路——

平等：体现在新型城镇化的目标不是重城轻乡，而是统筹一体，城乡之间的户籍、土地制度和收入分配制度将面临调整创新，城乡公共服务将最终走向一体化，使得乡村地区实现与城市平等的发展机遇。

幸福：体现在乡村地区农民的收入与安居，通过政策的调整和产业的发展倾斜，城乡之间居民的收入差距将会缩小，乡村地区农民的收入将会普遍提高。

转型：体现在乡村地区将会迎来农业现代化转型、产业结构优化、产业链条完整化和梯度化，以及进驻乡村的服务业高端化。

绿色：体现在随着人们对于生态环保的意识增强及相关政策调整，乡村地区生态环境和文化将会得到进一步保护，并在保护的基础上，积极探索其利用途径，挖掘其经济价值。

健康：体现在伴随着生态技术的推广应用，乡村地区的污染和能耗将会降低，食品安全水平和居民健康水平得以提高。

集约：体现在乡村地区发展模式的转变，土地和设施建设从粗放使用、浪费严重走向集约节约、高效利用。

虽然普遍而言，在新型城镇化背景之下，我国乡村地区将会迎来平等、幸福、转型、绿色、健康和集约的发展趋势，但是我国地域广阔，乡村地区差异巨大。因此，在总体的发展趋势之下，乡村地区会存在多元化的发展路径。

（二）城市型乡村地区：工业和服务业带动的集聚发展

有一部分交通区位良好的村镇，在改革开放初期，抓住历史机遇，发展迅猛。虽然行政体制上属于广义的乡村地区，但是其人口规模、发展模式、产业结构、空间形态等，与典型的城市没有区别。典型的代表有珠三角地区的广东省东莞市虎门镇（图 4），借助改革开放的历史时机，充分利用外资，以服装产业起步，当前已经成为常住人口超过 60 万人，生产总值超过 380 亿元的全国千强镇，多年排名第一位；再比如长三角地区江苏省江阴市华西村，借助临近上海等大城市

图 4　城市型乡村地区——广东省东莞市虎门镇

的区位优势，通过集体企业的发展，已经成长为农业、工业、科技、文化、旅游共同发展的“天下第一村”。

另外，也有一部分紧邻大城市的村庄，随着城市的扩张，已经进入到城市内部，或者与城市连绵发展，成为城市功能区的实质组成部分，除了行政体制有所不同之外，其余发展模式、空间特征等已经与城市融为一体。典型的比如北京、深圳等大都市内的城中村和部分城边村，高楼林立，服务业发达，除了土地权属依然在集体手中之外，如果单纯从外部空间形态与功能类型判断，已经完全看不出乡村的痕迹。

以上这些已经呈现出城市特征，或者与城市实质上一体化发展的乡村地区，可以称之为“城市型乡村地区”。这一类乡村，已经找不到传统的乡村特征，其发展路径与城市完全一致。未来的进一步发展，更加倾向于走城市化的发展道路——工业化带动，提质升级服务业，注重规模效益与经济发展的质量。

“城市型乡村地区”并不是一般意义上所理解的乡村地区的典型状态，其数量和面积仅仅占据了乡村地区的一小部分，属于“特殊的乡村”。这一类乡村地区，已经在经济发展和社会文化发展方面取得了令人瞩目的成就。为了进一步促进这一类地区的发展，建议：对于虎门镇与华西村这种没有与城市连绵一体的单独的村镇，应当适度提升其行政地位，使其能够按照常住人口规模，配置适宜的政府服务部门、公共服务设施等，满足其进一步发展的需求，使其继续成长，甚至最终发展为一个完整和谐的城市；对于城中村和城市近郊村这类与城市连绵发展的村庄，则要尊重农民权益，进行乡村空间的城市化改造，完善环境、增加设施、植入合理功能，使其成为城市不可分割、完整统一的组成部分。

（三）城市化乡村地区：尊重产权基础上的功能有机融合

“城市化乡村地区”，主要指的是位于城乡接合部的乡村，受到城市较为强烈的辐射带动，承担了一部分城市职能的外溢，具有很强的城市化动力，但是同时也保留有大片的农田、优良的自然环境等典型乡村景观特征。与“城市型乡村地区”相比，“城市化乡村地区”还没有完全成为城市的实质组成部分，其空间布局和发展模式，呈现出现代城市与传统乡村交融、混杂的状态。因此，这一地区的城、乡矛盾最为突出，耕地侵占、强制拆迁等冲突事件时常见诸报端。

在这一地区的传统发展模式是：将乡村的集体土地征为国有用地，然后推平村庄，农民上楼；在农田与原来的村庄建设用地上进行高强度的城市开发，从而彻底将其转化为城市地区。这种以城市无序蔓延为特征的粗放式城镇化模式，已经不可持续。新型城镇化战略的提出，为这一地区带来新的发展机遇——现代交通技术和信息技术的高速发展，已经彻底改变了传统意义上的产业布局模式以及其对空间资源的使用方式，使得城乡功能的融合不需要建立在空间连绵的基础之上；同时，城乡接合部地区新的经济形态也应运而生，比较有代表性的是体验创意和远程服务等。在这种情况下，对于城市化乡村地区，应该具有的发展模式是：打破传统的城市“摊大饼”的发展模式，通过功能要素的有机化组织，提高该地区的空间利用效益，使得城乡接合部的“第三空间”的经济、生态等综合发展水平，远高于传统农业地区的“第一空间”，建设模式又远优于城市地区的“第二空间”，即，“把田园的生态带给城市，把城市的活力带给田园”。具体而言：

第一，形成与城市互补、融合发展的综合功能

(1) 立足农业资源，转变生产方式，拓展附加功能，将传统的农业经营方式，发展为综合化的现代农业。推动传统农业现代化、综合化，农业与工业、旅游业相结合，使得现代农业，具有第一产业的性质，第二产业的形式，第三产业的功能，形成生产、生活、生态一体化发展的多功能产业。在生产方面，配合当地农林牧渔业生产，带动乡土饮食业的消费；在生态方面，多样化的农业园兼具资源保育的功能，能够提高城乡接合部的生态环境质量；在生活方面，多样的农业配合诗情画意的山光水色，展现农业大国的传统文化特色。

(2) 以现代农业为基础，向下游二三产业发展延伸。在现代农业发展方面，要稳定谷物、油料作物等土地密集型农业；拓展畜产品、水产品、蔬菜等劳动密集型农业；培育改良育种、农作物精炼、生物质等高科技农业；发展观光、休闲、体验等服务密集型农业。在向第二产业的延伸方面，则立足于现代农业的发展，发展农产品和农业生产资料加工业，就近服务农业与农民；同时，发展与城市工业相配套的制造业，为农民的农工兼业创造条件。在向第三产业的延伸方面，则应当发展交通运输和公共服务业，发展批发零售、金融保险、农业服务等。

(3) 在立足于自身资源，以农业为基础，向二三产业延伸发展的同时，城乡

图 5　宜兴科创产业公园的“岛状”开发利用模式

接合部的独特区位，使得“城市化乡村地区”有条件接受城市的产业转移，进行特色化发展。只不过在承接城市产业转移的过程中，应当有所选择，以保护生态和农业环境为前提，拒绝污染型工业进驻，重点接纳科技、文化、创意及旅游产业，有机融入城乡接合部。比如，浙江省宜兴市成城乡接合部的科创产业公园，就是在保护田园水系环境的基础上，对高科技、无污染的研发型产业园区土地进行“岛状”的开发利用，达到了城市的高端功能与乡村的田园环境有机结合的目的（图 5）；四川省的西昌市，将旅游、度假、体育、娱乐等功能，与农业庄园、风情小镇、田园绿道、湿地景观等融合为一体，形成了独具特色的“田园新区”，成为城乡接合部“城市化乡村地区”发展的典范。

第二，尊重土地产权，多样的土地所有制并存

在城乡接合部，土地所有制度为农民集体所有，传统的城市化发展模式是将集体土地征收为国有土地，农民失去土地所有权。在新型城镇化背景之下，中央鼓励农村集体经营性建设用地与国有土地同价同权。因此，该地区的土地所有制与利用方式，将会从传统形式的政府单方面征收，将集体土地全部转化为国有土地，走向新形势下的政府与农民合作，国有土地与集体土地并存。在符合整体规划的基础上，企业使用的土地是国有用地，则需要与政府谈判；使用的是集体土地，则只需要与农民集体进行谈判即可。集体土地的发展权留给了农民本身，既使得农民能够公平分享城市化红利，也有助于增加农民在土地利用方面的谨慎态度，避免无序的小产权房建设，保障城市化乡村地区的健康可持续发展。

（四）农业型乡村地区：传承乡土特色，促进三农现代化

在我国，绝大多数的乡村是远离大城市辐射带动的，以农业生产为基础，保持着传统的乡土社会形态。这一类乡村，可以称之为“农业型乡村地区”。这一类乡村地区的居民点，包括：少部分复合型功能的重点镇；一定量的作为农村服务中心的一般乡镇；大量的普通村庄；以及一小部分依靠特殊资源禀赋脱颖而出的特殊乡村。对于“农业型乡村地区”，重点是自然生态的保育、文化的传承，是“望得见山，看得见水，记得住乡愁”的基础地区，应当突出乡村本身的自然与人文特色。

对于承担复合型功能的重点镇，作为周边农村区域的经济、社会发展核心，其发展模式应当强调一二三产业的综合协调发展；在镇区建设上提高集中度，发展工业、商贸、旅游等多元功能，并完善面向村庄的中心服务功能和基础设施配套建设。

对于作为农村服务中心的一般乡镇，应当聚焦于生态化的发展模式，不建议发展工业，强调农业和休闲旅游业的结合发展，并完善其乡村中心的服务功能和旅游休闲服务功能，突出生态功能、环境整治和地域特色，追求精致化和特色化的建设及发展模式。

随着我国城镇化进程的持续推进，农村居民将会不可避免的减少，部分村庄的萎缩和空心化将在所难免，应当客观看待。因此，广大普通村庄的未来发展之路，应当分类对待。对于人口和建设规模较大，依然承担周边地区一定服务功能的中心村，应当立足于农业发展和村民生活改善，鼓励其探索适宜性、综合性的发展道路；对于一部分传统村落和为了方便农业生产而保留下来的一般村落，发展动力相对较弱，更应当立足于设施改善；对于人口流失严重、空心化突出的萎缩村落，则不鼓励继续发展，而是应当制定宅基地和承包地处置政策，解决流失人口的财产处置问题，并最终将萎缩村落还原为农田或生态绿地。

还有一部分乡村地区，依托自身特殊的资源禀赋异军突起，形成了另外的特殊发展道路。比如，山东省寿光市的乡村地区，在没有大城市辐射、没有资源和交通优势的情况下，抓住了我国农业市场化发展的历史机遇，通过农业现代化驱动，以农业培养工业，以工业提升经济并反哺农业，通过工农互助，推动了当地的乡村发展；甘肃省陇西县首阳镇的乡村地区，将中药材产业作为支柱，突出纵深开发，从种植、加工、贸易和物流进行一体化发展，成为全国著名的中药材物流和交易集散基地；贵州省雷山县西江苗寨，以民族文化、自然风光为资源，发展面向国内外的原生态旅游，已经发展成为名副其实的“中国苗族文化中心”；等等。对于这一类特殊的乡村地区，则应当因地制宜，突出特色，使其不仅服务

于本地，更要积极辐射周边地区，甚至在国际化大分工当中占有一席之地。

综上所述，在新型城镇化的背景之下，未来我国乡村地区的发展，将会在平等、幸福、转型、绿色、健康和集约的整体发展趋势下，形成由城市型乡村、城市化乡村、农业型乡村等多种模式组成的多元有机的发展道路，最终形成百花齐放的乡村地区发展格局。

参考文献

[1] 李晓江 . 我国村镇规划、建设和管理的问题与趋势（内部讨论稿）[C] . 引自 2013 年香山科学会议上所做的学术报告 .

[2] 王凯 . 村镇发展模式与新型城镇化战略（内部讨论稿）[C] . 引自 2013 年香山科学会议上所做的学术报告 .

[3] 蔡立力 . 村镇建设的科学规划与管理（内部讨论稿）[C] . 引自 2013 年香山科学会议上所做的学术报告 .

[4] 住房和城乡建设部起草组 . 中国城镇化的道路、模式和政策 [R] . 起草人有李晓江、朱力、张娟、张永波等人 .

[5] 单卓然，黄亚平 . 新型城镇化概念内涵、目标内容、规划策略及认知误区解析 [J] . 城市规划学刊 ,2013（2）.

[6] 蔡昉，王德文，都阳 . 中国农村改革与变迁 [M]. 上海：上海人民出版社 ,2008.

[7] 国家统计局 .2012 年全国农民工监测调查报告 .

[8] 中国城市科学研究会，住房和城乡建设部村镇建设司编 . 中国小城镇和村庄建设发展报告（2010）[M]. 北京：中国城市出版社 ,2012.

[9] 中国城市科学研究会，住房和城乡建设部村镇建设司编 . 中国小城镇和村庄建设发展报告（2008）[M]. 北京：中国城市出版社 ,2009.

[10] [美] 巴里 · 诺顿 . 中国经济：转型与增长 [M]. 上海：上海人民出版社 ,2010.

（撰稿人：蔡立力，中国城市规划设计研究院城乡所，教授级高级规划师；陈鹏，中国城市规划设计研究院城乡所，主任工程师，教授级高级规划师；王璐，中国城市规划设计研究院城乡所，规划师；魏来，中国城市规划设计研究院城乡所，规划师）

观点篇

50% 城镇化率转折点上的城市生态思考

一、背景：城镇化视角的环境问题成因

环境问题正困扰着中国城乡，近期时有发生的大规模严重雾霾问题便是我国环境状况的直观写照。我国城镇化进程中 GDP、能耗以及城镇人口历年变化情况（图 1）表明，从 1978 年至 2012 年，GDP 增长了 14063%（图示蓝色曲线为 GDP 增长趋势），城镇人口增长了 312%（图示黄色箭头为城市人口增长量），而能源消耗增长 533%（图示红色箭头为能耗增长量）。说明我国改革开放三十几年的初级发展模式，是以能耗五倍多的增长为代价，实现了产业和经济的发展及城镇化的发展的。在看到这种初级模式产生成效时，更应该认识到，这种发展模式是不可持续的。以此粗放模式，如果我国的城镇化率还要提升 25%–30%，对世界的能源供应总量和中国环境而言，都是不可能实现的。

城镇化和城市快速发展中对生态的忽视导致产生环境问题的情况并非我国独有，发达国家早已先于我们经历这一阶段。从城镇化率的视角进行分析（图 2），我国在 2010 年达到城镇化率的 50%，而英国早在 1851 年便经历了这一转折点，德国、美国、法国、巴西、日本、韩国也相继先于中国经历了 50% 的城镇化率阶段，这些国家在发展中的这一时段无一例外地经历了类似中国现在所经历的严重环境问题。因此，向发达国家学习环境治理经验，研究它们在其发展历程中遭遇类似我国现今阶段严重环境问题的情况下是如何采取措施的，可以为我国解决环境问题、实践可持续发展提供启示。

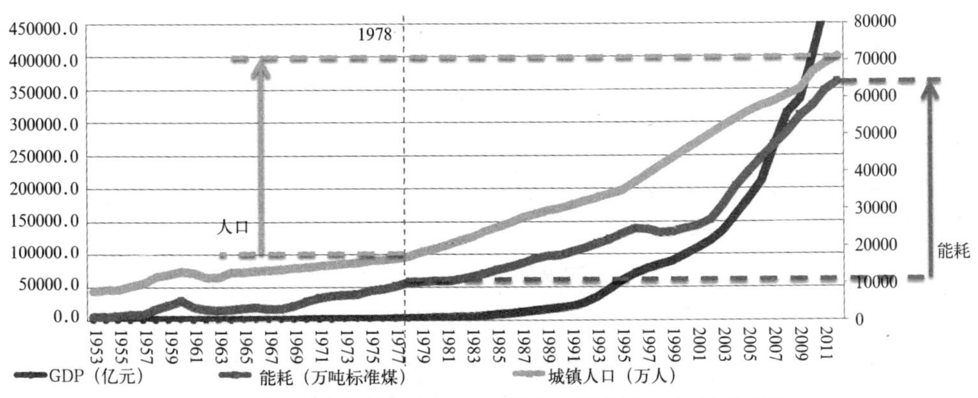

图 1　我国城镇化进程中 GDP、能耗、城镇人口随时间变化

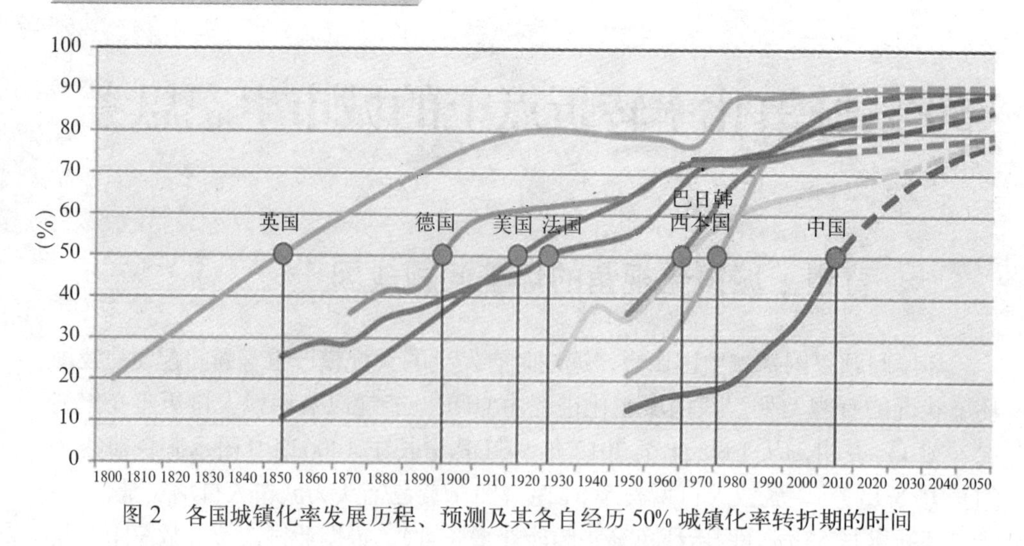

图 2　各国城镇化率发展历程、预测及其各自经历 50% 城镇化率转折期的时间

二、发达国家发展中经历的环境问题

自 18 世纪 60 年代英国工业革命开始，世界各国陆续进入工业化进程，工业化对城市的经济发展起到了巨大的推动作用，但同时对于环境的巨大破坏在世界范围广泛存在。通过分析发现，几个早期工业化国家，在各国城镇化率达到 50% 的前后，生态与环境问题均呈现出集中爆发的态势。

英国是历史上第一个工业化的国家。1851 年，英国的城市人口第一次超过了农村人口，达到总人口的 50%，实现了初步的城市化。在 19 世纪末期，英国又率先实现了高度城市化。1891 年，城市人口占全国总人口的 72%；到 1900 年，英国城市人口比重提高到 75%。工业化对于城镇化进程的推动作用是十分显著的，英国因此成为了 19 世纪最为强大的国家。然而环境问题逐渐成为了英国政府及民众关心的问题。19 世纪中叶，城市卫生协会对英国主要城市当时状况的报告中是这样概括的："博尔顿市——实在糟；布里斯托尔市——糟极了，死亡率很高；赫尔市——有些部门坏得不堪设想，许多地区非常污秽，镇上和沿海排水系统都极坏，严重拥挤和普遍缺乏通风设施。" 19 世纪英国城市的环境问题主要表现为水体污染和空气污染，由此造成多种传染病的流行及早期公害的发生。19 世纪烟雾腾腾、到处充满恶臭的城镇吞噬了成千上万英国人的生命。

德国于 1893 年达到了 50% 的城镇化率，而环境问题也接踵而来。史料中有关鲁尔区污染状况的记载触目惊心：数千座烟囱夜以继日排放着滚滚浓烟，雾霾天气严重时伸手不见五指；天降灰雨，城市好像被火山灰淹没的庞贝古城；洗涤后的衣物不能在室外晾晒，否则会变得更脏；长期生活在污染地区的居民出现轻微的呼吸道痉挛，白血病、癌症及其他血液病的发病率也明显上升；而莱茵河的污染简直让其成为了“欧洲下水道”。但是那时的人们很少抱怨，因为工业发展给大家带来了富足的生活。

美国在 1918 年达到 50% 的城镇化率，在这段发展历程中，美国也应对了土地贫瘠、森林被大量砍伐、工业废气导致酸雨不断、卫生设施不足、河流污染等环境问题。20 世纪 50 年代，美国洛杉矶发生了世界八大公害事件之一的光化学烟雾污染。此外，西部矿产劫掠式的开采，使矿区自然生态严重失衡；伴随着工业的发展，工厂不断增多，排放出的废气、废尘随之增加，空气污染严重，“酸雨”不断；同时，人口增长惊人，城市住房、卫生设施严重不足，废物被随意倾倒，河流污染严重。

三、发达国家环境治理经验

面对一系列的环境问题给城市、社会造成的严重后果，各国政府和民众都开始重新正视环境对城市发展的重要意义，政府也出台了一系列的政策来治理和保护环境。世界最早达到城镇化率 50% 的三个国家分别是英国、德国和美国，三者皆为不同时期世界上最发达的国家，距今经历的时间检验也最长。

1. 英国生态环境治理

在 1852 年前后伦敦烟雾事件的剧烈冲击之下，英国民众和政府终于清醒地认识到了环境治理的严肃性和重要意义。这也直接推动了一系列相关立法，成为了现代英国空气治理的里程碑。经过治理，曾经是英国最大污染源的工业部门烟尘排放量减少了 79%，而由它造成的职业病也下降到 17% 以下，伦敦乃至整个英国的环境污染得到了富有成效的改善，目前环境质量也处于世界领先地位。

（1）英国治理的法律手段

依靠和运用法律手段特别是采用环境标准是英国环境控制体制的核心。环境标准管理代替了以前通过不断修改法律来适应环境问题的做法，并且形成了一套法规体系。

50% 城镇化率前后，英国相继进行了一系列环境治理和公共卫生相关的立法，并在后期同空间规划有效结合颁布了城市规划相关的法律（图 3）。1851 年前后为应对严重环境问题颁布了《公共卫生法》、《消除污害法》、《环境卫生法》等以公共卫生为主要目标的相关法规；在 1866–1909 年间则主要为改善并提升居住空间的住宅法案，包括《住宅法》、《住宅、城镇规划诸法》等；后期的城乡规划立法则更是直接有效地推动了现代城市规划的进程。该过程中，不同时期典型的文学代表作品更是各自阶段立法与城镇化改革进程的直接写照。

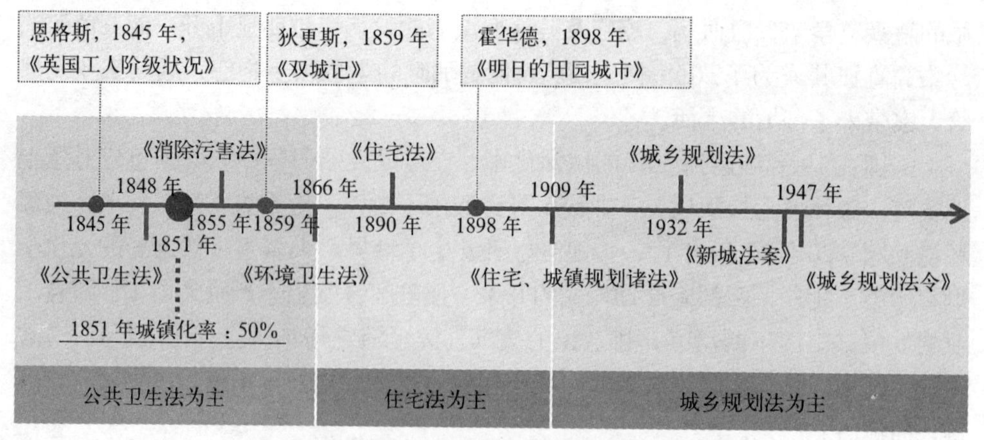

图 3　50% 城镇化率转折期英国的重大立法举措

总的来说，19 世纪的英国环保立法以末端治理为指导思想。20 世纪后，立法指导思想逐渐转为通过制定标准来避免产生环境问题的污染预防。立法主要遵循可持续发展、污染者付费、污染预防三个基本原则。并且据此形成了环境影响评价体系、综合污染控制和环境管理标准。

（2）英国治理的公众参与

自 19 世纪 50 年代城镇化率达到 50% 之后，英国民众一直关注着环境与健康问题，公众参与在推动污染治理中发挥了积极而有效的作用。《大宪章》(Magna Carta）以来的英国民众对个人权利与社会公正有着深刻的意识，这实际上促成了民众参政、议政的公民意识。他们承担起继续推动环境治理与自然资源保护的社会职责。

而英国的非政府组织也在环境治理中发挥了重要的作用。英国政府和地方当局对环境管理的具体实施一般都委托给有关社会团体、中介组织、咨询和认证机构来进行。例如，英国标准化协会（BSI）负责环境管理体系及审核体系标准的制定、修订和咨询；Resource（英国技术交流与咨询公司）提供质量、环境、安全、标准、测试、计量标准与认可，以及消费者保护、关税贸易、进出口程序和国际技术交流等多种项目服务。这些非政府组织在政府与企业之间架起了联络的桥梁，为政府环境治理进行了大量卓有成效的工作。

2. 德国生态环境治理

（1）管理与空间规划相结合

德国在环境治理方面重要的控制手段是空间规划，他们利用空间规划的制定限制城市的发展与扩张，预留绿地，并对产业合理布局，对环境保护与治理起到了一定的积极作用。

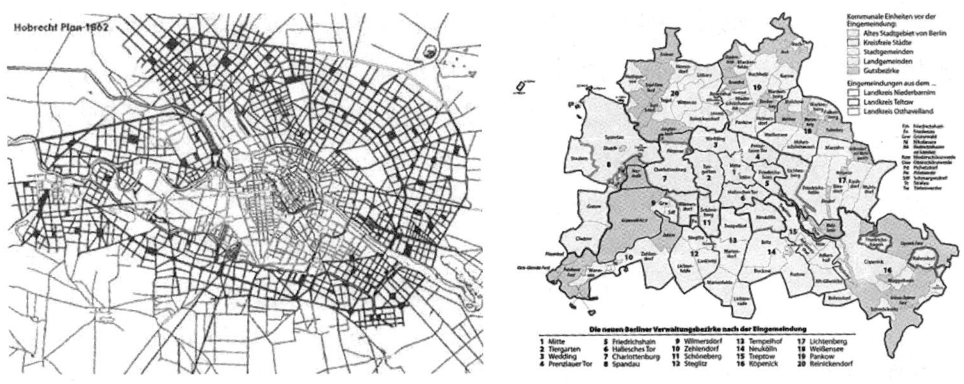

图 4　50% 城镇化率转折点前后德国的空间规划。柏林 Hobrecht 规划（左），大柏林规划 Groß–Berlin（右）

在达到 50% 城镇化率前后，德国把环境管理和空间规划相结合的做法对预防性环境政策来说，是一种有效的途径。其中包括著名的 1862 年柏林 Hobrecht 规划（1862 年，图 4 左）、控制性规划 Zoning Plan（始于 1870 年）、大柏林规划 Groß–Berlin（1920 年，图 4 右）。

在 1862 年的 Hobrecht 规划（图 4 左）中，明确将 6 倍于现有城市面积的城市周边土地纳入城市范围，标明街道的位置、重点地段的细部设计以及围绕城市的林荫大道，街区的尺度以 200m × 300m 或 200m × 400m 作为标准，同时建设区域性铁路线支持工业发展；1920 年编制的大柏林规划（图 4 右）中则是明确柏林与勃兰登堡的脱离，扩张柏林的版图，并入邻近的大量地区和市镇，人口规模增至 400 万人，行政区划上组成大柏林地区，为区域实施综合城市规划创造条件。

（2）区域的协调管理

以水资源为例，德国把水资源的管理交给一个协调组织，河流协调组织的目标和任务是恢复和保持整个河流系统的健康，具体政策如下：

· 水质管理目标的定义和详细描述；

· 通过管理水流量，以使河流在全年甚至在干旱季节也能够得到利用；

· 改善河流水质以便使卫生安全和饮用水生产能够以一种可持续的方式得以保持；

· 指导避免水污染活动（工业等）的选址；

· 确保协调组织成员必须支付的运转费用；

· 在没有官方机构的干扰下管理自身的事务，完成由法律所公布的目标。

3. 美国生态环境治理

50% 城镇化率转折点前后，美国的城市规划领域发生了一系列里程碑式的重大事件。1909 年第一届全美城市规划会议在华盛顿召开，同年哈佛大学开设城市规划课程，《芝加哥城市规划》也编制于此时；1916 年美国第一部综合性《区划法》创建；1917 年美国规划协会成立；1922 年，洛杉矶县在全国率先设立了县规划署来处理中心城市周围地区的发展问题；1928 年，商务部颁布标准州分区规划法（the Standard State Zoning Enabling Act）；1929 年，纽约区域规划委员会发布《纽约及其周边地区区域规划》。

美国面对的最主要的环境问题便是空气污染，因此环境治理中对空气污染的考虑是重点内容。1970 年，美国环保署成立，同年通过了《清洁空气法（修订案）》（也叫《1970 清洁空气法》）。《1970 清洁空气法》奠定了美国沿用至今的大气污染治理体系基础。

除此之外，美国还相继提出环境治理政策，对大的固定污染源实施污染物排放控制，对新上路轿车执行更为严格的尾气排放标准，并同时对其他类型车辆制定尾气排放标准或者进一步严格尾气排放标准。此外，提高燃料的品质以降低污染物的排放，对小型以汽油为燃料的设备制定排放标准，对中小型挥发性有机物商业源实施规制，在任何有可能的情况下都鼓励实施最佳管理实践。还采取了进行交通管理以实现道路的畅通、鼓励拼车以及乘坐公共交通工具等多项策略。经过多年政策实施之后的美国旧金山湾区在 1968-2010 年间空气污染状况的统计结果变化趋势可以直观呈现城市生态的改变（图 5）。

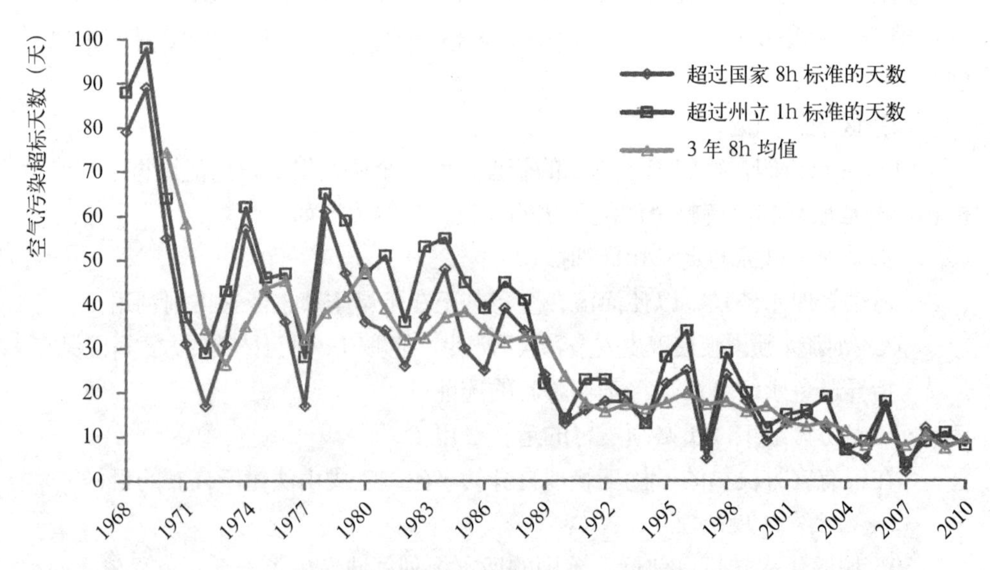

图 5　美国旧金山湾区 1968-2010 年空气污染变化趋势
（资料来源：Dr. Eugene Leong）

四、总结：我国环境启示与思路

中国的产业和经济在1978年改革开放政策实施后经历了三十多年的快速发展，伴随中国腾飞的是中国城乡环境的严重污染。中国的发展和面临的环境问题在一定程度上，同发达国家的特定发展阶段具有一定的相似度，可以从发达国家治理环境的历程中获得启示。

（1）将环境治理与空间规划有机结合

我国目前各城市仍处于发展阶段，多数城市的规划项目都在编制或即将编制，因此在规划编制中落实环境治理思路是从本源治理环境的一大途径，德国在这方面有着较好的经验。包括城市绿道、生态廊道、公共空间、绿化场地在内的具体设计，以及对城市生态环境具有维护作用的基础设施规划设计，都对环境治理和优化有着现实意义。这既是预防性的环境保护，也是改善性的环境治理。

（2）充分运用包括分析模拟在内的新技术，重视数据采集并适当开源

新技术的生态落实在应对环境问题上非常重要，尤其是结合数据的分析模拟技术，可以确保我们作出具有针对性的对策，这其中包括污染物的监控、统计，以及落实的治理技术等方面。污染监控中的数据采集应当被赋予更多的注意力，同时应该适当开源给研究人员，不同学科的人可以从不同领域入手协同工作，为环境问题和城市的生态改善提出多角度的策略。

（3）管理手段与技术手段的综合应用

技术手段绝不是唯一有效的方法，反而对于中小型污染源，实施管理实践往往非常有效。这些措施往往比较简单，但是因为涉及日常生活和工作活动的点滴，累计效果往往非常显著，对于改善地区大气质量有着显著的作用。管理手段和技术手段并行，这在发达国家的城市生态发展和环境治理过程中是常见的，也是值得我们思考和学习的内容。

（4）从本源着手，有效应对污染源

应对环境问题要从本源入手，因此对污染源的分析和治理非常重要。如水污染治理需要明确污水由何处排出，治理空气污染也需要明确污染产生的源头。同时，对燃料清洁程度的控制和监测、对不同车型标准的制定和监察，以及对车辆定期进行环境影响评估和维护等都是改善城市环境问题的本源策略和方案。

（5）提高公众意识，加强公众参与

城市可持续发展、生态文明建设、环境保护都是每个城市人的事情而并非政府自身的作为，且从污染源的角度，每个城市公众都可能成为造成环境污染的污染源之一，这就需要提高公众对可持续发展、生态文明以及环境保护的充分认知。

同时，公众参与的另一个方面就是城市人平等的发言权，城市环境属于公众，公众对可持续发展的意见和思路往往发自基层，可以作为政策和技术落实的参考与支撑。

（6）成本控制与长期收益的思路

城市开发和环境治理中不可避免地需要考虑成本，因此在进行治理的初期应当优先考虑成本效益较高的项目，以维持资金的充分流转。但对成本的思考也应更加重视长远，形成长期收益的思路而不是局限在眼前利益。从发达国家的发展经验看，环境治理的长期收益都是远远高于初期成本的，我国制定环境策略时对成本的考虑也应立足长远，制定更具先进性的城市政策。

参考文献

[1] 梅雪芹．19 世纪英国城市的环境问题初探 [J]. 辽宁师范大学学报，2000（3）：105-108.

[2] （英）K · J · 巴顿．城市经济学理论和政策 [M]. 北京：商务印书馆，1984：104.

[3] 刘向阳 .20 世纪中期英国空气污染治理的内在张力分析——环境、政治与利益博弈 [J]. 史林，2010（3）：144-151，190.

[4] 魏磊．英国生态环境保护政策与启示 [J]. 节能与环保，2008（12）：15-17.

[5] 王黎，赵中桥．论英国治理空气污染中的立法与公民意识 [J]. 世界近现代史研究，2012：104-115，308.

[6] 刘金源．工业化时期英国城市环境问题及其成因 [J]. 史学月刊，2006（10）：50-56.

[7] 李蔚军．美、日、英三国环境治理比较研究及其对中国的启示 [D]. 上海：复旦大学，2008.

[8] 徐鹏博．中德环境立法差异及对我国的启示 [J]. 河北法学，2013（7）：165-169.

[9] 孙宇飞，严岩，段靖，邓红兵，吴钢，孔源．日本与德国环境政策的比较 [J]. 环境保护，2009（2）：82-84.

[10] G.Werner，陈文辉，李秀波．德国环境保护与空间规划 [J]. 世界环境，2002（5）：30-32.

[11] 齐建军．美国生态保护的历史轨迹及对我国生态文明建设的启示 [D]. 沈阳：中共辽宁省委党校，2011.

[12] Dr. Eugene Leong，梁振英．双城记：旧金山四十年大气污染治理历程对北京污染的启示 [J]. 世界环境，2013（6）：22-28.

（撰稿人：吴志强，同济大学，副校长，教授，博士生导师；杨秀，同济大学建筑与城市规划学院，博士研究生；刘冠鹏，同济大学建筑与城市规划学院，城市规划系硕士研究生）

新型城镇化背景下的安全减灾规划对策

2014 年 2 月 25 日，国家主席习近平在考察北京城市建设工作时指出："城市规划在城市发展中起着重要引领作用，考察一个城市首先看规划，规划科学是最大的效益，规划失误是最大的浪费，规划折腾是最大的忌讳。"这则话本质上在肯定城镇化是中国现代化必由之路的同时，强调城镇化发展必须注重质量提升，对此，原住房城乡建设部副部长仇保兴在一系列演讲上说要守住城镇化发展的"底线"。本文认为，在新型城镇化建设的一系列应守住的"底线"中，城市与城镇的安全减灾是生命线，它更是衡量城镇化发展质量的标志。为此我们可以试问中国新型城镇化安全减灾规划布局准备好了吗？2014 年 3 月又颁布《国家新型城镇化规划（2014—2020 年）》，使发展与安全减灾的"两难"的棘手问题，直指城乡建设如何发展才能摆脱危机之境。2014 年 4 月以来，蔓延加剧的灾难"城市病"，尤其是"大城市病"，使快速发展的大中城市成为关注重点，在多元的城市"病因"中，规划布局不完善、功能定位不合理、管理方式不科学都愈演愈烈。2014 年 5 月以来的全国十多个城市的暴雨再次考验着城市底线思维：东莞女大学生被冲入下水道死亡、深圳机场再次变成"水帘洞"、广东电网 60 多条线路在暴雨下跳闸都再次说明，拘泥于头痛医头、脚痛医脚的城市"应急"，只能一次次陷入错误重复的怪圈之中。新型城镇化建设不仅应谨防灾害陷阱，更该善于反思并总结，使灾难个案及曾有过的失误，成为城市安全发展的"推进器"。据此，我认为探讨城镇化进程中的灾情发展特点及规律，提出对 2014 年乃至未来中国新型城镇化有效的应对灾难危机的规划发展策略尤为迫切。面对日益复杂的灾害形势及由"乡村中国"向"城镇中国"的华丽转身，我们一定要说，当下城镇化建设，不可再比速度、比规模，而要认真思考防灾减灾城镇化保障的规划对策，据此本文从问题与对策两大方面作出分析。

一、问题：新型城镇化规划为什么缺失科学的综合减灾规划

2014 年 4 月中旬，在《国家新型城镇化规划（2014—2020 年）》发布仅一个月后，全国至少三个省发布新型城镇化规划，在它们出炉的规划中看到的还是要构建几个大城市群，打造几百个城市综合体，虽也提及保护特色民族村寨，但基本上没有从安全减灾可持续发展角度上提出的"安全城镇化"设计的思路。对此，

极有必要从国家层面强调新型城镇化建设目标的安全可持续性，尤其要告诫规划编制者应懂得必要的区域安全及综合减灾的知识，并提升能力建设。新型城镇化建设应是可持续的，就是要避免片面城镇化、空心城镇化、单向城镇化、粗放城镇化以及无序城镇化，就要充分研究并解读中国新型城镇化发展所面临的一系列障碍及焦点问题，要承认安全减灾是左右新型城镇化发展的主要障碍之一，它在警示城镇化建设勿急功近利时，更强调所有城镇化建设要选择安全可靠的防灾逻辑与规划策略，要深刻认识城镇化建设与天灾人祸隐患间的内在关系，特别要善于找到城镇化建设中无序发展表现出的灾难新形势与新特点。

1. 要研究国内外灾情动态对城镇化的影响

世界气象组织（WMO）2014 年 4 月 15 日表示，建模分析表明，在 2014 年第二季度结束之前极有可能出现厄尔尼诺现象。据有关学者分析，自 1763 年以来的 19 次强厄尔尼诺事件，70% 以上都发生在太平洋地震活动年，特别是 1900 年以来的 7 次几乎无一例外地全部出现在太平洋地震活动年，具体看：1950–1979 年间，共有 15 个暖水年，其中 12 年都发生了 8 级以上强震，进一步观察自 2014 年 4 月 2–11 日，智利北部沿岸近海发生 8.1 级地震 1 次、7.8 级地震 1 次、6 级地震 5 次，确实说明，地震与厄尔尼诺现象有相关性。厄尔尼诺现象指东太平洋海域海水的周期性变暖，它会提高气温，并影响全球或区域天气，最近一次大型厄尔尼诺事件发生在 1997–1998 年，已经导致成千上万人死亡和数百亿美元损失。2014 年 3 月中旬，美国国家海洋和大气管理局（NOAA）预测，估计厄尔尼诺现象在 2014 年夏天发生的概率达 50%，2014 年 3 月末联合国政府间气候变化专门委员会（IPCC）也发布了气候变化对人类和生态系统影响的最新报告，强调从防灾减灾上改进气候变化的经济模型势在必行。另据国际科学理事会和国际社会科学理事会发起的“未来地球计划”，在强调防灾减灾策略时，进一步明示要加强自然科学与社会科学的融合研究。2013 年 9 月中旬，瑞士再保险公司发布报告指出，全球范围内受到水灾威胁的人数超过任何其他自然灾害，其中亚洲城市面临灾害威胁的人数也最多。瑞士再保险最新出版物《关注风险：全球城市自然灾害风险排名》中阐述了自然灾害风险指数，并对全球 616 座城市面临的人身和经济风险作出比较。瑞士再保险首席承保官韦博强调“仅主要河流的河水泛滥就有可能影响到 3.8 亿生活在城市中的民众；此外，有近 2.8 亿人要受到强烈地震的影响。我们需要更好地了解如何让城市更具抗风险能力，以及需要进行哪些投资和基础设施建设来尽可能减少生命、财产的经济损失”。

在 2014 年 5 月召开的第三届世界滑坡论坛上，联合国国际减灾战略署亚太地区负责人表示：人类对地震、洪水等自然现象的认识存在误区。1994 年在日本横滨召开的联合国第一次世界减灾大会，关注的还仅仅是自然灾害；2005 年召开的第二次世界减灾大会，已将减灾观念深入到今后的可持续发展行动中，强调加强减灾体系建设，通过开发灾害早期预警系统，增强减灾能力、降低灾后重建阶段之风险；2015 年 3 月第三次世界减灾大会将在日本仙台举行，届时，将形成 2015 年后全球的减灾框架。防灾减灾的内涵是什么？是人类通过自身行为减少致灾因子对人类生命财产的破坏，在这方面为保障完善的防灾规划，科技与社会要紧密结合。面对新型城镇化建设的“灾情”，要化解城镇化“隐忧”，先要改变一味求快的城镇化风险，因为“快”会导致规划不合理、引发建筑质量难达标，要正视用鲜血拷问农村民房脆弱的抗震性能。2013 年芦山地震是一次与汶川地震有相关性的强震，尽管国家已启动了最高的级别响应，但芦山县辖 6 镇 6 乡，曾是 2008 年“5 · 12”地震的重灾县之一，两次大灾让人们见证了罕见震灾中人与自然的力量。无论是汶川“5 · 12”，芦山“4 · 20”，都给城镇化建设补上的安全减灾的警示课，无情的灾害暴露了当下中国尤其是西部城乡防灾减灾能力上的脆弱性。事实上，灾难在使山河破碎、生灵涂炭的同时，还要求人们在这重灾洗劫的土地上反思生态安全的价值，反思灾害风险的认知，反思所有可吞噬生命的元凶。

纵观我国城镇化建设中的灾情，主要集中在自然灾害与人为灾害两大类，前者指地震地质灾害、极端气象灾害、旱涝、雷击与生态灾害、环境灾害侵蚀等，对西南诸地山地综合灾情更为严峻；后者指城镇的工业化事故、建筑安全、不安全用电、交通恶性事故、城镇化生命线系统事故等。这里特别提及的是要关注我国历史文化名城名镇名村的遗产安全保护问题，尤其要研究贫困乡镇的“贫困—灾害—更贫困”的灾害链。大量发生在乡镇一级的自然与人为灾害说明，有相当多不应重复的灾难“沉疴”，灾难发生后再多的“积极作为”，也难改变形成事故灾难发生前那些无数的不作为。要看到：不合理的城镇化是诱发山区地灾的关键。如四川丹巴县城，过去是一个仅有数十间低矮房屋的小村庄，它们错落在山前靠河的一片古滑坡体平地上，然而今日，这块平地已被数百栋房屋挤满，滑坡体上 8 层以上的楼房比比皆是，十分危险。近年来导致地灾发生的人为活动已近 60%，无论怎样控制中西部山区城镇化的发展速度还会提升，因此要从最初的城镇规划入手，不能不“设防”。必须警惕，在地震灾区、三峡库区、舟曲泥石流灾区等，地质作用的不利影响还未消除，一旦遭遇地震和强降雨，地质灾害的一发和多发连锁状态难以避免。因此，要尤其加大对山区城镇地灾的风险管理，开展承载力安全评价，调整灾后重建的城镇功能，强制性地进行标准化的防灾工程危险性评估，清晰规划禁建区、限建区和宜建区。从新型城镇化安全建设的实际出发，要承认：现状规划布局的风险不断加剧；城镇化基础设施欠账日趋加大，与安全风险防控要求相去甚远；综合管理风险日益凸现，突发应急管理方式落后；城镇化建设中的新问题，使灾害风险控制难度加大。

2. 要研究"京津冀一体化"的超大城市的灾害风险

随着快速城市化的发展，"大城市病"带来的问题日益凸显，尽管时下有学者以大城市是"发动机"、大城市是"大旗舰"、大城市是"孵化器"等为大有大的好处去辩解，但大城市乃至超大城市无法回避的事故灾难现实及救灾避险难度，已经考验到它们薄弱的承载能力。"大城市病"来势汹汹，不仅说明人们敬畏自然与历史不够，更表明千篇一律已成为中国大城市的缩影，楼群高耸的逼仄空间，寸草不存广场上的烈日炙烤，逢暴雨即涝且堵的城市交通、生命线系统频发塌陷、断电的现象，都使大城市人生活失去了尊严，更拷问着城市生命线系统关键基础设施的可靠性与安全保证能力。自2004年修编《北京城市总体规划(2004—2020年)》以来，时隔仅十年，北京城已不堪重负，不管用"补充"、"调整"，还是新一轮修改，庞大而"臃肿"的北京城都必须作新一轮的远景安全规划。无论是北京重修规划，还是筹谋京津冀共同体，都在一定程度上为北京减负。以疏解非首都核心功能为题，来强调北京的发展再不能"摊大饼"，因为北京已处于生态安全、公共安全、资源安全几大脆弱风险包围之中，已显现发展中数不清的"负面清单"。北京总体事故灾害面临的形势可归纳为：城市运行相当脆弱，任何外力干扰都会导致城市运行不稳定；自然灾害威胁加剧，突发性强，防不胜防；事故灾难频发高发，无数在建超高层、地下空间设施等成为北京隐患中的"炸弹"；公共卫生事件不容忽视，北京70%的供应源自外省市，疫情及食品安全风险持续存在，特别是"大北京"理念下的无序增长，为有效的城市综合减灾规划形成难以克服的障碍。2013年一季度国务院安委会下发《关于开展安全发展示范城市创建工作的指导意见》，在10个城市中大城市涉及北京市、长春市、杭州市、广州市等，共提出九项重点任务指标，其中对编制城市防灾减灾规划有直接意义的是：坚持淘汰落后产能以调整经济结构，着力发展本质安全型企业，着力提高事故救援和应急处置能力等。

以2012年1月30日及31日印度的两次大停电为例，它分别使3.7亿人和6亿人坠入黑暗，就停电事故影响到的人口数量论，创下世界大停电史排行榜的冠亚军。中国虽然有防止大停电事故的"三道防线"之秘密"武器"，但我国的电网网架结构相当薄弱，北京等大城市的电能供给主要依赖外部，不仅20年内已有较严重的事故停电，未来也不排除大面积事故断电之危险性。就全国来看，自2008-2012年可排列出的事故断电有：郴州大停电（2008年1-2月）、广州东山口大停电(2010年7月)、惠州大停电(2010年7月)、郑州市区大面积停电(2012年7月)、深圳大停电（2012年4月）、西安城南大面积停电（2012年6月）、浙江受台风"海葵"影响113万居民停电、浙江宁波受台风"菲特"影响百万居民停电（2013年10月）。供电作为城市生命线系统的关键子系统，它影响到生命线系统主链条的各子系统，事故断电会挑战到当代城市社会的底线。

由“大北京”或称京津冀一体化的发展模式，让人们更加意识到超大城市或称城市群要有一个超越经济空间发展布局之外的安全减灾度量，发展城市群绝不等于“一群城市”，面对诸多高频事故与酿灾潜势，京津冀在防灾减灾规划策略上首先要打破行业壁垒，京津冀要站在一体化的视野下，用综合减灾思路应对雾霾、应对强降雨、应对工业化事故、应对水安全、应对所有突发事件和灾难。

3. 要研究中国城市典型的人为灾害趋势

2013 年全国城市人为事故呈不断波动状态，事故不断反弹，面对难以实现的安全目标，人们自然要问：为什么计划得挺好，做到却很难，问题的症结在哪儿？事故灾难的人为性呈现什么特点？ 2013 年 6–10 月，国务院组织在全国各行业开展安全生产大检查，提出了“全覆盖、零容忍、严执法、重实效”的十二字原则。总体上看，2001 年至 2013 年 11 月中旬，全国共发生 124 起特别重大事故(造成 30 人以上死亡,或 100 人以上重伤,或 1 亿元以上直接经济损失的事故)。2013 年最令人心痛的当属山东保利民爆济南科技有限公司“5 · 20”特大爆炸事故（33 人死亡，19 人伤）、2013 年 6 月 3 日吉林德惠市吉林宝源丰禽业有限公司火灾（死 120 人，伤 77 人）、2013 年 11 月 22 日青岛输油管道泄漏爆炸事故(死 62 人，伤 177 人)。面对一个个技术灾害毁灭城市发展的个案，面对密不透风的楼群、立体交错的街道、慢慢蠕动的车流、躁动不安的人流，城市系统无时无刻不隐藏着技术与人为的脆弱。一次停水、一次停电、一次断燃气或一次计算机系统的病毒感染，都有可能使整个城市陷入紧急状态。面对现实，我们在发展高科技的同时绝不要过分依赖高科技,别让高技术最终成为毁灭城市的“导火索”。严重的是“石化围城”已不仅是一个城市的难题，大连、天津、宁波等沿海城市，以及昆明、成都等内陆城市，都已布局或试图布局对当地 GDP 贡献颇多的石化项目。频发的事故与不断上升的伤亡数字，成为伴随中国油气管道行业高速发展的阴影。据不完全统计，1995–2012 年，全国共发生各类管道事故超千起。

面对迄今对青岛“11 · 22”爆炸事故的一连串拷问及暴露的问题，又是事前的安全防范漏洞百出，又是事中的应急预案软弱无力，但十分相似的事实是，事后各方又表态要不惜一切代价去救援，殊不知事到临头方知悔，晚矣！但事故风险区的 12 个社区约 1.8 万居民在转移疏散中心有余悸，“为什么我们要居住在危险源中，将来一旦再发生类似事故，谁来担保？”又是黄岛！它让人不得不记忆起 24 年前的 1989 年震惊全国的黄岛油库“8 · 12”特大火灾事故（19 人遇难，100 多人受伤），尽管事故的直接原因是非金属油罐本身存在缺陷，遭受对地雷击产生感应火花而引爆油气，但深层地看，黄岛油库区储油规模过大、生产布局不合理，长期存在安全隐患；油库安全生产管理存在不少漏洞，自 1975 年以来，该库区已发生累计跑油、着火事故多起，幸亏多次发现及时才未酿成大祸。显然，这是 20 年前曾解释的黄岛石化的隐患，但时至今日的“11 · 22”爆炸事故至少又说明，地下管网存在的安全隐患并未排查；输油管网紧邻居民区是一个天生“大忌”；石化企业作为高风险行业本应预案为先，但“11 · 22”事故反映了它的预案的无效性，因为它没有规划好与市政管线应急闭锁的关系。

面对青岛“11·22”灾难事故，2013 年 12 月 16 日，又传来广州高楼火灾的惨案，在下雨的天气中，一场明火竟持续烧了 12 个小时，死亡 16 人。三年前，上海静安高层居民楼火灾，58 人丧生，至今令人心有余悸。问题严重的是多场火灾相距太近，前次火灾并未换来教训和警示。2013 年 11 月 19 日北京朝阳区小武基村大火致死 12 人，12 月 11 日深圳荣健农贸市场大火又致 16 人死，它们耐人寻味处都是“明”患，而非隐患。诚如媒体所说“如同雾霾只能靠风吹，火灾也只能靠等，因为建筑内部的消防是‘真空’”，外援再多也束手无策。事实上，最担忧的是城市有 20 年“房龄”的居民高层建筑消防措施已坏，此种状况及隐患存在于全国数以万计的居民楼宇中，再不抓紧务实地为百姓安全着想，防御火灾只是口号，下次“地雷”般的高楼火灾悲剧还会一再上演。

为防御更大的事故找上门来，有三点思考，希望为构建化工危险园区安全保障体系及防火防爆有所启示：其一，要大力推进“本质安全策略”建设，即力求从根源上寻求消除并减少危险源的对策，在评价风险、生态、效益、公众等产业链优劣性指标时，以优化城乡安全布局为前提，充分考虑危险源的安全可控容量值；其二，要大力推进“风险控制策略”建设，即通过持续改进与不断完善的原则找准人的不安全行为及安全管理措施欠缺，通过事故（人为与自然）隐患辨识，发现造成灾难性后果的“多米诺”效应的潜在风险要素，降低事故可扩展的规模与趋势；其三，要大力推进“制度与文化策略”建设，即通过完善与改进安全制度与安全文化建设，营造化工危险企业有保障的生产与生活园区，这就要形成一个体系化的安全主体责任制度，并从人的观念、道德、伦理、态度、情感诸方面，不断提升人的超越技术技能的安全素质并改进安全行为，完成从被动服从安全管理向自觉主动按安全规律采取行动的转换。

要承认全国主要的城市应急管理至今并未做好，对违章科学预防、对风险心中有数也距离甚远，全国各类事故仍居高不下。2013 年 10 月全国电力行业人身伤亡事故呈上升态势，高处坠落、触电事故占主流。9 月 11 日，广州白云区增保仓库爆炸案已致 8 人死亡，36 人受伤，而 5 年前，广州黄埔区也发生一起 8 人死亡的爆炸事件，两起事件有着惊人的相似之处，即引发事故的罪魁祸首都是“玩具枪圆形塑料击发帽”，且事故都是在装卸过程中发生的。大量事故隐患呈现顽固的特性，致使液氮泄漏、瓦斯爆炸、桥梁垮塌、铁水外溢、吊车断臂、车辆坠落、校园踩踏、校车闷人、车间及公共场所起火等“情节”不断重演。2013年12月8日下午4时，成自泸高速路自贡至成都方向突发惨烈车祸，致8死、26伤。国外也有惨剧启示：2013年11月29日，巴西圣保罗的标志性建筑——拉美纪念馆发生大火，15个小时大火才扑灭；2013年1月27日，巴西夜店火灾，造成235人死亡，两场大火敲响安全警钟，也应警示国人，与我们并非无关。

综合2013年我国49起重特大事故的规律，可发现“五不”特点，即：①安全发展的理念不牢固；②企业主体安全责任不落实；③隐患排查治理不认真；④安全应急处置不得力；⑤安全监管不到位等。

二、对策：面向“十三五”，新型城镇化的安全减灾顶层设计

2014年4月，国家发展和改革委员会公布25项“十三五”规划前期研究重大课题，并强调这是有助于市县改革的城镇化规划，是中国第一个百年目标的重要节点。但纵览这些议题明显发现除有涉及生态文明（而非生态安全）、应对全球气候变化（而非中国综合灾情）的议题外，没有中国城乡综合减灾战略规划研究的命题。据此，要结合中国新型城镇化建设目标及公布的《国家新型城镇化发展规划（2014—2020年）》展开真正综合安全的防灾减灾规划研究，是中国新型城镇化必须具备的总体安全观。如京津冀一体化是个大战略，其区域范围有21.6万km^2，整个区域有京津双核作为国际中心，还有若干副中心。这么多层次的中心，势必形成多核多圈层的都市圈网络结构。在生态安全上如何在京津冀一体化大背景下瞩目高耗能、高耗水、高占地、高污染、低附加值的企业，如何为超大城市的安全承载力“减负”，都成为必须作顶层设计规划的事，在防灾减灾上要努力打造京津冀联手的“灾区”通信网，举办跨区域防灾应急通信拉动演练活动等，都成为必须研究和实践的课题。要适应新型城镇化下不同等级城乡一体化的发展格局，必须编制可形成新秩序的顶层规划，它之所以能破局，不仅是因为能解决一系列防灾减灾主题，还能作出重大突破的是实现“多规合一”，即从综合减灾层面将“十三五”规划与城市正启动的总体规划统一起来，真正成为保障新型城镇化安全健康发展的“多规合一”的规划。为此，须做到以下三点。

第一，城市生命线系统安全“短板”必须补齐

2013年9月国务院为医治城市生命线系统脆弱短板开出“药方”，出台《关于加强城市基础设施建设的意见》，2014年1月1日国务院颁布《城镇排水与污水处理条例》，它们都从安全视角剑指公众反映强烈的城市内涝、交通拥堵、“吃人井盖”、“坠落的电梯”等问题，它启示人们要从细微处着手，解决“民生优先”的每一个城市安全生存问题。城市基础设施建设不仅是“看得见的福利”，更能

为城市安全发展形成新的产业及增长点，但真要找到城市承载力存在多少“弱项”，发现并明白给城市生命线在常态与灾时运营带来多少挑战。在国务院的《意见》中，又强调“安全为重”是道路交通管理的最重要原则，这就需要以“底层”思维解决现存问题，更多地关注弱势道路使用者，通过精细化的交通设计，逐步提高新建和改造道路的使用效率及安全保障能力。内涝被认为是城镇化的“内伤”，据国家防汛办统计，2008 年以来我国每年洪涝必成灾的城市都在 130 座以上，2013 年竟达到 234 座，据住房和城乡建设部统计，2008-2010 年间，有 62% 的城市发生着不同程度的内涝，最大积水深度超过 0.5m 的占 74.6%，其中水灾持续超过 3 小时的有 137 座。从沿海城市到内陆城市，从北方城市到南方城市，无不饱受内涝之困，最令人无法理解的是深圳等新型城市为什么更不堪一击。城市生命线系统设施的相互依赖关系是复杂而脆弱的，自然、人为或技术因素的扰动和破坏都可能打破其间的协调互动关系，进而产生“多米诺骨牌”式的崩溃。当代城市属高度不确定的风险社会，共同诱因的事故灾难所致崩溃是不可回避的危险，特别是复杂环境的常规应急管理模式是难以驾驭的，所以要改变城市应急管理给予应急预案的作用过高的估计，问题在于城市生命线系统非常规突发事件多为不可预测的，预案难以精确地对其全面覆盖；城市生命线系统的瓦解往往是整体性的，不可以碎片化的方式应对整体式危机，如企业安全与社会福祉密切相关，问题是企业缺少与社区公众进行风险沟通的机制，生命线系统一旦出事的应急协调乏力；在事后救援的理念下，一再重复失当的风险防范的错误，所以安全保障之策是关口前移、注重源头、立足长远，在各个环节不仅抓预案，还要落实安全减灾规划设计的大计。基于此，城市生命线系统需要营造防范非常规突发事件风险的系统合作局面，打破行业与部门界限，统一调动铁路、民航、路政、电力、水务、供水、供暖等多个基础设施相关行业与部门之力，协同应对，协调联动。

第二，城市综合减灾如何治愈“大城市病”

城市病原指城市发展过程中的必然现象，它在城市化进程中尤其严重。或从城市防灾减灾的安全发展看，“城市病”的根源在于城市资源与社会需求的矛盾加剧，致使城市承载力“过载”及机制失调而产生的负面效应。从城市病，尤其是“大城市病”出发，无论是“急症”、“慢症”，还是自然与人为交织的“并发症”，治理难度都很大，它越来越体现在城市肌体的安康建设上。以城市空间看，无论是高耸入云的超高层设计，还是地下空间的拼命掘进，都暴露出安全减灾失控的城市建设理念上的病症。高层及超高层建筑是城市的第一空间，无论国内如何强力推进，也必须承认，超高层建筑的自防灾与外力救援是世界性难题，任何高新防灾技术尚明显滞后于高层建筑的发展，不顾城市安危的一意孤行是北京、上海、天津、重庆等超大城市正酿下的恶果；同样，开发日盛的地下空间已是城市的第二空间，但由于它本身具有隐蔽、空间相对密闭、逃生通道少、不利于人员疏散、遇灾施救难度大等特性，易发生坍塌、火灾、水灾及恐怖袭击等事件，地下空间开发建设管理上的隐患与薄弱环节明显，是当今"大城市病"愈演愈烈的病症。

从大城市安全减灾的顶层设计出发，必须意识到：城市人口的无序增加，导致城市建设环境系统风险的积累，从而诱发着城市发生事故灾难的高度可能性；大城市的"城市病"并非不是大城市的"专属病"吗？答案再争议，也说明健康的大城市发展是有条件的，无序不等于健康，无序自然会追求一蹴而就，导致混乱，大城市的复杂性与灾害的连续性及放大性，自然的耦合会使危害成倍加大，城市病症是必然的；城市发展方针的一变再变，使城市不知为什么而建，城市应对灾害的准备和能力严重不足，致使无生态的、欠稳定性的城市风险加剧。

据此可提出超大城市应对灾变"病患"的三个主要策略。①城市用地的安全选址与再评价。选址安全与否是决定城市本质安全的最核心因素，城市的各类建设用地要把是否为城市营造本质安全的项目置于首位，城市建设要避开洪水淹没区、采空区、软弱地基区、沉陷区、地质断裂带和山洪、泥石流、滑坡、崩塌等地质灾害易发地带，同时更要避让工业化灾害易发区。②合理安排城市功能的安全布局，特别要据城市致灾因子风险分析与诊断结果，协调优化城市布局，该调整的必须作出重大调整，从城市防灾抗灾视角出发，要使建设项目的选址、功能、使用、密度、形态、交通等要素有最充分的安全运行及安全救助的通道，确保"生命线工程"可御灾设计与智能化防范。③"大城市病"致灾毁灭了城市的本质，解构了人们过美好安详生活的可能，所以构建起立体防护的应对之策是有价值的，所谓"立体防护"即同时从防灾规划上强调人的安全行为与工程建设的品质。大城市如井喷般的公共安全事件及自然灾害，其后果严重、教训深刻，城市若连吃住行这些最基本的需求都充满风险，连喝上清洁的水、呼吸到清新的空气这些最底线的生存权利都无法保障，何谈现代化、何谈新型城镇化的目标。一旦逃离大城市命题成真，我们该如何面对子孙？所以，大城市发展规划的顶层设计，要源于灾变源头治理的顶层推动与常态化机制，源自以灾变最大危险性为先导的防灾规划与应急准备的协调，源自强化灾变责任意识下，全民安全自护文化及避险能力的提升。

第三，新型城镇化如何借势赢得综合减灾能力

新型城镇化作为一个伟业，它给安全发展已留下太多的命题，如城镇化的快速发展使城镇规模上的安全防灾社会属性凸显，这不仅有"产城互动"的安全规划设计，更有亟待普及的安全减灾意识。面对营造不同等级的城镇化发展格局，至少要能科学界定事故风险的"安全距离"，回答何为个人可接受的风险标准？何为城市社会可接受的风险标准？如何处置灾变条件下个人与社会可接受的风险标准？为此从顶层设计上有三点考虑：①住建部应牵头启动《城镇化综合防灾规

划条例》的编制。尽管近十年来，各级城市总体规划中都有了防灾规划篇，但现实地看它并未在城市防灾规划建设中起到作用。这不仅源自规划本身欠科学、欠深入，也源自它尚未与城市总体运行的应急管理体系相衔接，此种状况必然要改变，不如此城镇化安全发展就无实施总纲目。②城镇化建设要抓住时机，改变“不设防的农村”的窘迫局面。新型城镇化建设以提高质量、健康安全发展为前提，在全国大中城市的建设有一定的安全防灾保障，问题是量大面广的农村住房缺少本质安全的设防，不抗震、不防火、无法应对地质灾害等隐患，都成为阻碍城镇化发展的障碍，为此适度选择示范区开展农村防灾减灾工程设防研究极为必要。③城镇化建设应借鉴灾害经济学的思路，促进灾害保险的真正落实。自2004—2014 年，我国每年的中央一号文件都对发展量大面广的农村保险有指导意见，这是高风险时代确保城镇化进程的安全抉择。如何探索城镇化与农村的大灾风险分散机制，如何探索自然巨灾条件下的城镇化保险思路，如何针对农民及乡镇设计可行的灾害保险险种等都需要拓展城镇化建设的思路，都将是推进基本公共服务城乡均等化的关键，这是必须有所突破的地方，这更是坚持新型城镇化安全发展理念的综合规划之要求。

（撰稿人：金磊，北京市建筑设计研究院有限公司教授级高级工程师）

存量规划：理论与实践

不久前，上海启动新一轮城市总体规划编制工作。本轮规划最大的特点，就是提出“严守用地底线，实现建设用地‘零增长’甚至负增长”。如果说，2007年深圳总体规划是第一个从增量为主转向存量为主的规划，那么上海总规很可能意味着，存量规划正式成为法定主流规划的一部分。

但规划行业远未为这一转变做好准备。无论深圳总体规划还是上海新一轮总规，都还是在传统的规划框架内，增加一些关于存量的描述。法定规划内容的强制性规定，也决定了现有的规划首先必须是一个增量规划。存量规划只能是各地的“自选动作”。

我们必须马上为新的规划需求做好理论、方法和实践的准备。

一、存量规划的理论

增量规划的基础，主要是工程学的。交通、市政，甚至规模预测、功能分区，都是在回答怎样分配和组合资源，以达成最优的公共服务水准。存量规划则不同，它主要回答的是如何将现有的资源，转移给能为城市贡献最大的使用者。减少要素转移的成本，实现社会效益的最大化，是存量规划的主要目标。

目标的转变，意味着手段的改变。以工程设计为主要工具的城市规划，要转向以制度设计为主要工具。而手段的改变，必然伴随着学科理论基础的重建。

这个新的基础是什么？产权。这是一个在增量规划中，几乎完全不用考虑的因素。传统的城市规划理论，实际上隐含着一个假设：城市产权是单一的，城市政府可以按照效率最高的原则，任意设计城市。我们所要知道的，只是“什么是效率最高”的设计。但在存量规划里，我们必须面对大量既有产权所有人。我们需要知道，如何将资源从低效率的所有人，转移到高效率的所有人。

最优的工程设计要解决建造成本问题。同样，最优的产权问题也要解决产权转移带来的交易成本问题。制度设计的目标，就是减少交易的成本。产权自然就会成为存量规划的核心问题。城市规划理论原点，也必须随之平移到新的原点。

显然，工程学无法为存量规划提供可用的理论工具。最接近存量规划提出的问题的学科，一个是社会学，一个是经济学。社会学在城市规划中有着长久的历史。事实上，霍华德的《明日的田园城市》、简·雅各布斯的《美国大城市的死与生》，以及 Manuel Castells、David Harvey 的新马克思主义城市理论，很大程度上，都是来自于社会学理论。

但我个人，更倾向于从经济学中寻找回答存量规划问题的理论工具。相比基于学者互不相关独立论述的社会学，经济学更接近可以进行规范分析的构造性学科。不同的研究可以共享同一个理论框架和概念网络，用同样的语言高效率沟通。因而经济学可以将社会学的很多内容纳入其中，而社会学则很难兼容经济学。更主要的是，城市规划的消费者，对于城市规划的经济效果比社会效果更加关心。

二、基于经济学的存量规划

经济学的主流理论，是以基于价格理论的新古典价格理论为核心。尽管杨小凯等人也试图通过专业化来重建经济学基础，但马歇尔的新古典综合依然是正统经济学的基础。

这个理论最广受诟病的缺陷之一，就是与“递增的报酬”或者说“规模经济”不兼容。而城市最主要的特征，就是规模经济。由于存在无限的报酬递增，城市的供给和需求在价格理论里无法实现均衡。如果存在规模经济，无法收敛的供给将意味着世界上所有人最终都住在一个超级城市。如果否定规模经济，又意味着城市不会出现中心——偏好差异最终导致“一个人”的城市。

由于新古典价格存在重大的理论缺陷，长期以来，一直无法应用于涉及空间的问题研究。阿隆索在图能的框架中建立起来边际分析模型，实际上直接假定了一个中心区。这个模型可以构造出一个拥有多样城市功能的空间结构，但在其模型里，城市的规模既不能扩张，又不能收缩，更解释不了城市的生成。克鲁格曼获得诺贝尔奖的空间理论，通过 Dixit–Stieglitz 模型解决了规模经济的问题，但由于缺少了地租和空间结构的解释，这个貌似革命的理论，实际上比图能—阿隆索的框架更不好用。连克鲁格曼自己都承认，他的这个模型不过是一个基于 CES 函数的“数学游戏”。

2010 年，我在《基于科斯定理的价格理论解释》一文中，构造了一个独立的经济学框架。在这个框架里，我对经济学的价格理论进行了彻底改造，使之适于描述空间竞争。在我的模型里，价格机制不再是规模和价格随供需变化，而是规模—价格—种类在供大于求和供不应求两种条件下的转化。我的模型解决了长期困扰传统价格理论中，报酬递增和种类竞争（哈耶克竞争）的难题，使得城市规模扩张（规模经济）和不同城市的专业化分工（哈耶克竞争）同时获得均衡解，从而建立起了经济学通向城市规划的桥梁。

在此基础上，我在《城市的制度原型》一文中提出，城市的本质，乃是公共产品（public goods）交易的场所。城市的出现乃至土地的价值，来自于公共服务的提供。城市化水平的提高，同时取决于城市规模和城市公共服务水平的上升。政府不是游离于市场之外的组织，更不是市场的对立物，而是专门供给公共服务的企业。

这一理论，构筑起价格理论与制度经济学之间的桥梁，使得竞争规则（制度）的设计，进入价格理论的核心。

三、存量规划的核心：交易成本

经济学中，最接近存量规划需求的理论分支，就是制度经济学。这一由科斯创立的经济学分支，核心就是产权及产权交易的成本。近几十年来，这一理论分支大放异彩，多位学者荣获诺贝尔经济学奖。存量规划的最大特点，就是既有空间资源为众多产权人共有。城市公共服务的提升，必须经由集体行动才能达成。制度设计取代工程设计，成为城市规划的主要工具。自然，制度经济学便成为城市规划转型最顺手的工具。

制度经济学肇始于科斯关于交易成本的两篇著名的文章,《企业的性质》和《社会成本问题》。其中，《社会成本问题》的主要思想，被另一位诺贝尔奖得主斯蒂格利茨表述为科斯定理。关于科斯定理的表述有很多,但科斯本人大多不甚认可，甚至认为是对自己思想的误读。我对科斯定理的描述是：在交易成本为零时，产权应当配置给能带来最大净剩余的使用者。

举例而言，一块地，适用于工业还是商业，或者，一块居住用地，是用于低强度开发的豪宅，还是高强度开发的商品房，取决于两者谁能创造最大的净剩余（利润）。在增量规划里，这块属于政府。只要设计一个制度，比如招拍挂，马上我们就可以确定谁应当获得产权。但在存量规划里，原有土地是有产权人的。说服原有产权人转让给更有效率的使用者，需要额外支付成本。这个成本，就是科斯所谓的交易成本。

在现实中，由于各种制度的限制，这个成本可能非常巨大（特别是当产权由大量产权人共有时），以至于超过土地利用转变带来的好处。这时，产权就会锁定在原来低效率的产权人手中。因此，存量规划的核心，就是设计出必要的制度，将提供新的公共服务所必需的交易成本，减少到新增公共服务带来的收益之下。

所谓制度，就是交易的规则。不同的交易规则，交易成本差异巨大。一个单位拥有一栋宿舍楼，如果它认为加一个 10 万元的电梯，可以使物业升值 20 万元，它就会增加电梯。但如果这栋楼“房改”了，交易的规则马上就会不一样。按照新的交易规则，是否要加电梯需要全体业主同意。显然，一楼的业主对加装电梯毫无兴趣。这时楼上能从电梯中带来好处的业主，就要付出一笔“交易成本”，收买一楼的业主。如果楼上的业主组织集体行动和补偿一楼业主的“交易成本”大于 20 万元，电梯作为一种公共服务，就无法提供。

一栋楼如此，一个城市也是如此。任何集体消费，都必须有对应的公共服务设施——消费汽车，就必须修路，建加油站；消费电器，就必须有变电站。而所有这些，无不需要新征土地，无不涉及产权的转变。说没有征地拆迁就没有新中国，有点过分，但如果说，没有征地拆迁就没有城市化，却一定是千真万确的。不仅发展中国家如此，高度发达国家依然如此。发达的城市，一定是交易成本较低，集体行动能力较强的城市。

凡事没有两全。“风能进、雨能进，国王不能进”，看上去是对产权的高度保护，但其后果则可能是高昂的交易成本。打开制度设计的宝库后，存量规划的内容，就变得极为丰富。制度设计的核心，就是如何减少交易成本，使城市能“自动”完成从低效益用途转向高效益用途，从低效率使用者向高效率使用者的转换。

四、存量规划的内容：规划变更

如果说增量规划主要是解决在一张白纸上，怎样合理布局各种“色块”(功能)，那么存量规划主要是解决怎样在已经布满“色块”的现状图上，将一个已有的“色块”转变为更合理的“色块”。

当然，存量规划并不是简单转变“色块”那么简单。事实上，规划师改变不了任何现状“色块”。他所做的只是设计一种规则，然后等待“色块”在市场的驱动下，自主转变为更合理的“色块”。这个规则可能是“政策”、“法规”或者审批“标准”。

英国城市规划制度学派的大师，香港大学建筑城规学院院长 Chris Webster 教授对此有一段非常精彩的描述：

城市一旦离开图板，就拥有了它自己的生命。真正的奇迹乃是城市会怎样围绕着这些设计，在不知不觉下，持续不懈地自我蔓生。

Cities take on a life of their own once they leave the drawing board and the real miracle is how cities relentlessly self-organise around those designs, often, in spite of them.

伟大的规划，不仅仅体现在图板上，同时也体现在它是如何塑造一个城市的生命。我们可以请最伟大的设计师设计我们的空间，但离开图板后的设计如何演变为一个伟大的城市，则要看我们能否设计出伟大的制度。存量规划编制的前提是首先要寻找出哪些现状已经过时，哪些新的城市功能更适于取代老的功能。

城市在不同的发展阶段，用地结构不同。一旦城市产业升级，相应的用地结构也必须随之转变。Chris Webster 指出，尽管中国的二三线城市在未来的 15 年左右还能沿袭“设计—建造”（design-and-build）的老路，但在中国的主要城市，由于土地耗尽，驱动城市规划下一个 30 年的主要动力，将会是旧城更新、再开发、重新利用和工业用地改造（urban regeneration，renewal，re-use，brown-field development）。

此轮上海总体规划提出“建设用地‘零增长’”的目标，能否成功，关键在于存量用地的盘活。而在需要盘活的存量土地中，前一阶段供地量最大的工业用地首当其冲。显然，一旦工业用地流转为综合用地，土地将升值。上海提出，将允许政府之外的主体采取存量补地价方式，自行进行区域整体转型开发。接下来的规划问题就是，转变成什么用途？转变的途径是什么？付出什么代价？怎样避免冲击市场？

根据厦门的经验，土地用途转变不仅需要拉力，同时还必须有推力。比如，在政策区内，对于不愿意转变工业用地的企业，还要增加其囤积土地的成本。要维持原用途，就必须达到单位面积最低税收等，迫使囤地工业用地的企业按规划转变用途。要出台这些政策，就必须有充分的法律准备。

在我看来，规划行业对工业用地转化的途径和利弊分析并没有充分的准备，更谈不上系统的制度设计。一旦初始政策错误，开始看可能比较痛快，随后可能为今后的存量转变，带来更大的阻力。而工业用地转化，恰是下一步城市增长的最大潜力所在。它在很大程度上决定了城市升级的成败。

不仅工业用地，生活用地（老居住区、棚户区、城中村）、商业用地、废弃基础设施用地（老机场、老火车站等）的升级改造，都有类似问题。与增量形成需政府投入为主不同，对于存量，只需设计好政策，城市自动就会朝预定方向转变。在存量规划中，设计出土地用途转换的制度路径，远比告诉政府土地用途应该是什么更困难、更重要。

五、存量规划的编制

相对增量规划而言，存量规划编制不再由设计院主导，而主要是政府部门主导。规划的主要内容不再是图纸，而是政策。如果说原来的规划局只是一个施工队，所要做的就是要把规划院画在图板上的设计，放样、施工，变为真实的城市。那么，存量规划中，规划局就更像是一个物业管理公司，了解、发现业主的需求，制定物业条例，改进公共设施，提升物业的品质。

编制的第一步，在战略层次思考城市的目标。比如，哪些产业要发展：金融业、软件业、旅游业？哪些产业估计要衰退：耗能大、污染大、占地大？然后，要根据战略目标，寻找可能的增长空间。比如，棚户区、工业区等，根据产权的分类，划出相应的"政策区"。第三步，同原有业主沟通调查，了解他们的意愿和要价。第四步，制定政策，设计土地用途转变的途径：申请资格、缴交费用、切割土地、设定指标。最后，按照程序，报批、审查、公布实施。随后就是实施过程中的组织、谈判、讨价还价。

显然，对于存量规划，区分总规、详规，已经没啥意义。坚持规划刚性，更是与城市增长为敌。未来的总体规划，应当更像是战略规划，详细规划更像是项目策划。效益计算、利益平衡、法律局限将会成为规划师必备的工具。由于城市存量区位不同，产权不一，法律、法规交织重叠，让分散业主形成集体行动极为困难。因此，存量规划需要高度的设计技巧和社会动员、人际交往能力。这些知识，都是当下中国规划师们所欠缺的。

引入存量规划后，我们就会发现，很多制度设计，本应从增量规划一开始的时候就应当考虑。以卖为主还是以租为主？租约的长短？共享产权，还是独立产权？最初产权的界定，很大程度上决定了随后的存量规划交易成本的大小，并对今后的交易产生巨大的影响。

现在的加装电梯之所以困难，不在于没钱，而在于需要整栋楼的全体业主同意。现在小区的更新维护困难重重，也在于"公摊制度"式的任何决定，都变得难以达成。厦门有一条自发的酒吧一条街，是原来住宅改的，为了使其合法化，我们研究了"居改非"政策，却发现，最大的麻烦，不在政府，而是"公摊制度"。这些制度都是在增量规划阶段被随意决定的。

建筑如此，城市也是如此。我们在作旧城改造时发现，最大的障碍不是缺少资金、不是没有好的设计、不是政府没有想到，而是产权制度，使得任何改造的协调、合作、妥协的过程极为复杂，甚至变得完全不可能。由于中国的继承制度采用平均析产、共同拥有，加上缺少遗产税和财产税，导致产权高度分散。几代人后，即使产权人有转变产权的意愿，他们之间的协调也几乎不可能。而各种产权保护的法律、法规也限制了政府介入的空间。其中典型的例子，就是鼓浪屿。如果不能在制度上取得突破，无论花多少钱涂脂抹粉，都只能是苟延残喘，绝无可能再现当年的辉煌。

在发达国家，维护良好的城市，不是因为他们有钱，也不是因为他们居民的素质高，而是一开始就有良好的制度设计。奥兰治，是美国维护最好的城市，主要原因，就是因为其90%以上的土地，是迪士尼一家公司所有。香港顶级的写字楼，无一例外，全都是单一产权人整体持有。我曾经问过刘太格，为什么新加坡的建筑维护得那么好？他告诉我，新加坡的业主只拥有套内产权，没有什么"公摊"，物业在维护升级小区设施时完全自主决定。而费用，比如外墙粉刷，是预先规定每年留下来，一定时间后（5 年），必须粉刷一次。

城市的品质和建筑的品质一样，维护的好坏，在一开始的制度设计中，就已经决定了。不同的制度，更新的交易成本大不一样。在产权设立的初始阶段，设计最有效率的制度，是存量规划的核心内容。

六、制约与突破

增量规划很大程度上，是从原苏联等国家复制来的，有相对现成的模式。但制度的不同，使得我们无法直接照搬其他国家的存量规划的做法。这就要求我们必须马上开始设计新的规划模式，从内容到表达，都必须有全新的设计。

制度设计的方法和路径，不能凭空想象，只能来自于实践。制度设计本身，就需要制度支持。几年前开始，厦门规划局就成立了政策领导小组，有专门的经费，立项渠道，持续、系统地研究各类制度的设计。在程序上，通过《规划设计指引》降低制度形成的门槛，试验成熟后，再上升为技术规定和法定条文。

同相关部门的工作联系也要制度化。一涉及制度设计，规划局就要与其他部门打交道，必须依赖多个部门的协调才能使制度得以形成。其中特别主要的是土地局。在这方面，厦门规划局与土房局形成密切的联系渠道，从招拍挂规则到技术审核标准，从供地标准到条件设置，两局联动，提高了制度生成的效率。

转向存量规划，最大的困难，还是人才。对于存量规划而言，原来的工程设计知识已经难以满足需要。新的规划需要大量法律知识，特别是制度经济学知识。要对现有的规章制度、审批流程、利益格局非常熟悉，要清晰计算各方成本收益，预测各方的制度反应，并善于协调各方诉求。这些都是传统工程学培养出来的规划师所不具备的。在这方面，很难依赖传统的规划院作为主要的技术支持。

在实践中培养存量规划设计的高手，是目前规划局最便捷的途径。规划局要学会发现存量规划的机会，研究政策可能。随着规划局给规划院出的题目从工程设计转向制度设计，规划院将逐步形成一批熟悉制度设计的专家。

规划院一旦学会从制度设计角度思考规划，就可能从被动完成规划局的工程设计，转向主动为规划局提供发展策划，整个规划体系就可能逐渐从工程设计为主，转向工程设计与制度设计并重，最终变为制度设计为主。冲击式、周期性的物质规划，就会被经常性的制度设计所取代。

大学的学科教育，现在就应当改变。学科内容要大幅拓宽，工程学知识要适当减少，法律、经济学、社会学的知识要大幅增加。要更多地了解各国规划审批的实践。要了解国内规划审批的流程、模式，与国外程序的差别。要了解各类经济体，在不同发展阶段时，产权制度、土地制度、建筑管理制度、基础设施投融资制度、城市税收制度。要熟知各种物业、社区、聚落的营造、管理模式，分析各种制度带来的城市运营差异。要积累大量制度设计的案例和工具。

七、再生还是死亡

基于空间的工程学规划，在广州发展战略规划中，达到了它的顶峰。我本人躬逢其盛，有幸参与其中。但我们需要警惕，不被这一成功所迷惑，幻想还有下一个“广州概念规划”。既然是“顶峰”，就意味着基于工程学基础的增量规划，开始走下坡路。我们应该从谷底开始，攀爬一座我们从未尝试过的山峰——存量规划。

不久前，我写了一篇在规划圈子广为流传的短文“城市规划的下一个三十年”。在这篇文章里，我引用了我 2007 年在深圳总规研讨会上的发言：“深圳新一轮总体规划是第一个从城市管理增量到存量的总体规划，而我们以前所有的总体规划都是思考怎么管理增量，从这个角度来看，我觉得这一轮深圳总体规划应该是一个非常创新的规划”。现在，更具引领意义的上海，也开始转向存量规划。规划行业一定要对这种方向性的转变，保持高度敏感。

存量规划，如潮而至。今后 30 年，规划行业的景观可能完全一新：囿于传统的老大院系，可能风光不再；今天规坛上的风云人物，可能会为流沙掩埋；霸占学术话语的专业杂志，可能不再有人倾听……

大浪淘沙，沧海横流。

向死而生。这是我们的风险，也是我们的机会。

（撰稿人：赵燕菁，厦门市规划局长，教授级高级规划师）

盘点篇

区域规划

一、概述

2013–2014 年，是我国城镇化和区域规划发展历程中极为重要的一年。2013 年 12 月，中央召开了城镇化工作会议，这是中央首次就城镇化工作做出全面部署；2014 年 3 月，《国家新型城镇化规划（2014–2020 年）》正式发布实施。城镇化工作会议和国家城镇化规划，对城镇化的规划管理、空间布局和城镇建设等，都提出了明确要求，必将成为未来几年指导我国推进区域规划编制、改革和实施管理的重要指南。

区域协调发展和规划编制得到空前重视。京津冀协调发展问题在中央的高度重视下，得到前所未有的推动。相关部委和“两市一省”正就落实中央指示精神、面向未来打造新的首都经济圈、促进人口经济资源环境相协调、推进区域发展体制机制创新等中心工作，正在开展规划编制和研究。长江经济带的协调发展，逐步从“图景走向现实”，并上升为国家战略，沿江 11 个省市已经就此开展前期的研究工作。

以对外开放和国际合作带动区域发展正在成为各方共识。上海自由贸易区 2013 年 7 月获批，成为探路再开放的“试验田”，未来有望成为以服务贸易、跨境投资协定和深度开放为核心，撬动中国重构世界贸易价值链的支点[①]。同时，推动丝绸之路经济带建设也是我国实施新一轮扩大开放的战略举措。丝绸之路经济带，连接亚太经济圈和欧洲经济圈，被认为是世界上最长、最具有发展潜力的经济大走廊。

一批重要的区域规划展开编制，区域协调发展的共识不断凝聚，区域协调发展的体制机制受到广泛重视，陆海统筹发展、重点流域综合治理得到高度重视。区域规划作为实施未来蓝图的重要手段、促进区域协调发展的重要政策，在技术编制、规划类型和实施管理等方面，于 2013–2014 年度做了许多尝试和探索。

二、成就

（一）完成和批复了一批新的区域规划

2013 年，《西藏自治区城镇体系规划（2012–2030 年）》通过了住房和城乡

① 王延春．自贸区上海震动［J］．财经，2013（22）：66–69.

建设部组织的审查，经国务院批复正式组织实施。国土资源部牵头组织的《广西西江经济带国土规划（2011－2030 年）》和《桂西资源富集区国土规划（2011－2030 年）》在广西南宁顺利通过了专家评审，正式组织实施。

国家发展和改革委员会也完成了《武汉城市群区域发展规划》、《苏南现代化建设示范区规划》和《黑龙江和内蒙古东北部地区沿边开发开放规划》，经国务院同意正式组织实施。

在苏南现代化建设示范区规划实施意见中，要求“努力将苏南地区建成自主创新先导区、现代产业集聚区、城乡发展一体化先行区、开放合作引领区、富裕文明宜居区，推动苏南现代化建设走在全国前列，为我国实现现代化积累经验和提供示范”（图 1）。

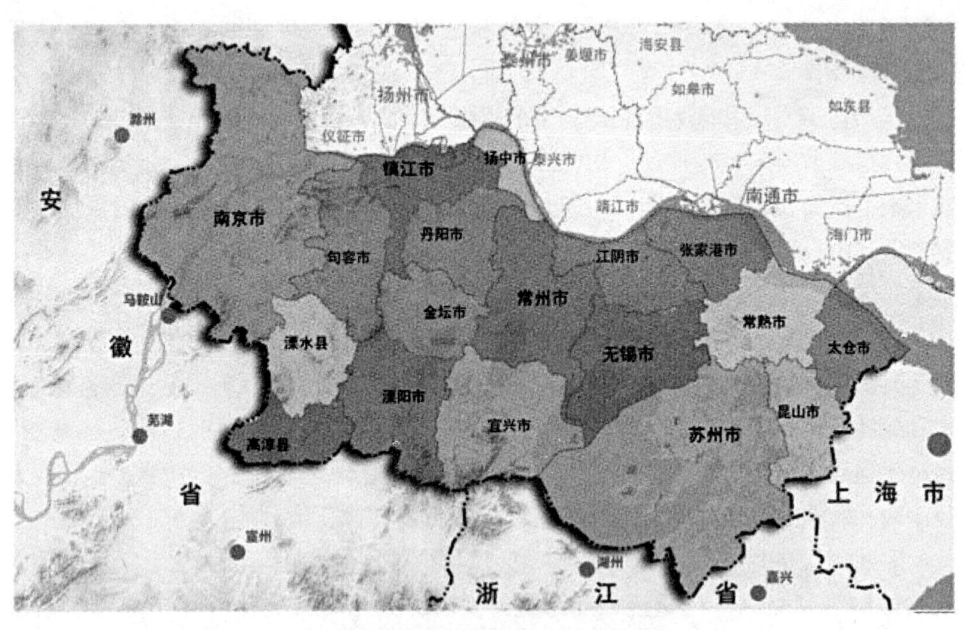

图 1　苏南现代化建设示范区规划范围

资料来源：国家发展和改革委员会，苏南现代化建设示范区规划（2013－2020）。

在《国务院关于黑龙江和内蒙古东北部地区沿边开发开放规划的批复》（国函〔2013〕81 号）中，要求两省有关地区“积极实施国家沿边开放战略，以开放促开发，着力转变发展方式，完善沿边城镇体系，构筑外向型产业体系，推进基础设施内外对接，加快边疆社会事业发展，加强生态建设和环境保护，努力将黑龙江和内蒙古东北部地区建设成为我国对俄罗斯及东北亚开放的桥头堡和枢纽站，在新一轮沿边开发开放中作出更大贡献”。

（二）启动编制了一批区域规划

京津冀规划正在加速编制。在国家发展和改革委员会的牵头组织下，京津冀规划有望在 2014 年正式颁布。另外，国家发展和改革委员会正在组织编制的区域规划还有：首都经济圈发展规划、环渤海地区发展规划纲要、长江中游城市群一体化发展规划、洞庭湖生态经济区规划、晋陕豫黄河金三角区域合作规划、赣闽粤原中央苏区振兴发展规划、大别山革命老区振兴发展规划、滇中产业聚集区发展规划、中吉（吉尔吉斯斯坦）毗邻地区合作规划纲要、珠江－西江经济带发展规划等。另外，经住房和城乡建设部批复同意，四川省和甘肃省启动了《四川省域城镇体系规划（2013–2030 年）》和《甘肃省域城镇体系规划（2013–2030 年）》的编制工作。

1. 京津冀区域规划

随着环境污染区域化、"大城市病"集中爆发，北京已经深刻地认识到，在区域经济和社会一体化程度越来越高的背景下，根本无法通过打造"幸福孤岛"来独善其身。因此，结合新一轮北京总规的修编启动，以及习近平总书记对北京功能定位和京津冀协调发展的要求，京津冀区域规划也走上了"快车道"。按照规划的设想，该规划要明确三地功能定位、产业分工、城市布局、设施配套、综合交通体系等重大问题，并从财政政策、投资政策、项目安排等方面形成具体措施；要调整优化城市布局和空间结构，促进城市分工协作，提高城市群一体化水平，提高其综合承载能力和内涵发展水平；要完善防护林建设、水资源保护、水环境治理、清洁能源使用等领域合作机制；要着力构建现代化交通网络系统，把交通一体化作为先行领域，加快构建快速、便捷、高效、安全、大容量、低成本的互联互通综合交通网络；另外，要着力加快推进市场一体化进程，下决心破除限制资本、技术、产权、人才、劳动力等生产要素自由流动和优化配置的各种体制机制障碍，推动各种要素按照市场规律在区域内自由流动和优化配置①。

在京津冀规划编制之前，国家发展和改革委员会还组织编制了首都经济圈规划。该规划是作为落实国家"十二五"规划纲要提出的"发展首都经济圈"的主要举措，围绕"凸显首都地位、体现双城联动、促进一体发展、发挥比较优势、解决关键问题、着力示范带动"等核心任务，对区域发展的总体要求、总体布局、城镇发展、打造创新发展战略高地、加快构建现代产业体系、完善现代基础设施、全面加强生态文明建设、促进文化繁荣、建设首善之区、全面加强改革开放和促进规划的实施等，进行深入的研究和分析（图 2）。

① 内容引自习近平总书记 2014 年 2 月 27 日在京津冀协同发展座谈会的上讲话，有删选。

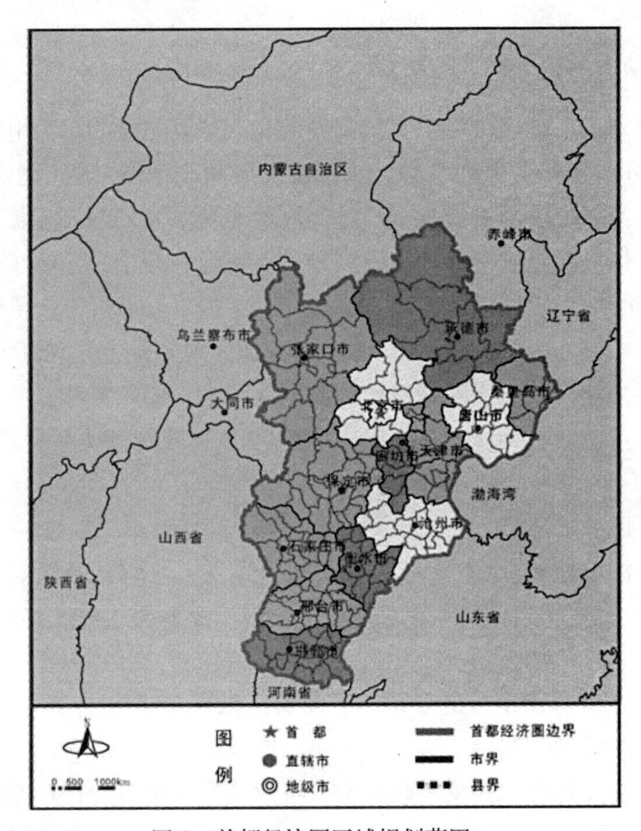

图 2　首都经济圈区域规划范围

2. 城镇体系规划

（1）四川省域城镇体系规划（2013-2030 年）

新一轮的四川省域城镇体系规划（2013-2030 年）是在新的发展背景下展开编制的。规划目标提出，要以推进新型城镇化为核心，以落实生态文明理念，优化空间资源配置，科学规划城镇化布局与形态，建设美丽宜居四川为重点，为加快跨越发展，实现全面小康谋篇布局。

规划确定的重点工作有 6 项：①摸清省情特征，明确四川的区域地位；②把握政策要求，梳理城镇化特征与问题；③关注资源环境，优先确定空间发展底线；④优化空间组织，分区分类指导城镇发展；⑤强化规划实施，促进城乡空间资源管理；⑥推进农业转移人口市民化。

项目组认为，四川省是“中国的缩影”，四川盆地是中国西部发展基础和条件最好的地区，但其省域空间的差异性也是极其显著的。四川将省域空间分为五大经济区：成都平原经济区、川东北经济区、川南经济区、攀西经济区和川西经济区。但在每个经济区内部，其生态本底、资源禀赋和发展条件的差异性依然较大。只有对省域空间进行深入的分区分类研究，并以分区分类为基础进行差异化的政策引导，才能使得本轮的规划更具有针对性（图 3，表 1）。

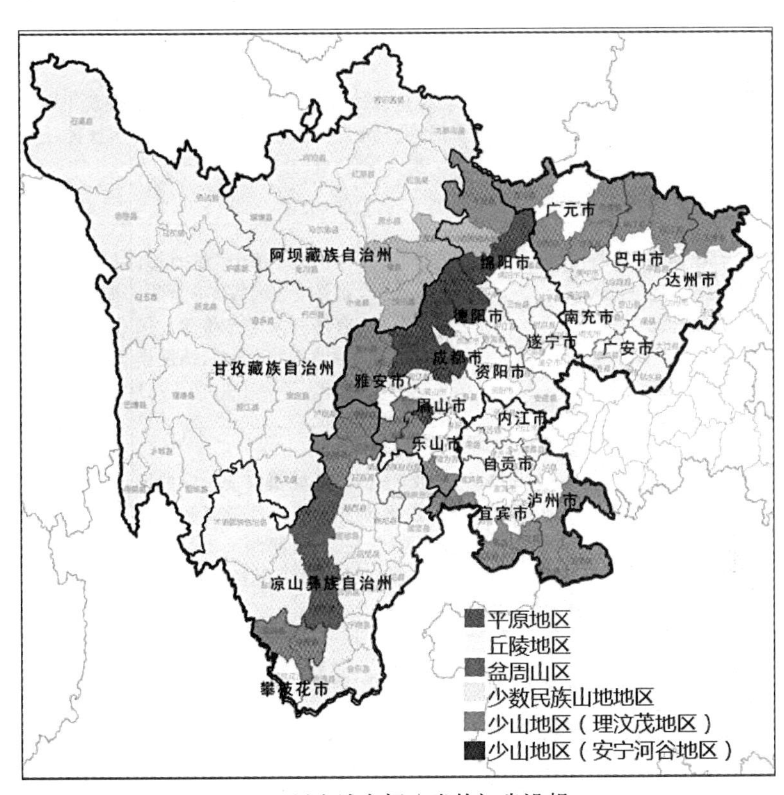

图 3 四川省域空间分类的初步设想

资料来源：中国城市规划设计研究院，四川省域城镇体系规划（2013–2030 年）（内部讨论稿）。

四川省域空间分类的初步设想 表 1

	产业动力	聚集模式	生态安全	区域协调
成都平原优化提升区	以先进制造业和现代服务业主导，推动产业结构向高端、高效、高附加值转变，优化空间结构，引导成都二产向资简眉乐转移及德绵结构调整，促进产城融合发展	构建以成都为核心、多个次级城镇为支点、大中小城镇协调发展的星座式城镇群，控制城镇建设用地规模，采用集约、内涵式发展，推进区域与城乡一体化发展	保护自然和历史文化遗产，保护优质农田和绿带绿楔，控制城镇连绵，改善大气环境，提升城镇地区生态建设水平	推进内陆开放高地建设，建设国家西部枢纽，加快成渝合作，鼓励高端功能聚集和创新发展
川南转型发展区	以装备制造、能源、化工、农副加工为主导，推动产业转型，建设循环经济示范区，培育多元动力的中小城镇体系	提升泸州、宜宾的区域地位，推动内江、自贡一体化发展，构建各级城镇城镇协同发展的多中心网络化城镇群，促进资源城市转型和重点地区功能提升	保护长江水环境和乌蒙山生态环境，加强丘区水土保持；重点治理岷沱江流域水污染，优化能源结构，改善大气环境	研究城市联动和内自一体化发展机制

续表

	产业动力	聚集模式	生态安全	区域协调
川东北培育发展区	以清洁能源和油气化工、农副加工为主导，提高资源就地加工和转化水平；承接产业转移，促进产业聚集	培育南充、达州区域中心功能，提升广元门户地位，构建区域开放、点轴集聚、多层级协同的扇形城镇群；提升城镇功能和建设水平	保护秦巴山生态环境，加强丘区水土保持，有序开发能矿资源；保护历史与红色文化资源	搭建川渝合作平台，加大扶贫力度
攀西特色发展区	以钒钛、清洁能源、农特和旅游为主导，促进钒钛稀土产业优化升级，开发高附加值钢铁产品，发展阳光旅游、生态旅游	适当发展安宁河谷城镇，提升西昌区域服务水平，构建点轴、多点开放式城镇发展格局，同时促进全域均衡发展，提升县城能力	保护大小凉山生态环境，加强安宁河谷安全预防，有序开发矿产资源，保护地域特色，弘扬民族文化	协同区域产业布局，推进究产业绿色化政策，促进城镇服务均等化，加大扶贫力度；加强安宁河谷安全预防
川西生态涵养区	因地制宜发展清洁能源、生态旅游、点状开发矿产资源，改进传统农牧生产方式；以服务业发展带动就业	城乡协调和全域均衡发展，建设扁平化、散点式、小规模城镇体系，注重具有承载能力重点城镇的发展，提升重点地区城镇建设质量，促进生态移民	确保城镇安全，保护世界遗产、高原草甸、长江和黄河源头，保护风景资源，弘扬民族文化	重点研究发展扶持方式、产业合作机制、人口转移和安置等政策

(2) 甘肃省域城镇体系规划（2013−2030 年）

甘肃省人口多、贫困程度深，也是“重要性、多样性和脆弱性”交织叠加的国家生态功能区，实现甘肃全面、协调和可持续的发展，是国家全面实现小康的重点和难点。全省境内有长江、黄河、内陆河三大流域；地貌类型多样，以山地为主（44%），兼有平原、梁峁（丘陵）、台地（塬）、风积地貌、现代冰川等。

甘肃的气候区达到 8 个，分别是：北亚热带湿润区、暖温带湿润区、冷温带半湿润区、冷温带半干旱区、冷温带干旱区、暖温带干旱区、高寒半干旱半湿润区和高寒湿润区。项目组研究认为，通道与边缘的区位、落后的经济社会发展、多元化的生态本底和资源分布，使甘肃城镇化发展的复杂性和特殊性叠加，尤其是生态和交通条件，是影响全省发展的“核心要素”，对甘肃实施新型城镇化具有“基础性作用”。

针对特殊省情，项目组提出了该省的城镇化目标：量质并举，全力争取 2020 年与全国同步小康，2030 年全省城镇化率达到 65% 以上（比对新疆：2010 年城镇化率 41.33%，2020 年城镇化率 58%，2030 年城镇化率 68%）。尤其是在十八大、十八届三中全会和中央城镇化工作会议要求下，甘肃省更应该转型发展，充分利用“甘肃省加快转型发展建设国家生态安全屏障综合试验区”、“兰州新区”、“华夏文明传承创新区”等国家战略平台，探索以生态先导和特色动力支撑的新

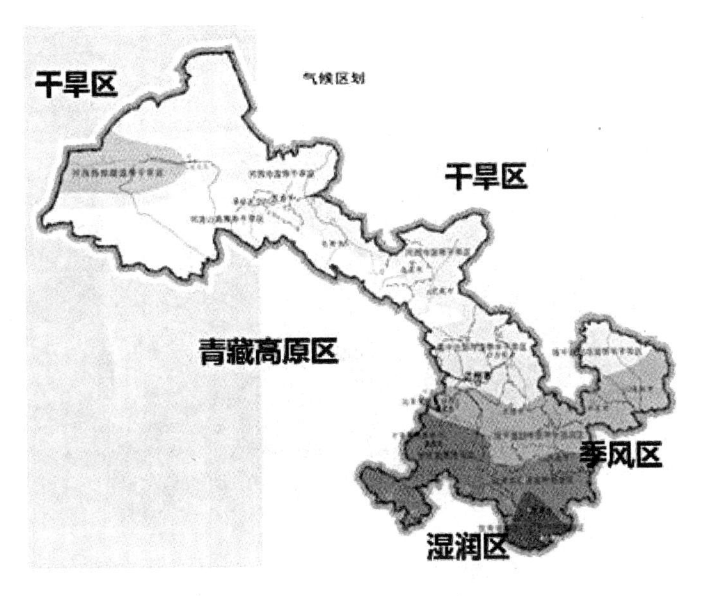

图 4　甘肃省的气候和生态分区
资料来源：中国城市规划设计研究院，甘肃省域城镇体系规划（2013—2030 年）（内部讨论稿）。

型城镇化道路（图 4）。

甘肃的城镇化路径，应该遵循复杂多样的自然基础条件，避免城镇化发展的“简单化”和“公式化”。要统筹多元要素，落实国家要求，承担区域职责；要构建多种模式，匹配多样优势，因地制宜推进；要培育多级中心，辐射狭长空间，构筑发展合力。

（3）苏南城镇体系规划

针对苏南城乡建设用地快速扩张、生态和农业空间不断蚕食、空气和水域污染严重等严峻现实，规划提出了“以经济为中心，转变发展方式；改善人民生活，均等公共服务；人与自然和谐，区域协调发展；低碳生态发展，资源集约利用；提升建设品质，打造宜居环境；建设和谐社会，营造政策环境”的现代化示范目标。在空间上，提出了“东西城镇紧凑，中南部生态开敞”的布局目标。其中，城乡空间要体现出“两区、多点”，“两区”指东部区和西部区是城镇密集区，“多点”指生态开敞点状发展城镇；山水空间要体现“一带两核、四片八廊”，“一带”指沿江生态带，“两核”指太湖山水、宜溧金山地生态核，“四片八廊”分别指的是区域绿片和水系廊道，集中力量打造山地休闲、滨水休闲、乡村休闲和古镇休闲度假旅游（图 5）。

3. 其他启动和编制的区域规划

（1）粤桂合作特别试验区总体发展规划

广东省审议通过了《粤桂合作特别试验区总体发展规划（2013—2030 年）》，

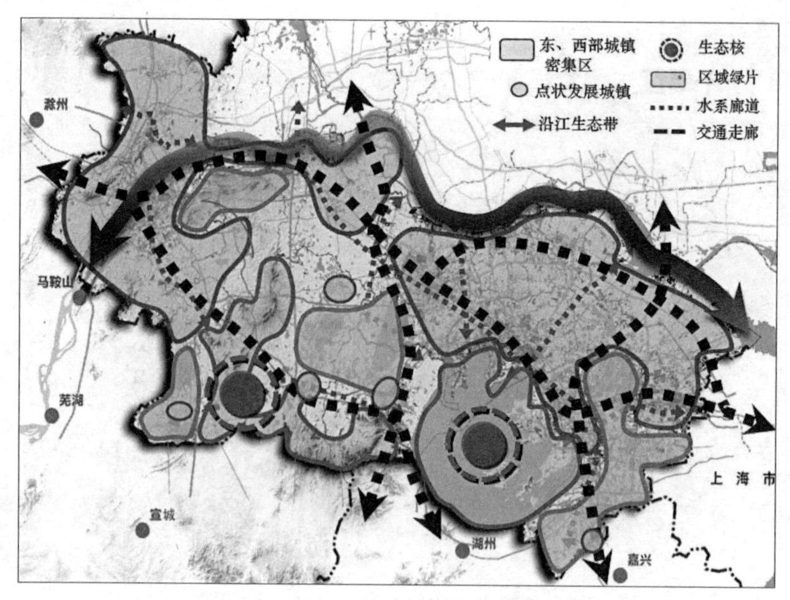

图 5　苏南空间布局构想

资料来源：中国城市规划设计研究院，苏南城镇体系规划（内部讨论稿）。

这是内地首个突破省级行政跨区域建立统一管理园区的合作模式。根据规划，特别试验区范围由主体区和拓展区组成。主体区以广西梧州市和广东肇庆市两市交界为中轴，由双方各划出 50km^2、共 100km^2 组成，其中西江南岸（财苑）10km^2 作为起步区。拓展区为 40km^2，由肇梧双方各划 20km^2，具体位于肇庆市封开县平凤镇境内和梧州市龙圩区境内。根据规划，到 2015 年，试验区开发建设面积达到 10km^2，整个试验区地区生产总值达到 100 亿元；到 2020 年，试验区开发建设面积达到 50km^2，整个试验区地区生产总值达到 500 亿元；到 2030 年，试验区开发建设全面完成，产业规模和产业结构不断提升，地区生产总值达到 2000 亿元，发展成为经济繁荣、社会和谐、生态良好、产业与城镇协同发展的现代化园区。

（2）洞庭湖生态经济区规划

2013 年 11 月，洞庭湖生态经济区规划编制工作启动座谈会在湖南省益阳市召开，湖南、湖北两省，及益阳、岳阳、常德、荆州四市相关人员参加了会议。规划编制组认为，推进洞庭湖生态经济区建设，有利于促进两省欠发达地区加快发展，有利于推进长江流域开发开放，有利于保障长江流域生态安全和国家粮食安全，有利于探索大湖流域经济发展与生态保护协调发展新模式。规划编制要重点研究解决好发展基础与发展需要、加快发展与转型发展、以湖为基与水陆联动、一般任务与特殊困难、立足自身与开放合作、重大项目建设与体制机制创新等 6 个方面的问题。

(3) 珠江—西江经济带发展规划

2013年10月，国家发展和改革委员会、工业和信息化部、国土资源部、环境保护部、商务部和海关总署等六部委联合调研组就编制《珠江—西江经济带发展规划》赴广东、广西进行调研。调研认为，编制珠江—西江经济带发展规划，是国家基于经济社会发展的全局和促进区域协调发展的战略高度，所作出的一项重要决策，既符合国家的战略需求，又体现珠江—西江的发展实际。加快珠江—西江经济带发展意义重大，有利于构筑更加强大的支撑点，有利于完善国家区域发展整体布局，有利于推进两广区域一体化发展，有利于扩大西南、中南地区对外开放，有利于实现流域可持续发展。

（三）上海自由贸易试验区启动实施

国务院划定的上海自贸试验区，包括洋山保税港区、外高桥保税区及浦东机场综合保税区，合计28.78km^2。未来上报的初稿细则，有望突破该范围，扩至整个上海乃至舟山、无锡等周边区域。试验内容也有所升级，从一般海关保税综合区概念上升到类似当年深圳特区那样的综合改革试验区。这种概念的升级，顺应了经济全球化已由传统的商品贸易为主向以更高标准、更高层次的服务贸易和跨境投资转变的新趋势，以及中国改革开放的重点已经由贸易开放转向要素市场的新要求。

因此，上海自贸实验区方案已经不再追求传统意义上的“政策优惠蛋糕”，而是一场要素市场的开放、政府边界的厘清和管制的放开，是一场深刻的制度创新。贸易便利化、服务贸易开放、投资管理改革、金融改革以及行政改革是自贸区未来创新的重点，包括的主要内容有：人民币跨境贸易和离岸金融、离境退税等政策；拓宽外商金融投资范围，探索负面清单管理模式以及准入前国民待遇，鼓励贸易与金融、航运、物流、制造、会展等产业融合；试行融资租赁、期货保税交割、保税仓单质押融资等业务以及转口贸易、离岸贸易、大宗商品交易、技术进出口交易、跨境电子商务等。对人民币资本项目可兑换先行先试，探索面向国际的外汇管理改革[①]。

从全球的对外开放来看，服务与投资自由化取代商品贸易的自由化，正在成为新一轮全球化的热点。以美国主导20多个国家参与的TPP（跨太平洋战略经济伙伴协定）正在制定国际贸易与投资新标准；TISA（国际服务贸易协定）则试图重构全球贸易的新价值链，BIT（双边投资协定）则酝酿更自由的投资“游戏规划”。如果中国观望乃至排斥，将来面对高标准体系只能被动接受。为避免这种情况发生，以上海自贸试验区的建立推动要素市场的改革，则是新时期国家改革开放和区域发展的战略性选择，使命重大，任务艰巨。

---

① 王延春．自贸区上海震动[J]. 财经，2013（22）：66-69.

三、趋势与展望

（一）深化区域合作和对外开放成为战略重点

“丝绸之路经济带”和“长江经济带”的研究将成为政府和学界的热点。丝绸之路经济带东起中国长三角，西到欧洲西部的荷兰、法国等大西洋各国，是将中国东、中、西部与中亚五国以及里海、黑海、地中海、阿拉伯海、红海沿岸各国连成一体的特大型带状经济区，绵延 1 万多公里，惠及人口 30 多亿，在影响和推动世界经济发展中具有重要的战略意义。而建设“长江经济带”有利于构建沿海与中西部相互支撑、良性互动的新格局，使长三角、长江中游城市群和成渝经济区三个板块的产业和基础设施连接起来、要素流动起来、市场统一起来，促进产业有序转移衔接、优化升级和新型城镇集聚发展，形成直接带动超过五分之一国土、约 6 亿人的强大发展新动力。

上海自贸实验区“溢出”效应将逐步显现，对国家区域发展和布局带来重大影响。浙江、江苏等省已经在陆续研究上海自贸区带来的冲击和影响，舟山、昆山等地原国家政策区，担忧上海的虹吸效应使其政策优惠被弱化，导致跨国公司将其总部尤其是财务中心、运营中心和营销中心放到上海；天津、重庆、大连和南沙的自贸区方案，也在上海方案的影响下，开始研究新的转型方案。当然，各地也开始意识到上海自贸区将带来的溢出效应，希望找准自己的定位，在与上海对接过程中，在长三角乃至全国形成更加精细的定位和分工。

（二）城市群及重点区域的规划将加速编制和实施

《国家新型城镇化规划（2013−2020 年）》将“优化布局、集约高效，根据资源环境承载能力构建科学合理的城镇化宏观布局，以综合交通网络和信息网络为依托，科学规划建设城市群”作为城镇化的重要基本原则。在新型城镇化规划的引领下，编制新一轮的城市群规划，将会成为中央和省级政府推动区域规划和区域协调发展的重点工作。

重点区域的规划将陆续进入报批阶段。《首都经济圈发展规划》和《环渤海地区发展规划纲要》的编制进度不断加快，估计 2014 年内将获批实施。《长江中游城市群一体化发展规划》、《洞庭湖生态经济区规划》和《大别山革命老区振兴发展规划》的编制也在有序进行中。《滇中产业聚集区发展规划》是西部地区规划编制的重点，海南国际旅游岛后续发展问题也将会展开研究。

（三）加快构建促进区域协调发展长效机制

加强对区域规划的实施评估。住房和城乡建设部下发了加强和完善省域城镇体系规划实施检查的通知，提出要加强对省域城镇体系规划的实施效果进行评估，完善实施机制，充分发挥对省域空间组织协调的作用。国家发展和改革委员会也组织开展了区域规划和区域性政策文件实施的督促检查，重点对《黄河三角洲高效生态经济区发展规划》、《广西北部湾经济区发展规划》实施了中期评估试点工作。

建立区域协调发展的联席会议制度。国家发展和改革委员会牵头推动建立统筹推进前海、南沙、横琴建设的联席会议制度，建立宁夏内陆开放型经济试验区建设部际联席会议制度，组织召开福建平潭综合实验区建设部际联席会议。召开了加快建设我国面向西南开放重要桥头堡等部际联席会议及中国图们江地区开发项目协调小组会议，开展丝绸之路经济带和21世纪海上丝绸之路建设战略研究，召开支持赣南等原中央苏区振兴发展部际联席会议第一次会议。

推进区域协调发展立法工作积极开展。《促进区域协调发展条例》、《区域规划管理办法》在稳步推进。在梳理总结实施区域发展总体战略实践的基础上，有关部门正在研究促进区域协调发展的规划体系、政策体系和管理体制，积极完善市场机制、合作机制、互助机制和扶持机制，推动建立健全符合新时期发展要求的区域管理体制与利益调节机制。

（四）促进陆海统筹和空域经济区发展

随着中国海权意识的强化和海洋权益保障面临更加尖锐的挑战，国家对陆海统筹协调发展也更加关注。国家将结合区域发展战略实施，推进沿海地区强化陆海统筹重点领域试验示范。在推动浙江舟山群岛新区建设，充分发挥海洋经济发展先导区和海洋综合开发试验区功能。同时，着眼陆海统筹，推进沿海地区优化空间布局和提升产业结构。国家有关部门也将研究完善围填海计划的编制、实施评估工作和管理等相关工作，加强海洋经济发展形势监测预测，深化对重大海洋经济问题的研究探索。

（五）推进重点流域的治理和规划的编制

编制实施好重点规划。在深化生态保护分区、生态红线划定、生物多样性保护等重大专题研究的基础上，实施千岛湖及新安江上游流域水资源和生态环境保护综合规划，完善相关生态补偿机制试点。同时，将编制完成《兴凯湖流域综合保护规划》。

协调解决突出问题。如将围绕落实《太湖流域水环境治理总体方案(2013 修编)》的重点任务，召开第六次太湖流域水环境综合治理省部际联席会议。协调落实治理资金，加快推进丹江口水源区不达标河段治理工作，确保南水北调中线 2014 年汛后通水水质安全。召开第三次渤海环境保护部际联席会议，为改善近海海域总体水质作出努力，做好北戴河及相邻地区近岸海域环境整治工作。

参考文献

[1] 中国城市规划设计研究院．苏南现代化建设示范区城镇体系规划(内部讨论稿).

[2] 中国城市规划设计研究院．首都经济圈规划(内部讨论稿).

[3] 中国城市规划设计研究院，四川省城乡规划设计研究院．四川省域城镇体系规划（2013-2030）(内部讨论稿）.

[4] 中国城市规划设计研究院，甘肃省城乡规划设计研究院．甘肃省域城镇体系规划（2013-2030）(内部讨论稿）.

[5] 中国土地勘测规划院．国土和发改系统的 2013 年区域规划进展（内部讨论稿).

[6] 区域规划战略新重点[J]. 瞭望新闻周刊，2014-3-18.

[7] 国务院．国家新型城镇化规划（2013-2020）.

[8] 王延春．宁夏：谋定“新丝路”支点[J]. 财经，2014（11）.

[9] 王延春．自贸区上海震动[J]. 财经，2013（22）.

（撰稿人：陈明，中国城市规划设计研究院，研究员，高级城市规划师，中国城市规划学会区域学术委员会秘书。中国土地勘测规划院蔡玉梅研究员、中国城市规划设计研究院李铭博士、国家发展和改革委员会地区司彭实铖等同志提供了相关资料，在此一并表示感谢）

城市总体规划

2013年12月的中央城镇化工作会议提出了推进农业转移人口市民化、提高城镇建设用地利用效率、建立多元可持续的资金保障机制、优化城镇化布局和形态、提高城镇建设水平、加强对城镇化的管理等六项推进城镇化的主要任务。

城市总体规划作为城镇化工作的重要抓手，在落实中央城镇化会议精神方面起着引领性作用。近年来，城市总体规划改革的呼声不断，相关理论和实践研究也非常热烈，中央城镇化会议精神无疑将成为城市总体规划在价值理念、技术方法等方面实现创新突破的指南。

一、概述

（一）国务院审批城市总体规划的批复情况

2013年，国务院批复了贵阳、石家庄的城市总体规划，国务院办公厅批复了新乡、常州、襄阳共3座城市的城市总体规划，各城市规划期限均为2020年。

此外，住房和城乡建设部还组织召开了3次城市总体规划部际联席会议，审议了8个城市的总体规划，完成了4个城市总体规划修改的审查认定，报请国务院同意3个城市正式启动总体规划修改，完成了1个城市总规修改方案的审查并上报国务院。

（二）配套部门规章、办法

为进一步做好报国务院审批城市总体规划的审查工作，提高总体规划成果的统一性和规范性，住房和城乡建设部于2013年9月下发了《关于规范国务院审批城市总体规划上报成果的规定》（暂行）（建规〔2013〕127号）。该规定对国务院审批城市总体规划的上报成果文本内容、图纸内容、强制性内容和格式提出了明确要求，推动了城市总体规划的可落实、可考核、可监管。

2013年，住房和城乡建设部继续开展《城市总体规划编制审批办法》的研究和制定工作。课题组由城乡规划司组织，由规划司孙安军司长、中国城市规划设计研究院李晓江院长共同负责，北京清华同衡规划设计研究院有限公司承担子课题《城市总体规划制定的审查要点和行政要求研究》，并邀请深圳市蕾奥城市规划设计咨询有限公司、武汉市国土资源和规划局分别开展总规改革创新方向的研究。课题组于 2013 年 12 月在京召开了工作会议，研究讨论初步方案，并对下一步工作开展做出安排部署。

为贯彻落实中央城镇化工作会议精神，全面推动城乡发展一体化，在县（市）探索经济社会发展、城乡、土地利用规划的“三规合一”或“多规合一”工作，2013 年 12 月，住房和城乡建设部委托中国城市规划设计研究院编制《县（市）域城乡总体规划编制方法研究》。2014 年 1 月 14 日，住房和城乡建设部规划司在京组织召开 6 个省市城乡规划部门参加的城乡总体规划编制座谈会，交流了相关经验，并对课题的下一步开展提出了很好的建议。2014 年 1 月 24 日，住房和城乡建设部下发《关于开展县（市）城乡总体规划暨“三规合一”试点工作的通知》（建规 [2014]18 号），要求各地开展试点工作，逐步形成统一衔接、功能互补的规划体系。

二、学术研究热点①

2013 年，国务院审查城市的总规期限仍然是 2020 年。虽然城市总体规划的法律法规制度背景、修编期限等外部条件没有太大变化，但通过整理 2013 年城市规划行业主要期刊和城市规划年会的相关论文，发现关于城市总体规划的学术探索非常活跃，特别是在以下一些方面取得了较多的学术研究成果：

1. 重视落实新型城镇化理念，强化城乡统筹

2013 年，在中央提出“新型城镇化”的背景下，城市规划行业也出现了很多研究在城市总体规划中如何落实新型城镇化和城乡统筹的学术成果，目前这方面的研究主要是集中在小城镇规划和城市边缘区的规划。随着 2014 年国家新型城镇化规划的出台，更多城市、更大范围的新型城镇化研究将会进一步展开（表 1）。

---

① 编者检索了《城市规划》、《城市规划学刊》、《城市发展研究》、《规划师》、《上海城市规划》、《现代城市研究》以及《2013 中国城市规划年会论文集》等学术期刊、著作，但仍可能会遗漏本年度重要的学术研究成果。

2013 年城市总体规划中新型城镇化、城乡统筹的主要学术成果　　表 1

题目	作者	期刊
城乡统筹背景下镇域规划编制办法研究——以广东省四会市江谷镇总体规划为例	王浩	《规划师》
从“土地发展权”视角看城乡建设用地统筹规划	陈振华	《2013 中国城市规划年会论文集》
城中村流动人口居住偏好研究——以深圳为例	郜浩	
新型城镇化背景下的青木川古镇空间布局初探	王英帆、李军社、赵卿、崔羽	

2. 多规融合的规划编制趋势成为学术热点

2013 年，规划行业继续涌现了很多技术性较强的规划编制方法探索，包括低碳规划方法、地理信息建模、基于规划支撑系统的多情景分析方法等，有力地丰富了城市总体规划的专业性技术方法。更重要的是，近年来城市总体规划在各部门规划（特别是土地利用总体规划）的衔接过程中，一直在不断探索两规协调甚至是多规协同等方面的政策性技术方法，这些多规协调的过程，一方面使得城市总体规划与更多部门进行协调，从而增强规划的可实施性；另一方面也导致了规划编制时间的延长、行政成本增加。在中央城镇化工作会议上，中央提出了“一张蓝图干到底”的要求，所以未来在多规协同方面的技术探索，还将产生更多的技术实践，涌现出更多的技术创新（表 2）。

2013 年城市总体规划中规划编制方法的主要学术成果　　表 2

题目	作者	期刊
城市总体规划编制工作的思考	张泉	《城市规划》
城市总体规划中城市规划区和中心城区的划定	官卫华、刘正平、周一鸣	
城市总体规划层面低碳城乡规划方法研究——以北京市延庆县规划实践为例	鞠鹏艳	
基于地理信息建模的规划设计方法探索——以城市总体规划设计为例	牛强、宋小冬、周婕	《城市规划学刊》
北京人口规模增长的观察和思考	杨明	《2013 中国城市规划年会论文集》
山地城镇人口规模预测方法研究初探——以湖北省野三关镇为例	王海英、严圣华、陈克谓	
基于规划支撑系统的多情景分析实践——以江阴市城市总体规划为例	王树盛、曹国华	
城乡总体规划编制内容初探——以湖北省五个试点城市为例	袁博	

续表

题目	作者	期刊
"两规"协调方法探讨——以南京市城市总体规划为例	毛克庭	《2013 中国城市规划年会论文集》
资源紧约束条件下的城市土地集约利用评价与城市规划的有效对接——基于武汉市江汉区"两规合一"工作的探索和实践	陈涛	
关于"协同规划"的思考与实践——以青岛市董家口港城总体规划为例	孔利、曹枭、孙远军	
边缘效应作用下的省际边缘区城市发展研究——以河南省信阳市为例	王玉虎、欧心泉	
协同规划共创美好家园——以眉山东坡岛规划实践为例	谢宇、王昆	

3. 空间管制体现了刚性要求，受到持续关注

空间管制是城市总体规划的核心内容之一，也是城乡规划走向"公共政策"的核心内容之一，规划行业中一直高度关注并不断探索空间管制的内容和方法。2013 年，多位规划师在空间管制体系、规划区、城市增长边界、橙线、五线等方面进行了探索，为规划行业贡献了大量有益的探索。中央城镇化工作会议提出了城市发展边界、生态红线等新的空间管制方法，必将成为 2014 年的学术热点(表 3)。

2013 年城市总体规划中空间管制方法的主要学术成果　　表 3

题目	作者	期刊
城市总体规划中的空间管制体系建构研究	郝晋伟、李建伟、刘科伟	《城市规划》
城市边缘区橙线规划编制方法探索	尹力	《2013 中国城市规划年会论文集》
北京市五线划定标准及综合规划研究	荣博、苏云龙、杨志刚、陈欣	
化繁为简：制定城市增长边界的路径探讨	张振广、李凌霄	
规划区变革与空间管制	田高平	

4. 生态低碳、集约高效理念的实践方法日益成熟

在 2013 年的规划实践中，越来越多的规划师在生态低碳、集约高效理念的实施方法方面进行了大量探索，这方面的规划实践越发丰富、相关规划技术方法越发成熟（表 4）。

2013年城市总体规划中实践生态低碳、集约高效规划理念的主要学术成果　　表4

题目	作者	期刊
由“增量扩张”转向“存量优化”——深圳市城市总体规划转型的动因与路径	邹兵	《规划师》
生态理念视角下的北戴河新区总体规划方法与实施探索	王磊	
城市总体规划层面低碳城乡规划方法研究——以北京市延庆县规划实践为例	鞠鹏艳	《城市规划》
生态控制视角下的大城市边缘区发展问题与策略探讨	朱金、赵文忠	《2013中国城市规划年会论文集》
生态文明理念下城市规划发展策略研究	龚本海、沈大炜、林志强、李毅艺	
基于慢城理念的新城空间布局模式研究——以天津未来智慧城总体规划为例	程富花、赵珊、石文华、周馨	
基于城市转型背景下的上海城市空间格局评估与战略思考	陈琳	
工业用地扩张和低效利用机理剖析——以南京市为例	张倩、王海卉	
基于可持续目标的城市紧凑发展规划策略研究	王思齐、黄砂	
基于生态建设理念的山地城市空间发展研究——以武夷新区城市总体规划为例	韦希	

5. 实施评估成为反思城市总体规划实践的重要技术工具

城市总体规划的实施效果和评估，一直是近年来规划行业研究的重点。2013年，不仅大部分城市开展了规划实施评估工作，更重要的是规划行业开始通过对城市总体规划的实施效果分析，来反思城市总体规划实施的体制机制问题（表5）。

2013年城市总体规划实施评估的主要学术成果　　表5

题目	作者	期刊
政府运行视角下的城市总体规划实施过程评价方法探讨	罗震东、廖茂羽	《规划师》
基于动态维护的城市总体规划实施评估方法和机制研究	何灵聪	
城市总体规划评估中的指标体系评估探讨	马立波、席光亮、盖建、陈颖	
论城市总体规划实施的激励与约束机制	文超祥、马武定	
实效性和前瞻性：关于总体规划评估的若干思考	郑德高、闫岩	《城市规划》
中小城市总体规划实施评估中的问题及对策——以山东省为例	陈有川、陈朋、尹宏玲	
城市规划控制绩效的时空演化及其机理探析——以北京1958-2004年间五次总体规划为例	吴一洲、吴次芳、李波、罗文斌	

6. 新城新区的规划理论研究依然活跃

近年来，我国很多城市都在建设新城新区，丰富的规划实践带动了丰富的理论研究，今年集中出现了一批关于新城新区总体规划的学术研究成果，包括南沙新区、兰州新区、贵安新区、北戴河新区等（表 6）。

2013 年新城新区总体规划的主要学术成果　表 6

题目	作者	期刊
快速发展还是从容建设——南沙新区发展之惑	许世光、李箭飞、曹轶	《2013 中国城市规划年会论文集》
基于慢城理念的新城空间布局模式研究——以天津未来智慧城总体规划为例	程富花、赵珊、石文华、周馨	
转型理念下从贵安新区看新区的发展趋势变化	毛有粮、刘剑锋、张亚	
从规划时代迈向策划时代——以眉山岷东新区城市策划为例	荆海英、苏海龙、余箭	
政策导向下的兰州新区与兰州市区空间关系构建反思	成亮、李巍	
是“城市财政蓝海”还是“短期财政工具”——广州珠江新城地下空间开发研究	徐辰、袁奇峰	
基于自主创新与两型示范的新城总体规划编制方法和策略——东湖高新区为例	许莉、刘晖、罗芳	
沙漠绿洲新建城市空间形态发展战略研究 ——以新疆生产建设兵团新建铁门关市为例	张红娟、张平	
基于生态建设理念的山地城市空间发展研究——以武夷新区城市总体规划为例	韦希	
新城选址的区域影响研究——铁岭市凡河新城的案例	王慈、耿志鹏	

7. 设施完善体现以人为本，技术探索逐步深化

在 2013 年的规划实践中，越来越多的规划师开始关注公共服务设施和基础设施完善问题，也有一些学术成果集中在这一领域，而这些学术成果的实践依托并不仅限于总体规划，而是逐步深入到专项规划层面（表 7）。

2013 年关于用地分类办法实施效果的主要学术成果　表 7

题目	作者	期刊
城市总体规划层面的避震疏散场所规划研究	丁琳、翟国芳、张雪原、李莎莎	《规划师》
多元公平的终身教育体系规划——以杭州下沙新城教育设施规划为例	洪田芬、杨毅栋	《2013 中国城市规划年会论文集》
武汉市普通中小学用地标准及建设发展趋势研究	熊花	

续表

题目	作者	期刊
针对旅游城市的公共服务设施均等化对策——《三亚市中心城区公共服务设施体系规划》的思考	魏维、王飞、蒋朝晖	《2013 中国城市规划年会论文集》
快速城市化地区中小学规划模式探讨——以沈阳市于洪区永安新城中小学规划为例	朱庆余、李昂、李晓楠	
城市公共体育设施指标体系及空间布局研究——以郑州市为例	踿焕、孙玉娟	
新城发展背景下的基础教育设施规划模式探讨——以《北京市怀柔区基础教育设施专项规划》为例	杨春、张朝晖	
反思“中国式接送”现象 ——我国城市儿童上下学空间网络规划问题浅析	佘高红、常军	
苏南发达城市医疗卫生设施布局规划编制研究——以江阴市为例	杨润秀	
基于人口年龄结构变化的广州市公共服务设施配置标准探讨	杨红梅	

三、编制改革实践——以特大城市为例

2013 年，一些特大城市开始启动城市总体规划的修改、修编的前期研究工作。在研究过程中，不约而同地提出了编制改革的诉求，并针对各自城市的特点提出了改革创新的突破点。

本轮城市总体规划的宏观发展背景已与上版总规有着很大的不同，首先，环境污染日益严重，特大城市的雾霾问题已经常态化，并成为社会舆论的焦点话题，改善环境质量已经成为城市政府的重要工作；其次，国家仍然坚持从紧的土地政策，尤其是对特大城市，国土部门已经对规划建设用地总规模实施“总量锁定”，城市不得不把规划的重点从“增量用地”转向“存量用地”；再次，“城乡二元化”依然严重，集中体现在城乡接合部集体土地建设管控失灵，社会问题、环境问题突出；最后，“大城市病”依然严重，交通拥堵、房价攀升、阶层分化等问题已经影响到市民的生活质量。

在此背景下，城市政府必须重新审视本轮城市总体规划需要解决的问题、达到的目标和采取的技术手段。为此，在总规开展之前启动前期研究工作的目的就是为总规做“规划”，通过深入分析国家宏观背景、城市当前面临的问题，明确本轮总规的工作重点和工作方法。下面以北京、上海、重庆的前期研究工作为例。

1. 北京：总量控制、功能疏解、城乡统筹、区域协同

现行北京城市总体规划提出的“城市总人口到 2020 年控制在 1800 万人”的

目标提前 10 年就已被突破。人口资源环境压力日趋严峻，患上了相当程度的“大城市病”。习近平总书记在考察北京时对北京发展提出了五点要求：“明确城市战略定位，调整疏解非首都核心功能，提升城市建设特别是基础设施建设质量，健全城市管理体制、提高城市管理水平，加大大气污染治理力度。”为落实中央对新时期首都工作的要求，保障首都可持续发展，北京市政府计划对总体规划进行修改。

通过总规修改这种形式，将以往总体规划每 10 年“静态蓝图式”的以增长扩张为主的规划修编，转变为每 5 年的“动态评估式”的“战略加实施”的规划修改，以保持总体规划对城乡发展建设的宏观指导作用。

为提高总规修改的科学性和前瞻性，北京市规划委员会组织了中国城市规划设计研究院、北京市规划设计研究院、清华大学建筑学院及其他设计单位启动开展北京总规修改的前期战略性研究工作。

此次北京总规修改的思路包括以下方面：一是坚持以问题为导向，深入分析首都当前面临的重大问题，提出相应的解决思路；二是坚决做“减法”，以人口资源环境承载能力为底线，提出建设用地“负增长”，倒逼城市功能调整、规模控制、结构优化和质量提升；三是加强“多规合一”，做好城乡规划与经济社会发展规划、土地利用规划、生态环境总体规划等规划的统筹衔接；四是推动城市规划向城乡规划转变，实现对城、乡建设的统一规划和管理；五是促进京津冀区域协同发展，在区域城镇群分工协作、基础设施互联互通、生态格局共建共治等方面实现“规划一张图”；六是强调规划制定与实施并重，做好行动规划和配套实施机制，提高城市规划有序参与城市治理的水平。

2. 上海：引领城市转型的总体规划改革

2012 年，上海常住人口规模已达 2380 万，大大超过现行总体规划中确定的 2020 年常住人口 1850 万的预测指标。上海建设用地规模在 2011 年就达 2961km^2，占全市陆域面积 43.6%，已经接近全市可用建设用地规模的极限。

在此背景下，2013 年下半年，上海市政府开始着手准备新一轮城市总体规划编制，并在 10 月份开展了“上海未来城市发展战略和新一轮城市总体规划编制工作专家咨询会”，提出上海应明确在全国和全球的战略目标、功能定位和发展内涵，针对人口突破 2020 年控制指标、建设用地规模接近极限、城市扩容导致交通拥挤等迫在眉睫的问题展开重点研究。

此后，上海市政府提出“通过新一轮总体规划引领城市的转型”的改革路径。重点实现四个方面的转变：

一是价值取向强调以人为本。在国内首次提出将市民幸福作为城市发展的最高追求，将以往的精英规划、专业规划转变为更加关注百姓实际想法和需求的规划，并建立健全公众参与的组织机制和操作方法；二是发展模式强调内生增长。

控制开发边界，严守生态底线，挖掘低效用地的潜能，提出建设用地“零增长”，实现资源集约利用，带动经济发展方式从粗放低效到集约高效；三是规划内涵强调空间政策。建立政策导向为核心的空间管控体系，突出“多规衔接”，探索以空间政策为引导的战略实施路径，将城市总体规划作为空间统筹平台，分配各类城市发展战略资源；四是管理方式强调过程控制。形成编制、执行、评估全过程闭合的，从终极目标管理到全过程控制管理机制，通过动态监测评估反馈机制，将传统的蓝图规划转变为行动规划和过程规划。

3. 重庆：以增量调结构

2013 年，重庆市政府委托中国城市规划设计研究院展开《重庆市城乡总体规划深化完善研究》。项目组判断重庆已进入“以增量调结构”的关键时期，省域空间面临从“绝对集中”到“相对扩散”的转变；同时，政府执政理念也从关注城市向关注省域转变，“五大功能区”的提法是对“一圈两翼”的继承、深化和发展，是应对新型城镇化要求充分利用重庆特质的选择，是省域构架直辖市空间治理框架的深化。

规划围绕以下三个焦点问题展开：

（1）强心——主城区中心体系和核心区大小

本规划调整了对中心体系布局的认识。规划提出，内环以内工业和市场等低成本更新用地所剩无几，内环以外建设中心功能的条件已经成熟，重大功能性项目拉动产业布局与城市功能同步完善；此外，商业商务多中心格局向北拓展态势远远强于其他方向。在北跨越大趋势下应是轴向逐步拓展，同时对寸滩－机场轴线的新认识，预控了机场—会展中心片区。

（2）扩域——六大区域中心城市和都市区层次

规划通过案例研究得出大都市区内部分为三个层次的结论：20–30km 是用地连绵半径，30–50km 是通勤一体半径，50–70km 是功能联动半径。而重庆主城刚刚临近通勤联系的极限范围，一圈则已经远远超出功能纵向一体化联动的一般尺度。

规划通过研究人口和功能分布来识别现状主城区的空间影响边界。一是通过手机用户数据对每日固定往返两地的人群进行甄别，并监测其流动数据来判断通勤范围大小，二是研究区域中心城市的发展绩效差异。规划判断，万州、永川和涪陵具有较强的综合服务功能，江津和合川专业化职能显著，长寿、綦江是新兴专业化中心。

（3）差异—— 一圈两翼的分区组织和县域单元的分类统筹

规划认为政策分类应在一圈两翼的基础上给出更加细化的单元，给出产业和人口发展策略，以及引导建设用地规模配置和结构调整要求、城镇化空间载体形式等。市域空间开发的基本格局应是向北拓展、向南优化；渝西和长江黄金水道是重庆培育区域组织能力和竞争力的主要资源，盆周山地是重庆发展内生型产业的重要资源带。同时，两大山区是需要扶贫和人口迁出的地区。

四、发展趋势

为贯彻落实中央城镇化工作会议精神，2014 年城市总体规划工作将在以下方面实现创新和突破：

1. 明晰政府事权。既要坚持使市场在资源配置中起决定性作用，又要更好发挥政府在创造制度环境、编制发展规划、建设基础设施、提供公共服务、加强社会治理等方面的职能；同时明晰上级政府和本级政府事权，在总规编制、审批和督察过程中明晰事权对应关系。

2. 推进多规融合。应坚持“一个空间、一本规划、一张蓝图”的思想，推进各部门协同，协调和解决多规间的矛盾冲突，逐步形成指导城乡发展的“统一空间规划体系”，为城乡治理提供权威依据。应逐步统一各部门的用地分类标准、基础数据采集标准、规划期限；逐步建立“多规融合”的信息化采集和管理平台；形成目标一致、相互衔接的编制技术导则。

3. 关注资源保护。体现尊重自然、顺应自然、天人合一的理念；保护和弘扬传统优秀文化，延续城市历史文脉，发展有历史记忆、地域特色、民族特点的美丽城镇；高度重视生态安全，增强水源涵养能力和环境容量，划定生态红线；不断改善环境质量，减少主要污染物排放总量，控制开发强度，增强抵御和减缓自然灾害能力；着力推进绿色发展、循环发展、低碳发展，减少对自然的干扰和损害；节约集约利用土地、水、能源等资源。

4. 探索存量规划。严控增量，盘活存量，优化结构，提升效率；形成生产、生活、生态空间的合理结构；提高城镇建成区人口密度；由扩张性规划逐步转向限定城市边界、优化空间结构的规划；探索存量规划的技术路线、方法和政策；强化城市开发边界研究，推进特大城市的开发边界划定工作。

5. 完善设施供给、创造就业机会。坚持以人为本，提高城镇人口素质和居民生活质量，推进有能力在城镇稳定就业和生活的常住人口有序实现市民化。

6. 城市分类指导。全面放开建制镇和小城市落户限制，有序放开中等城市落户限制，合理确定大城市落户条件，严格控制特大城市人口规模；把城市群作为主体形态，促进大中小城市和小城镇合理分工、功能互补、协同发展。

7. 明晰强制性内容、强化规划督查机制。应研究强制性内容与不同层级政府的事权对应关系，研究强制性内容从城市总体规划到详细规划的“刚性传递”；

应确保城市总体规划强制性内容“定之有理，违之必究”，从而保障城市总体规划的权威性；应研究规划督察的依据和手段，保障城市总体规划从制订到实施的有效、高效运行。

伴随中央城镇化工作会议精神的逐步落实和各级政府发展思路的转变，预计新一轮城市总体规划编制工作将逐步筹备和启动，而价值理念、技术方法等方面的创新与突破将成为新一轮总规编制的主旋律。

（撰稿人：张菁，中国城市规划设计研究院，副总规划师，教授级高级规划师；董珂，中国城市规划设计研究院，教授级高级城市规划师；王佳文，中国城市规划设计研究院，高级城市规划师；苏洁琼，中国城市规划设计研究院，高级城市规划师；耿健，中国城市规划设计研究院，高级城市规划师）

城市控制性详细规划

前言

2008年《城乡规划法》施行至今，全国主要城市如北京、广州、深圳、武汉等基本上完成了中心城区控规（或新一轮控规）的"全覆盖"工作，各地方城市在控规编制和控规实施方面进行了多样的探索和实践，取得了不少经验。然而，随着控规"全覆盖"工作的持续推进，控规面临的问题并未随着"全覆盖"的完成而终结，控规编制和管理迎来了规划实施和控规调整等一系列问题，一方面，针对不同地区特色，各地开始探索不同深度、不同类型的多样化控规编制体系；另一方面，市场的不确定性和控规编制的局限性使审批后的控规频繁调整，控规的法定性和权威性不断受到社会各界的质疑，"控规调整何去何从"代替"控规何去何从"，成为学术界、规划管理工作者和规划师面临的共同课题。

一、学术方向与研究进展

通过"控规"和"控制性详细规划"两个主题关键词的搜索，对2013年度《城市规划》、《城市规划学刊》、《国际城市规划》、《规划师》、《江苏城市规划》和《上海城市规划》等学术期刊，以及《城市时代，协同规划——2013中国城市规划年会论文集》中关于控规编制和管理的学术论文情况进行梳理分析发现，本年度学术研究涌现出控规管理及动态修订等新的热点。此外，各类功能区规划的实践和支撑体系研究也收到了学术界更多关注（表1）。

2013年度关于"控规"研究的主要学术论文情况　　表1

类别	研究领域	内容对象	2013年论文数量（篇）	小计（篇）
规划编制技术与方法	各类功能区规划	产业园区（商务区）	1	9
		地下空间	1	
		城市更新地区（旧城区）	3	
		新型城区（低碳、生态）	1	
		自然风貌片区（非建设用地）	3	
	支撑体系	配套设施	3	3

续表

类别	研究领域	内容对象	2013 年论文数量（篇）	小计（篇）
规划编制技术与方法	控规与城市设计		1	1
	新型城镇区规划	县城镇区	6	11
		城市新区	5	
实施管理与学科理论	理论研究	基础理论	3	11
		体系机制	3	
		内容形式	5	
	动态修订	控规全覆盖	3	10
		控规调整	5	
		控规评估	2	
	其他	“一张图”系统（动态维护）	3	3
合计				48

（一）控规管理

随着控规“全覆盖”工作的深入推进，现有控规的基础理论、体系机制和内容形式等方面存在的问题和不足逐渐突显，特别是控规立法，控规的公平与效率，公共利益与权益保护，公众参与等，对这些方面的探讨和研究将推动以控规为核心的规划实施管理体系的完善。

叶浩军从保障公平与注重效率两个方面对控规制度建设的问题做出分析和评价，并提出公众参与、动态检讨、完善规委会制度、明确技术标准、实现控规全覆盖、建立权利流转的政策体系等法规层面建议[①]。何明俊从立法模式对控规权利中的严格规则和正当程序模式进行了讨论，指出应采用“行政立法”模式，将控规法律保留内容采用硬法规则、过程控制内容采用软法规则的“刚柔相济”策略[②]。张磊、王心邑和王紫辰等人从公众参与引入开发控制程序等问题出发，分析和研究了公众参与对控规调整决策产生的实质性影响，以及控规调整的不同阶段（集体决策阶段、公示和报批阶段等）、不同类型参与者的能动作用的差异性[③]。

① 叶浩军．保障公平与注重效率——社会主义市场经济体制下控制性详细规划的价值观和路径 [J]. 城市规划，2013，12.

② 何明俊．控制性详细规划行政“立法”的法理分析 [J]. 城市规划，2013，7.

③ 张磊，王心邑，王紫辰．开发控制过程中公众参与制度转型与实证分析—以北京市中心城区控规调整为例 [J]. 规划师，2013，4.

（二）控规调整

“全覆盖”后，控规面临的核心问题便是不断涌现的各类控规调整。如何优化控规管理模式和成果形式，提高控规的实施效率，维护控规的法定地位，成为规划学界和各地探索的重点方向之一。

刘卫东[①]和贾晨亮[②]等人分别结合温州和沈阳控规全覆盖区域的“后规划”工作实践，提出应从优化规划编制体系、完善核心控制内容、健全动态更新平台等方面应对控规调整、实施和管理等问题，提出应尽可能避免局部规划游离于体系之外，以增强规划的可控性和延续性。刘伟[③]和衣霄翔[④]等人分别对控规调整的规范化和制度化等方面进行了探讨，提出以规范调整流程、设定调整门槛、分类管理、加强技术论证和明确地方技术准则等方式来优化控规调整工作。郑心舟等人提出运用信赖利益保护原则，采取财产保护和过渡处理等方式，协调控规调整与规划行政许可的矛盾[⑤]。

（三）支撑体系

对交通、市政等设施容量的分析和论证，是控规编制和控制调整科学性的重要支撑。桂明[⑥]等人提出建立控规层面市政基础设施规划容量评估机制，并提出复核设施容量，强化设施用地控制，对重要设施承载能力做定量分析，对控规调整开展市政设施影响分析，增加地下管位资源控制，增加市政工程管线对地下空间利用开发要求等完善控规内容、强化技术支撑、建立市政容量评估机制的具体建议。

汤宇卿[⑦]等人提出构建控规阶段的交通影响评价，提出整合从城市总体规划至建设项目方案设计各层面的交通影响评价，以交通需求预测与影响程度评价和控规方案反馈控制阶段为主体的控规阶段交通影响评价技术方法。

---

① 刘卫东．控规全覆盖区域“后规划”的思考——基于温州现实的反思［A］// 城市时代，协同规划——2013 中国城市规划年会论文集 [C]. 重庆：重庆出版社 ,2013.

② 贾晨亮，刘晨，林梦蝶．多元化背景下城市控规全覆盖工作的反思——以沈阳市为例［A］// 城市时代，协同规划——2013 中国城市规划年会论文集 [C]. 重庆：重庆出版社 ,2013.

③ 刘伟，田嘉，高跃文，吴丹艺．控制性详细规划调整规范化工作方法研究——以天津滨海新区胡家园地区为例 [J]. 规划师 ,2013，6.

④ 衣霄翔．“控规调整”何去何从？——基于博弈分析的制度建设探讨 [J]. 城市规划 ,2013，7.

⑤ 郑心舟，杨平华．信赖利益保护原则在控制性详细规划调整中的适用思考 [J]. 规划师 ,2013，4.

⑥ 桂明，徐承华，冯一军．浅析控制性详细规划层面的市政基础设施规划 [J]. 城市规划 ,2013，12.

⑦ 汤宇卿，武一锋，李巧燕，池磊．一体化交通规划和评价体系的构建——控制性详细规划层面的交通影响评价研究［J］. 规划师 ,2013，7.

二、制度建设与地区实践

随着各地“全覆盖”工作的陆续完成，各地控规的实践开始转向控规实施、控规调整两大方面发展，各地也纷纷出台应对控规全覆盖后规划管理和实施的各项制度和政策。

（一）控规编制与实施

广州市于 2011 年 7 月完成了“广州市控制性详细规划全覆盖”工作。结合 2012 年编制完成的《广州市城市功能布局规划》，广州市全面开展了“2+3+9”功能区核心区或启动区共计 437km^2 建设用地的控制性详细规划编制，同时启动了部分平台中期拓展区规划[①]。

厦门市在完成了大纲阶段控规的初步覆盖工作之后，逐步根据大纲制定片区经营性项目的地块控规（图 1）。

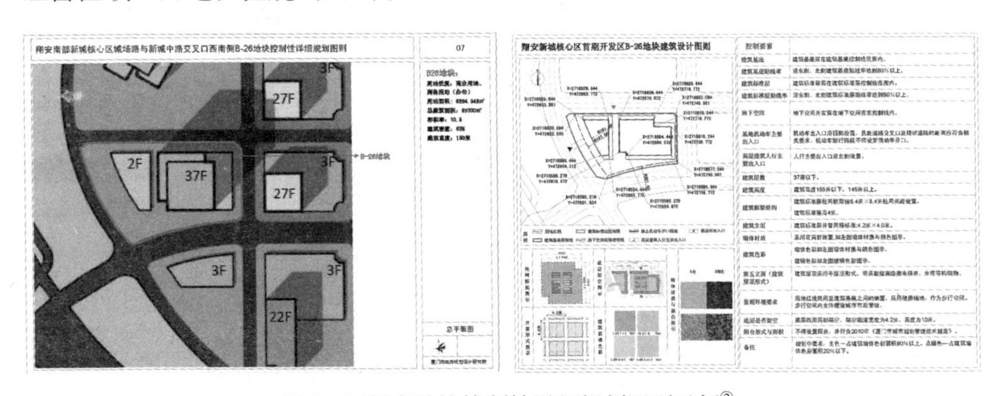

图 1　厦门市地块控制性详细规划图则示例[②]

武汉市针对 2008 版控规导则实施过程中存在的问题和矛盾，开展了新一轮的控规导则优化工作，建立了“1（控规）+N（管理规定）+2（用地和空间论证、城市设计导则）”的管理模式。

成都市在中心城区控规编制完成后，逐步向强化形态管理方面深化控规的内容，在中心城的重要节点及重点地区编制实施规划，按照城市设计的方法，对原有的控规管理进行深化和细化，对局部地区的重点控制要求进行研究和控制，并增加了三维形态研究等内容（图 2）。

---

① 广州市规划局．广州规划编制的新思路．中国城市规划协会管理专业委员会三届五次会议暨大城市规划管理创新研讨会交流材料

② 厦门市规划局 http://www.xmgh.gov.cn/

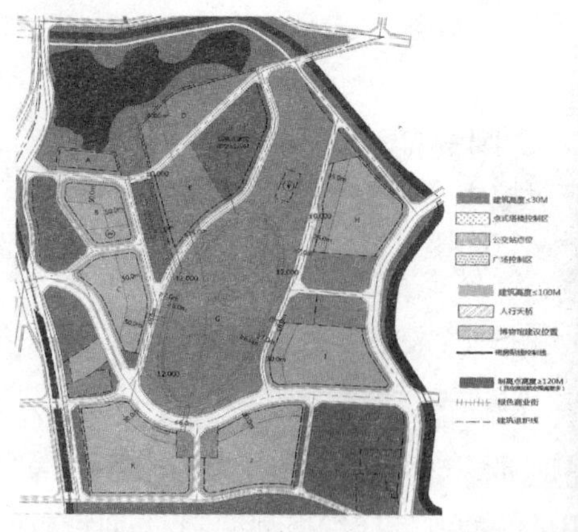

地块控制导则	
	1.F 地块内设置区域制高点建筑，建筑高度 h ≥ 120m（且应满足航空限高要求）； 2. 在 B 地块叠建公交首末站，站点位置宜靠近地铁升仙湖站； 3.D、E、G 地块形成南北向连续的步行商业街，商业街宽度不小于 10m；购物街与周边区域形成不少于 2 个连接口，宜设于 D 地块北侧、G 地块南侧、东侧；跨市政道路处设置过街天桥，宽度宜不小于 15m；步行街由北向南标高逐渐升高，与车辆段商业空间连接（±0+12m）； 4.B、C 地块高层主体沿地块北、东侧布置；H、I 地块点式高层主体沿地块西侧布置；J、K 地块点式高层主体沿地块北侧布置； 5.H、I 地块底商裙房沿地块西侧建筑控制线布置；J、K 地块底商裙房沿地块北侧建筑控制线布置； 6. 在 G 地块车辆段建筑三层设置轨道交通发展博物馆，博物馆可结合电影院等设施设置，面积应不小于 3000m²。

建议地块控制导则	
	1. 业态引导：建议 D、E、G 地块绿色购物街适当引入休闲娱乐业；F 地块布置酒店、会议、会展功能；A 地块布置文化娱乐设施； **2. 公交站点**：建议在 G 地块南端、K 地块东北面设置港湾式公交站点； **3. 地下空间**：建议在 B、E 地块设置地下商业； **4. 购物街景观**：滨湖的自然景观宜渗入购物街，形成空中花园式的购物休闲空间； **5. 广场空间**：D、G 地块沿购物街设置景观广场，面积宜不小于图示数据； **6. 裙房控制**：D、E、G 地块购物街两侧裙房收放自如，宜以小巧、灵动的建筑为主； **7. 空中连廊**：在 G 地块与周边 C、I、K 地块之间的裙房高度范围内宜设空中连廊，连廊宽度不大于 6m； **8. 建筑色彩及材质**：整体区域以明快简洁的现代风格为主，亮灰、白色为主色调，酒店标志塔楼和步行街两侧建筑可通过颜色和材质的变化突出其特色；住宅建筑高度略有错落；住宅建筑分为 3-5 个组团，形成略有差异的屋顶处理、色彩和材质变化。

图 2　成都市成华区红花堰片区实施规划①

（二）控规调整

控规调整是在“不确定”的规划蓝图和“不确定”的城市发展因素下产生的一种“不可避免”的新的规划形式，它既是我国当前控规实施的重要组成部分，也是当前提高控规适应性和使控规得以发挥其作用的重要机制之一②。

控规的调整包括三种类型：一是整体修编，其内容和要求与新编控规基本一致，其编制和审批在《城乡规划法》和《城市、镇控制性详细规划编制审批办法》中均有明确规定，各地针对控规整体编制也均出台有关政策进行规范和约束；二是基于“一张图”系统的控规优化，这类调整以控规“一张图”为基础，通过规划整合对已审批的控规进行优化和调整，主要包括边界、道路等内容的调整；三是控规局部调整，随着各地控规全覆盖工作的逐步完成，控规局部调整的数量和规模呈逐年大幅增加的趋势（图 3），给控规实施管理带来较大问题，这类调整

① 成都市规划管理局．成都市城乡规划管理．中国城市规划协会管理专业委员会三届五次会议暨大城市规划管理．

② 衣霄翔．“控规调整”何去何从？——基于博弈分析的制度建设探讨 [J]. 城市规划 ,2013，7.

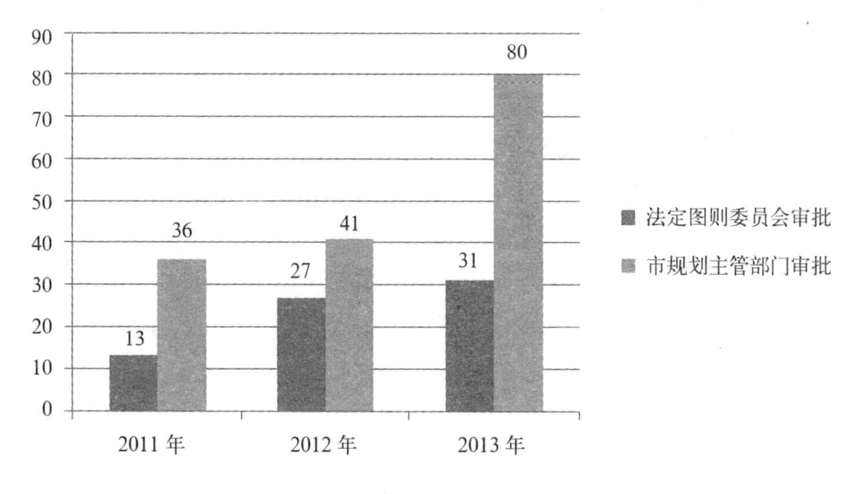

图 3　2011－2013 年深圳市控规局部调整审批情况

也是控规法定性和权威性受到质疑和挑战的主要方面，也是学界和地方反思控规应该“控什么”的出发点之一。

控规局部调整的内容主要有开发强度、用地性质、公共设施和市政设施等方面。2013 年深圳市共计审批通过 111 项法定图则规划调整，其中法定图则委员会审批通过 31 项，市规划主管部门审批通过 80 项。对 111 项进行分析，涉及用地性质和开发强度调整的 53 项，涉及公共设施、市政设施、道路线位等调整的共计 58 项。

（三）制度与政策

控规局部调整给规划的编制和管理带来两大问题，一是控规局部调整需求大，难以估量多个局部调整对整体造成的影响，进而影响控规整体的科学性和严谨性；另一方面，控规调整的编制内容、审查环节等缺乏规范，寻租行为不断，使规划的公平性受到严重挑战。随着城市进一步发展和控规调整的不断增加，各地也逐步开始探索出台有关的制度和政策，对控规调整的内容和程序进行约束和规范，但效果如何有待在实践中进一步检验。

1. 提高控规编制和审批效率

上海市制定并完善《上海市控制性详细规划附加图则成果规范（试行）》。针对重点地区，在强化城市设计的基础上，将城市设计的各种空间要素转化为控规中的控制线和控制条文，编制成“附加图则”，作为土地出让和项目规划管理的重要依据。

结合城市发展转型，城市开发建设活动逐渐向存量土地转变的新形势，深圳市修订完成了《深圳市法定图则编制与修订技术指引》，通过整合控规层次各类规划需求，优化法定图则编制技术和成果内容，探索法定图则编制技术创新方法，针对不同片区实际，提出不同图则控制深度；并且引入集约高效、低碳生态等理念，制定相应的编制技术指引，使法定图则具有更强的发展适应性和可实施性。

厦门市出台《经营性用地招拍挂控制性详细规划图则编制审批流程》，明确经营性用地招拍挂控制性详细规划图则编制内容、审批主体及审批时间，规范完善经营性用地招拍挂控制性详细规划图则的编制审批流程。

福建省、成都市、合肥市和绵阳市等分别新编或修编完成了《福建省城市控制性详细规划管理暂行办法》、《成都市规划管理技术规定》、《合肥市控制性详细规划通则（试行）》和《绵阳市城市规划管理技术规定（2013 版）》，对控制性详细规划进行指导和规范。

2. *规范控规调整内容*

各地方城市在面对大量规划调整工作时，普遍采用了制定控规修改报批、审批的相关管理规定，分类对调整控规进行规定，以提高行政审批效率。

成都市按照控规调整的内容和深度分为控规修改、控规优化和控规修正。其中，控规修改指对规划区域功能、结构布局、规划用地性质及其他重要内容进行的调整；控规优化指对控规局部规划用地布局及规划控制技术要求进行的优化调整；控规修正指对控规技术错误及误差进行的技术修正。对于控规修改，需要进行控规修改论证及修改方案审查，并报市规划委员会城乡规划与政策专委会审议、局长办公会审定，按相关要求公告后报市政府审批（表 2）。

成都市控规调整分类管理程序[①] **表 2**

分类＼程序		申请	修改条件	编制		初审	局审会审查	专委会审查	审定	公告	报批	核定	维护
				论证	方案								
控规修改	普通项目	○	○	○	○	○	○	○	○	○	○		○
	市规委会审议通过项目			Δ	○	○	○		○	○	○		○
	绿色通道项目			Δ	○	○	○	○	○	○	○		○
控规优化		Δ			○				○	○			○
		控规优化项目的公告阶段在审定阶段之前，公告后由主办处室负责审定。											
控规修正												Δ	○

注：1. “○”为需履行程序，“Δ”根据项目实际情况确定履行程序；

2. 控规修改项目申请方为区政府、市级以上部门。控规优化项目申请方为区政府、市级以上部门或土地权属单位。市规划局可根据需要组织进行控规调整。

① 成都市规划管理局 . 成都市城乡规划管理 . 中国城市规划协会管理专业委员会三届五次会议暨大城市规划管理 .

重庆市规定了允许调整、严格限制调整及禁止调整的控规调整内容，对调整后建筑总量、用地性质、容积率等进行分级审批。

上海市对民生工程、高新产业项目、符合相关技术规定的其他各类非经营性设施、保障性住房和郊区新城轨道交通站点周边地区尚未出让的经营性用地采取控规简易程序。控制原则为相邻街坊在总量平衡的前提下适度进行容积率转移；经营性用地在提高容积率时适度增加广场、绿地等公共空间。在审批时限上，强调在简易程序申请获得批准后2个月内完成。

天津滨海新区将控规调整划分为重大调整、一般调整和局部调整三类，审批流程由复杂到简单。在进行重大调整前，需要先获得政府的批准，随后才能按照相关技术标准重新编制控规的完整成果，在经过专家评审后，再由规划主管部门审核，并由政府审批。一般调整及局部调整仅编制控规调整报告，说明调整的理由、内容及前后方案的差异，该报告由规划主管部门审批。为规范成果形式，在下发的成果编制规定中应对各类调整包含的文本及图纸内容进行详细规定，重大调整和一般调整须包含城市设计示意方案。

各地对控规调整的规定虽略有差异，但基本思路相同，即在审批程序上简化微小调整，明确一般性调整和重大调整的程序，起到了节省审批时间和提高审批效率的作用。然而，各地对调整方案的编制过程较少关注，成为影响控规调整成果科学性和整体工作效率的主要因素。

3. 提高公众参与度

控规的公众参与度在本年度进一步提升。除控规编制和修改的公示制度外，规划委员会制度和社区规划师制度也开始逐步建立和发展。

城乡规划委员会制度可以分为两类：一类是议事机构，如上海市规划委员会专家委员会、广州市城市规划委员会和绵阳市城乡规划委员会等，城乡规划委员会是市政府进行城乡规划决策的议事机构，受市政府委托就城乡规划建设的重大问题进行审议，向市政府提出审议意见；另一类是决策机构，如深圳市城市规划委员会，对城市总体规划、次区域规划、分区规划草案和城市规划未确定和待确定的重大项目的选址进行审议，下达年度法定图则编制任务，审批法定图则并监督实施，审批专项规划，审批重点地段城市设计等。

2013年成都市开始在中心城区实行社区规划师制度，调查了解街道社区居民对设计本区域规划工作的需求和建议，就市规划局制定的重大公共政策、规范性文件征求基层意见，对区域范围内规划修改和方案调整听取街道和社区的反馈意见。

深圳市从2012年初开始建立社区规划师制度，其职责主要宣传解释规划国土政策，听取社区的意见和建议，跟踪了解规划国土政策、规划的实施情况，为社区提供规划技术咨询服务，推动市重大项目、规划国土重点工作在基层落实等

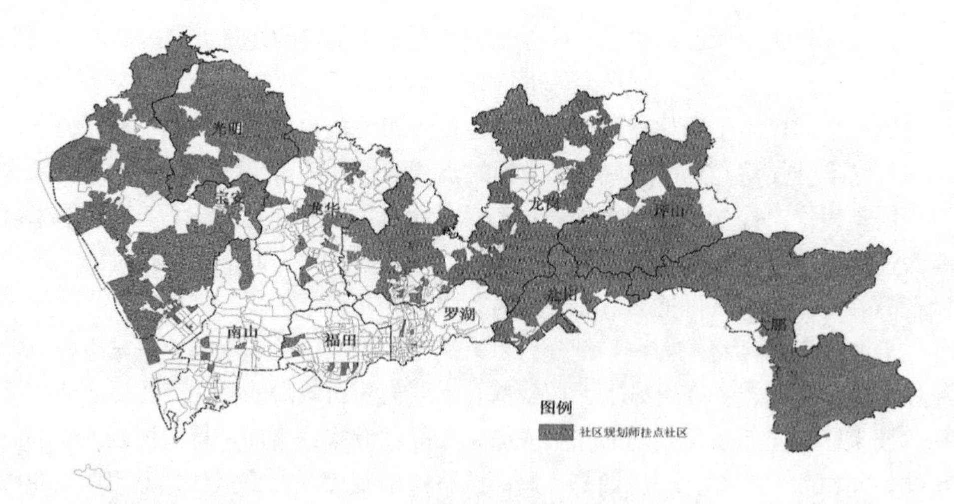

图 4 深圳市社区规划师挂点社区示意

工作。到目前为止，已经形成 281 名社区规划师挂点 290 个社区，覆盖全市主要社区（图 4）。

三、技术与方法创新

2013 年度，对于大多控规已全覆盖的城市，城市土地空间开发管理的工作重点已由控规编制转向控规调整优化和配套政策等方面的研究和探索；而对于未有控规覆盖的城市新区、县城镇区、非城市建设用地区域和地下空间等，积极引入近年来控规实践的技术方法、规划新理念和新技术手段，创新探索面向立体化、全局化土地空间资源在控规层面的开发管理技术和机制。

（一）控规“一张图”

随着信息技术在规划管理中的广泛运用，规划成果的标准化和数字化程度越来越高，为实现规划动态更新管理奠定了坚实的基础。在控规管理上，目前国内普遍采用“一张图”的管理模式。

控规“一张图”是指依托统一信息平台，以控规成果为核心内容，通过将控规成果整合、拼接、转化为规划管理的直接依据，形成标准统一、无缝衔接的“一张图”管理共享平台。通过“一张图”管理，可有效收集和整理控规更新的信息，始终保持控规数据的一致性、及时性和完整性。

（二）控规评估与动态维护

从国内城市在新时期对控规动态评估与维护的经验看，部分发达城市基于不同视角进行了一定的研究，取得了一定的成绩和经验，如北京的“动态维护机制”、深圳的“公众参与的动态修订机制”、广州的“动态更新维护”及南京的“调整的动态性和实效性”等。

国内城市控规动态评估与维护，主要从以下5个方面进行创新：1）明确评估的工作方法，规范组织程序；2）将典型案例整理形成《案例汇编》，提高控规动态维护服务效率，即依据国家相关法律法规，遵循公平、公正、公开的原则，以规划委员会制定的规划管理通则与规划工作守则、中心城控规编制技术管理规定为基线，将针对中心城区控规实施管理共性问题制定的办法以及各类比较典型的动态维护案例总结归纳成《案例汇编》，作为一个很好的辅助补充文件与技术参考；3）建立季报或年报的形式，突出长效评估机制；4）强化公众全过程参与，体现评估的科学性，例如，为进一步推进控规编制和决策的民主化进程，深圳在控规动态评估与维护机制方面提出了“公众参与的动态修订”制度，首先拓展公众参与的深度与广度，从法定图则编制的初始阶段到评估维护阶段启动公众全过程参与的程序，对规划编制单位提出了组织公众参与的要求；5）创新控规成果表达，强化法定性与适应性。

作为控规动态修订的重要环节，目前控规动态评估与维护在我国尚处于初期探索阶段，仍需要进一步的探索和完善，建立完善的控规编制——控规评估的互动机制。

（三）新型城镇区

随着城乡统筹发展战略的深入推进，控规的规划编制和管理的技术方法不断向县城镇区的空间管控拓展，并借鉴控规的技术方法开始对部分非建设用地区域的规划管理进行初步探索。

王林容等人提出老镇区控规中应对老镇区的基地特征、发展机遇、意愿诉求、操作主体等方面多元因素进行分析，重点关注老镇区的文化传承和风貌特色等内容[①]。沈洁等人以南京老城控规为例探讨了老城控规的核心控制内容，提出老城控规的四大控制要素，即居住人口的增长、老城历史文化的保护、公共服务的标准化及均等化和建筑高度及开发量[②]。崔晗等人针对旅游度假区的规划编制与管理研究探讨建立区别于一般城区控规的旅游度假区控规指标体系[③]。

---

① 王林容．老镇区控制性详细规划编制办法初探——以宝应县氾水镇为例[J]．规划师，2013，10.

② 沈洁，郑晓华，王青．老城控规到底控什么？——以南京老城控制性详细规划为例[J]．城市规划，2013，9.

③ 崔晗，赵彬，张萱．浅析旅游度假区控规的编制和指标体系构建[J]．江苏城市规划，2013，6.

四、结语

与前几年关注控规改革和创新不同，2013 年的控制性详细规划开始转向规划实施方面的研究及实践。一方面，随着控规“全覆盖”的逐步完成，控规的修改和调整成为常态；另一方面，各地方开始探索适应地方特色的多样化的控规编制体系和方法。在这种情况下，控规的地方性、科学性等制度和内容将不断地发展和完善。

（一）适应地方特点的控规实施细则

虽然《城乡规划法》和《城市、镇控制性详细规划编制审批办法》明确了控规在规划许可中的地位、控规编制的主要内容和审批程序，但并没有分类区分编制内容的控制性和引导性，也没有相应的分类控规调整和审批程序。目前，部分城市是按照分层的形式进行编制和审批，如北京、武汉、厦门等，也有部分城市是按照统一的要求进行编制和审批，如深圳。面对不断增加的控规调整和寻租行为，虽然部分城市出台了相应的规定规范控规调整，但在目前法律不健全条件下，控规调整的常态化和行政自由裁量权之间的博弈使得规划的公平性不断受到制约。作为建设用地审批的依据，各地方应结合地方实际出台相应的控规编制和管理的法规和政策，明确控规编制和调整的内容、要求等，引导和逐步消除控规调整的消极作用，进一步巩固控规的法定地位。

（二）基于控规调整反思的编制方法和技术创新

随着控规全覆盖的逐步完成和控规调整的增多，控规“控什么”成为规划界反思的一个重要问题，容积率，用地性质，还是配套设施？另一方面，这些控制要素该“怎么控”也成为一个焦点问题，强制性控制，引导性控制，还是不控制？这些都需要规划界进一步去研究和探索，也需要地方城市在不断的实践中总结经验，逐步提高控规的科学性和巩固控规的权威性。

（三）构建控规评估体系强化规划实施

当前我国正处于转型发展的关键期，控规面对的外部条件变化更加不确定，面对的权利主体更加多元，面临的问题更加错综复杂，规划实施工作压力和难度日益增大。控规作为土地空间权益调配的法定依据，对其运行状况进行持续、动态的监测和评估，以检讨规划实施过程中控规与城市发展总目标、公共利益和支撑容量等方面的“偏离”，及时制定和实施有效的“纠偏”措施，将成为这一时期的重要工作。探索构建控规评估体系，建立以控规评估为核心的动态编制和修订的工作机制，对评估内容、作用、方式方法、组织程序，以及评估工作对规划编制、规划管理的反馈作用机制等方面的将成为控规评估持续探索的重要方向。

（四）更加深入和广泛的公众参与机制和模式

作为长期以来控规编制和管理的主要关注点之一，公众参与在《城乡规划法》实施以后得到较大的发展，但参与方式并没有得到很大的提升，基本都是以控规公示为主，公众全过程的参与规划很少，而且公示的内容也参差不齐，部分城市将控规的各项控制要素、内容公示，公众在此阶段提出意见；而部分城市的公示环节则流于形式，只是公示一张图，对于没有任何专业背景的公众来说基本看不明白。如何加强公众对规划的参与度，让公众参与规划的各个环节，一方面有待公民意识的不断提升；另一方面，也需要各地方提高规划的公开和透明度，使得公众可以更加深入和广泛地参与到控规中。

参考文献

[1] 叶浩军．保障公平与注重效率——社会主义市场经济体制下控制性详细规划的价值观和路径[J]. 城市规划，2013，12.

[2] 何明俊．控制性详细规划行政“立法”的法理分析[J]. 城市规划，2013，7.

[3] 张磊，王心邑，王紫辰．开发控制过程中公众参与制度转型与实证分析—以北京市中心城区控规调整为例[J]. 规划师，2013，4.

[4] 刘卫东．控规全覆盖区域“后规划”的思考——基于温州现实的反思[A]// 城市时代，协同规划——2013 中国城市规划年会论文集[C]. 重庆：重庆出版社，2013.

[5] 贾晨亮，刘晨，林梦蝶．多元化背景下城市控规全覆盖工作的反思——以沈阳市为例[A]// 城市时代，协同规划——2013 中国城市规划年会论文集[C]. 重庆：重庆出版社，2013.

[6] 刘伟，田嘉，高跃文，吴丹艺．控制性详细规划调整规范化工作方法研究——以天津滨海新区胡家园地区为例[J]. 规划师，2013，6.

[7] 衣霄翔．“控规调整”何去何从？——基于博弈分析的制度建设探讨[J]. 城市规划，2013，7.

[8] 郑心舟，杨平华．信赖利益保护原则在控制性详细规划调整中的适用思考[J]. 规划师，2013，4.

[9] 桂明，徐承华，冯一军．浅析控制性详细规划层面的市政基础设施规划[J]. 城市规划，2013，12.

[10] 汤宇卿，武一锋，李巧燕，池磊．一体化交通规划和评价体系的构建——控制性详细规划层面的交通影响评价研究[J]. 规划师，2013，7.

[11] 广州市规划局．广州规划编制的新思路．中国城市规划协会管理专业委员会三届五次会议暨大城市规划管理创新研讨会交流材料．

[12] 厦门市规划局 http://www.xmgh.gov.cn/.

[13] 成都市规划管理局．成都市城乡规划管理．中国城市规划协会管理专业委员会三届五次会议暨大城市规划管理．

[14] 王林容．老镇区控制性详细规划编制办法初探——以宝应县氾水镇为例[J]. 规划师，2013，10．

[15] 沈洁，郑晓华，王青．老城控规到底控什么？——以南京老城控制性详细规划为例[J]. 城市规划，2013，09．

[16] 崔晗，赵彬，张萱．浅析旅游度假区控规的编制和指标体系构建[J]. 江苏城市规划，2013，6．

（撰稿人：戴晴、周劲、王承旭、陈敦鹏、李蓓蓓、蔡志敏，深圳市规划国土发展研究中心）

村镇规划

一、2013 年关于村镇规划发展的重要事件与地方实践

（一）村镇规划引起了政府和学术界的广泛关注

1. 中央对三农问题的持续关注，探索农村综合改革

2013 年，中央对三农问题持续关注，并提出了一系列重要的农村综合改革意见。

十八届三中全会《中共中央关于全面深化改革若干重大问题的决定》提出："加快构建新型农业经营体系。坚持家庭经营在农业中的基础性地位，推进家庭经营、集体经营、合作经营、企业经营等共同发展的农业经营方式创新"，"建立城乡统一的建设用地市场。在符合规划和用途管制前提下，允许农村集体经营性建设用地出让、租赁、入股，实行与国有土地同等入市、同权同价"。十八届三中全会提出的一系列重大理论和政策突破，尤其是关于农村宅基地制度、农业补贴制度、户籍制度、集体建设用地使用权制度的改革，将为接下来的"三农"发展带来重大的变化。

2013 年 12 月，中央城镇化工作会议在北京举行，此次会议明确了今后推进城镇化所需要完成的 6 项主要任务。同时，会议还讨论了《国家新型城镇化规划》。会议中多次提及了农村和小城镇的规划建设与发展问题，如会议提出："在促进城乡一体化发展中，要注意保留村庄原始风貌，慎砍树、不填湖、少拆房，尽可能在原有村庄形态上改善居民生活条件"、"要传承文化，发展有历史记忆、地域特色、民族特点的美丽城镇"、"让居民望得见山、看得见水、记得住乡愁"……中央城镇化工作会议的精神说明了中央对小城镇、农村规划建设与发展问题的重视和思路的逐渐转变。

2. 香山科学会议第 478 次学术讨论会在京举行

2013 年 11 月在北京香山饭店召开了以"我国村镇规划建设和管理的问题与趋势"为主题的香山科学会议第 478 次学术讨论会。会议由中国工程院邹德慈教授、中国城市规划设计研究院李晓江教授、国务院发展研究中心谢扬研究员、中国城市规划设计研究院王凯教授担任执行主席。来自国内多部门、多学科、跨领域的 40 多位相关专家学者应邀参加了会议，与会专家围绕我国村镇发展的形势

与问题、村镇发展模式与新型城镇化战略以及村镇建设的科学规划与管理等三个中心议题进行了广泛交流和深入讨论，为新时期的村镇发展建言献策。

3. 2013 年中国城市规划年会在青岛召开

由中国城市规划学会主办的“2013 中国城市规划年会”于 2013 年 11 月在青岛召开。作为年会的重要成果之一,《青岛宣言》对村镇发展和规划给予了重视，宣言指出：“认识乡村价值，协调城乡发展。我们强调，城市时代不能忽略乡村的发展，必须要付出更大的热情和更多的精力，深入乡村基层，扎根乡村沃土，研究乡村的历史与文化特征，了解当地居民的精神和物质需求，在管理和服务上更加贴近乡村居民,制定适应当地生产生活特点的乡村规划,实现城乡统筹发展。”

4. 住房和城乡建设部积极推进村镇规划建设工作

（1）开展全国村庄规划试点工作

住房和城乡建设部 2013 年开展了村庄规划试点工作。试点的主要目标是要探索符合农村实际的村庄规划理念、方法，形成一批有示范意义的优秀村庄规划范例，增强村庄规划的实用性。在各地推荐申报的基础上，确定 34 个行政村列为全国村庄规划试点，已经完成中期成果评审。

（2）推进美丽宜居村镇建设

2013 年 3 月，住房和城乡建设部制订并公布了《美丽宜居小镇示范指导性要求》、《美丽宜居村庄示范指导性要求》，正式启动第一批美丽宜居小镇、美丽宜居村庄的示范工作。经各地推荐上报、专家评选，公布了首批 20 个美丽宜居小镇、美丽宜居村庄示范名单。

（3）进一步推进中国传统村落保护工作

2013 年 9 月，住房和城乡建设部、文化部、财政部在 2012 年第一批中国传统村落的基础上，又公布了第二批中国传统村落，共计 915 个。三部委随后开展了传统村落保护与发展政策措施，保护与发展规划编制技术要求的制订，保护与发展技能的全国性培训等工作。

（二）各级政府积极进行村镇规划与发展的新探索

1. 安徽省农村综合改革示范试点

2013 年 11 月 14 日，安徽省政府下发了《安徽省人民政府关于深化农村综合改革示范试点工作的指导意见》，决定在全省 20 个县（区）开展农村综合改革示范试点工作。《意见》指出，“允许集体建设用地通过出让、租赁、作价出资、转让、出租等方式依法进行流转，用于工业、商业、旅游和农民住宅小区建设等”。另外，除了农村建设用地之外，农业用地市场也将通过合作社、规模经营的方式激活。在《意见》出台前，安徽省宿州市埇桥区已经建立了土地流转信托，将农村土地使用权作为信托财产，委托给信托公司进行经营管理，从而定期获得信托收益。

2. 江苏省美好城乡建设行动全面推进

2011 年江苏省委省政府明确提出“十二五”期间全省将实施“美好城乡建设行动”，计划用 3–5 年的时间完成全省近 20 万个自然村的环境改善任务。

2013 年江苏省的“美好城乡建设行动”取得了阶段性的成果，2013 年 1 月省住建厅召开《2012 江苏乡村人居环境调查》课题报告专家评审会，对此次专项研究中针对 13 个省辖市的乡村调查报告课题成果进行评审。截至 2013 年底，江苏省已有 6.4 万个村庄完成环境整治任务，约占自然村总数的 1/3，同时相继发行《乡村规划建设》刊物，成立乡村规划建设研究会，开通乡村规划建设网站（图 1）。

图 1　江苏省乡村环境美化前后对比

3. 深圳市探索农村集体工业用地入市

2013 年 1 月，深圳市政府优化资源配置促进产业升级“1+6”文件新闻发布会召开，深圳市首次明确，将原农村集体经济组织继受单位可用的产业发展用地，纳入全市统一的土地市场，以有效拓展该市产业用地来源。《深圳市完善产业用地供应机制拓展产业用地空间办法（试行）》中指出：“原农村集体经济组织继受单位实际占用的符合城市规划的工业用地，在理清土地经济利益关系，完成青苗、建筑物及附着物的清理、补偿和拆除后，可申请以挂牌方式公开出（转）让土地使用权。”

2013 年年底，深圳宝安区福永街道凤凰社区有望正式挂牌出让，成为深圳原农村集体工业用地入市流通的首个试点。

4. 田东县全面农村金融改革

2008 年，田东开始开展农村金融综合改革试点。2011 年，田东获批为国家农村改革试验区，试验主题为“深化农村金融体制改革”。2013 年，田东县出台《田东县 2013 年农村改革试验区工作实施方案》，全面推进农村金融改革，在重点领域和关键环节迈出新步伐。

在所有行政村设立“三农”金融服务室，农民足不出村就可以办理金融业务。全县积极推进“村、合作社、企业”三级农村信用体系建设，探索多种农村金融扶贫模式，推动多种产业化经营的信贷模式。同时，田东县还深度试水农村产权确权与交易改革，促进城乡要素平等交换和公共资源均衡配置。

二、2013 年村镇规划的新探索

（一）通过发展乡村旅游重新赋予村庄发展活力[①]

1. 规划背景

党的十八大明确提出“美丽中国”的发展理念。南京市结合自身实际，对“五朵金花”模式进行反思与总结，在发展中力求完善与创新，以实现旅游类型丰富、旅游深度拓展、文化内涵融合、乡野本色彰显的规划效果。

大塘金村位于谷里街道中部，紧邻谷里新市镇，周边旅游资源丰富，区位条件优越。村庄为水库环绕，民宅掩映于山林之中。区内视线开阔，植被丰富，环境秀丽。

2. 创新与特色

（1）坚持区域协同——借势而为

规划着眼于谷里整体乡村旅游格局，使村庄积极融入谷里街道整体旅游体系，并形成差异的发展态势。规划借用园内已有大片薰衣草田的基础，进一步延续和强化薰衣草主题的项目和产业链，以此借势扩大影响，提升区域知名度。

（2）坚持文化引领——专注而为

规划对大塘金村文化内涵进行了深入挖掘，提取出村名、清兴献花、制茶工艺及祖传医药等历史文化元素，与村庄固有的山、水、茶、园等自然山水资源充

① 南京长江都市建设设计股份有限公司．江宁区谷里街道双塘社区大塘金村都市生态休闲旅游示范村规划．

分融合，进一步提炼出养生文化与养生体验的乡村旅游主题。

（3）坚持自然本底——谦逊而为

规划以“尊重自然，回归田园”为设计理念，注重对村庄原有特色自然资源的保留，并通过规划加以提升，将乡野田趣与村庄主题完美融合。景观塑造上，追求“大气、质朴、宛若天成”，减少人工化痕迹；河塘岸线设计以“乡土、生态”为特质，尽量选择自然驳岸。道路设计结合地形，营造“蜿蜒、自然”的特点。树种选择上以乡土树种为主，增强村庄的亲切感；在薰衣草品种的选择上，规划充分考虑到其自然生长特性及南京市气候等因素，对薰衣草品种进行优化筛选并分区种植，丰富本底特色。

（4）坚持匠人之心——雕琢而为

规划充分借鉴古代匠人工作的方法心得。在项目准备、设计过程中，项目组多次进行现场调研勘察、了解村民意愿，并在实施过程中，项目组也多次赴现场进行指导，使规划成果有效落实（图2、图3）。

图2　规划总平面图

图3　规划实施情况图

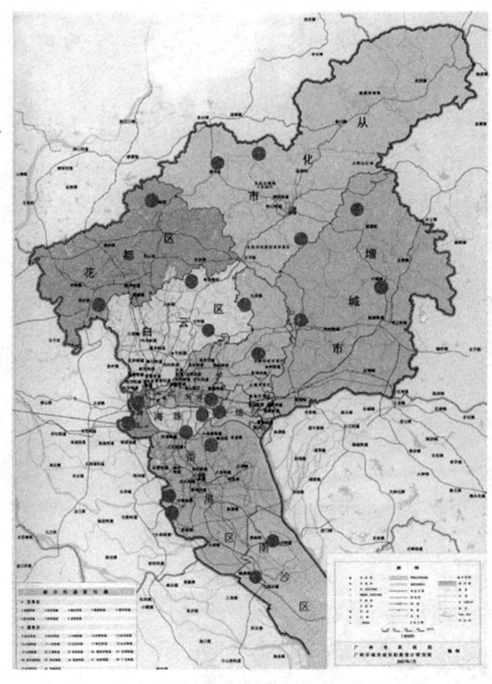

图 4　广州市美丽乡村示范村庄分布

（二）由点及面从区域角度推进村镇规划与建设[①]

2011 年广州市于第十次党代会作出“12338”决策部署，以全力推进美丽乡村建设来促进城乡统筹发展，广州市美丽乡村规划首先在全市各区（县级市）选取了 26 条具有代表性的村庄进行规划编制，至 2013 年规划基本编制完成（图 4）。

1. 规划内容

广州市美丽乡村示范村庄规划形成了“1+2+26”成果体系，其中“1+2”分别是《村庄规划纲要》、《村庄建设指引》和《配套政策汇编》，属于示范文件，《26 条示范村庄规划》则是指导单个村庄规划建设的技术文件。

2. 规划特色

（1）成果表达——“报批版”与“村民版”双向结合

规划在成果表达上采取了“报批版”与“村民版”的双向结合的方式。其中“报批版”成果用于部门审查、政府审批；“村民版”成果用于向村民讲解和征求意见，用通俗易懂的文字和图片表达。

（2）村民参与——建立“四位一体”的方法，使规划转变为“村规民约”

规划通过建立包括问卷调查和村民访谈、规划工作坊、规划公示、村民审议等“四位一体”的村民参与机制，使村民全程参与到自己的村庄规划中来（图 5）。同时规划重点开展“规划工作坊”，设立了“助村规划师”制度，协调各阶段、各层次、各主体的意见。

（3）分类引导——在市域层面对村庄进行分类统筹，实施差别化发展

规划根据村庄的区位条件和资源禀赋，在市域层面将村庄划分为更新型、引导型和培育型三类，针对各类村庄的特点开展规划，并提出相应的发展指引。

（4）规划实施——以“三规合一”、“项目库化”解决村庄落地难

美丽乡村规划的核心问题之一是实现土地资源在城市与乡村之间整合的问

① 广州市城市规划勘测设计研究院．广州市美丽乡村示范村庄规划．

图 5　广州市寮采村村民意见征集现场

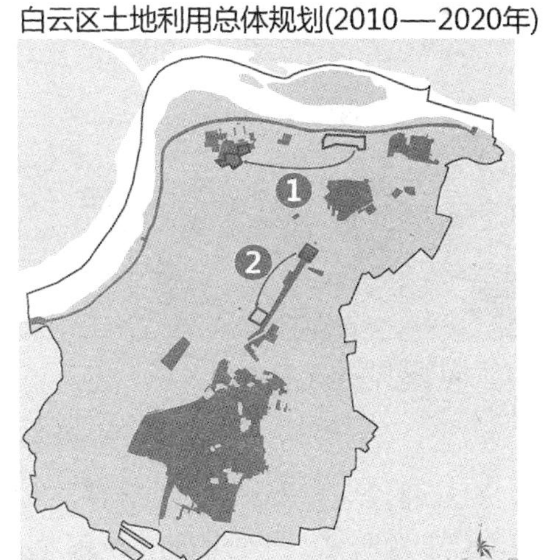

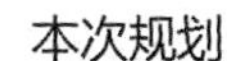

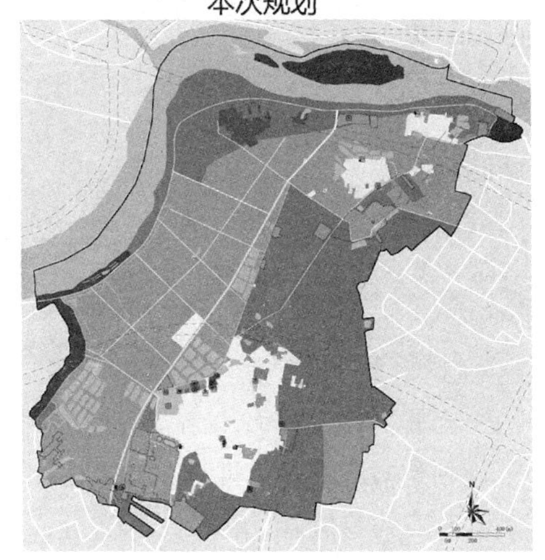

图 6　寮采村规划与土规对接图

题，本次着重运用“三规合一”的手段对接土规和城规（图 6），并建立“项目库”，来解决传统村庄规划中落地难的问题。

（5）发展村集体经济——因地制宜发展村特色经济项目

规划结合村庄的区位条件和资源优势，设立若干乡村特色经济项目，提出了利用村庄自然资源发展特色农业观光旅游产业，通过土地流转的方式发展现代农业，以及通过“景区化管理 + 农户经营”发展旅游休闲产业等三种村集体经济发展模式，并通过制定村发展的项目库，实现村庄的“造血式”发展。

（三）对村镇规划建设的持续服务[①]

1. 规划背景

吞达村位于西藏自治区拉萨市尼木县吞巴乡，是藏文创始人吞弥 · 桑布扎的故乡，也是自治区少有的千年古村落之一。村庄紧邻 318 国道和雅鲁藏布江，处于拉萨至日喀则黄金旅游线的中间位置（图 7）。随着近几年西藏旅游业的蓬勃发展，有着"藏文鼻祖之乡、藏香之源"美誉的吞达村面临着重大的发展机遇。

图 7　吞巴乡吞达村区域位置图

2. 主要内容

规划是融历史名村规划、旅游发展规划、村庄建设规划为一体的综合性规划。规划以入户问卷调查、村庄民房普查、历史文化专题研究工作为基础，统筹考虑了历史文化保护、村庄建设布局、旅游产业发展与村民集体致富四者之间的互动关系，谋划七部分规划专项，并形成"村庄建设规划"和"全国历史文化名村申报材料"两项综合性成果。

3. 规划特色

（1）深挖历史文化底蕴，梳理遗产申报历史名村

规划突出整体保护和原真性保护的理念，重点保护村庄"依水为脉，融于自然的整体聚落布局"的特点与"居作相宜，疏密有致的村落空间"的特色，合理划定历史文化保护区保护范围与建设控制地带。

① 中国城市规划设计研究院 . 拉萨市尼木县吞巴乡吞达村村庄规划 .

规划注重多学科合作，聘请当地专家深入挖掘村庄自然与历史文化特色。尤其是西藏社科院团队撰写的《吞巴家族历史考》专题报告一定程度上填补了西藏“吞弥文化”研究的空白。

（2）突出文化旅游发展，“村景一体”统筹村庄建设全局

规划重点突出三个结合：一是村景结合，结合南部火车站的建设，提出“南居北游”的发展蓝图，打造“村景一体化”的空间布局；二是点线结合，形成“三点一线五景区”，以“点、线”为核心布局主要旅游景点和服务设施；三是规划和设计相结合，从规划和设计两个层面入手，并对村庄整体建筑风貌、村民住宅选型、村庄景观整治等提出了详细的规划设计意见（图 8）。

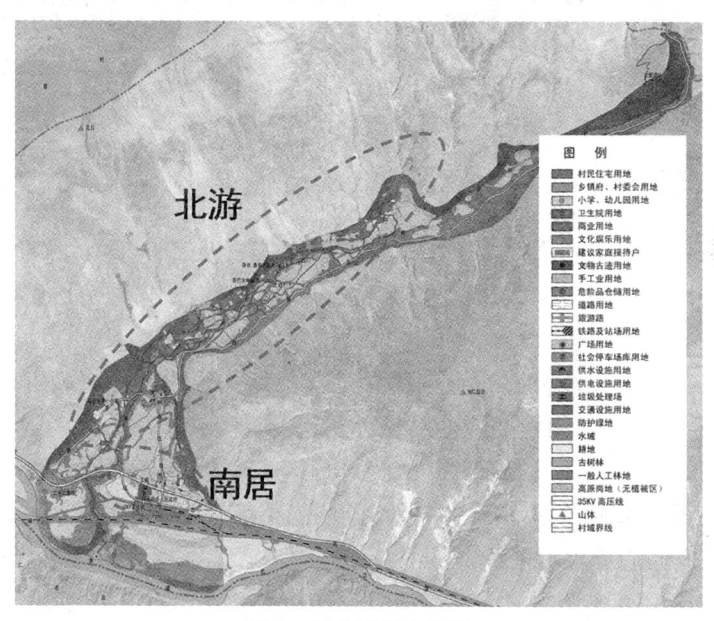

图 8　村庄规划布局图

（3）全程突出公共参与，强调村民集体组织作用

规划项目组对村内 177 户村民每户都进行了入户调研，建立了以“农房调查表”为主的农户电子信息档案。在规划的不同阶段，多次召开村民代表或党员干部参加的座谈会。同时，针对民族地区的特色，规划特别强调集体自治组织对村庄发展的带动作用。在规划建议下，村庄成立了“藏香生产合作社”、“吞达旅游合作社”、“村民生态环境自治委员会”“藏香生产销售协会、劳务输出协会、旅游产品销售协会”等村庄合作社或自治组织，取得了良好的成效。

（4）多渠道筹措建设资金，技术援藏全程跟踪实施

规划重点梳理中央各部委及相关部门的援藏资金和援藏政策，研究不同渠道资金的整合利用，强化资金使用效率。

图 9　村民代表考察北京爨底下旅游村

同时，规划设计单位与当地政府达成了《共同建设尼木县吞达村新农村的合作协议》，继续以技术援藏的形式全程参与吞达村的规划建设。为便于规划实施，项目组编写了通俗易懂的双语宣传册——吞达村“村庄规划问与答”，发放到全体村民手中，还邀请吞达村民代表考察旅游型新农村建设（图 9），促进了村民对规划的理解与对旅游发展的认识。

三、总结

农村和小城镇未来仍然是我国最重要的居住空间之一。预计到 2030 年，全国仍然有一半左右的人生活在农村和小城镇。村镇建设和发展问题的妥善解决，关乎如此大量人口的安居乐业，是国家从总体小康社会走向全面小康社会的基本标志。但是，村镇规划建设至今仍然是我国城乡建设的短板，远远没有引起足够的重视。[①]我国村镇规划的发展经历了起步阶段（1978-1986）、初步完善阶段（1987-1997）、进一步探索阶段（1998-2007）后，逐步进入城乡统筹阶段（2008-），[②]但我国村镇规划仍存在诸多问题尚待解决：缺乏对传统格局、自然环境和本土多样性的尊重和延续，传统村落迅速消亡；规划理论匮乏，盲目照搬城市模式，导致村镇规划的“千村一面、千镇一面”；资金与人员队伍匮乏，严重影响了规划编制的质量……

2013 年党的十八大和十八届三中全会的顺利召开，进一步明确了村镇在我国重要的战略地位，会议中关于深化农村改革的一系列重要的政策突破，也为我国的村镇发展创造了前所未有的制度环境，同时对村镇规划提出了更具挑战性的要求。香山科学会议的举行则表现了学术界对村镇规划问题的高度重视。从地方村镇发展、规划的探索中，可以观察到地方为了适应自身发展需求及政策环境变化所进行的努力，以及我国村镇规划变化的趋势性特征。

---

① 李晓江，蔡立力，曹璐，魏来，王璐．我国村镇规划建设和管理的问题与趋势 [Z]// 香山科学会议第 478 次学术讨论会．

② 赵虎，郑敏，戎一翎．村镇规划发展的阶段、趋势及反思 [J]. 现代城市研究，2011（05）：47-55.

（1）规划的价值理念逐步从城市转向乡村

2013 年，部分地区的村镇规划实践已经逐步摆脱用城市的价值观、审美和表达方式去对待村镇和村镇规划的误区。江苏省在全省组织开展了“江苏乡村人居环境改善农民意愿调查”和“江苏乡村特征调查和村庄特色塑造策略研究”，相对客观、全面地了解了当今乡村现实和农民真实愿望；贵州黔西南布依族自治州兴义乡纳俱村规划中，规划师以规划建筑导则的形式，让乡村建设活动回归契约精神，延续了乡村通过乡规民约实现自我管理的传统；广州市在编制村庄规划过程中设立了“规划工作坊”和“助村规划师”，成果表达上专门编写了“村民版”，做到了真正地为村民编制规划。

（2）村镇规划的视角从个体转向区域

我国村镇空间网络正处于快速的变化与重构过程中，在部分地区单个的村、镇规划已经逐渐难以适应城乡统筹的发展要求，从区域视角统筹村镇规划与发展是 2013 年村镇规划的一个新特征。无论是江苏省在省域层面推动的“美好城乡建设行动”，还是广州市在市域层面开展的美丽乡村示范村庄规划，以及各地在县域层面进行的村镇体系规划，都说明村镇规划的视角正从个体向区域逐渐转变。

（3）村镇规划的技术方法多样化

作为城乡规划的末端，村镇规划由于在规划经费和技术人员上的欠缺，导致了长时间村镇规划在先进技术手段应用上的不足。但从 2013 年的规划实践来看，多样化的技术方法以及逐步应用在村镇规划中：江苏省“美好城乡建设行动”中运用社会学的方法，展开了大规模的社会调研，同时探索并应用了众多生态技术；广州市《白山村美丽乡村示范村庄规划》采用了“策划、规划、计划”综合性的规划手段；遥感、GIS 等空间分析技术和 SPSS 等社会经济统计技术的发展和应用则大大增加了村镇规划编制的科学性（图 10）。村镇规划逐渐从单一的空间规划，走向集生态、社会、产业经济等多学科融合的综合性规划。

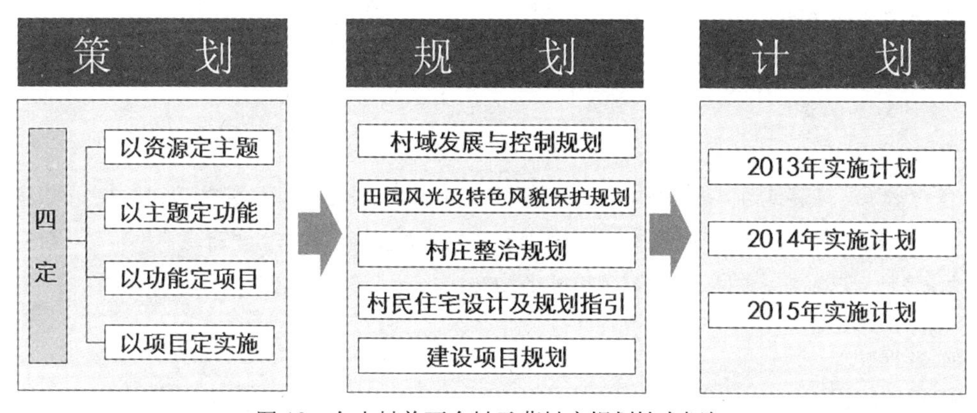

图 10　白山村美丽乡村示范村庄规划技术框架

（4）不同区域村镇规划的差异性愈发明显

早期村镇规划的主要目标是解决农房建设和耕地保护问题，因此各地的村镇规划编制内容和方法具有较高的同质性。然而随着生态、环保、文化等越来越多的目标融入村镇规划中，不同区域的村镇规划的差异性愈发明显。江苏、浙江、广东地区的村镇规划总体上更加注重村镇环境质量的打造；山东、河南等地涌现了大量的农村新型社区（迁村并点）规划；而西部少数民族地区的村镇规划（如吞达村）则十分注重文化的挖掘以及长效帮扶机制的建立，解决民生问题也是这一区域村镇规划的重点问题。

村镇规划虽然发展并不成熟，但无疑是城乡规划理论和实践的重要组成部分。我国村镇量大面广，同时正在经历深刻的社会变革，过程中任何一个简单的个体问题一旦上升为群体问题，就会变得极为复杂。城乡统筹的要求以及城镇化的冲击使得规划工作者必须面对快速变迁中的村镇，但村镇的规划、建设与管理问题，牵涉国家经济社会改革的多个层面，不可能依靠单一学科的某种理论进行解释，更不可能依赖简单的自上而下的行政手段获得解决。因此，村镇规划需要根据区域的、类型的、发展阶段的差异来识别和评价村镇，需要从社会、经济、环境、文化、体制等多种角度去重新理解和剖析村镇。真正有效的村镇规划方法和手段应该是具有包容性、针对性和灵活性的。

参考文献

[1] 南京长江都市建设设计股份有限公司 . 江宁区谷里街道双塘社区大塘金村都市生态休闲旅游示范村规划 .

[2] 广州市城市规划勘测设计研究院 . 广州市美丽乡村示范村庄规划 .

[3] 中国城市规划设计研究院 . 拉萨市尼木县吞巴乡吞达村村庄规划 .

[4] 李晓江，蔡立力，曹璐，魏来，王璐 . 我国村镇规划建设和管理的问题与趋势 [Z]// 香山科学会议第 478 次学术讨论会 .

[5] 赵虎，郑敏，戎一翎 . 村镇规划发展的阶段、趋势及反思 [J]. 现代城市研究，2011（05）：47-50.

（撰稿人：蔡立力，中国城市规划设计研究院城乡所，教授级高级规划师；陈鹏，中国城市规划设计研究院城乡所，主任工程师，教授级高级规划师；魏来，中国城市规划设计研究院城乡所，规划师；王璐，中国城市规划设计研究院城乡所，规划师）

城市设计

为了积极推进新型城镇化进程，中央城镇化工作会议于2013年12月召开，会议明确了推进城镇化的指导思想、主要目标、基本原则、重点任务，为我国新型城镇化指明了方向。城市规划建设水平的全面提高成为了新型城镇化工作的六大核心任务之一。会议公报明确提出，“城市建设水平是城市生命力所在。城镇建设，要实事求是确定城市定位，科学规划和务实行动，避免走弯路；要依托现有山水脉络等独特风光，让城市融入大自然，让居民望得见山、看得见水、记得住乡愁；要融入现代元素，更要保护和弘扬传统优秀文化，延续城市历史文脉；要融入让群众生活更舒适的理念，体现在每一个细节中。要加强建筑质量管理制度建设。在促进城乡一体化发展中，要注意保留村庄原始风貌，慎砍树、不填湖、少拆房，尽可能在原有村庄形态上改善居民生活条件。”

2014年2月，习近平总书记在考察北京城市建设时明确提出“要提升城市建设，特别是基础设施建设质量，形成适度超前、相互衔接、满足未来需求的功能体系，遏制城市‘摊大饼’式发展，以创造历史、追求艺术的高度负责精神，打造首都建设的精品力作”，再一次强调了未来我国城市建设领域需要持续关注与强化的工作重点。

因此，如何切实提高城市规划建设水平将成为我国城市规划领域现阶段研究与探索的重要目标。城市设计在城市规划领域中有着独特的价值，多学科的交叉、灵活的机制与形式、面向实践的指导思想与注重管控的技术手段，都使城市设计在保障规划落实、提升建设水平方面有着极为重要的意义与作用。

中央城镇化工作会议公报中强调了“以人为本”、“坚持生态文明”、“集约利用土地”、“传承文化”等城市建设的基本原则，而这些也恰恰是城市设计的基本原则。在城市公共空间的规划建设实践中，城市设计强调以人为本的尺度与功能。在城市空间发展方式和土地利用方式上，城市设计强调人工环境与自然环境相结合的思维方式，提出城市整体空间结构与形态必须与城市本身发展的特征相结合、与城市的资源环境相适应。对城市文脉和场所精神的尊重是城市设计的核心原则也是城市文化得以延续、城市特色得以凸显的重要策略。

会议还针对具体规划建设管理，提出了“建立空间规划体系，推进规划体制改革，加快规划立法工作”的具体要求。而城市设计对于强化规划管控，也同样有着十分重要的辅助作用，有助于从三维视角对城市建设行为进行全面的管理与引导。此外，在建筑质量管理方面，城市设计有助于在建筑设计的阶段就对建筑进行管控与指导，避免对社会资源的浪费和对城市风貌的破坏。

为了进一步探索与研究城市设计在提高城镇规划建设水平实践工作中的思路与方法，2014 年 2 月，中国城市规划学会组织城市设计领域的专家召开座谈会，针对中央城镇化工作会议精神进行了集中学习与讨论。与会专家分析了城镇建设中出现的主要问题及其背后的原因，讨论了城镇建设水平与城市设计学科的内在联系，以及城市设计的作用、机制和技术，提出了完善城市规划体制、建立城市设计机制和运用城市设计手段提高城镇建设水平的政策建议。通过本次会议的召开，增强了城市设计学科发展的信心，揭示了城市设计专业发展的方向，明确了服务新型城镇化建设的核心目标。

一、影响城镇建设水平的主要问题

（一）单纯追求经济效益，忽视社会生态效益，无视历史文化和艺术品质

长期以来，衡量城市发展的标准更多的是速度、规模等表面现象，而不是社会、文化、生态等内在属性，因此造成地方政府急功近利，为追求任期内的所谓政绩，开山造地、填湖填海、大树进城，不惜破坏自然生态系统。或以保护和利用的名义拆真文物、建假古董，毁掉城市古迹和历史记忆。在大拆快建的同时贪大求洋，丧失文化自信，盲目迷信国外设计师，造成城市缺乏特色、风格单调。

（二）空间尺度失当，浪费土地资源

伴随着快速城镇化的进程，政府和开发商从权力和资源上主导了城市公共空间的建设。决策者的“霸气”和开发商的“豪气”比比皆是，城市空间尺度失当，土地使用浪费严重，完全忽略了使用者的感受，“以人为本”沦为一句空话。另一方面从目前我国城市建设趋势来看，城市新区的扩张受到了严格的控制，这就要求城市建设将关注重心进一步集中于城市存量规划，对城市既有建成区的环境品质、服务水平、景观风貌进行人性化的提升与改善，真正将宜人宜居作为城市建设的根本标准。

（三）城市形象华而不实，与使用功能严重脱节

城市建设片面注重外形而不是内在功能，只是“独善其身”而不是与环境和睦共处，对建造品质缺乏追求，在建设标准上不惜经济代价追求新、奇、特，铺张浪费和奢靡之风现象严重，城市形象沦为权力和资本炫耀的载体。

二、城镇建设中的主要问题根源

事实上，针对以上问题，城市设计都具有丰富的理论和方法，完全有能力去改善与纠正这些问题，但为什么城市设计却并没有在城镇建设实践中起到应有的作用呢？这是因为城市的发展主要依靠政府和市场的推动，难免受到业主价值观念和利益需求的束缚，而现行制度又无法为秉承正确观念的城市设计师提供足够的支撑，因此，观念和制度成为阻碍城市设计发挥作用的深层原因。

（一）观念问题

首先，政府观念需要转变。由于城市设计经常采用模型、动画、多媒体等通俗易懂的三维表现形式，生动体现城市的形态风貌和空间特色，结果沦为了各地大规模城市建设开发的“做秀”工具，被要求以好莱坞大片式的画面表达地方政府的雄心，用飞机的视角去看城市，忽略了地面上的人，越来越远离了城市设计的核心概念，甚至成为各种大轴线、大广场的帮凶。

其次，市场的认识亟待提高。城市设计关注的是公共空间和公共利益，市场经济下的各种开发常常认为只要符合规划指标，城市设计控制不应当干涉私人开发，属于应当被精简的政府职能。殊不知城市公共空间的私人建筑物在很大程度上影响到城市公共空间的形态和景观品质，因此即便在高度市场化的美国，很多城市也通过自由裁量权很高的设计审查来进行城市设计控制。

再次，从业人员的观念逐渐蜕化。近年来，政府主导、市场经济驱动下的城市建设产生了很多反面案例，长此以往，很多城市设计人员习惯成自然，把自己的正确理念都忘了，反而形成了一套迎合领导和市场的错误做法。遍地的反例也给城市设计的职业教育造成了很多干扰。

最后，社会价值观受到误导。城市公共空间是公众教育的重要场所，宏大叙事方式的广场绿地、以车为本的城市空间结构，耳濡目染地影响着市民的观念和行为，媒体也经常以“城市建设大手笔”、“城市日新月异，变得认不出来了”推波助澜，这使得以公众参与为目标的公共空间设计面临混乱的价值观碰撞。

因此，观念始终是一个绕不过去的根本问题。

（二）制度问题

由于过去 30 年高速城镇化带来的巨大发展压力，城市规划也经历了一个艰辛的成长过程，其制度安排对宏观要素和发展效率考虑得多，对空间结果和细节品质考虑得少，因此没有在城市规划的管理体制中确定城市设计的地位，过度依赖市场在城市建设中的作用，造成了城市公共空间和环境品质建设中的市场失灵。

在城市迅速扩张的时期，土地开发行为是城市规划管理的对象，由于我国政府和开发商习惯了大拆大建的方式，最起码的开发单元都要十几公顷，动辄就是百万平方米的大盘，这也就导致城市缺乏多样性，因此土地开发方式没有根本性的变化，"千城一面、万楼一貌"的状况也难以发生根本转变。

另一方面，目前的规划管理方式主要是面向城市的增量发展，而对于即将到来的存量土地盘活，城市规划还没有充分的准备，项目建设完成后就脱离了城市规划管理的范围，没有针对更新改造和功能提升的制度设计，对于地下空间开发等非传统项目也没有管理方式，这些都是城市设计不能进一步发挥效力的制度障碍。

对城市设计立法的不够重视也是导致城市设计难以体现价值的重要原因。1991 年颁布实施的《城市规划编制办法》第 8 条规定："在编制城市规划的各个阶段，都应当运用城市设计的方法，综合考虑自然环境、人文因素和居民生产、生活的需要，对城市空间环境做出统一规划，提高城市的环境质量、生活质量和城市景观的艺术水平。"

由于我国快速城镇化的强大推动力，城市规划的核心价值和强制性内容一再受到挑战，因此 2006 年修订后的《城市规划编制办法》为了突出了强制性内容，将"城市设计"等内容删除。这也从立法层面导致了城市设计缺乏支撑、难以实施。

一般来说，随着城镇化进程的深入，国家应当更加重视城市设计。以日本为例，日本的城市规划法很细，即使是快速建设时期违规的项目也很少，按照规划都没问题，但建造出来的结果就是乱七八糟。20 世纪 80、90 年代各地出台了大量的城市设计条例、景观形成条例，但缺乏一个更高层面的国家法去统合。经过多年的努力，2004 年国会公布了《景观法》以促进城市和乡村的良好风貌，规定了国家、地方、开发者和居民的责任。

城市设计要真正落实，必须与地方行政管理紧密结合，但我国地方政府的实践探索却存在着较大的差异。地方政府对城市的管理有的比较细，小到建筑立面，也有很粗放的，侧重于制度的建设，比如如何建立审批制度。过细的管理是对城市设计控制的曲解：政府不管公共利益和公共空间，却干涉具体的建筑形象成为普遍现象，甚至成为重视城镇建设的正面案例。过粗的管理无法体现城市设计的内涵：规划只审查几个指标，或者是一些原则性的城市设计引导，和强制性内容相比，成为可有可无的点缀。由于城市规划行业没有在法定规划体系内推行城市设计，各地规划管理部门虽然有需求和积极性，但是水平和做法差异很大。

三、城市设计的发展趋势

（一）城市设计地位与作用进一步强化

城市设计是城市规划、建筑、景观三个专业的交叉学科：城市规划偏重于战略性和计划性，主要通过二维平面上的土地资源分配和技术指标控制对各项建设进行统筹安排；建筑设计关注个体功能和业主的形象要求，较少关注周边的公共空间，无法统筹整体风貌；景观设计则侧重于人工环境与自然要素的结合，但对综合性的空间形态和建筑环境改善作用有限。

我国的城镇建设正在从外延的规模扩张转向内涵品质的提升，城市设计恰恰是针对城镇建设水平改善和提升的最有效的专业工具。在英国《不列颠百科全书》和《中国大百科全书》关于“城市设计”的词条中，都提到“城市设计是对城市形体环境所进行的设计”，它的研究和工作对象既涉及宏观的空间结构、整体意向、景观视廊等城镇风貌问题，也涉及微观的建筑界面、公共空间以及环境小品等城镇设施问题。所以，城市设计既不简单是城市规划的一部分，也不是扩大范围的建筑设计。城市设计致力于营造“精致和雅致、宜居和乐居”的城市，同时还致力于构建“过去、现在和未来”的具有合理时空梯度的环境。城市设计关注建立在人的感知和体验基础上的城市特色空间和形态，创造宜人的优雅场所。这是其他规划和设计难以替代的。在新近的建设实践中，以北川新县城为代表的汶川地震灾后重建，从规划设计、设计控制到实施监督全程运用城市设计的方法和机制，取得了很好的效果。

（二）城市设计参与城市建设管理的决策机制

中央城镇化会议公报中要求“建立空间规划体系，推进规划体制改革，加快推进规划立法工作，形成统一衔接、功能互补、相互协调的规划体系”，在新的空间规划体系中，应当充分发挥城市设计在提高城镇建设水平，尤其是空间品质方面的积极作用，使其在空间规划体系中占据一席之地。

从国外的发展经验来看，发达国家也走过了从城市建设混乱，到通过城市设计控制手段使城镇建设风貌得以改观的过程。因此结合空间规划体系的建立，还应推进城市设计的相关立法工作。在规划立法工作中，补充其在《城乡规划法》中应有的地位，并探索其他相关法律（如景观保护法、历史遗产保护法）的立法工作以及城市设计在其中的作用。在规划体制的改革中，将城市设计控制纳入现行管理体制，明确中央政府和地方政府的责任，加强对市场行为的有效引导和控制，这也有利于优化政府管理，避免决策者个人喜好渗透到决策机制。

在 2013 年的城市设计学术委员会年会上，天津市在城市设计参与城市规划管理方面的实践起到了很好的示范价值。天津规划管理部门在实际规划管理工作中非常重视城市设计方法，将城市设计成果以管理文件等形式，有效融入了规划管理体系，极大地推动了城市设计项目的实施与设计控制意图的实现。通过运用城市设计控制手段，天津市对中心城区及外围区县各类建筑单体及建筑设施进行了有效控制和引导，塑造了天津以风貌建筑为精华、以现代建筑为主导、整体多元融合、分区特色凸显的城市风格和品位特色，展现了城市的时代精神和生机活力。在城市设计编制上首先实现了空间上的全覆盖，分别编制中心城区总体城市设计、各分区总体城市设计、重点地区城市设计以及各区县新城总体城市设计；在城市设计成果形式上强调了城市设计导则的地位，从整体风格、空间意象、街道类型、开敞空间、建筑形态等五个方面、共 15 个要素，提出控制要求，并已完成了中心城区与控规单元相对应的城市设计导则全覆盖。在城市设计的实施和运用上，天津规划主管部门细化管理规程，将城市设计要求纳入规划条件，在规划方案、建筑方案等审批阶段，明确审查审批要求。规划主管部门将待审批的设计策划方案放入三维数字模型，从区域城市设计中推敲策划方案的空间尺度、建筑形体、风格及色彩；从不同角度分析具体建设项目的规划布局和建筑方案是否符合规划要求，是否体现城市特色。

（三）城市设计从业者水平提升，城市设计意识逐步普及

观念决定行动，“什么是好的城市”存在于设计者、管理者以及民众脑海中，这在很大程度上决定了城镇的建设水平。事实上，工程技术人员、文学家、艺术家、摄影家、旅行家乃至普通市民都从自身体验出发去关心城市，城市里每一个居民都是城市空间的使用者和体验者，因此要敞开胸怀，让城市设计走出象牙塔，走进社会的每一个角落，鼓励更多的人参与进来。

而在城市设计宣传语普及工作中，专业学术社团具有独特的作用和优势：它们依靠专业资源，通过媒体宣传、学术交流、社会讨论以及各级科普活动的开展，帮助普通民众构建正确的城市建设价值观，推动城市设计的实践，并向业界和社会输出“正能量”。

（四）城市设计方法得到完善与创新

城市设计是提高城镇建设水平的有效手段，但是面对新型城镇化发展过程中的一系列复杂问题时，城市设计自身还需要进一步在技术方法和研究机制方面完善和发展，进一步认清城市设计学科的核心问题，以建筑、城市规划、景观三个

学科为基础建立一个更加广泛的研究架构，进而扩展到交通、市政、生态等相关学科，形成一套可以推广的实践方法，不断研究城镇建设的规律，充实学科自身内涵。另一方面，城市设计还要加强公众参与的研究，配合规划体制改革推动城市决策机制由封闭走向开放，完善开发管制过程中有效的设计控制方法。

中国的城市发展已经到了一个新阶段，从规模、要素驱动的增长阶段转向了内涵和品质提升的阶段。“人们来到城市，是为了生活。人们居住在城市，是为了生活得更好。”我们应该明确：城镇化最本质的目标是实现城乡居民生活质量的提高，包括收入提高、城乡差别缩小，各种公共服务均等化等，而空间是实现这些目标的重要手段，空间的品质则是实现这些目标的根本体现。城市设计的目的是提高城市的环境质量和景观艺术水平，归根结底就是提高人们的生活质量。因此，城市设计必将在提高城镇化建设水平上发挥巨大的作用。

（撰稿人：朱子瑜，中国城市规划设计研究院副总规划师，城市设计研究室主任，中国城市规划学会城市设计学术委员会主任委员，教授级高级规划师；陈振羽，中国城市规划设计研究院城市设计研究室高级规划师）

城市交通规划

一、城市交通规划发展背景

过去的 2013 年，城市交通的发展体现三个背景的变化：

第一个背景是在新型城镇化的背景下，支撑和引导城镇化空间格局基础设施系统的规划建设持续快速推进，特别是全国高铁网络的逐步形成，交通基础设施的改进为城镇化空间布局优化起到了坚实的支撑和引导作用，也深刻地改变了区域的经济格局。一方面，不断发展壮大的高铁网络，大幅提高了铁路沿线城市间的客、货运能力，较大程度上促进了人流、物流、资金流、信息流跨区域的快速流动；另一方面，高铁通车也带动了沿线车站周边多个“高铁新城”的开发建设，为高铁沿线的中小城镇带来了新的发展契机，成为城市经济发展新的增长极。如在四川的《成渝经济区成都城市群发展规划》中，提出建设以成都为中心包含绵阳、德阳、遂宁、眉山、雅安、资阳和乐山在内的成都城市群城际高铁网，试图通过区域交通联系的大幅改善，形成城市群各城市间的合理分工和协作关系，支撑以成都为核心、多点多极的区域协调发展格局。

第二个背景是在城市持续扩张的步伐下，围绕着绿色低碳目标的交通发展模式选择，城市空间与交通的互动关系得到进一步的加强和重视。城市交通规划中关于交通与空间、产业互动关系的分析普遍加强，公交都市、绿色交通已经成为交通规划关注的热点问题，多个城市的轨道和公交系统投资大幅上升，有轨电车的规划和建设成为热点。中国城市轨道交通协会发布的《城市轨道交通 2013 年度统计分析报告 》显示：2013 年末，全国 19 个城市共开通城市轨道交通运营里程 2746km。其中，地铁 2073km，占 75.5%；轻轨 233km，占 8.5%；单轨 75km，占 2.7%；现代有轨电车 108km，占 3.9%；磁浮交通 30km，占 1.1%；市域快轨 227km，占 8.3%。而相关的资料显示，到 2015 年，中国城市轨道网络总长度将达到 3000km，2020 年将达到 6000km，累计规划里程则超过 10000km，牵涉直接投资将超过 4 万亿人民币，到 2020 年，中国预计将拥有 4500 多个互相连接的地铁或高速铁路站点，未来有约 3 亿 –5 亿的城市人口要在这些新建的轨道沿线就业和生活。为优化轨道建设的投资效能，促进以轨道为导向的 TOD 型城镇化发展，加强对轨道沿线用地功能和交通功能的一体化控制，城市交通规划将需要与土地利用规划高度对接和融合。目前多个城市已开展了轨道沿线用地的专项规划，住房和城乡建设部已经立项开展城市轨道沿线地区规划设计技术导则的编制工作。

第三个背景是城市机动化水平持续快速增长，城市交通拥堵仍在进一步加剧，城市空气质量普遍下降，城市承载力成为广泛关注的问题，城市交通需求管理进入了实质性的行动阶段。

2013 年，雾霾由北到南侵袭全国，各地 PM2.5 频频爆表，2013 年的雾霾天数是近 52 年来最多的一年，中国雾霾天气总体呈增加趋势①。虽然各种分析显示，城市交通对于大气污染的贡献率说法不一，但机动车尾气排放无疑是导致城市空气质量恶化的重要因素之一。而另一方面，在一线城市的交通拥堵持续加剧的同时，交通拥堵在二线甚至三线城市也逐步常态化。以北京为例，研究显示交通拥堵已成为影响北京城市运行效率与居民生活的突出问题，北京交通基础设施承载力严重超负荷，公交系统交通承载已饱和。据北京市交通管理部门监测，每日在二环内行驶的机动车达到 91.5 万辆，使二环内成为全市最为拥堵的区域。虽然自 2010 年 4 月开始实施错峰上下班等综合缓堵措施，但随着机动车保有量的高速增长，从北五环到南四环，中心城区交通拥堵已常态化，且拥堵范围、车辆行驶缓慢的路段呈现沿着城际交通向周边城市扩展的趋势②。

在雾霾和交通拥堵的双重作用下，各地交通需求管理大大加强，多个城市已经进入实质性的行动阶段。除已经实施汽车限购的上海、北京、贵阳、广州 4 个城市外，2013 年又有更多的城市开始了汽车限购措施的研究和准备，多种迹象显示，国内一线城市的限牌已经成为一种趋势，而与此同时，北京已经开始研究中心城低排放区的拥堵收费。

二、城市交通规划发展特点与案例分析

（一）发挥综合交通网络对城镇化格局的支撑和引导作用是当前国家城镇化战略的重要要求

根据“十二五”规划，国家将“构建以陆桥通道、沿长江通道为两条横轴，以沿海、京哈京广、包昆通道为三条纵轴，以轴线上若干城市群为依托、其他城市化地区和城市为重要组成部分的城市化战略格局”。现阶段，在外需导向型经济背景下，依托枢纽港口，综合运输成本优势高度收敛于沿海，引发经济活动高

---

① 王伟光，郑国光主编．巢清尘，潘家华，庄贵阳副主编．气候变化绿皮书：应对气候变化报告（2013）[M]．北京：社会科学文献出版社，2013．

② 文魁，祝尔娟等．京津冀发展报告（2013）——承载力测度与对策 [M]．北京：社会科学文献出版社，2013．

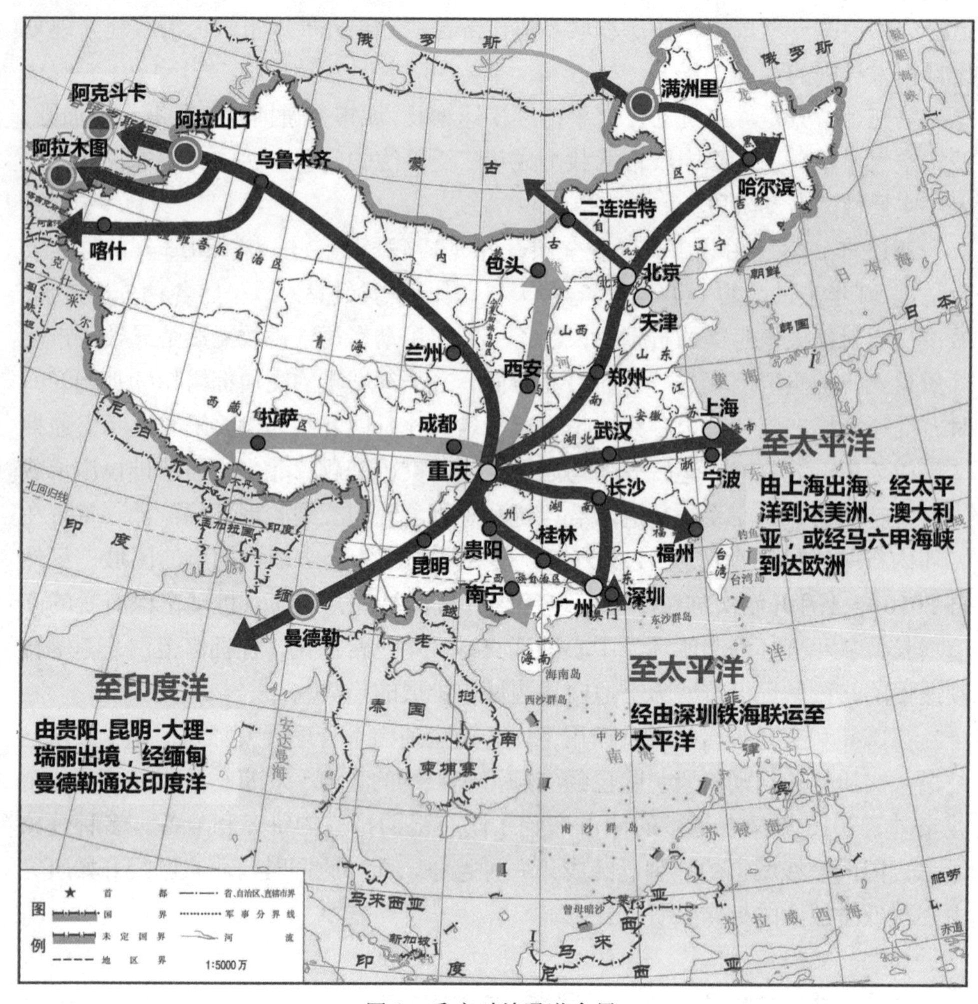

图 1　重庆对外通道布局

度集聚于沿海；同时，中西部地区受运输成本制约，外向型经济发展动力不足而表现出腹地化的运输效应。而外源与内需并重导向下综合运输成本优势向内陆中心城市扩展，将可能促成以内陆国家中心城市为中心的“经济活动区域化”，进而形成国土层面相对均衡的“区域化”格局。体现在城市交通规划中，应着力体现“区域化”视野，突出区域化对外开放平台的培育，以及区域尺度交通网络的构建。

对外开放方面，针对内陆城市国际化水平不高的现状特点，重庆总规优化中提出：将航空作为重庆融入世界城市网络的首要交通方式，发展为中国六大国际航空枢纽城市之一；建设中国西部国际物流中心，国际航空货运、国际铁路货运班列、江海联运、铁海联运、公海联运等方式并举，集聚并满足多层次、多相位的国际物流需求（图 1）。

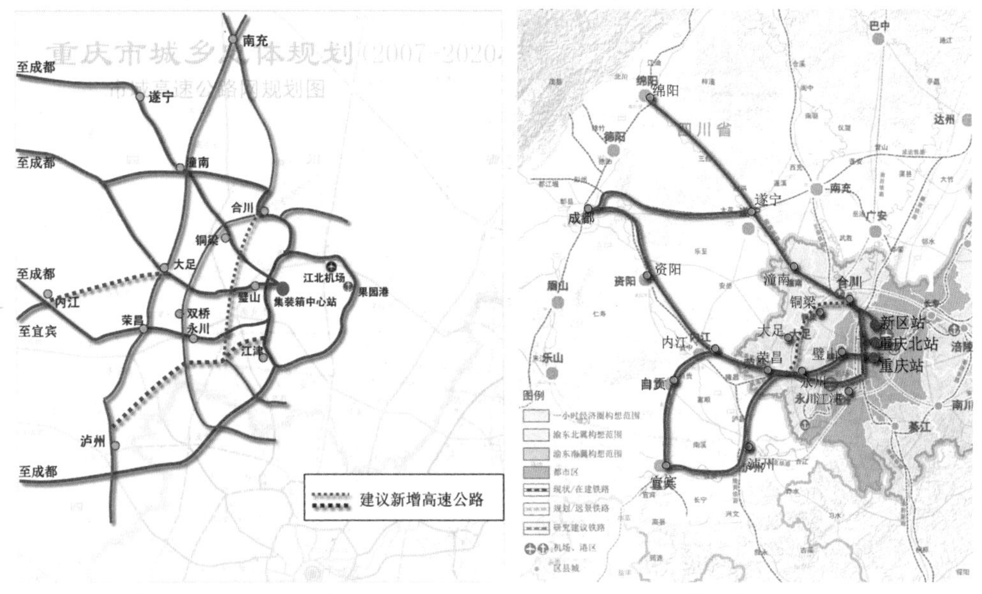

图 2　面向成渝城镇群的高速公路通道布局　　图 3　面向成渝城镇群的铁路通道布局

区域方面，突出枢纽区域组织能力的提升以及交通与城镇关系的协调。重庆总规优化中提出：构筑外贸物流大通道，推动主城区三大国际性枢纽面向区域的功能发挥；高速公路与铁路相结合，强化成渝轴线，推动渝西各区县全面纳入成渝城镇群网络；3 条高速与 2 条铁路，打造沿江复合型快速通道；完善快捷连接通道，增强重庆都市区对渝东南和贵州的辐射和带动（图 2，图 3）。

而对于长三角的城市密集地区，随着多条高速铁路和城际铁路的贯通，区域交通正越来越明显地呈现城市化的特征，区域通道从多极辐射向网络互联转变，城际交通出行从一般性的商务客流向通勤客流转移，80—150km 的通勤圈正逐步形成，区域交通需要按照城市交通走廊的模式进行组织。而随之出现的问题则是，次级的轨道网络还未得以构建和完善，中心城市内部交通拥堵持续加剧，都市圈和功能区间的交通直达性并未得到明显改善。在苏州的城市交通规划中，提出了构建三个层次的城市轨道交通系统框架（图 4），区域轨道利用高铁、城际铁路及普通铁路形成区域联系通道，服务于区域快速联系；市域轨道市域组团间的快速联系通道，服务于市域周边城镇连绵带；城区轨道强化城区内部交通联系，服务中心城区及规划拓展区，承担城区内部各功能片区的交通联系[①]。

（二）城市交通的发展目标与策略应体现城市发展的阶段性特征

改革开放后，我国城市在发展政策和机动化的影响下，城市空间和交通发展

① 苏州市交通发展战略规划 . 中国城市规划设计研究院，2013.

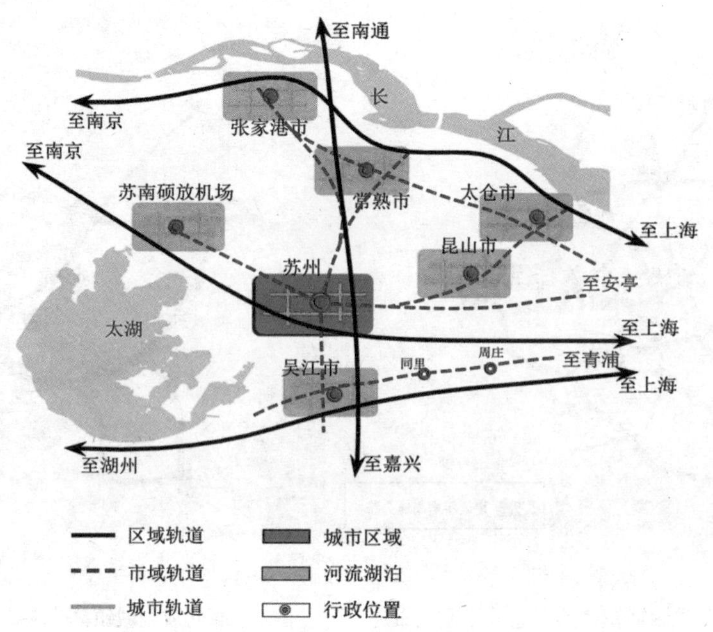

图 4　苏州城市交通规划中提出的三个层次的城市轨道交通系统框架

都呈现了明显的阶段性特征，多数大中城市一般会经历非机动化下的内聚式发展阶段，机动化初期的蔓延式扩张阶段，城市空间和交通网络结构调整与公共交通发展阶段，以及城市空间和城市交通基本定型下的管理和公共政策引导发展等阶段。目前我国多数城市仍然处于以扩张主导的快速成长期，但东部地区的部分城市已进入定型阶段，空间增长速度放缓。在这种多种发展阶段并存的时期，在交通规划上就应审时度势，因地制宜，不能"一刀切"。对于快速扩张阶段的城市，交通规划上应重点考虑构建相匹配的交通网络结构以适应新的城市空间，交通网络的组织应适应新空间尺度和结构下的城市交通出行需要，此时交通规划的重点是进行相对"超前"的交通设施布局；而对于宏大建设基本完成、已初步定型的城市，城市规模变化已经不大，此时交通规划则是由增量规划转向存量规划，其重点则是提高建成区的城市公共交通服务水平，实行必要的机动车需求管理，通过精细化的设计管理，提高交通设施运行效率，改善交通出行环境。

在襄阳城市综合交通体系规划中，强化了对襄阳发展阶段的分析，指出襄阳在经历了非机动化的内聚发展阶段、机动化前期发展阶段后，目前已进入机动化快速发展阶段，襄阳的城市交通发展正处于战略骨架构建和结构调整的关键时期，据此规划提出了未来襄阳城市交通发展的三个阶段，并分别提出了规划期及远景各阶段的总体目标、人口与空间特征、交通发展目标和发展策略。每个城市的交通发展都有其不同的背景和轨迹，对不同城市的经济发展、城市化和机动化进程

	门槛机遇期(至2020年)	转型深化期（至2030年）	远景期（2050年及以后）
总体目标	区域中心城市初现，快速的城市化进程，工业快速升级，开始建设东津新中心	区域中心城市得到确立，都市一体化区开始形成，城市化速率降低，向后工业过渡	城市化过程放缓，后工业时代到来，都市区成熟，“都市襄阳”战略空间图景形成
城镇化及工业化	GDP总量超过5000亿元，人均GDP超过12000美元，市域城市化率达到59%	城市化率达到70%，三产逐渐加大，襄阳GDP占襄十随都市区的40%左右	城市化率达到75%，三产比重为最大，后工业时代到来
人口及空间特征	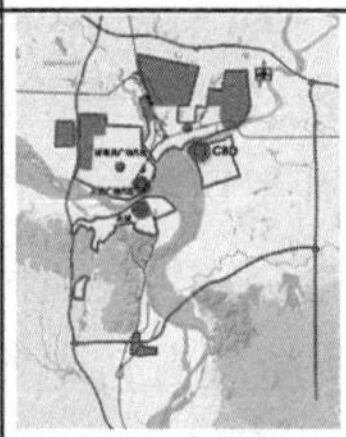 1.市区规划人口达170万人，其中樊城仍是容纳人口最多的片区。 2.空间沿江线性发展，公共中心选址呈跨越式。	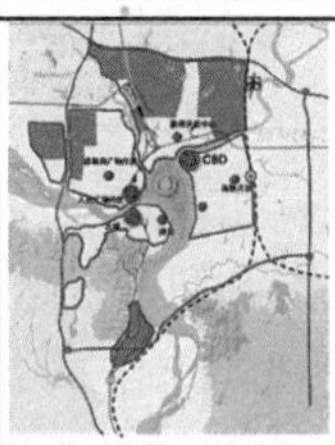 1.市区规划人口达280万人，樊城、襄州、东津片区人口趋于均衡。 2.“一心四片”初步形成，中心体系环江布局。	 1.建设用地规模387 km²，人口385万人。 2.“一心四城”实现的同时，外围以小城镇得到成熟。中心体系在环江布局的同时，也呈现了区域走廊化的特点。
交通目标实现	门户枢纽 ★ 高效都市 ☆ 古城再生 ☆	门户枢纽 ★ 高效都市 ★ 古城再生 ★	门户枢纽 ☆ 高效都市 ★ 古城再生 ★
交通策略	1.交通设施助力工业升级：以无水港建设为核心，提升货运、物流服务水平。 2.应对快速城市化的进程：快速路拉开城市骨架，并筹备轨道交通的建设，内部交通伴随着城市更新进行优化。 3.助力东津起步区的培育：郑渝高铁进入实施阶段，做好高铁枢纽与周边用地的整合。	1.高铁枢纽建设与强化：郑渝、西武、城际等。 2.快速路系统形成，骨干轨道线建成通车。 3.特色交通体系完善：后工业时代，旅游、休闲资源重要性得以进一步体现。	形成辐射区域的综合交通运输枢纽，同时都市区及中心城区交通系统完善：形成包括道路、轨道、公交系统在内的多层次交通系统。

图 5　湖北襄阳城市交通规划中提出的“远近结合，动态部署”的规划实现路径①

的阶段性发展规律加以分析和判断，是城市交通规划应对中国不同地域、不同经济发展水平城市时的重要出发点（图 5）。

（三）科学规划、精细设计、合理组织，理性、有序地推进有轨电车的发展

在快速城市化的推动下，近十年一直是中国城市轨道交通快速发展的黄金时期，而未来十年，中国城市轨道交通建设投资总额将突破 3 万亿元②，实际上由于地铁和轻轨等大容量轨道系统受政策门槛和投资限制，近年有轨电车作为一种投资相对较小，又颇具备现代、环保元素的中运量轨道交通工具，日益受到了大中城市的热宠，除已开通有轨电车的天津、上海、大连等城市外，北京、广州、沈阳、佛山、苏州、武汉等城市正在建设，而包括三亚、海口、南京、福州、淮安等更多的城市已经制定了有轨电车的发展规划，据中国轨道交通协会会长包叙定介绍，全国有轨电车的远期规划线路已将近 5000km，而在 2020 年前要建设的线路就超过 2500km③。面对这股有轨电车的发展热潮，如何理性、有序发展是在交通规划中应该特别注意考虑的问题，为此，2013 年第 4 期的《城市交通》杂

① 咸阳市城市综合交通体系规划．中国城市规划设计研究院，2013．

② 中国国际金融有限公司．中金公司城市轨道交通建设专题研究 [R]．北京：中国国际金融有限公司，2010．

③ 钟啸．有轨电车远期规划 5000 公里审批审慎放松 [N]．南方日报，2013-8-7．

志开展了有轨电车的专题讨论，专家们提出以下主要观点。

正确认识有轨电车的技术特征和适用范围。现代的有轨电车虽然在车辆、轨道、供电等方面进行了现代化改造，但其占用道路资源、机动性较差、对道路交通干扰严重的劣势仍然存在，有轨电车的主要适用范围包括：①特大城市轨道网的补充和加密；②特大城市放射形轨道交通线路外围间距较大区域的联络线；③连接中心城区和对外交通枢纽与城市郊区、新城、大型开发区等的直通线路；④中小城市和特大城市郊区、新城、大型开发区等内部的骨干公共交通线路。[①]

供应能力的“中运量”不等于现实客流的“中运量”。新型有轨电车的理论运能虽然可以达到 0.5–1.3 万人次 /h，但实际的实施效果可能存在很大的差异，上海张江有轨电车的日均客流仅为 0.1 万人 /km，而香港新界有轨电车的日均客流则可达到 1.1 万人 /km，两地客流的巨大差异是和其背后相关规划中的功能定位、制式选择、线路走向、路权保障、客流需求等多个因素直接相关的，因此在有轨电车的具体规划方案中，应坚持经济、高效的原则，审慎研究线路走向、路权保障、用地控制，合理选择制式，科学进行运营组织，才能保证新建有轨电车线路取得有效益的客流规模，实现财务的可持续[②]。

有轨电车系统规划设计应注意的三个方面：①协调多层级轨道交通系统。在与多元轨道交通层级的协调过程中，需要明确有轨电车系统自身的服务职能和功能定位。面向区域轨道交通和市域轨道交通系统，有轨电车主要发挥城市公共交通的集散作用；面向市区轨道交通系统，有轨电车需要发挥对其服务的延伸和补充作用。②保持与城市空间用地互动。城市轨道交通系统布局是对城市空间结构的反映。因

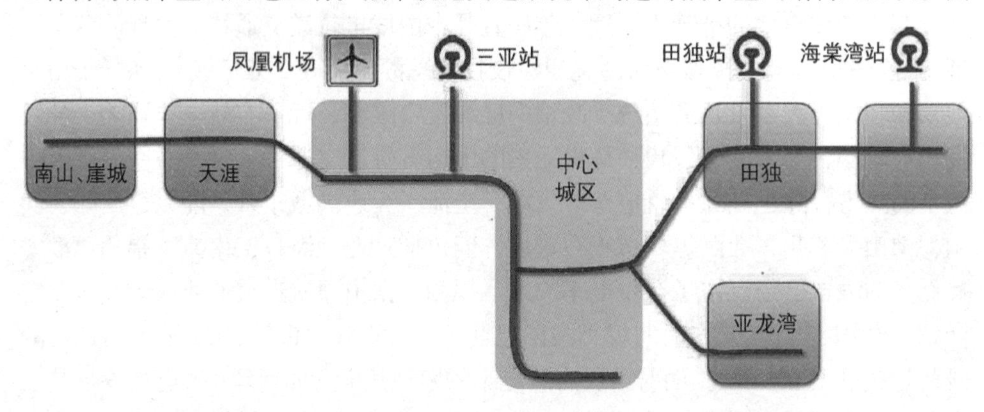

图 6　三亚市有轨电车系统线网组织模式

① 秦国栋，苗彦英，张素燕．有轨电车的发展历程与思考 [J]. 城市交通，2013（4）：6–12.

② 陆锡明，李娜．科学理性地发展有轨电车 [J]. 城市交通，2013（4）：19–23.

此，有轨电车系统在规划建设过程中，需要结合服务地区的功能需求和用地性质选择合适的线网组织模式。例如三亚市有轨电车线网通过串联核心地区构建客运通道，与对外枢纽建立便捷联系，提升组团内部的可达性（图6），满足多方式的衔接需求和多层面的服务需要。③衔接城市综合交通系统。一方面，有轨电车的客流走廊应与综合交通体系需求分析模型同步建立相关预测模型，进行客流整合测算，以判断有轨电车线网布局的适用性。另外在设施统筹方面，有轨电车线路既要结合既有的生活性道路设置，深入组团核心，以保持对客流的吸引，也要适当考虑在快速路布置，在组团外侧发挥对空间的骨架支撑作用，以满足城市交通"双快系统"的构建。[①]

（四）交通规划设计导则的推进

我国正处于城镇化和机动化高速发展的阶段，交通规划的理念和技术方法也处于不断更新和完善过程中，现有的一些交通规划技术规范和标准已经不适应当前城市交通发展的需要，一批新的城市交通规划技术规范和导则已经颁布实施或正在编制当中。

1.《城市步行和自行车交通系统规划设计导则》（以下简称《步行和自行车导则》）

《国务院关于加强城市基础设施建设的意见》（国发［2013］36号）中明确提出："城市交通要树立行人优先的理念"，应加强"城市步行和自行车交通系统建设"。为了切实转变现有城市交通系统建设中存在的"过度依赖小汽车的交通发展模式"，为广大城市规划管理部门和规划设计专业人员提供切合实际、有针对性、可操作性强的交通规划技术导则，住房和城乡建设部在2013年重点开展了《城市步行和自行车交通系统规划设计导则》和《城市交通设计导则》的编写工作。

《步行和自行车导则》旨在为科学、规范地编制城市步行和自行车交通系统规划提供依据和参考，加强城市步行和自行车交通系统建设，切实改善居民出行环境，保障出行安全，推动绿色出行。《步行和自行车导则》遵循"安全性、连续性、方便性、舒适性"四个原则，围绕"网络、空间、环境、衔接"四大核心控制要素进行展开，参照既有标准和规范，借鉴国外最新发展经验和国内示范项目实践，广泛征求各有关方面意见，提出了步行和自行车交通规划设计原则、系统控制指标、要素技术指引和规划编制大纲。

2013年12月，《步行和自行车导则》由住房和城乡建设部领导签批正式向全国发布，目前可以在住房和城乡建设部的官方网站下载到导则全文。同时，住房和城乡建设部发出通知，要求继续开展城市步行和自行车交通系统示范工作；到2015年，建成100个左右城市（区）步行和自行车交通系统示范项目，步行和自行车出行分担率逐步提高，力争在现有基础上提高5%–10%。

---

① 张国华，欧心泉，周乐，苗彦英．有轨电车系统规划设计思考[J]. 城市交通，2013（4）：24–29.

2.《城市交通设计导则》(以下简称《交通设计导则》)

为落实城市交通基础设施建设中规划引领的基本原则，坚持先规划、后建设，切实加强规划的科学性、权威性和严肃性，发挥规划的控制和引领作用；切实扭转目前城市交通基础设施建设中规划与实际施工建设缺乏联系、割裂脱节的局面(例如有些城市用城市综合交通体系规划的路网直接拿来做施工图设计，更有甚者，用总规路网直接在地形图放线施工)，确保各类城市规划和交通规划的规划意图及理念能落实在工程建设实践中，住房和城乡建设部特别组织有关单位开展了《城市交通设计导则》的编写工作。

《交通设计导则》采用“以现实问题为导向，以绿色交通为主体、已规划管理人员为主要对象”的总体思路进行编写，总结现阶段国内城市交通规划建设和管理中的突出问题，找出破解问题的对应之策，结合当下城市建设发展的新机遇(老城改造、中心城区缓堵、轨道交通建设、绿道及公共自行车设置等内容)，引导交通设计向绿色、可持续、以人为本的方向加速发展。在内容上，城市交通设计分为总体交通设计和详细交通设计两个阶段。其中详细交通设计主要包括道路详细交通设计和轨道沿线地区详细交通设计两类。不同阶段和类型的城市交通设计的工作目标及重点控制要素各有侧重又互相关联。总体交通设计的内容围绕交通与土地利用协调展开，明确交通组织原则、方向、落脚点为在相应的法定规划(多为控规）中预留各类交通设施的空间和用地；详细交通设计则是在总体交通设计的框架下，开展详细的交通设计，道路详细交通设计明确道路空间安排，用于指导道路初步设计及施工图设计，轨道沿线地区的详细交通设计则重点解决构建以轨道交通为核心的综合交通系统，解决各种交通方式的接驳换乘，确保轨道交通的建设和各类相应的交通设施能协调匹配。

《交通设计导则》由住房和城乡建设部委托，中国城市规划设计研究院牵头，国内多家知名交通设计机构参与编制。目前，该导则的初稿已经形成。根据住房和城乡建设部的要求，《交通设计导则》将在 2014 年下半年正式向全国发布。

3.《城市轨道沿线地区规划设计导则》(以下简称《轨道沿线设计导则》)

针对我国城市由于规划依据缺失，轨道沿线工程建设与用地发展“两层皮”的现状问题，《轨道沿线设计导则》从轨道引导新型城镇化发展的角度出发，总结国内外先进的规划设计经验，分层次对轨道沿线用地提出有针对性的规划控制要求和规划技术引导，既作为规划管理部门在审核相关规划时的参考性依据，也用于引导、规范规划编制单位在相关领域的规划编制工作。

《轨道沿线设计导则》在强调了轨道线网与城市总体结构及城市公共交通系统整合的基础上，着重从线路与站点两个层面对轨道沿线用地的规划设计提出了控制要求。线路层面规划设计导则对应轨道建设规划阶段，从基础调研，潜力地块分析，站点功能定位与分类分级，线路方案与土地使用优化，轨道设施与线路控制等方面，为相关地区控制性详细规划的编制提供参考依据。站点层面的规划设计导则对应轨道工程可行性研究阶段，为相关地区城市物业开发及相关的修建性详细规划编制提出要求与引导，主要内容包括轨道站点周边的发展与收益分析、用地功能与开发强度引导、客流校核分析、轨道站点出入口设置、站点接驳交通设施引导、站点步行空间引导、站点公共空间协调发展等。

受住房和城乡建设部委托，中国城市规划设计研究院牵头承接了《城市轨道沿线地区规划设计导则》的编制工作。目前导则编写工作仍处于开题阶段，工作大纲基本完成，各参编单位依据分工正在对各部分内容进行调整和深化，争取在2014 年完成导则的编制工作。

三、城市交通规划的思考与展望

（一）国家新型城镇化规划（2014-2020 年）颁布对城市交通规划的编制产生深远影响

2014 年，《国家新型城镇化规划（2014－2020 年）》已正式发布，这项规划明确了未来中国城镇化的发展路径、主要目标和战略任务，是指导全国城镇化健康发展的宏观性、战略性、基础性规划，也对今后城市交通规划产生深刻的影响。

在新型城镇化的发展阶段，城市交通规划应立足于以人为本，促进城市交通与城镇空间、产业的高度协调，确立环境友好、资源集约的绿色交通是未来城市交通的发展方向，并在规划中强化交通政策的相关研究。具体包括：①坚持新型城镇化发展模式，以建设紧凑型城镇为目标，实施以公共交通为导向的空间发展战略，优化城市群及城市的功能布局，发挥交通系统对区域和城镇发展的引导和支撑作用；②优化城市的交通供给，加强交通需求管理，全面执行步行与自行车、公共交通优先发展的策略，提高公交系统的服务水平；通过适度的交通需求管理，引导城市机动化合理、可持续的发展，制定合理的小汽车保有与使用政策；③进一步重视中小城镇的交通发展，研究中小城镇的交通出行特征和发展路径，推进公共交通向城市到乡镇的延伸服务，强化区县之间的次级公路通道建设，促进交通资源的城乡统筹；④加强政策引导，完善协调机制，通过对空间和设施的分区分级制定差别化建设和管理对策，建立用地规划与交通规划，以及城市群区域交通规划与城市交通规划的协调和整合机制；⑤实施更加严格的交通环保节能政策，推广应用低能耗、低污染的清洁能源交通工具，合理提高机动车排放标准和燃油标准，加快城市交通的信息化系统建设，严格控制机动车尾气的总体排放水平，大幅降低机动车对于城市空气污染的贡献率。

（二）交通拥堵、环境恶化、能源危机的升级显示我国城市交通发展模式转型已刻不容缓，城市交通规划仍将任重而道远

我国城市人口众多、城市用地人口密度高、土地资源匮乏、能源紧缺，在城镇化和机动车进程不断推进下，交通发展与城市空间、环境、生态和能源之间的矛盾将进一步突出，在此情况下，我国城市交通发展模式转型应尽快由台后走向幕前，由纸上走向行动，这无疑是对交通规划的巨大挑战。

总体来说，交通规划应强调以下四个方面：①在城市的决策、规划、建设和管理多个层面达成广泛共识，在土地利用规划和交通规划间形成高度融合，以对城市环境、生态低冲击的绿色交通取代当前过度的机动化交通发展模式，支撑有机、紧凑、高效的城市空间和社会经济活动；②将交通拥堵治理与发展公交相结合。受交通供需关系的影响，在未来相当长的一段时间里，城市机动车拥堵将更多呈现常态化，因此规划上应在努力缓解交通拥堵的同时，加快发展城市公交和慢行系统，城市交通基础设施投资和建设重心向公共交通倾斜，以构建多模式、多层次的公共交通系统，并在缓堵行动时应首先确保城市公交系统的畅通和便捷；③将交通设施建设与精细化的设计和管理相结合。加强交通工程设计，多阶段的建设项目交通影响评价，以及分区差别化的停车管理，都是精细化的设计和管理中的有效措施；④将理念宣传与需求管理相结合。结合无车日等活动，加强对市民的绿色交通出行理念宣传，减少对机动车的依赖，引导自觉形成健康、环保的绿色交通出行方式，同时结合必要和适度的交通需求管理政策的实施，双管齐下，以促进城市交通出行模式的转变。

（三）大数据技术在交通规划领域的应用，可能引发更多的交通规划技术创新

大数据(Big Data)的概念源于 IT 行业，随着移动互联网的快速发展，大量带有定位信息的手机、iPad 等移动终端给交通规划的数据分析带来了广阔的应用前景，提供了许多在以前交通分析中无法获得或者难以获得的数据信息。

2014 年春运期间，央视《新闻联播》对“百度地图春节人口迁徙大数据”进行了连续报道，“百度迁徙”以区域和时间为两个维度，可用于观察当前及过往时间段内，全国总体迁徙情况，以及各省、市地区的迁徙情况，直观地确定迁入人口的来源和迁出人口的去向，并采用创新的可视化呈现方式，实现了全程、动态、即时、直观地展现中国春节前后人口大迁徙的轨迹与特征。另外淘宝、腾讯等公司也利用其 App 数据，分别推出了诸如全国各省淘宝交易顺逆差分析报告，以及 QQ 用户在春节后进出“北、上、广”的数据分析。

在交通规划上，手机大数据已更早尝试应用于交通调查和出行特征分析(图 7)。

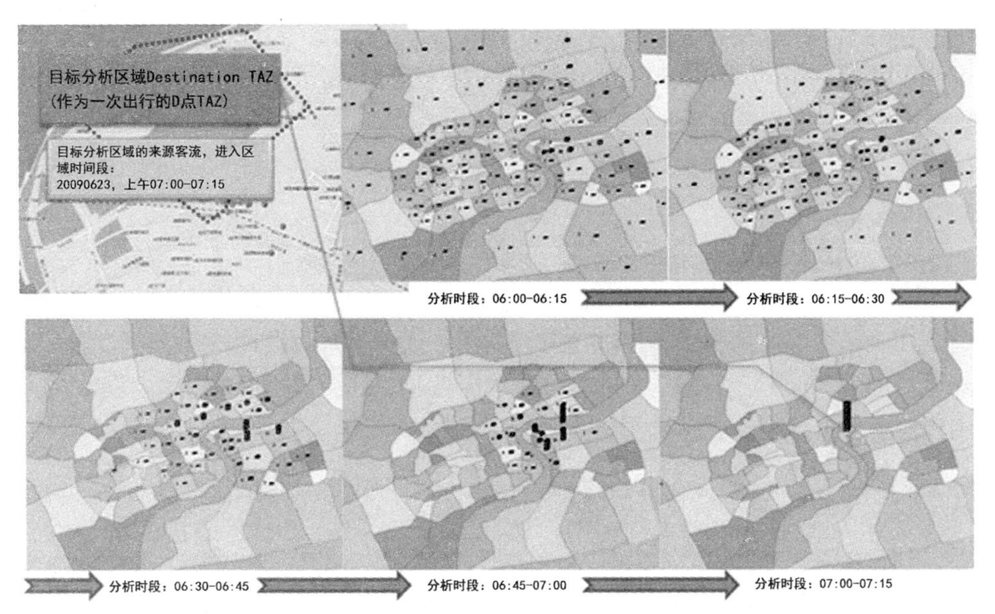

图7　手机大数据分析——上海东方明珠区域客流来源分布分析图

通过利用长期历史手机话单数据，可对常住人口和就业人口的分布、通勤出行特征、流动人口出行特征等进行分析，而手机信令数据则能够较完整地识别手机用户的出行轨迹，可进一步应用于城市人口时空动态分布分析等工作①。

随着移动互联网的快速发展，大数据在交通规划中的应用才刚刚开启，大数据技术的战略意义不在于掌握庞大的数据信息，而在于对这些含有意义的数据进行专业化处理和分析②。基于移动终端的大数据为城市交通的规划和研究开启了一扇新的大门，提供了多种可能，并可能引发更多的交通规划技术创新。

（本文在编辑和整理中还得到了中国城市规划设计研究院城市交通专业研究院的戴继锋、王昊、全波、李潭峰等同志的协助。）

（撰稿人：殷广涛，中国城市规划设计研究院城市交通专业研究院院长，教授级高级工程师；黄伟，中国城市规划设计研究院城市交通专业研究院副总工程师，教授级高级工程师）

① 冉斌．手机数据在交通调查和交通规划中的应用[J]. 城市交通，2013 (1)：72-81.

② 百度百科词条．大数据[EB/OL].http://www.baike.baidu.com.

城市防灾规划

一、灾害形势及防灾政策动态

在全球气候变化和城镇化加速的背景下，近一年来我国自然灾害和人为灾害的风险进一步加剧，灾害造成的损失较往年偏重，社会影响更加显著，防灾减灾工作形势依然严峻。

（一）我国灾害形势依然严峻

1. 自然灾害

2013 年，我国各类自然灾害共造成全国 38818.7 万人次受灾，1851 人死亡，433 人失踪，1215 万人次紧急转移安置；87.5 万间房屋倒塌，770.3 万间房屋不同程度损坏；农作物受灾面积 3134.98 万 hm^2，其中绝收 384.44 万 hm^2；直接经济损失 5808.4 亿元。

总体上，2013 年我国自然灾害情况较 2012 年明显偏重，属于 2000 年以来中等偏重年份。自然灾害主要呈现以下特点：

一是极端天气气候事件频发，汛期呈现南旱北涝格局。2013 年，我国极端天气气候事件频发，灾害异常性特征明显，汛期灾害呈现南旱北涝的格局。7 月初至 8 月中旬，江南、江淮、江汉和西南地区东部遭遇历史罕见高温干旱，湖南、浙江部分地区连续 30 天日最高气温超过 35℃，局地日最高气温超过 40℃，浙赣皖鄂湘黔渝 7 省（直辖市）区域平均降水量仅为 135.2mm，区域平均无降水日数有 39 天，最长连续无降水日数达 15.6 天，均为 1951 年以来历史同期极值。高温少雨叠加，给上述地区水电供应、农业生产和群众日常生活造成严重影响。7 月中旬，四川盆地、西北地区东部、华北南部及黄淮北部遭遇强降雨过程，多地降雨量超历史极值，四川都江堰市幸福镇 7 日晚至 11 日累计降雨量达 1105.9mm，相当于当地年均降雨量。7–8 月，松花江、黑龙江发生流域性大洪水，辽河流域浑河上游发生超 50 年一遇特大洪水，东北地区出现 1998 年以来最严重洪涝灾害。

二是中强地震异常活跃，地质灾害损失较重。2013 年，我国大陆地区共发生 5.0 级以上（含 5.0 级）地震 43 次（其中含黄海 2 次），远超常年年均 20 次水平。地震灾害造成的倒损房屋数量占全年各类自然灾害造成倒损房屋数量的 4

成左右。其中，四川芦山7.0级地震和甘肃岷县漳县交界6.6级地震震级高、破坏性强，两次地震造成死亡失踪人口、倒塌房屋间数和直接经济损失占全年地震总损失9成以上。全年因洪涝、台风、地震等引发多起造成严重人员伤亡和重大财产损失的地质灾害。其中，1月11日云南镇雄县、3月29日西藏墨竹工卡县和7月10日四川都江堰市发生的严重山体滑坡，共造成近300人死亡或失踪。

三是台风数量偏多，损失集中。2013年，我国先后受到13个台风影响，其中有9个在我国大陆登陆。总体来看，台风登陆位置偏南，登陆强度偏强，影响次数偏多，秋台异常偏重。其中，8月14日在广东阳西沿海登陆的强台风"尤特"是造成死亡失踪人口最多的台风，共导致广东、广西、湖南3省（自治区）95人死亡或失踪；9月22日在广东汕尾登陆的强台风"天兔"是当年登陆我国大陆最强台风，登陆时中心附近最大风速达45m/s；10月7日在福建福鼎登陆的强台风"菲特"是造成直接经济损失最大的台风，造成浙江等地直接经济损失达631.4亿元；台风"海燕"为新中国成立以来、11月份登陆或擦过海南的最强台风，造成海南、广西、广东3省（自治区）23人死亡或失踪。台风造成的损失中，华南地区死亡失踪人口、倒塌房屋数量占全国台风灾害总损失7成以上。2013年，全国平均强对流日数为40.1天，比常年偏少12.2天。

四是中东部地区雾霾严重。2013年，中东部地区雾霾天气多发、频发。除8月外，各月雾霾日数均较历史同期偏多，其中，1–3月、9–12月雾霾天气尤其严重。

五是城市灾害影响突出。人口稠密、经济发达的大城市和中小城镇频繁遭受灾害影响，经济损失和社会影响突出。受台风暴雨洪涝影响，广东汕头、浙江余姚等城市主城区一度进水受淹，电力、通信等基础设施严重受损，群众生产生活受到严重影响。

2. 人为灾害

2013年最引人注目的事故灾害是11月22日青岛输油管线破裂导致的爆炸事故。这次事故共造成62人遇难，136人受伤，直接经济损失7.5亿元。此外，影响较大的事故灾害还有：6月7日发生在厦门BRT的公交车纵火事故，造成47人死亡、34人受伤；吉林八宝煤矿3月29日和4月1日相继发生的瓦斯爆炸事故，分别造成36人和17人遇难；4月14日襄阳一景城市花园酒店火灾造成14人死亡、47人受伤；6月3日吉林德惠宝源丰禽业有限公司加工厂火灾造成120人遇难、77人受伤；8月31日上海翁牌冷藏实业有限公司液氨泄漏事故造成15人死亡、8人重伤；12月11日深圳光明新区荣建水果市场火灾造成16人死亡。

2013年，我国人为灾害以火灾、爆炸为主要表现形式。随着经济快速增长，工业生产向多样性和复杂性发展，对工业生产和管理的要求也越高。面对快速进步的社会环境，部分原有的社会基础难以适应这种变化，主要表现在现有的管理水平与快速发展的生产力不相适应，导致工业事故灾害的发生愈加频繁。安全防范意识的不足、管理不善是火灾、爆炸灾害发生的主要因素。此外，社会矛盾的累积导致一些个人或群体以纵火、施爆等极端方式表达诉求，也导致人为事故灾害的危险性不断上升，人员伤亡事件不断出现。城市在事故灾害防范与应对方面的不足日益显现。

（二）国家相关政策动态

针对近年来暴雨等极端天气对社会管理、城市运行和人民群众的生产生活造成的巨大影响，加之部分城市排水防涝等基础设施建设滞后、调蓄雨洪和应急管理能力不足而出现严重的暴雨内涝灾害，国务院办公厅于 2013 年 4 月发布了《关于做好城市排水防涝设施建设工作的通知》（国办发〔2013〕23 号文件），要求各地区在 2014 年底前编制完成城市排水防涝设施建设规划，力争用五年时间完成排水管网的雨污分流改造，用十年左右的时间，建成较为完善的城市排水防涝工程体系。

二、学术动态

近一年来的学术研究紧扣国家整体和基层的防灾减灾能力建设，结合我国国情，借鉴国外防灾减灾的经验和做法，认真研究国家防灾减灾的体制和机制、法律法规和政策制度，深化防灾减灾领域科技创新，推动“产、学、研”的有机融合，探讨开展防灾减灾的宣传教育和科学普及，推动防灾减灾文化建设。

（一）第四届“国家综合防灾减灾与可持续发展论坛”

2013 年正值汶川地震发生 5 周年，而这一年 4 月在四川芦山又发生了 7.0 级强烈地震。在此背景下，第四届“国家综合防灾减灾与可持续发展论坛”于 2013 年 5 月 10 日在成都召开，旨在为防灾减灾领域的专家学者和灾害管理人员提供一个共商综合防灾减灾的对话平台。来自防灾减灾领域的专家学者各抒己见，反思我国综合防灾减灾体系的蜕变与成长，共谋突发事件和自然灾害的应对之策。该论坛在全体会议就国际减灾战略与灾害风险管理前沿动态、中国重特大自然灾害灾后恢复重建、城市自然灾害机理与综合应对、防灾减灾政策、典型巨灾案例分析等热点问题开展了讨论；在专题论坛就灾后恢复重建与可持续发展、城市自然灾害应对与综合防范、国家综合防灾减灾能力建设等方面进行了更为深入的探讨。专家建议，在城市自然灾害应对与综合防范中，建立多系统集成的减灾应急系统十分必要。这种系统就是将我国现有的遥感对地观测与地面观测、应急灾情调查和常规社会经济统计调查、各类减灾资源、网络通信等灾害相关系统，集成为一个国际国内多系统综合、灾害专业部门和综合部门分工协作的自然灾害应急响应系统。应普及灾害教育，强化公众的风险意识和应对灾害的能力。社区是开展综合防灾减灾的基础，应当大力推进社区综合防灾减灾能力建设，形成建立在社区基础上的全民防灾减灾格局。

（二）2013 年中国城市规划年会

2013 年 11 月在青岛召开的中国城市规划年会为城市防灾设立了专题会议，就山地城镇灾害风险与规划控制、城市排水防涝规划、高密度城市中心区立体化应急防灾系统构建和城市防灾避险绿地系统规划布局等问题开展了研讨。从研讨题目可以看出，防灾规划在强调“综合”的同时，也开始关注细节。

（三）第二届“山地城镇可持续发展专家论坛”

2013 年 12 月 12–13 日，第二届“山地城镇可持续发展专家论坛”在重庆召开。本次论坛由中国城市规划学会、重庆市科协、重庆大学共同承办，中国岩石力学与工程学会、中国地震学会、中国林学会、中国生态学会、中国环境学会、中国地理学会、中国建筑学会、中国科学院成都山地灾害与环境研究所、国际城市与区域规划师学会、重庆市规划学会、香港规划师学会等十余家单位共同协办。论坛主题为“山地城镇生态与防灾减灾”。来自全国 17 个省市自治区，涵盖城乡规划、地质地理、生态环境、地震减灾等多个学科领域近 200 位专家学者参会，为山地城镇生态保育与开发、山地城镇安全与防灾减灾献计献策。

包括香港、澳门、台湾在内的我国 34 个省级行政单位中，除江苏、天津、上海、澳门外，其他地区的行政区划面积中山地均占有相当的比重，其中约有一半的地区山地面积超过其行政区划面积的 70% 以上。我国山地城镇分布量大、面广，区域差异明显。山地城镇生态条件脆弱敏感，山地灾害多发和快速城镇化的现实需求相冲突是我国山地城镇建设面临的核心问题。专家建议，山地城镇扩展应考虑自身空间的有限性，不能盲目扩展，不能超越“资源环境承载力”。山地城镇建筑的布局与形式不在于大小、高低，关键在于是否有特色。建筑物的安全和高度没有必然的联系，如何有效利用山地城镇有限的土地，进行科学评估、有序开发才是关键。

三、规划特点

针对城市防灾规划实施困难的现状，部分规划编制单位积极探索，创新规划方法和内容，由以往的总体规划层面向微观层面拓展，对城市特定功能区开展防灾规划研究与编制实践，为防灾规划的落实提供了有益的尝试。

（一）规划紧跟城市发展

随着城市化的不断推进，城市建设发展迅速，城市尤其是城市中心区逐渐形成高密度的状态。目前我国许多城市已经或正在经历城市中心区全面立体化发展的阶段，城市中心区由传统的地面二维平面拓展成为三维立体系统，这在增加了城市中心区可利用空间的同时，也使得城市中心区空间和功能更为复杂，从而对城市中心区的防灾提出了更高要求。高密度城市中心区自身系统具有较强脆弱性，一方面自身灾害隐患颇多，另一方面在受灾时极易引起灾害的扩大和蔓延，造成重大的人员伤亡、严重的经济损失和恶劣社会影响。传统二维空间的防灾方式已不能满足高密度城市中心区的防灾需求，建立与其发展相适应的立体化防灾系统成为城市防灾领域中亟待解决的重点和难点问题，也开始受到城市防灾规划专业人员的关注。

高密度城市中心区的立体化防灾空间主要可分为三个层面，即空中防灾系统、地面防灾系统和地下防灾系统。空中防灾系统包括建筑屋顶平台和停机坪、高层建筑避难层以及建筑内部的防灾单元。地面防灾系统由防灾隔离系统和应急避难系统组成。其中防灾隔离系统由道路隔离空间、绿化隔离空间、不燃建筑等要素构成，主要防止作为主灾害或次生灾害的火灾扩大和蔓延；应急避难系统则包括应急避难场所和应急避难道路。地下防灾系统主要是以人防空间为骨架，整合普通地下空间的疏散功能，形成地下防灾网络。在三维层面上建立高密度城市中心区应急防灾系统，将城市中心区可利用的防灾空间进行整合，形成与其相适应的应急防灾系统，有利于城市中心区脆弱性的减轻和防灾能力的加强。北京市通州运河核心商务区在开展详细规划时已开始了这方面的探索。

（二）规划注重微观落实

近些年，国内不少学者对城市综合防灾规划的研究涉及城市防灾面临的主要问题、基本概念、编制方法、理论框架、国内外比较等方面。虽然成果颇丰，但大多是从政策、措施层面提出建议对策，没有落实到具体城市空间。有的城市虽然尝试编制了《城市综合防灾规划》，但由于城市的防灾减灾涉及多个部门的协调合作，过去单灾种防灾造成的“条块”、“分割”、“多头”管理的局面，也易导致综合防灾过程中“各自为政，管理混乱、效率低下”的现象。因此，这些《城市综合防灾规划》在实施过程中遇到很大阻力，有些甚至无法实施。究其原因，这些规划还是偏于宏观层面，往往从整个城市的层面安排防灾设施的布局，而主持编制和实施规划的部门又缺乏协调力度，使得规划难以落实。

针对这样的情况，深圳等城市开始在城市防灾规划的基础上推进社区的防灾规划，从微观的层面推动防灾规划的落实。社区是构建安全城市的基本单位，构建防灾社区，是完善城市防灾规划体系，增强城市抵御灾害能力的基本保障。

以往对于防灾社区的定义多是从应急管理的角度出发，缺乏从城市规划角度出发的定义。深圳的研究开始依据避难人群的避难时序特征对防灾社区的概念进行界定。防灾社区是城市综合防灾规划体系的基本单位，灾害发生前能够有效地进行预防；灾害发生时，能够利用防灾空间和防灾设施，在灾后半日内有效地进行紧急避难；在灾后两周内能够有效地进行临时避难；灾后两周至一个月内能够有效地进行中长期避难。城市防灾社区划分为社区避难圈、过渡避难圈和紧急避难圈三个层级，由避难场所系统、应急道路系统、消防系统、隔离系统、医疗卫生系统、物资支持系统、应急指挥系统和应急标识系统八大系统构成。在社区层面将防灾设施落实，有利于推动防灾规划的实施。

四、未来趋势与展望

过去一年是我国实施“十二五”规划承上启下的重要一年，也是国家综合防灾减灾“十二五”规划实施的关键之年。展望未来，国家应更加重视防灾规划的落实，从防灾减灾政策与管理法规方面对规划实施提供有效保障。

（一）重视基础设施规划建设

2013 年 9 月,国务院办公厅发布了《关于加强城市基础设施建设的意见》（国发〔2013〕36 号），提到应加强城市供水、供电、燃气、供热、通信等各类地下管网以及排水防涝和防洪等设施建设。在城市防灾体系中，城市基础设施系统是保障城市运转、城市防灾抗灾、灾害救援的支撑体系，是生命线系统的重要组成，也是城市综合防灾规划的主要内容之一。未来应加强城市基础设施防灾与抗灾能力的评价体系研究，提高城市灾害风险评估的科学性；加强基础设施的灾害应急保障体系研究，根据不同的灾害风险安排相应的保障手段，提高基础设施防灾抗灾的经济效益和社会效益，提高政府进行防灾设施建设的积极性。

（二）加强防灾减灾政策与管理研究

现代城市灾害具有不确定性，防灾硬件设施由于建设需要耗费时间与资金，不可能立即对所有的灾害起到有效的防御作用。因此，找出灾害发生发展的规律，采取周密的对策，变应急管理为规划为先的常态管理极为重要。常态化的应急管理既要遵循通常的行政管理规则，更要考虑到防灾减灾工作的自身特点，使管理方法适应防灾减灾工作的不确定性，重点把握关键的要素，加强最薄弱环节，防范可能存在的风险，将有限的资源按重要程度集中到最主要的方面上。城市防灾规划应与常态化应急管理集成。虽然我国不少城市已制定防灾规划和应急预案，但由于管理部门各行其是，应急预案大多与城市防灾规划缺乏协调，导致受灾时由于应急机制中的抗灾资源分布无法与城市防灾规划中的空间布局相统一，从而屡屡发生防救灾延误、效率不高的事件。因此，在开展城市防灾规划的同时加强防灾减灾政策与管理研究，才能使有限资源发挥最大效益。

参考文献

[1] 中华人民共和国民政部网站 http://www.mca.gov.cn/

[2] 曾坚，王峤，臧鑫宇．高密度城市中心区的立体化应急防灾系统构建 [A]//2013 中国城市规划年会论文集 [C]. 青岛，2013.

[3] 翟翎，林姚宇．深圳城市防灾社区构建研究 [A]//2013 中国城市规划年会论文集 [C]. 青岛，2013.

[4] 戴慎志，刘婷婷．城市综合防灾规划中的基础设施规划编制探索 [A]//2013 中国城市规划年会论文集 [C]. 青岛，2013.

[5] 金磊．中国城市致灾新风险及综合对策研究 [J]. 中国减灾，2013（9）.

（撰稿人：邹亮，中国城市规划设计研究院城市公共安全研究中心，高级工程师，博士）

城市能源规划

经国家统计局初步核算，2013 年我国能源消费总量为 37.5 亿 t 标准煤，比上年增长 3.7%。其中煤炭、石油、天然气占比分别为 66.62%、18.75% 和 5.67%。在能源结构中，煤炭仍占据主导地位。2013 年我国万元国内生产总值能耗比上年下降 3.7%，降幅高于 2012 年的 2.78%。

2013 年我国煤炭、石油、天然气净进口量分别为 3.2 亿 t、2.8 亿 t 和 512 亿 m^3，三类能源对外依存度分别为 8.13%、57.39% 和 30.5%，同比 2012 年都有不同程度上升。

2013 年我国能源供应的总体形势良好，各类能源供应量在实现稳步增长的同时，能源结构得到了优化。这主要来源于天然气在城市中的大量应用。2013 年我国天然气消费量增长速度达到 13.0%，比前两年增长都快，而煤炭与石油增长相对较缓。作为清洁能源，天然气在城市能源消费中替代煤炭，在我国当前能源使用的政策环境下，对改善城市大气环境是有益的。

目前，我国不少城市大气污染物排放量已达到甚至超出了环境承载的极限，新型城镇化及城市转型发展是未来城市发展的趋势，新能源与可再生能源、清洁能源与传统能源融合互补，被认为是支撑城市未来转型发展的主要能源形式。为此，城市能源规划需要在能源供应结构、供应方式及相关政策的设定上，给予重点关注。

一、概述

1. 能源规划紧密围绕生态与环保理念

为改善大气环境，实现我国资源与环境的可持续发展，我国制定了调结构、转方式、清洁化等生态发展思路，这在 2013 年所发布的涉及能源供应的规划中也得到了充分的体现。生态与环保已成为能源规划编制的基本理念。

2013 年 11 月 12 日国务院发布了《全国资源型城市可持续发展规划（2013-2020 年）》。该规划界定了全国 262 个资源型城市，是我国首次出台的针对资源型城市可持续发展的国家级专项规划，对增强国家资源能源安全保障能力以及资源型城市可持续发展具有重要指导意义。该规划确定了资源型城市转变经济发展方式、建立健全促进资源型城市可持续发展的长效机制等规划目标，强调资源有序开发、综合利用与资源保护节约的重要性，同时规划鼓励发展可再生能源和清洁能源，在有条件的城市发展风电、光伏发电、生物质能等新能源产业。

2013 年 5 月 28 日国家林业局发布了《全国林业生物质能源发展规划（2011-2020 年）》。这是全国首部林业生物质能源发展规划，将为我国可再生能源和林业的可持续发展提供新依据和新支撑，为合理开发使用生物质能源、改善国内能源结构、减少对常规化石能源的使用依赖以及提高国家能源安全保障度起到积极推进作用。该规划以合理发展林业生物质能、促进能源结构调整为指导思想，明确 2020 年规划目标为建成油料林、木质能源林和淀粉能源林共 1678 万 hm^2，林业生物质年利用量超过 2000 万 t 标准煤，其中生物液体燃料贡献率为 30%，生物质热利用贡献率为 70%。另外，该规划提倡在林业剩余物资源较为丰富的地区，适当推广分布式林电及生物质热电联供、气炭电多联产等技术示范，促进能源节约。

2013 年 4 月 3 日住房和城乡建设部发布了《“十二五”绿色建筑和绿色生态城区发展规划》。该规划明确到“十二五”末，完善绿色建筑和绿色生态城区发展的机制和体系。在建筑节能改造方面，开展既有建筑节能改造工作，完成北方采暖地区既有居住建筑供热计量和节能改造 4 亿 m^2 以上，夏热冬冷和夏热冬暖地区既有居住建筑节能改造 5000 万 m^2，公共建筑节能改造 6000 万 m^2；结合农村危房改造实施农村节能示范住宅 40 万套。该规划发布后，国内各地纷纷开展相关的编制及绿色建筑节能工作，如北京市印发《北京市绿色建筑行动实施方案》，明确新建建筑要落实节能标准、既有建筑要进行节能改造等推进绿色建筑方面的十项重点任务；上海市积极推进绿色建筑建设并推广可再生能源建筑一体化应用，因地制宜规划建设绿色建筑节能示范区域，引导低碳化城市发展；内蒙古自治区发布了《内蒙古自治区“十二五”绿色建筑发展规划》，提出全区绿色建筑面积达到新建民用建筑总量的 20%，实现节约标准煤约 107 万 t，减排二氧化碳 366.8 万 t 的规划目标等等。

2. 雾霾频发倒逼能源结构调整，节能减排工作力度加强，节能减排专项规划陆续出台

2013 年国内大中城市雾霾多发，区域性大气污染的加重使得我国不得不关注清洁能源的利用及节能减排工作。2013 年 9 月 10 日，国务院发布了《大气污染防治行动计划》，提出加快调整能源结构、增加清洁能源供应、严格节能环保准入、优化产业结构等十项严格措施。其中在增加清洁能源供应方面，提出了制定煤制天然气发展规划，积极有序发展水电，开发利用地热能、风能、太阳能、生物质能，安全高效发展核电等措施。据测算，这些措施节能及环保效果是显著的。比如据交通行业统计，2013 年全年节能 613 万 t 标准煤，减排二氧化碳 1337 万 t。

其中，公路及水路运输节能分别达到 469 万 t 标准煤、134 万 t 标准煤，减排二氧化碳分别达到 1018 万 t、303 万 t。

同时，城市级别的节能减排专项规划陆续出台，深化及细化了节能减排的目标及措施，丰富了节能减排的内容，为我国切实实现能源结构调整及资源节约型城市建设提供了支持。如北京市发布了《北京市新能源产业专项规划（2013–2015）》，提出稳步扩大新能源产业规模，提升新能源和可再生能源利用量等目标；山西省发布了《山西省节约能源“十二五”规划》，以建设绿色低碳产业结构、坚持重点领域节能降耗、大力发展循环经济为主要任务；江西省发布了《江西省节能减排“十二五”专项规划》，提出“十二五”期间实现节约能源 1200 万 t 标准煤的规划目标，及推进工业、能源等重点领域节能，降低污染物排放，实施节能改造、绿色照明等重点节能减排任务。

二、特点与方法

1. 能源消费与城镇化率具备相关性

几十年来，我国人口增长平稳，由 1980 年的 9.9 亿人增长到 2013 年的 13.6 亿人，城镇化率由 19.39% 增长到 53.37%。伴随这个进程，我国能源消费量由 1980 年的 6.03 亿 t 标准煤增长到 2013 年的 37.6 亿 t 标准煤。

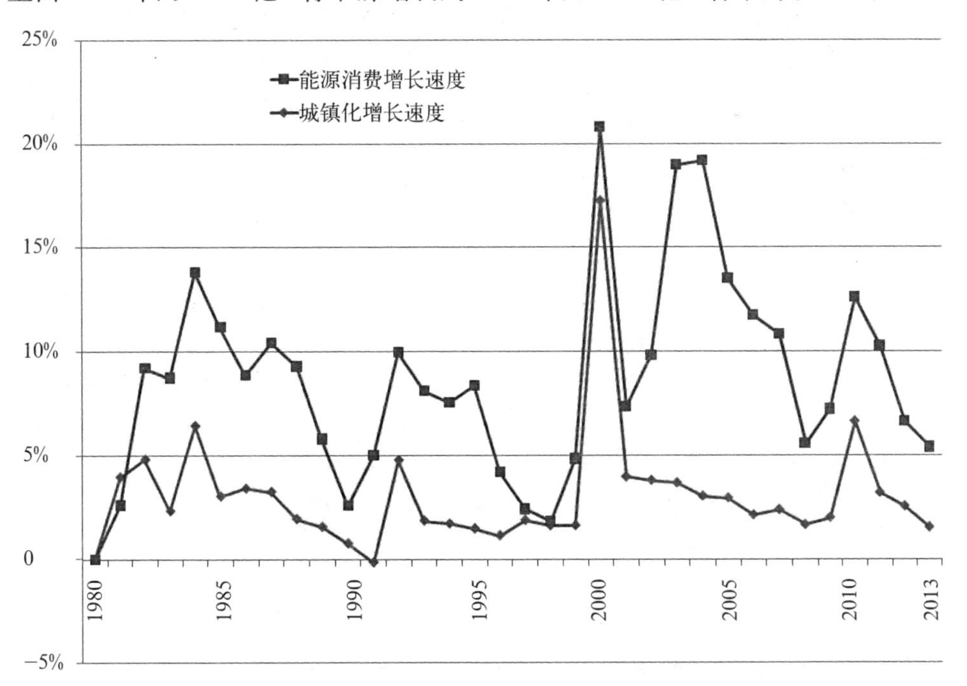

图 1　1980–2013 年城镇化率与能源消费增长速度对比图

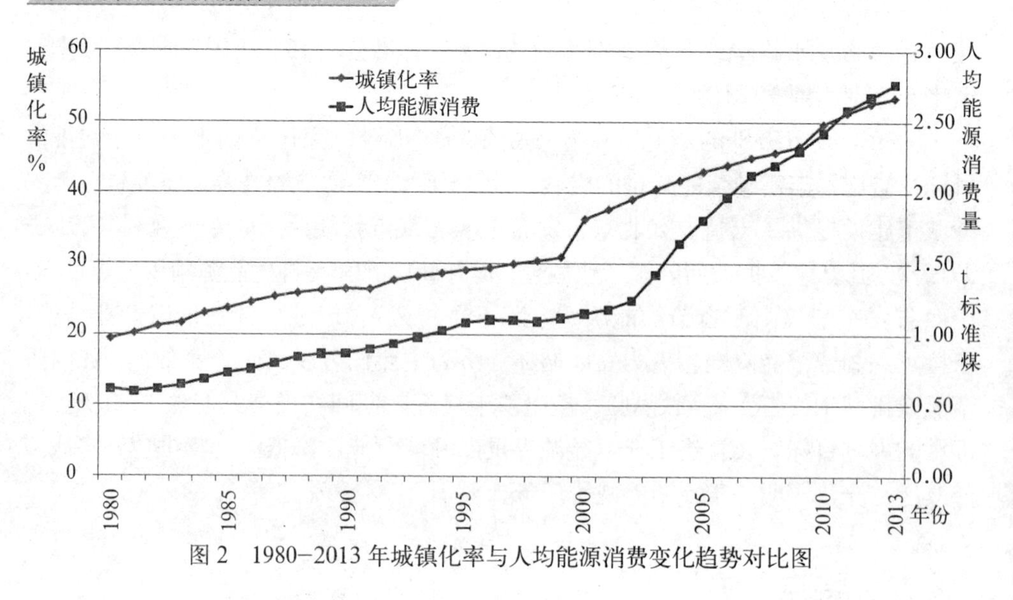

图 2　1980—2013 年城镇化率与人均能源消费变化趋势对比图

考察 1980—2013 年我国城镇化进程及能源消费之间关系，可以发现，我国能源消耗的增长与城镇化增长趋势大体一致（图 1）。长期数据研究结果表明，城市人口平均能源消费是当地农村人口平均能源消费量的 3.5—4.0 倍，城镇化带来的能耗总量的增加是近 30 年来我国能耗增加的重要影响因素之一。

从人均能源消耗量来看，1980—2013 年，随着城镇化率的快速增长，年人均能源消耗量也呈现出快速增长的趋势，从 1980 年的人均年消费 0.61t 标准煤，增长至 2013 年的 2.76t 标准煤。从增长趋势上看，人均能源消费量与城镇化率也大体趋于同步（图 2）。

根据以上趋势，建立数学模型，可以预测，2020 年当我国城镇化率达到 60%[①]，人口总量达到 14.5 亿[②]时，我国能源消费总量将达到 43.9 亿 t 标准煤。我国能源供应的总体形势，随着城镇化率的提升，将长期保持紧张局面。

2. 中观、微观层面能源规划快速发展

2013 年 7 月，国家发展和改革委员会发布《分布式发电管理暂行办法》，对分布式发电系统的资源评价与综合规划、项目建设与管理、电网接入、运行管理等方面进行了详细规定，有效激发了企业、专业化能源服务公司和包括个人在内的各类电力用户投资建设并经营分布式发电项目的积极性。

与此同时，随着我国可再生能源发电机组装机容量的快速增长，特别是大型发电基地的建设，在国内部分省份出现的较为严重的弃风、弃光现象，引起了国

① 中共中央、国务院 . 国家新型城镇化规划 (2014—2020 年)[Z].

② 国务院办公厅 . 人口发展"十一五"和 2020 年规划 [Z].

家有关方面的高度重视。国家能源局在2013年先后发布了《关于开展风电太阳能光伏发电消纳情况监管调研的通知》、《关于做好2013年风电并网和消纳相关工作的通知》等文件，对大型可再生能源发电的发展进行规范与引导。

在上述一系列政策、事件的指导或影响下，我国分布式能源的开发与建设逐步走上了健康发展的轨道，这也促进了以分布式能源项目为代表的中观和微观层面能源规划的快速发展，2013年出现了一批优秀的新能源规划项目，成为能源规划领域的一个亮点。

3. 规划软件的应用日益广泛

规划软件的应用是能源规划的系统性日益复杂、对能源流的时空分布日益精准的必然结果。当前应用较为广泛的规划软件有两类，一是能耗分析与评估软件，另一类是系统布局与优化软件。

（1）能耗分析与评估

在传统能源系统规划中，能耗计算常常采用静态计算法，能源需求预测被一再放大，并且供电、供热和供气等专业各自为战，缺乏统一有效的集约化预测手段。传统的预测方法一方面造成了对能源需求预测的重复计算和高估，不符合精细化能源利用要求；另一方面也无法响应当前大量低碳用能方法对系统负荷输出的要求，与城市低碳化发展也不匹配。

为解决这些问题，应在综合能源规划编制的平台上，采用动态负荷预测方法。该方法的优势在于考虑不同时段能源需求，建立各能源类别供应之间的联系，消除静态负荷计算法中由于不同用户用能高峰小时系数出现在不同时段等原因造成的负荷预测结果被人为放大的情况。实践证明，动态负荷预测方法更接近于运行实际。

目前，基于动态负荷预测方法的能耗分析软件有几十种，其中DOE-2、Energy Plus、IES等软件应用较为广泛。

以IES为例，在某酒店项目在设计初期采用IES模拟软件进行分析，可建立三维分析模型（图3）。

通过设定的各种参数建立目标建筑，得到全年建筑运行能耗数据（图4），确定目标建筑节能比例，最终对围护结构、机电设备系统及运行管理提出改进及优化建议。

（2）系统布局与优化

系统布局与优化软件多采用模拟技术，模拟的对象包括水力平衡计算（潮流分析计算）、运行能耗计算、事故工况校核计算、灾害工况校核计算、运行策略辅助计算等等。不同的专业所采用的软件不同，比如供电规划采用BPA、PowerWorld（图5）等，燃气规划采用PipeLine（图6）、Winflow等，供热规划采用Flowra（图7，图8）、ThPipe等。一般来说，不同软件在使用对象、模

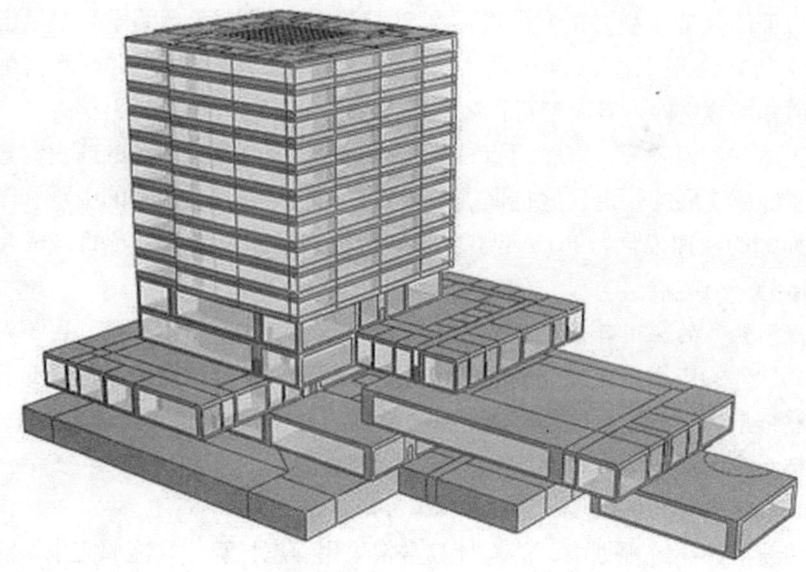

图 3　IES 模拟酒店三维示意图

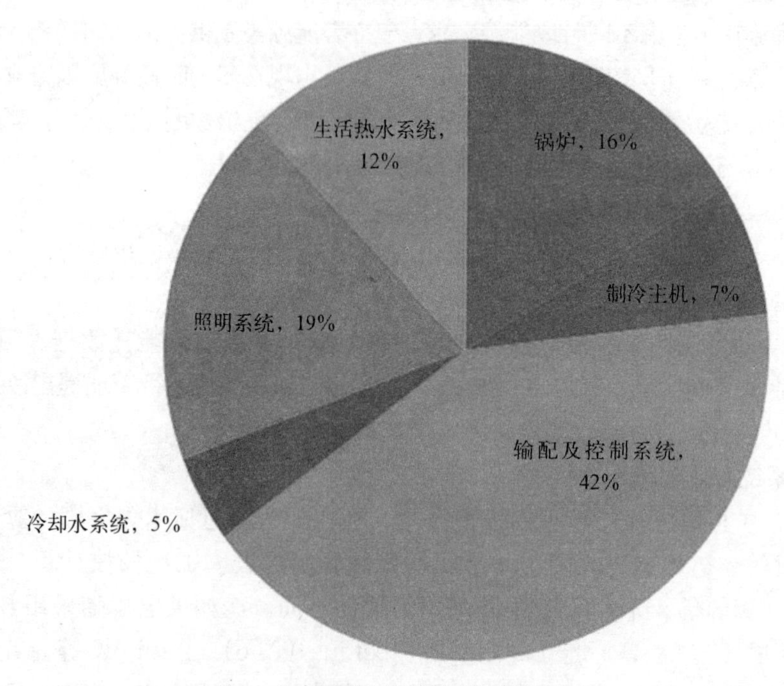

图 4　目标建筑运行后的能耗组成

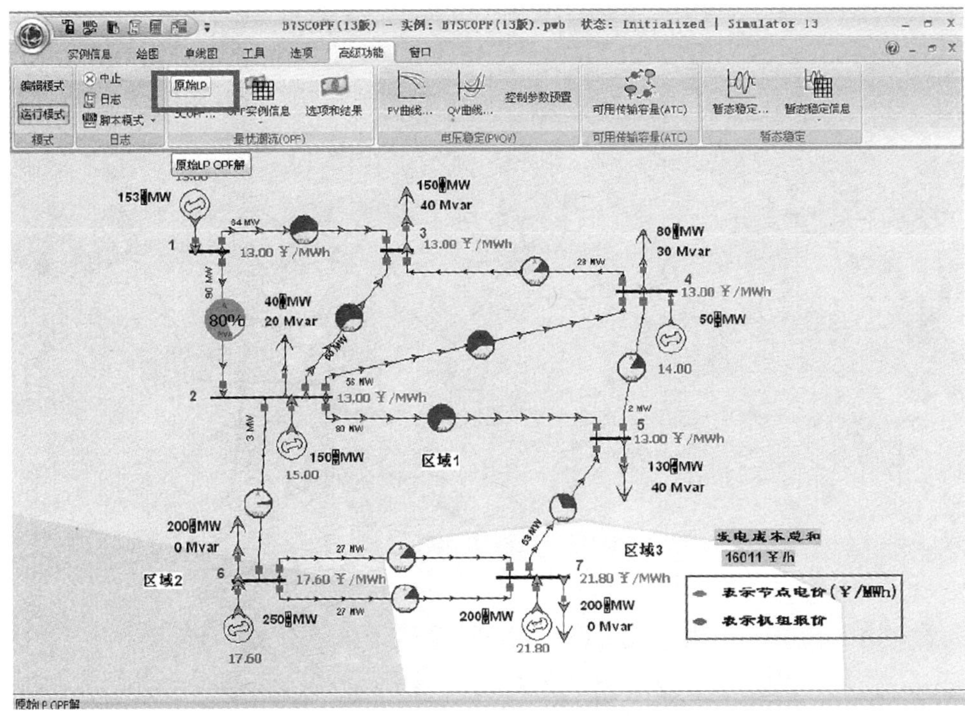

图 5　PowerWorld 电网模拟示意图

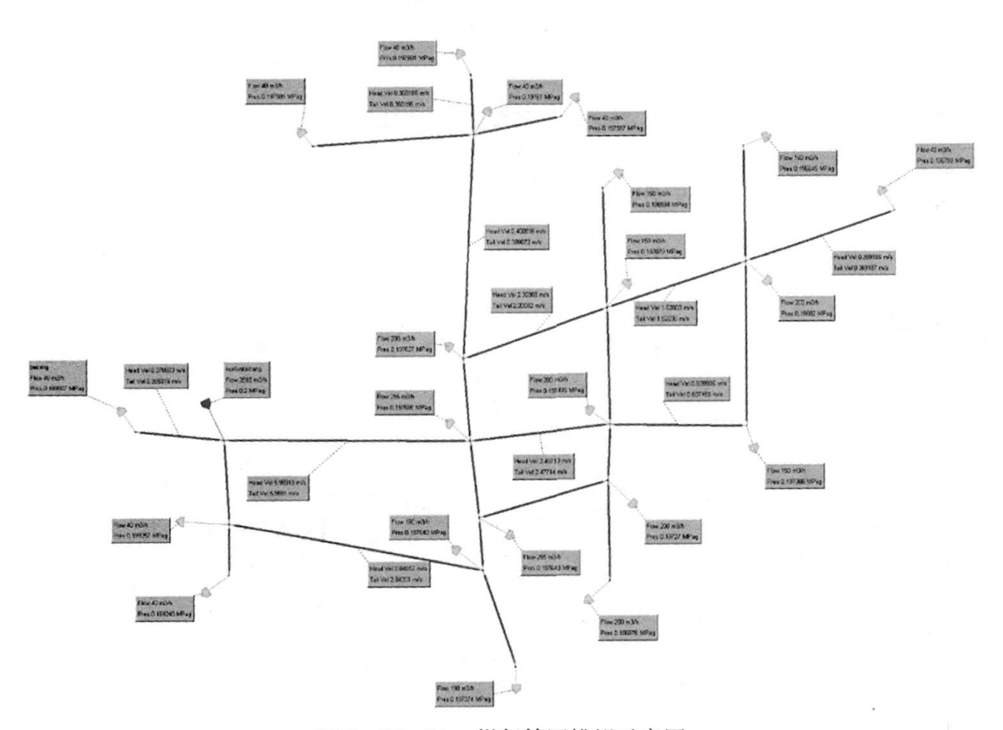

图 6　PipeLine 燃气管网模拟示意图

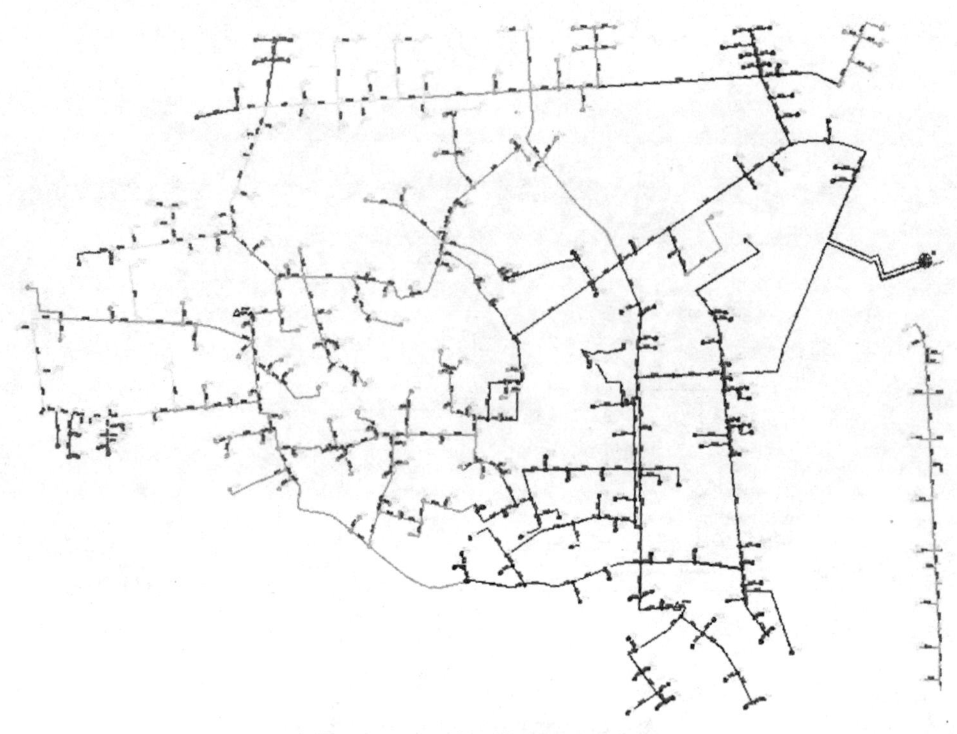

图 7　Flowra 热力管网模拟示意图

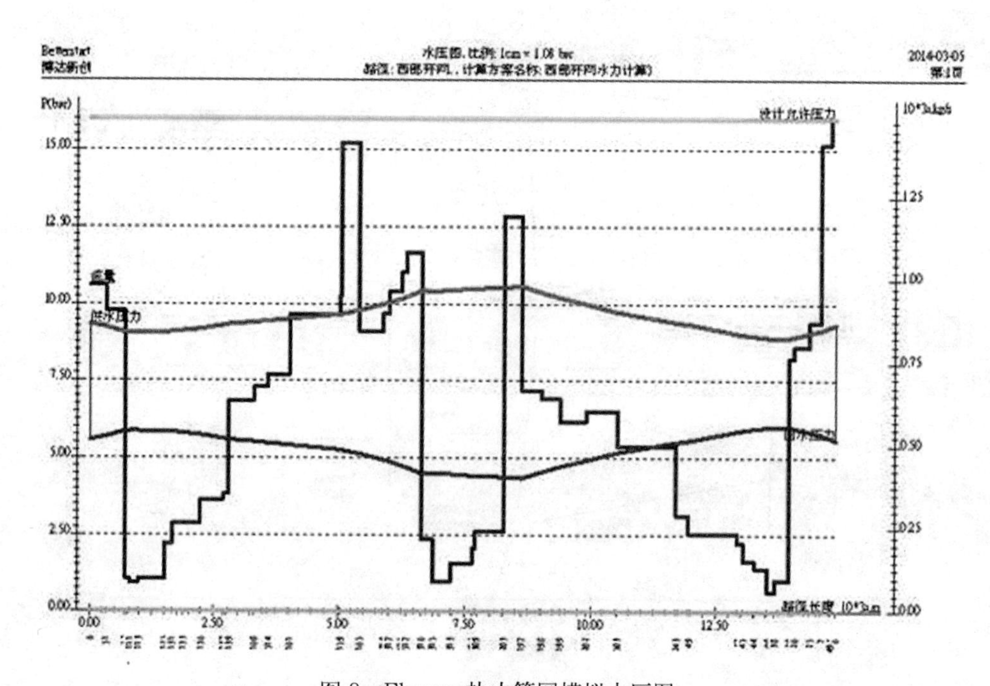

图 8　Flowra 热力管网模拟水压图

拟内容等方面也各有侧重，规划工程师可根据项目特点进行选择。

4. 城市综合能源系统规划技术框架初步确立

在传统的能源规划体系中，电力、燃气等各专项规划是相互“平行”的，即它们之间较少发生联系，其关注点主要集中于各自的专项领域中。这种“平行”关系强调了各能源专项规划间的边界性，忽略了各专项规划之间的相互作用，在城市发展建设初期，传统的“平行”能源规划体系可以有效保障能源供应系统的供需平衡，并且在一定程度上为用户用能提供更多的选择空间。

回顾能源系统发展历史，总结当前的发展特点，可以断言未来的能源系统的发展目标将是对环境效益、经济效益、社会效益的协调统一。它的实现形式也一定会是基于当地资源能源禀赋的，多种低碳、生态用能方式的耦合与互补。此时，如果还使用传统“平行”的能源规划体系将无法满足能源系统的发展需求，只有将能源系统中的各个专业统筹考虑，应用系统工程方法论，实现供热、燃气、电力等各能源基础设施之间的协调，优化资源配置，形成综合能源规划体系，才能得到能源系统的整体最优解决方案。

经过几年的探索与实践，城市综合能源系统规划技术框架已初步确立。该框架将城市视为一个用能体，把与城市能源利用相关的各子系统均纳入其中，在实现环境、经济、社会等综合效益最大化的规划目标指引下，与城市总体规划等相关规划相协调，进行统筹规划设计。城市综合能源系统共包括四个子系统：能源选择系统、能源输运系统、能源利用系统和能源耗散系统（图 9）。各子系统包括主要内容如下：

（1）能源选择系统

依据城市及周边地区资源、能源禀赋，确定可选择的能源品种，进而根据能源需求，确定能源结构。

（2）能源输运系统

合理布局各能源专业输送与分配网络。

（3）能源利用系统

以终端能源利用为出发点，合理配置与选择宏观、中观、微观能源系统。

（4）能源耗散系统

能源使用后，往往会产生一定量的废热排放至环境中，如果排放量过大、过于集中易产生城市“热岛”效应。能源耗散系统是根据城市用能特点，对城市“热岛”风险进行评估，并提出针对性解决方案。

上述四个子系统之间是相互联系、相互影响的，例如能源利用系统中同样的用能需求可以通过不同的能源类型得到满足，能源利用系统中不同的用能方案也会对能源输运系统、能源选择系统和能源耗散系统的规划设计产生影响等。

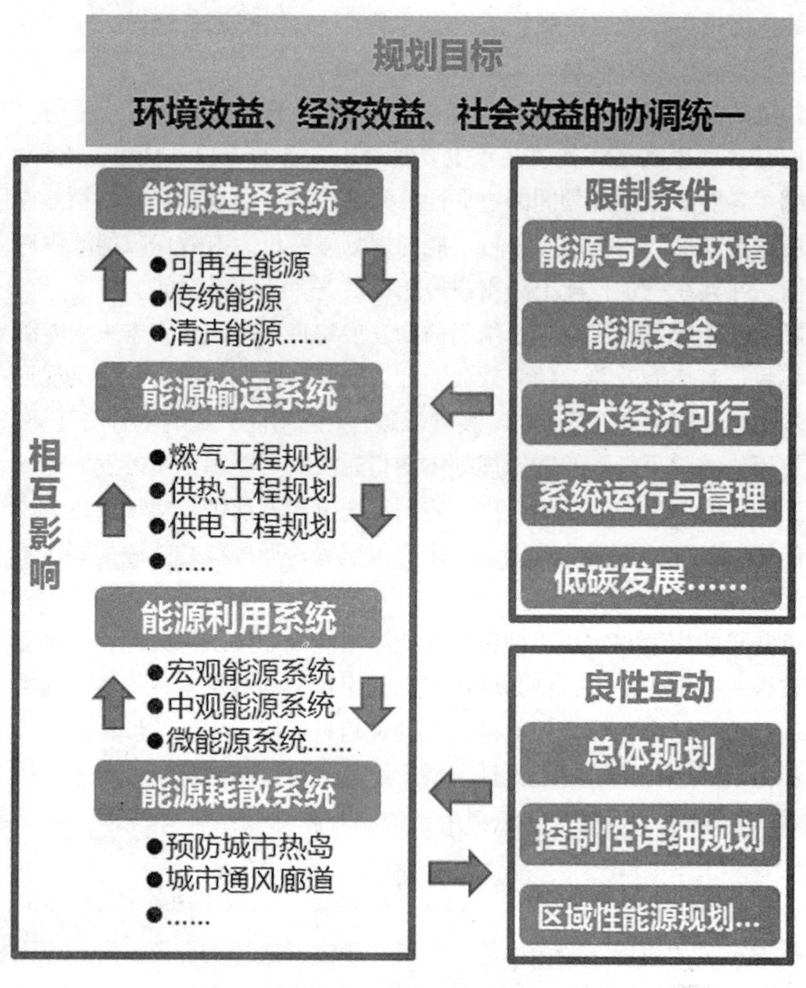

图 9　城市综合能源系统规划框架示意图

编制城市综合能源系统规划，可以实现将能源系统的综合效益最大化，得到满足节能减排要求的能源系统最优化解决方案。

三、趋势与展望

1. 能源经济环境之间的关系的研究将成为能源规划的基础

随着我国不少地区环境的日益恶化和能源的短缺，能源、经济和环境协调发展日益受到重视。从辩证的角度来看，能源、经济、环境是相互依存，相互制约的关系。实证结果表明，能源消费的增加主要是由经济增长引起的，同时增加了污染物的排放，减少能源强度能够明显降低能源消费；能源消费和资本投入等生产要素促进了经济增长，环境污染对经济增长产生负面影响；环境污染主要是由能源消费和经济发展引起的，调整产业结构能够减少污染物排放。总之，政府能够通过转变经济增长模式，降低能源强度，同时通过发展第三产业和治理环境污染等措施实现能源、经济和环境的协调发展。

同时应该看到，受所在区域地形及气候等自然条件的影响，一个城市的大气环境承载力是有限的。为此，在城市能源规划编制时，应进行大气环境约束条件的前置性研究，以确保大气污染物在一次排放及二次生成后，城市大气环境仍能满足健康要求。

目前我国人均一次能源消费量还处于较低水平，仅为法国、德国的一半，不足美国的三分之一。随着我国的城镇化及工业化的进程，我国人均能源消费量及全国能源消费总量还将有较大幅度的提高，而大气环境容量已达到了极限。要改善大气环境，节能及能源的清洁化利用必须提到战略高度予以重视。为此，建议各城市结合自身特点，研究可再生能源的利用及各类传统能源的环保利用方式，研究能源消费总量控制与能源供应结构清洁化的关系，研究能源利用方式的转变与大气环境变化之间的关系、与气候变化之间的关系等，为城市构建合理的能源供应结构提供支撑条件。

2. 重视重大能源设施的空间布局及安全防护要求

最近几年，我国发生了多起能源安全事件，比如 2013 年 11 月 22 日青岛输油管道爆炸事件，2013 年 3 月 19 日江西南昌天然气管道爆炸事件，2010 年 7 月 16 日大连输油管道爆炸事件，2008 年 3 月 21 日北京市草桥 220kV 变电站爆炸事件等，这些事件除造成巨大经济损失外，也带来了巨大的社会负面影响，有的甚至夺走了多人的生命。

由于易燃易爆，或涉高压、涉毒，能源设施大多具有较大危险性，重大能源设施更是如此。城市规划各阶段，对涉及的天然气储配设施或管道、城市电厂、电力高压变电站及输配线路、煤库、油库及输油管道等能源设施的布局应给予足够的重视，一定要留足这些设施的建设及其安全防护所需要的用地及空间条件，不能留足的，也应提出针对性保护建议。另外，能源设施投运期间，以及设施停运但未拆除前，也应加强对其安全的管理，对不同类的能源设施，严格贯彻我国对于该设施的保护要求。

3. 在城市能源规划中可探索使用情景分析技术

情景分析技术是通过假设、预测、模拟等手段生成未来情景，并分析情景对目标产生影响的方法。该方法对解决复杂的、不确定性因素多的问题具有优势。

城市能源系统是一个复杂多变的系统。从外部看，该系统与国际国内政治、经济、气候、环境等诸多因素有关联；从内部看，该系统包含了煤炭、电力、天然气、石油等诸多行业及需要保障的农业、工业、建筑、交通等诸多部门。城市能源规划，特别是中长期规划，需要分析研究以上各层面、多因素，并在此基础上制定能源供应保障方案，这适合采用情景分析技术。其实，自 20 世纪 70 年代出现以来，该技术在能源规划领域一直就有应用。

针对我国当前城市能源规划编制的技术体系，情景分析技术适合在能源供求研究、能源政策研究、能源供应结构研究等环节加以应用。在这些环节中，可通过设定未来多种可能的情景，分析不同情境下城市能源供应的思路及问题，进而进行综合判断，为制定高质量的能源规划技术方案提供保障。

4. 天然气替煤将成为能源结构调整的主要方向

历史上，我国经历过两次重大能源结构的调整。一次是煤炭替代薪柴，这是由商品能源替代传统能源，体现了社会生产方式的进步。第二次是从 20 世纪 90 年代开始到 21 世纪初，由液体类能源石油替代固体类能源煤炭，这符合工业化初期的特征，也是生产力提高及生产、生活方式变化的要求。当前，我国正处于气体能源天然气替代固体能源的进程，环保、安全、便利是本次能源结构调整的主因。

目前，我国天然气在一次能源结构的占比较低，2013 年为 5.67%①，与发达国家相比差距较大（表 1）。目前我国天然气主要来自于国产、进口管道气和进口液化天然气，受资源禀赋条件、开采技术、输配管道、液化天然气接收码头、国际供气合约等制约，我国天然气发展必然是个循序渐进的过程，预计 2015 年天然气在我国一次能源消费中的比例提高到 7.5%②，2020 年提高到 12.0% 以上。

2011 年部分发达国家天然气在能源消费总量中的占比　　表 1

国家名称	天然气在一次能源消费中的占比	天然气在终端能源消费中的占比
意大利	38.11%	28.36%
英国	37.32%	30.68%
加拿大	33.18%	27.41%
美国	25.96%	21.73%
西班牙	23.08%	16.47%
德国	22.32%	23.15%
澳大利亚	21.99%	16.71%
日本	21.66%	11.24%

① 国家统计局 .2013 年国民经济和社会发展统计公报 [Z].

② 国务院 . 能源发展“十二五”规划 [Z].

续表

国家名称	天然气在一次能源消费中的占比	天然气在终端能源消费中的占比
挪威	17.54%	4.19%
韩国	15.96%	13.39%
法国	14.65%	18.14%
瑞士	10.52%	12.63%

需要警惕的是，规划阶段，对一座城市来说，应科学分析该城市的资源条件及发展诉求，忌盲目缩短煤改气进程，导致天然气需求量快速增加带来供应能力不足而出现的天然气供应短缺事件，进而影响城市能源供应安全。

5. 供应设施的集约化与小型化成为发展方向

我国目前处于快速城镇化的发展阶段，而城市土地的供应相对紧张，需要集约化利用有限的土地资源，才能满足未来城镇化的需要。不少城市能源设施，比如发电厂、变电站、供热（冷）厂、燃气调压站等，随着科技的发展，在满足技术、功能、安全的前提下，均具备通过合理的规划设计，达到集约化与小型化的目的。目前，集约化与小型化利用较为成熟的技术有管道共同沟技术、同类设施的共享共建技术等，未来还需要继续研究不同类设施之间集约化与小型化的利用方式与可能，比如绿地与地下能源设施的结合、民用建筑物与能源设施的结合等。

参考文献

[1] 国务院 . 能源发展“十二五”规划（国发〔2013〕2 号）[Z].

[2] 国务院 . 全国资源型城市可持续发展规划（2013−2020 年）(国发〔2013〕45 号)[Z].

[3] 国家林业局 . 全国林业生物质能源发展规划（2011−2020 年）(林规发〔2013〕86 号)[Z].

[4] 住房城乡建设部 .“十二五”绿色建筑和绿色生态城区发展规划（建科〔2013〕53 号）[Z].

[5] 国务院 . 大气污染防治行动计划（国发〔2013〕37 号）[Z].

[6] 姜克隽，胡秀莲 . 中国 2050 年的能源需求与 CO_2 排放情景 [J]. 气候变化研究进展，2008，4（5）.

[7] 岑可法 . 顶层规划能源发展创新驱动新型城镇化 [J]，物联网 · 智慧城市，2013（9）.

[8] 付林，郑中海，江亿等 . 基于动态和空间分布的城市能源规划方法 [C]，2008 城市发展与规划国际论坛论文集 ：146−149.

（撰稿人：魏保军，中国城市规划设计研究院城镇水务与工程专业研究院，教授级高级工程师；牛亚楠，中国城市规划设计研究院城镇水务与工程专业研究院，工程师；柳克柔，中国城市规划设计研究院城镇水务与工程专业研究院，工程师）

资源与环境保护规划

2013 年全国 74 个主要城市，仅有 3 个城市达到了空气质量二级标准，京津冀、长三角、珠三角是空气污染相对较重的区域，极度雾霾天气曾肆虐全国近三分之一的国土面积，水污染事件频仍，土壤污染缺乏监管、难以修复。资源过度消耗、污染趋势难以控制，究其原因，既有先天条件不足，也有后天布局与发展方式不当。

党的十八大首次将生态文明纳入“五位一体”的总体布局。2013 年，无论国家政策还是规划建设都对此做出了积极响应，尤其《中共中央关于全面深化改革若干重大问题的决定》（以下简称《决定》）将生态文明体制改革纳入党的制度体系，要求深化生态文明体制改革，加快建立生态文明制度，健全国土空间开发、资源节约利用、生态环境保护的体制机制，推动形成人与自然和谐发展现代化建设新格局；提出划定生态保护红线，建立国家公园体制，建立资源环境承载能力监测预警机制，对限制开发区域和生态脆弱的国家扶贫开发工作重点县取消地区生产总值考；还提出探索编制自然资源资产负债表，对领导干部实行自然资源资产离任审计。

为切实落实生态文明理念和上述要求，相关部门陆续出台了一系列规划和政策性文件，在规划领域呈现出各部门积极主动、齐抓共管的局面，努力通过资源环境保护规划，实现环境保护策略导向的转变，引导发展方式改变。

一、概述

（一）国家层面资源环境保护相关规划、计划盘点

2013 年，国务院、环境保护部、国家发展和改革委员会、工业和信息化部、财政部、住房和城乡建设部、国家能源局、水利部等 10 余个相关部门相继发文，共出台了相关规划、计划 12 件（表 1），涵盖了生态环境保护、大气污染防治、资源高效利用等方面，积极落实十八大提出的生态文明理念。

2013 年国家层面资源环境保护相关规划、计划汇总　　表 1

时间	规划名称	发文单位
1 月	《全国生态保护“十二五”规划》	环境保护部
	《能源发展“十二五”规划》	国务院
	《循环经济发展战略及近期行动计划》	国务院
2 月	《国家环境保护标准“十二五”发展规划》	环境保护部
	《西部地区重点生态区综合治理规划纲要（2012—2020 年）》	国家发展和改革委员会
3 月	《2013 年工业节能与绿色发展专项行动实施方案》	工业和信息化部
9 月	《大气污染防治行动计划》	国务院
	《京津冀及周边地区落实大气污染防治行动计划实施细则》	环境保护部、国家发展和改革委员会、工业和信息化部、财政部、住房和城乡建设部、国家能源局
	《重点工业行业用水效率指南》	工业和信息化部、水利部、国家统计局、全国节约用水办公室
11 月	《全国资源型城市可持续发展规划（2013—2020 年）》	国务院
12 月	《千岛湖及新安江上游流域水资源与生态环境保护综合规划》	国家发展和改革委员会

（二）生态环境保护相关“十二五”规划

为贯彻落实《国民经济和社会发展第十二个五年规划纲要》、《国家环境保护“十二五”规划》和《国务院关于加强环境保护重点工作的意见》，大力推进生态文明建设，加强生态保护工作，维护国家和区域生态安全，环境保护部组织编制了《全国生态保护“十二五”规划》并于 2013 年 1 月 25 日印发，同时在充分总结“十一五”环境保护标准工作基础上，还组织编制了《国家环境保护标准“十二五”发展规划》并于 2013 年 2 月 17 日印发。

《全国生态保护“十二五”规划》回顾了我国“十一五”以来在生态保护方面的工作、问题和挑战。明确了全面推进生态文明示范建设、加强生物多样性保护、提升自然保护区建设和监管水平、强化国家及区域生态保护功能等四大主要任务。提出“十二五”期间，要实施好生态文明示范建设重点工程、生物多样性保护重点工程、自然保护区管护重点工程和区域生态功能保护重点工程等四大工程。要充分利用市场机制，形成多元化的投入格局，确保工程投资到位。工程投入以地方各级人民政府和企业为主，中央政府区别不同情况给予支持。

《国家环境保护标准“十二五”发展规划》回顾了我国“十一五”以来环境保护标准的工作和问题。明确了环境保护标准制修订、环境保护标准实施评估、环境保护标准宣传培训、环境保护标准体系设计、基础性工作及能力建设四方面的具体任务。规划到2015年，共完成600项各类环境保护标准制修订任务，对其中若干项制修订任务进行优化整合，正式发布标准300余项。基本完成国家环境保护标准体系构建，形成支撑污染减排、重金属污染防治、持久性有机污染物污染防治等重点工作的8大类标准簇。建立常态化的标准宣传培训机制，国家级培训3000人次以上，带动地方培训15000人次以上。建立环境保护标准实施评估工作机制，开展30项左右重点环境保护标准的实施评估，形成相应评估报告，指导相关标准制修订，提出环境管理建议。形成一支专业齐全、数量充足、结构合理的专业技术队伍。形成相对稳定的环境保护标准咨询专家约500人。

（三）针对大气污染形势的应对计划及实施细则

2013年9月10日，国务院印发了《大气污染防治行动计划》(简称《大气十条》)，提出大气污染防治的总体要求、奋斗目标和政策举措。

计划重申了大气环境保护的重要意义，指出我国大气污染形势严峻、区域性大气环境问题突出，提出到2017年，全国地级及以上城市可吸入颗粒物浓度比2012年下降10%以上，优良天数逐年提高；京津冀、长三角、珠三角等区域细颗粒物浓度分别下降25%、20%、15%左右，其中北京市细颗粒物年均浓度控制在60μg/m^3左右。

《大气十条》立足推进科学发展、建设生态文明的战略高度，注重改革创新，坚持污染治旧与控新、能源减煤与增气、政策激励与约束并举，着眼于建立健全政府统领、企业施治、市场驱动、公众参与的环境保护新机制，从生产、流通、分配和消费的再生产全过程入手，综合运用经济、科技、法律和必要的行政手段，提出了十条35项具体措施：1. 加大综合治理力度，减少多污染物排放；2. 调整优化产业结构，推动产业转型升级；3. 加快企业技术改造，提高科技创新能力；4. 加快调整能源结构，增加清洁能源供应；5. 严格节能环保准入，优化产业空间布局；6. 发挥市场机制作用，完善环境经济政策；7. 健全法律法规体系，严格依法监督管理；8. 建立区域协作机制，统筹区域环境治理；9. 建立监测预警应急体系，妥善应对重污染天气；10. 明确政府企业和社会的责任，动员全民参与环境保护。

2013年9月17日，为贯彻落实《国务院关于印发大气污染防治行动计划的通知》(国发〔2013〕37号)，加大京津冀及周边地区大气污染防治工作力度，切实改善环境空气质量，按照国务院要求，环境保护部、国家发展和改革委员会、工业和信息化部、财政部、住房和城乡建设部及国家能源局六部委联合印发《京津冀及周边地区落实大气污染防治行动计划实施细则》。

《细则》细化了《大气十条》的奋斗目标，明确提出到2017年，北京市、天津市、河北省细颗粒物（PM2.5）浓度在2012年基础上下降25%左右，山西省、山东省下降20%，内蒙古自治区下降10%。其中，北京市细颗粒物年均浓度控制在60 μg/m^{3}左右。此外，《细则》明确了：实施综合治理，强化污染物协同减排；统筹城市交通管理，防治机动车污染；调整产业结构，优化区域经济布局；控制煤炭消费总量，推动能源利用清洁化；强化基础能力，健全监测预警和应急体系；加强组织领导，强化监督考核等六方面重点任务。

（四）全国资源型城市可持续发展的指导规划

2013年11月12日，国务院印发了《全国资源型城市可持续发展规划（2013−2020年）》（以下简称《规划》），《规划》根据《中华人民共和国国民经济和社会发展第十二个五年规划纲要》、《全国主体功能区规划》等编制，是指导全国各类资源型城市可持续发展和编制相关规划的重要依据。

《规划》回顾了2001年以来资源型城市可持续发展的工作、问题，提出到2020年，资源枯竭城市历史遗留问题基本解决，可持续发展能力显著增强，转型任务基本完成。资源富集地区资源开发与经济社会发展、生态环境保护相协调的格局基本形成。转变经济发展方式取得实质性进展，建立健全促进资源型城市可持续发展的长效机制。

《规划》提出加强资源保障。资源集约利用水平显著提高，资源产出率提高25个百分点，形成一批重要矿产资源接续基地，重要矿产资源保障能力明显提升，重点国有林区森林面积和蓄积量稳步增长，资源保障主体地位进一步巩固。

《规划》提出经济活力迸发。资源性产品附加值大幅提升，接续替代产业成为支柱产业，增加值占地区生产总值比重提高6个百分点，服务业发展水平明显提高，多元化产业体系全面建立，产业竞争力显著增强。国有企业改革任务基本完成，非公有制经济和中小企业快速发展，形成多种所有制经济平等竞争、共同发展的新局面。

此外，《规划》重视人居环境。矿山地质环境得到有效保护，历史遗留矿山地质环境问题的恢复治理率大幅提高，因矿山开采新损毁的土地得以全面复垦利用，新建和生产矿区不欠新账。主要污染物排放总量大幅减少，重金属污染得到有效控制。重点地区生态功能得到显著恢复。城市基础设施进一步完善，综合服务功能不断增强，生态环境质量显著提升，形成一批山水园林城市、生态宜居城市。

《规划》还要求保障社会和谐进步。就业规模持续扩大，基本公共服务体系逐步完善，养老、医疗、工伤、失业等社会保障水平不断提高，住房条件明显改善。城乡居民收入增幅高于全国平均水平，低收入人群的基本生活得到切实保障。文化事业繁荣发展，矿区、林区宝贵的精神文化财富得到保护传承。

二、生态城市建设进展

（一）园林城市、人居环境奖城市、低碳生态城市、美丽宜居镇（村）等建设进展

2013 年，国家园林城市、人居环境奖城市的工作继续进行，低碳生态试点城市和示范区的建设顺利开展。此外，为贯彻党的十八大关于建设美丽中国、增强小城镇功能、深入推进新农村建设的精神，住房和城乡建设部自 2013 年开展美丽宜居小镇、美丽宜居村庄示范工作。

2013 年，命名河北省邢台市等 37 个城市为“国家园林城市”，河北省临漳县等 37 个县城为“国家园林县城”，山西省贾家庄镇等 14 个镇为“国家园林城镇”。授予江苏省太仓市、山东省泰安市“2012 年中国人居环境奖”；授予上海市宝山区顾村公园建设项目、重庆市园博园建设项目、河北省邢台市七里河水环境治理暨健身绿道建设项目、青海省西宁市大南山绿色屏障建设工程、新疆维吾尔自治区乌鲁木齐市大容量快速公交系统建设项目等 38 个项目“2012 年中国人居环境范例奖”。

2013 年，中美双方已经确定河北省廊坊市，山东省潍坊市、日照市，河南省鹤壁市、济源市，安徽省合肥市等 6 座城市为首批中美低碳生态试点城市。此前，住房和城乡建设部已与丹麦、加拿大等国家达成低碳生态城市合作意向。今后，住房和城乡建设建部还将编写具有指导意义且操作性强的低碳生态城市规划方法，并选择试点城市进行应用和评价。

2013 年 11 月，住房和城乡建设部公布首批美丽宜居小镇、美丽宜居村庄，确定江苏省苏州市同里镇等 8 个镇为美丽宜居小镇示范，江苏省南京市石塘村等 12 个村为美丽宜居村庄示范。示范村镇是省级建设主管部门按照村镇自愿申报的原则，参照《美丽宜居小镇示范指导性要求》、《美丽宜居村庄示范指导性要求》，选择自然风景和田园风貌、村镇人居环境、经济发展水平、传统文化和地区特色等条件较好，且当地政府重视并支持、村镇领导班子较强、民风良好的村庄和镇作为示范候选点，经专家组审查遴选产生。

（二）生态城市规划建设进展

自 2008 年我国第一个生态城——天津中新生态城开工建设以来，287 个地级市中，以“生态城”、“生态新城”、“生态新区”命名的项目共有 153 个，生态城的规划建设的脚步不断加快。

2013 年，中新生态城基本完成南部片区的基础设施建设；建成并投入使用以清洁能源公交为主的绿色交通体系，公建项目节能率超过 70% 和 55%，优于国家和天津市地方节能标准，达到国际先进水平；污水库得到彻底治理，形成了具有自主知识产权的污染湖库治理核心技术体系。建成生态城低碳体验中心，建筑面积 1.3 万 m^2，通过其设计、能源利用、建筑材料等多个方面，展示生态产品及解决方案，推广生态城可持续、低碳的生活方式。体验中心的能源消耗比传统办公室建筑低 30%，中心 28% 的能源利用将来自于可再生能源，一半的用水来自于非传统水源，包括雨水收集等。

2013 年 6 月 6 日，阳泉市生态新城建设管理委员会正式挂牌成立。依照《阳泉市生态新城规划》建设生态新城，实现转型跨越发展。生态新城规划面积约 $60km^2$，开发建设周期为 10 年。新城定位为“生态之城”、“门户之城”、“人口磁力之城”，推动产城融合，力争建设成区域性中心城市的核心标志区。

2009 年，河北省启动加快推进城镇化，发展壮大中心城市的战略。石家庄市委、市政府做出了北跨滹沱河发展、建设正定新区的重大战略决策。依据新区规划，新区在工程建设中积极推广太阳光谱照明、下凹式绿化、环保透水砖等新技术、新材料、新工艺，充分体现了新区低碳、生态、智慧的建设理念。2013 年，新区已建成综合管廊 15km，成为国内最大综合管廊系统。

三、生态红线理念得到不同层面落实

（一）国家层面政策界定

自 2011 年，国务院发布《国务院关于加强环境保护重点工作的意见》（以下简称《意见》），首次以规范性文件的形式提出了“生态红线”的概念以来，环境保护、水利和城市规划等领域的技术单位、科研院所开展较广泛的研究，各层级行政主管部门也以不同形式出台了一系列管理和规范文件。

2013 年 11 月 12 日，中共十八届三中全会通过的《中共中央关于全面深化改革若干重大问题的决定》（以下简称《决定》）提出，建设生态文明，必须建立系统完整的生态文明制度体系，并提出划定生态保护红线。这是“生态保护红线”首次在党中央文件中出现。

（二）地方和行业不断进行探索，技术创新活跃

2013 年 6 月，深圳市规划和国土资源委员会发布《深圳市基本生态控制线优化调整方案（2013）》，在保障城市生态安全的前提下，以提高生态线的生态环

境功能为目标，兼顾社会基层民生发展、公益性及市重大项目建设需求，进一步提高了生态线管理的精细度和可操作性。

2013 年 9 月 17 日，环境保护部发布《国家生态红线—生态功能基线划定技术指南（征求意见稿）》，并表示，2013 年度着重对位于内蒙古、江西、广西、湖北境内的国家重要生态功能区、生态环境敏感区、脆弱区等区域划出生态红线，初步完成试点省域生态红线划定方案，力争在 2014 年完成全国生态红线划定技术工作，出台国家生态红线管控的政策措施和生态红线管理法规，明确各级政府及相关企业、社区和个人在生态红线区域生态保护的责任和义务，对生态红线区域实行最严格的管控制度，努力构建严守生态安全底线、保障国家生态安全、促进经济社会可持续发展的长效机制。方案中各试点省（区）生态红线控制的区域面积平均达到该省（区）或特定区域国土总面积的 20% 左右。

2014 年 1 月底，环境保护部发布《国家生态保护红线—生态功能基线划定技术指南（试行）》，正式确定生态功能基线是维护自然生态系统服务，保障国家和区域生态安全具有关键作用，在重要生态功能区、生态敏感区、脆弱区等区域划定的最小生态保护空间。

2013 年底，四川省住房和城乡建设厅下发《关于审视和完善城乡规划的通知》，要求落实生态红线理念，在城市规划中设定和控制城镇开发边界，要注意“增长边界”和“开发边界”的不同。要把扣除基本农田、水源地、生态敏感区，以及其他不宜建设用地之后的可用地的规模和范围作为城镇的开发边界（终极规模），同时明确控制措施、倒推近期和远期建设规模，防止城镇无序扩张和蔓延。

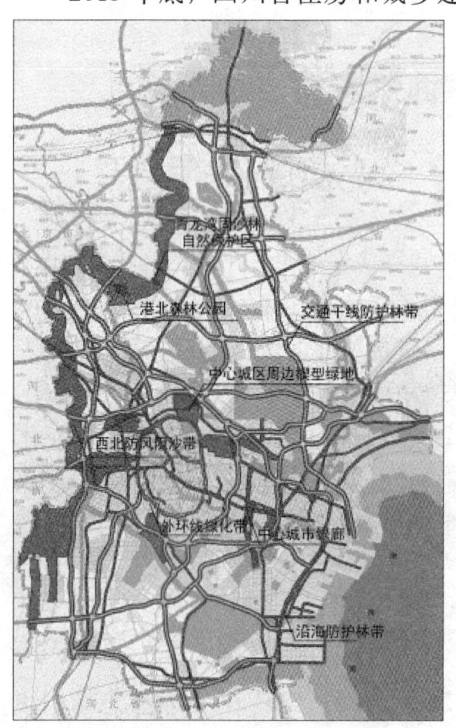

图 1　天津市生态红线方案

2013 年底，天津市由规划局牵头编制《天津市生态用地保护红线划定方案》（图 1），对市域范围内各类自然保护区和重要生态功能区进行了系统梳理，突出本市生态资源特色，按照法律、法规和相关规划要求，明确了各类生态用地保护界线、功能定位及管控要求，提出了相关保障措施。

四、环境规划体系建设与进展

（一）城市环境总体规划试点工作稳步开展，体系建设有序推进

为深入推进城市环境总体规划编制试点工作，提高城市环境总体规划编制水平，规范城市环境总体规划成果，2013 年 3 月 27–28 日，环境保护部规划财务司在大连市举办了试点城市环境总体规划编制技术研讨班，大连市环保局局长董伟、环境规划院副院长吴舜泽、中国城市规划设计院水务与工程院院长张全、环境影响评估中心主任助理李天威、国土资源部土地勘察规划院副所长贾克敬，分别就大连市环境总体规划编制及修编经验，城市环境总体规划编制工作的技术问题，城市总体规划编制技术，规划环评相关技术，土地利用总体规划编制技术等进行了专题讲座。研讨班在充分交流的基础上达成共识：城市环境总体规划将更加积极地贯彻“坚持在发展中保护，在保护中发展，积极探索环保新道路”战略思想，加快转变经济发展方式，做好区域、流域联防联控，加大重点生态功能区保护力度，从源头上保护资源；实施环保优先战略，正确处理好经济发展与节约资源、保护环境的关系，把环境容量和资源承载力作为前提条件，发挥环保对经济发展的优化作用，加快构建资源节约、环境友好的国民经济体系。

在编制试点工作经验总结和相关单位研讨的基础上，环境保护部于 2013 年 4 月 24 日发布了《城市环境总体规划编制试点工作规程》，对编制程序和技术要点进行了界定，特别强调了“对涉及城市发展的资源环境承载力、环境容量、环境功能区划、污染物总量控制、生态红线、环境风险等重大问题，试点城市环境保护行政主管部门应当组织专家进行专题研究和论证”。

2013 年 9 月，国务院《大气污染防治行动计划》（国发〔2013〕37 号），明确把“研究开展城市环境总体规划试点工作”作为优化空间格局的重要举措，纳入城市大气环境综合治理总体安排，深刻揭示了开展城市环境总体规划的意义，也标志着城市环境总体规划推动工作进入了新阶段。

截至 2013 年 12 月，已有 24 个城市和区域纳入了城市环境总体规划编制试点地区，5 个城市列入编外试点地区，另有部分城市和地区自发开展了规划编制工作。其中，广州市曾于 1996 年，成都市、大连市于 2008 年，编制发布了城市环境总体规划；纳入第一批编制试点后，均启动了修编工作，于 2013 年相继完成了纲要成果。

城市环境总体规划编制试点地区　　表 2

类型	第一批试点城市（截至 2012 年 9 月，12 个）	第二批试点城市／地区（截至 2013 年 6 月，12 个）
副省级城市、省会城市	广州、南京、成都、福州、乌鲁木齐、大连	贵阳、海口
地级市	乌鲁木齐、大连	威海、烟台、铜陵、三沙、长治、石河子、铁岭、本溪
开发区		沈阳经济技术开发区

2013 年 11 月，《伊犁州直生态环境总体规划（2013-2030）》①通过专家评审和新疆维吾尔自治区直属部门审查，进入报批程序。该规划在《城市环境总体规划编制试点工作规程》技术要求基础上，发挥了城市规划部门技术特长，特别重视对当前区域发展背景的研究，围绕"资源开发可持续、生态环境可持续"的基本要求，提出了"反对染色的增长，拒绝绿色的贫困"作为战略出发点，紧扣区域地形封闭、河流敏感、生态脆弱三大核心特征，确定区域定位和生态环境保护总体目标，进行总体设计，探讨未来可持续发展模式与战略。明确生态环境系统与资源承载力的空间分布，提出生态红线控制区域和护育措施，形成有较强操作性和空间约束力的分区发展指引；强调未来生态环境风险，对空间资源、矿产资源、水资源、环境容量等进行优化配置，反馈到城镇和产业发展规模与方向上，确定发展时序，鼓励"优势资源留给最优功能和最佳时机"，并对相关规划进行必要的调整，将生态环境治理和资源节约措施作为民生措施，促进区域持续发展和长治久安（图 2）。

（二）制定了国家生态文明建设试点示范区指标，生态文明建设工作有效推进

为深入贯彻落实党的十八大精神，以生态文明建设试点示范推进生态文明建设，2013 年 6 月环境保护部研究制定了《国家生态文明建设试点示范区指标（试行）》，从基本条件和建设指标两方面对生态文明示范县和示范市提出了具体要求。

基本条件主要包括以下 5 个方面：

（1）研究制定生态文明建设规划，有效贯彻落实生态文明建设相关法规政策，生态文明试点示范市的基本条件还包括建立实施基于主体功能区区划和生态功能区划，符合当地实际的生态补偿制度。

（2）达到国家生态县和生态市建设标准并通过考核验收。

① 该规划的编制单位为中国城市规划设计研究院水务与工程专业院生态环境研究所。

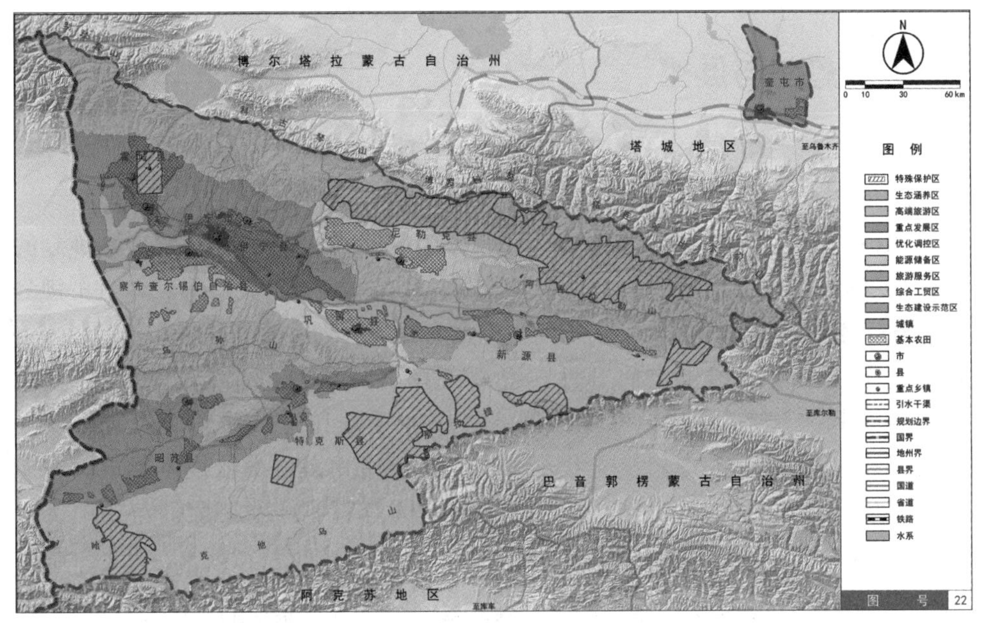

图 2　伊犁州直可持续发展分区指引图

(3) 完成上级政府下达的节能减排任务，总量控制考核指标达到国家和地方总量控制要求。严守耕地红线、水资源红线、生态红线。

(4) 环境质量（水、大气、噪声、土壤、海域）达到功能区标准并持续改善。区域环境应急关键能力显著增强，生态灾害得到有效防范，生态环境质量保持稳定或持续好转。

(5) 实施主体功能区规划，划定生态红线并严格遵守。严格执行规划（战略）环评制度，区域空间开发和产业布局符合主体功能区规划、生态功能区划和环境功能区划要求。

具体的建设指标分为生态经济、生态环境、生态人居、生态制度、生态文化 5 类，其中生态文明试点示范县指标共计 29 项，生态文明试点示范市指标 30 项。生态文明试点示范县和示范市的指标稍有不同，但基本都涵盖了资源利用、能源消耗、水资源消耗、污染排放、农业灌溉、林草覆盖、污染土壤修复、面源污染防治、绿色建筑、农村环境整治、生态恢复与保护、生态用地、节能节水、环保宣教管理、公众参与等方面。指标覆盖范围广，发展类、保护类、管理类和宣教类指标都有涉及。另外，建设指标体系加强了与主体功能区规划的衔接，部分指标根据主体功能区类型（重点开发区、优化开发区、限制开发区、禁止开发区）制定了不同的要求，可操作性更强。

五、趋势与展望

（一）生态红线政策与理念进一步落实，城市规划体系应做出响应

2014 年 1 月，四川省住房和城乡建设厅发布《关于审视和完善城乡规划的通知》，要求在城市总体规划、镇规划中设定和控制城镇开发边界。各省市规划主管部门相继以不同形式探索生态红线理念在城乡规划中的落实与体现。

近年来，我国国土空间开发、资源管理各领域相继出台了相关红线政策，如水利“三条红线”、耕地红线等。城乡规划和建设管理部门有必要发挥我国城乡规划体系健全、技术成熟的优势，建立多层次红线体系；同时应保障红线体系便于管理、利于操作，能够与既有管制体系匹配、与相关部门交流。

（二）环境保护规划体系法定化趋势明确，应推动多规协调与融合

2013 年上半年全国人大法工委修改之后形成了《环境保护法（二审稿）》；6 月，全国人大对环保法进行第二次审议。从二审稿内容看，除对资源环境积极主动保护意识以及强化了环保监管能力外，提出了建立国家、省、市、县多层级的环境规划体系，未来资源、环境保护因素在经济社会相关决策中的作用将更加显著。

环境总体规划在试点城市经验总结的基础上，逐步法定化和体系化的同时，还将形成环境控制规划。

然而，我国国土空间开发规划目前已经形成的主体功能区规划、城市规划、土地利用总体规划三大体系，已经形成了一系列关于资源环境保护的理念、方法与法定化内容。自 20 世纪 80 年代以来，在城市规划领域即开始引入生态城市理念和目标，自 20 世纪 90 年代逐步形成了较为完整资源环境保护规划体系和技术方法，依旧存在保护理念与规划方案难以有效衔接的问题。

未来规划体系日趋复杂，既要求各规划体系加强自身技术方法的改进和规范化，更需要多规划的充分融合、多部门的充分协调，总体上形成职责明确、有效衔接的规划体系。

（三）跨地区跨部门的资源环境协调保护态势显现，需建立长效机制加以保障

除跨地区的生态环境整治、生态补偿项目日益增多外，跨地区的环境保护规划一、逐渐出现。近期针对京津冀地区区域环境问题，启动了京津冀区域

环境总体规划的编制工作，未来在其他城镇群进行推广。但跨地区跨部门规划的滚动编制、实施保障，都还需要进一步探索，制定相关政策，形成长效机制加以保障。

参考文献

[1] 环境保护部．全国生态保护“十二五”规划[Z].
[2] 国务院．能源发展“十二五”规划[Z].
[3] 国务院．循环经济发展战略及近期行动计划[Z].
[4] 环境保护部．国家环境保护标准“十二五”发展规划[Z].
[5] 国家发展和改革委员会．西部地区重点生态区综合治理规划纲要（2012−2020年）[Z].
[6] 工业和信息化部．2013年工业节能与绿色发展专项行动实施方案[Z].
[7] 国务院．大气污染防治行动计划[Z].
[8] 环境保护部、国家发展和改革委员会、工业和信息化部、财政部、住房和城乡建设部、国家能源局．京津冀及周边地区落实大气污染防治行动计划实施细则[Z].
[9] 工业和信息化部、水利部、国家统计局、全国节约用水办公室．重点工业行业用水效率指南[Z].
[10] 国务院．全国资源型城市可持续发展规划（2013−2020年）[Z].
[11] 国家发展和改革委员会．千岛湖及新安江上游流域水资源与生态环境保护综合规划[Z].
[12] 环境保护部．城市环境总体规划编制试点工作规程[Z].
[13] 国务院．国务院关于加强环境保护重点工作的意见[Z].
[14] 中共中央关于全面深化改革若干重大问题的决定[M]. 北京：人民出版社，2013.
[15] 环境保护部．国家生态保护红线—生态功能基线划定技术指南（试行）[Z].
[16] 环境保护部．国家生态文明建设试点示范区指标（试行）[Z].

（撰稿人：吕红亮，中国城市规划设计研究院水务院，高级工程师，博士生；司马文卉，中国城市规划设计研究院水务院，工程师，硕士；沈旭，中国城市规划设计研究院水务院，工程师，硕士；熊林，中国城市规划设计研究院水务院，博士）

历史文化名城、名镇、名村保护规划

一、行业政策背景

（一）新增 3 座国家历史文化名城，第 7 批国保单位和第 2 批传统村落名录公布，启动第 6 批中国历史文化名镇名村申报工作

1982 年我国公布首批 24 座历史历史文化名城，1986 年和 1994 年分别公布了第二、第三批历史历史文化名城。此后，国务院按照成熟一个、公布一个原则，单个公布新增历史文化名城。2013 年 2 月、5 月、7 月和 11 月，国务院分别批复泰州、会泽、烟台、青州为国家历史文化名城，我国历史文化文化名城的数量达到 122 座。2013 年，国务院印发《关于核定并公布第七批全国重点文物保护单位的通知》核定公布了第七批全国重点文物保护单位（共计 1943 处）以及与现有全国重点文物保护单位合并的项目（共计 47 处）。全国重点文物保护单位总量已达到了 4295 处。2013 年 8 月 26 日，住房和城乡建设部、文化部、财政部公布第二批传统村落的名单 915 个，加上 2012 年第一批公布的 646 个，两批总数达到 1561 个。

2013 年 01 月 17 日，住房和城乡建设部与国家文物局联合发布《关于组织申报第六批中国历史文化名镇名村的通知》，要求各地积极组织申报，在 6 月底前完成申报材料报送工作。2013 年 11 月，两部局在各地推荐的基础上，组织专家进行评审，并按《中国历史文化名镇（村）评价指标体系》进行了审核[①]。

需要特别说明的是，经过多年筹备，中国目前范围最大、涉及城镇最多的两处遗产——大运河[②]和丝绸之路[③]于 2014 年 6 月在卡塔尔多哈召开的联合国教科文

---

① 2014 年 2 月 19 日公布结果，河北省武安市伯延镇等 71 个镇为中国历史文化名镇，北京市房山区南窖乡水峪村等 107 个村为中国历史文化名村，第六批中国历史文化名镇、名村为 178 个。截至目前，第一至第六批共有中国历史文化名镇、名村为 528 个。其中，中国历史文化名镇 252 个，中国历史文化名村 276 个。

② 此次申报世界文化遗产的大运河包括横贯中国中东部地区的隋唐大运河、京杭大运河和浙东运河，在春秋战国、隋朝及元朝时期都曾经历过大规模兴建。依据历史分段和命名习惯，大运河共包括十大河段。申报的系列遗产分别选取了各河段的典型河道段落和重要遗产点，包括河道遗产 27 段，总长度 1011km，相关遗产共计 58 处遗产。遗产类型包括闸、堤、坝、桥、水城门、纤道、码头、险工等运河水工遗存，以及仓窖、衙署、驿站、行宫、会馆、钞关等大运河的配套设施和管理设施，和一部分与大运河文化意义密切相关的古建筑、历史文化街区等。这些遗产分布在 2 个直辖市、6 个省、25 个地级市，遗产区总面积为 20819hm^2，缓冲区总面积为 54263hm^2。

③ 丝绸之路是跨国系列文化遗产，属文化线路类型。它经过的路线长度大约 8700km，包括各类共 33 处遗迹。其中，中国境内有 22 处考古遗址、古建筑等遗迹，包括河南省 4 处、陕西省 7 处、甘肃省 5 处、新疆维吾尔自治区 6 处，遗产区总面积为 29825.69hm^2，缓冲区总面积为 176526.03hm^2。哈萨克斯坦境内有 8 处遗迹，吉尔吉斯斯坦境内有 3 处遗迹。

组织第38届世界遗产委员会会议审议通过，成为中国第32项和第33项世界文化遗产。其中“丝绸之路”是中国首次进行跨国联合申遗。至此，中国的世界遗产总数达到47项，继续稳居世界第二。由于这两处遗产的特殊性，申遗成功后必然会成为沿线历史城镇复兴、经济可持续发展的重要推动力。

（二）名城大检查督改工作初见成效，但“拆旧建新”再掀波澜，中央高层对历史文化保护密集表态

2012年11月，住房和城乡建设部和国家文物局正式发文，对2011年名城保护工作大检查中发现的因保护工作不力，致使名城历史文化遗存遭到严重破坏、名城历史文化价值受到严重影响的山东省聊城市、河北省邯郸市、湖北省随州市、安徽省寿县、河南省浚县、湖南省岳阳市、广西壮族自治区柳州市、云南省大理市等国家历史文化名城予以通报批评；并明确要求相关省、自治区住房和城乡建设厅、文物局督促上述城市人民政府尽快采取补救措施，提出整改方案，并根据整改情况决定是否将上报国务院公布列为濒危名单。2013年8月底，上述城市就保护规划、保护措施、管理办法、管理制度和资金落实等方面，向住房和城乡建设部及国家文物局上报整改情况。总体来看，通报批评对上述城市主要领导起到了警示作用，整改效果初显成效。

2013年，历史文化名城保护最为突出的就是古城“重建”热潮中出现的问题，并成为社会热点问题，新华社发表多篇内参报道曝光“拆旧建新”问题，郑孝燮和谢辰生等7位历史文化名城保护专家给总理写信呼吁制止当前破坏古城的行为。国务院领导对于内参报道和专家呼吁信给予了高度重视，多位领导批示要求切实加强名城保护工作。住房和城乡建设部启动了相应的调查和研究工作，召集国内历史文化名城保护界的知名学者就名城保护的形势和问题进行了座谈，正在制定对策和措施。通过调查①，发现全国122个国家历史文化名城中有28个存在大面积“拆真建新”、“拆真建假”行为，有1个中国历史文化名镇名村存在“拆真建假”行为，还有9个非国家级历史文化名城名镇名村存在大面积“拆真建新”、“拆真建假”行为。当前，历史古城保护改造与修复模式可以初步概括为三种类型：一种是古城还在，历史文化街区也都有，但采取了“拆真建新”、“拆真建假”的方式，这个比例比较高；第二种情况是古城不复存在，重建古城发展旅游；第三种情况是古城保留依旧，在古城外再造古城配套旅游服务。针对“拆旧建新”对

---

① 住房和城乡建设部规划司委托中国城市设计研究院开展《历史古城保护改造与修复模式研究》课题研究。课题研究依据名城大检查等材料，对122座国家级历史文化名城进行了排查，对媒体提到的47处有大拆大建行为的城镇进行了调查。调查的内容包括改造的原因、目的、建设内容、主导部门、操作方式、资金筹措、实施效果、与历史文化名城保护之间的相互关系等。

名城保护带来的冲击，学术界也积极开展研究和探讨。2013 年 10 月 15 日，中国城市规划学会历史文化名城规划学术委员会召开“什么是历史文化名城保护和繁荣的正确道路？”的主题研讨会，有 50 余名委员到会讨论，多家中央级媒体进行报道。

另一个值得关注的事件就是，2013 年 8 月习总书记和刘延东同志就正定古城保护工作做了批示。随后，2013 年 12 月 25 日在正定召开《古城保护现场会》，29 座国家历史文化名城的代表参会，其中正定、平遥、歙县等名城，在历史文化街区以及城市整体保护、保护制度创新方面进行了有益的探索，取得了良好的效果；也有在保护工作没有妥善把握好保护与发展、保护与建设的关系，在保护工作中走了弯路，是名城的历史价值受到破坏的反面例证。会后发表了《正定古城保护现场会》倡议，提出“保护古城，必须深入研究古城的历史文化价值，而不能只是研究其开发价值。保护古城的历史文化价值就是保护古城的根和魂。保护古城，必须坚持科学规划，严格执行规划，而不能违背规划，随意更改规划。保护古城，必须坚持整体保护的原则，而不能割裂各类历史文化遗产之间的内在联系。保护古城，必须坚持以人为本，而不能违背古城居民意愿，损害古城居民的利益。”历史文化名城是我国文化遗产的重要组成部分，是中华民族悠久历史和灿烂文化的见证，党中央国务院高度重视历史文化名城保护工作，但是，党和国家领导人密集批示保护名城的事例，在名城制度设立以来还是第一次，中央领导同志关于古城保护的批示精神，为我们进一步做好历史文化名城保护工作指明了方向。

二、规划编制特点

（一）名城保护规划：强调发掘内涵、凸显名城价值、体现规划的可操作性

1.《苏州历史文化名城保护规划》[①]

《苏州历史文化名城保护规划》的一个重要编制背景，就是苏州国家历史文化名城保护区的设立[②]，配合行政体制创新，探索保护与发展的新路径（图 1）。《规划》提出全面的名城保护观：保护、利用与发展三者相互协调、相辅相成，使保护和利用历史文化成为一种可持续的发展方式。规划从历史文化保护、经济发展、

---

① 该规划的编制单位为苏州市规划局、苏州规划设计研究院股份公司。

② 2012 年 10 月 26 日，苏州成为国家历史文化名城保护实验区，并对行政区划进行调整，对古城实施系统整体的保护。经国务院、江苏省政府批复同意，苏州市部分行政区划调整，撤销苏州市沧浪区、平江区、金阊区，设立苏州市姑苏区，以原沧浪区、平江区、金阊区的行政区域为姑苏区的行政区域。

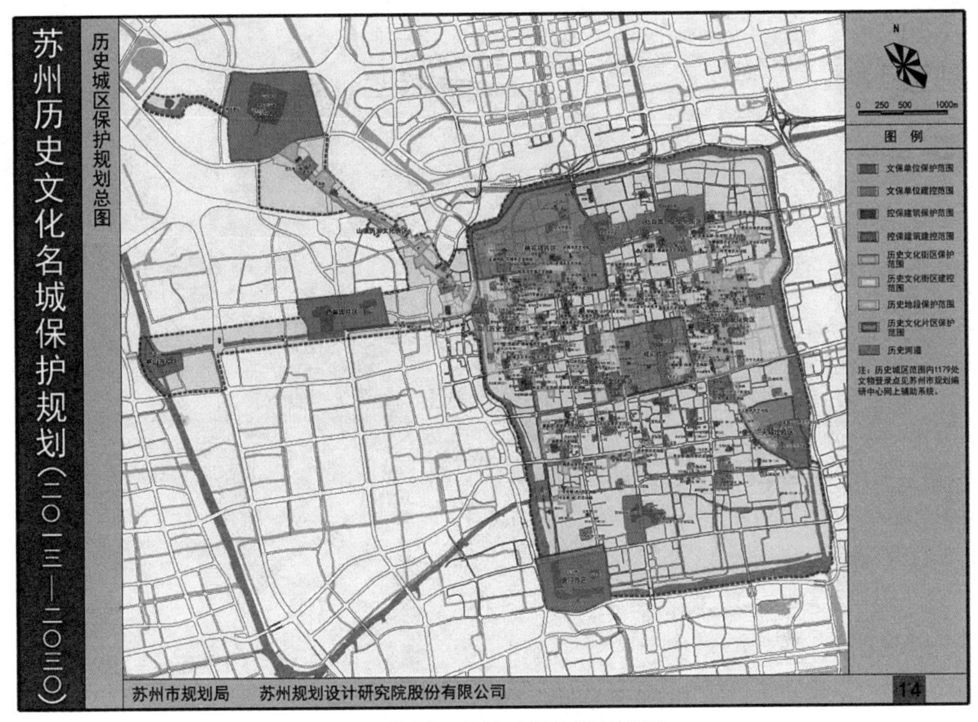

图 1 苏州历史城区保护规划总图

人民生活、公共服务、环境质量等五个方面构建历史城区。规划突出系统性和可操作性。规划注意了物质文化遗产与非物质文化遗产保护的有效结合，如苏州传统建筑工艺的保护对象可分为木作、瓦作、雕刻、漏窗、彩画、油漆、造园七个方面，并对优秀的传统产业进行扶持。

2.《承德历史文化名城保护规划》①

该规划通过对上版名城保护规划实施情况的评估，对承德历史文化价值的挖掘，以及对历史城区景观视廊和山川形势的分析，提出了市域、历史文化名城、历史文化街区、文物及历史建筑以及非物质文化遗产五个层次的保护框架，就历史文化价值的展示与利用，历史城区建筑高度和整体色彩控制，近期建设等内容进行了研究，并与文物、风景保护规划进行了有效衔接。尤其针对避暑山庄—外八庙以及武列河之间的空间保护存在的问题，本规划提出了古城“中梳”的思路，并且从大的交通、产业等方面进行了专题研究，增强了规划的可操作性(图 2)。

① 该规划编制单位为北京清华同衡规划设计研究院有限公司。

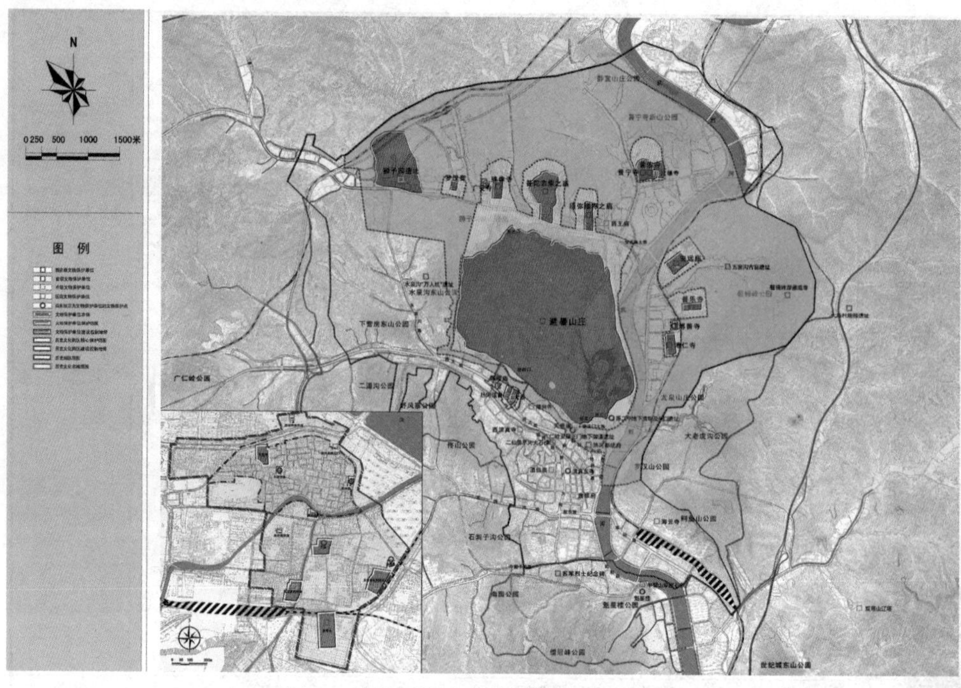

图 2　承德历史文化名城保护规划总图

3.《烟台历史文化名城保护规划》[①]

保护规划编制的同时，烟台正在申报国家历史文化名城，为此规划进一步加强了对烟台历史文化价值的梳理和研究。通过研究，提出烟台是明清时期东部沿海重要的海防军事要塞，中国北方最早开埠城市之一，山东省最早的通商口岸，近代民族工商业发源地之一，海外交流的重要枢纽和多元文化交汇之处，近现代革命发展的重要基地；并以价值指导保护工作。本规划提出了保护历史轴线、历史街巷、整体历史风貌、历史环境要素和与名城密切相关的山水环境，以及控制建筑高度等具体措施，实现了对烟台独特传统格局和历史风貌的保护，并通过重要城市景观点及其之间的景观视廊，展示烟台山、海、城、岛独特的城市空间形态和海防军事格局。鉴于烟台在近现代工商业发展中具有特殊地位，本规划对工业遗产的保护和展示利用进行了认真研究，提出了可行的措施，对于已经改变原有用途的工业遗产，赋予其新的内涵和功能进行再利用(图 3)。

① 该规划的编制单位为中国城市规划设计研究院。

图 3 烟台总体格局与历史环境保护规划图

（二）街区保护规划：探索实施评估，重视基础设施改善

1.《北京历史文化保护区评估研究》①

在编制《北京旧城 25 片历史文化保护区保护规划》十年以后，2012 年底，北京市在全国范围内率先开展了对街区保护规划实施的评估工作，通过两批共 14 片典型街区的评估工作。评估工作以遗产和风貌保护、居民生活条件改善、基础设施改善等关键问题为重心，对 2002 年保护规划本身、街区保护和发展的现状进行了客观评价，考量规划的实施程度，对规划实施程度较好的方面进行评价和经验总结。对所发现的重点问题进行深入分析，找出影响规划实施的症结所在，从而对今后如何改进保护规划编制和管理提出建议。

通过评估，基本摸清了当前北京旧城街区保护实施情况，为继续加强保护、科学指导街区保护规划的编制与实施打下了坚实的基础。作为首批国家历史文化名城、千年古都和我国首都，北京这次评估工作的意义重大，对全国各名城的街区保护工作都具有重要的借鉴意义和推广价值。

---

① 该研究承担单位为中国城市规划设计研究院、北京市城市规划设计研究院、北京清华同衡规划设计研究院有限公司等。

2.《福州朱紫坊历史文化街区保护规划》[①]

保护规划从福州历史文化名城保护的视角下定位朱紫坊历史文化街区[②]。深入研究街区价值，针对现状商业氛围不够突出，破败老宅亟待修缮等问题，从自身发展定位的角度，考虑如人文传统的要素的传承，注入街区活力的方式，自我更新式发展的条件等内容；提出朱紫坊历史文化街区以居住、商业、旅游、文化等复合功能为主，形成具有浓厚的福州传统文化特色和典型的福州传统社区文化特色的传统街区。保护规划提出整治历史水系，恢复历史上“河—桥—坊”的传统空间格局。安泰河整治要体现自然、与环境融合的特点，整修驳岸及河边石板巷道，结合芙蓉园古园林环境修复及重点保护的名人故居，营造出历史街区的传统环境氛围（图 4）。

图 4　福州朱紫坊历史文化街区保护区划图

（三）名镇名村保护规划：立足文化、生态特色，探索适宜保护方法

1.《浙江桐乡市崇福古镇保护规划》[③]

保护规划在大运河申遗的背景下开展，在运河聚落的保护方法上进行了一定

① 该规划编制单位为北京清华同衡规划设计研究院有限公司。

② 朱紫坊位于福州市津泰路南侧的安泰河沿，是福州文化教育机构集中的地方，有孔子圣庙、清代全省教育行政的机构——提督福建学院署。到了清末，这里有 3 个孔庙、2 个县衙、1 个府学院署，学院林立。坊内有名士郑堂住宅，清北洋水师“济远”舰管带方伯谦、厦门大学校长萨本栋和中山舰舰长萨师俊的故居。民国海军宿将萨镇冰晚年也曾居此。沿河古榕垂髯，明、清民居鳞次栉比。

③ 该规划的编制单位为中国城市规划设计研究院。

探索。规划系统梳理崇福古镇[①]的发展脉络和历史文化资源，从江南运河聚落的代表性城镇、杭嘉湖平原古县城的典型标本和底蕴深厚的江南文化传承之地等高度开展保护工作。

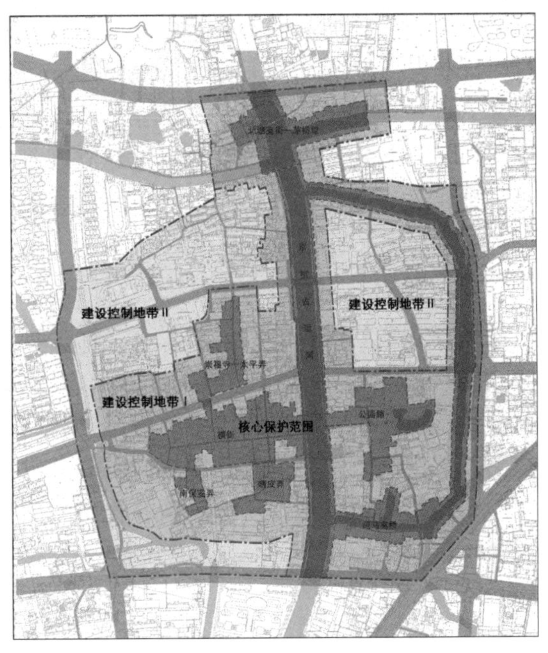

图 5　浙江桐乡市崇福古镇保护区划图

保护规划立足运河特色，对由大运河串联的、以横街为代表的若干历史街区进行重点保护。提出镇区功能调整、交通组织优化的总体保护策略，将古镇活力提升、人居环境改善和旅游功能培育有机结合，旨在通过有效保护历史文化遗产，促进崇福镇社会经济协调、可持续发展(图 5)。

2.《广西鹿寨县中渡镇保护规划》[②]

保护规划从保护中渡古镇[③]的历史本底和自然本底出发，最大限度提升其价值空间。规划贯彻整体保护的思路，立足于古镇整体格局保护的同时，将保护重点扩大到古镇与其周边资源环境形成的“山—城—水”的生态空间，强化生态资源保护。规划强调文化优先。深度挖掘中渡的文化底蕴，在保护和更新中注重非物质文化的传承与展示，依托山水脉络等独特的风光，多维度强化历史文化的厚重感，将“乡愁”融入规划中，构建非物质文化保护体系。

3.《江西湖洲村保护规划》[④]

保护规划遵循“保护—发展—保护”的循环式发展路径，以保护为前提。通过引入文化旅游展示业带动村庄的发展，提升村庄整体设施水平，增加村民收入，进而促进村民保护的热情，增强保护的动力，构筑村庄保护的常态化机制，形成良性的循环。

---

① 桐乡市崇福古镇地处杭嘉湖平原，曾作为崇德县治长达千年，是京杭大运河江南段的运河聚落之一。

② 该规划的编制单位为中国建筑设计研究院规划院历史名镇研究所。

③ 中渡古镇位于广西壮族自治区鹿寨县西北，拥有 1700 多年历史，独特的区位及自然优势，使其历代成为中原王朝防御少数民族起义和匪患的重要军事据点。古镇内至今保存有较为完好的“城门－护城河－城墙”的防御体系，在广西境内实属罕见。古镇毗邻洛水，地处洛清江中下游，拥有国家级地质公园及大量摩崖石刻，景色十分优美。2014 年，中渡古镇入选第六批“中国历史文化名镇”。

④ 该规划的编制单位为中国城市规划设计研究院。

规划提出村域层面的保护与发展策略，包括村域全域内用地空间的管制要求、视廊保护与景观界面控制、产业空间布局、道路交通规划以及旅游发展规划。在村庄的管理规划上，规划尝试建立与农民切身利益相结合的规划引导措施，从而促进村民参与规划的积极性，通过建立规划实施管理引导表格和实施图则，以期更好地指导规划实施，形成现代版的村规民约。

4.《北京水峪古村保护规划》①

水峪村位于北京市房山区南窖乡西南部，是北京市内众多历史文化内涵深厚、格局保存完整的古村落的典型代表。保护规划从历史脉络入手，将各个时期的价值线索按照相似性进行归类，可以分为地域文化交流、村落科学选址、深山村落营建、重要职能特色、传统民俗风物和特殊历史事件 6 个研究视角，通过视角归类，得出价值特色。保护规划针对不同价值提炼保护要素，通过现状评估，建立一套从宏观到微观、从物质到非物质的保护框架，实现从时间维度向空间维度的转变。

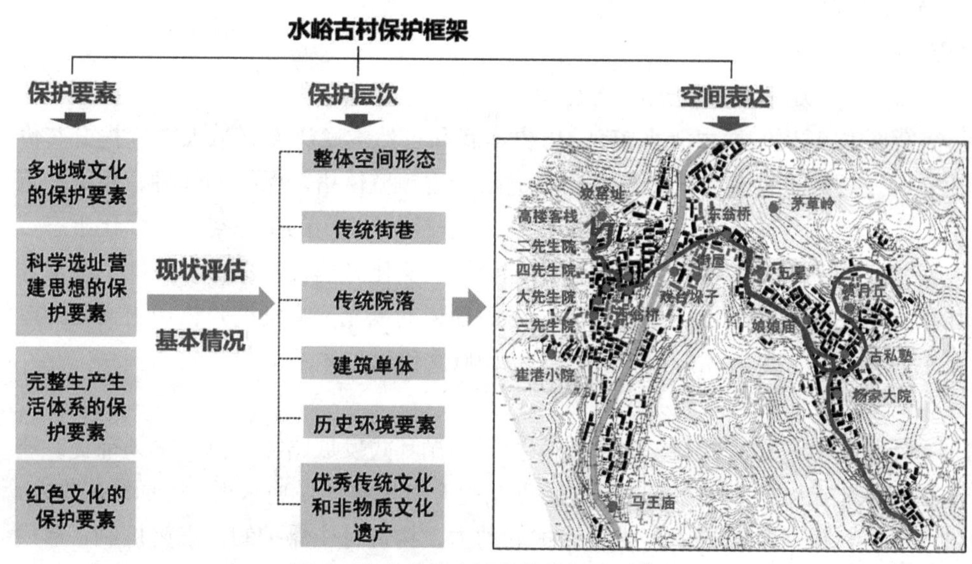

图 6　北京水峪古村的保护框架示意图

5. 四川省泸县新溪村保护规划②

保护规划紧紧围绕长江码头古场镇这一核心文化，通过对之相关的山水、格

① 该规划的编制单位为北京市城市规划设计研究院。

② 该规划的编制单位为中国建筑设计研究院规划院历史名镇研究所。

局、建筑、历史文化要素、非物质文化遗产等各类文化资源的价值挖掘，使村落文化特色得到保护与提升。

保护规划采取多样性分析和方法，挖掘资源文化信息，通过综合评估，突出水运文化价值。结合明至今各时期社会与经济背景，进行历史元素特色的多样性分析，提炼出各历史阶段文化资源的典型特征，在保护与修缮中注重对原文化背景的体现与尊重。规划重视保护与发展的协调，探索村落特色建设，从村落特色营造和丰富村民活动空间层面提出公共空间与视觉空间设计的内容与形式，在空间位置和形态设计中注重传统文化的传承和现代生活需求，并对原有传统文化设施进行改良设计。

（四）其他规划与规划实施：文化生态区保护规划日渐成熟

1.《迪庆民族文化生态保护区总体规划》[①]

规划针对迪庆文化生态保护区[②]多民族聚居的特点，重点研究分析了各个民族的文化资源与内涵，总结提炼了迪庆的文化特点和文化的空间分布特征，为规划奠定了基础。规划构建了由3个层次组成的文化生态保护格局，即：由传统文化之乡、民族村寨和特色村落组成的“聚落”空间；由茶马古道和“三江”流域构成的“廊道”空间；以及根据自然环境、地貌类型和民族分布特点而划定的区域性民族“文化生态保护区”。通过空间控制，对非物质文化遗产及其依存环境进行整体保护。

在文化生态整体保护的基础上，以四级非物质文化遗产名录项目及代表性传承人为保护重点，以个体与群体保护、整体与重点保护、村落与区域保护相结合为原则，采取传承性保护、抢救性保护、生产性保护、整体性保护等方式；并针对不同民族与不同类型的项目，制定相应的保护措施，建立了完整的非物质文化遗产保护体系。操作层面，规划围绕民族村寨与村民，制定了近期56个项目的建设计划，用以直接指导项目实施。

2.《客家文化（梅州）生态保护区总体规划》[③]

《规划》认真梳理了客家文化（梅州）生态保护区[④]内的非物质文化遗产现状及存续状态，并对区域内的非物质文化遗产价值及文化生态特征进行了

① 该规划承担单位为中国城市规划设计研究院。

② 迪庆民族文化生态保护区位于云南迪庆藏族自治州，于2010年经文化部批准，是我国第10个、云南省第1个国家级文化生态保护区，也是第1个以多民族、多元文化形态为特点的文化生态保护区。

③ 该规划承担单位为中国城市规划设计研究院。

④ 客家文化（梅州）生态保护区于2010年5月批准设立，是我国第5个国家级文化生态保护区，以及第1个客家文化生态保护区（2012年又设立了客家文化（赣州）生态保护区）。

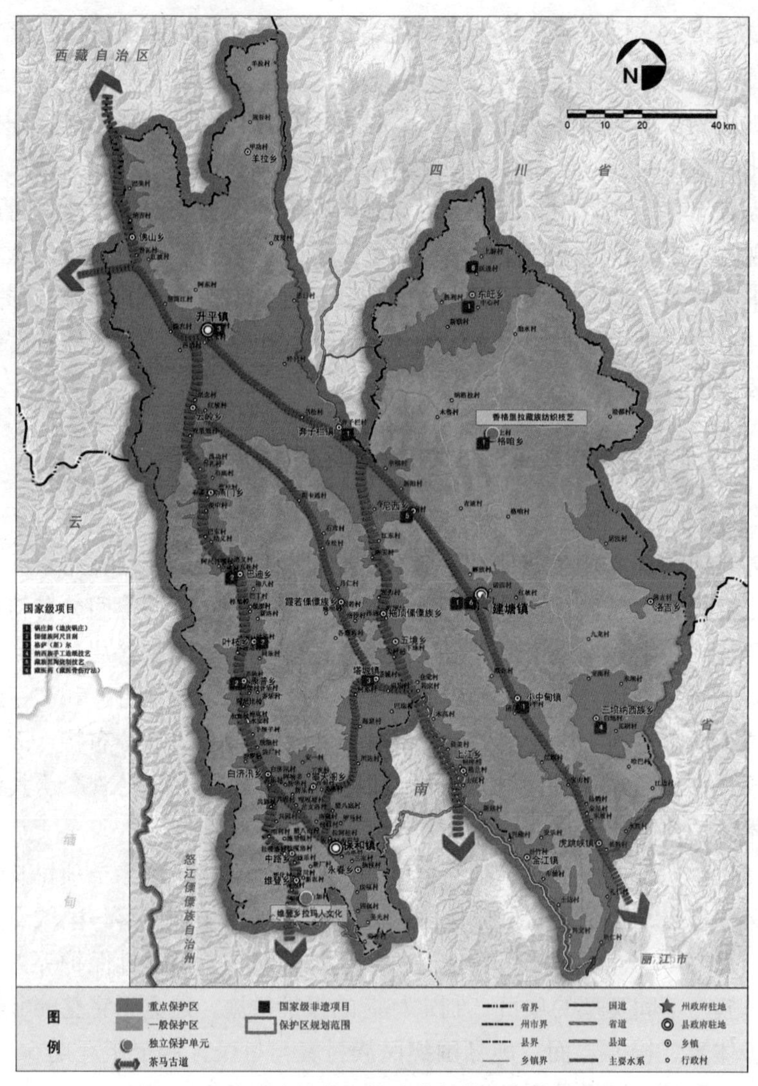

图 7　云南迪庆民族文化生态保护区保护区划图

总结与提炼，提出整体性保护、抢救性保护以及生产性保护三种方式，并对非物质文化遗产项目及传承人分别细化了保护措施。梅州的宗族礼制是梅州传统客家文化延续的根基，梅州留存大量的传统村落，是客家文化典型的宗族血缘聚落以及宗法社会的历史缩影，同时，是文化遗产留存最丰富、传承最有序的地域空间。《规划》针对上述特点，提出以传统聚落为基本保护单元，实现非物质文化遗产在聚落空间的"就地保护"与"原产地保护"目标。

三、未来发展展望

（一）理论层面：理论本土化研究已经成为当务之急

我国独特的社会、经济和文化背景，决定了我国历史文化遗产保护思想的萌生，城市和建筑的历史文化价值的认识，以及历史文化名城保护的方式方法都有着独特的历史过程。很多源自西方的理论概念，如果不能在本土环境下被正确解读、认知和运用，在当前城市快速发展的巨大压力下，必然导致理论对实践的指导的不适应性。对源自于西方文化遗产保护领域的理论概念，结合我国的保护实践开展“本土化”的认识和研究是我国发展的客观需要。中国的名城保护工作者应当反思以往的做法，充分考虑我国文化遗产的文脉关系，根据中国历史文化名城的物质形态特征，深化遗产保护理论的本土化认知，探索适宜我国自然、人文遗产的理论方法，既是探索中国历史文化名城保护道路的重要目标，也是化解当前保护困境的现实需求。

（二）方法层面：构建利益相关者全面参与工作方法

在讨论古城重建时，大同历史文化名城就是一个绕不开的议题。2013 年 12 月 20–21 日，大同市人民政府、山西省住房和城乡建设厅、山西省文物局在大同市组织召开大同历史文化名城保护与发展专家研讨会[①]。除了与会专家、地方领导外，此次会议专门邀请群众代表等利益相关者。会议除了技术探讨之外，还促使了当地领导和居民就名城保护等进行深入、坦诚交流，会后规划部门继续采取多种方式让群众真正介入保护工作。实际上，大同政府逐渐认识到只有利益相关者能对名城保护和城市发展达成一致，才能形成合力，共同解决保护面临的规划失误、拆真建假、资金周转困难、城市环境和基础设施需要改善、城市需要良性发展等难题。虽然，我们可以理解这是地方政府为了破解大同保护困局的无奈选择，但是可以预见，构建利益相关者全面参与工作的方法会成为未来保护规划编制和实施的重要探索方向。

（三）操作层面：街区保护的实施成为学界关注重点

历史文化街区的保护一直是历史文化名城保护的重点和难点，核心就在于街

① 会议邀请了来自清华大学、同济大学、中国文物学会、中国文化遗产研究院、中国城市规划学会、中国城市规划设计研究院、苏州市规划局、扬州市古城保护办公室、华中科技大学、住房和城乡建设部规划司名城处等单位的专家，来共商大同市如何编制保护规划和进行保护工作。

区保护涉及的矛盾众多、实施难度很大。在现实层面上，地方政府出于操作的方便，往往简单套用城市更新和旅游地产的运作方式于历史文化街区保护之中，没有采取小规模、渐进式的实施策略，在历史文化街区的整治过程中忽略了历史真实性、风貌完整性和生活延续性的要求，不能严格按照《历史文化名城名镇名村保护条例》的要求履行地方政府对街区保护的职责，使得很多历史文化街区保护工作出现了这样或那样的问题。随着高层领导对街区保护的密集批示，预计地方政府将会高度关注历史文化街区的实施工作，而探索适宜的街区保护实施路径和方法也将成为学术界未来持续关注的重点之一。

参考文献

[1] 仇保兴．智慧地推进我国新型城镇化 [J]. 城市发展研究，2013（5）．

[2] 孙安军．保护历史名城 留住文化记忆 [R]. 正定古城保护现场会，2013-12-25.

[3] 冯忠华．名城保护的方法探索 [R]. 中国城市规划学会历史文化名城规划学术委员会年会，2013-10-15.

[4] 张松．历史文化名城应当整体保护 [J]. 历史文化名城名镇名村保护工作通讯，2013（1）．

[5] 阮仪三．由“市民跪留市长”事件引发的城市遗产保护之忧 [J]. 世纪，2013（2）．

[6] 张兵．探索历史文化名城保护的中国道路——兼论“真实性”原则 [J]. 城市规划，2011(S1).

致谢：感谢张广汉、张松、张杰、霍晓卫、赵霞、袁方、康新宇、杜莹、张帆、相秉军、张泉、陈亮、周筱芳等提供第一手名城名镇名村保护规划资料。

（撰稿人：赵中枢，中国城市规划设计研究院名城所教授级高级规划师，博士，中国城市规划学会历史文化名城保护规划学术委员会副主任委员；胡敏，中国城市规划设计研究院名城所高级城市规划师，博士研究生）

风景名胜区规划

一、政策背景与行业动态

（一）印发《关于规范国家级风景名胜区总体规划上报成果的规定（暂行）》

为进一步做好国家级风景名胜区总体规划的审查工作，提高总体规划成果的统一性和规范性，依据《城乡规划法》、《风景名胜区条例》、《风景名胜区规划规范》等法律法规和技术规范，住房和城乡建设部研究制定了《关于规范国家级风景名胜区总体规划上报成果的规定（暂行）》（建城〔2013〕142号），于2013年10月11日下发给全国各地执行。

该规定包括文本内容、图纸内容、说明书与基础资料汇编内容、成果格式等方面，对国家级风景名胜区总体规划的编制内容、深度、报告格式等提出了新的要求和具体规定，主要包括核心景区面积占风景名胜区面积的比例一般不低于30%，风景名胜区内各级文物保护点及宗教活动场所要明示、要计算极限容量，风景名胜区主要入口区和游客中心要设置风景名胜区徽志，范围调整和重大建设工程需另附专题论证报告，明确建设项目与建设要求并列表说明，明确必须编制详细规划的重点区域或地段等内容，要求新增安全防灾规划、城市发展协调规划、规划环境影响评价篇章或说明等规划章节内容。

（二）召开风景名胜区总体规划专题研讨会

我国经过30多年的快速发展，资源约束日益趋紧，生态系统不断退化，环境污染已然严重。在21世纪之初，国家适时地提出了“生态文明，美丽中国”的国家战略。随后，党的十八届三中全会更是提出要建立国家公园体制，这为我国风景名胜区的发展指明了方向。风景名胜区是实现“生态文明，美丽中国”的重要力量，而风景名胜区总体规划则是管理风景名胜区的重要手段。经过多年的实践，我国风景名胜区总体规划既积累了大量的成功经验，也存在许多教训。随着国家的改革深入和转型发展，风景名胜区总体规划也需要加紧实现转变与创新，在编制过程中要根据我国风景名胜区的特征，借鉴国际上国家公园的发展经验，结合世界遗产的管理要求，以达到促进风景名胜区不断健康发展的目的。基于此，中国城市规划设计研究院风景园林规划研究所、中国风景园林学会规划设计

图 1　风景名胜区总体规划专题研讨会会场

专业委员会于 2014 年 2 月 24 日在京共同举办了“转变与创新——风景名胜区总体规划”专题研讨会（图 1），以便可以更好地规范风景名胜区总体规划编制工作，提升风景名胜区总体规划的成果质量和管理水平，引导风景名胜区总体规划自身进行转变与创新。会上，11 位业内专家结合自身工作经验与研究，针对多个方面的问题阐述了各自的观点，大量研究人员以及来自一线的富有经验的规划设计工作者同时参会。

（三）新疆天山申遗成功

2013 年 6 月 21−22 日，在柬埔寨金边召开的第 37 届世界遗产大会上，中国“新疆天山”列入世界自然遗产，云南红河哈尼梯田列入世界文化景观。其中天山天池国家级风景名胜区和喀拉峻草原自治区级风景名胜区是“新疆天山”世界自然遗产的主要组成部分（图 2）。

天山属全球七大山系之一，是世界温带干旱地区最大的山脉链，也是全球最大的东西走向的独立山脉。“新疆天山”是一系列遗产提名地的世界自然遗产总名称，自西至东包括托木尔、喀拉峻—库尔德宁、巴音布鲁克、博格达 4 个片区，总面积 5759km^2，这也是天山最具代表性的区域，集中展现了天山独特的地质地貌、植被类型、生态系统和自然景观，突出体现了天山的价值。新疆天山具有极好的自然奇观，将反差巨大的炎热与寒冷、干旱与湿润、荒凉与秀美、壮观与精致奇妙地汇集在一起，展现了独特的自然美；典型的山地垂直自然带谱、南北坡景观差异和植物多样性，体现了帕米尔—天山山地生物生态演进过程，也是中亚山地众多珍稀濒危物种、特有种的最重要栖息地，突出代表了这一区域由暖湿植

图 2　新疆天山天池风景名胜区

物区系逐步被现代旱生的地中海植物区系所替代的生物进化过程。

至此，中国的世界遗产数量达到 45 项，其中文化遗产 27 项，自然遗产 10 项，文化和自然双遗产 4 项，文化景观 4 项。风景名胜区是我国世界遗产的主体，有 28 处世界遗产是风景名胜区，占我国世界遗产总数的 62%。

二、学术动态

2013 年，有关风景名胜区学术研究的突出特点主要包括以下几个方面：其一是对风景名胜区环境容量的研究，如《华山风景区旅游环境容量研究》、《福州于山风景区环境容量及其对策研究》、《公共资源类旅游景区水环境承载力研究——以武汉市东湖风景区为例》；其二是对专项风景资源的调查研究，如《风景名胜区文化资源定量评价模型引论》、《广州白云山主要声景资源及其现状调查》、《莫干山风景名胜区风景林资源调查》；其三是对风景名胜区生态环境的研究，如《百里杜鹃风景名胜区采煤塌陷区土地复垦及生态重建思考》、《新疆天池景区生态安全度时空分异特征与驱动机制》、《恒山风景名胜区 2000-2010 年生态系统功能的变化》；其四是从风景名胜区详细规划角度提升景观环境保护的研究，如《风景名胜区内村庄人居环境提升策略——以连云港花果山风景名胜区内前云村为例》、《杭州西湖风景名胜区公厕提升改造初探》、《太湖鼋头渚——景点建筑之入门建筑设计》；其五是专项风景资源的利用研究，如《江西风景区科普旅游资源的特点和开发》、《武功山体育旅游资源特色及其开发》。此外，对于风景名胜区的保护与利用、法律法规完善等方面有较多研究探讨。

2013 年出版的相关著作主要有住房和城乡建设部风景名胜区管理办公室编著的《风景名胜区（上、下)》，王连勇的《中国风景名胜区边界》。此外，住房和城乡建设部发布了《风景名胜区监督管理信息系统技术规范》(CJJ/T195—2013)、《风景名胜区公共服务——自助游信息服务》(CJ/T426—2013)。

三、规划特点

近年来，是全面、深刻认识风景名胜区的时期。总的来说，风景名胜区具有鲜明的公益性特征，以保护、游憩、教育等为主要功能，但与城乡建设、旅游开发等方面的矛盾也日益凸显，这要求风景名胜区规划应突出风景名胜区自身特点，同时研究现实问题，2013 年的风景名胜区规划反映了这方面的一些探索。

（一）风景名胜区总体规划面临范围边界调整困境

在众多风景名胜区进行总体规划修编时，范围边界调整仍是规划各方关注的核心问题之一。这个趋势短期内难以改变，与我国仍处于大力发展建设的历史阶段息息相关。国家虽已提出“生态文明，美丽中国”的战略构想，但发展惯性与思维惯性仍然巨大，需要时间逐步改变。此外，与利益调整是国家改革转型中的难题一样，范围边界调整的实质也是利益调整，是利益各方博弈的焦点之一，例如在本溪水洞和金佛山风景名胜区总体规划编制过程中，都因范围边界调整未达成一致而使得规划进展十分缓慢。因此，在规划中一方面要坚持风景名胜区的公益性，是全民所有的历史财富，不可被利益团体和个人任意侵占，另一方面也要创新规划方法化解矛盾冲突，朝着有利于风景名胜区可持续发展的方向努力。

（二）加强规划的基础科学研究支撑

风景名胜区是以自然为主体，自然与人文结合的综合地域，对风景名胜区的游赏利用是其外在表现，其内涵也需不断深入地挖掘与研究，加强自然科学研究就是其内在的、基础性要求。这些研究可以包括地质科学、地貌景观、生态系统、动植物种群、动植物生境、生态效益、生态恢复等方面的研究，需要专业的机构、人员与方法。目前，在峨眉山风景名胜区和青城山—都江堰风景名胜区总规修编中，正在加强这方面的规划研究，在现有总体规划内容框架之外，增加了生态与地质两个专题研究，届时结合遗产保护，将专题内容筛选后纳入总体规划内容当中，用以加强风景名胜区总体规划的基础科学支撑。

（三）景城关系发展到了新的阶段

我国很多风景名胜区与城市关系非常密切，从目前的发展态势看，这类风景名胜区到了必须正确认识城市与风景名胜区的互融共生关系的阶段，必须统筹城市与风景名胜区的协调发展。从已有的管理模式看，能够与城市实行统一管理的风景名胜区，其统筹协调的有效性高于未能实行统一管理的风景名胜区，其建设、发展压力亦相对较小。峨眉山风景名胜区的管理历史印证了这一点，峨眉山风景名胜区于1988—2008年的20年间隶属峨眉山市政府实行统一管理，峨眉山风景名胜区管委会是享有县级政府职能的权威机构，全权负责对峨眉山进行统一规划、建设及居民管理。这种管理模式一直是风景名胜区行业的典范，获得住房和城乡建设部认可和推广，但2008年的改革将峨眉山风景名胜区的管理权收归乐山市，打破了统一管理的有效性，峨眉山风景名胜区与峨眉山市之间出现了新的裂痕与矛盾。再如崂山风景名胜区，空间上归属青岛市崂山区和城阳区，其管理机构与崂山区政府实行了统一管理，因而崂山区部分的城市管理、社会管理比较有效，但城阳区部分则无序发展、过度建设，对风景区造成一定损害，建设压力越来越大，以致总规修编一直处于未竟状态。

因此，从规划角度来说，这类风景名胜区规划必须充分论证说明其与城市发展建设的关系，分析存在的矛盾问题，提出统筹协调的措施建议。若风景名胜区总规与城市总规能同时编制、互相协调，亦是一种较好的方式。

（四）村镇发展需要创新思维

风景名胜区旅游经过多年发展，已经较为成熟；风景名胜区的村镇居民也颇多受益，受益居民也因此形成了旅游依附。在一些居民社会管理较弱的风景名胜区，居民迫切希望发展旅游的愿望容易转化为不受约束的破坏性建设行为，这与风景名胜区通过资源保护促进旅游发展的初衷是相悖的，并造成了风景名胜区管理者与风景名胜区居民的社会矛盾，不利于社会和谐。

此外，目前村镇发展还面临两大困境。首先，随着《中华人民共和国城乡规划法》、《中华人民共和国物权法》、社会主义新农村建设文件、农村土地确权登记文件等法律和政策的出台，其与《风景名胜区条例》之间的法理关系亟待梳理。风景名胜区规划体系与村镇建设规划体系之间的关系等尚未有清晰的研究，有可能造成风景名胜区内的村镇建设和管理失控的风险，使得保护国家遗产资源的目标难以实现。其次，在国家新型城镇化的大背景下，风景名胜区内部的村镇发展如何避免走城镇化的老路这一难题，需要从区域统筹协调的角度探索提高居民生活水平、促进村镇发展的规划新路径，丰富国家新型城镇化的内涵。

目前，村镇发展已有一些好的做法，应该坚持并推广，如：杭州西湖严格规划管理，逐步缩小房屋建设的方式；杭州灵隐寺通过租用居民用地改建宾馆，以减少建设总量并提高土地使用品质的方式；以及成都市“五朵金花”提高乡村景观与生活水平的方式等。此外，还必须从风景名胜区收益共享、生态补偿、人口调控、转变生产生活方式及其他多方面研究可行的规划手段，需要在今后规划中继续以创新思维应对景民关系中出现的难题。

（五）正确划定核心景区

自 2003 年建设部出台核心景区的文件要求后，由于没有统一的划定标准，各地在划定核心景区时出现面积小、破碎，所划定区域与风景名胜区游览无关等问题。《关于规范国家级风景名胜区总体规划上报成果的规定（暂行）》要求核心景区面积占风景名胜区面积的比例不能低于 30%，是应对以上问题的一种方式，以促使核心景区的划定更加注重实际情况。例如贵州龙宫风景名胜区的规划在新规定出台前，核心景区划定面积相对较小，规定出台后，又将所有游览景区及部分典型的喀斯特地貌景观和生态环境较好的区域划入了核心景区，这是符合实际情况的划定方式。核心景区划定的本质是要加强对风景名胜区主要保护区域和风景资源集中分布区域的管理，因此一般来说，应将游览景区和生态保护区域划入核心景区，照此原则，30% 的面积占比要求是可以达到的。

（六）外围保护地带仍受到重视

《风景名胜区条例》虽未包含外围保护地带的规定要求，但在风景名胜区实际管理中，尤其是与城市关系紧密的风景名胜区，外围保护地带在其与城市之间发挥着非常重要的缓冲作用。在峨眉山风景名胜区和青城山—都江堰风景名胜区，由于原划定的外围保护地带已被广泛接受，在之后的管理中一直对外围保护地带十分重视，不论是城市规划还是风景名胜区规划，都对外围保护地带的发展建设非常谨慎，因此成为城市与风景名胜区之间有效的缓冲带，阻止了一些对风景名胜区本体形成直接破坏的行为。这两个风景名胜区在现今的总规修编中仍将外围保护地带作为与市和景区协调的重要区域，拟细化规划分区与管理要求。

四、趋势与展望

（一）深入研究景观的形成

我国大多数的风景名胜区反映了中华文化与自然之间长期而深刻的双向构建

关系，是中国“天人合一”传统人文主义自然观的完美实践典范，具有与自然高度相关的人文性、伦理性和艺术性，是中华文化的鲜活特点的例证，是世界上人与自然关系的独特形式，是世界上特有的一种文化景观。这种文化景观经历了漫长而复杂的演化过程，至今仍保留着不同发展阶段的历史遗存。为此，规划需要深入研究风景名胜区的景观形成过程，从而明确风景名胜区的景观特点与价值，唯有如此，才能够真正科学准确地把握风景名胜区的本质特征，才能充分认知风景名胜区价值的承载物及其空间分布规律，并在此基础上制定相应的规划保护与管理措施。

（二）借鉴国家公园规划方法

我国目前的风景名胜区总体规划基本属于问题导向型规划，首先找出风景名胜区存在的问题，然后针对问题提出相应的规划措施。而西方国家（例如美国）的国家公园规划体系则基本属于目标导向型规划，即在规划体系中，每一个行动将与一个目标挂钩，年度目标将与 5 年长期目标挂钩，而 5 年长期目标又与公园使命挂钩，规划目标通常以一种客观的、可考核的形式表示，且不同层次规划之间逻辑关系清晰。

目前，我国一些风景名胜区正在学习美国国家公园的规划方法，尝试将问题导向与目标导向结合起来。如梅里雪山风景名胜区，其总体规划中建立有 3 个层次的协同规划体系，即目标体系规划—战略规划—行动计划。目标体系规划就是理想状态的系统性文字描述，它是其他规划内容的依据和指南；战略规划则是实现理想状态的关键性、全局性手段，包括管理战略和空间结构战略等；行动计划则是近期规划，是为了落实目标体系规划与战略规划的相关内容所制定的具体行动措施，它们以保护与建设项目的形式出现。

（三）促进多专业参与

当前，风景名胜区总体规划一般是由管理机构或者所在地政府委托专业规划编制机构进行编制。由于规划编制机构的背景、专业人员特点以及工作理念等方面的原因，规划编制过程往往缺乏多专业的参与，在认知和解决风景名胜区问题时方法和手段时常会存在不足。风景名胜区是一个复杂的综合体，对风景名胜区不能仅仅从规划师的角度切入，应综合运用自然科学、人文科学等多学科的手段对风景名胜区进行认知、研究和规划，以促进风景名胜区整体协调发展。

（撰稿人：贾建中，中国城市规划设计研究院风景园林规划研究所所长，教授级高级工程师；邓武功，中国城市规划设计研究院风景园林规划研究所，高级工程师）

旅游规划

一、旅游产业现状与政策动态

（一）旅游经济稳中有升，旅游产业运行平稳

2013 年，在全球经济缓慢复苏和国内经济稳定增长的背景下，旅游经济运行总体稳中有升。我国旅游业受各种政策因素和环境因素的刺激，当前国内外旅游发展环境较好，国内旅游市场增长较快，区域旅游相对活跃，国内游客和出境游客数量均呈现上涨趋势，增幅分别为 10.3% 和 18.0%（图 1）。

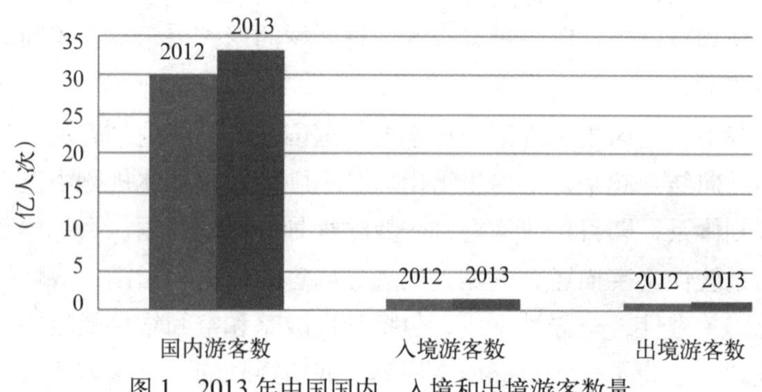

图 1　2013 年中国国内、入境和出境游客数量

（二）政策法规相继出台，旅游产业规范发展

2013 年 2 月 18 日，国务院办公厅正式面向社会发布《国民旅游休闲纲要(2013−2020)》，它是中国旅游和休闲发展历程中的重要标志，为开展旅游休闲活动提供了便利的条件，对引导国民旅游休闲和活跃国内旅游市场具有重要意义，对促进国民旅游休闲的规模扩大和品质提升具有积极作用。

2013 年 3 月 18 日，为深入贯彻落实国务院《质量发展纲要（2011−2020 年）》和《国务院关于加快发展旅游业的意见》（国发〔2009〕41 号），国家旅游局颁布了《旅游质量发展纲要（2013−2020 年）》，为促进旅游发展方式转变，提高我国旅游业总体质量水平，把旅游业培育成国民经济的战略性支柱产业和人民群众更加满意的现代服务业提供指导。

2013 年 4 月 25 日，第十二届全国人大常委会第二次会议表决通过了《中华人民共和国旅游法》，自 2013 年 10 月 1 日起施行。《旅游法》将有利于行业的有序健康发展，有利于旅行体验和旅游质量的全面保障，有利于提升国民的出游率。2013 年 10 月 1 日，国家旅游局颁布了《旅游行政处罚办法》，规范了旅游行政处罚行为，对维护旅游市场秩序，保护旅游者、旅游经营者和旅游从业人员的合法权益起到一定作用。

2013 年 12 月 11 日，国务院发布关于修改《全国年节及纪念日放假办法》的决定，尽管中国传统的农历腊月三十不再是法定休假日，但对于选择春节出行的游客而言没有较大影响。

（三）智慧旅游发展加速，创新引领产业成长

近年来，智慧旅游服务受到更多关注，使得基于现代信息技术的“智慧化”成为各地旅游业转变发展的重要途径。如北京市旅游委联合市经信委、中关村管委会共同主办了首场北京智慧旅游需求与产业对接活动；厦门“智慧旅游”城市建设手机客户端正式上线；第二届中国智慧旅游峰会在天津举办；太原提出打造高标准的旅游智能化系统等。智慧旅游给旅游产业带来了充足的创新活力。

（四）取消机票打折下限，迎来廉价航空时代

2013 年 10 月 20 日，国家发展和改革委员会、民航局发布通知取消民航国内航空旅客运输票价下浮幅度限制，允许航空公司以现行基准价为基础，在上浮不超过 25%、下浮不限的浮动范围内自主确定票价水平。这一政策的颁布，为中国廉价航空发展提供了有利条件，“9 元”、“99 元”甚至“0 元”这类超低价机票刺激着消费者的眼球。廉价机票为游客的出行提供了便利条件，可有效提升游客出游率。廉价航空公司也将迎来发展的黄金期。

（五）海洋主题宣传年，邮轮游艇旅游成为热点

2013 年被国家旅游局确定为“中国海洋旅游年”，宣传口号为“体验海洋，游览中国”、“海洋旅游，引领未来”和“海洋旅游，精彩无限”。邮轮游艇作为海洋旅游的重要组成部分，其发展越来越多地引起国家相关部门的重视，今年国务院颁布实施的《国民旅游休闲纲要（2013—2020 年）》明确提出支持邮轮游艇旅游产业发展。中国邮轮市场的巨大发展潜力，吸引了国际邮轮企业对中国的关注，目前邮轮界已达成共识：中国是全球邮轮旅游发展最快的新兴市场。今年以来，皇家加勒比、公主邮轮和歌诗达等大型邮轮公司纷纷开通中国航线。

二、旅游规划的现状

（一）旅游规划的学术研究

1. 学术论文研究主题丰富

中国知网（CNKI）学术期刊总库收录的文献中，各期刊在 2013 年总计发表了 80 篇“旅游规划”（主题词模糊搜索）文章。其中，“生态旅游规划”、“旅游城镇规划”、“旅游规划理论体系研究与理论探索”方面的文章数量最多，分别占总数的 18.8%、15.0% 和 13.8%。其次是“旅游景区及休闲地规划”和“旅游规划教育”，均占总数的 12.5%（图 2）。

旅游规划研究的新亮点主要体现在三个方面：首先，学者们加强了对旅游规划政策与法规的关注，吴必虎、马海鹰和吴宁分别在《旅游学刊》上探讨了旅游规划的标准、规范和法定旅游规划实施等相关问题；其次，在旅游与生态环境要协调统一发展的指引下，学者们对生态旅游规划进行了更深层次的研究，内容涉及生态旅游规划在快速城镇化进程中的作用，基于生态旅游理念的旅游规划的核心框架、技术方法和实践；再次，学者对慢城和慢旅游的理论概念及实践应用进行了初步探讨。总体而言，本年度旅游规划研究主要关注了如何实现旅游的可持续发展。

2. 研究著作内容涉及面广

2013 年，学者编著了多本旅游规划著作，多位学者对旅游规划的理论框架以及最新实践进行了探讨，如杨晓霞等人编著的《旅游规划原理》，周永广的《旅游规划实务》，吕俊芳的《旅游规划理论与实践》。另外，学者通过案例分析，对旅游规划的理论和实践进行了总结分析，邹统钎主编的《旅游规划经典案例（上）》

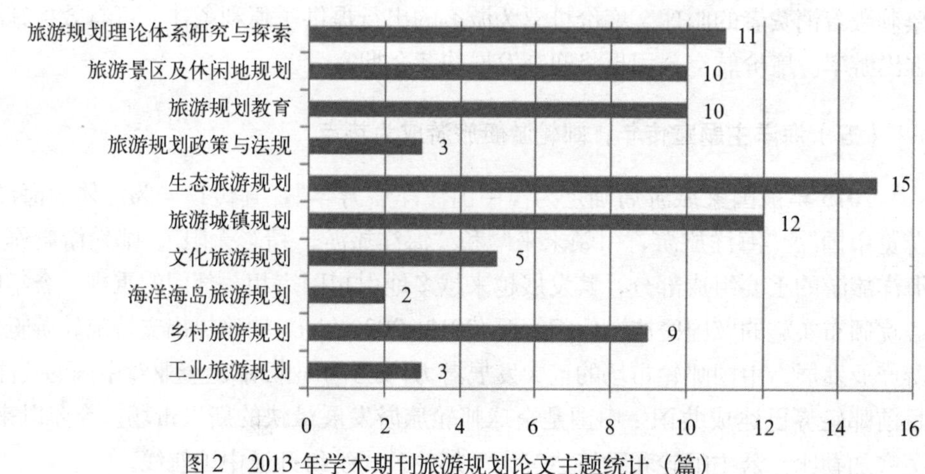

图 2　2013 年学术期刊旅游规划论文主题统计（篇）

对旅游规划的开展具有指导意义。学者对特殊地域的旅游规划进行了研究和分析，如向宝惠和钟林生编著的《边境县域旅游发展规划理论与实践》，马勇和李芳编著的《海滨旅游规划与开发——理论、方法与案例》，张玉钧和刘国强编著的《湿地公园规划方法与案例分析》，更有针对性地提出了旅游规划的理论与方法。另外，熊剑平等人对少数民族地区和贫困山区的旅游规划之路进行了研究和探讨，相继出版了《少数民族区旅游发展之路——恩施州利川市规划案例》和《贫困山区旅游发展之路——湖北省保康县尧治河村的规划案例》两本书籍。

在众多著作中，学者们也对旅游推动城镇化进程进行了探讨，北京大学“多途径城市化”研究小组著的《多途径城市化》提出必须摆脱唯工业化为单一城市化路径的依赖，走多途径城市化道路的观点，分别探讨了商业驱动、物流驱动、文化创意驱动、旅游驱动等多途径城市化的特征和发展模式。林峰编著的《旅游引导的新型城镇化》从旅游产业特性、泛旅游产业整合与产业集群化等机理出发，总结 30 年来旅游引导区域综合开发的经验，建构了旅游引导新型城镇化模式，以及新型城镇化下旅游地产模式。

3. 学术会议研究议题多样

2013 年，旅游规划与研究相关学术会议，从国际会议到地方学术研讨，主题多样。按时间为序，主要为 2013 年中国旅游科学年会、第十一届海峡两岸乡村旅游与休闲产业发展学术研讨会、中国地质学会旅游地学与地质公园研究分会、《旅游学刊》中国旅游研究年会、中欧旅游可持续发展论坛。

2013 年 4 月，由中国旅游研究院主办的中国旅游科学年会在北京召开，会议主题包括：旅游研究的社会服务导向，区域旅游发展的社会需求与服务供给，国际旅游发展与科学研究，合作共赢助力目的地营销，金融助推旅游创新和海洋旅游与邮轮经济。

6 月，第十一届海峡两岸乡村旅游与休闲产业发展学术研讨会在贵州省黔东南苗族侗族自治州举办。会议围绕两岸乡村旅游与休闲产业，以及民俗旅游与文化产业的发展实践经验、合作方式与前景进行了深入探讨。

8 月，中国地质学会旅游地学与地质公园研究分会第 28 届年会暨贵州织金洞国家地质公园建设与旅游发展研讨会在贵州省毕节地区召开，会议深入研讨了贵州织金洞国家地质公园旅游发展模式，总结了国家地质公园建设经验。

10 月中旬，《旅游学刊》中国旅游研究年会在重庆万盛黑山谷景区举行，会议延续了年会的永久主题“中国旅游研究：前沿·理性·责任”，重点关注三个议题：世界旅游目的地的建设与管理、地域性与旅游可持续发展以及资源枯竭型城市的旅游发展。

10 月下旬，中欧旅游可持续发展论坛在云南昆明召开，由中国旅游研究院和欧洲可持续与优势旅游区域联盟共同主办。会议以“旅游：人与自然的对话”作为研讨主题，关注了旅游可持续发展中的政策设计与市场监管，以及旅游需求变化与业界实践等热点问题。

（二）旅游规划的编制成果丰富

2013 年，国家和许多地区组织编制了不同层次的旅游规划，其中国家旅游局信息中心对具有典型性和代表性的旅游规划进行了持续的动态推介。基于旅游规划行业视角和旅游规划实践，结合国家旅游局信息中心的动态通报，选取国家旅游发展重点区域、旅游大省，以及重点城市、重要旅游区的典型规划进行盘点。

总体而言，各类旅游规划的编制都明确了旅游业发展目标，拟定旅游业的发展规模、要素结构与空间布局，能更好地指导和协调旅游业健康发展。

1. 旅游发展规划注重协调统筹

《环渤海区域旅游发展总体规划》确定了环渤海区域合理的旅游空间布局体系，“一核、一带、三圈”和“五群、五区”的体系，构建了环渤海区域性的旅游发展空间构架；衔接了区域发展与旅游开发的空间体系，利于区域旅游整合与协作（图 3）。

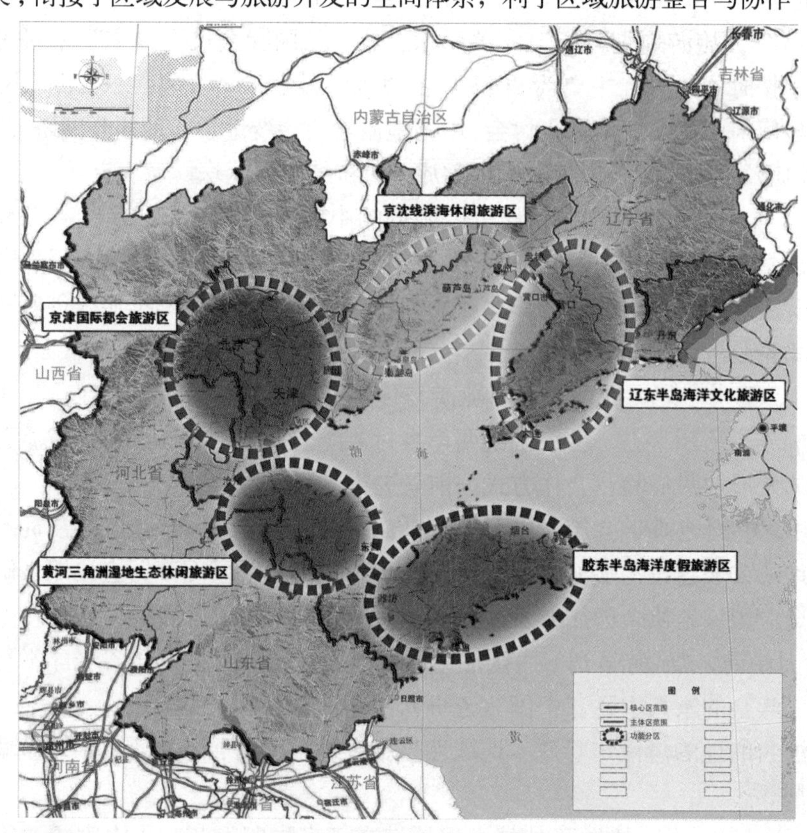

图 3 环渤海核心区旅游功能分区规划图

《川西藏区生态保护与建设规划（2013–2020 年）》已得到国家发展改革委正式批复，其是截至目前四川在生态保护与建设方面内容最全面、治理措施最有力、投资规模最大的区域生态建设规划。

《长岛休闲度假岛发展规划》提出要以岛带海、以海促岛、海陆统筹、人海和谐的发展模式，将长岛划分为三大功能区：南五岛建设休闲度假聚集区，北五岛建设海岛生态渔业区，海上空间建设海上生态保护区。该规划是山东省第一个省级层面直接批复实施的县级发展规划，成为山东省旅游规划与地方发展的一个亮点。

《承德国际旅游城市发展规划(2012–2020 年)》提出要着力改善发展环境和生态环境，优化发展布局，着力发展绿色产业，提升城市国际旅游功能，推动文化发展繁荣，努力把承德建设成为经济健康发展、文化特色鲜明、山水园林秀美、社会和谐文明的国际旅游城市。

《内蒙古鄂托克旗旅游发展总体规划》提出“一核、三区、三带”的空间结构，形成特色的西南“凤凰传奇，时尚度假”旅游带、西北“天骄福地，文化之旅”旅游带和东南“游牧史诗，运动天堂”旅游带（图 4）。

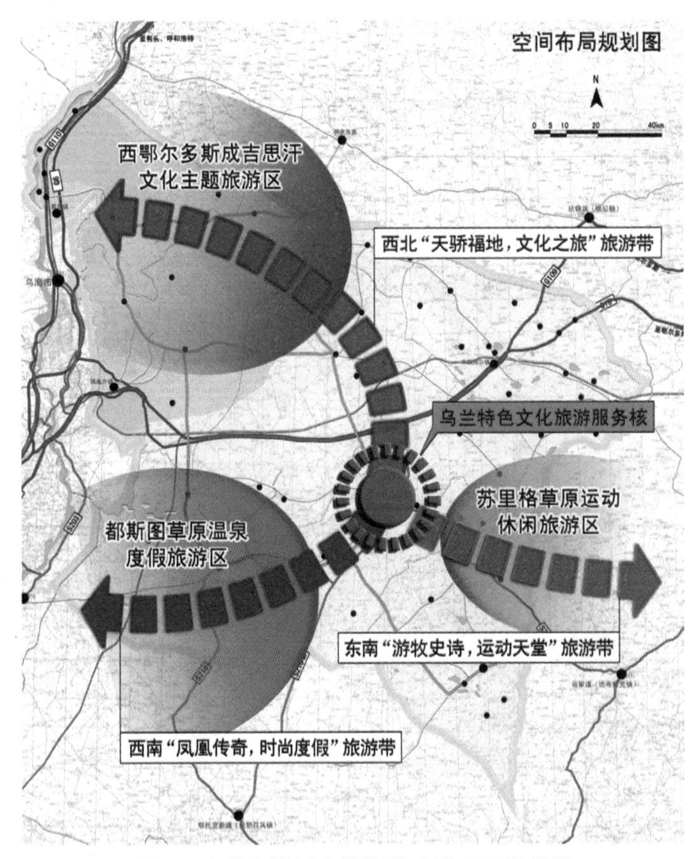

图 4　内蒙古鄂托克旗旅游功能分区规划图

《湘江旅游带发展规划》提出以古镇为湖湘文化旅游载体的发展思路；《湘江旅游带重要节点概念性规划》立足湘江旅游带开发，基于旅游城镇建设的要求，对湘江干流沿岸 8 个古镇进行了功能定位，彰显了古镇风格差异，体现了古镇文化特色，突出了“一镇、一品”的湘江古镇旅游发展特点。

《顺义五彩浅山国际休闲度假产业发展带规划》提出顺义浅山区适宜休闲度假的环境价值远远超过旅游资源的观光价值，通过实现产品的高端化、时尚化和特色化，可以形成“高端度假旅游，时尚运动养生，都市休闲庄园，红色旅游与民俗体验”四大产品方向（图 5)。

《京杭大运河旅游线路总体规划》以“华夏国脉，神州瑰宝”和“永恒的中华遗产，流动的民族血脉”为国内形象，展示“中国运河”的国际形象，共设计了“十六节点”。该规划中还突出了“六段”不同地域文化的旅游区段，提出“十大遗产保护与利用模式”。

2. 旅游区规划强调特色打造

《南平市延平湖旅游发展总体规划》以“城湖联动”的理念切入延平湖的旅游发展，基于“主客共享”的原则，构筑城市居民的休闲中心、外来游客的旅游

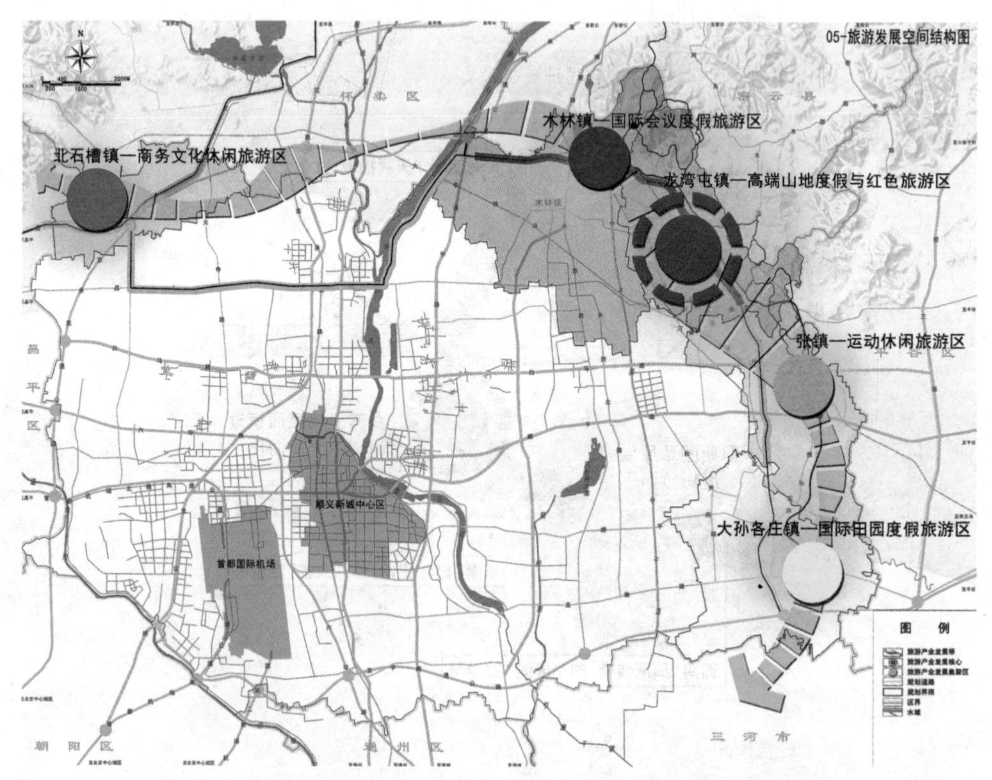

图 5　北京顺义五彩浅山国际休闲度假产业旅游发展空间结构图

目的地，打造以自然文化观光、休闲养生度假、水上运动游乐和闽越民俗体验为一体的复合型全国知名旅游区。

《丹江小三峡生态文化旅游区总体规划》的总体定位是以青山绿水为背景，以南水北调中线水源地品牌为吸引，打造具有鲜明水源地特质和峡谷特色，集中展示区域文化底蕴的中国水源地生态文化旅游示范区。

3. 旅游专项规划重视因地制宜

多个城市相继出台了“智慧旅游”的规划或行动计划，如青岛市智慧城市建设领导小组经山东省青岛市政府同意发布了 7 个专项规划，其中包括《青岛市智慧旅游专项规划》，对《智慧青岛战略发展规划（2013–2020 年）》进行丰富和细化。乐清市风景旅游管理局印发了《乐清市智慧旅游建设发展规划(2013–2016)》，旨在推进旅游信息化与旅游业的融合，推动乐清市旅游全面可持续发展，加快乐清市旅游转型升级，实现乐清市旅游业更好更快发展。此外，《宁夏旅游信息化2013–2015 发展规划》暨《宁夏智慧旅游行动计划》和《宁夏旅游目的地数字系统建设规划》通过评审。

另外，多个地区也因地制宜地编制了各类专项规划。《顺义五彩浅山国家登山健身步道规划》构建了登山健身步道、山地自行车道、旅游景观道“三位一体”的都市休闲运动目的地。五彩浅山国家登山健身步道是目前北京市规划建成的最长的国家登山健身步道（图 6）。

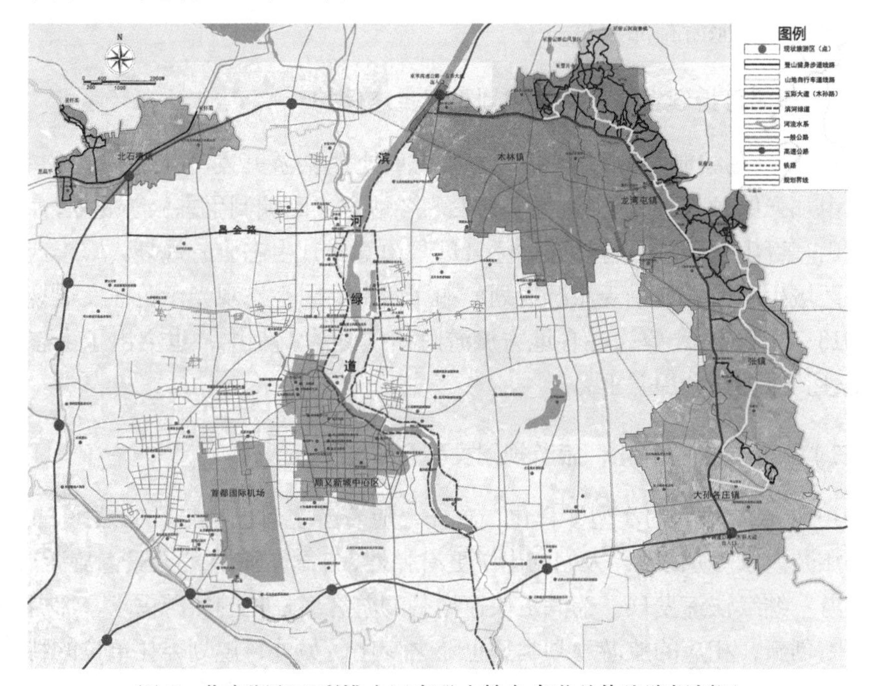

图 6　北京顺义五彩浅山国家登山健身步道总体线路规划图

《阿坝州旅游公路专项规划(2014−2030 年)》提出充分利用丰富多样的旅游资源、品质优良的天然禀赋，打造成为我国西部的“全域景区”。依托州域现有和规划公路网，以全州重点景区及具有巨大发展潜力的景区景点为关键节点，形成州级、县级和景区级三级旅游公路环线，起到提供多重旅游选择、分流旅游交通量的作用。

海南省编制了民俗文化旅游发展专项规划、休闲体育旅游发展专项规划、红色旅游发展专项规划，以及乡村、温泉、房车露营度假区示范点总体规划等一批专项规划，为加快完善国际旅游岛建设提供指导。

三、旅游规划的特征

(一)政策导向更加明确，旅游规划突出文化特色

中共十七届六中全会提出文化与旅游融合，十八大报告 8 次提到“文化强国”，6 次提到“美丽中国”，建立一个生态文明、和谐宜居的国家成为当今中国发展建设的主题。2013 年，各地政府希望通过文化提升区域竞争力，通过挖掘地方文化底蕴，以旅游为展示平台展现文化魅力，吸引更多游客到访，提升地方经济实力和形象。在旅游规划编制过程中，各级单位也通过梳理地方文脉，提出一批独具文化特色的旅游精品项目。

(二)提倡可持续发展，旅游规划重视生态保护

2013 年，在编制规划过程中，更加注重处理旅游开发与生态保护的关系，在开发中加强保护，以保护促进旅游开发。各地方分别编制生态旅游规划，如《浙江凤阳山—百山祖国家级自然保护区（凤阳山部分）生态旅游规划》、《崇武至秀涂滨海区域生态保护和景观旅游规划》和《西南塬区生态观光示范区发展规划纲要（2013−2020 年)》等。在各地方旅游总体规划的编制中，也突出了生态保护的重要性，保护与利用并重。

(三)旅游需求差异化，旅游规划类型多样化

2013 年旅游规划的类型多样化。首先，随着游客对已有景区的熟悉，求新、求异的旅游需求更加强烈，人们的出游更有弹性，自驾车旅游、“无景点旅游”、“一地深度游”继续快速发展。为满足快速增长的游客多样化的旅游需求，旅游产品需要不断创新，相应的旅游规划类型也随之变化。另外，规划委托单位的特殊性需求和规划编制单位的技术与内容创新也使旅游规划类型多样化。

（四）海洋旅游相关的旅游规划更为丰富

2013年，我国首次将“海洋”作为国家年度旅游主题，与海洋旅游相关的旅游规划更为丰富。三亚市编制完成首个海洋旅游规划，发展海岛度假、邮轮旅游、低空旅游、游艇游船旅游、海洋运动旅游、海洋文化旅游6大旅游产品，引领我国海洋旅游发展，成为开发南中国海的中心城市和前沿阵地。另外在《环渤海区域旅游发展总体规划》也注重海洋资源的利用，提出开发环渤海滨海休闲度假旅游带，建设长岛等国际休闲度假岛，开辟陆岛联动的海上邮轮旅游航线。福建省也在积极规划建设福瑶列岛国家级海洋公园。

四、趋势与展望

（一）国民休闲纲要出台，旅游规划需求强烈

2013年2月18日，国务院批准并向社会发布《国民旅游休闲纲要（2013-2020)》。该纲要重点强化了推动落实带薪年休假制度的有关内容，首次明确提出“到2020年，职工带薪年休假制度基本得到落实”，并鼓励开展城市周边乡村度假，积极发展自行车旅游、自驾车旅游、体育健身旅游、医疗养生旅游、温泉冰雪旅游、邮轮游艇旅游等旅游休闲产品。尽管2013年中央颁布“八项规定”、“六项禁令”，公务旅游消费急剧下降，商务旅游消费明显放缓，但国民休闲性旅游消费表现出强劲的增长势头。总体而言，现阶段的旅游产品并不能满足游客的需求，各类旅游目的地建设与发展有待规划提升，因此对旅游规划的需求将依然强烈。

（二）新型城镇化途径，旅游规划注重城旅协调

2013年，中国经济进入改革和转型的关键时期，旅游产业成为新型城镇化模式的重要途径之一。旅游强大的成长动力及产业综合带动能力，尤其是在中西部城市化进程中将扮演重要角色。因此，旅游规划的目标不仅是打造高等级的景区和一流的旅游目的地，更兼具带动地方发展，提升地方就业率，实现新型城镇化的职责。

（三）考虑旅游业与相关产业融合发展的特征更加突出

旅游业融合发展是由旅游业特性决定的，产业融合发展也是全方位的，如乡村旅游业态的发展、旅游装备制造业的发展、创意旅游综合体等。产业融合促进了旅游业的价值链重组、核心竞争力形成以及产业组织的创新。文化旅游融合更

加突出，例如成都市多部门联合出台了《关于积极支持文化创意旅游产业发展规范用地管理的意见》，明确鼓励文化创意旅游项目。随着旅游产业融合的进一步深化，旅游规划将更加关注与农业、工业、林业、交通运输业等产业的融合发展，旅游产品开发将更加重视乡村旅游、工业旅游、森林旅游、高铁旅游等新业态的发展。

（四）以景区提升和目标建设为主要目的的旅游规划不断涌现

随着国家更加重视旅游产业发展，景区提升和目标导向型的旅游规划逐渐增多。例如，以创建优秀旅游城市、国家 5A 级景区提升建设等为主要目标的规划，以及将旅游产业发展成为支柱产业的规划，建设区域旅游目的地的规划等。2013 年 9 月，昆明市出台了《关于加快建设世界知名旅游城市的决定》，昆明市进而组织编制了《建设世界知名旅游城市总体规划》。以景区提升和目标建设为主要目的的旅游规划未来将不断涌现。

（五）越发注重创意策划和旅游项目建设

旅游规划越发注重创意策划，用现代的创意策划，探求和发掘传统资源中包含的现代价值，通过创意生成和促使价值内涵的再发现，从而在当代人的内心深处产生强烈共鸣，实现与现代市场需求的对接。旅游规划更加注重旅游项目的创意策划与空间落地，旅游项目成为旅游规划可操作性的重要体现。

（六）目的地管理和营销地位凸显

旅游目的地管理（Destination Management）与旅游目的地营销（Destination Marketing）逐渐成为旅游规划的重要内容。凸显旅游目的地管理和旅游影响的特征在未来旅游规划中将更为明显。济宁市、株洲市等城市纷纷编制了专项的《旅游营销规划》，足见旅游目的地管理和营销的突出地位。随着旅游市场的充分发育，旅游规划将更为重视旅游目的地管理与营销。

参考文献

[1] 北京大学“多途径城市化”研究小组．多途径城市化 [M]. 北京：中国建筑工业出版社，2013.

[2] 陈嘉睿．基于生态旅游理念的旅游规划思路探讨——以草原生态旅游规划为例 [J]. 旅游纵览（下半月），2013（09）：23.

[3] Frank F Sabouri，李吉来，沈致柔．快速城镇化进程中的生态旅游规划与设计 [J]. 旅游学刊，2013（09）：11-12.

[4] 黄华，朱喜钢，赵宁曦．慢城、慢旅游及其旅游规划运用 [J]. 浙江农业科学，2013（06）：741－744，748．
[5] 林峰．旅游引导的新型城镇化 [M]. 北京：中国旅游出版社，2013．
[6] 吕俊芳．旅游规划理论与实践 [M]. 北京：知识产权出版社，2013．
[7] 马勇，李芳．海滨旅游规划与开发——理论、方法与案例 [M]. 北京：科学出版社，2013．
[8] 马海鹰，吴宁．法定旅游规划如何“落地”与“开花”[J]. 旅游学刊，2013（10）：7－8．
[9] 吴必虎．旅游规划的自由与约束：法规、标准与规范 [J]. 旅游学刊，2013（10）：4－5．
[10] 向宝惠，钟林生．边境县域旅游发展规划理论与实践 [M]. 北京：中国社会出版社，2013．
[11] 熊剑平，余意峰，刘美华．少数民族区旅游发展之路——恩施州利川市规划案例 [M]. 北京：科学出版社，2013．
[12] 熊剑平，刘承良，章晴．贫困山区旅游发展之路——湖北省保康县尧治河村的规划案例 [M]. 北京：科学出版社，2013．
[13] 杨晓霞，向旭，雷丽，张瑜．旅游规划原理 [M]. 北京：科学出版社，2013．
[14] 张玉钧，刘国强．湿地公园规划方法与案例分析 [M]. 北京：中国建筑工业出版社，2013．
[15] 周建明，所萌．生态旅游理论与实践 [M]. 北京：中国建筑工业出版社，2013．
[16] 周永广．旅游规划实务 [M]. 北京：化学工业出版社，2013．
[17] 邹统钎．旅游规划经典案例（上）[M]. 北京：旅游教育出版社，2013．
[18] 中国旅游研究院．2013 年中国旅游经济运行分析与 2014 年发展预测 [M]. 北京：中国旅游出版社，2014．

（撰稿人：周建明，中国城市规划设计研究院文化与旅游规划研究所所长，教授级高级城市规划师；沈晔，中国城市规划设计研究院文化与旅游规划研究所，助理城市规划师）

住房保障与规划建设工作

2013 年是全面贯彻落实十八大精神的开局之年，是实施“十二五”规划承前启后的关键一年，是加快推进新型城镇化建设重要的一年，也是住房保障工作继续全面深化的一年。本年度住房保障工作的重点就在于进一步大规模地推进保障性住房建设，并将流动人口纳入住房保障的覆盖范围，同时更重视保障房设计品质的提升，以及各项配套设施的完善，着手建立社区生活的配套系统，使住房保障工作真正体现“以人为本”的社会理念，实现民生，让全社会人们都实现“居者有其屋”。

一、住房保障政策的进一步完善

伴随着新的经济形势变化和深化改革要求的提出，2013 年国家关于住房保障领域的政策除延续“十二五”规划关于保障安居工程建设、发展公租房、扩大保障覆盖面等长期性发展要求以外，更多地强调了改革与探索，在住房制度、保障房建设类型和模式上都提出了一些新的指导思想。

（一）探索公平可持续的住房保障模式

作为今年国家发展改革的政策标杆，十八届三中全会首次在“公平”的基础上，将“可持续”的要求加入社会保障领域，明确要健全符合国情的住房保障和供应体系。此后，中央政治局集体学习中又再次强调“处理好住房发展的经济功能和社会功能的关系、需要和可能的关系、住房保障和防止福利陷阱的关系”。要求尽力而为和量力而行相结合，努力满足基本住房需求。《住房和城乡建设部关于做好 2013 年城镇保障性安居工程工作的通知》也强调完善保障性住房分配与管理机制，适当上调收入线标准，让最困难群众优先获得住房保障。

在强调住房保障制度符合基本国情和发展阶段的同时，国家也积极引导市场力量进入保障房建设领域，从而借助市场力量，开拓保障性住房的建设融资渠道，推动其建设管理的长期可持续发展。《国务院办公厅关于政府向社会力量购买服务的指导意见》（国办发〔2013〕96 号）提出，在教育、就业、社保、医疗卫生、住房保障、文化体育及残疾人服务等基本公共服务领域，要逐步加大政府向社会力量购买服务的力度；十八届三中全会提出允许社会资本通过特许经营等方式参与城市基础设施投资和运营，研究建立城市基础设施、住宅政策性金融机构；《住房和城乡建设部关于做好2013年城镇保障性安居工程工作的通知》、2013全国住房城乡建设工作会议也提出要推动民间资本参与保障房建设运营。

（二）结合户籍改革扩大保障覆盖面

随着城镇化的快速推进，大量流动人口的住房问题越来越受到社会关注。将符合条件的农业转移人口逐步转为城镇居民已经成为积极稳妥推进城镇化的重要任务。一方面，国家要求根据城市综合承载能力和转移人口情况，分类推进户籍制度改革。十八届三中全会、中央城镇化工作会议在此前各类推进户籍管理制度改革相关政策[①]的基础上，继续强调“全面放开建制镇和小城市落户限制，有序放开中等城市落户限制，合理确定大城市落户条件，严格控制特大城市人口规模”，通过改革现行人口户籍管理制度，将常住人口转化为户籍人口，从而使进城落户农民完全纳入城镇住房和社会保障体系。另一方面，在户籍改革之外，国家也鼓励将符合条件的农民工直接纳入城镇住房保障体系，十八届三中全会、国家发展和改革委员会《关于2013年深化经济体制改革重点工作意见》等政策文件中，都反复提出要稳步推进城镇基本公共服务向符合条件的常住人口全覆盖，《国务院办公厅关于继续做好房地产市场调控工作的通知》（国办发〔2013〕17号）中，更是明确要求“到2013年底，地级以上城市要把符合条件的、有稳定就业的外来务工人员纳入当地住房保障范围”。

以广东、浙江、上海、江苏、北京为代表的发达地区聚集了大量的农村外来务工人员，各地市根据自身的实际情况，制定相应的外来务工人员申请条件，取消户籍限制门槛，取消社保缴纳要求等限制，使得外来务工贫困群体也能够实现“居者有其屋”的安居梦。如河北省保障性住房管理中心下发了《关于切实解决城镇外来务工人员住房保障问题的通知》，要求各设区市应将年度可分配公共租赁住房25%左右比例的房源，用于向符合条件的外来务工人员分配；海南的住房保障范围也从本地户籍住房困难家庭向新就业职工、外来务工人员、环卫工人等住房困难家庭延伸，并放宽乡镇城镇户籍在县（市）城镇租、购保障性住房的限制；四川则实施“农民工住房保障行动”，20%公租房将面向农民工；济南市住房保障和房产管理局下发《关于扩大外来单身职工公共租赁住房分配标准的通知》规定，外来务工人员与本市户籍人员申请公租房全面实现“同城待遇”。

---

① 国务院办公厅关于积极稳妥推进户籍管理制度改革的通知（国办发〔2011〕9号）、国家人口发展“十二五”规划

（三）有序推进公租房与廉租房并轨

延续“十二五”规划的要求，2013 年的各项政策仍然强调“发展公共租赁住房，逐步使其成为保障性住房的主体”。与此同时，公租房、廉租房等租赁型保障性住房的统筹建设越发得到重视。2013 年全国住房城乡建设工作会议、《发展改革委关于 2013 年深化经济体制改革重点工作意见》等多项会议和政策均提到要有序推进公租房、廉租房并轨运行工作。

2013 年末出台的《住房和城乡建设部、财政部、国家发展和改革委员会关于公共租赁住房和廉租住房并轨运行的通知（建保〔2013〕178 号）》更是明确指出，从 2014 年起，各地公共租赁住房和廉租住房并轨运行，并轨后统称为公共租赁住房，此前已建廉租房也全部纳入公租房体系。并要求整合公共租赁住房政府资金渠道，对租金实行差别化管理和动态调整。这一方案的出台，第一次明确了租赁型保障房的并轨实施路径，进一步整合、简化了我国保障性住房的供应类型。

（四）发展共有产权保障性住房新类型

共有产权住房这一住房新类型，也成为住房供应体系和住房保障制度改革探索的新热点。共有产权住房主要面向中低收入住房困难家庭，购房时，可按个人与政府的出资比例，共同拥有房屋产权。房屋产权可由政府和市民分担，市民可向政府“赎回”产权。房屋满一定年限后上市交易，也需要对出售所得按购房家庭与政府的产权比例进行分配。这类住房因政府支持的特征，也可归结为住房保障体系中的一种类型。

早在 2007 年，江苏淮安即在全国首推共有产权住房，此后上海、湖北黄石等地也进行了一定的制度尝试。2013 年，北京推出“自住型商品房”，引发了全国范围的关注和学习，其实质上就是典型的共有产权住房的模式。

2013 年全国住房城乡建设工作会议上，姜伟新部长代表住房和城乡建设部明确提出“鼓励地方从本地实际出发，积极创新住房供应模式，探索发展共有产权住房”。在 2014 年初的两会期间，仇保兴部长也建议在房价收入比较高的地方全面推广共有产权住房。这一系列政策信号表明，政府有意调动群众依靠自己努力改善住房条件的积极性，通过发挥市场作用，帮助中低收入家庭提升住房支付能力。

（五）加快棚户区和旧住宅区的改造

棚户区改造一直是保障性安居工程中的重要组成部分。2012 年 12 月，住房和城乡建设部等 7 部门就联合下发通知，要求各地市“加快推进集中成片棚户区（危旧房）改造，积极推进非成片棚户区（危旧房）改造，逐步开展基础设施简陋、建筑密度大的城镇旧住宅区综合整治，稳步实施城中村改造，着力推进资源型城市及独立工矿区棚户区改造”。2013 年以后关于加快棚户区改造的政策出台更为密集。除了国务院专门出台的《关于加快棚户区改造工作的意见》（国发〔2013〕25 号）以外，住房和城乡建设部《关于做好 2013 年城镇保障性安居工程工作的通知》、2013 年中央城镇化工作会议、《国务院办公厅关于继续做好房地产市场调控工作的通知》（国办发〔2013〕17 号）都提到要加快推进各类棚户区改造。其中《国务院关于加快棚户区改造工作的意见》更是明确了 2013–2017 年完成 1000 万户的改造任务。同时，在上述政策中也强调要加快城镇旧住宅区综合整治，在改造中建设一定数量的租赁型保障房，统筹用于符合条件的保障家庭。

二、保障性住房规划建设的可持续发展

（一）供给规模保持高速增长

2013 年，全国计划新开工城镇保障性安居工程 630 万套，基本建成 470 万套。截至 11 月底，已开工 666 万套（图 1），基本建成 544 万套（图 2），已全面完成年度目标任务，完成投资 11200 亿元[①]。中央除继续提供足供财政资金外，还将提

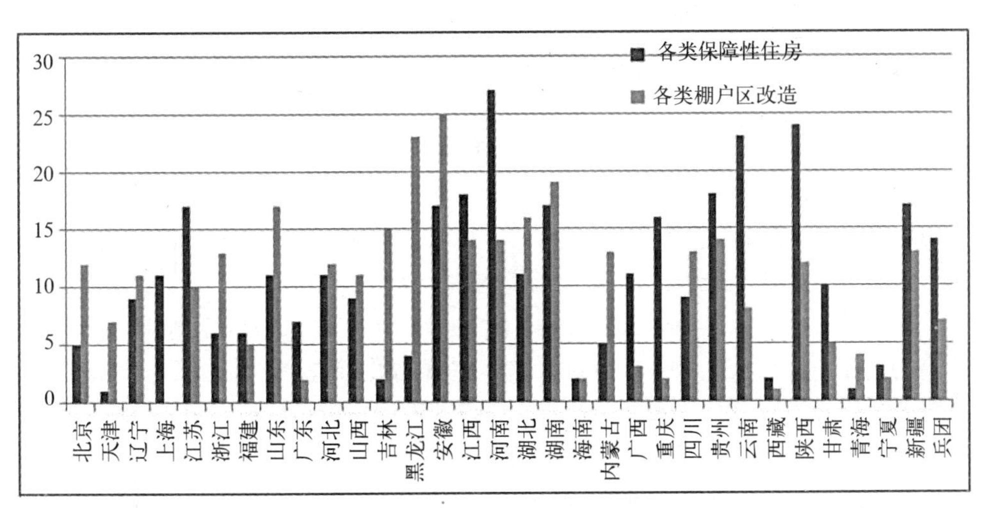

图 1　2013 年 1–11 月各地保障性安居工程新开工套数一览（单位：万套）

① 见 http://www.mohurd.gov.cn/zxydt/201312/t20131213_216546.html.

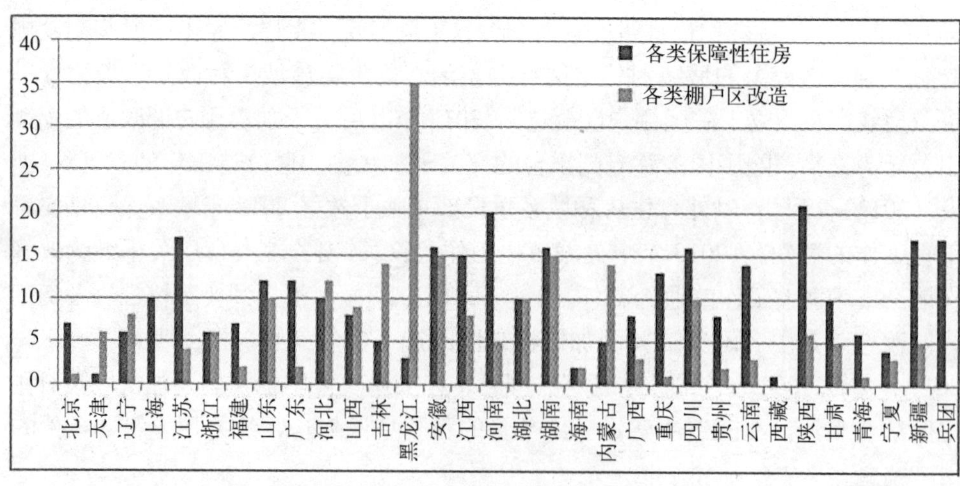

图 2　2013 年 1–11 月各地保障性安居工程建成套数一览（单位：万套）

供贷款贴息或投资补助、减免相关税收等多种渠道来确保城镇保障性安居工程项目的顺利开展。财政部印发了《关于做好 2013 年城镇保障性安居工程财政资金筹措等相关工作的通知》，该通知提出 6 大举措，包括要严格按照规定渠道筹集城镇保障性安居工程财政资金，如各地市各级财政部门可以从公共预算、土地出计收益、住房公积金收益、地方政府债券收入、国有资本经营预算等中安排资金，以用于公共租赁住房、廉租住房、城市棚户区改造等需要资金的城镇保障性安居工程项目。2013 年全年中央财政城镇住房保障支出 2320.94 亿元，完成预算的 104.1%，较上年下降 10.8%[①]。

（二）规划建设水平亟待提升

近年来保障性住房的大规模建设一定程度上满足了城镇住房困难家庭的基本居住需求，在数量短缺问题得以缓解的同时，保障性住房质量和适用性日益突出。有的地方一些保障性住房的设计、施工、监理、验收质量把关不严，有的保障性住房内部空间结构不合理，影响了使用功能，个别工程还使用了不合格的建筑材料，存在质量安全隐患。更重要的是，由于土地成本等原因，保障性住房大都选址偏远，被迫建在交通不便、基础设施不完善的城市边缘，随之又产生了交通、教育、医疗不便，及自来水、供电等公共配套设施建设滞后等问题，给居民的生活增加了一些负担，弱化了保障性住房的作用。北京市公租房项目多集中于东部、南部和北部的五环到六环之间，西部则较少，东部主要集中在通州区五环外围地

① 见 http://www.mof.gov.cn/zhuantihuigu/2014ysbg/ysbg2014/201403/t20140315_1055691.html

区，南部主要集中在房山、大兴区五环、六环之间，北部主要集中在五环外的昌平区、怀柔区，西部则主要分布在石景山区五环周围。由于区位偏远，公租房项目周边的基础公共设施可达性较差。公租房项目地铁交通可达性较差，教育资源可达性和医疗资源可达性相对较好。

上述问题对保障性住房的户型设计、社区环境以及在城市中的规划布局方面都提出了更高的要求。针对逐渐被纳入保障范围的流动人口，特别是农民工群体居住需求的保障性住房设计，将是未来的重点之一；而且保障性住房的规划设计更应充分体现出由建房到筹建社区的思路转变，进一步提高与保障房相关的基础配套设施的投入力度，做到保障性安居工程与配套设施同步规划、同时交付使用，确保竣工项目及早投入使用，切实维护好保障者的利益，切实发挥其改善民生的作用，使得中低收入家庭住房困难得到实实在在的解决。

（三）保障供给方式需要转型

随着城镇流动人口，特别是农民工群体被纳入保障性住房政策覆盖范围，今后势必会产生巨大的保障性住房需求，而目前我国各地的保障性住房供给能力很难在短期内满足这一群体的需求。同时，现行的保障性住房销售和租赁定价相对上述群体中大部分家庭来说仍然过高，超出了他们可支付能力，从而导致各类非正规住房（主要是城中村、城郊村）以其价格和区位优势成为城镇住房市场的重要组成部分，并容纳了大规模的流动人口家庭，也对城市住房供给和城市空间结构产生深刻的影响。

以往对非正规住房大规模的拆迁和“景观城市化”的改造措施，以及与此相对应的跃进式的“人为城市化”改制，造成了被驱赶走的流动人口到更外围的地方形成新的聚居区，不仅未能提升他们的居住条件，反而加剧了他们的通勤、就业压力。为此，在当前还存在大量流动人口的情况下，今后的城市规划应允许城中村等非正规住房“合理的”和“长期的”存在；而住房规划特别是保障性住房规划，应重视各类非正规住房的意义和作用，通过规范性的整治和管理将这类住房纳入住房保障供给体系中，从而丰富保障性住房的供给途径和方式。

（四）规划实践与方法探索

2010—2012 年，不少城市已经按照住房和城乡建设部要求，编制了保障性住房建设规划、十二五住房保障规划、住房建设规划等。在这一基础上，2013 年住房规划工作在规划层级、类型和内容深度上都有了持续深入的发展。

首先，全国城镇住房发展规划（2011—2015 年）发布后，省域层面住房发展规划开始推进。青海省编制了《青海省“十二五”城镇住房发展规划》，提出重点发展公租房，适当发展经适房等保障房类型结构要求；山西省编制了“十二五”城镇住房发展规划，并结合规划编制展开了详细的住房基础数据调研，为其他省市开展住房普查工作提供了良好借鉴。河南、山东等省也分别编制了不同期限的城镇住房发展规划。

其次，城市层面的住房保障相关规划也纷纷出台，在各种住房制度设计和城市住房问题上进行了更为深入、细致的研究和探索。深圳市于 2012 年底发布了《深圳市住房保障制度改革创新纲要》，为一种政策纲领性的规划，它明确了在保障对象、保障房运营、筹集等方面的改革思路，其中按不同收入和人口结构制定保障覆盖目标和租金层级，制定轮候时间目标，明确保障房有限产权的管理和内部流通机制，鼓励集体土地建设保障房等要求在国内都属于创新性改革探索。同时，根据《深圳市住房建设规划（2011—2015）》，深圳市规划和国土资源委制定并公布了《深圳市住房建设规划 2013 年度实施计划》，计划回顾了上一年度保障性住房的建设、分配及问题，并将 2013 年保障性安居工程分类型（城市更新、产业配套、拆迁安置、企业自有地建设）落实到了具体用地地块。

绵阳市编制的城市住房建设规划，通过问卷调查构建了各类人群与不同类型住房的关系模型，多方面分析了绵阳住房发展总体状况以及各群体的住房需求，并建立了住房需求预测的模型。规划还重点提出了城中村、企业自建宿舍、农民安置房等“非正规”住房在住房保障体系中的积极意义，强调将其作为解决低收入流动人口基本居住问题的过渡性手段，在住房供给体系的健全上做出了积极探索。

三、趋势与展望

2013 年，我国住房保障工作仍以保障安居工程为重点，持续加大保障房的建设规模，包括住房保障条例在内的相关制度建设也得到进一步推进。今后，随着新政策、规划的出台以及对各项实践的总结和反思，住房保障工作将在以下若干方面进一步发展。

首先，需研究调整保障性住房的供给规模和方式。“十二五”3600 万套保障房的目标正通过年度计划逐年得以实现，但“十三五”甚至更远期的住房保障水平、覆盖群体、供给能力等问题还需要深入研究。应通过总结当前各地区、各城市的住房保障覆盖水平，以及政府在住房保障方面的资金、土地等方面的投入状况，考察保障性安居工程的实施效果，分析今后住房保障投入可持续性和保障能力提升的途径、方法，从而更为理性地进行基础研究和思考，更科学地制定供给目标。此外，还应积极引导市场力量参与公共服务，多渠道筹集保障性住房房源。

其次，应多方式满足流动人口的基本住房条件。将符合条件的农业转移人口逐步转为城镇居民，这已经成为积极稳妥推进城镇化的重要任务。目前，低收入流动人口的规模与当前城镇户籍住房困难家庭的规模不相上下，随着这一群体被纳入城镇住房保障范围，将释放出大量的保障性住房需求，今后的住房政策和规划将重点分析流动人口的群体基本特征、总体发展趋势、现状住房特征和他们对居住空间的要求，探索如何从增量保障性住房建设和存量非正规住房（尤其是城中村）的规范化管理和利用等多种方式保障其基本居住需求，将是今后各地住房规划工作的重点。

同时，应进一步关注保障性住房空间布局与适用性提升。受土地经济利益的驱动，大量保障性住房建设集中于中小城市和大城市的远郊区县，一定程度上造成供需关系的空间错位。同时，保障性住房大规模集中建设、配套服务设施滞后等现象仍然存在。因此，今后在满足了基本居住面积标准基础上，规划、设计和实施中将对居住的舒适性、设施使用的便利性、交通的可达性以及社区管理的实效性提出新的要求，并在保障性住房和社区的规划、建设、分配和管理方面出台和完善量化指标和细则，进一步明确相关要求，保证各类保障性住房小区规模适当、社施便利，并与普通商品住房适度混合，进而推动社会和谐稳定发展。

参考文献

[1] 国务院．国务院办公厅关于继续做好房地产市场调控工作的通知(国办发〔2013〕17 号)[Z].

[2] 国务院．国务院批转发展改革委关于 2013 年深化经济体制改革重点工作意见的通知（国发〔2013〕20 号）[Z].

[3] 国务院．国务院关于加快棚户区改造工作的意见（国发〔2013〕25 号）[Z].

[4] 国务院．国务院办公厅关于政府向社会力量购买服务的指导意见(国办发〔2013〕96 号)[Z].

[5] 中共中央关于全面深化改革若干重大问题的决定 [Z].

[6] 住房和城乡建设部．住房和城乡建设部办公厅关于贯彻实施《住房保障档案管理办法》的意见（建办保〔2013〕4 号）[Z].

[7] 财政部．财政部关于做好 2013 年城镇保障性安居工程财政资金筹措等相关工作的通知(财综〔2012〕99 号）[Z].

[8] 住房和城乡建设部．住房和城乡建设部关于做好 2013 年城镇保障性安居工程工作的通知（建保〔2013〕52 号）[Z].

[9] 住房和城乡建设部，财政部，国家发展和改革委员会．住房和城乡建设部关于公共租赁住房和廉租住房并轨运行的通知（建保〔2013〕178 号）[Z].

[10] 赵静，闫小培．发展中国家的城市非正规住房供给研究：述评与启示 [J]. 世界地理研究，2011，3.

[11] 侯慧丽，李春华．梯度城市化：不同社区类型下的流动人口居住模式和住房状况 [J]. 人口研究，2013，3.

（撰稿人：卢华翔，中国城市规划设计研究院，高级城市规划师；李力，中国城市规划设计研究院，城市规划师，博士；张璐，中国城市规划设计研究院，城市规划师）

新型城镇化背景下的绿色生态城市发展

一、发展背景

（一）绿色发展成为国际社会普遍共识

工业文明时代的经济高速增长带来了环境成本问题的日益凸显，依靠资源消耗、以环境破坏为代价的传统经济增长模式受到越来越多的诟病。改变传统发展模式，减少对不可再生的自然资源依赖，实现经济、社会与自然的协调发展，成为当前国际社会的共同诉求。许多国家都把绿色发展作为推动转型发展的重要举措，相继提出一系列绿色发展战略，通过制定绿色增长规划、建立绿色城市、加强绿色投资等策略，促进本地区实现可持续发展。

英国是最早提倡绿色发展的国家之一，在绿色城市、绿色建筑等方面都充分体现了绿色发展的理念，并且将绿色城市的建设作为其绿色发展模式的载体。德国也是大力主张绿色发展的国家，在绿色环保技术工业发展的探索实践很成功。韩国政府于 2010 年公布了《低碳绿色增长基本法》，构筑了绿色增长的基本框架[①]。日本在 2012 年推出“绿色发展战略”总体规划，开展在经济、社会层面的绿色革命，创造新型的可持续产业。

除上述先行国家外，绿色发展也成为国际社会组织的共识。2008 年联合国环境规划署为应对金融危机提出绿色经济和绿色新政倡议，强调“绿色化”是经济增长的动力，呼吁各国大力发展绿色经济，实现增长模式转变[②]，强调了经济发展和环境保护的协调统一。欧盟委员会发布“欧盟 2020 战略计划”，提出把绿色作为发展核心之一，通过建立能效联盟，支持欧盟向能源高效利用和低碳型经济转变。同年非洲国家在博茨瓦纳召开了首次非洲可持续发展峰会，并联合发表了《哈博罗内宣言》，承诺实践可持续发展理念。

（二）生态文明成为我国的基本国策

我国在经济的高速发展中付出了巨大的资源与环境代价，严重制约着我国的

① 刘洋．资讯－韩国低碳绿色增长法规正式生效 [EB/OL]．(2010-04-26) http://paper.people.com.cn/zgnyb/html/2010-04/26/content_500333.htm?div=-1

② 张梅．绿色发展：全球态势与中国的出路 [J]. 国际问题研究，2013，9.

可持续发展。2007 年党的十七大报告首次提出“生态文明”，在国家战略和政策方面开始全面推进生态文明建设。

2012 年党的十八大报告提出“大力推进生态文明建设”，要求“把生态文明建设放在突出地位，融入经济建设、政治建设、文化建设、社会建设各方面和全过程，努力建设美丽中国，实现中华民族永续发展”。报告将生态文明放在与政治文明、经济、社会和文化发展平等的地位，把生态文明建设摆在五位一体的高度来论述。

2013 年 11 月召开的中国共产党十八届三中全会提出深化生态文明建设改革制度；同年 12 月，中央经济工作会议提出加快生态文明建设，推动可持续发展。由此可见，生态文明已成为我国推动可持续发展的基本国策。

（三）新型城镇化战略明确提出绿色城市发展

城镇化是我国未来发展所释放的主要潜力和最大需求。自党的十八大指出坚持走中国特色新型工业化、信息化、城镇化、农业现代化道路，我国开始探索新型城镇化发展模式。在 2013 年底的中央经济工作会议上，习近平主席明确了“要把生态文明理念和原则全面融入城镇化全过程，走集约、智能、绿色、低碳的新型城镇化道路”。随后召开的中央城镇化工作会议提出要着力推进绿色发展、循环发展、低碳发展。由此可见，绿色生态发展成为我国新型城镇化战略的核心举措。

2014 年 3 月国务院总理李克强在政府工作报告中提出：“坚持走以人为本、四化同步、优化布局、生态文明、传承文化的新型城镇化道路。”通过加强生态环境保护、强化污染防治、推进生态保护与建设等措施，努力建设生态文明的美好家园。紧接着《国家新型城镇化规划（2014—2020 年）》正式公布，作为指导我国新型城镇化的纲领性文件，该规划将“生态文明、绿色低碳”作为规划要坚持的重要原则之一，并要求创新规划理念，“把以人为本、尊重自然、传承历史、绿色低碳理念融入城市规划全过程”，并详细阐述了绿色城市的建设重点（表 1）。

绿色城市建设重点 表 1

分类	内容
绿色能源	推进新能源示范城市建设和智能微电网示范工程建设，依托新能源示范城市建设分布式光伏发电示范区，在北方地区城镇开展风电清洁供暖示范工程；选择部分现场开展可再生能源利用示范工程，加强绿色能源县建设。
绿色建筑	推进既有建筑供热计量和节能改造，基本完成北方采暖地区居住建筑供热计量和节能改造，积极推进夏热冬冷地区建筑节能改造和公共建筑节能改造；逐步提高新建建筑能效水平，严格执行节能标准；积极推进建筑工业化、标准，提高住宅工业化比例；政府投资的公益性建筑、保障性住房和大型公共建筑全面执行绿色建筑标准和认证。

续表

分类	内容
绿色交通	加快发展新能源、小排量等环保型汽车，加快充电站、充电桩、加气站等配套设施建设，加强步行和自行车等慢行交通体统建设，积极推进混合动力、纯电动、天然气等新能源和清洁燃料车辆在公共交通行业的示范应用；推进基层、车站、码头节能节水改造，推广使用太阳能灯可再生能源；继续严格实行运营车辆燃料消耗量准入制度，到2020年淘汰全部黄标车。
产业园区循环化改造	以国家级和省级产业园区为重点，推进循环化改造，实现土地集约利用、废物交换利用、能量梯级利用、废水循环利用和污染物集中处理。
城市环境综合整治	实施清洁空气工程，强化大气污染综合防治，明显改善城市空气质量；实施安全饮用水工程，治理地表水、地下水，实现水质、水量双保障；开展存量生活垃圾治理工作；实施重金属污染防治工程，推进重点地区污染场地和土壤修复治理；实施森林、湿地保护欲修复。
绿色新生活行动	在衣、食、住、行、游等方面，加快向简约适度、绿色低碳、文明节约方式转变；培育生态文化，引导绿色消费，推广节能环保型汽车、节能省地型住宅；健全城市废旧商品回收体系和餐厨废弃物资源化利用体系，减少使用一次性产品，抑制商品过度包装。

资料来源：《国家新型城镇化规划（2014—2020年）》，中央政府门户网站：www.gov.cn

二、政策激励

在科学发展观、生态文明和新型城镇化等国家宏观战略的引导下，国家各部委和省市各级地方政府相继出台了一系列政策措施，积极推动城市规划与建设向绿色、生态、低碳、集约的方向发展。

（一）中央各部委相关政策

随着国家对绿色发展的不断重视，国家发展和改革委员会、住房和城乡建设部、财政部和环境保护部等相关部委相继出台了一系列相关政策，积极推动绿色生态建设（表2），以期通过政策，引导促进生态城镇发展、绿色建筑推广和其他生态技术的应用。

国家部委近年出台绿色相关政策一览表　　表2

类型	具体政策措施	时间	主导部门
规划意见	《关于进一步推进公共建筑节能工作的通知》提出到2015年，重点城市公共建筑单位面积能耗下降20%以上。中央财政支持建设公共建筑能耗监测平台，并对改造重点城市给予财政资金补助。	2011.5	财政部、住房和城乡建设部
	《关于加快推动我国绿色建筑发展的实施意见》提出为推进绿色建筑的规模化发展，鼓励城市新区按照绿色、生态、低碳理念进行规划，发展绿色生态城区，中央财政对经审核满足条件的绿色生态城市给予基准为5000万元的资金补助。	2012.4	财政部、住房和城乡建设部
	《“十二五”建筑节能专项规划》提出到“十二五”末，达到建筑节能形成1.16亿t标准煤节能能力的总体目标。	2012.5	住房和城乡建设部

续表

类型	具体政策措施	时间	主导部门
规划意见	《绿色建筑行动方案》提出"十二五"期间完成新建绿色建筑 10 亿 m^2，到 2015 年末 20% 的城镇新建建筑达到绿色建筑标准要求。	2013.1	国家发展和改革委员会、住房和城乡建设部
	《"十二五"绿色建筑和绿色生态城区发展规划》提出"十二五"时期将选择 100 个城市新建区域按照绿色生态城区标准规划、建设和运行。	2013.4	住房和城乡建设部
试点示范	与深圳、无锡市政府分别签署共建"国家低碳生态示范市（示范区）"的合作框架协议。	2010	住房和城乡建设部
	启动国家低碳省区和低碳城市第一批试点工作，选择广东、湖北、辽宁、陕西、云南 5 个省和天津、重庆、杭州、厦门、深圳、贵阳、南昌、保定 8 个城市进行首批试点。	2010.8	国家发展和改革委员会
	启动可再生能源建筑应用城市示范和农村地区县级示范项目评选，并给予中央财政的支持。	2010.8	财政部、住房和城乡建设部
	与河北省共同签署《关于推进河北省生态示范城市建设促进城镇化健康发展合作备忘录》，共同推进 4 个生态示范区建设。	2010.10	住房和城乡建设部
	《住房和城乡建设部低碳生态试点城（镇）申报管理暂行办法》启动新建低碳生态城镇示范工作。	2011.6	住房和城乡建设部
	《关于绿色重点小城镇试点示范的实施意见》推进绿色小城镇工作的组织实施和监督考核工作，随后公布了第一批试点示范名单。	2011.6	财政部、住房和城乡建设部、国家发展和改革委员会
	组织推荐 2012 年园区循环化改造示范试点备选园，中央财政补助资金专项用于园区循环化改造。	2012.2	财政部、国家发展和改革委员会
	启动国家低碳省区和低碳城市第二批试点工作，确立了包括北京、上海、海南和石家庄等 29 个城市和省区作为试点。	2012.11	国家发展和改革委员会
	评选出 8 个首批绿色生态示范城区，并给予每个项目 5000−8000 万元的补贴资金。	2012.11	财政部、住房和城乡建设部
	国家发展改革委员会《关于组织开展循环经济示范城市（县）创建工作的通知》提出到 2015 年选择 100 个左右城市（区、县）开展国家循环经济示范城市（县）创建工作。	2013.9	国家发展和改革委员会
技术规范	发布《绿色工业建筑评价导则》规范绿色工业建筑评价标识，指导绿色工业建筑的规划设计、施工验收和运行管理。	2010.8	住房和城乡建设部
	发布《国家生态建设示范区管理规程》进一步规范国家生态建设示范区创建工作。	2012.4	环境保护部
	发布《绿色保障性住房技术导则》提高保障性住房的建设质量和居住品质，规范绿色保障性住房的建设。	2013.12	住房和城乡建设部
组织保障	成立低碳生态城市建设领导小组，组织研究低碳生态城市的发展规划、政策建议、指标体系、示范技术等工作，引导国内低碳生态城市的健康发展。	2011.1	住房和城乡建设部
	住房和城乡建设部、工业和信息化部共同成立绿色建材推广和应用协调组，以期通过研究解决绿色建材生产和应用中面临的问题，加快绿色建材产业发展，带动建材工业转型升级。	2013.9	住房和城乡建设部、工业和信息化部

其中住房和城乡建设部作为推动绿色城市发展的核心主管部门，出台的低碳生态试点城市、绿色生态示范城区和示范绿色低碳重点小城镇等一系列的示范试点工作，对推动绿色生态城市的发展起到了良好的标杆作用（表3，表4，表5）。

住房和城乡建设部与地方合作协议确定的低碳生态城试点名单　　表3

上海虹桥商务区	深圳坪山新区	石家庄正定新区
上海南桥新城	无锡太湖新城 *	秦皇岛北戴河新区
天津中新生态城 *	合肥滨湖新区	沧州黄骅新城
深圳光明新区 *	曹妃甸唐山湾新城 *	涿州生态宜居示范基地

注：以上城市（区）通过住房和城乡建设部与地方签署合作协议的方式确定。标注*的为2012年获得财政部、住房和城乡建设部中央财政资金支持的绿色生态示范城区（补贴资金为5000–8000万元）。

住房和城乡建设部审批的绿色生态示范城区名单　　表4

获批年份	项目名称
2012	重庆悦来生态城 *
	昆明市呈贡新区 *
	池州天堂湖新区
	长沙梅溪湖新城 *
	贵州中天未来方舟生态城 *
2013	涿州生态宜居示范基地
	南京河西新城
	肇庆中央生态轴新城
	株洲云龙新城
	西安浐灞生态园
2014	北京市长辛店生态区
	上海市虹桥商务区核心区
	上海市南桥新城
	青岛德国生态园
	嘉兴市海盐滨海新城
	南宁五象新区核心区生态城

注：以上城区通过地方申报、住房和城乡建设部审批的方式确定。标注*的为2012年获得财政部、住房和城乡建设部中央财政资金支持的绿色生态示范城区（补贴资金为5000–8000万元）。

住房和城乡建设部已公布的试点示范绿色低碳重点小城镇名单　　表5

北京市密云县古北口镇	天津市静海县大邱庄镇	合肥市肥西县三河镇	常熟市海虞镇
厦门市集美区灌口镇	佛山市南海区西樵镇	重庆市巴南区木洞镇	

注：以上镇通过财政部、住房和城乡建设部和发改委联合审批的方式确定。

（二）各省市激励政策

在中央建设生态文明、促进城镇绿色生态发展的政策引导下，各地方政府对绿色生态城市发展的扶持力度加大，积极出台相关政策和激励措施（表6），以期充分调动市场各方参与积极性，推动城市的绿色生态发展。相关激励奖励和补贴政策主要集中在绿色建筑、可再生能源利用和供热计量改革等相对容易实际操作的领域，这些措施切实地推动了绿色建筑及相关产业的快速发展，主要通过直接财政资金补贴、容积率奖励、减免税费、贷款利率优惠、资质评选和示范评优活动中优先或加分等措施来实现。

部分地区绿色生态建设补贴奖励政策一览表　　表6

地区	补贴及奖励政策内容
北京市	从2013年6月1日起，所有新建建筑采取绿色建筑标准；北京市政府拟对高星级绿色建筑进行财政补贴。
上海市	对二星级以上绿色建筑每平方米最高补贴60元，单个项目最高补贴600万元，保障性住房项目最高可补贴1000万元；同时依托虹桥商务区等8个低碳实践区和7个低碳新城建设推进绿色建筑。
重庆市	取得重庆市绿色建筑竣工标识的工程项目，可向相关部门申请享受国家及有关税收优惠政策。
山东省	对一星级绿色建筑按15元/m^2(建筑面积)、二星级30元/m^2、三星级50元/m^2的标准予以奖励；制定绿色生态示范城区财政奖励政策，对符合条件的绿色生态示范城区给予奖励，2014年的奖励标准为2000万元；资金将统筹用于绿色生态规划和指标体系制定、绿色建筑评价标识和能效测评、绿色建筑技术研发和推广等。
黑龙江省	支持金融机构对购买绿色住宅的消费者在购房贷款利率上给予适当优惠；在土地招拍挂出让规划条件中明确绿色建筑的建设用地比例；对取得绿色建筑标识项目的相关企业，在资质升级、优惠贷款等方面予以优先考虑或加分；在各类评优活动中，绿色建筑项目优先推荐、优先入选或适当加分。
湖南省	对取得绿色建筑评价标识的项目，在征收城市基础设施配套费中安排一部分奖励开发商或消费者；对其中的房地产开发项目另给予容积率奖励。对采用地源热泵系统的项目在水资源费征收时给予政策优惠；对因绿色建筑技术而增加的建筑面积，不纳入建筑容积率核算；对实施绿色建筑的相关企业，在企业资质年检、企业资质升级中给予优先考虑或加分。
江西省	设立节能减排（建筑节能）专项引导资金（每个区域补贴1500万元），对一、二、三星级绿色建筑分别补贴15、25、35元/m^2。
内蒙古自治区	对于一、二、三星级的绿色建筑，分别减免城市市政配套（150元/m^2）的30%、70%、100%。
广东省	对绿色建筑、可再生能源建筑应用示范项目等予以专项资金补助，单个项目补助额最高200万元；对有重大示范意义的项目给予补助，其中二、三星级绿色建筑分别补贴25、45元/m^2。
青海省	对一、二、三星级绿色建筑项目分别返还30%、50%、70%的城市配套费。

续表

地区	补贴及奖励政策内容
苏州工业园区	对一、二、三星级绿色建筑分别奖励5万、20万、100万元；对LEED认证的项目，银奖、金奖、铂金奖分别奖励5万、10万、20万元；可再生能源技术应用给予最高不超过30万奖励。
西安市	政府对一、二、三星级绿色建筑分别补贴5、10、20元/m^2；对商品房住宅绿色建筑项目，补助奖励资金的30%兑付给建设单位或投资方，70%兑付给购房者。
深圳市	市财政部门每年从市建筑节能发展资金中安排不少于3000万用于支持绿色建筑相关项目或活动；用太阳能等可再生能源占建筑能耗50%以上的绿色建筑项目，纳入广州市战略性新兴产业发展专项资金扶持范围，并享受相应的税收优惠。
长沙市	对可再生能源建筑应用城市示范项目进行补贴：太阳能光热建筑一体化应用项目按集热器面积补助400元/m^2；土壤源、污水源、水源热泵项目按建筑应用面积分别补助40、35、30元/m^2；太阳能与地源热泵结合项目按应用建筑面积补助53元/m^2；对采用合同能源管理模式的，在原补助标准基础上额外奖励5%。
南京市	对于建筑面积超过1万m^2的二星级以上绿色建筑，给予一定容积率奖励；对于符合绿色建筑工程，享受新型墙体材料专项基金全额返退政策。对一般、重点可再生能源应用示范项目进行奖励：太阳能光热项目分别奖励15元/m^2、20元/m^2；土壤源热泵项目分别奖励50元/m^2、70元/m^2；地表源热泵项目，一分别奖励35元/m^2、50元/m^2。

三、实践探索

随着绿色生态发展理念的不断深入和相关政策的相继出台，我国已经有越来越多的城市开展了绿色生态城市和城区的规划建设实践。到目前为止，全国已有上百个名目繁多、种类不同、大小各异的绿色生态城区项目。下文从实践类型、建设规模、开发模式和规划重点几方面对近年来绿色生态城区发展概况进行梳理。

（一）实践类型

1. 择址新建的绿色生态城区

目前，我国的绿色生态城市绝大多数是在既有城区临近择址新建，这一类型的实践受到的现状约束性因素较少，可将绿色生态的理念及技术贯穿在规划、建设、运营整个过程中，全方位地开展建设活动，开发建设见效较快。但投入成本相对较高、人口、产业集聚难度大。

将全国31个省、自治区和直辖市（不包括港、澳、台地区）作为检索范围，以“生态城”、“绿色新区”等为关键词进行网络检索，可检索到绿色生态新区项目共计139个（表7）。

我国绿色生态新区项目一览表 表 7

地区	个数	绿色生态新区名称
北京市	2	门头沟中芬生态谷、丰台长辛店生态城
天津市	2	中新天津生态城、滨海新区南部新城
河北省	11	石家庄正定新区、唐山湾新城、唐山南湖生态城、秦皇岛北戴河新区、沧州黄骅新城、涿州生态宜居示范基地、廊坊万庄生态城、衡水市衡水湖生态城、怀来县怀来生态新城、香河县运河国际生态城、廊坊大厂潮白新城核心区
山西省	1	阳泉新北区生态新城
内蒙古自治区	3	鄂尔多斯生态卫生城镇、准格尔旗高科技生态城、呼伦贝尔市额尔古纳新区
辽宁省	10	沈阳联合国生态示范城、沈阳鹿岛生态城、鞍山新城南综合生态城、沈抚高坎生态城、丹东市花园温泉综合生态城、营口百里滨海生态城、辽阳河东生态城、盘锦市绿地生态城、本溪生态新城、大连阳光生态城
吉林省	5	珲春生态新城、四平东部生态新城、长春卡伦滨湖生态新城、长春净月生态城、图们市口岸新区
黑龙江	3	大庆卫星生态城、鹤岗鹤西生态新城建、哈尔滨松花江避暑城
上海市	4	崇明东滩生态城、上海南桥生态新城、桃浦低碳生态城、上海虹桥商务区
江苏省	11	无锡中瑞低碳生态城、中新南京生态岛、徐州鼓楼绿色生态城、苏州西部生态城、扬州蜀岗生态城、宝应生态新城、淮安中澳生态城、无锡太湖新城、南京河西新城、昆山市花桥经济开发区、苏州中新生态科技城
浙江省	8	杭州白马湖生态创意城、宁波象山大目湾生态城、嘉兴海盐滨海新城、台州市仙居新区生态城、乐清经济开发区、南浔城市新区、金华市金义都市新区、宁波市杭州湾新区中心湖地区
安徽省	4	合肥滨湖新城、马鞍山长江湿地公园生态城、阜阳宜居生态城、池州天堂湖新区
福建省	6	厦门集美生态城、泉州金井生态城、漳州滨水湾生态城、龙岩蓝田闽台生态旅游城、晋江围头湾生态城、南平建阳西区生态城
江西省	4	新余仰天岗国际生态城、南昌空港生态新城、新余市袁河生态新城、中芬共青数字生态城
山东省	7	齐河黄河国际生态城、东营牛庄低碳生态示范镇、济宁北湖生态新城、青岛国际生态智慧城、中新曲阜文化生态城、烟台牟平滨海生态城、青岛德国生态园
湖北省	10	武汉五里界生态城、武汉花山生态城、武汉青菱生态新城、武汉四新生态新城、武汉后官湖生态新城、咸宁梓山湖生态新城、咸宁温泉旅游生态新城、孝感市临空经济区、钟祥市莫愁湖新区、荆门市漳河新区
湖南省	13	长沙天心生态新城、长沙永州生态新城、长沙芙蓉生态新城、株洲市枫溪生态城、岳阳生态城示范区、株洲神农生态城、常德柳叶湖低碳生态城、冷水江城东生态城、长沙梅溪湖新城、株洲云龙新城、长沙羊湖新区、常德北部新城、长沙湘江新城
广东省	10	深圳光明新城、深圳坪山新区、广州南沙滨海生态新城、佛山广佛生态新城、东莞保利生态城、广晟生态城、博罗县香江国际旅游生态城、肇庆中央生态轴新城、珠海市横琴新区、云浮西江新城

续表

地区	个数	绿色生态新区名称
广西壮族自治区	2	防城港上思祥龙国际生态城、南宁五象新区核心区生态城
河南省	4	郑州华福国际生态城、郑州新田生态城、新乡黄河生态城、济源济东新区
海南省	3	乐天尖峰国际生态城、博鳌乐城低碳生态城、琼海乐城太阳与水示范区
重庆市	4	重庆两江新区、重庆悦来生态城、重庆翠湖生态城、重庆万州生态城
四川省	2	成都中新生态城、简阳三岔湖海峡生态城
贵州省	2	贵阳百花生态新城、中天未来方舟生态城
云南省	2	昆明呈贡低碳生态城、大理洱海国际生态城
陕西省	2	渭南渭河南岸生态新城、西安浐灞生态园
新疆维吾尔自治区	1	吐鲁番新城
甘肃省	1	兰州市城关区绿色生态新城
宁夏回族自治区	1	宁东生态新城
青海省	1	格尔木高原绿色新城
西藏自治区	1	西葛尔县绿色新城

注：以上统计截止到 2014 年 3 月。

以上述 139 个新区项目为分析对象，从空间分布情况看，这些新区主要集中环渤海、长三角、珠三角等沿海发达地区和湖南、湖北等中部城市群（图 1），一方面表明这些地区经济和政策环境为生态新区的发展提供了良好的土壤，另一方面也充分说明，绿色、生态、低碳已成为新兴经济地区的战略发展方向。值得注意的是，近两年，西北、西南等一些经济相对落后的地区也开始积极开展绿色生态实践探索，将生态和环境优势作为城市发展的核心推动力，绿色生态发展不再是发达地区的专利。

2. 既有地区的绿色生态改造

针对城市既有地区的绿色生态改造，可以根据当地的现状发展水平和特色，兼顾低成本、高效益的原则，利用适宜的低碳生态技术，逐渐改变原有不合理的发展方式和生活方式。相对于建设绿色生态新区，这一类型的实践需要结合城市更新进行，相对见效缓慢，不易大规模的开展实践，因此除了上海、深圳等少数

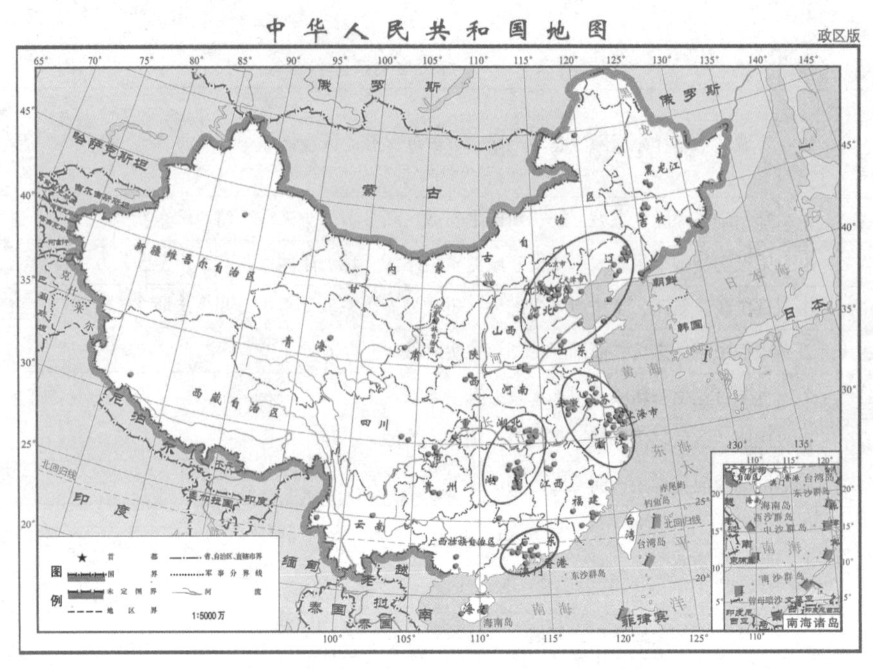

图 1　绿色生态新区项目全国分布示意

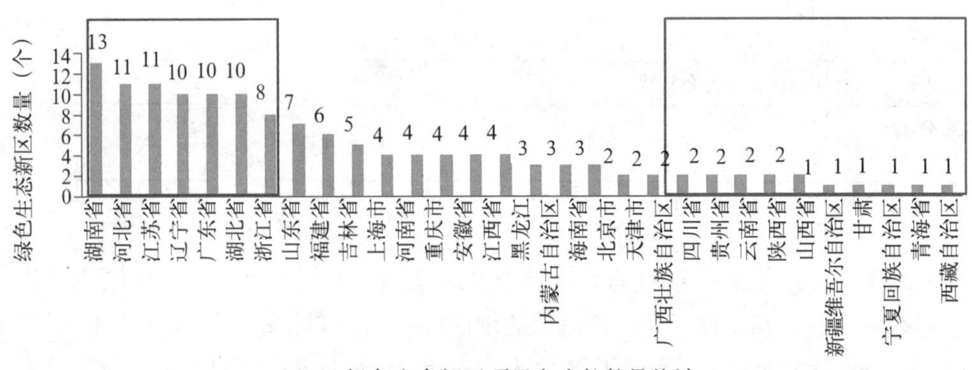

图 2　绿色生态新区项目各省份数量统计

土地供需矛盾突出的地区，这类实践活动在全国开展较少。但随着城镇化的进程，各级城市的增量发展空间会逐步减少，届时针对既有地区的绿色生态改造将成为主流，应在实践方法和适用技术等方面进行积极探索。

3. 灾后重建的绿色生态城市

“危机”意味着危难，但同时也是机遇。生态化重建规划能够使受灾城市改变原先的演进轨道，跳跃性地获得抗灾害能力、系统的自主适应性和发展的可持续性。[①]因此近几年遭受重大自然灾害的城镇，包括汶川、北川、都江堰、玉树、

① 仇保兴．灾后重建生态城市纲要[J]．城市发展研究，2008(03).

雅安、芦山等，在其重建过程中都将生态环境的保护与重塑、城市建设与自然环境的融合、绿色生态技术的应用等作为其规划重点，明确提出以资源环境承载力为前提，加强生态修复和环境治理，运用生态理念和技术等规划目标。

（二）建设规模

以新建的绿色生态城区为分析对象，从住房和城乡建设部审批的绿色生态示范城区（名单见表 4）中选取 35 个作为统计样本，分析其人口和用地规模。由表 8 看出，这些新区项目的用地规模均较大，平均达到近 70km^2；平均人口规模超过 40 万，已达一个中等城市的规模；人均建设用地控制在 1km^2 以内，满足相关规范要求和紧凑集约用地的发展原则。

部分绿色生态新区项目的平均规模统计　　表 8

项目统计个数	规划人口（万人）	城市建设用地面积（km^2）	规划总用地面积（km^2）	人均建设用地面积（km^2）
35	42.92	30.48	69.8	0.94

从分类统计来看，50km^2 以上规模的新区项目占到近一半，多数为 2012 年以前经济发达地区规划建设的大规模新区；从 2012 年以后，20km^2 以下规模的中小型新区项目明显增多，且中东西各区域均有覆盖，这显示出国家对于新区发展政策引导的积极作用，也体现出了各地方政府发展新区趋于务实和理性（图 3）。

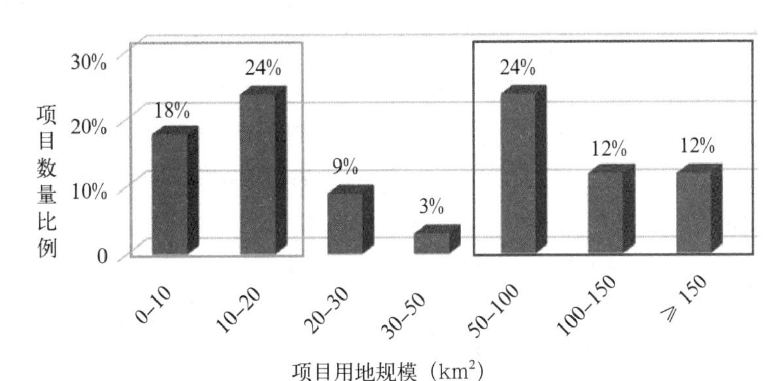

图 3　绿色生态新区项目用地规模分类统计

（三）开发模式

目前我国绿色生态城区开发主要采取了政府主导、市场响应、社会有限参与的模式。从其开发主体来看，主要有国际合作、部市共建、城市政府主导和开发商主导四种类型。

其中，国际合作开发是由中央部委和国外相关国家机构签署合作框架进行试点建设的绿色生态城区。目前，新加坡、瑞典、芬兰、英国、日本和德国等国在天津、苏州、南京、曲阜、唐山、无锡、上海、北京和青岛等多个城市开展了共建项目。

部市共建开发主要包括住房和城乡建设部和城市政府签署合作协议，这些项目由城市主导开发建设，接受住房和城乡建设部的监督和检查，为制定相关国家政策提供试点。上海、天津、深圳、无锡、合肥等城市先后参与了该项目（名单见表 3）。

城市政府主导开发为政府设置管委会或成立城投公司，通过招商引资、土地出让、规划建设管理等手段来主导规划建设。这一部分开发模式占到绿色生态新区的多数，部分城市已经建立了完善的新城建设实施方案和工作机制，但也存在一些新城开发仅冠以生态城的名字，但未采用真正的生态理念和技术措施来推动开发建设。

开发商主导开发的绿色生态城区多数为生态旅游度假、休闲养生、高端居住类的房地产建设项目。此类项目通常规模较小，很多仅以绿色生态城作为噱头进行宣传和炒作，并不是真正意义的生态城，但其中也不乏部分有远见的开发主体有志于生态城开发建设，大力推动以绿色建筑、低碳社区为主的开发项目。[①]

（四）规划重点

我国的绿色生态城市发展尚处于起步阶段，绿色生态城市规划的定位尚未明确，理念与方法也缺乏统一的指导和认识。经过近几年规划和实践的探索，其规划理念开始有了共通的认识和更丰富的内涵。生态开始作为贯穿规划始终的理念和原则而非规划的一个子系统来考虑，内容涵盖生态环境、城市空间、综合交通、绿色建筑、能源利用、智慧信息、资源管理等多个领域。规划的目标也从侧重物质空间和资源环境的“绿色”转为更加注重培育生态文明来获得物质和精神空间的双重改善，开始重新认识“以人为本”的发展理念，注重社会公平与和谐。量化规划目标的指标体系相比初期更加具有针对性，并尝试结合自身特色进行指标体系的分解和落实，部分先行地区如北京长辛店生态城已尝试把绿色建筑、可再生能源利用、绿色交通等指标作为强制性指标纳入控规内容中，将生态理念与原则真正体现在规划管理中。绿色生态关键技术近年来有了较大的进展，很多原来停留在概念层面的技术越来越多的应用到规划和实施中。其中应用推广较为广泛

---

① 李海龙．中国生态城建设的现状特征与发展态势——中国百个生态城调查分析[J]．城市发展研究，2012(08).

的技术有被动式设计、微循环系统、低冲击开发模式、微降解与源分离、生态修复技术、环境模拟评估、碳汇分析等方面。

1. 尊重生态本底的科学诊断

绿色生态城市规划之初即以生态安全格局作为规划本底，系统分析当地的自然环境、资源条件、历史情况、现状特点，统筹兼顾、综合部署，确定城市的发展规模和发展方向。合理利用城市土地，协调城市空间布局，重点强调资源节约，环境友好的要求，并同步进行生态资源承载力分析与评价，成为城市规划空间布局方案的科学依据（图 4）。

2. 适应生态发展的空间骨架

生态规划结合城市组团式发展模式，引入精明增长边界控制理念，控制用地分区与保护。构建多中心、组团式网络化发展，避免无序蔓延，同时预留弹性拓

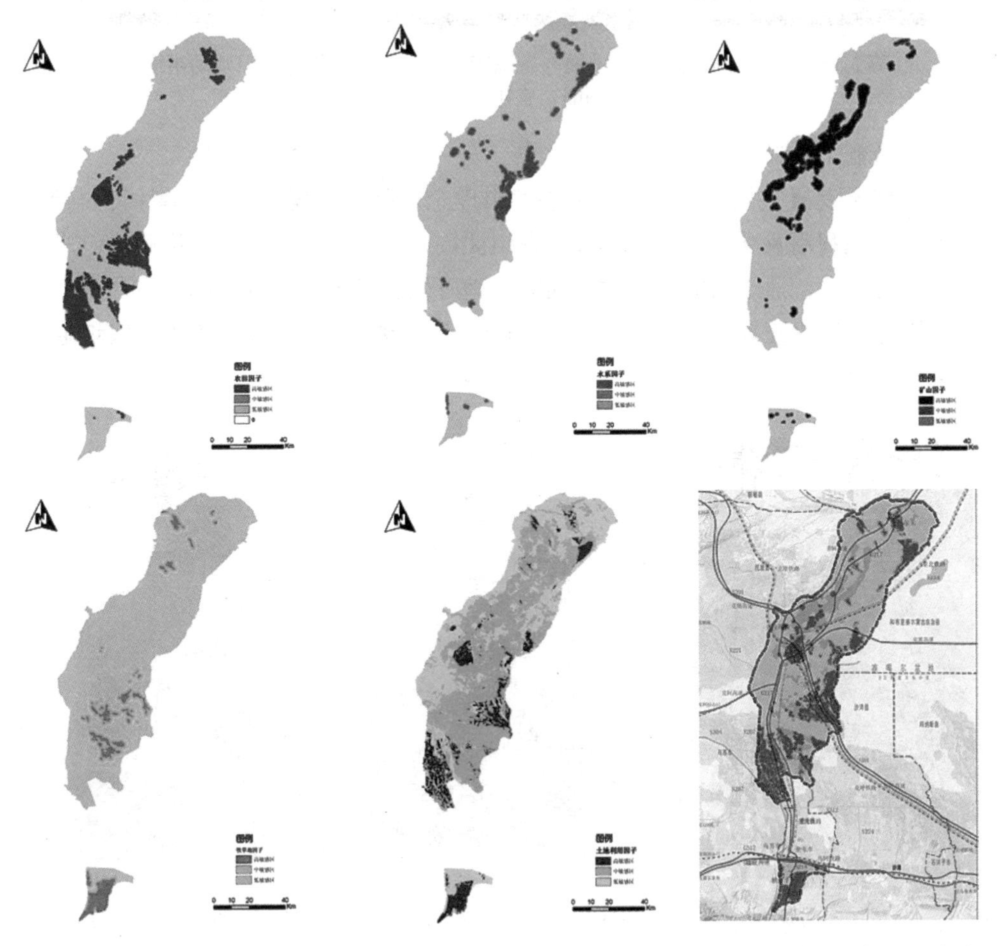

图 4 克拉玛依城市总体规划综合承载力专题中基于不同用地因子的生态承载力分析图，为总规的空间方案提供指导原则

展空间。各组团间用生态廊道分隔，以高效便捷的公共交通连接。各组团均按高标准配套公共服务和市政基础设施，注重提高土地利用效率，实现地上、地下空间综合利用、集成发展的城市空间格局（图 5）。

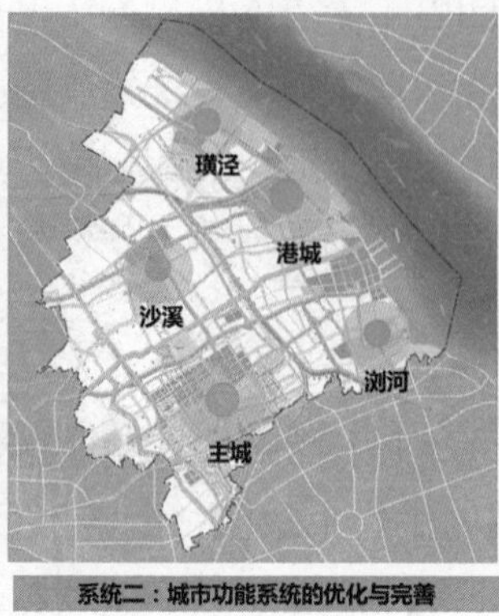

图 5　江苏太仓市现代田园城市组团发展与生态廊道布局图，在构建城田互动系统的同时，优化组团用地结构与功能，真正实现与田共生的现代化城市

3. 功能充分混合的细胞单元

在城市发展空间内，以绿色生态城市理念为指导，提出混合、集约、高效、合理的土地利用及功能混合的模式。在组团内以生态细胞单元为实施载体，成为城市活力单元，通过公共交通为导向的土地开发，完善组团内部功能布局及公共服务设施均等化配置，促进产城融合，提升土地效益，降低交通需求，实现组团内部职住平衡（图 6）。

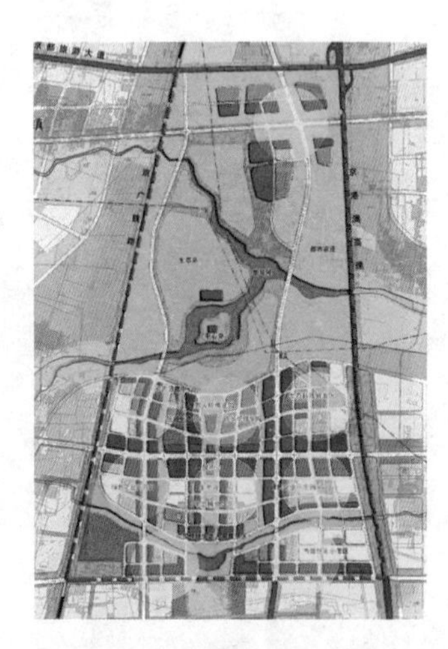

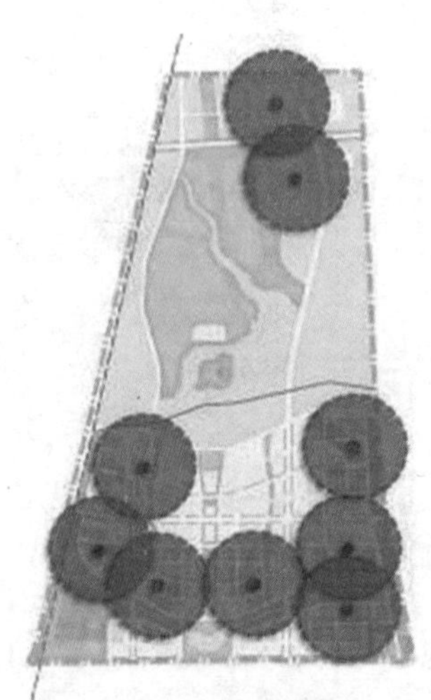

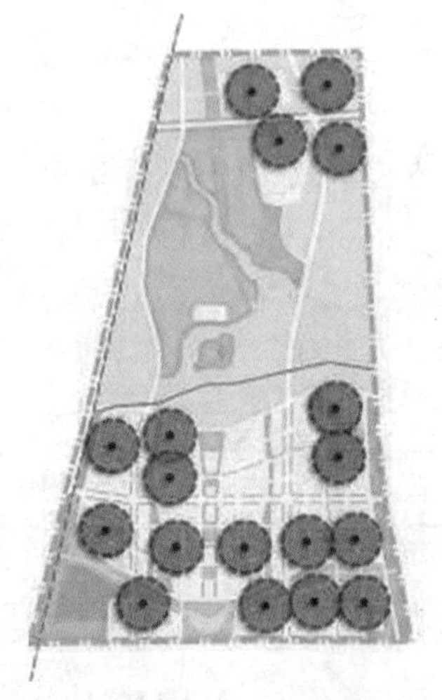

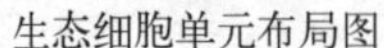

生态细胞单元布局图　　社区中心 500m 半径服务示意图　　社区中心 200m 半径服务示意图

图 6　河北涿州生态示范基地以混合利用的生态细胞单元为开发模式，单元内用地充分混合，各种公共服务设施步行可达

4. 高效便捷的绿色交通系统

根据绿色生态城市理念和用地规划确定的空间布局，建立绿色交通体系，促进城市内绿色、便捷、安全、高效的交通连接模式。通过地铁、轻轨、有轨电车、快速公交、常规公交等不同的交通方式，提供多种交通工具的选择，建立组团间便捷的交通联系。完善区内道路系统，结合重要公共活动节点和景观绿地系统规划，构建以自行车、步行系统构成的慢行交通体系（图 7）。

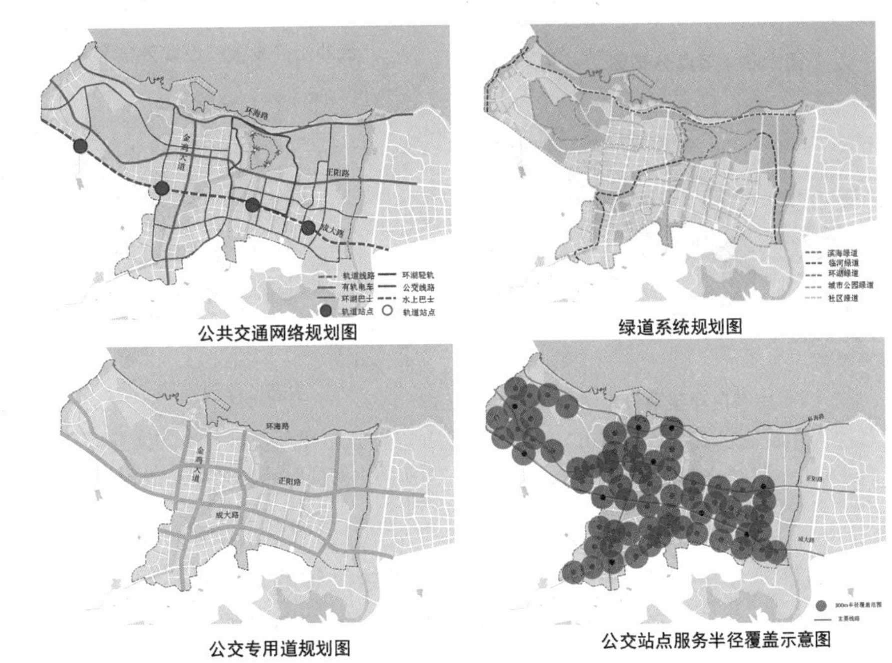

图 7 威海市东部滨海新城建设以轨道 + 有轨电车 + 公交为骨干的多层次、多方式、一体化的公共交通系统，并利用滨海资源优势构建多种形式绿道，形成畅通、无缝连接的绿色网络

5. 循环安全的低冲击开发规划

低冲击开发规划成为有助于实现城市可持续发展的有效途径，已得到广泛的推广应用。首先，根据现状生态基底及城市建设空间信息，综合分析回水径流及模拟分区，提出低冲击开发的具体措施，实现生态化的水资源循环利用及雨洪安全综合管理；其次，通过研究雨水综合利用方式，提出雨水渗透和收集回用方案，雨水积蓄设施意向布局及场地水环境保护措施。同时可结合水系景观及水环境提升策略，为生态景观的规划设计提供支持（图 8）。

6. 和谐宜人的城市生态环境

利用生态廊道作为城市通风廊道降低热岛效应的技术途径，对规划空间布局提出优化措施，从而提升城市的微气候品质。同时通过对绿地系统固碳能

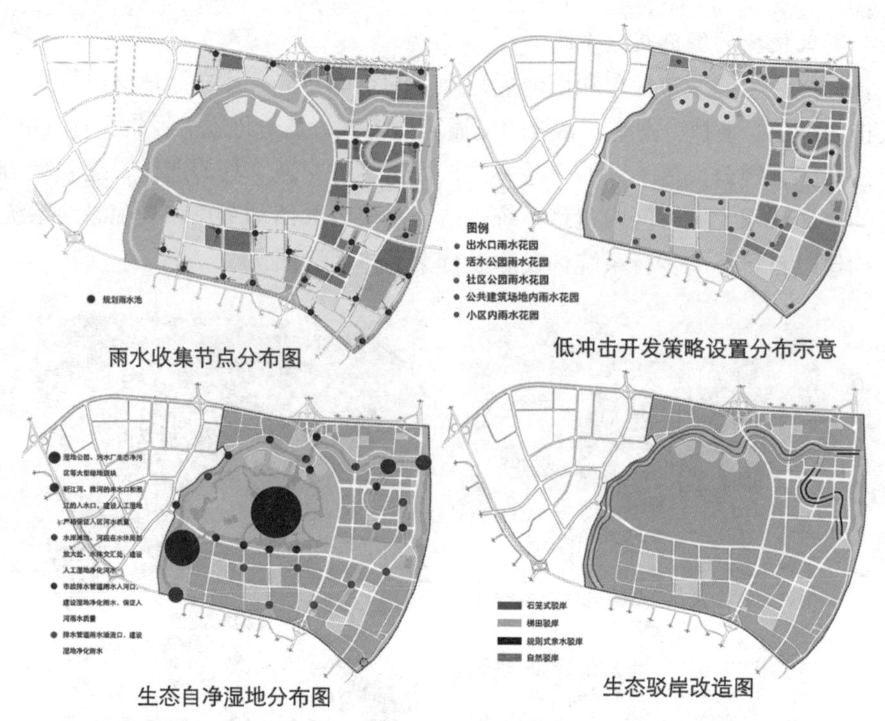

图 8　长沙市洋湖生态新城结合城市公共绿地、湿地及河道驳岸系统进行生态修复提升，设置雨水收集及低冲击开发的基础设施，调蓄雨水的同时可营造生态景观

力的评估测算，分析植物树种配置方案、建筑绿化等的适宜性、经济性，提出提升城市整体生态效益的策略方案，为生态城市提供高品质的生态及物理环境(图 9)。

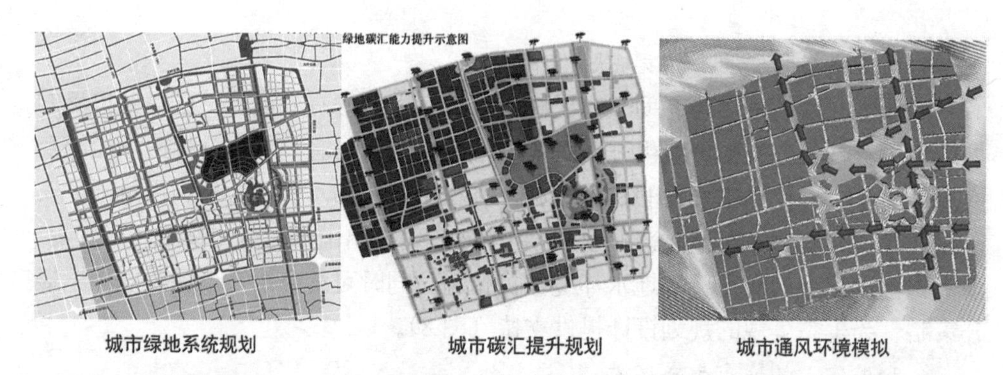

图 9　上海南桥生态新城通过构建功能完善、布局合理的城市景观绿地系统，满足低碳生态原则下调节城市微气候、保护生物多样性、休闲游憩、固碳良好的综合功能，营造舒适宜人的城市生态及物理环境

四、未来展望

（一）绿色生态城市的发展趋势

1. 绿色生态城市将进入快速发展时期

我国作为全球生态城市建设的核心区域，随着绿色生态发展理念的深入人心和相关政策市场的利好，绿色生态城市的发展将从最初的探索阶段进入快速发展时期。生态城市示范项目、可再生能源建筑应用项目、绿色建筑大范围推广政策等将起到明显的推动作用；小城镇和新农村的发展也将依托相关政策的支持和技术市场的成熟获得发展；绿色建筑建设将全面铺开。绿色生态城市将成为中国城市未来的发展方向，将带领我国的城镇化走上环境友好、资源节约、经济持续、社会和谐的可持续发展道路。

2. 绿色生态发展观念及态势将日趋理性

我国的绿色生态城市实践探索尚处于初级阶段，在政府主导的因素下存在发展动力不明晰、急于求成、开发规模过大、建设时序不当等问题，甚至出现“运动式”的城市开发。但随着这些问题的显现，城市政府开始意识到城市发展自身的规律性，同时受国家土地供应政策收紧的影响，近年的规模逐渐缩减，与发展需求和阶段更匹配，在发展定位和技术应用上更加注重成本效益的核算，未来的绿色生态城市发展将逐步进入理性发展阶段。

3. 绿色生态城市发展定位更加注重本地实际

初期，部分绿色生态城市建设存在地貌改造过度、开发强度过大，打着生态旗号干着反生态事情的问题，与绿色生态发展理念相背离；同时城市特色不强，对自身地域特色挖掘不足，对本土化技术和材料应用不够。伴随绿色生态理念的更新和规划的精细化，未来的绿色生态城市将结合城市实际制定本地化的规划与建设方案，分步骤地实现规划目标；并将结合本地气候条件、资源禀赋及地域文化特色进行创新，在理念和技术选择上充分考虑自身需求。

4. 我国绿色生态建设经验将推动全球绿色城市发展

西方先行国家在生态理念和技术方法方面走在世界前列，但是多为小范围小规模的实验和实践，尚未形成成熟的可推广的经验和模式。我国作为全球城镇建设的核心地区，正处在城镇化快速发展时期，工业文明驱动下的城市发展遭遇困境，亟待转型，这为绿色生态发展提供良好的机遇和广阔的舞台，因此我国迅速成为世界上绿色生态城市建设数量最多、建设规模最大、发展速度最快的国家之一，也吸引了众多外国政府和国际企业的关注和积极参与，其形成的技术成果和建设经验将对全球可持续发展产生深远影响。

（二）绿色生态城市发展的对策建议

1. 创新规划理念和方法

更新规划理念，建立完善的绿色生态规划体系，将绿色生态城市的发展理念和目标与现有规划体系充分衔接，以保证其在规划中的真正体现；同时对传统空间规划方法和技术进行提升，借助新的技术手段分析研究生态理念植入城市规划的可行方法和途径，明确不同尺度的绿色生态城市规划编制的目标、原则和方法，明确不同规划要素相应的内容和深度；在遵循科学性、时效性、可比性、决策相关、易于获取、简明性、普适性和敏感性的原则下，分类建立绿色生态城市指标体系和评价标准，切实有效地引导和促进绿色生态城市的发展。

2. 完善管理和保障机制

设置专门的组织机构并建立完善的管理和保障机制，是保证绿色生态城市长效、有序发展的重要因素之一。通过产业政策、公共财税政策、环保政策、交通政策、住房政策、资源与能源使用政策、公众参与政策等一系列政策，构建完善的政策体系，引导绿色生态城市规划、建设、管理的各个环节，实现发展目标的统一和相关配套措施的协同推进；同时建立信息公开制度，逐步完善公众参与绿色生活的民主法制和舆论监督机制。

3. 充分发挥市场作用

目前的绿色生态城市实践多由政府主导、自上而下的建设，企业和社会等主体的参与度不高，导致市场的资源配置作用得不到充分发挥。绿色生态城市发展不应是政府纯粹的单向、公益性投入，仅靠政策的推动力也无法获得长效、可持续的发展，因此未来应通过体制创新来调动市场的积极性，充分发挥市场在节约资源与成本、发展新兴环保科技产业、引导社会新兴消费需求、引领新的生活理念与方式等方面的积极作用，形成政府引导、市场主导、全社会参与的良性发展态势。

4. 倡导绿色生态理念

公众参与是社会支持生态建设的具体体现，是实现绿色发展目标的重要保证。绿色生态城市理念除了贯彻于各项建设中，还应将其逐步引导到居民日常的生活方式中，以此来逐步调整城市的生产结构和消费结构，从根本上改变城市旧有的粗放发展模式。在生产生活方式的转变上，需要政府、企业、公众的共同参与，通过开展系列宣讲教育、示范评选等多种方式推广绿色生态的理念，培养公众的环境素质、环保意识和绿色消费意识，在衣、食、住、行、用等各个方面体现绿色生活理念，从而达到全社会运行的绿色与生态。

参考文献

[1] 张梅．绿色发展：全球态势与中国的出路 [J]. 国际问题研究，2013（9）.

[2] 仇保兴．灾后重建生态城市纲要 [J]. 城市发展研究，2008(3).

[3] 李海龙．中国生态城建设的现状特征与发展态势——中国百个生态城调查分析 [J]. 城市发展研究，2012(8).

[4] 仇保兴．如何转型：中国新型城镇化的核心问题 [J]. 时代建筑，2013(11).

[5] 李迅．构建低碳生态城市的实践与探索 [J]. 低碳世界，2012(6).

[6] 李迅，刘琰．中国低碳生态城市发展的现状、问题与对策 [J]. 城市规划学刊，2011(7).

（注：本文所引用的生态规划项目案例资料均来源于中国城市科学研究会低碳生态城市研究中心）

（撰稿人：陈志端，同济大学建筑与城市规划学院，博士生；李冰，中国城市科学研究会低碳生态城市研究中心，副总经理，副总规划师）

焦点篇

香格里拉独克宗古城火灾引发的系列思考

2014年1月11日凌晨，位于香格里拉县的独克宗古城遭遇特大火灾事故。火灾共造成335户居民受灾，过火面积近6000m^2，占古城核心保护面积的17.81%，给独克宗古城保护造成了不可挽回的巨大损失。不仅仅是独克宗古城，长期以来，我国的历史文化名城名镇名村、古城古建就是火灾多发区。如下回顾了2013年以来，我国一些典型的历史文化名城名镇名村、古城古建火灾事故案例。

2013年3月11日，丽江古城光义街现文巷突发火灾。烧毁民房107间，涉及13户，其中客栈4家，6个院落，过火面积2243.46m^2。

2013年4月20日，湖南凤凰古城发生大火，一栋古房屋及其内酒吧被彻底烧毁。

2013年5月7日，云南省泸沽湖景区内摩梭部落最古老的村寨之一——小落水村发生一起火灾，两家客栈被烧毁，财产损失300多万元。

2013年10月9日，南京市夫子庙景区东市发生火灾。

2013年10月20日，湖南洪江古商城清代古建筑“曾国藩兵服厂”旁一栋老民居突发大火，过火面积约400m^2，受灾16户。

2014年1月9日，四川甘孜州色达县五明佛学院觉姆（尼姑）经堂后方扎空（僧舍）发生火灾。大火导致150余间扎空（僧舍）损毁，20余救援人员在扑火过程中受轻微擦剐伤，无人员烧伤、伤亡。

2014年1月11日，香格里拉独克宗古城发生火灾，大火烧毁房屋200余栋，300余户受灾。

2014年4月6日，丽江束河古城发生火灾，损毁铺面10间。

由于建筑结构、材质及城镇、村庄空间布局特点等因素，我国历史文化名城名镇名村、古城古建一直都是火灾事故的重灾区。在百度搜索中输入关键词“古城火灾”，显示搜索结果超过五百万条，这既表明古城火灾的严重程度，也表达了社会各界对古城火灾的关注程度。独克宗古城火灾反映的问题，也是我国众多历史文化名城名镇名村、古城古建存在的问题：先天安全隐患多、后天管理缺陷及基础设施不到位等是众多古城、古村面临的共同问题。巨大的损失和惨痛的教训，促使我们进一步去思考我国历史文化名城名镇名村的火灾特点、事故原因及消防安全工作对策建议。

一、独特的历史背景特点，是火灾多发的先天诱因

（一）建筑自身耐火等级低，火灾荷载大

我国历史文化街区、名镇名村、古城古建形成于特殊的历史背景时期，历史建筑在建筑材料、建筑构件、建筑结构方面的特点也给火灾多发留下了先天隐忧。在建筑材料方面，历史文化街区、名镇名村、古城古建广泛采用木质材料作为建筑材料使用，建筑承重柱、梁多为木结构，一些建筑室内采用木质材料搭建阁楼以及上下楼梯，甚至一些房屋的分隔墙、围护结构也是木结构，导致建筑火灾荷载密度大。由于历史建筑年代较久远，木质构件、木质材料陈旧风干，有些已经腐蚀、腐烂，耐火等级低，极易燃烧。如，丽江大研古城内 85% 的建筑为木结构和砖木结构的建筑 [1]，耐火等级低；平遥古城内 90% 的建筑为明清时期砖木结构建筑 [2]，属于三四级耐火等级。我国传统建筑构件的梁、枋、檩等一般为方形构造，门窗、槅扇等构件变化多端、雕镂精美，特殊构件如斗栱等，构造复杂、造型奇特，使得建筑构件表面积放大很多，增大了火灾发生时与火焰的接触面积，更容易受热分解，一旦着火，火势快速蔓延，加大火势。从建筑结构来看，多“三封一敞”结构形式，梁、柱、建筑屋顶、正立面多采用木质建材，中间为开敞空间，通风条件良好，氧气充足，燃烧速度惊人。庙宇楼阁等公共古建筑，由于开间、进深、高度等较大，火势更是凶猛。[3] 历史建筑自身在建筑材料、建筑构件、建筑结构方面的特点，使得其耐火等级低，火灾荷载大，给火灾发生留下了先天隐患。

（二）城市防火分区不合理

历史名城名镇名村、古城古建在选址、布局与建设中，多根据当地地理环境，依山就势，自由布局，建筑连串、连片布置，并通过广场、街道、火巷以及防火墙共同构成防火分区，甚至古代地方官员治火的一项重要任务就是保持防火分区的独立，避免火灾时的蔓延。[3] 但由于传统交通方式主要以步行、畜力为主，历史文化名城名镇名村、古城内部道路较狭窄。因此，虽有防火分区，但防火间距小于现行消防规范规定的防火间距。近现代以来，随着我国人口数量的增大，历史文化名城名镇名村内各类公建、居民自建建筑增多，减少了防火间距，堵塞疏散通道，使得很多传统住宅的防火分区名存实亡，多个防火分区连成一片，火灾危险性不断增高。如北京大部分的四合院都已经变成了大杂院，偌大的庭院空间被形形色色的私建房侵占成若干小巷道。很多后期建设的公建、私建房与历史建

筑融为一体，本身也是一个历史时期的产物，成为历史文化名城名镇名村保护的一部分。这使得现状历史文化名城名镇名村防火分区更不合理。

二、发展中功能结构的改变，带来更多火灾隐患

（一）使用功能的改变

一些历史文化名城名镇名村、古城古建随着旅游开发项目的不断深入，外来生产、生活、经营用户和旅游人口大量增加。原有住宅建筑往往被改造为商店、客栈、饭店、娱乐等经营性场所，极大地改变了建筑使用性质，使得历史建筑内容留人数远远高于原有人数，这必然导致建筑内可燃物的增加，如棉麻织物、木制家具、纸张书籍等，从而大大增加了历史建筑的火灾荷载密度。临街商铺，大多延续过去的商业模式，商品多以纺织、木雕、传统手工为主，商铺布置上往往前店后库，火灾荷载高，人员流动量大，火灾危险源管理难度大，且一旦发生火灾容易造成较大的人员伤亡。另一方面，随着历史街区、名镇名村、古城内人口数量的剧增，生产、生活用电量不断增加，但电力线路的更新改造往往发展滞后，私拉乱接临时电源线路、违章用电、超负荷用电的现象时有发生，电气火灾成为历史文化名城名镇名村、古城古建火灾事故的主要类型。同时，随着旅游业的发展和外来人口的增多，人均使用面积进一步减少，私搭乱建、侵占公共空间扩展使用面积成为必然选择，防火间距、消防通道进一步缩小，火灾延烧危险性增大，消防救援更加困难重重。

（二）人口结构的改变

经过朝代更迭、社会动荡和时代变迁，历史文化街区、名镇名村、古城的人口结构发生了巨大的变化。由于历史文化街区、名镇名村及古城内街巷环境和基础设施建设发展滞后，大大降低了居住和生活环境质量，大量原住居民已经移出了古城，古城内外来人口不断增多。一些租户吃、住、经营同处一屋，违章用火、用电现象严重，极易造成火灾。如深圳市大鹏古城原为明、清时期屯垦戍边的军营，古城内的原有居民三分之一移居海外，三分之一移居香港，三分之一移出古城在大鹏街道内生活居住。现有古城内 90% 以上的房屋出租给外来人口居住生活。[4]现有原住民往往收入较低，一部分居民生活用火仍使用煤和木柴，少数民族地区祭祀活动、逢年过节或婚丧嫁娶时燃放烟花爆竹等，都增加了火灾的危险性。一些历史文化名镇名村由于大量青壮年外出打工，现有人口以留守老人、留守儿童居多，从年龄结构来看，多呈现哑铃状分布，一旦发生火灾，自救互救、灭火救

援、人口疏散难度增大，容易造成较大的人员伤亡。

三、消防安全管理缺陷，灭火救援难以保障

（一）消防供水设施严重不足，只能望火兴叹

古代城市非常重视消防水源保障，宋代便有“慎火停水”的建议，即：谨慎用火，存水以备用。城市中，多利用水井、水系、水塘等作为城市消防水源，庭院内设置存水器具，在寒冷地区，还采取了防止消防水源冬季结冰的措施，如故宫的门海，每年冬季有专人负责生火加热，防治水源结冰。而现代城市多采用市政供水作为消防水源。由于历史名城名镇名村在市政供水设施方面的不足，普遍存在供水管径较小，水量、水压不足以及消火栓欠账、分布不合理等问题，难以满足消防灭火需求。一些寒冷地区，由于缺乏防冻措施，室外消防水源往往结冰无法使用。为防止水管冻裂，有的城市采取分时供水的模式，这使得消防水源难以保障。如独克宗火灾发生后，由于当地气温较低，水管结冰，水压、水量严重不足，救援人员只能望火兴叹。

另一方面，经过新中国成立后几十年的城市发展，大量传统水井、水系、水塘被占用、废弃，不能发挥作用。一些城市由于地下水超采严重，地下水位下降，原来的水井无水，成为枯井；一些城市自来水管线覆盖率提高，主动废弃了水井。一些城市由于人口增长过快，城市扩展迅速，城区水系、坑塘被占用、填埋，完全丧失消防功能。一些城市，各种生产生活废水直排入水系，水质严重污染，根本达不到城市消防用水标准。也有一些城市水系尚存，但由于管理不善，水系、坑塘淤积严重，加之缺乏消防通道和消防取水口，导致无法取水。

（二）缺乏适应性的消防设施设备，错失灭火良机

按照《历史文化名城名镇名村保护条例》的要求，必须坚持“修旧如旧、整旧如旧”的原则，严格保护古城原有的格局，古城区内的街巷不能扩大或缩小，原有的古建筑不能拆除，这就造成了历史文化名城名镇名村保护和现状国家消防技术规范之间客观上存在着一定的矛盾。[5] 建筑之间防火间距不足或缺乏，消防通道、疏散通道狭窄，消防车难以通行。如独克宗古城许多交通道路狭窄，消防通道达不到要求，许多巷道为人马通道，连小型消防车都无法通行。[6] 然而，一些历史文化名城名镇名村的规划，统一按照《城市消防站建设标准》规划城市消防设施、设备，缺乏针对名城古城特点的适宜性的消防设施、设备规划建设，一旦发生火灾，普通消防设施不能发挥作用，又缺乏适应性的消防设施，往往错过

最佳灭火时机，最终导致惨痛损失。

（三）消防组织不健全，自救互救困难

古代城市、村庄等人口聚居的地方，夜间均有“巡更”人员，提醒人们防火防盗。一些地方，还成立了专门的消防组织和消防队伍，第一时间参与灭火救援工作，有助于将火灾扑灭在初始阶段。然而，现代城市中，一些历史文化街区因纳入城市消防站保护范围，而忽略了街区内部的消防组织和消防队伍建设。而历史文化街区周边一般人口流量大，交通拥堵，加之街区内部消防通道多狭窄，若消防车不能及时到达，往往错过灭火救援的最佳时机。一些历史名镇名村，由于远离城镇，经济发展落后，青壮年大多外出打工，人口数量急剧减少，剩下部分老人和儿童留守，成为空心村，自身消防队伍早已名存实亡。一旦遭遇火灾，由于离城市消防站距离较远，消防队很难快速到达，自救互救组织困难，往往造成重大损失。

四、加强历史文化名城名镇名村消防工作，提升消防安全水平

历史文化名城名镇名村的消防工作要以保护为主，在保护的大前提下加强消防，既不能借安全之名拆旧建新，也不应以保护之名忽视消防工作。历史文化名城名镇名村的消防工作，应立足名城古镇的地方特点，推进消防规划的编制工作，落实消防安全布局，加强消防设施、消防队伍、消防装备建设，完善供水、供电、供气、供暖等市政基础设施，开展可持续的火灾风险管理，从根本上降低火灾风险。

（一）推进消防规划的编制工作

编制历史文化名城名镇名村保护规划，应充分考虑历史文化名城名镇名村保护范围内的消防安全需要，结合地方实际和消防救援需要，落实消防安全相关要求，科学设置防火隔离带和消防安全布局，合理配置公共消防设施和确定历史文化名城名镇名村保护范围内的供电、供气、供暖、供水等市政基础设施布局，减少历史文化名城名镇名村火灾危险源，保障消防设施的安全性和可靠性。推进历史文化名城名镇名村消防专项规划编制，开展火灾风险评估，识别火灾危险源分布，因地制宜，兼顾传统消防方式与现代适应性消防方式，科学划分消防分区和消防安全布局，合理规划消防水源、消防力量和消防装备等。已经编制完成消防专项规划的历史文化名城名镇名村，应立足地域特点，结合火灾隐患、消防设施和消防力量等普查情况，适时对消防专项规划进行更新和修订。

（二）落实消防安全布局，加强消防设施、队伍建设

历史文化名城名镇名村保护范围内，应充分利用道路、阻燃建筑、水系、广场、公园绿地等合理划分防火分区，降低火灾蔓延风险，提高疏散救援效率。严格控制旅游开发强度和火灾危险源数量，改变不合理的用地空间布局，调整饭店、商店、客栈、娱乐设施分布，清理可燃易燃建筑内部装饰，降低火灾荷载。在不破坏历史建筑的前提下，采取科学措施，逐步对耐火等级低的建筑结构、构件和材料等进行适当的防火处理，提高建筑耐火等级。利用传统公共空间、历史街巷等，合理安排应急避难场所和应急服务设施，划定疏散救援路线，科学设置疏散引导标识。

推进历史文化名城名镇名村消防供水、市政消火栓建设，提高供水设施的水量、水压，做好消防供水设施的冬季防冻措施。重视历史文化名城名镇名村中历史水系的消防作用，有条件的应逐步恢复水圳、水街、水塘等历史水系，并建立消防取水设施。历史建筑连片分布区、疏散道路狭窄区、特殊文物保护区等区域，应考虑加密市政消火栓分布、增加灭火器配置等措施。历史文化街区、名镇应结合地方实际和灭火救援需要建立专职消防队，设立社区消防组织和消防志愿者队伍，并结合保护对象特点，配备适应历史文化名城名镇名村特点的消防装备器材，如小型消防车、消防摩托、消防机动泵等适用性强、灵活机动的消防器材和装备。

（三）完善市政基础设施建设，提高消防设施可靠性

供电、供水、燃气、供暖等市政基础设施与历史文化名城名镇名村的消防安全密切相关。加强市政基础设施建设，既可保障消防设施可靠性，也可以减少火灾危险源。历史文化名城名镇名村应加强供配电设施建设，提高供电、用电保障能力，重点解决历史文化名城名镇名村供电线网布局混乱、线路老化、违章用电等问题，减少电气火灾隐患。加强市政供水设施建设和改造，提高供水管网管径和压力，做好供水管网防冻措施，保障消防供水水源。逐步推进燃气设施建设，减少煤炭、薪柴等易燃物品的存放量，减少火源，降低火灾荷载。推进寒冷地区集中供暖设施建设，既提高供水设施冬季防冻能力，更减少住户使用土炕、火炉、小太阳等取暖设施数量，降低火灾危险性。

（四）开展可持续的消防安全管理，强化消防安全意识

历史文化名城名镇名村应落实地方主体责任，设立专门的消防安全管理机构，建立健全消防安全管理制度，编制火灾应急预案，明确消防安全管理责任人。定期开展消防安全检查、火灾隐患排查整治、消防设施维护建设，结合历史和地域

文化特点，将消防知识融入历史文化名城名镇名村民俗文化，因地制宜地设置消防宣传栏和宣传橱窗，以多种形式向历史文化名城名镇名村居民、租户、游客等宣传消防安全知识，组织消防队伍、居民参加消防教育、灭火演习和逃生体验，提高民众消防安全意识，提升消防队伍灭火救援能力。

参考文献

[1] 崔飞，罗静，高仲亮等．丽江大研古城古建筑消防安全对策 [J]．安全与环境工程，2009，16(4)：89−91．

[2] 贾国峰．浅谈平遥古城消防安全与火灾防空对策 [J]．科技情报开发与经济，2011,21(27)：157−159．

[3] 胡敏．历史街区的防火问题研究 [D]．北京：中国城市规划设计研究院硕士学位论文，2005．

[4] 许东平，陈景新，王立棣，曾志坚，李卓淦．大鹏古城存在的主要消防安全问题及整治措施 [J]．中国公共安全，2010，18(1)：83−85．

[5] 黄亚岚．凤凰古城火灾危险性及预防措施探析 [J]．武警学院学报，2013,29(2)：59−61．

[6] 康志红．浅谈香格里拉独克宗古城消防安全现状及对策 [J]．中国科技博览，2010(5)：229−230．

（撰稿人：王家卓，中国城市规划设计研究院城市公共安全研究中心副主任，硕士；陈志芬，中国城市规划设计研究院城市公共安全研究中心，高级工程师；邹亮，中国城市规划设计研究院城市公共安全研究中心，高级工程师）

国内摩天大楼的“攀比热”

近年来，随着我国经济水平的发展，城市建设出现了盲目追求“高、大、新、奇、特”的现象，各地超高层建筑数量大幅度增加，发展速度过快，一些城市互相攀比，某些企业商业炒作，单纯追求形式奇特、高度第一，甚至存在违背经济规律建设超高层建筑的现象。目前世界上已建成、高度排名前十位的建筑中，亚洲占 9 席，其中我国大陆占 4 席。更令人瞠目的是，超高层的建设风潮已经从一二线城市蔓延到三四线城市。

2012 年，武汉宣布将原高 606m 的建筑“拔高”30m，争夺中国第一高楼；随后，高达 660m 的深圳平安金融中心钢结构开建；紧接着以 700m 高度瞄准“中国第一高”的山东青岛 777 大厦开始选址。2013 年，长沙远大集团高调宣布欲建“世界第一高楼”，号称高 838m、比“迪拜塔”还要高 10m 的世界第一高楼“天空城市”。部分地方之所以热衷于超高层建筑，甚至于一些土地资源充足、地价并不高的三四线城市也急于上马摩天大楼，一方面是部分地方出于政绩考量，名义上用超高层建筑作为城市窗口，其实是自己的“面子工程”。林立的摩天大楼，在耗费大量资金的同时，也造成了“千城一面”的尴尬现状，使得城市在发展中迷失了自己的风格。另一方面，超高层建筑作为地标建筑，会带动周边土地增值，使得地方土地财政的收入增加。

据不完全统计，至 2012 年年底，我国大陆已建成高度超过 200m 的建筑 66 栋，已设计并通过超限审查的还有 279 栋，合计 345 栋，我国超高层建筑数量位居全球首位。这些超高层建筑突破了我国现行相关技术标准与规范的要求，设计难度和技术风险增大，工程经验积累不足，相关技术标准、审查程序亟待完善。

为进一步加强超高层建筑管理，合理引导超高层建筑健康、有序、协调发展，住房和城乡建设部组织中国城市规划设计研究院、中国建筑设计研究院、中国建筑科学研究院共同起草了《关于控制超高层建筑建设与加强审查管理的通知》，并形成《超高层建筑管理研究报告》。以下就对研究报告的基本内容进行介绍。

一、国内超高层建筑发展愈演愈烈

（一）当前建设情况：数量过大，速度过快

目前世界上已建成、高度排名前十位的建筑中，亚洲占 9 席，其中我国（含

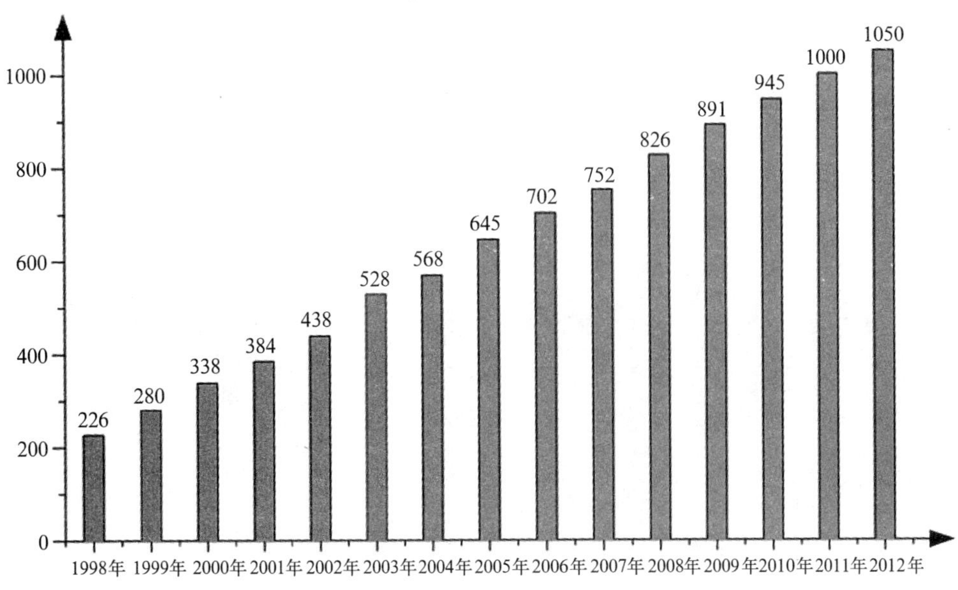

图 1　中国超高层建筑近年发展数量图
（资料来源：http//skyscrapercenter.com）

港台地区）占 6 席。国内在建或列入计划的如果全部按计划完成，5 年后中国的摩天大厦（152m 以上）总数将超过 800 座，比现今美国总数还要多 4 倍。

根据世界高层都市建筑学会（CTBUH）的统计数据，中国（含港台地区）从 1998 年至 2012 年超高层建筑（高度 100m 以上）数量列于图 1。

我国近代高层建筑是 1955 年以后才逐渐发展起来的，至 20 世纪 70 年代中期先后在二十几个大中城市修建了一批高层旅馆、办公楼、公寓、住宅，如广州白云宾馆、北京的前三门高层建筑群等。从 20 世纪 90 年代开始，我国高层建筑进入了快速发展的阶段，建筑高度越来越高，结构体形日趋复杂。最近十余年来发展更快，在世界十大已建成的超高层建筑排名中有 6 座在我国（包括港台地区），分别为台北 101（台北，508m）、上海环球金融中心（492m）、香港环球贸易广场（484m）、南京紫峰大厦（450m）、深圳京基 100 大厦（442m）、广州国际金融中心（439m）。

同时，我国还有一大批超高层建筑正准备建设或在建设中，如深圳平安国际金融大厦（660m）、上海中心大厦（结构已封顶，632m）、武汉绿地中心（606m）、天津中国 117 大厦（597m）、天津罗斯洛克国际金融中心（588m）、广州东塔（530m）、天津周大福滨海中心（530m）、防城港亚洲国际金融中心（528m）、北京 CBD 中国尊项目（528m）、大连绿地中心（518m）、深圳华润总部大厦（460m）、苏州国际金融中心（450m）等（图 2）。

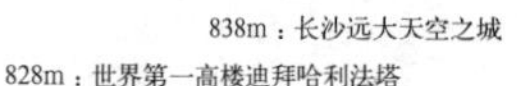

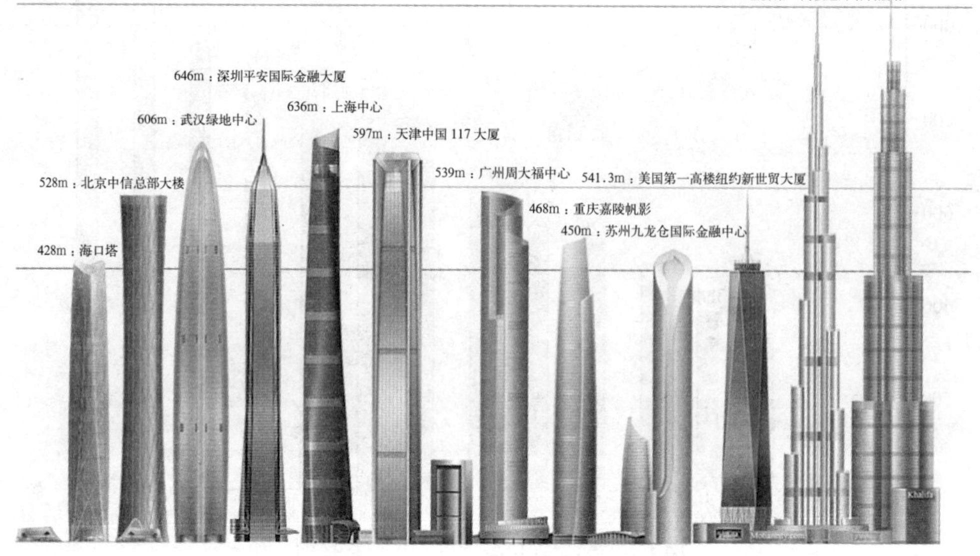

图 2 各地在建的高度超过 400m 的超高层建筑

据不完全统计，至 2012 年年底，我国大陆已建成高度 200m 及以上的高层建筑约 66 栋，已经设计并通过超限审查的还有 279 栋，合计约 345 栋；这在当前世界 200m 以上高层建筑中所占的比例是最大的，有的体形还很复杂(2010 年统计，全球建成的高于 200m 的超高层建筑约 750 栋；当年竣工的 66 栋中，中国有 21 栋，占 32%，位居首位，而位居第二位的阿联酋仅有 14 栋)。 这些超高层建筑突破了我国现行相关技术标准与规范的要求，这些高层建筑的设计难度和技术风险增大，包括结构最小地震剪力系数、外框分配剪力、墙肢拉应力的控制问题，尚需要进一步研究、协商和讨论，有待工程经验的积累，以改进相应的审查办法，确保安全。

（二）发展趋势：从一线城市向二、三线城市延伸

不仅上海、北京、深圳等一线城市在建设超高层建筑，即便太原、长沙等二、三线城市也在规划建设超高层建筑。当前，中国一些二、三线城市无论是建筑高度还是建筑规模，都大有赶超洛杉矶、芝加哥等美国一线城市的冲动。在产业结构上，虽然美国亦有制造业中心城市建造超高层建筑的案例，但无论是建筑高度还是建筑数量，都相对中国较低（表 1)。

中美各城市超高层建筑的比较　　表 1

序号	中国城市	现有超高层	类比美国		在建超高层	类比美国		规划超高层	类比美国	
1	北京	22	洛杉矶	22	28	休斯敦	29	39	洛杉矶	22
2	天津	17	旧金山	17	52	洛杉矶	22	77	芝加哥	68
3	上海	102	芝加哥	68	125	芝加哥	68	144	纽约	177
4	苏州	7	迈阿密	8	22	洛杉矶	22	34	波士顿	16
5	南京	25	西雅图	13	32	波士顿	16	59	休斯敦	29
6	武汉	13	西雅图	13	17	旧金山	17	51	洛杉矶	22
7	重庆	21	洛杉矶	22	35	旧金山	17	49	洛杉矶	22
8	成都	9	迈阿密	8	26	西雅图	13	47	洛杉矶	22
9	广州	63	芝加哥	68	90	休斯敦	29	123	芝加哥	68
10	深圳	58	休斯敦	29	71	芝加哥	68	130	芝加哥	68
11	沈阳	5	哥伦布	5	22	洛杉矶	22	54	休斯敦	29
12	贵阳	3	沃斯堡	3	8	费城	8	31	休斯敦	29
13	合肥	4	克利夫兰	4	12	西雅图	13	22	洛杉矶	22
14	长沙	4	克利夫兰	4	6	哥伦布	5	22	洛杉矶	22
15	无锡	6	哥伦布	5	17	旧金山	17	30	亚特兰大	14

资料来源：2012 中国摩天城市报告。

（三）产生原因：政府的介入和支持助涨了超高层建筑的过快发展

从国外超高建筑的发展历史来看，其产生是由于城市人口急剧增加，经济活动高度密集，土地供应紧张，促使人们向高空发展、在极为有限的土地上建造更大的空间。其发展原动力是经济快速发展和城市化程度的提高。西方发达国家在各自的经济高速发展时期，都有超高层建筑建设相对集中的阶段。从国内近年来的情况看，房地产商鉴于地块单元较小、单位地价较高、建筑租售需求预期较高及其他客观因素，经过“成本／收益”分析，在符合规划的前提下建设超高层建筑，应当是符合经济利益最大化的理性决策。

但是，中国当代的超高层建筑建设的另外一个典型特征是：政府在开发项目的背后起着重要的推动作用，这与西方发达国家以经济利益最大化为决策依据的本质有明显的不同。某些是由具有国家部委或者地方政府背景的企业开发，某些是由国企出资开发，某些项目政府给予了投融资支持或者其他政策支持。无论是哪种情况，我国当前各级政府的强势介入扭曲了市场经济的规律，出现了不符合经济利益最大化的决策，导致各地许多超高层建筑建成后空置率较高，资金回收困难，地方债务高筑，甚至出现了“烂尾楼”的现象。

政府强势介入和支持的背后根源是政府领导的传统政绩观，以及政府在土地财政中获得高额回报的利益驱动。因此，盲目求高求大，攀高比新，不仅从财政方面予以支持，甚至强势介入规划设计的全过程，直接左右超高层建筑的高度、外形。

政府强势介入对社会造成的危害是巨大的。首先是有限财政资源的错配和浪费，将大量资金投入到超高层建筑及其他形象工程的建设，大规模举债、难以回收投资，而紧迫需要的社会公共服务设施、保障房建设等项目却资金短缺、难以实施，导致政府职能倒错；其次是社会问题的激化，城市贫富差距拉大，空间分异严重。

二、超高层建筑的过度建设对国家和城市弊大于利

（一）适当建设超高层建筑的积极意义

超高层建筑见证了各个时代一个地区、一个国家的科技进步和经济繁荣，从某些方面看，我国超高层建筑的发展具有一定的积极意义。

超高层建筑通过向高空发展，在有限的地面上为人类争取到更多的生存空间，土地资源得到集约、高效利用；超高层建筑集多种功能于一身，一定程度上提高了工作和生活效率；超高层建筑的发展还能带动相关学科发展，促进建筑工程技术进步；此外，超高层建筑作为现代工程技术的结晶，成为展示发展成就的手段，一定程度上起到提升城市形象的作用。

（二）“劳伦斯魔咒”——超高层建筑过度建设的反经济周期性

1. 我国人均 GDP 水平与超高层建筑快速发展情况不符

美国在 19 世纪 70 年代，超高层建筑最辉煌时期的人均 GDP 已达到 20956 美元；德国、英国、中国香港在 19 世纪 90 年代到达这一水平，在此之后出现大量超高层建筑，和人均 GDP 水平有很明显的相关关系；新加坡在 2000 年前后人均 GDP 达到这一水平，与超高层建设基本同步。但是，直至 2013 年中国的人均 GDP 仅为 6000 美元左右，明显低于这一水平。可见，我国超高层建设速度与人均 GDP 发展水平明显不符（图 3）。

2. 我国第三产业产值与超高层建筑快速发展情况不符

超高层建筑对应的经济基础为第三产业。数据显示，2011 年，中国第三产业总额为 204983 亿元人民币，相当于美国第三产业总额的 26.8%，而超高层建筑数量为 470 座，相当于美国的 88%。美国平均每座超高层建筑对应的第三产业产值为 1431 亿元人民币，而中国每座的对应产值为 436 亿元人民币，仅为美国的 30%。至 2022 年，中国第三产业如按年均 14% 的速度增长，才能接近

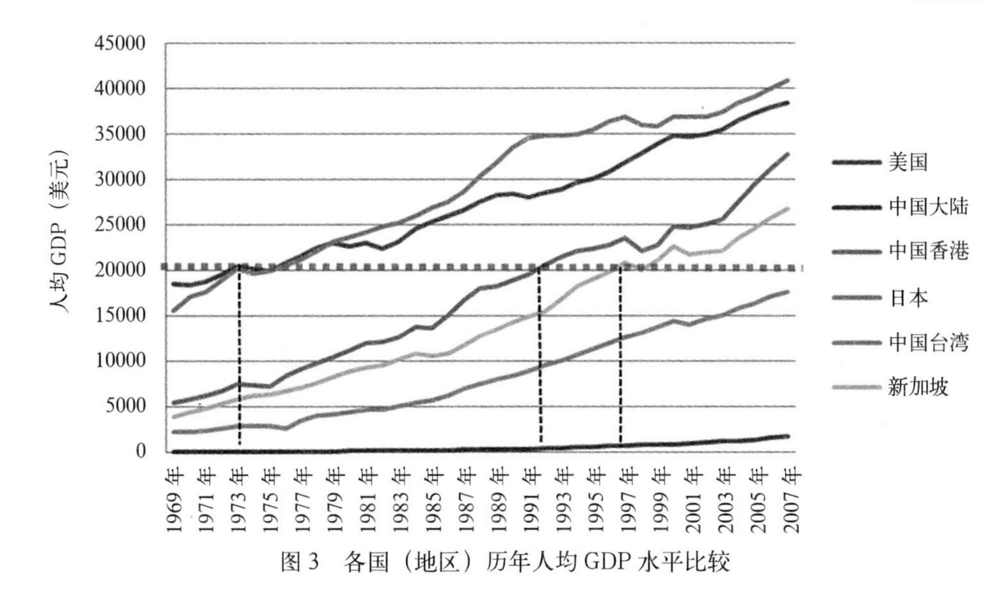

图 3　各国（地区）历年人均 GDP 水平比较

2011 年美国的水平，但届时中国超高层建筑数量将达 1318 座，为美国 563 座的 2.3 倍，平均每座超高层建筑对应的第三产业产值为 576 亿元人民币，仅为美国 2011 年对应值的 40%。可见，我国超高层建筑的建设速度与第三产业产值明显不符。

2001–2011 中国（内地）共有 54 座城市规划兴建超高层建筑，但是大部分城市在过去十年中三产占 GDP 比重并未超高 50%，甚至有的还出现下滑。

3. 超高层建设与经济周期的关系值得引以为鉴

1999 年，经济学家劳伦斯总结出一个“超高层建筑指数”，将经济危机与超高层建筑的建成联系起来。他发现，大楼的兴建通常都是经济衰退到来的前兆：大厦建成，经济衰退，称为“劳伦斯魔咒”（超高层建筑立项之时，是经济过热时期；而超高层建筑建成之日，即是经济衰退之时）。这说明，超高层建筑的建设高度和密度具有一定的反经济周期性。从国际上知名超高层建筑的建成时间与 GDP 的低点关系即可看出（图 4）。

当然，“劳伦斯魔咒”的说法是建立在经验主义的基础之上的，存在一定的或然性。但历史上的经验仍然是值得我们借鉴和警惕的，经济过热情况下的非理性投资和建设，往往是经济走向衰败的前兆。

（三）超高层建筑对城市产生负面影响

超高层建筑会对城市产生负面影响，体现在交通与市政基础设施承载力、环境污染、城市安全、人的心理健康等方面。

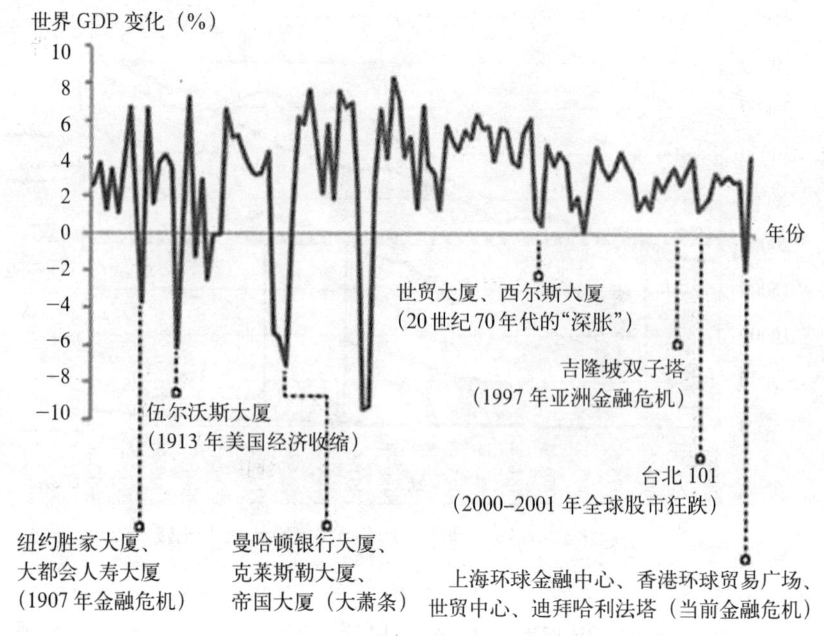

图 4　世界 GDP 变化和超高层建筑关系图
（资料来源：卢埃林咨询）

1. 超高层建筑造成城市局部交通拥堵

超高层建筑的人口高度密集，办公性质的超高层建筑往往布局在城市中心，上下班期间将产生人流、车流高峰，会给城市中心区交通增加较大负荷；如果较多的超高层建筑集中在一起，还会导致交通流和人流进一步倍增，会使本来就交通拥堵的城市中心区雪上加霜。

2. 超高层建筑对城市局部市政基础设施产生较大压力

超高层建筑会消耗大量的水资源、能源，产生大量固体废弃物，对市政基础设施承载力产生较大压力。

超高层建筑也存在高耗能、高耗水的问题：一座超高楼往往需要设置十几甚至几十部电梯同时运行，耗电量巨大；由于高楼供水通常需要水泵、水箱分段抽送，部分楼层水压过大，水龙头水流过快，剧烈喷溅，造成浪费。南京市建委曾做过调查称，高层商住及办公楼综合水耗偏高的占八成以上，有些建筑一天的电费就能盖一所希望小学。

3. 超高层建筑内空气污染严重

密集的超高层建筑使建筑物内的天然采光条件大幅度降低，只得借助于人工照明。为了保证安全性，超高层建筑的窗多数采用密闭型，自然换气几乎不可能，只能进行人工换气。现代超高层建筑内虽然都有较先进的通风及温控设施，但毕竟是全封闭式环境，同时也是电脑、通信设备、空调、打印机等各种办公设备集中的地方，往往存在着较为严重的空气污染。

4. 超高层建筑对周边地区造成光污染

超高层建筑的外部一般都整齐划一，不讲究错落有致，加上大都采用反光玻璃或其他反光建材作外部装饰，极易形成光污染。光污染是一种长期的视觉污染，会使人心情紧张、情绪烦躁。

超高层建筑的光污染会误导迁徙的鸟类，使它们在夜间继续飞行而精疲力竭，或不小心撞到夜间大楼的霓虹灯上而导致死亡。玻璃幕墙老化后还会造成局部脱落等安全隐患。

5. 超高层建筑会加大周边地区的风荷载

超高层建筑通常会给其周围的街道和普通建筑带来风荷载的变化。由于建筑物体形高大，风力又不能透过建筑物，必然绕过建筑物在它的周围形成较强的气流，因此超高层建筑使周围的道路及低层建筑物所受风荷载加大，形成所谓的“高楼峡谷风”。这使得某些街道上的风速特别大，以至影响到路人和行车的安全。高层建筑会将高空强风引至地面，造成高楼附近局部强风，影响行人的安全。

此外，玻璃幕墙会吸收、反射大量阳光，导致周围的温度比其他区域更高；一些高楼的部分表面因承受的风荷载过大和吸热升温，玻璃幕墙会出现“雪崩”一样的损坏。

6. 超高层建筑的地表沉降现象突出

超高层建筑会引起地表沉降现象。据《中国日报》报道，过去10年来上海经济起飞过程中兴建的超高层建筑，令土地承载不堪负荷，地表沉降现象日益严重，平均每年下沉2cm，已经影响到建筑结构安全，甚至危及地下管网和地铁的安全。

虽然单个高层建筑一般发生的是均匀沉降，但是当较多超高层建筑集中布局时，众多体量、形状不一的高层建筑形成合力，对该区域的地表就会造成某种程度的不均匀沉降，引发安全隐患。例如，位于上海市陆家嘴高层建筑密集区的金茂大厦沉降已达6.3cm。

（四）超高层建筑建设的单位经济成本较高

1. 超高层建筑建设工程造价高

资料显示，一座200m高的建筑成本远远高于两座100m高的建筑成本的总和，300m高的超高层建筑成本，其建筑成本远远超过3座100m高的建筑成本的总和。由于超高层建筑在设计上特殊、技术上先进、施工中复杂、材料耗费巨大，所以建造一座超高层建筑往往要耗费大量的资金。最近韩国仁川即将建造的

600m 高的双子大楼计划耗资 30 亿美元，日本东京 X-Seed4000 摩天巨塔的造价为 9000 亿美元，这已经超过了载人登陆火星的成本。

2. 超高层建筑的维护成本高

超高层建筑的运营成本巨大。有学者做过调查，从 20 世纪曼哈顿的帝国大厦开始，通常建这些超高层建筑的目的都是一种财富展示，这种目的要多于或大于功能上的需求。通过这近 100 年来超高层建筑的运营情况来看，基本上高层建筑的运营都是亏本的。

资料显示，如果超高层建筑的使用寿命以 65 年计算，它的维护费用是一般建筑的 3 倍。也正是这个原因，目前建筑界的共识是，高度超过 300m 的超高层建筑运营维护成本过高，已使得整体效益不经济。有的专家索性将超高层建筑称为“资本黑洞”。从建筑学的角度来讲，100m 以下的建筑应该更经济实惠。

（五）超高层建筑带来较多安全隐患

超高层建筑随着建筑高度的增加建筑自身的安全风险也随之加大，建筑自身的安全问题主要包括以下三个方面。

1. 发生火灾地震后疏散与救援难度大

超高层建筑建筑高度高，垂直疏散距离长，加之纵向交通容量有限，因此在发生地震、火灾等灾害时，人员疏散困难；同时，超高层灭火救援装备相对落后，国内目前普遍采用的云梯式消防车登高在 50m 左右，少数城市配备了登高达到 80、100m 的先进云梯车，即使国际上最先进的登高云梯车对于大部分超高层建筑上部楼层也难以企及，无法实现人员外部灭火救援。

2. 玻璃幕墙存在老化脱落和自爆风险

超高层建筑必须使用玻璃幕墙这样的轻质材料，传统的砌墙或现浇混凝土根本无法达到这么轻的自重。玻璃幕墙的自重，仅相当于砖砌体的 1/12、混凝土的 1/10，而且更具备后两者没有的建造速度优势。正是悬在高空的幕墙，却成为无数城市人的噩梦。最近几年，国内众多案例显示，玻璃幕墙除了因风力因素脱落外，甚至还会发生自爆。

3. 强风和雷电经常危及超高层建筑

一般来说，在正常的风压状态下，若距地面高度为 10m 处风速为 5m/s；那么在 90m 的高空，风速可达到 15m/s；若高达 300-400m，风力将更大，当风速达到 30m/s 以上时，超高层建筑会产生晃动，人就会感到不舒服。当电梯高速运行的时候，如果大楼的晃动超过 6in，电梯的钢缆就会因时紧时松的受力不均受到伤害，并造成危险。同时，雷电也喜欢“光顾”高楼。

三、国内外超高层建筑管控措施借鉴

从规划层面来看，国外的相关对建筑高度的管控有许多不同的方法和控制角度，具体可以分为以下几个方面。

（一）以区划条例作为高度控制手段

美国高度控制的根基是区划条例（zoning regulation）。区划条例图中，对每一地块的高度都作出了严格的限制，如需改动，需向区划条例委员会（zoning board）提出更改申请，委员会在经过公众评审以及政府及规划、开发等相关机构讨论后，方可报送法律审核程序，其过程极为繁琐和漫长。

（二）基于历史风貌保护对建筑高度提出控制要求

欧洲国家出于保护传统城市风貌的目的，在相当长的时间内都用“建筑法规”来限制建筑物的高度。巴黎于1977年颁布法令，规定市内新建楼房限高37m，历史性建筑附近的新建筑则限高25m。于是今天的巴黎中心城区，除了埃菲尔铁塔、凯旋门、圣心教堂、方尖碑等传统地标建筑和蒙帕纳斯大厦，几乎没有高层建筑。巴黎也因此保持了“艺术之都”的原貌，古老的城市风貌得以保护。

（三）基于工程地质条件、抗震技术限制对建筑高度提出控制要求

在亚太地区则由于技术原因而限制高层建筑的发展，如日本是一个地震多发的国家，由于当时结构抗震理论尚未成熟，所以政府部门只能通过控制高度来确保建筑物的安全。日本1920年颁布的法规规定建筑物的高度最高不得超过31m，这项法规在日本一直沿用了45年。

（四）基于自然景观、城市轮廓线等对建筑高度提出控制要求

北美一些城市根据自身的需要制定了相应的规划条例限制建筑高度以形成良好的城市形态，如早在1927年，美国的旧金山就已经建立起经过立法的高度控制体系，之后20世纪80年代在总体城市设计中，又对高层建筑的分布、高度、体量及城市天际线进行相应的控制，确定“山形主导轮廓”的开发策略。

（五）基于消防和日照原因对建筑高度提出控制要求

澳大利亚曾在20世纪初尝试过兴建高层建筑，但是由于消防和日照等原因，很快便又对建筑物的高度加以限制。1912年悉尼率先实施45.7m的限高，此后

墨尔本也实行了 40.2m 的限高制度，到 1920 年，澳大利亚的其他地区也都相继实施了对建筑高度的限制。

（六）基于通风和采光对建筑高度提出控制要求

美国法律规定高大的楼宇不许影响左邻右舍的通风和采光，否则，就要对人家付出赔偿。除了用硬性、绝对的指标来控制高度外，美国许多地区注意到建筑高度对行人尺度的影响，采光和通风是需要考虑的两个关键因素。因此，在许多城市的区划条例中，对天空曝光面（Sky Exposure Plane）有了规定。

（七）基于超限高层建筑工程的管理措施

2007 年美国北加州工程师协会（SEAONC）应旧金山市政府建筑审查处（SFDBI）的要求，提出了《超规范高层建筑的抗震设计和审查官方文告》，要求对所提交的新建高层建筑、特别是超规范的高层建筑抗震设计的可行性进行评估，给出评估意见供政府审批决策。

日本对超高层建筑的专项审查控制更加严格，其《建筑基准法》明确规定：高度超过 45m 的超高层建筑必须经过严格的抗震专项审查，高度超过 60m 的超高层建筑甚至须经建设大臣签字确认方可实施。

（八）基于征收增容配套费的调控措施

超高层建筑的建设对城市周边地区产生较大的“荷载”，包括公共设施、交通、市政、环境、防灾等多方面。超高层建筑应当为这种“副外部性”支付成本。这可以通过征收土地增容费、设施配套费等方式来实现。

在国内某些城市已有一些尝试。例如：厦门市国土资源与房产管理局根据项目增容建筑面积确认及补缴增容费，项目竣工后确认各类用途的建筑面积，计收土地增容地价；越来越多的省市提出对高层、超高层的经营性建筑征收较高标准的设施配套费，或者提高供水、消防等专项设施配套费的标准。

（九）总结

从以上各项控制经验来看，可以将其归纳为“控”之有因：即针对建筑的高度控制应当有明确的控制缘由，可以基于经济利益、历史保护、工程地质、公共卫生、公共安全和景观美学等方面的因素对城市建筑的高度提出控制或引导要求。

我国的超高层建筑管理也应当从中汲取经验。尤其是针对经营性的超高层建筑，不宜直接提出高度控制标准，而应从其各方面因素对城市影响的角度出发，提出约束和管控要求，避免其对城市经济、社会、环境产生负面影响，引导我国超高层建筑的有序健康发展。

四、超高层建筑管理的指导思想

党的十八大报告再次强调，把“转变经济发展方式”作为经济发展的主线。各级政府领导应切实转变过去“求大、追高、图快”的政绩观，从重“物本”向重“人本”转变，从偏重经济指标考核向经济、社会、环境综合指标考核转变，从重数量增长、外延扩张向重质量提高、内涵提升转变。在城乡规划建设中，应坚持“以人为本、安全便捷，资源节约、环境友好，经济适用、因地制宜，社会和谐、文化繁荣，区域协调、城乡统筹”的指导思想。

因此，各级政府应依据城市的自身条件合理控制超高层建筑的数量、高度，绝不能借城市改造、招商引资或鼓励民间投资之名，搞不切实际的形象工程、政绩工程。建设超高层建筑应确立“安全可靠、经济适用、低碳绿色、协调美观”的原则：应提高防灾减灾性能，制订突发事件应急预案；应结合当地经济发展水平，合理确定各项使用功能及面积，严格控制工程造价；应积极研发和应用先进、适用的建筑技术，推广应用节能、节地、节水、节材和环保新技术、新产品；应与当地自然环境、文化底蕴、城市风貌相协调，建筑外观应简洁、美观、形体规则。

超高层建筑建设工程管理过程中应坚持：严格审查、文明施工、监督实施、良好运营。需要加强管理，适度控制；全过程、全方位、全角度重点加强管理；建设各相关方互相制衡、协调、良好发展。首先强调责任方自身要过硬，然后加强第三方专家精英的评估论证，增加社会监督，推动科学民主决策、政府监管。

此外，超高层建筑的立项、设计与建设必须满足城市总体规划和详细规划的要求。超高层建筑的建设必须与城市经济发展和需求相适应，严禁片面追求城市形象的政绩观。

五、强化超高层建筑管理的思路与措施

超高层建筑是经济活动高度密集、土地资源高度稀缺下的产物，本质上应是一种市场经济行为，投资主体应当进行“成本／收益”分析，是符合市场经济条件下资源最优配置规律的，是不需要政府进行“额外控制”的。但是当前超高层建筑过快发展现象的本质问题是政府过度介入，社会监督不足，风险责任不清。因此，为贯彻超高层建筑管理的指导思想，规避当前建设中出现的各种问题，要求各地政府在规划建设的全过程对超高层建筑实施管理控制。

对超高层建筑的建设可以分为技术层面和机制体制层面进行管理控制：技术

层面上，应加强规划中的高度管理，加强建筑立项论证，加强建设过程管理，强化项目运营维护管理（图 5）；机制体制层面上，应强化社会多方监督，弱化政府干预，使超高层建筑的建设回归市场规律（图 6）。

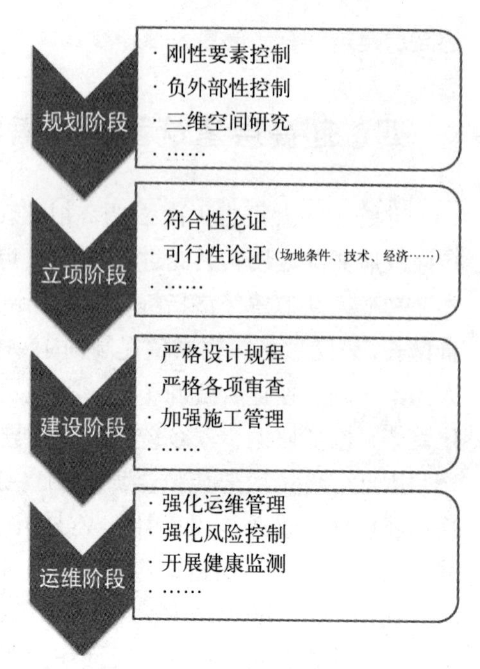

图 5　超高层建筑技术层面的管理内容和要求

（一）加强城市规划中的建筑高度管理

1. 城市总体规划应提出建筑高度控制原则

《城市规划编制办法》（建设部令第 14 号）中提出：总规阶段应“确定建设用地的空间布局，提出土地使用强度管制区划和相应的控制指标（建筑密度、建筑高度、容积率、人口容量等）。”虽然总规阶段对强度管制要求仅是粗略的区划和指标范围框定，但仍是管控建筑高度的直接手段。

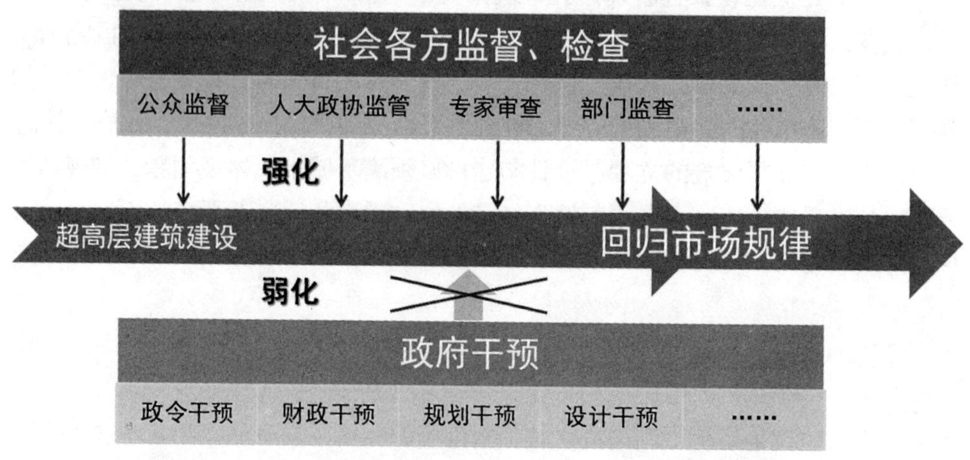

图 6　超高层建筑机制体制层面的管理内容和要求

城市总体规划阶段，应按照《城乡用地评定标准》对城市用地条件进行综合评价，应当坚持“顺应自然地形地貌和山水格局、符合城市经济发展水平、匹配城市基础设施容量、结合城市公共中心体系布局”的控制原则，综合确定城市开发强度分区。

2. 城市控制性详细规划应提出建筑高度控制要求

城市详细规划由城市政府审批，因此，在城市政府有建设超高层建筑的意愿时，可通过法定程序编制或修改详细规划，约束力较弱。超高层建筑的建设有可能对外部空间造成一定的负面影响，可理解为对公共利益的损害。因此，约束负外部性，是详细规划阶段管控超高层建筑的必要途径。外部性约束应作为控规指标的客观技术支持，应在编制、审批、督察环节予以强化，并落实相应责任追踪制度。

应按照《城市、镇控制性详细规划编制审批办法》的要求，综合考虑当地资源条件、环境状况、历史文化遗产、公共安全以及土地权属等因素，满足城市地下空间利用的需要，在地质灾害、地震安全、环境影响、交通和市政承载力评价的基础上，提出科学合理的容积率、建筑高度等用地指标。

此外，应鼓励超高层建筑所在地块的公共空间建设。提出绿地率控制指标，建议提出绿化与广场用地所占比例的指标，对超高层建筑底层公共性提出控制要求，建议实施鼓励性补偿制度，即对公共空间建设和维护有较大贡献的规划可以提供一定的容积率补偿或经济补偿。

详细规划层面的外部性约束评价

1. 地质灾害评价

《地质灾害防治条例》（国务院令第 394 号）第二十一条规定："在地质灾害易发区进行工程建设，应当在可行性研究阶段进行地质灾害危险性评估。编制地质灾害易发区内的城市总体规划、村庄和集镇规划时，应当对规划区进行地质灾害危险性评估。"在此基础上应增加以下要求：对拟建设超高层建筑的规划项目，必须进行专门针对超高层建筑的地质灾害危险性评估，提交地质灾害评价报告。

2. 地震安全性评价

《地震安全性评价管理条例》（国务院令第 323 号）提出对国家、省、自治区、直辖市认为对本行政区域有重大价值或者有重大影响的其他建设工程，需要进行地震安全性评价；县级以上人民政府负责项目审批的部门，应当将抗震设防要求纳入建设工程可行性研究报告的审查内容。对可行性研究报告中未包含抗震设防要求的项目，不予批准。在此基础上应增加以下要求：对拟建设超高层建筑的规划项目，必须提交地震安全性评价和抗震设防相关要求的内容。

3. 环境影响评价

《规划环境影响评价条例》（国务院令第 559 号）中指出：规划编制机关在报送审批专项规划草案时，应当将环境影响报告书一并附送规划审批机关审查；未附送环境影响报告书的，规划审批机关应当要求其补充；未补充的，规划审批机关不予审批。此外，《中华人民共和国环境影响评价法》（主席令第七十七号）要求规划编制机关对可能造成不良影响并直接涉及公众权益的规划，在规划草案报送审批前，通过组织论证会、听证会等形式，征求有关单位、专家和公众对环境影响报告书的意见，并对意见的采纳情况要给予说明。在此基础上增加以下要求：对拟建设超高层建筑的规划项目，环境影响报告书中应专门针对超高层建筑可能产生的环境影响进行评价。

4. 交通影响评价

城市规划管理部门在城市重点划定区域内，并符合一定规模的建设项目，应当在核发建设项目选址意见书阶段（或者在核准国有土地出让地块规划设计条件时）进行交通影响评价规划管理工作。因此，对涉及超高层建筑的规划项目，城市规划管理部门应当组织城市规划、交通等相关方面的专家对交通影响评价报告进行评审，对是否符合规划相应的交通承载力要求提出评审意见，作为核发“建设项目选址意见书”或提出“国有土地使用权出让（转让）地块规划设计要求”的依据之一。建议增加以下要求：对拟建设超高层建筑的规划项目，应预测工作、居住人口容量，预估对周边地区的交通影响，提出相应的解决方案，提交交通影响评价报告，并组织专家评审。超高层建筑选址宜选择在轨道交通或其他大运量公共交通站点附近，并考虑立体空间的接驳。

5. 市政公用设施承载力评价

建议增加以下要求：对拟建设超高层建筑的规划项目，必须提出供水、排水、供电、供气、供热、环卫等设施的解决方案，提交市政公用设施承载力评价报告，并组织专家评审。

3. 按照历史文化名城保护规划要求控制超高层建筑

历史文化名城应按照《历史文化名城名镇名村保护条例》(国务院令第 524 号)的要求编制保护规划，严格遵守历史文化名城保护规划确定的建筑高度控制要求，禁止在历史文化街区的保护区和建设控制地带内、历史建筑的风貌协调区内建设超高层建筑。

《城市规划编制办法》要求：“历史文化名城的城市总体规划，应当包括专门的历史文化名城保护规划。”《历史文化名城保护规划规范》(GB 50357–2005)也要求“历史文化名城保护规划应纳入城市总体规划。”因此，历史文化名城保护规划是总规阶段管控超高层建筑的重要手段。《历史文化名城保护规划规范》中设有“建筑高度控制”篇章，专门对高度提出控制要求：“在分别确定历史城区建筑高度分区、视线通廊内建筑高度、保护范围和保护区内建筑高度的基础上，应制定历史城区的建筑高度控制规定。”“对历史风貌保存完好的历史文化名城应确定更为严格的历史城区的整体建筑高度控制规定。”

4. 城市特殊地区应按照相关规定明确建筑高度控制要求

对于军事用地、安保用地、基础设施周边地区、微波通道地区等城市特殊地区，应按照相应部门的相关规定明确建筑高度控制要求。

5. 鼓励各地政府在编制城市总体规划的同时编制总体城市设计

对各地政府对城市形象和文化品位提出了更高的要求，鼓励其在总规阶段同步编制总体城市设计，该规划为非法定规划，但可作为建筑高度研究并指导详细规划编制的重要研究依据。强化城市的天际线轮廓线控制、视廊控制、边界控制、重点地区控制等方面的研究，作为总规提出建筑高度控制原则的技术支撑。

6. 强化城市规划的审查和公示

对拟建超高层建筑的城市规划项目，应当组织召开由有关部门和专家参加的审查会，应严格审查超高层建筑建设的相关评价过程，建立评价结论的责任追究制度。自批准之日起 20 个工作日内，应通过政府信息网站以及当地主要新闻媒体等便于公众知晓的方式公布。

（二）加强超高层建筑立项论证

除了城市规划的详细论证外，超高层建筑的立项论证也是非常重要的，它是规划论证的进一步深入，涉及技术、经济、社会的合法、合理、可行性和风险评估及预控等问题的针对性更强。因此，超过现行标准规范适用范围的超高层建筑，在立项前，建设方应对拟建项目的必要性与符合性、场地选址与建设条件的可行性、技术可行性、经济可行性等进行论证，编制项目可行性研究报告。各级政府主管部门应加强对可行性研究报告的审查工作。

1. 必要性与符合性论证

要认真分析城市发展的需要情况，建设项目对城市经济的匹配和促进情况，对城市文化的提升情况，明确项目的类型、规模、使用（运营）方式，以及是否完全符合已经批准的城市详细规划中提出的各项规划控制要求等。

2. 场地选址与建设条件的可行性论证

要根据项目的地理位置、地形、地貌、工程地质条件，周边交通、给水、雨水、污水、热力、燃气、供电、电信及广电等市政基础设施承载能力，以及周边建筑物与城市风貌等情况，严格论证项目的地质安全性，与当地经济发展水平的关系和适应性等。

3. 技术可行性论证

应对项目的结构抗震性能、外幕墙体系、安防技术措施、建筑防火与人员疏散，以及城市消防灭火救援体系等进行充分研究和论证，确保安全可靠；对项目的节能减排指标，必须符合国家相关政策和标准规定，并在建筑节能减排专篇中，提出合理可行的建筑节能措施；对项目的大气污染物排放（废气、废水等），城市风环境、热环境和光环境的影响等，应满足国家与当地的相关政策规定和要求。

4. 经济可行性论证

应根据拟定的建筑方案和当地建设条件，认真编制工程项目投资估算，项目可研报告应提出项目资金筹措方式和资金来源，并就项目收益、项目支出情况、投资收益率、运营成本、贷款偿还能力等进行分析。

5. 加强立项审查工作

超过现行标准规范适用范围的超高层建筑项目可行性研究报告，应由政府主管部门组织的专家评审委员会进行综合审查，或根据需要进行上述相关的专项审查和评审，其审查结果和意见应备案。

（三）加强项目建设过程管理

超高层建筑必须严格按照基本建设程序建设，项目所在地政府应加强对工程质量、安全的管理。

1. 超高层建筑应严格按照方案设计、初步设计、施工图设计三个阶段做好工程设计

项目所有的设计阶段都应依据我国现行的标准规范开展工作。建筑的方案设计应符合已审批备案的规划与可行性研究报告的要求。建筑的初步设计应在确定的建筑方案设计基础上，针对建筑功能定位以及地质灾害评价、地震安全性评价、环境评价结果等进行，严格执行超限高层建筑工程抗震设防专项审查程序并落实审查意见，加强研究论证，保证技术措施的可实施性；对超过 250m 的超高层建筑，应在现行防火规范基础上，提出特殊的加强措施。对于有结构健康监测要求的项目，结构设计应同步健康监测系统的具体要求；建筑的施工图设计应严格按初步设计审查意见执行，避免进行方案性调整，严格控制施工图预算不得超出概算。施工图设计中应采用先进技术和产品，完善建筑使用功能，确保工程安全，降低建筑能耗。

2. 严格进行超高层建筑各设计阶段的综合审查

建筑方案设计应经主管部门组织的专家委员会对方案进行实名制评审后，在指定的媒体上公示和征求大众意见后综合确定合理的建筑方案；超过现行标准规范适用范围的超高层建筑项目的初步设计应经主管部门组织的专家委员会评审通过后，方可开展施工图设计。建筑的施工图设计审查，应由具有资质的施工图审查机构，严格按照住建部关于施工图审查的相关规定，对施工图设计进行严格审查，不得出现违反工程建设标准强制性条文的情况；对超过规范规定最大适用高度的项目，尤其是高度超过 300m 的项目，应由具有施工图审查资质（含超限）

的机构进行审查。

3. 严格进行超高层建筑抗震设防、消防专项审查

对结构高度超过300m或建筑形体不规则的超高层建筑项目，应委托全国超限高层建筑工程抗震设防审查专家委员会协助各地建设行政主管部门进行抗震审查；要结合当地情况，加强对外部灭火救援条件、消防系统设施的可靠性和有效性等消防设计的审查，对超过250m的超高层建筑，应由国家消防主管部门组织审查。建筑幕墙专项设计，应组织专家评审会进行评审。

4. 加强施工过程管理

项目总承包单位在取得项目施工许可证进场施工前，应在施工现场按要求做好项目的信息公开。项目总承包单位应制订全面、详细的施工方案，组织进行专题论证，并报项目所在地地市级以上住房和城乡建设主管部门备案。强化总包职责，加强对专业工程的分包工作管理。应严格执行工程监理制度，实施现场见证取样与进场验收，确保建筑材料质量符合规范要求。工程质量、安全监督管理机构应加强对项目施工过程的监督管理，严格质量验收管理。建设单位在领取建设工程规划许可证之后，建设单位应严格项目信息公开制度，公开项目名称、建设单位、平面图、经济技术指标、建设工程规划许可证批准号、监督举报电话等重要信息。

（四）加强项目运营维护管理

1. 提高物业单位运行管理水平，加强建筑运行维护管理

项目完工投入运营后，物业管理方应针对超高层建筑的特点，制定完善的运行管理制度规定，建立健全物业管理人员岗位责任制，加强日常运行管理，严格按照设施设备技术要求进行维护保养，提高管理水平。城市有关部门应建立项目能耗监管体系与考核制度，实施能耗分项计量，定期对项目能耗等情况进行检查。

2. 强化运行安全风险管理控制

管理方应制订有应对突发事件的应急预案，完善机制和有效措施；强化消防安全管理责任制，切实加强消防安全管理，建立有效紧急疏散和风险应对机制和措施。

3. 开展结构健康监测

对于结构高度超过400m或结构过于复杂或特别重要的超高层建筑，还必须考虑进行结构健康监测，进行损伤诊断和结构健康评估。

4. 做好重要设施的监测与定期检查

对供电设备与控制系统、电梯与特种设备、避雷防雷系统、消防报警系统、安防监控系统、智能控制系统等进行监测监控，并定期委托专业供应厂商或第三方检测机构按要求做好安全检查与检测。

（五）健全超高层建筑项目监督管理机制

1. 加强超高层建筑项目的监督检查，强化在城乡规划、项目立项、项目建设、项目运营维护等阶段的全过程管理

城乡规划阶段，行政主管部门应严格按照相关规定审批城乡规划，并督查城乡规划的实施；项目立项阶段，行政主管部门应组织专家、相关部门强化超高层建筑的项目立项论证；项目建设阶段，行政主管部门应严格进行各设计阶段的综合和专项审查，项目总承包单位应加强施工过程的质量监督管理，"能评"与"环评"等主管部门和机构应加强建筑节能与环保设计的检查工作，建立项目能耗监管体系与考核制度，定期对项目能耗等情况进行检查并公示相关信息；项目运营维护阶段，使用管理方应强化超高层建筑的运行维护管理、安全风险控制、结构健康监测和重要设施的监测与定期检查。

2. 充分发挥专家领衔作用，实施民主监督，鼓励公众参与，提高决策的科学性

按照"政府组织、专家领衔、部门合作、公众参与、科学决策"的方针，在城乡规划编制、项目立项和项目建设阶段强化专家领衔的决策咨询制度，充分征求专家意见并在此基础上进行科学决策，建立实名制专家评审制度和专家评审意见备案制度；各地可根据实际情况，聘请人大代表、政协委员、民主党派人士作为特约城乡规划与建设监督员，监督城乡规划、建筑设计的制定、实施，参与城乡规划与建设的管理；建立多种形式的公众参与制度，确保充分征求和采纳公众意见。

3. 落实责任负责制度，转变并树立正确政绩观，建立科学的政绩考核体系

应认真落实超高层建筑项目各个阶段决策的责任负责制。各级政府领导应切实转变"贪大、图高、求快"的城市建设理念，树立正确的政绩观，建立、完善科学的政绩考核体系。相关政府工作人员应严格遵守各项法律、法规、标准和规定。

4. 深入推进政务公开，提高公众参与力度，强化社会监督

督促政府建立政务公开目录，实施政府信息网上公开实施办法，使政务公开从形式到内容有统一的规范、标准。在城乡规划编制、项目立项和项目建设阶段应按相关法律、法规、规定进行公示，并对公示意见进行回复。行政主管部门应设立超高层建筑建设意见征集专栏，将超高层建筑立项、方案的征集、评选、结果等重大事项及时向社会公示，提高公众参与力度。建立便捷的信访接待工作机制，方便公众参与，广泛自觉地接受社会监督。

参考文献

[1] 戴复东，戴维平 . 欲与天公试比高——高层建筑的现状及未来 [J]. 世界建筑 ,1997 (2).

[2] 李湘洲 . 世界高层建筑的发展与现状 [J]. 南方建筑 ,1995(4).

[3] 胡玉银 . 超高层建筑的起源、发展与未来 [J]. 建筑施工 ,2006(11) .

[4] 王卓娃 . 欧洲多层面控制建筑高度的方法研究 [J]. 规划师 ,2006(11) .

[5] 卓刚 . 我国高层建筑应追求健康发展 [J]. 建筑 ,2001(7).

[6] 夏有才 . 城市高层建筑之我见 [J]. 城市规划 ,1988(1).

（撰稿人：董珂，中国城市规划设计研究院，教授级高级规划师；周璇，中国城市规划设计研究院，城市规划师）

土地管理制度改革与城镇化模式

十八届三中全会作出全面深化改革的决定，涉及市场和政府作用、城乡一体化、建设生态文明等一系列体制机制改革议题，围绕土地制度改革和城镇化发展，提出建立城乡统一的建设用地市场、完善城镇化健康发展体制机制、健全自然资源资产产权制度和用途管制制度、划定生态红线等要求。中央城镇化工作会议又进一步明确推进城镇化主要任务，涉及：推进农业转移人口市民化；提高城镇建设用地利用效率；建立多元可持续的资金保障机制；优化城镇化布局和形态；提高城镇建设水平；加强对城镇化的管理。

从新的历史条件看，土地制度改革和新型城镇化模式是社会关注的重大问题，对未来中国社会经济发展具有重大的影响，但是，二者的顺利推进都脱离不开中国的基本国情。只有结合中国的土地管理制度特点、城镇化发展时代要求进行研判，才能深化土地管理制度改革，有效推进新型城镇化，而以上任务都脱离不了空间规划及其管控。为此，深化土地管理制度改革，推进新型城镇化，需要加强各类空间规划的协同开展。

一、积极稳妥地推进土地管理制度改革

（一）我国土地管理制度简析

新中国建立 60 多年来，我国基本形成了以社会主义公有制为前提，以土地产权制度为基础，以建立最严格的耕地保护制度和最严格的节约用地制度为目标，以土地用途管制、土地征收、土地有偿使用为核心的具有中国特色的土地管理制度体系，在经济社会发展进程中发挥了重要作用。

1. 土地权利制度

我国土地权利制度呈现社会主义公有制基础上的所有权与使用权相分离的土地权利结构。需要强调三点：一是我国实行社会主义土地公有制，即土地国有制和土地集体所有制并存。按照《土地管理法》的相关规定："中华人民共和国实行土地的社会主义公有制，即全民所有制和劳动群众集体所有制。全民所有，即国家所有土地的所有权由国务院代表国家行使。""城市市区的土地属于国家所有。农村和城市郊区的土地，除由法律规定属于国家所有的以外，属于农民集体所有；宅基

地和自留地、自留山，属于农民集体所有。”二是我国的土地所有权与土地使用权相分离。《土地管理法》第二条规定：“任何单位和个人不得侵占、买卖或者以其他形式非法转让土地。土地使用权可以依法转让。”三是尊重和保护土地财产权。

2. 土地用途管制制度

我国的土地管理模式以耕地保护为目标、用途管制为核心。长期以来，我国将粮食安全和耕地保护摆在首要位置，1998 年修订《土地管理法》时，将用途管制制度以法律形式确立。用途管制制度的重要手段之一是土地利用总体规划。传统的土地利用总体规划是基于耕地特殊保护的用途管制规划，强调耕地保护，划定基本农田，明确各类土地的管制规则及改变土地用途的法律责任。《全国土地利用总体规划纲要（2006—2020 年）》明确提出“建设用地空间管制”的概念和要求，土地规划也将“用途管制”的思路进一步延展到建设空间与非建设空间的管制上，从而形成了建设用地“三界四区”（规模边界、扩展边界、禁止建设边界、允许建设区、有条件建设区、限制建设区、禁止建设区）的管控体系，指标管理和空间管控并重、用途管制和建设用地空间管制并行。

3. 土地征收制度

基于土地国有制和集体所有制并存的特点，我国实行土地征收制度。《土地管理法》规定：“国家为了公共利益的需要，可以依法对土地实行征收或者征用并给予补偿。”并且“任何单位和个人进行建设，需要使用土地的，必须依法申请使用国有土地；但是，兴办乡镇企业和村民建设住宅经依法批准使用本集体经济组织农民集体所有的土地的，或者乡（镇）村公共设施和公益事业建设经依法批准使用农民集体所有的土地的除外。”

4. 土地有偿使用制度

我国土地资源配置方式以市场机制为主。国有土地实行有偿使用和划拨供应的双轨制；经营性土地实行市场配置。国有土地使用权人可以依法租赁、作价出资（入股）、转让、抵押土地。

（二）深化土地管理制度改革面临的基本国情

1. 地理国情：“胡焕庸线”的勾勒

我国的人口和经济活动分布基本可以用“胡焕庸线”进行勾勒，规律明显，且国土开发利用格局长期基本稳定。“胡焕庸线”也称“黑河—腾冲线”，1935 年著名地理学家胡焕庸研究中国人口分布状况时发现，将黑龙江黑河至云南腾冲连接成一条直线，线东南侧居住了 96% 的人口，西北侧仅居住了 4% 的人口。研判 1982 年以后开展的四次人口普查结果，此线东南侧 43% 的陆地国土面积上一直承载了 94% 左右的人口。

“胡焕庸线”与 400mm 等雨量线、地貌分界线、文化分界线等基本重合。线东南侧以平原、丘陵、水网、喀斯特和丹霞地貌为主，是我国传统农耕文明发祥地，国土空间较宜开发；而线西北侧以草原、沙漠和雪域高原为主，是我国历史上的游牧文化区，生态脆弱区域居多，不宜大规模、高强度开发。由于我国城镇化主要衍生于以农耕文明为基础的聚落，工业化主要依托于现有聚落，因此，适宜工业化、城镇化开发的国土也基本分布在胡焕庸线东南侧。

2.“粮食安全”和“生态建设”的硬约束

“粮食安全”和“生态建设”是当代中国发展的两个硬约束。“粮食安全”与工业化、城镇化、农业现代化的推进在空间上存在明显矛盾，《全国主体功能区规划》提出，适宜工业化、城镇化开发的面积只有 180 余万平方公里，而这一空间又是农产品主产区的主要分布地域，未来的发展必须守住耕地红线，以应对因人口增长和食物结构变化所导致的粮食需求增加，保障粮食安全。与此同时，必须加强生态建设，对具有生态功能的林地、草地等予以全面管护，我国曾对国际社会承诺“到 2020 年，森林面积要比 2005 年增加 4000 万 hm^2”，与国际社会共同应对全球气候变化问题。近年来，随着工业化、城镇化持续推进，基础设施建设力度持续加大，建设用地需求保持刚性增长。在“粮食安全”和“生态建设”的硬约束下，未来工业农业争地、城镇农村争地、农业内部争地、生产生活生态争地局面将更加突出，统筹各业用地需求更加困难。

3. 土地的资源、资产和资本三个基本属性

土地具有资源、资产和资本三重属性，关系到经济社会发展的方方面面。土地作为重要的自然资源，与粮食安全和生态安全密切相关；作为资产的土地，是国家的财富，也是千家万户的财产；作为资本的土地，是地方财政的重要组成部分，也是有效的融资平台之一。

4. 土地利用面临的现实问题

一是国土开发程度偏高。改革开放以来，“胡焕庸线”东南侧的国土开发活动全面展开，主要经济区和中心城市的国土开发程度已经达到或超出发达国家水平。

二是城镇快速扩张。全国 663 个城市建成区总面积在十年内扩大了两倍以上，主要通过占用耕地实现；城镇工矿用地增长速度高于人口增长速度，城镇工矿用地利用较为粗放。

三是工业用地消耗量大，效率不高。从新增土地供应看，工矿仓储用地占新增建设用地供应总量的比重长期居高不下；工业用地容积率极低，仅为 0.3–0.6。

四是农村人减地反增，布局散、效率低。农村人口减少的同时农村建设用地反而大幅度增加，导致人均用地水平不断加大；农村两栖人口占地、空心村、空闲用地现象突出。

（三）未来深化土地管理制度改革的若干设想

根据十八届三中全会全面深化改革的决定，深化土地制度改革的总体思路是继续坚持最严格的耕地保护制度和节约集约用地制度，按照管住总量、严控增量、盘活存量的原则，创新土地管理制度，优化土地利用结构，提高土地利用效率，合理满足城镇化用地需求。主要设想如下：

1. 调控城镇用地规模结构，完善节约集约用地制度

节约集约用地可以从控制新增建设用地规模和盘活存量建设用地两方面入手。一方面，实行严控新增城镇建设用地规模的用地政策，尤其是控制特大城市的新增建设用地规模；优先安排并增加住宅用地，适当控制工业用地，合理安排生态用地。另一方面，鼓励存量城镇建设用地挖潜，提高城镇建设使用存量用地比例，针对利用粗放低效的土地探索节约集约的利用方式。例如，对于老城区、棚户区、旧厂房、城中村等城镇低效用地，建立再开发激励约束机制和退出激励机制；完善各类建设用地标准体系，尤其是工业用地，探索多种供应方式，适当提高其使用标准；对于农村低效建设用地，结合城乡建设用地增减挂钩、工矿废弃地复垦利用等方式加强综合整治。

2. 推进农村土地管理制度改革

农村土地管理制度改革的核心在于赋予农民更多财产权利。在坚持耕地保护制度的前提下，完善土地承包经营权的权能体系，保障农民宅基地用益物权；在符合规划和用途管制的前提下，探索建立城乡统一的建设用地市场。

3. 坚持最严格的耕地保护制度

继续坚持最严格的耕地保护制度，不断完善土地用途管制制度。对耕地数量、质量和生态进行管护，完善耕地占补平衡制度，建立健全耕地保护激励约束机制、耕地保护共同责任机制。尤其是要完善基本农田的永久保护长效机制。

4. 完善土地征收和有偿使用制度

一是深化征地制度改革。缩小征地范围，规范征地程序，建立土地增值收益共享机制，保障失地农民的权益。二是深化国有建设用地有偿使用制度改革。扩大国有土地有偿使用范围，减少非公益性用地划拨。

二、扎实有序地推进新型城镇化

（一）推进新型城镇化的重大意义

1. 推进新型城镇化是我国处在全面建成小康社会和全面深化改革、促进城乡一体化发展、跨越中等收入陷阱关键时期的重大历史选择

党的十八大、十八届三中全会相继提出全面建成小康社会和全面深化改革的

目标和决定。为确保到 2020 年实现全面建成小康社会宏伟目标，必须坚持走中国特色新型工业化、信息化、城镇化、农业现代化道路，推动四化协调同步发展。未来，我国将加快完善城乡发展一体化体制机制，着力在城乡规划、基础设施、公共服务等方面推进一体化，促进城乡要素平等交换和公共资源均衡配置，形成以工促农、以城带乡、工农互惠、城乡一体的新型工农、城乡关系。

我国城镇化发展正处于“S”形曲线高速成长期，与此同时，我国也面临着城乡二元结构的问题和经济持续稳定增长的挑战。2013 年年末，我国常住人口城镇化率达 53.7%，户籍人口城镇化率只有 36% 左右，城乡二元结构显著，甚至在城市内部也存在以农民工为代表的非户籍人口与户籍人口之间的二元结构，随之而来的社会问题、环境问题日益显著。另一方面，2010 年中国人均 GDP 超过 4000 美元，标志着我国正式进入“上中等收入”行列。上中等收入阶段是中等收入陷阱的潜伏时期，拉美国家至今仍处于中等收入国家行列。从现在至 2020 年，是我国跨越“中等收入陷阱”、顺利进入高收入发展阶段的关键时期。推进新型城镇化是我国在发展重要时期，为全面建成小康社会和全面深化改革、促进城乡一体化发展、跨越中等收入陷阱作出的重大历史选择。

2. 推进新型城镇化是我国迈向现代化、扩大内需、解决三农问题和破解区域发展不平衡的重要途径

所谓新型城镇化，就是建设具有中国特色、强调以人为核心、体现高质量的城镇化。新型城镇化就是在资源环境等条件约束下，最大程度地满足人民衣食住行、实现社会稳定和谐，创造适应不同阶层群体需求的社会环境和公平发展机会。

新型城镇化是迈向现代化的载体和平台，与工业化、信息化和农业现代化同步协调发展，共同构成现代化的核心内容。党的十八大报告指出，要“坚持走中国特色新型工业化、信息化、城镇化、农业现代化道路”，这是中央文件中首次提到“新型城镇化”的概念。历史经验表明，现代化的成功发展必然伴随着工业化和城镇化。新型城镇化的推进将在承载工业化和信息化发展空间，带动农业现代化加快发展方面，发挥不可替代的融合作用。

新型城镇化是扩大内需的重要抓手。内需是我国经济发展的根本动力，扩大内需的最大潜力在于城镇化。新型城镇化的推进有助于持续提高城镇化水平和质量，扩大城镇消费群体、升级消费结构、释放消费潜力，增加城市投资，为经济发展提供持续的动力。通过公共服务均等化、交通基础设施网络、信息网络的建设，推动城镇消费不断扩大升级。

新型城镇化是解决三农问题的重要途径。我国农村人口众多、农业水土资源紧缺，新型城镇化有助于土地节约集约利用，为发展现代农业腾出宝贵空间，促进农业生产规模化和机械化，提高农业现代化水平。另一方面，新型城镇化强调

以人为本，通过推进农民工市民化，强调让农民工安心的城镇化，推进城乡一体化发展，保障广大农民的合法权益，惠及广大农村农民。

新型城镇化是破解区域不平衡的有力手段。我国城镇化发展不平衡，中西部城市发育明显不足。新型城镇化关注城镇化质量，随着西部大开发和中部崛起战略的深入推进，新型城镇化将有助于培育中西部地区城市群，推动中西部地区城镇化进程，促进产业转移和市场拓展，实现区域的协调发展。

（二）未来推进新型城镇化空间发展模式创新的若干设想

空间发展模式是一个涵盖区域（城镇）经济发展战略、城市管理目标、土地利用结构、建设空间布局、环境保护目标的综合性概念，体现了某一区域（城镇）在一定时间范围内采取的空间发展策略及其与经济发展、环境保护的关系。我国传统城镇化空间发展模式以沿城市外延“摊大饼”式扩张和建设新城新区、开发区、工业园区等“飞地”为主，建设用地利用粗放低效，造成耕地资源浪费，威胁我国粮食安全和生态安全。从区域角度来看，城镇空间分布和规模结构不合理，与资源环境承载能力不匹配，区域发展不平衡、各级城市发展不协调。为此，新型城镇化的空间发展模式需在以下几个方面有所创新。

1. 以城市群为主体有序推进

城市群是城市发展到成熟阶段的最高空间组织形式，是区域经济发展的引擎，是我国宏观层面的新型城镇化空间发展模式。我国现有成熟城市群（如京津冀、珠三角、长三角城市群等）主要分布在东部地区，经济活力旺、创新能力强、吸纳外来人口多，但面临着水土资源和生态环境压力加大、要素成本快速上升、国际市场竞争加剧等制约，因此，东部地区城市群必须加快经济转型升级、空间结构优化、资源永续利用和环境质量提升。我国中西部地区城镇体系比较健全、城镇经济比较发达、中心城市辐射带动作用明显，很多地方具有“准城市群”的性质。因此，要在严格保护生态环境的基础上，引导有市场、有效益的劳动密集型产业优先向中西部转移，吸纳东部返乡和就近转移的农民工，加快产业集群发展和人口集聚，培育发展若干新的城市群，在优化全国城镇化战略格局中发挥更加重要的作用。此外，我国还应探索城市群协调发展规划和管理机制，明确城市群发展目标、空间结构、开发方向以及各城市的功能定位和分工，统筹规划、协调联动破除行政壁垒和垄断，促进生产要素自由流动和优化配置。

2. 促进各类城市协调发展

新型城镇化应注重促进各类城市协调发展，优化城镇规模结构。首先，应增强中心城市辐射功能。中心城市是我国城镇化发展的重要支撑，应完善城市功能，壮大经济实力，加强协作对接，实现集约发展，加快产业转型升级，提高参与全球产业分工的层次和竞争力，延伸面向腹地的产业和服务链，建立与周边城镇对接的基础设施和公共服务，增强城市辐射功能。其次，应加快发展中小城市，优化城镇规模结构。中小城市特别是城市群内的中小城市是我国未来新型城镇化的主力军，应鼓励产业在中小城市布局，引导教育、医疗等公共资源配置向中小城市倾斜，加强中小城市市政基础设施建设，提升中小城市集聚力和吸引力。第三，应有重点地发展小城镇。小城镇是我国新型城镇化的直接阵地，应按照控制数量、提高质量，节约用地、体现特色的要求，有重点、分层次地发展小城镇，将推动小城镇发展与疏解大城市中心城区功能、发展特色产业、服务“三农”相结合。

3. 优化城市空间结构

新型城镇化应优化城市内部空间结构，提高城市空间利用效率，改善城市人居环境。对于开发历史较长的中心城区，应注重改造、提升中心城区的环境，完善、优化、提升中心城区功能组合，推动土地合理布局与综合开发利用，搬迁老工业区、改造城中村和棚户区、综合整治老旧居住小区，改善人居环境。对于新开发的新城新区，应严格论证其设立条件，严格规范其规模与功能，推进功能混合和产城融合，使新城新区与原有中心城区相配合。对于现有新城新区，应加强改造，推动单一生产功能向城市综合功能转型，为促进人口集聚、发展服务经济拓展空间。对于城乡空间交错的城乡接合部，应加快城市基础设施和公共服务设施向城乡接合部的延伸，提升规划建设和管理水平，促进城乡接合部的社区化发展，使其成为服务城市、带动农村、承接人口转移的城镇化地带。

4. 提高城市规划建设水平

要实现新型城镇化空间发展模式的创新，必须提高城市规划建设水平，以先进的规划理念、完善的规划程序、有效的规划管控助力新型城镇化发展与建设。首先，应把以人为本、尊重自然、传承历史、绿色低碳理念融入城乡规划全过程，使城乡规划由扩张型规划逐步转向紧凑型规划，加强城市空间开发利用管制，合理划定城市“三区四线”，科学确定城市发展规模、开发边界、建设强度和保护保障性空间，促进城市用地功能适度混合，布局合理。其次，应完善城乡规划前期研究、规划编制、衔接协调、专家论证、公众参与、审查审批、实施管理、评估修编等工作程序，提高规划程序的科学化和民主化水平。加强城乡规划与发展规划、主体功能区划、土地利用规划、生态功能区划等规划的衔接，推动有条件地区的“多规合一”规划编制的尝试。第三，应加强规划管控，保持城乡规划的权威性、严肃性和连续性，持之以恒地落实城乡规划，加大对政府部门、开发主体、居民个人违法违规行为的责任追究和处罚力度。同时，运用信息化、数字化方法，强化城乡规划管控技术。

三、深化土地管理制度改革和推进新型城镇化的结合点在于“规划协同”

（一）我国空间规划体系的现状和问题

城乡规划、土地利用总体规划、主体功能区规划和生态功能区划是我国现阶段具有法律和制度基础、涉及全局又分属不同部门主管的四类空间规划，客观存在横纵难协调的问题，如规划目标、布局规模、分类标准不一致，乡村系统、土地产权问题考虑不足等。

1. 我国空间规划的发展态势与特点

我国的制度特征和基本国情决定了空间规划体系内部构成的多元化。我国在法律或政府文件中明确并具有全局影响的空间规划包括城乡规划、土地利用总体规划、主体功能区规划和生态功能区划，它们横向由住房和城乡建设部、国土资源部、国家发展和改革委员会、环境保护部四个部门归口管理，纵向涉及国家到地方、区域到城市、镇、村等多个层级，尚未形成统一有序的格局。

从四类空间规划的发展历程及趋势看，共同做法都在不断强化对空间边界的管控，空间管制成为共同关注和追求的手段。城乡规划的空间管控以法定规划体系作为支撑，如“一书三证”（建设项目选址意见书、建设用地规划许可证、建设工程规划许可证、村镇建设工程规划许可证）、“三区”（禁止建设区、限制建设区、适宜建设区）和“四线”（蓝线、绿线、黄线、紫线）等，重点聚焦建设和非建设的关系问题，尤其关注非建设性空间的保育和调控。土地规划的核心是用途管制，进一步发展为建设用地空间管制，形成了建设用地“三界四区”（规模边界、扩展边界、禁止建设边界、允许建设区、有条件建设区、限制建设区、禁止建设区）的管控体系。发展规划从原来的“目标规划”逐步演变成主体功能区规划，表现出“管空间、要落地”的强烈意愿。生态功能区划的三级功能区划分为地面物质环境提供其生态基础的“底图”,强调保持空间生态功能的可持续性。

四类空间规划体系不同，规划实施手段和方式也不同，形成各自的基本特色。城乡规划形成了从国家到村庄的五级规划体系，涉及市域、中心城、详细规划三个层次，通过“一书三证”制度实现对建设项目的管理。土地规划按行政区划分为五级规划,以土地利用年度计划作为规划实施的工具,强调“三线”（耕地、基本农田、建设用地规模）的规模控制和“两界”（基本农田边界、城乡建设用地边界）的空间控制，根本目的是保护耕地。主体功能区规划分为全国和省两级体系，通过四类主体功能区分区，在政策区划下协调引导。生态功能区划也是两级体系，通过三级功能区划保护生态本底。

2. 我国空间规划协同面临的问题

在四类空间规划并存且共同呈现强化空间管制趋向的情况下，各规划的横向协调、纵向衔接、基础语言、关注对象、实施效果等，都遭遇一系列挑战。具体表现在：

一是横向不协调，规划目标差异大。各类空间规划价值观、关注点乃至出发点不尽相同，导致规划目标、内容和结果大相径庭的现象时有出现。

二是纵向不衔接，布局规模各说各。尽管各类规划具有上级指导下级或上级调控下级的要求，但现实的状况是下级规划从自身利益出发，存在逐级放大规模、调控布局的现象。

三是话语不一致，分类标准不统一。城乡规划的用地分类标准与土地规划的用地分类标准尚有差异。城乡规划用地分类主要关注土地使用方式，土地规划用地分类则主要按利用类型和覆盖特征划分，两者侧重点不同，用地分类内涵不同，适用范围不同，体系和表现形式有异，给规划对接造成了困难和障碍。

四是城乡不对等，规划对乡村的系统性关注少。尽管开展了大量的新农村、农村社区规划，但系统性地关注乡村地区的规划依然欠缺，乡村地区的规划缺乏系统性，实施管理也长期缺位。

五是百姓不认同，规划对土地产权考虑少。过去我国土地用途管制制度强调国家以财产所有者的身份管理其财产的权力，强调维护国家和公共利益，对业已形成的私有土地财产的尊重不够，规划常常成为凌驾于私人合法财产权之上的理想化蓝图，一旦面临私人权益维护，其实施将耗费巨大的执行成本，变得难以操作。

（二）我国空间规划的实质和定位

1. 空间规划的实质：基于土地发展权的空间管制

空间规划的本质与土地发展权密不可分。各类空间规划的核心内容是空间管制，对空间资源实施管制是空间规划最直接、有效的手段。而空间管制实质上是土地发展权在空间上的分配，即土地发展权来源于空间管制。

土地发展权是指在土地上进行开发的权利，用于改变土地用途或者提高土地利用程度，以建设许可权为基础，可拓展到用途许可权、强度提高权。在我国，土地发展权是隐形的且归国家所有。按照土地发展权形成条件的差异以及我国不同层级空间规划的管制特点，我国存在两级土地发展权体系，并基于土地发展权的空间管制形成了中国特色的空间规划体系（图 1）。

一级土地发展权隐含在上级政府对下级区域的建设许可中。上级政府出于维护国家利益和公共利益，决定是否赋予下级区域空间开发利用的权利，根据基本农田保护红线、生态建设和环境保护原则、经济社会发展需求统一配置土地发展

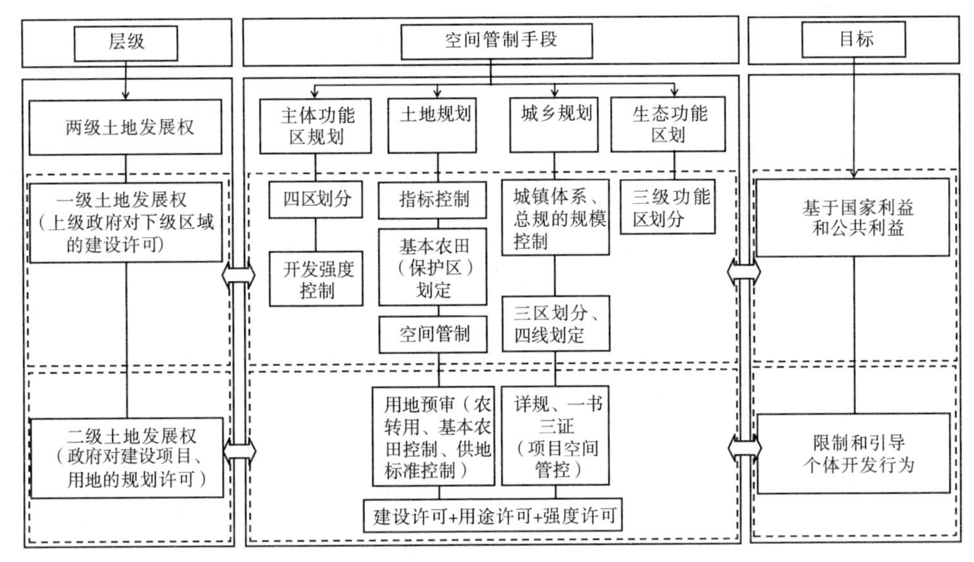

图 1　我国两级土地发展权体系

权。二级土地发展权隐含在政府对建设项目、用地的规划许可中，其使用是地方政府将从上级所获得的区域建设许可权进一步配置给个人、集体和单位的过程。相比一级土地发展权，二级土地发展权的显化相对微观。

围绕各自空间规划目标的差异，四类空间规划的实质是基于不同层级土地发展权的空间管制，两级土地发展权也直接对应着空间管制所形成的层级（图 2）。其中，主体功能区规划、生态功能区划主要基于一级土地发展权的空间管制而设定，城乡规划、土地规划同时拥有一级和二级土地发展权的空间管制。

2. 我国空间规划的"责任规划"与"权益规划"之分

按照我国空间规划的职责所在,规划面临成为"责任规划"还是"权益规划"的定位选择,所划定的空间边界也有"责任边界"和"权益边界"之分。所谓"责任规划"、"责任边界"，强调基于国家利益和公共利益进行空间管制安排和土地发展权配置，侧重于自上而下的"责任"分解和"责任边界"控制；所谓"权益规划"、"权益边界"，强调在考虑土地权利人利益的基础上，对个体开发行为进行引导和限制，关注土地发展权价值的合理显化。

不同层级土地发展权下的空间规划具有不同的功能定位（见图 2）。一级土地发展权下的空间管制主要是国家与地方、上级政府与下级政府博弈，在这一层级，我国的城乡规划（全国和省域城镇体系规划，城市、镇、乡、村总体规划）、土地规划（全国、省、地、县规划）、主体功能区规划、生态功能区划都是"责任规划"，在空间上划定"责任边界"。而二级土地发展权下的空间管制职责是尽可能减少地方政府、潜在土地权利人与现有土地权利人在博弈过程中产生的负外

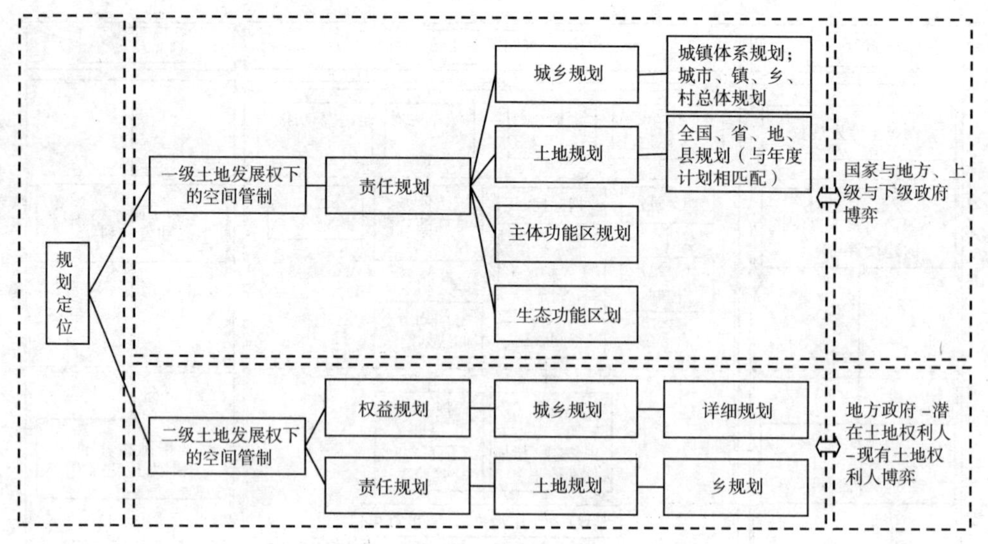

图 2　空间规划与土地发展权对应的定位体系

部性，表现在微观空间尺度，以详细规划为代表的城乡规划体现“权益规划”思想，以乡级土地利用规划为代表的土地规划作为“责任规划”的延伸，通过两类规划的实施，共同协调和平衡各方利益。

探究我国各类空间规划的纵向关系，上位规划重点讲“责任”，下位规划往往求“权益”。尽管各类空间规划都强调公共政策的职能，但在制定和实施中，上下级规划由于出发点不同造成纵向不衔接的问题。就横向关系而言，四类空间规划多是责任规划，但责任尚未完全明晰并有交织，规划协同便成为未来空间规划发展必须关注的议题。

（三）未来推进各类空间规划协同的若干设想

空间规划协同的关键是“共同责任”下的协作配合。为此，推进规划协同，需要做到以下几点。

1. 规划协同应确立“保生态红线、保发展底线”的共同目标

“我国是单一制国家，实行中央统一领导、地方分级管理的体制”[①]，这就决定了不论哪级政府、哪级规划，规划的总体目标应该是一致的。因此，各级规划应共同树立起“保生态红线、保发展底线”的目标，即保生态安全和粮食安全的“红线”与稳增长、保就业、保民生、保稳定的“底线”。

① 引自《李克强在地方政府职能转变和机构改革工作电视电话会议上的讲话》（2013 年 11 月 1 日），http://www.gov.cn/ldhd/2013-11/08/content_2523935.htm。

2. 规划协同应将优化“三生”空间、尊重主体权益作为共同责任

一方面，优化国土空间格局、实现生产空间集约高效、生活空间宜居适度、生态空间山清水秀是生态文明建设、“美丽中国”建设的重要内容，优化“三生”空间必须成为各类空间规划的共同责任。另一方面，中共十八届三中全会明确提出，使市场在资源配置中起决定性作用和更好地发挥政府作用。无疑，不同层级的土地发展权将成为各类利益主体关注的重点，尊重多元主体的权益，促进多元利益主体之间形成一种良性关系，在国家与地方、上级政府与下级政府博弈，地方政府、潜在土地权利人与现有土地权利人的博弈过程中寻求“最大公约数”，应成为各类空间规划的共同责任，同时也是规划管理者、编制技术人员的共同责任。

3. 规划协同应是在价值取向、管理机制、技术途径、反馈机制等方面协作配合

统一各类规划的价值观，明确各类规划的“底线”和“红线”，重视土地发展权，维护受管制的利益主体权益；完善部门间和上下级政府间协作的规划编制和管理流程，建立清晰分明的权责、分配机制，构筑部门协作平台与互动机制；应建立可互通、能衔接的“三生”空间分类体系，满足规划协调、评估的需求，建立可共享的基础信息数据库；将规划协调报告作为各类规划必备的前期研究和相关部门督察的依据，并且建立定期的规划实施评估制度。

参考文献

[1] 林坚，陈霄，魏筱．我国空间规划协调问题探讨——空间规划的国际经验借鉴与启示[J]. 现代城市研究，2011(12)：15-21.

[2] 李枫，张勤．“三区”“四线”的划定研究——以完善城乡规划体系和明晰管理事权为视角[J]. 规划师，2012,28(11)：29-31.

[3] 胡兰玲．土地发展权论[J]. 河北法学，2002(2)：143-146.

[4] 林坚，许超诣．土地发展权、空间规划与规划协同[J]. 城市规划，2014,38(1):26-34.

（撰稿人：林坚、刘乌兰、居晓婷、许超诣，北京大学城市与区域规划系）

新区建设与城市生长模式

一、当前新区建设与生长模式的特点

中国的"新区"不同于西方的"新城"，它的"新"更多寓意了在国家政治经济体制转型和意识形态变迁大背景下所出现的一种不同于传统城市及西方"新城"的制度和机制（武廷海，2011）。资本积累和中国制度体制的结合是推动中国新区大规模建设的核心驱动力。近年来，新区进入了大规模实践和矛盾凸显期，"新区"现象逐渐成为各方关注的焦点。

（一）各级政府新区建设近况

政府是推动我国新区建设的核心力量，从领域管理的角度梳理近些年出现的新区，主要存在四种类型：第一种是由中央政府批准，由直辖市（所在城市）直接管理的国家新区；第二种是由中央政府批准，由省政府直接或主导管理的国家新区；第三种是由省政府批准，由所在城市管理的地方新区；第四种是市政府批准的地方新区。国家级和地方新区是我国目前新区实践的主要类型。

1. 国家级新区的建设

从我国改革开放的发展历程来看，国家往往通过在特定区域进行渐进改革和政策试验来体现国家的发展战略方向，先后设立了特区、高新区、经济技术开发区和较大规模的"新区"。进入新时期以来，特别是 2008 年金融危机以后，由中央政府命名或批准设立，并给予政策、体制上相对独立的综合配套改革试验区和"国家新区"逐渐成为区域发展的热点（李晓江，2012），引领着国家战略空间和区域政策的推进。截至 2013 年年底，在我国共设立了包括浦东新区、天津滨海新区、广州南沙新区等 10 个国家级新区，它们逐渐成为了国家重大项目的集聚地和区域经济发展的增长极。

专栏一：2006 年以来的国家级新区

2006 年 5 月，国务院发布《关于推进天津滨海新区开发开放有关问题的意见》，提出推进天津滨海新区开发开放，努力建设成为我国北方对外开放的门户、高水平的现代制造业和研发转化基地、北方国际航运中心和国际物流中心，逐步成为经济繁荣、社会和谐、环境优美的宜居生态型新城区。

2009年1月，国家发展和改革委员会发布了《珠江三角洲地区改革发展规划纲要(2008–2020年)》，提出到2020年把珠江三角洲地区建成粤港澳三地分工合作、优势互补、全球最具核心竞争力的大都市圈之一。此后，2010–2012年，中央政府又先后批准设立了珠海横琴新区、深圳前海新区、广州南沙新区等三大国家新区，要求进一步深化改革创新和与香港、澳门的合作开发，为全面推动珠三角转型发展、促进港澳地区长期繁荣稳定、构建我国开放型经济新格局发挥更大作用。

2010年5月，国务院正式印发《关于同意设立重庆两江新区的批复》，批准设立重庆两江新区，要求将两江新区建设成为统筹城乡综合配套改革试验的先行区、内陆重要的先进制造业和现代服务业基地、长江上游地区的金融中心和创新中心、内陆地区对外开放的重要门户、科学发展的示范窗口。

2011年7月，国务院正式批准设立浙江舟山群岛新区，成为首个以海洋经济为主题的国家级新区，并要求把设立浙江舟山群岛新区作为实施区域发展战略和海洋发展战略、贯彻落实《中华人民共和国国民经济和社会发展第十二个五年规划纲要》的重要举措，加快转变经济发展方式，积极探索陆海统筹发展新路径，推动海洋经济科学发展，促进浙江省经济平稳较快发展。

2012年8月，国务院同意设立兰州新区，明确指出，建设兰州新区，对探索西北老工业城市转型发展和承接东中部地区产业转移的新模式，增强兰州作为西北地区重要中心城市的辐射带动作用，扩大向西开放，推动西部大开发，促进区域协调发展，具有重要意义。

2014年1月，国务院同意设立陕西西咸新区和贵州贵安新区，要求把西咸新区建设成为我国向西开放的重要枢纽、西部大开发的新引擎和中国特色新型城镇化的范例，把贵安新区建设成为西部地区重要的经济增长极、内陆开放型经济新高地和生态文明示范区。至此，国家目前已基本上形成了从南往北、东中西部相对均衡协调的“国家新区”总体格局。

2. 地方新区的建设

在地方层面，各级新城新区也成为了新一轮城市与区域规划建设的热点。在特大城市，规划建设的重点纷纷向外围新城转移，采取多中心空间战略来缓解单中心蔓延带来的城市问题。如北京市规划建设延庆、昌平、门头沟、怀柔、密云、平谷、顺义、房山、大兴、亦庄、通州等11座新城，上海则提出“1966”的中心体系，规划建设宝山、嘉定、青浦、松江、闵行、奉贤南桥、金山、临港新城、崇明城桥等9个新城，广州则提出“123”的城市功能布局结构，将东部山水新城、花都等作为城市空间拓展的重点。对于其他地级市和中小城市而言，新城新区则成为了推进城市扩容、吸引项目、拉动投资的重要载体，如广东省计划在粤东西北 22 个地级市分别规划建设新区，以此推进粤东西北地级市城区的扩容提质，增强粤东西北地级市城区的吸引力和辐射带动作用。

（二）当前新区建设的特点

1. 新区全面铺开，数量及规模倍增

正是看到新区建设所带来的项目、资金和土地等积极效应，进入 21 世纪后，各地普遍出现了积极建设新区的现象，其数量之多、规模之大，成为了各界讨论的焦点。据李铁等（2013 年）对涉及 12 个省、156 个地级市和 161 个县级市的相关城市政府工作报告、文件、规划和新闻报道等的检索调查，其中提出建设新城新区的地级市有 145 个，占 92.9%；161 个县级城市中提出新城新区建设的有 67 个，占 41.6%；12 个省会城市全部提出要推进新城新区建设，共规划建设了 55 个新城新区（李铁、范毅，2013）。在直辖市，由政府规划建设的新城平均也超过了 10 个（章光日，2008）。

从空间分布来看，各地新城新区呈现出全面铺开的特征，东、中、西部各省、自治区、直辖市以及各级政府均提出各类型的新区（如新城新区、副中心、新组团等）规划，分布呈现出相对均质分散的状态（章光日，2008；陈嘉平，2013）。

从新区类型来看，既有一般的综合性新城，也有科技城、大学城、现代城、生态城等功能相对单一的产业新城或功能性新城。

从新区规模来看，地级以上城市规划建设的新城新区平均规划建设用地面积达到 63.6km^2（李铁、范毅，2013），普遍超出了现有主城区的用地面积，新城新区的人口规模也基本在 50 万人以上，几乎与现有城市人口规模相当，“国家新区”的规模达到上百或上千平方公里，规划人口目标也达到百万以上，如重庆两江新区规划总人口 400 万，城市建设用地 550 平方公里。各地新城新区蓬勃发展的同时，也相应带来了隐忧。

2. 新区投资规模大，政府财政压力大

新城新区开发最大的难题是如何筹措和保障建设资金。与开发区采用“零”地价的方式吸引工业投资，政府主要获取就业、税收、GDP 等收益不同的是，新城新区开发往往是先期利用资本进行基础设施投资，其后再吸引发展商进行房地产投资，政府获得土地收益，进而进行新的基础设施投资和城市服务设施建设（李郇、刘逸，2010），地方财政和土地经营便成为了各地政府筹措建设资金的主要来源。由于新城新区大多为规划新建，规模较大，各类硬件设施和配套标准较高，往往需要巨大的投资规模。在这一背景下，大规模的新城新区建设往往会对地方政府产生较大的财政压力，有的甚至会引发地方债务危机，形成“债城”、“空城”，带来不稳定因素。

相关调查也显示，新城新区已成为各级政府投资的主要方向，其给地方政府带来相当大的财政负担和压力。如广州市 2013 年计划在南沙新区安排 220 亿元投资；唐山南湖生态城 2010 年完成投资 180 亿元，2011 年完成投资 200 亿元；县级市的江西省丰城市新城区规划投资 160 亿元等（李铁、范毅，2013）；根据相关报道，广东佛山的顺德新城“十二五”期间规划每年投资约 120 亿元，占 GDP 的比重达到 6.5%，5 年累计投资共 600 亿元；[①]曹妃甸新城高峰时期日均投资 4 亿元，被称为“中国最大的单体工地”。[②]

3. 新老城区关系各异，空间距离大小不等

由于城市的规模、地理环境、城市生长阶段等因素的具体差异，新区与老城的空间关系较为复杂，但其中也有一定的规律性特征。首先，滨海城市出现的新区，多是依托海岸资源（如港口资源）展开，新区的空间跳跃主要与港口资源等核心海岸资源的地理位置息息相关，如天津的滨海新区（天津港）、广州的南沙新区（南沙港）、深圳的前海新区（深圳港）、唐山的曹妃甸新区等。该种类型的新区多数与老城距离较远，如上海的临港新城距离上海市中心在 60km 以上，青岛的董家口港城距离青岛市中心也超过 70km。其次，诸如北京、上海等特大城市，目前的城市空间呈现出“中心城中心地区（10km 以内）——中心城边缘集团（10-20km 的范围）——新城（20km 以上）”的空间组织架构。新区经常出现在边缘集团和新城所在的范围内。针对诸如此类的中心城市，其城市结构是在不断演变的过程之中，新区常常作为培育多中心、优化城市整体结构的手段。根据城市的出行规律（出行行为的边际墙），一般在 15km 左右便会出现新中心，这从一方面可以解释为什么新区经常选址在这一地区。[③] 第三，城市综合实力相对较弱的城市，新区多位于老城的边缘地区，距离老城相对较近。但是，一些特殊情况（如地质原因）会造成新区的选址远离旧城区，如鹤壁、鄂尔多斯等。第四，以重大设施为依托的新区，如空港城、高铁新区等，它与老城的空间关系首先取决于重大设施的布局。第五，资源条件造就的特色性新区，如舟山群岛新区，其空间关系是岛屿、岛群的空间反映。

二、新区的规划建设评析

从我国的新城新区建设实践历程来看，新城与新区作为外延、增量式的城市

---

① 顺德计划 5 年完成城建投资 600 亿元 [N]. 南方日报，2011-11-18.

② 唐山曹妃甸工业区烂尾：巨额债务每日利息超千万 [N].21 世纪经济报道，2013-5-25.

③ 根据朱孟珏等的研究，其选取 879 个城市新区，有 495 个新区布局在 5-20km 的范围内，占到样本的 56.32%。

发展方式，在中国城市化的过程中起到了不可估量和不可替代的积极作用。我们需要对处于高速发展期的新城新区进行理性的观察和客观的分析，找寻现象之后的本质，以提高新城新区的发展质量。

（一）国家新区的作用和特点

"国家新区"的设立，是国家区域政策不断推进，积极扩内需、促协调，构建更加均衡、多元发展格局的战略举措，将会引发中国城镇空间结构的新一轮互动，在国土层面形成内需与开放并重的新一轮区域发展格局。

"国家新区"对区域空间重构、重塑城市综合竞争力、推动区域空间从单中心走向双中心乃至多中心起着明显的推动作用。首先，在区位上，"国家新区"往往位于中心城市的边缘区或是城际跨界邻接协作区，这类地区往往是有一定基础和较大发展空间的待开发地区，拥有独特或敏感的发展要素（生态资源或港口、机场等门户枢纽资源）；其次，从规模上看，"国家新区"规模往往相对较大，能达到上百甚至上千平方公里，使其能达到较高的辐射能级和较为完整的产业体系，从而形成对区域的广泛影响力。在上述条件下，"国家新区"依托重大项目、政策等资源投入，通过大规模的城市建设，形成超常规发展态势，并迅速带动人口和产业的集聚布局，成为所在中心城市和区域的新的中心，并与原来的中心城市共同构成双中心或多中心格局，实现区域城市空间的优化调整。

设立"国家新区"已经成为了国家推行区域政策、实现区域均衡发展的重要手段。作为国家空间战略的集中体现和主要实施载体，上海浦东新区、天津滨海新区、重庆两江新区等"国家级新区"以其更加开放和优惠的特殊政策，从设立之初便成为了区域发展的重点和大量政策资源、重大项目投入的焦点，承载着培育新的增长极、带动地区发展、实现国土层面从非均衡到均衡发展的国家使命。

从 20 世纪 80 年代的深圳经济特区、90 年代的上海浦东新区，到 21 世纪初的天津滨海新区，再到 2010 年设立的重庆两江新区，"国家新区"相继成为了珠三角、长三角、京津冀和成渝城镇群发展的引擎，以此为骨架，总体上在国土层面构成了从南往北、从沿海到内陆的空间体系新格局，李晓江（2012 年）形象地将这一格局称为"钻石结构"。在上述四大核心城镇群的基础上，2012—2014 年，国家又相继批准设立了甘肃兰州新区、陕西西咸新区、贵州贵安新区，对大西南、大西北和关中地区等西部大开发的"战略板块"进行了全面覆盖和深化，至此，在全国最近的八个"国家新区"中，西部地区占据一半江山，从而形成了更加契合国家均衡战略要求的总体发展格局，凸显了国家对西向战略和扩大内陆开放的重视。

（二）省级政府在新区建设中的角色变化

按照领域管理划分的四种新区是对国家区域政策的空间开发和落实，但是，针对不同的城市个体，区域政策和管治权的分配对新区有着不同的意义和作用。由于国家对城市放权等一系列政策，让城市特别是中心城市得到了较快发展。到了20世纪90年代后期，更具综合发展优势的省会城市的快速发展成为一种普遍现象，随之而来的就是建设以省会城市为核心的城镇群的构想，逐渐成为国家区域空间实践的一个重要方面，例如，在“十二五”规划纲要提出“两横三纵”的城市化战略格局中，便包含众多此种类型的城镇群。随着它们在国家区域空间格局中的作用日渐增强，省级政府的区域管治的职责和作用也日益重要，管治力度也逐渐加大，如河南省政府从2009年至2013年就批准了15个新区，涉及郑州、开封、商丘、三门峡等众多城市，其中郑汴新区的范围就达2100平方公里。在这一过程中出现了省级政府直接进行新区建设的全新现象。

《中华人民共和国城乡规划法》要求“一级政府、一级规划、一级事权”。规划作为政府的空间治理工具，既不能超越其行政辖区，亦不能超越法定的行政事权。省政府的职责所在，是实现地方与中央之间的上传下达，重点是需要解决市县之间以及跨市县发展（如跨市县的新区）的统筹协调问题，以实现区域的资源保护、促进重点地区的健康发展以及区域的均衡发展，例如广东省政府批准22个地级市的新区建设来解决省内的均衡发展问题。而新区的建设开发活动，具有一定的地域性和综合性，基本上属于地方性事务，宜由地方政府组织规划和进行实施。国家最新批复的“西咸新区”、“贵安新区”是落实关天经济区、黔中城镇群发展的战略举措，同时出现了由省级政府主导新区开发的现象。贵安新区与西咸新区的管理略有不同，西咸新区全权由省政府管理，而贵安新区则由“省政府直管区—贵阳管理区—安顺管理区”三部分组成。目前，西咸新区由于省政府的全面参与和全权管理，是新区建设方面的一次新的尝试，其中也出现了一些新现象，如省、市在空间管治权和发展权上的争夺，其可能的后果就是使西安、咸阳两市在各自所辖的市域范围内另寻发展空间，两市的城市规模进一步扩张。而贵安新区的分权管理效果如何，还有待进一步的观察。

（三）地方新区的积极作用

新城新区不仅成为各地城市建设的重点，在推动城市空间增长与扩容的同时，优化了城市空间结构，提高了城市发展质量，也极大地促进了区域整体空间重构和区域城市化水平的提升，如一些大城市在依托原有开发区的基础上，通过推动开发区自身建设转型及与周边区域融合来规划建设新城，成为一种较为普遍的趋势（杨东峰，2008）。在珠三角，2004 年后新城新区开始大规模出现，如佛山的东平新城、南海的千灯湖新城、东莞的松山湖新城，2008 年后顺德新区、肇庆新区、中山翠亨新区的规划相继推出。目前，仅珠江三角洲 9 个市共规划的新城和新区就超过了 22 个，建设新城新区成为了珠江三角洲城市化转型的重要手段，新城新区也逐渐取代工业园区、开发区，成为这一时期产业空间增长的核心，构成了这一时期城市化的主要新空间（李郇、刘逸，2010）。新城新区的建设不仅意味着城市发展动力的转移，同时也极大地改变了原有的城市化景观和城市化格局，从而推动城市转型与空间重构。

（四）新区建设中存在的普遍问题

“鬼城”是 2013 年媒体的热点词汇，也是目前新区、新城被诟病，甚至被妖魔化的焦点问题。但理性的认识告诉我们，需要科学、客观的认识新城新区出现的发展现象，并从深层次分析新区的现实问题，以便于在后续的规划建设时予以调整完善。

1. 新区规划建设的相关政策未理顺

目前新区出现的混乱现象主要是由于与空间发展相关的政策、法规和规划“被部门化”所造成。“政出多门”使得新区规划建设在一开始就游离于“社会经济发展规划”、“国土规划”和“城乡规划”之间。大部分新区的选择，前期缺乏多部门参与、综合性的区域规划的充分科学论证，后期“城乡规划”更多地承担规划事后跟进的角色。如此决策设立的新区，难免会消解甚至歪曲国家政策的效果，也难以符合城市的发展规律。

2. 部分新区偏离政策工具，盲目“造城”

在各地探索城市发展转型的背景下，新城新区的建设迎合了部分大城市地区提升城市竞争力和实施区域空间重构的现实需求，成为实现城市发展目标的一种战略工具（杨东峰，2008）。同时，在中央大力推进新型城镇化的政策背景下，地方政府也往往把新城新区建设作为城镇化的抓手和突破口。然而，在实际过程中，地方政府推进城镇化的方式往往出现偏差，不少地区将城镇化简单理解为大规模的城镇建设，盲目设立新城新区和各类产业园区，片面追求做大做强，非法占用耕地，出现了以城镇化为幌子的“圈地”、“造城”运动，背离了新型城镇化战略的初始目标。

3. 过度的空间生产超越发展阶段，导致“鬼城”现象

一个科学的新区建设和发展，是需要一定的时间周期的，特别是在成长的开始阶段，人气不旺是一种合理的现象。但是脱离实际社会发展需求过多、空间生产过度的“人为造城”就会出现鬼城现象。目前，地方政府扩大财政的最主要手

段就是“土地财政”，因此常常作出盲目建设各种名目、规模巨大的新区的决策，并通过拆迁征地——买地（房地产开发为主）——再扩区的方式维持资本循环。这种过度的空间生产已经背离建设新区的核心价值（如提高城市竞争力、形成增长极、为人谋福祉等）。同时，由于多是采用以房地产填充新区的建设方式，“产城融合”不但难以实现，更成为合理发展房地产的口号。

4. 轻质量，重规模，新区不“新”

在新一轮的新区建设热潮中，有一个现场值得关注，就是越来越大的新区规模。这既不符合城市发展规律，也与我国人多地少的基本国情相违背，显然，以无度的土地消耗换取经济增长的方式是不可持续的。我国的新区建设更应该强调土地的集约、复合以及紧凑，应将新区的规模增长转移到如何提高新区的建设质量和单位综合效益上。同时，新区的“新”应该体现在新城市发展理念和新技术的落实上，应该是人类新人居环境的创新地，而我国目前的新区多是原先城市发展模式的继承者，偶尔出现的生态新城区也演变成城市营销的手段。

5. 忽视“人本”，空间资源分配不均，积累社会矛盾

社会学对现今的城市规划和城市建设有着举足轻重的作用。新区的发展过程不单单是物质空间成形的过程，它还是城市社会重构的过程。往往一个成功的新区是被人们广泛认同的，这样它才能具备吸引力，才能对旧城产生反磁力。恰恰新区建设的薄弱点就在于忽视对人的关注，社会发展滞后、人文气氛缺乏。再者，中国的新区建设伴随着中国式的拆迁，一般首先是对原社会的解体过程，社会不公与空间资源分配不均广泛存在，社会的矛盾日益累积。一个新区的建设涉及的利益主体多元，有城市增长联盟（政府、开发商、银行），有新区的居民，有生态环境的保护者，应该建立一个广泛社会参与和互相博弈的基本制度，构建和谐的新区。

三、新型城镇化背景下的新区建设转变

2013 年，是中国新区发展思路的转折点。当前的新区现象与“城镇化和城市群”有着直接的关联。在 1982 年，城市规划领域以学术会议的方式在我国历史上首次讨论城镇化，建议我国走中国特色的城镇化道路。1994 年建设部出台《城镇体系规划编制审批办法》，用以制订区域城镇发展战略，引导和控制区域城镇的合理发展与布局。为应对 1998 年亚洲金融危机，发改委提出“城镇化”战略，并将其明确作为我国重要的发展战略。随后在 2001 年“十五”计划纲要中提出“积极稳妥地推进城镇化”。到 2006 年，“十一五”规划纲要更进一步提出“要把城市群作为推进城镇化的主体形态”。党的十七大（2007 年）明确

提出“以特大城市为依托，形成辐射作用大的城市群，培育新的经济增长极”，至此，“大城市”和“城市群”成为主流认识。这一时期，大规模（尺度与数量）的新区实践相继出现，如重庆两江新区、浦东新区扩区、横琴新区、前海新区、南沙新区、郑州新区、曹妃甸新区等。2008 年遭遇全球金融危机，中国经济增速放缓，粗放的新区建设又进入矛盾凸显期。2011 年，“十二五”规划纲要重提“积极稳妥地推进城镇化”，要求加强城镇化管理，提升城镇化质量，这释放出对前一时期大力推进城镇化思路的反思和修正。2012 年党的十八大再次聚焦提升城镇化质量，实现四化协同。直至 2013 年十八届三中全会明确提出“推进新型城镇化”，要求进行城镇化发展转型。国家政策和制度的转型，必然映射到空间开发政策，可以预判新区即将进入新一轮的干预和规范阶段，而 2014 年 3 月 16 日新出台的《国家新型城镇化规划（2014—2020 年）》也印证了这一点。

从观察新区现象可以看出，早期的国家政策从“工业化”转向“城市化”，新区（如开发区）实践主要是在城市尺度之内、以土地开发的方式展开。而自 2001 年之后，大城市的快速发展使得其对区域的带动作用日益增强，国家政策的空间尺度逐渐由“城市”上升到“区域”，但是各类新区的实践和过去以城市为单元的大规模的土地开发方式没有根本性的转变（张兵，2013）。单一、粗放的新区发展实践与日益复杂的区域发展问题的不适应性导致矛盾日益突出。

专栏二：新区建设的发展历程回顾

回顾新中国成立以来，特别是自改革开放以后的新区建设，有助于我们洞察资本积累的空间化、制度转型和改革、国家阶段性的战略诉求与新区建设的相互作用关系，更有助于我们理性认识当前运动式的新区建设现象。

1949-1978 年的计划经济时代，中国引进苏联的规划理论和方法，并借鉴西方的新城建设理论，围绕工业化建设和国防建设的需要，以计划经济的方式，建设了一批工业新城、卫星城等。这一时期工业基础的建立，为改革开放后的新区建设搭建了发展基础。

1979 年中国实行改革开放政策。以农村入手进行对内改革，以设立经济特区的空间战略进行对外开放，其核心就是调整生产关系，释放劳动力、土地、资金、技术等生产要素，发展生产力，对计划经济向市场经济体制的转型进行探索。中国新区的早期形态——开发区，由于国家实行对外开放、吸引外部生产要素（如资金和技术）、促进区域经济迅速发展的需要孕育而生。1984 年，国家批准建设大连、秦皇岛等 14 个首批经济技术开发区，这一时期是其建设的摸索阶段，其发展速度较为缓慢，但以新区土地空间吸引附着资金、技术和劳动力的新经济模式，却极大地刺激了各地政府和投资商的热情。随着对内改革的深入，1988年宪法关于"土地使用权可以依照法律规定转让"的修正案，成为影响中国以后城市地景的关键性的土地使用制度。

1992年提出建立社会主义市场经济体制，中国进入体制转型的新阶段。国家日益重视中心城市在城市化和区域经济中的作用，为达到打破城乡分割的二元管理体制，加快城乡一体化建设，逐步形成以大、中城市为依托的经济区的改革目的，在1982年全面开始将大中城市周围的农村地区划归城市统一领导，实行"市管县"体制，对城市进行放权。1994年的"分税制"改革调整了中央与地方的分配关系，根据事权与财权结合的原则，将适合地方征管的税种划分为地方税，分税制的一些不足为今后的"土地财政"埋下了伏笔。1993年的金融体制改革将国有商业银行体系推向市场化。1994、1998年的住房市场化改革建立起商品房的主体市场地位。经过一系列的改革，市场与制度的力量逐渐结合，政府、企业与银行实现联手，共同推动中国遍地的开发热潮。这一阶段，中国的开发区进入大规模扩张的时期，1992-1994年，国务院第二批批准了营口、长春等18个经济技术开发区，2000-2002年，又第三批批准了合肥、郑州等17个国家经济技术开发区。同时，由于分权、竞争、土地财政等因素，地方与中央出现同构特征，各省市也都相继复制和建立各自的开发区。至此，中国新区完成了由东部沿海城市/区域的局部试点，向中西部内陆城市全方位的铺开，这实质上是资本积累空间化的具体表象。由于众多开发区的激烈竞争，成本洼地的比较优势已经无法增加园区的工业竞争力和产出效益，地方政府出于对GDP增长的追求以及扩大财政收入的需要，借助开发区进行城市空间扩张，用以完成溢出效应更高的空间生产，如进行房地产开发。值得注意的是，国家新区进入起步阶段，国家为探索市场经济道路、推进东部沿海对外开放，于1990年决策开发浦东，并于1992年设立了浦东新区，成为中国第一个国家新区。它是一个着眼区域的重大空间开发政策，以空间开发为载体，带动整个长三角的对外开放和经济快速增长，并促进长三角城镇群的形成，成为国家经济社会发展的增长极核。反观浦东新区至今的发展过程，呈现出根据战略需求（综合配套改革、两个中心建设等发展阶段）进行不断适应调整和变化生长的特征。

1998年遭遇亚洲金融危机后，我国出现普遍的生产过剩和通货紧缩。国家采取积极的财政政策，发行国债筹备资金，进行基础设施建设，用以扩大内需和增加就业，并通过住房市场化改革刺激消费。1999年，国家提出西部大开发战略，将抵御金融危机的基础设施投资政策与区域发展战略进行耦合，使资本进行地理区域空间的转移，一方面平衡地区发展差异，另一方面增强国内经济循环，以达到保持经济持续增长的目的。而21世纪的"中部崛起"、"振兴东北老工业基地"

等政策也是资本的空间转移现象，而它的直接效果，就是推动一系列作为空间开发载体——新区的出现。

2001 年中国正式成为世贸组织成员，开始进入以制度性开放为核心的全球化阶段（杨保军，2010）。中国与世界的关系越来越紧密，也逐渐全方位的纳入世界资本的大循环。而经济活动的全球化对中国的城市空间和城市区域发展带来了深刻的变革。经济空间结构的重组导致城市和区域体系的演化，城市与城市之间的竞争愈演愈烈。正是全球化力量的参与，大量的流动资本使得中国进入了又一轮更大规模的新区建设进程。这一时期，开发区的矛盾凸显，集中表现为开发区过多、过滥、浪费土地现象严重，同时也衍生出大学城、工业园等多种变体。2003 年《关于清理整顿各类开发区加强建设用地管理的通知》政策的出台，标志着国家开始对新区建设进行干预和规范。在国家层面，积极推进以城镇群为主体空间载体参与全球竞争。在浦东新区之后，相继设立规模及尺度巨大的天津滨海新区、重庆两江新区，助推京津冀城镇群、成渝城镇群的发展，构筑国家经济社会发展的四个核心区和增长极。值得关注的是，随着以省会为核心的城镇群的出现，新的新区（如省级、市级新区）建设现象又在显现。

通过新区建设的发展回顾，我们可以清晰地看到，新区日益成为国家和地方进行经济建设和城市空间拓展的核心载体，它是国家政策的发力点和试验田。作为一种空间开发的政策工具，新区的发展变化与资本积累、制度改革以及国家战略息息相关。它在发展历程中出现的“起步与创新示范——快速推进与复制——开发过度与泛滥——消减与规范提质”的发展循环，正是资本积累空间化与国家治理调控之间作用的结果，城乡规划作为国家空间治理的合法工具应在未来发挥更为重要的作用。而作为新区个体，自它诞生之日起就是一个生命体，它会随着外部条件的变化而进行演化，但是否符合城市空间发展规律是其健康与否的关键因素。

（一）“新型城镇化”对新区建设的思路调整

新型城镇化是相对于过去的城镇化方式而言的，其强调遵循规律的城镇化、人的城镇化、提高发展质量的城镇化以及发挥市场作用的城镇化。这一重大的政策改变，必然引发系列制度的转型调整和新区建设的连锁反应。

原先带有运动式色彩的城镇化造成了一些现实问题，主要包括：一是片面追求 GDP 和城镇化率，土地城镇化速度超越人口城镇化；二是地方政府过于依赖“土地财政”，盲目做大新区，人为造城，以大规模土地资源消耗和浪费为代价进行发展，加深城乡矛盾和造成难以修复的环境与生态问题；三是部门对于空间治理权利（特别是区域空间层面）的争夺日益激烈，新区泛滥的体制问题主要是由于规划体系混乱、政出多门所造成。

相对于我国的城镇化发展阶段，新区建设仍将是今后推进城镇化的主要手段，同时它也肩负着在发展中创新城镇化之路的重任。新型城镇化的提出会在以下几个主要方面转变过去粗放的新区建设思路：一是倒逼相关政策调整（如土地、税收、考核机制、空间治理和空间规划体系等），从源头调整新区建设动机，使新区建设回归理性，遵循规律；二是强调在区域规划指导下科学建设新区，调整与规范现有新区建设，做到精明增长与精明收缩相结合；三是面向人的需求进行空间生产，探索实现人口城镇化的方式；四是提高新区建设用地效率，建设紧凑型城市；五是新区建设目标趋向平衡、多元，尊重自然规律，关注城市文化与特色，注重生态文明，探索生态与智慧城市建设，提升新区城市建设水平和建设质量。

（二）国家对当前新区发展的总体政策取向

受世界经济周期影响，我国的经济增速持续放缓，而国内的改革逐渐步入深水区。过去专注于追求经济增量的发展方式，累积了社会矛盾、漠视了文化、破坏了生态环境，这种大规模的、粗放的土地消耗式的经济发展方式，已危及国家的红线和底线。为应对国内外的发展条件变化，国家提出由外向型经济转向扩大内需的自主型经济，而新型城镇化就是其重要的抓手。国家相继出台的有关区域政策成为新区建设的风向标。通过梳理，其政策指向主要包括以下几个方面：

一是为发挥不同地区的比较优势，促进生产要素合理流动，国家的资本空间修复会继续在全国范围内深度展开，国家空间不断演化，而新区仍将会作为重要的政策发力点，这是由我国城镇化的现阶段特征和内外部发展条件所决定的。"十二五"规划纲要中提出的"推进新一轮西部大开发、全面振兴东北地区等老工业基地、大力促进中部地区崛起、积极支持东部地区率先发展、加大对革命老区、民族地区、边疆地区和贫困地区扶持力度"等都表达了重要的政策信息。

二是区域政策更加体现"多元化、综合与平衡发展"特征，新区建设应与不同的需求相适应。一方面，支持东部地区率先发展，对已经形成的京津冀、长三角、珠三角三大重点城市群进行结构优化、发展提质；另一方面，继续推进西部开放，在中西部和东北有条件的重点地区，依靠市场力量和国家规划引导，逐步发展形成若干城市群和增长极，实现欠发达地区的跨越式发展并推动国土空间的均衡开发。

三是区域政策着眼于落实国家提出的重大改革、发展战略、政策创新以及深化开放合作，如产业升级和产业转移战略、新型城镇化战略、深化港澳合作等。

四、展望与建议，探索中国新城新区的未来之路

（一）加强政策体制设计，规范和引导新城新区建设

与各地新城新区的蓬勃发展相比，我国针对新城开发建设的政策、制度设计明显滞后。因此，有必要加强新城开发政策与制度设计，规范地方政府的盲目建设行为，引导地方城镇将发展重点从建设新城新区转向提升发展效益，从土地城镇化转向解决人的问题。

一是要以提升城镇化质量为核心，改变现有唯 GDP 的考核体系，特别是上级政府应弱化对中心城区发展规模、增长速度等的考核评价，突出对发展效益、功能开发等指标的考核。同时，适度限定新城发展规模，并建立相关规划控制指标，引导新城新区集约化发展。其次，要对造成目前新城现象的土地、资金、制度等深层次困境等进行优化设计，从根本上保证新城开发持续健康发展，如加快建立风险可控、成本合理、运行高效的地方政府融资机制，把地方政府债务收支纳入预算管理，同时，完善财税体制，将土地出让金收入全部纳入土地储备基金，实行比一般预算资金更加严格的支出审查。

（二）加强科学决策和督察，完善城镇化的支撑系统建设

化解风险、推进新城新区的健康有序发展离不开科学决策和监督。因此，有必要落实“政府组织、专家领衔、部门合作、公众参与”的规划编制组织方式，充分发挥城乡规划和城乡规划委员会的作用，加强新城规划建设的科学决策支撑。同时，建立约束机制，规范政府决策者行为，严格执行《中华人民共和国城乡规划法》。如建立建设用地供给约束机制，从供给角度平衡供需关系，提高新城开发的强度和空间集中度；加强对接国家规划督察员制度，进一步规范省市城乡规划督察员制度，强化数据库、平台和资料等后台支撑，运用卫星遥感图斑核查信息等多种方式开展督察，逐步形成全域的规划、建设督察网络。

（三）加强区域规划，强调区域协调和指导下的新区建设

目前的新区建设与区域的联系越来越紧密。以往出现的新区盲目建设、重复建设、产业同构等现象，和忽视区域规划、拍脑袋决策及区域协调的失效有着很密切的关联。区域规划的核心思想是寻求区域发展的最佳途径和制定区域层面的统一战略，借以使不同的政府组织机构达成共识，并形成一定的约束机制（赵民，2011）。诚然，国家目前的资本积累过程，城市之间的竞争状态，往往会使得城市优先完成和抢夺资本积累的空间和机会，而使得区域协调显得不那么重要和难

以协调，但从长远利益而言，特别是提升区域的竞争力和辐射带动能力的角度，一个高效和可动态升级的城市群空间是极其重要的。在区域整体指导下的新区建设，不但可以保证新区的健康发展，更有助于促进大城市区域的结构优化和升级。

（四）强调集约、复合与紧凑，实现新区的精明增长

新区建设需注重建设质量，减少盲目扩张，注重平衡发展与生活质量、环境资源保护、基本农田保护的关系，应突出体现人文、生态、绿色、低碳、集约、高效等要求，改变原先粗放的发展方式，建立空间紧凑、功能混用和公交导向的集约紧凑型开发模式，在提高土地利用效率的基础上，促进经济发展和人们生活质量的提高，实现新区经济、环境和社会的协调发展。

对新区的规范就意味着某些不合理规模的新区缩减。为避免原先投资的浪费，应科学论证新区的规模，合理安排建设时序，加强对未利用土地的管理和控制，尽可能地挖潜已有建设用地的使用效率，做到不合理新区的精明收缩。

（五）构建和谐社会，实现市民化和提升生活质量

中央城镇化工作会议提出推进以人为核心的城镇化，提高城镇人口素质和居民生活质量，把促进有能力在城镇稳定就业和生活的常住人口有序实现市民化作为首要任务。在经济、社会结构剧烈变化的今天，新城的建设势必带来社会结构的重构，如何促进外来人口融入城市，消除外来人员与城市本地居民之间的隔离状态，将是新城新区营造和谐社会、构建一个相对稳定的社会结构的重要方面。可持续性社区建设是有效发展路径，可满足居住和环境保护的社会需求。为此，新城新区建设应完善住区配套，根据实际服务人口规模、人口结构与分布、设施服务半径，合理设置商业、金融、邮电、信息、文化、教育、卫生、体育、垃圾收集、社区服务中心等服务设施和公共绿地。倡导外来人口积极参与社区建设，融入城镇。同时，加强多元化、不同层次的住房供应体系建设，保留一定规模的居住空间，保障低收入人群和外来人口的居住需求，保持区域的整体活力。

（六）传承特色，营造中国气质的先进城市文化

目前，国内的新城新区建设大多缺乏特色，新城面貌千篇一律，往往出现广场大了，城市美了，却没有人气的局面。为增强新城新区对人口的吸纳能力，新城新区建设应弘扬中国建筑的优秀文化传统，增强城市发展的文化功能，建成体现中国气质、中国文化的现代化新城区。要坚持地域性、时代性、文化性相结合，全面推进城市设计工作，塑造具有鲜明时代气息和地域特色的城市风貌，特别是要把核心区域作为城市设计的重点，统筹协调单体建筑之间的形态特征，提升城

市重要街区的空间品质和文化品位。对于新城新区内的大型公共建筑，注重精神内涵和建筑风格的多样化，使大型公共建筑能成为见证城市历史变迁的文化标志。

（七）关注创新，成为落实绿色低碳智慧城市理念与技术的试验田

新城一直以来就是各国运用新技术的创新地。与老城区相比，新城新区最有条件在走绿色可持续发展道路上进行先行先试，在节水、节能、节地和环保等方面做出表率。我们应主动应对，坚持生态文明发展道路，着力推进绿色发展、循环发展、低碳发展，在生态低碳城市、智慧城市等领域进行探索实践。为此，新城新区应加强技术集成应用，大力发展绿色交通和绿色市政基础设施，加大可再生能源推广规模，加强水资源循环利用和垃圾无害化处理设施建设，全面提升基础设施现代化水平。大力发展绿色建筑，提高新建筑节能标准水平，未来在新城新区新建的大型公共建筑和政府投资新建的国家机关建筑、公益性建筑，以及保障性住房应全面执行绿色建筑标准，推进绿色建筑规模化发展。

参考文献

[1] 李晓江．“钻石结构”——试论国家空间战略研究 [J]. 城市规划学刊 ,2012（2）：1-8.

[2] 杨东峰．区域融合与新城重构——我国沿海大城市开发区建设新趋势 [J]. 城市与区域规划研究，2008（1）：189-197.

[3] 李郇，刘逸．中国城市化模式的混合型解析 [J]. 城市与区域规划研究，2011（3）：70-85.

[4] 李铁，范毅．新城新区建设现状调查和思考 [J]. 城乡研究动态 ,2013,229.

[5] 章光日．关于新城开发热的冷思考 [J]. 城市与区域规划研究，2008（1）：83-96.

[6] 陈嘉平．新马克思主义视角下中国新城空间演变研究 [J]. 城市规划学刊 ,2013（4）：18-26.

[7] 武廷海，杨保军，张城国．中国新城：1979-2009[J]. 城市与区域规划研究，2011（2）：19-43.

[8] 赵明，王聿丽．新城规划与建设实践的国际经验及启示 [J]. 城市与区域规划研究，2011（2）：65-77.

[9] 汪劲柏，赵明．我国大规模新城区开发及其影响研究 [J]. 城市规划学刊 ,2012（5）：21-29.

[10] 方创琳，马海涛．新型城镇化下中国的新区建设与土地集约利用 [J]. 中国土地科学，2013（7）：4-9.

[11] 走新型城镇化道路 规划建设美丽城乡——关于加强我国城镇化进程中城乡规划建设的专家建议 [EB/OL],[2014-02-25].http://www.planning.org.cn/maintopic/showmaintopic.asp?id=57.

[12] 张兵．城镇化空间的重新构造——“新区”现象的认识 [EB/OL],[2013-08-02]. http://www.china-up.com/podcast/?p=919#comment-473.

[13] 杨保军．城市规划30年回顾与展望[J]. 城市规划学刊，2010（1）：14–24.

[14] 杨东峰，熊国平，王静文．1990年以来国际新城建设趋势探讨[J]. 地域研究与开发，2007（6）：18–22.

[15] 杨保军．新城建设要尊重和把握客观规律[EB/OL],[2013–03–04]. http://www.town.gov.cn/2011zhuanti/hktzt/syqyzxc/ftzy/201303/04/t20130304_646518.shtml.

[16] 朱孟珏，周春生．从连续式到跳跃式：转型期我国城市新区空间增长模式[J]. 规划广角，2013（7）：79–84.

（撰稿人：刘雷，中国城市规划设计研究院，高级城市规划师；邱凯付，中国城市规划设计研究院，城市规划师；范钟铭，中国城市规划设计研究院，教授级高级城市规划师；罗彦，中国城市规划设计研究院，高级城市规划师）

实例篇

秦皇岛西港及周边区域城市更新实践探索

我国整体正处于从工业化中期向工业化后期过渡的阶段，国内鲜有大型港口搬迁和滨水区功能再造的实施案例。港口区改造不同于其他的新城、新区等外延型开发，而是事关一个城市功能结构调整、传统城区振兴、城市发展转型以及城市品牌塑造与内部提升型的高度复合化开发工程。这一过程需要城市政府的远见和雄心，更需要一套多学科参与、多层面协调推进的改造规划和行动计划。

为了拓宽城市空间，给港口发展注入新的活力，1998 年秦皇岛市委、市政府在实施主城区域改造时开始谋划“西港东迁”。2008 年，秦皇岛西港搬迁改造工程的构想得到了河北省委、省政府的高度重视，2013 年 4 月，河北省政府审议并原则通过《秦皇岛港西港搬迁改造方案》,将其列为河北省政府六大工程之一。根据河北省和秦皇岛市的战略设想，将对西港及周边老城区约 12km^2 土地实施综合开发改造，整体打造一座多功能复合、富有人文历史、独具活力和魅力的国际一流现代化滨海新城区（图 1)。

秦皇岛西港东迁改造工作走在全国前列，考虑到这一工作的高度复合性，以及远期战略目标与近期建设需求并重的特点，本次规划采取了城市设计与控制性详细规划相结合的形式，通过城市设计“谋划大事”，再以控制性详细规划将设计理念通过规划管控的途径贯彻到下续具体开发建设中,同时在“港城格局互动”、“滨水地区梯度开发模式”、“文脉保护与地区特色塑造”、“现代化城市基础设施建设与适用性工程技术”等方面进行重点研究和探索，以“创新与务实并举，效率与公平兼具”的规划方案，确保整个港区再造能够高品质、有秩序地顺利实施。

图 1　西港及周边地区城市更新意向图

一、"西港东迁"是秦皇岛跨越发展的历史机遇

（一）港与城，历史眼光下的发展宿命

秦皇岛西港地区历史厚重，积累着城市记忆，贡献着都市繁华。在城市整体转型与市民期盼的背景下，今天的西港区铅华褪去，将实现最华美的转身，联袂城市共奏一曲"涅槃再生，重塑美丽港城"的乐章。

1. 百年大港，因港兴城

秦皇岛，因美丽海滨著世，公元前 215 年秦始皇东巡至此，派人入海求仙，秦皇岛因此得名。秦皇岛港自乾隆御批起锚开运，至 1898 年清政府宣布秦皇岛为自开通商口岸并建设码头，从此，秦皇岛港作为一个天然良港的生命真正始，城港相生相伴，走过百年历程。

新中国成立后，秦皇岛借助自身区位优势与便捷的交通网络，西港成为晋煤外运的水陆联运枢纽，也是大庆原油出口口岸之一，跃升成为全国最大的能源输出港，为秦皇岛市的工业发展与城市繁荣不断做出贡献。为适应晋煤外运量急剧增长的需要，秦皇岛港务局后又建设有秦皇岛东港煤炭出口码头，如今的秦皇岛港（包括西港与东港）成为世界最大的煤炭输出港口和对外贸易的综合大港（图 2）。

2. 港城背离，亟待更新

近年随着东港煤码头的后续建设和投产，以及环渤海地区其他港口的先后崛起，秦皇岛西港的吞吐量逐年递减。且由于西港位于秦皇岛海港区的南部，与城市中心区仅一条铁路相隔，发展空间有限，并占据大量的城市生活岸线，导致市民常年"邻海而不见海"，港口的煤炭堆场、煤运货车对城市环保、交通和形象，

图 2　西港作为能源运输港的风貌

等产生较大负面影响，西港步入“港城背离”的发展阶段。

在我国整体倡导转变经济发展方式与注重生态文明的背景下，秦皇岛市需要转型提升，西港煤运功能亟需更新，紧邻城市中心区的滨海特色空间亟待重塑。因此，自1998年始，秦皇岛市委、市政府即开始研究西港搬迁工程，至2013年，秦皇岛西港搬迁改造工程进入实际操作阶段。

（二）再开发提升竞争力，区域视角下的转型发展

规划区未来承载的功能与秦皇岛市自身的发展密不可分，应以宏观区域视角，基于秦皇岛市的转型提升，科学判断西港及周边地区的功能定位。

首先，东北亚区域GDP占世界经济总量五分之一，东北亚经济圈“一体化”全面提速，政治上破除障碍，经济上分工合作，文化上相互交融，使其正在成为新的世界经济中心，区域内城市分工处于巨变过程中。秦皇岛是区域内最具影响力的国际旅游目的地，但“知名度”大于“贡献度”，城市亟需核心产业的带动。借力“西港东迁”，秦皇岛有机会在区域大格局中谋求更加重要的地位。

第二，环渤海地区是国家发展重心北移最为热点的战略地区，京津冀、辽中南、山东半岛三大城镇群成掎角之势竞合发展。秦皇岛地处这一区域的中心位置，面临巨大的商务、商贸、总部经济、会展等发展机会，亟需在城区内部寻找空间，整合优势资源，培育壮大上述产业，借美丽港城优势，打造以区域性高端客户为服务对象的现代服务业。

第三，河北沿海是京津冀地区新的增长极，是国家第一门户与北方国际航运中心的重要组成部分，秦皇岛作为区域中心城市将在河北沿海战略中开创式地率先发展。秦、唐、沧三市，唯秦最具“港城一体，城、港、产互动发展”条件，蓄势待发，西港东迁是最佳选择。

最后，近年北京积极落实建设世界城市，呈现出产业外溢与大都市区分散化的特征，依托整个京津冀12万km^2地区整体发展的需求强烈。国家领导人习近平就推进京津冀协同发展提出七点要求，京津冀协同发展进入加速期。秦皇岛在区域中具有明显的环境优势，且随着京唐、津秦高铁的建设，以及秦皇岛国际机场的开通，借力交通巨变，将有机会提供高端商务与暑期办公等服务，加速与北京、天津、河北部的区域融合与互动，抢先发展。

（三）规划区现状特质

西港及周边地区规划总面积为1434hm^2，其中，陆地面积1208hm^2，水域面积227hm^2，保留已建用地229hm^2，建议拆迁用地828hm^2，总计填海面积为1523hm^2。

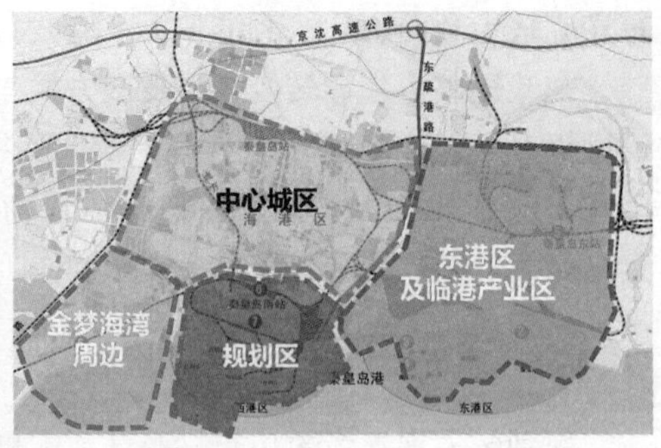

图 3　现状场地特征及规划协调范围

1.“两河、一港、临中心”的场地特征

西港规划范围涵盖河北大街以南，汤河以东，新开河以西的地区。规划的协调范围扩大到海港区城区和两河对岸的临港产业区和金梦海湾地区，协调范围内重点做功能协调和交通协调。场地西临汤河，东临新开河，南面渤海，紧邻城市中心区，北居南港，尽端交通南北不畅，南向海景，东西两侧为公共岸线（图 3）。

2. 区内历史遗存富集，文化底蕴深厚

西港的东山和大小码头地区集中分布大量具有历史价值的建筑物、构筑物、特征地物和遗迹。区内重点文物保护单位达到 23 处，是西港乃至城市发源的佐证，应在规划中给予重点关注，在保护的同时合理利用。

3. 现状景观要素优质

规划区三面临水，形成三条滨水景观岸线，区内东南侧有“秦皇求仙入海处”城市公园。标志性景观区域为金三角商业区、开滦路街区及大小码头景观区。此外现有的多条铁路、港区吊装设备、老立交桥等景观标志物，均具有一定的保留价值与历史价值。规划可根据空间布局对上述要素进行筛选、保护和利用（图 4）。

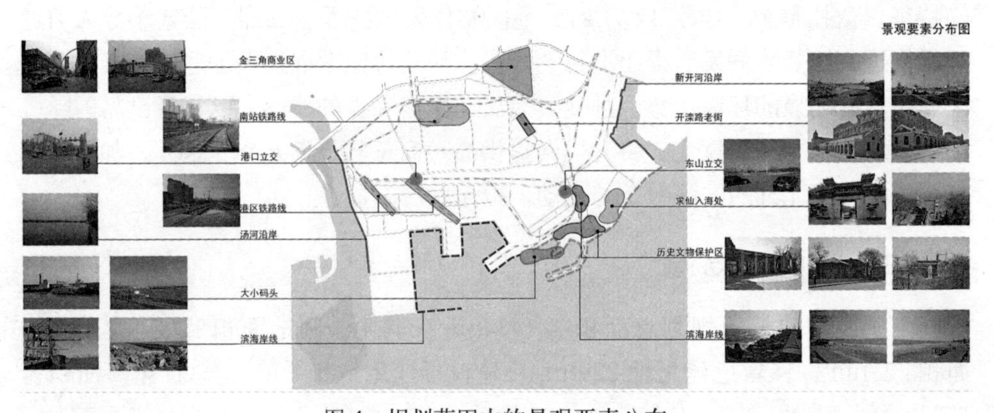

图 4　规划范围内的景观要素分布

4. 现状特质分析的总结

综合现状特质分析，规划区有着五大优势。首先，通过西港东迁，秦皇岛海港区将第一次得到拥抱海洋的机会，城市转型与产业更新的纪元即将到来；第二，秦皇岛区位优势明显，坐拥渤海，毗邻京津，地缘优势得天独厚；第三，有着强大的经济支撑，地方经济高速发展，国家与河北省大力支持；第四，山、海、城融为一体的自然条件为西港重建提供了良好的自然景观条件；最后，地区深厚的历史文化底蕴为西港及周边地区提供了宝贵的文化财富。总体而言，西港及周边地区的发展可谓是"百万城市中心城区，自然人文环境极佳，千余公顷核心土地，政企市民共同期盼"，其未来的发展优势十分显著。

5. 规划重点关注的问题

(1) 规划区面积较大，现状用地被铁路分割严重，新老城区混合，港区搬迁涉及大量拆迁和改造工作，开发压力较大，需高度关注土地整治规模与成本，妥善安排各类用地布局，确保经济可行。

(2) 地处城市核心区位，功能定位复合，应倡导混合开发模式，提高土地综合利用效率与效益。

(3) 重点解决现状交通可达性差的问题，完善对外交通、优化区内路网格局，积极利用良好的滨水环境，打造慢行交通区。

(4) 关注特色。规划区的现状建设品质与其优质景观品质存在较大落差，规划可依托西港优越的环境条件，利用区内历史人文资源，着力塑造高品质的滨水空间、历史文化旅游节点及高端的公共服务设施，提高城市整体竞争力。

(四) 西港及周边区域规划编制的层次

本次规划工作具有一定的特殊性，除既定的城市设计与控制性详细规划工作外，还包括《秦皇岛市西港地区现代化城市市政基础设施建设规划》的专项规划工作：

(1)《秦皇岛西港及周边区域城市设计》作为西港搬迁改造工程先期启动的规划工作，其编制的重点不仅在于西港地区的空间形态与功能结构构建，同时涵盖功能定位、产业构成、分期开发建设与实施等问题。在编制过程中，上述重点内容在通过审批达成共识后，再启动控规的编制。

(2)《秦皇岛市西港地区现代化城市市政基础设施建设规划》根据住房和城乡建设部和河北省的相关要求，以秦皇岛西港地区改造规划为例，深入探索现代化城市建设的标准和绿色低碳的发展模式。规划以打造绿色市政、提高城市安全标准为目的，将"绿色、生态、低碳"的理念融入西港地区市政基础设施的规划建设中，集中体现现代化的建设理念，以期在国家推进生态文明建设、加强城市市政基础设施建设的大背景下，打造现代化城市建设示范区，形成创新与示范效应。规划与在编的控规相协调，其规划理念、重点措施与市政方案要点将在控规中予以体现，确保实施落地。

(3)《秦皇岛西港及周边区域控制性详细规划》作为法定规划，将为西港地区的规划管理与具体的建设行为提供依据，其延续并深化城市设计所确定的功能定位、空间格局与用地方案，提出开发强度控制的相关要求，并对《秦皇岛市西港地区现代化城市市政基础设施建设规划》的核心内容予以落实。控规编制与审批工作最后启动，随着港口搬迁与改造工作的进行可进行动态维护与调节，是规划管理工作的核心内容。

二、秦皇岛西港及周边区域更新建设的规划实践

（一）谋远虑——以前瞻性的功能定位助力地区更新

对于西港这类“大型港口地区更新改造”的建设项目，规划面积巨大，多方因素需综合考虑，落地实施需求强烈，只有在科学合理的“前瞻性功能定位”基础上展开城市设计工作，才能满足地区发展需求并指导现实建设。

本次规划在城市设计工作初始阶段便将西港地区功能定位的研究作为重点，谋定西港未来发展“大事”，特别从“面向东北亚、立足环渤海、聚焦京津冀、点睛秦皇岛”等多层次视角进行判研，确定西港地区未来需承担的主要职能，确立互补式的发展定位。

首先，从东北亚大区域来看，西港地区旅游职能最具特色。西港地区应成为国际化都市型海滨旅游胜地，世界温带滨海旅游城市的中心区，国际化的都市型滨海旅游目的地与服务基地，国际邮轮停靠地等。

第二，从京津冀及环渤海区域来看，西港地区具备成为京津冀地区企业海滨总部基地的条件。应发挥秦皇岛地处渤海湾中心点的优势，借力京津冀地区海滨旅游门户地位，率先发展面向东北亚和环渤海的高端商务、会议、金融服务等产业，集中打造面向京津大型企业的海滨总部区。

第三，从秦皇岛市自身来看，西港地区有条件建设成为城市的中央活力区。秦皇岛实施“旅游兴市”战略，关键是破解“两头重、中间轻”和“季节性”问题，打造“城市型、复合化、全天候”的绿色低碳现代化中央活力区（CAZ）是可供选择的重要抓手之一。

基于上述分析，规划将西港地区的功能定位确定为——“西港地区，是秦皇岛市中央活力区，是以高端服务业为支撑的现代化滨海新城区”。

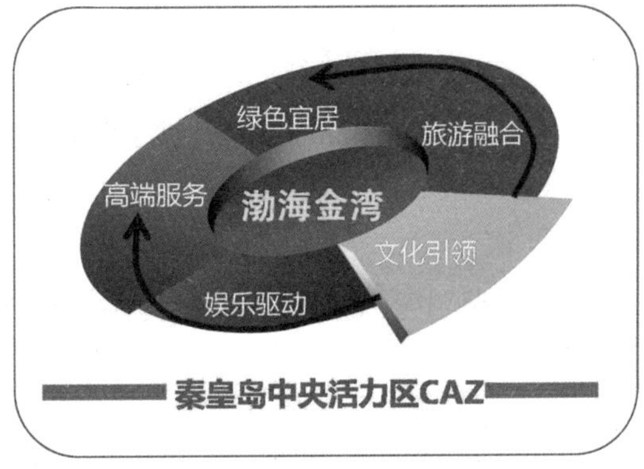

图5　秦皇岛中央活力区 CAZ

不同于传统城市的“市中心(Downtown)”，也不同于工业化时期功能城市的“中央商务区（CBD）”概念，中央活力区（CAZ）是指后工业时代城市多元经济发展模式下形成的城市核心地区，其面积更大、功能复合，对区域和城市的经济、文化影响更为深远。秦皇岛中央活力区（CAZ），其功能构成将是高度复合，其用地布局强调混合利用，其交通组织倡导绿色交通理念，其城市活动亦将是全天候组织，确保一年四季中每天24小时的持续活力（图5）。

（二）解近忧——关注市场运作与策划

西港东迁及改造工程作为由政府主导的“大事件”，需多方努力合作共同完成，其中来自市场的推动力量尤为重要。西港项目本身面临搬迁改造成本巨大、盘活土地资源、分期滚动实施等现实问题，规划势必要做出灵活应对，特别应在规划的构思中融入市场运作与策划思想，大幅增加规划方案的可操作性。

1. 发挥填海造地的成本优势

西港现状呈现出“一字形”为主的典型工业港货运岸线形态，港区腹地狭长，临海界面有限。因规划范围紧邻北部城市生活区，新老建设错综复杂，土地资源供应有限，拆迁重建的成本巨大。针对这一问题，规划从入手之处便关注以填海造地改造西港滨海岸线的可能性。首先，填海造地成本较低，可增加土地资源供应，盘活岸线周边用地发展空间，缓解港区整体开发成本压力。其次，可以将填海形成的“相对独立”半岛按照整体打造的思路预留，为将来谋划做“大事”留下承载空间。因填海造地工程存在对海洋生态环境的影响，规划对填海方案进行了科学论证，反复推敲，委托相关机构对填海方案进行评价，以确保其合理性。

2. 塑造品牌形象

西港地区整体开发，需要一个鲜明、响亮的品牌形象。本次规划根据西港地区的功能定位和空间特征，提出整体塑造“国际领港、渤海金湾”的品牌形象建议。

“国际领港”：国际知名邮轮航线节点。体现在落实地区国际化发展定位，突出国际邮轮停靠地功能，并保留秦皇岛“港”的记忆。

“渤海金湾”：渤海湾海滨总部湾区。意指西港之于渤海湾的重要价值，同时暗示地区空间形态由“港”到“湾”，彰显城市未来的壮志与雄心。

——功能复合的城市中心：混合开发模式，产业互补发展，促进职住平衡。

——文化多样的创作中心：展现文化灵魂，环境相得益彰，激活创意产业。

——四季友好的活力中心：步行环境友好，全天候创新业态，促进城市旅游。

——秦皇岛海滨商务城市形象中心：5A 楼宇栉比，企业总部云集，服务设施完善。

——现代化城市标杆的示范中心：低碳建成环境，绿色交通方式，现代市政设施。

3. 以多维视角谋划产业发展

产业规划是西港发展的核心引擎，西港东迁及改造工程需科学合理的产业规划，以保持地区发展的长久活力。西港地区的产业应立足城市自身角度谋划，以西港地区功能定位为基础，通过西港的再造重建，补充城市转型发展所需的产业，细化产业链构成，关注市场选择因素，策划符合西港发展实际的核心产业。

（1）从城市转型角度出发判研西港产业发展

综合分析“旅游城市、休闲城市、休闲商务城市”的概念，秦皇岛现状旅游资源丰富，旅游产业相对发达，但地区旅游呈现出“季节性与短时性”的特征，属于典型的旅游城市。多年来秦皇岛向“休闲城市”的转变缓慢，主要原因在于对文化和娱乐资源的整合、放大、挖掘不够，而向“休闲商务城市”转型应是与其自身资源高度契合的发展路径。因此可借助西港东迁改造工程，在传统旅游服务产业基础上，将商务商贸、文化休闲等高端服务业作为未来发展重点，弥补城市产业不足，引导秦皇岛转型发展（图 6）。

（2）从功能定位出发，分析西港地区产业链构成

打造低碳生态为特色的国际化现代服务中心，构建以现代服务业为核心的

	旅游城市	休闲城市	休闲商务城市
内涵	旅游产业发达，旅游产业发展决定城市定位	旅游城市的升级，内涵更丰富，以休闲产业为主导产业	休闲城市的升级，商务商贸与文化休闲是主要产业
发展目的	为旅游者消费而建设，并提供服务	让外来人士与定居者在城市内，融合生活、消费和工作	大量商务活动，促进产业融合与产业链发展，城市持久动力
外来人口	外来人口比重较大，逗留时间较短，以一次性消费为主，而较少定居	大量外来人口，且定居较多，重复性消费比重大	外来人口较多，以商务便利为主的居住较多，衍生大量消费
城市繁荣程度	城市较繁荣，旅游功能较单一，易受周期性影响	商务会展、旅游度假、文化娱乐等三产全面繁荣	高度繁荣，高端服务业快速集聚，带动其他产业转型升级
对外联系程度	影响范围很广，有很强的对外关联性	影响范围根据城市能级和交通等影响因素的不同而差异较大	极强的对外联系要求，便捷多元交通，现代信息智慧支撑

图 6 “旅游城市、休闲城市、休闲商务城市”的概念解析

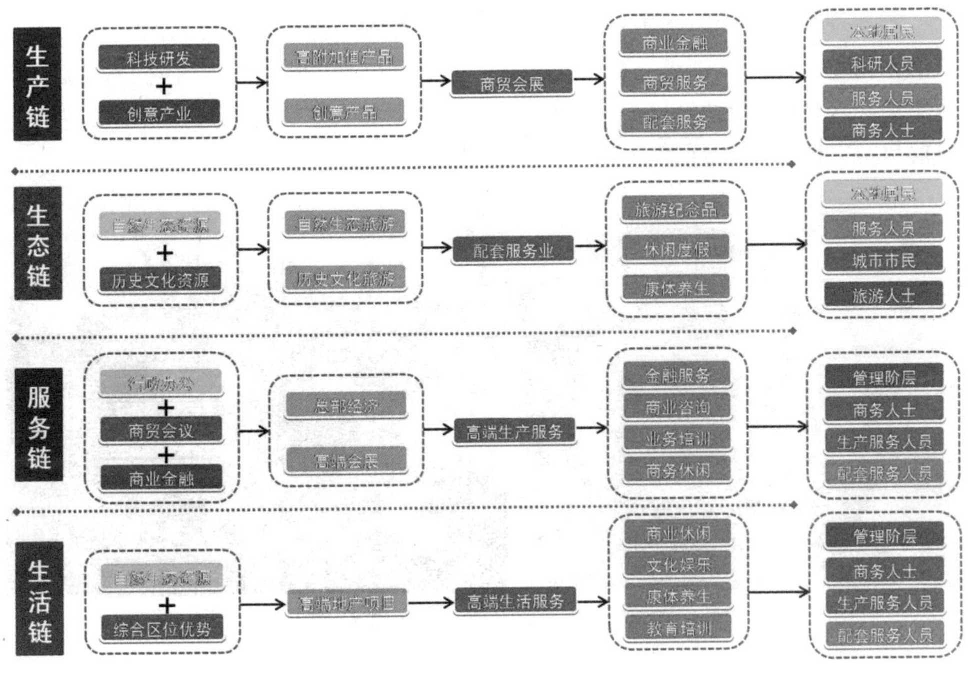

图 7　西港及周边地区产业链构成分析

“3+1”的产业格局——“旅游服务产业 + 商务行政服务产业 + 创智服务产业 + 基础服务产业”（图 7）。

（3）策划以高端服务业为集聚的五大核心产业

· 总部经济：大区域企业海滨总部、商务花园等；

· 商贸金融：内外资金融机构办事处、保险、信贷、风投；

· 商务会议：国际、国内会议、专业论坛、商务培训等；

· 旅游休闲：海滨度假、水上运动、四季公园、超级 MALL；

· 滨海居住：尺度宜人、风格独特的宜居社区，以及类型丰富的高层、多层公寓，充满活力的步行街区。

（三）定格局——“营城三计”

城市滨水地区往往是城市所有活动的中心，其不仅体现在经济价值上，且作为信息交流、市民生活、文化活动的通道也同样重要。对于秦皇岛西港来说，工业时代的西港长期占据着城市滨海岸线资源，使得城市生活空间与滨海空间长期割裂，市民与海阻隔。而当西港不再是码头（港口）货运的中心，对水体空间其他多种功能的挖掘与利用，成了西港复兴的关键所在。未来应从市民滨水公共生活的需求出发，重点关注滨水活力空间的塑造，以实现“还港于城、还海于民”。

本次规划的空间方案力在整合资源、扬长避短，提出切实可行的规划策略与方法，构建“一湾、一环、双轴、多片”的空间格局，以满足功能定位，落实产业用地，实现既定发展目标，并提出了四个西港滨水空间重塑的策略：实现既定发展目标（图 8，图 9）。

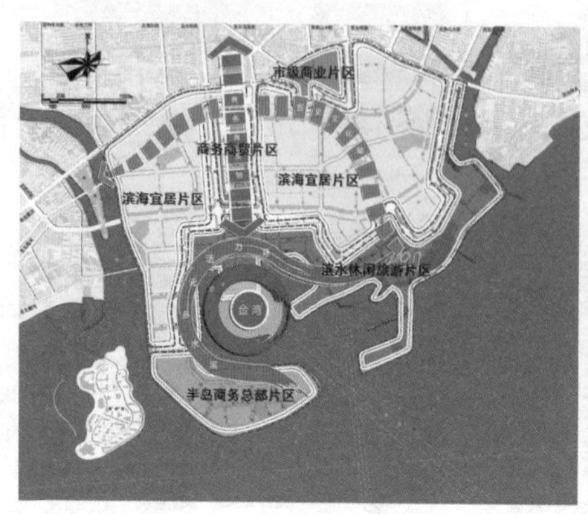

图 8　规划空间结构图

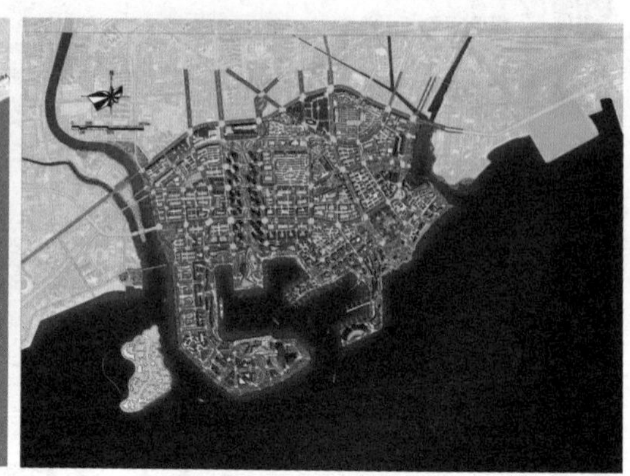

图 9　规划城市设计总平面

1. 策略一：由港到湾，活力湾区

通过对国外滨海地区开发案例的综合分析可以发现，滨海活力地区存在着向环湾空间发展的趋势，同时也不乏通过填海、内挖河口打造内湾的案例。“内湾”状的滨海空间可以形成功能复合的发展腹地，有着增加城市滨海景观界面、增加岸线长度、形成景观对景等诸多优点。针对西港的空间重塑，本次规划首先通过“由湾到港”的方式解题，以填海造半岛的方式，使西港由单一“港口”岸线向多向复合的“内湾”岸线转变，由货运岸线向生活岸线转变，打造活力湾区，为围绕内湾形成“一湾、一环”的空间结构要素（图 10，图 11）。

图 10　用地现状图

图 11　用地规划面

一湾——指填海造地后形成的海湾，使西港从单一面海转变为湾、海共享的新空间格局，围绕海湾布局公共服务设施及开敞空间，形成独具特色的滨海空间。

一环——围绕海湾形成的多元复合空间，重点发展商务会议、休闲娱乐、游艇活动、文化体育、总部城等功能，设置滨水慢行步道，将不同形态、不同类型的建筑与开放空间有机融合。

2. 策略二：湾城互动融合，构建贯穿南北的“山海轴线”

历史上，秦皇岛城市中心与西港地区长期割裂，而港区搬迁为重新缝合港城关系提供了千载难逢的机会。现状秦皇岛海港区已形成有较为清晰的城市山海空间轴线，其以秦皇岛火车站为北段起点，北望群山，南通碧海，连接有人民公园、秦皇岛市政府、市级商业中心等空间节点，直至西港地区为止。规划提出延展轴线策略，尽最大努力打通城市南北轴线，结合南北方向交通的梳理，布局“商务商贸功能轴”，使两者在功能上形成有机联系，并引导城市中心向南发展，形成湾城的良性互动（图 12）。

规划轴线的北段为现状已形成的交通干路及两侧高层楼宇形态，中部为人民公园至规划南站公园的开敞空间形态，南段则为规划区空间主轴之一的“商务商贸轴”。“商务商贸轴”以发展高端商贸金融、商业服务以及总部办公为主要功能，布局中央绿廊及地标高层建筑形成轴线关系，高密度开发，打造承载秦皇岛现代服务产业的“商贸绿谷”（图 13）。

3. 策略三：留存记忆，打造西港印迹小路

对于规划区内的历史文化、建筑遗迹、特殊地物，规划将尽量多地选择保留并加以利用，以彰显文化特征，留存地区记忆。部分与规划布局矛盾较大的特征

图 12　贯通“山海轴线”示意图

图 13　“湾城互动”城市设计意向图

建筑和地物，将严格按照相关规定整体搬迁至区内的合适地区进行保护与展示。结合区内历史文化遗迹与标志性景观要素的分布，构建规划区另一空间主轴“历史文化游憩轴”，打造西港印记小路。历史文化游憩轴西起铁路桥，东至开滦路步行街，向南延伸至大小码头，长约 4km。仔细梳理沿线历史元素，保护历史建筑，利用一条用红砖铺设的小路，将铁桥、南站公园、开滦路、老电厂、记忆公园以及其他保护建筑相连，形成追忆城市及港区历史的文化走廊，以及可真实参与体验的游憩轴线（图 14，图 15）。

图 14　西港印记小路规划示意图

图 15　大小码头区的城市设计意向图

4. 在构建空间格局的同时，划分功能片区并策划多个项目

在构建空间格局基础上，规划划分出“滨水休闲旅游片区”、“商务商贸片区”、“高端商贸旅游片区”、“市级商业片区”和“东、西两个滨海宜居片区”等六个功能片区，各区承担不同城市功能，但在空间上，六个功能片区是一个功能复合、相互联系的整体。针对每个功能片区的特色，规划还策划有多个项目与活力节点，包括记忆公园、创意工坊、时尚甲坊、商贸绿谷、金湾摩尔等，作为每个片区启动发展的“动力引擎”，并灵活应对分期、分片滚动式开发。以填海所成的“钻石半岛区”为例，规划建议其弹性开发，未来可考虑打造成集“酒店会议、文化艺术展示、商务办公、海滨游憩和时尚住区”等多功能于一体的综合性半岛，布局五个核心功能——总部城、文化中心、地标酒店、运动中心、主题公园（图 16）。

（四）促低碳——现代化市政基础设施建设

规划在传统市政基础设施研究的基础上，扩展了现代化市政基础设施的层次，提出了包括微观层面的微循环系统、中观层面的传统市政系统以及宏观层面的大市政

图 16　填海“钻石半岛区”城市设计意向图

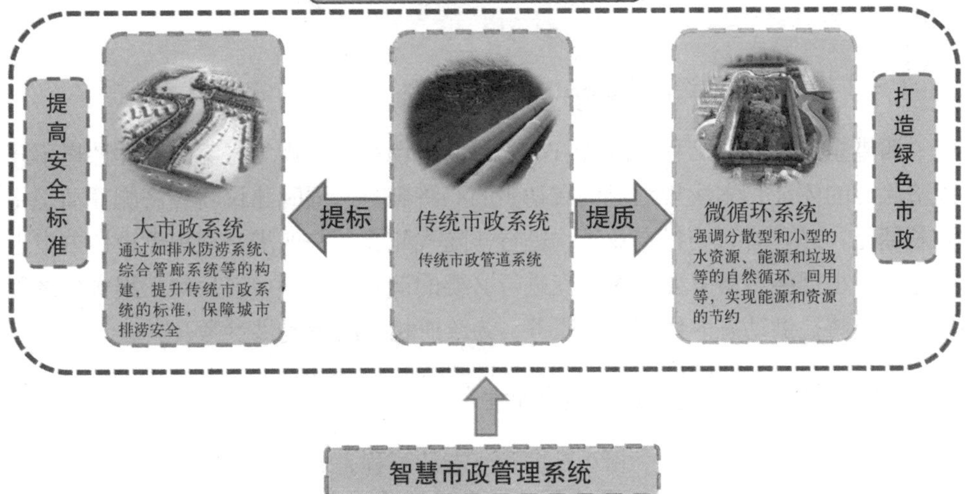

图 17　西港现代化市政基础设施体系示意图

系统，同时配套智慧市政管理系统，形成完整的现代化市政基础设施体系（图 17）。

1. 微观层面——建立微循环系统

规划提出西港地区应采取低影响开发模式，在水资源利用和能源利用方面提出相应的措施减少能源消耗、提高资源能源利用率，该层面的实施以建筑单体或小区级示范为主。

2. 中观层面——优化设施和管网布局

提高传统市政设施的建设标准，包括控制供水管网漏损率、优化电网结构、家庭厨余垃圾减量化等一系列措施建议。

3. 宏观层面——建立大市政系统

包括综合管廊系统和排水防涝系统，该层面为规划研究的重点。对综合管廊的平面布置、管廊分级、入廊管线、断面设计、投资估算等进行了深入研究。在排水防涝系统方面，在地形分析和排水理论分析的基础上，绘制内涝风险图，提出包括源头控制、雨水利用、传统排水系统和防涝系统相结合的排水体系，设计了针对不同防涝标准的排水方案，构建了应对城市超常降雨的带状涝水排出通道。

三、确保工程建设实施的规划

至 2014 年 3 月，西港东迁及改造工程已进入实质阶段，城市设计通过专家评审，控规编制进入审批阶段，西港东迁改造的一期工程也已开始启动，招商引资工作正在紧锣密鼓的开展中。面对这一大型落地项目，本次规划更加关注确保后续建设实施的策略研究，全程动态跟踪，为确保实施建设的顺利落实，提出多项建议。

（一）根据动态的经济测算来优化开发方案

西港东迁及改造工程是以政府为主导的市场行为，规划方案的合理性离不开经济测算的佐证。本次规划提供有初步的经济概算，同时建议将经济测算动态化和长期化，必要时可委托专业机构进行伴随式测算，与西港空间规划设计方案进行互动，根据经济测算要求对方案进行必要的调整和维护。在后续工程实施过程中，也应将提供动态的经济测算服务，为政府相关决策提供参考。

（二）坚守规划刚性，合理预留弹性

西港地区开发建设是个相对长期和复杂的过程，面向长远的刚性规划控制至关重要，以对后续的开发建设产生连续、有效的规划管控，本次规划所涉及的刚性条件包括：海湾形态、空间与路网格局、滨河滨海开敞空间、开发总量、服务设施、重大基础设施等；而控规则需动态维护，面向市场开发项目的具体控制应保持必要的弹性，包括用地性质兼容、街坊尺度的二次划分、多街坊整体开发时的内部平衡以及街坊整体开发时的内部用地调整等。

（三）开展详细城市设计，引导项目招商

待西港及周边区域规划审定后，建议相关部门按照规划确定的总体原则和要求，组织国内、外顶级规划设计机构开展重点节点、重点地段和重点区域的详细城市设计，面向具体开发项目提出详尽的、系统化的设计导则。同时在城市设计与控规工作中分别提供有城市设计指引与分区开发策略等内容，目的在于为西港地区的空间结构性设计，以及重要区域、界面和节点的策划和概念性设计提出指引。

四、几点思考总结

随着我国整体经济实力提升与发展阶段的递进，国内已有多个城市在向工业化中后期转型中面临城市旧区的内在更新改造，秦皇岛西港作为我国具有标志性的百年老港、煤炭大港，其更新改造建设具有一定的时代特征，同时其规划编制具有一定的探索与实践创新价值。在现有的工作进程中，规划团队在守住规划底线，寻求平衡点的过程中，进行了以下几点思考总结：

（1）秦皇岛西港及周边地区的规划工作本质是一项由“目标”到“落地”的承上启下过程，也是由面向实施的城市设计到控规规划管控的过程。本次规划强调通过城市设计对西港未来发展达成共识，确定空间发展格局，再通过控制性详细规划的编制，对用地布局、开发强度、交通规划、地区风貌指引等重点内容进行管控，以确保目标的落地。

（2）以历史的眼光，前瞻性的判断，务实的策略引导城市核心要素作用的放大。“谋远虑”的重点在于战略立意，以前瞻性的定位助力城市愿景，确定空间格局、土地利用、设施支撑等重大问题。而“解近忧”的重点在于战术实施，与开发计划互动，与市场需求互动的控规编制。“谋远虑”与“解近忧”相结合的理念贯穿规划全程。

（3）城市发展普遍进入“内优”时代，秦皇岛西港及周边区域开发建设得到省、市政府的高度关注，工作高度复合，利益相关者多元，政府分层决策，论证过程十分谨慎，规划师应需主动应对，特别要协商式开展工作，多方协调，做到“敢想多做”，包括“经济账”的伴随，了解并尊重市场的选择，要对传统城市设计方法进行反思与补充。

参考文献

[1] （美）城市土地研究学会．都市滨水区规划[M]．沈阳：辽宁科学技术出版社，2007.

[2] 张庭伟，冯晖，彭治权．城市滨水区设计与开发[M]．上海：同济大学出版社，2002.

（撰稿人：易翔，中国城市规划设计研究院城市环境与景观规划设计研究所，所长，教授级高级规划师）

深圳湾公园规划设计与实践

付诸实施或影响实施环节的关键决策和要素配置是大多数规划设计项目的终极目标。同时，项目的可实施性或可应用性也是规划有效性和生命周期的具体体现，更是影响城市发展品质的核心问题之一。而规划服务的周期与角色转换是直接影响项目执行力的重要因素——保障项目不断根据需求和条件变化修正实施路径的能力。

深圳湾公园就是一项规划设计服务周期长达 10 年的实施类项目。期间，设计团队自 2004 年中标获得深化设计权后又历时 3 年修改完善。之后，又以项目总协调的角色协同众多设计团队、政府部门和实施建设方经过 5 年的努力，深圳湾公园在 2011 年建成开放。自此，深圳湾公园在提供丰富滨海场所体验来满足人们身心需求的同时，更使得湾区河口型海湾的湿地生态系统得到了保护，包括上百种野生鸟类、本土红树林和各种湿地动植物的生态环境得到了维系和改善。

10 年间，由深圳湾公园激发带动的环深圳湾地区的城市功能格局和空间格局也逐步明晰，包括后海中心区、深圳湾超级总部基地、欢乐海岸等新功能版块逐步形成，促进了深圳城市结构向更加成熟稳定的湾区阶段演化。然而，深圳湾公园规划设计的服务历程并未就此结束，相反在公园投入使用后的几年间，设计团队又相继开展了一系列的用户体验和使用满意度调查。规划师以用户身份观察项目实施后的实际表现，通过延长和扩展规划服务的周期，获取新的信息和数据，校核设计并做出新的应对，保证了规划核心目标得以延续和实现。这就是以更加全面公正的视角来看待发展和环境、城市和自然、生活和场所的平衡关系，并为包括人们在内的多元主体提供满足需求的空间和系统支撑。

一、从经济特区到海湾城市

作为深港两地共有的河口型海湾之一（图 1），历史上的深圳湾曾经拥有过沙滩、山丘和丰富的动植物资源。改革开放带给深圳从渔村到千万人口城市繁荣的同时，更塑造和改变了这片土地；深圳湾同样面临由于城市扩张而带来的压力，城市持续地向海湾推进，海湾边界的特征不断被重塑，原本丰富的动植物变得连同蜿蜒曲折的自然岸线逐渐被平直的快速路和生硬的砌筑岸线所取代。

图 1　深圳海岸湾区分布图

深圳这座年轻海滨城市的滨海意象始终停留在东部远郊半岛。拥有 200 多 km 海岸线资源的深圳，对于海洋文明的追求，业已成为深圳在新的发展阶段，大众与政府的集体呼吁和高度共识。在珠三角多中心城镇连绵群中，作为城市特色重要组成的“海洋文明”与“湾区生活”，也已经成为深圳对于再造自身核心竞争力的再认识之一。加上今日人们对于健康、舒适和愉悦生活的渴望，都促使人们再度聚焦深圳湾地区——离城市最近的海湾。顺应发展的需求，更是顺应民众的需求，伟大的城市应该通过城市格局、空间、边界的演变，精心地呵护和回应市民的需求。“民本”也将是城市发展和规划的最终目标。

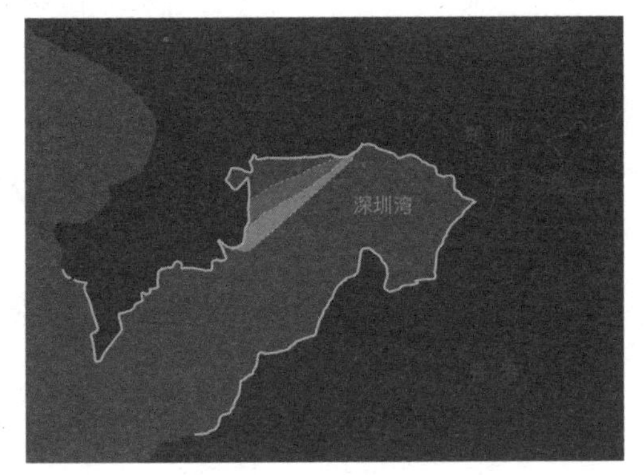

图 2　深圳湾曾经的大中小填海方案

回顾早年在《深圳市城市总体规划（1996–2010)》中作为离市区最近的海湾，城市曾经一度考虑大、中、小三个不同规模的填海方案（图 2)，来实现城市的拓展。所幸深圳舍弃了这些在当年看来极具吸引力的空间狂想，并且这种舍弃，至少获得了两样东西：首先就是深圳湾的自然资源和空间尺度得以保存；其次是使得今天的深圳湾公园项目成为可能。

2003 年，随着深港西部通道口岸填海造地工程的结束，新的城市滨海岸线呈现在深圳城市的版图上（图 3)。它一方面提供了不可多得的城市滨海空间资源，另一方面成为未来承载深圳湾地区整体发展意图的重要载体。在当时城市积极拓展和增量土地稀缺的背景下，城市曾经考虑过进一步在深圳湾地区填海造地，但面对深港共有的这片脆弱珍稀的河口型海湾资源，规划更建议和支持收缩性和界定型的有限发展理念。因此，2003 年的设计竞赛中，项目团队鲜明且掷地有声的设计表达获得了认同，也赢得了深圳湾公园的后续深化设计和实施机会。深圳湾公园也成为城市发展历史上的转折点和里程碑之一。

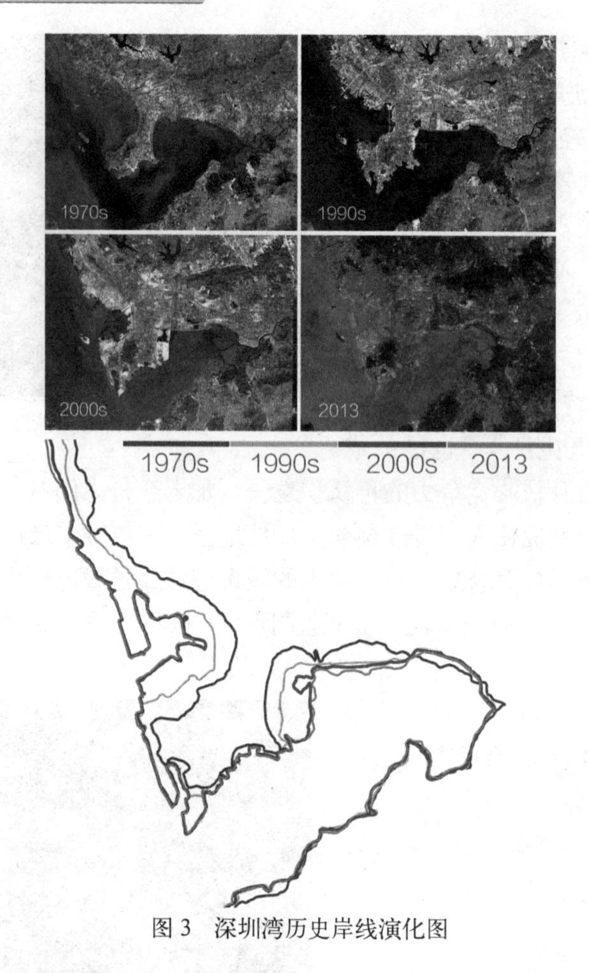

图 3　深圳湾历史岸线演化图

二、深圳湾的特殊性与条件解析

（一）生态敏感性

深圳湾是典型的河口型海湾，有着最适宜红树林生态系统生长的水质与气候环境。使得这里成为数以万计的候鸟们每年迁徙途中的重要补给站和必经之地。在海湾的深圳一侧有全国唯一毗邻城市的国家级自然湿地保护区——深圳湾红树林自然保护区（图 4），而香港一侧则是国际级的香港米埔自然保护区。它们一水之隔，共同构成了具有国际意义的深圳湾湿地生态系统。而由于湾区的生态系统毗邻城市且规模有限，生态稳定性极其脆弱，任何大规模的人工建设都将威胁湿地生态系统，令湿地动植物生物链陷入窘迫，因此从建立地区生态、景观安全格局的重要意义出发，深圳湾公园既是深港城市地区大公园系统的主体，也是城

图 4　福田深圳湾红树林自然保护区

市领域与自然领域碰撞的边缘，更是这两种发展潜力共同的载体地带。因此，如何兼收并蓄，寻找到多对供需关系的平衡，就成为规划的首要任务。

（二）边界的关联性和影响力

深圳湾公园构成了公共密集度较高的城市地区中最大尺度向海湾开敞的连续景观带，城市迎向海湾，海湾比邻城区是最比邻城市生活圈的自然生态开敞区。从更广泛的地域形态和公共空间结构分析，深圳湾公园是环海湾城市地区多条结构性绿化空间和公共活动轴线的汇聚地区。对城市的公共开放和影响程度分析，深圳湾公园构成了最具活力、最有价值的、绵延的城市与自然海湾的边缘地带。因此深圳湾公园作为城市的重要边界，关联、串接和影响着城市腹地众多功能板块和资源要素的整体状况，有着深远的影响和组织力（图 5）。

图 5　离城市最近的自然生态系统

（三）边缘的隔离状态

城市快速路的隔离使得环深圳湾地区的海岸空间资源始终处于难以到达的隔离状态（图 6），特别是市民的日常可达性极低，并且人们的出行方式较多依赖私有机动交通，公交服务不足。此外，深圳湾地区作为深港边界，肩负特殊边界巡逻执勤的现实功能，也造成滨海公共使用的实际障碍。

图 6　被割裂的城市和海岸地区

图 7　深港两地共有的特征湾区

（四）景观与需求特征

深圳湾作为珠江三角洲的一个特殊的自然“湾区”，在深港两地的经济、文化和城市空间的建设方面都具有重要的意义（图 7）。首先，在景观特征方面，深圳湾拥有巨大尺度的自然开敞空间，是深圳和香港两地城市融入自然的最好的地方。同时，深圳湾具有的围合感与开阔平静，是难得的河口型城市内湾，它的尺度和与城市毗邻的独特区位关系，使得这里成为独特的人文和自然景观的叠加场所。其次，从需求特征方面来看，深圳湾是离城市公共密集地区最近的自然生态系统。环绕周边的深港城市功能区和内敛、围合的湾区尺度，将深圳湾塑造成一个完整的自然生态和城市人文生态景观合一的城市之湾。

（五）实施条件的限制

作为政府投资和市民瞩目的公共项目之一，深圳湾公园一方面面临严格的预算控制，另一方面因配合深圳举办第 26 届世界大学生运动会需要，长达 7km，面积近 110hm^2 的深圳湾公园仅仅有不到 3 年的施工时间。规划设计不得不在方案的实施之间权衡取舍，努力保持项目的核心框架，提纲挈领地奠定可扩展的框架，同时预留未来完善的可能性。

三、规划思考和对策创新

（一）需求解读

从更客观、广泛的生物圈角度来全面解读深圳湾公园需要被关注的需求主体，这也成为制定规划设计目标的基础（图 8）。首先，规划选取了迁徙的鸟类和深圳湾蔓延的红树林湿地作为首要需求主体，也正式将鸟类和红树林作为深圳湾生态要素的基本构成，强调作为湾区的核心要素必须并被重点关注；其次，人们需要更加开阔和更人性化的城市公共空间，来舒缓人们来自紧张和快节奏的工作和生活的压力，亲近自然，找寻愉悦身心的场所，因此将“人”作为另一个需求主体，为人民构建一个宜“游”、宜“思”的滨海的休闲空间；再次，城市作为一个复杂的生态系统、一个生活的容器、人们精神面貌的载体，需要在政治、经济、文化、特色、精神等方面体现城市鲜明的特色。因此将城市系统和特征的需求作为第三个需求主体。

（二）价值观、原则和目标

设计和确定 15km 长的深圳湾公园的边界特征是规划设计工作的基础，认识可能的滨海的社会活动方式及其活动的时间周期，是开展和进行深圳湾公园设计工作需要遵循的思想逻辑，以设计与城市、自然环境连接的多种可能性。规划提

图 8　需求主体：自然、人、城市

供了众多原则包括：生态原则；边界原则；适应自然和社会运动周期的原则；连接的原则；场所引导的原则；特征的原则。

三个目标包括：

首先，构筑一个深港共同的、形态完整、功能完善的生态体系——环深圳湾大公园系统。保护原生物种：最大限度创造地区景观特色，保护地区生态安全。修复绿化种植：以“红树”或者其他本土湿地植物作为陆地与海洋的介质，创造湿地为主题的深圳湾大地景观。参与、观看、亲近、体验和爱护，使之成为完整的海湾城市文化景观，形成世界级的海湾生态公园。深圳湾是深港两地人民共同拥有的自然湾，共享、共生和共建，实现深圳湾“人民建、人民爱、人民护”的社会理想。

其次，塑造一个概念明晰的公共滨海地带——连接人与自然；关注并实现陆地与海的连接、城市与自然的连接；设计城市与自然共同恪守的、具有城市特殊景观象征的中间地带——深圳湾公园。并通过交通设计增强可达性，消除人与海之间的距离与隔阂；根据岸线主题优化岸线形态，提供近水活动以及景观的参与和感受方式；通过高差设计提供多种观海、观城的视角，突出海湾作为观景主体的地位；实现场所连接，将差异化的个体活动（如聚集、停留、运动）和人们从城市导向滨水地区。

再次，提供一个特征鲜活的城市地区——引入缤纷的文化活动，通过城市设计、环境景观重塑与活动策划等手段去创造强烈的场所诱惑力，完成城市公共空间主体向深圳湾的延伸，深圳湾自然生态环境向城市纵深地区的渗透。创造并完善城市公共服务支持体系；利用其特殊的区位，鼓励个性化功能单元的组合，强化差异性、兼容性的移民文化特色，容许多种生活形态的交织与碰撞；制造建筑文化、雕塑文化、湿地文化和城市休闲文化等一系列“城市文化事件”，表现深圳城市开放的城市风范，支持和充实深圳人的休闲活动与城市文化内涵。

（三）主题与系统设计

该部分总体城市设计的构思在 2004 年竞标期间就已经基本确定，在随后的深化设计和分工协作过程中，又在此基础上进行了具体的扩充和完善；在 2008 年实施开始后，结合工程实际进度的情况，再次进行修正和提炼。可以说，作为深圳湾公园规划设计的核心内容，正是在因时、因需的变化中努力维护和坚持最初的设计主题和系统设想（图 9）。这些支持公园规划设计和创造深圳湾公园的主题词是：“湾”、“山”、“滩涂”、“尺度”、“周期”、“连接”、“场所”、“景观”、“特征”，以及由此产生的“生态”、“文化”和“进步”。

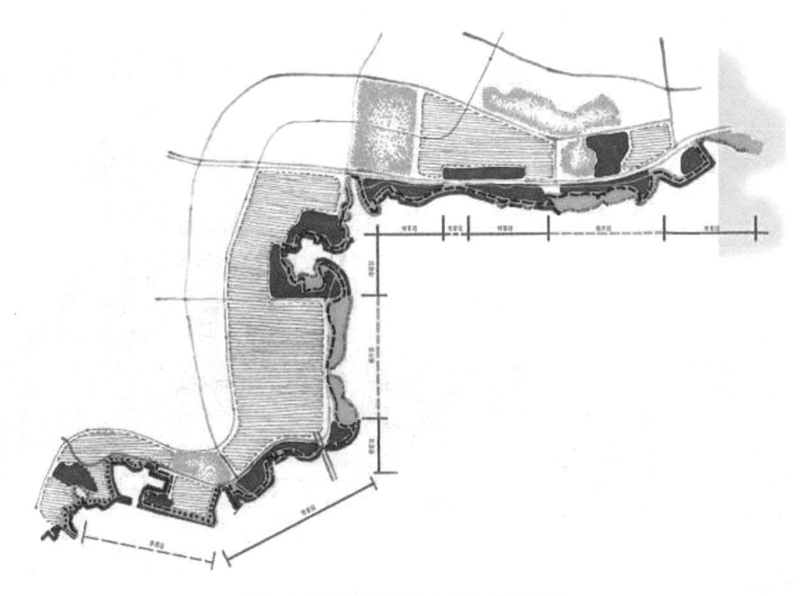

图 9　湾区岸线形态特征设计图

(1)“湾”主题

在环深圳湾生态大公园的概念基础上，利用“湾”的主题空间语言和环境景观意象，丰富滨海带的岸线特征和与之相适应的滨水功能活动空间，并同时设计沿滨水线展开的作为深圳湾城市立面：因城市功能而形成的城市建筑景观，使深圳湾成为一个具有丰富想象力的、同时拥有自然生态和城市活力的“湾”。

深圳湾的“湾”概念是深圳湾公园各区段拥有的共同图形特征。在城市设计中，对深圳湾不同的地段采取不同的尺度、发展主题和空间特征，进行“大深圳湾”概念下的多主题“湾”的发展计划。

以多角色的“湾”空间来构筑深圳湾地区新的城市形象，使“湾”的概念特征成为深圳城市的一个重要标志。

(2)“连接”主题

实现“连接”是城市海岸环境景观设计涉及的最重要的城市意图之一（图10)。“连接”是通过对城市与自然接壤的边缘地带，有目的地进行适宜性设计，去缝合散乱的城市功能区，在西部城市地区形成以滨海公共活动系统为社会组织结构的城市特征。

(3)“生态的自然尺度”主题

根据滨海带活动的需求，适度改变深圳湾的现状岸线，并利用沿岸滩涂 修复湿地植物生态群落，利用不断生长扩张的植物边界，形成大尺度的湿地岸线边界景观，减弱大面积滩涂带来的不良景观。

图 10 实现城市与海湾连接的物理途径

开敞的视线设计是形成休闲带中的游人感受自然魅力、保持自然尺度感的重要理念，深圳湾生态的自然尺度是人们参与深圳湾滨海地区活动的重要的环境要素。

表现祥和的生态环境氛围、气势恢弘的湾区自然尺度，设计人们的感受和体验湾区自然环境的场所，是创造深圳湾独特魅力的关键。

设计人工的山，改变简单、平坦的滨海地貌，形成“山”与主题“湾”空间尺度的呼应，表现生态特征的多样性（图 11）。

（4）“系统交通支持”的主题

公园规划设计通过 8 种交通模式来服务该地区可预计和不可预计的公共访问量和出行需求，强调城市公共交通出行的核心支撑，并利用地区或街坊公共交通改善城市边缘的交通服务弊端，还建议设置深圳湾公园游览公共专线，满足重大节假日的高峰访问需求。充分考虑各种社会交通出行需求，提供优质的步行及自行车交通系统，通过特别的滨海道路设计标准体现空间场所特征，并按照游览特征的服务半径投放集约的综合服务站，最终以灵活方式提供有限的静态交通供给，将沿路（辅道）临时停车空间和公园停车场资源综合调剂协同发挥作用。

（四）水文研究与水环境系统

在后续的方案修改和完善进程中，规划设计始终如一地把深圳湾的生态属

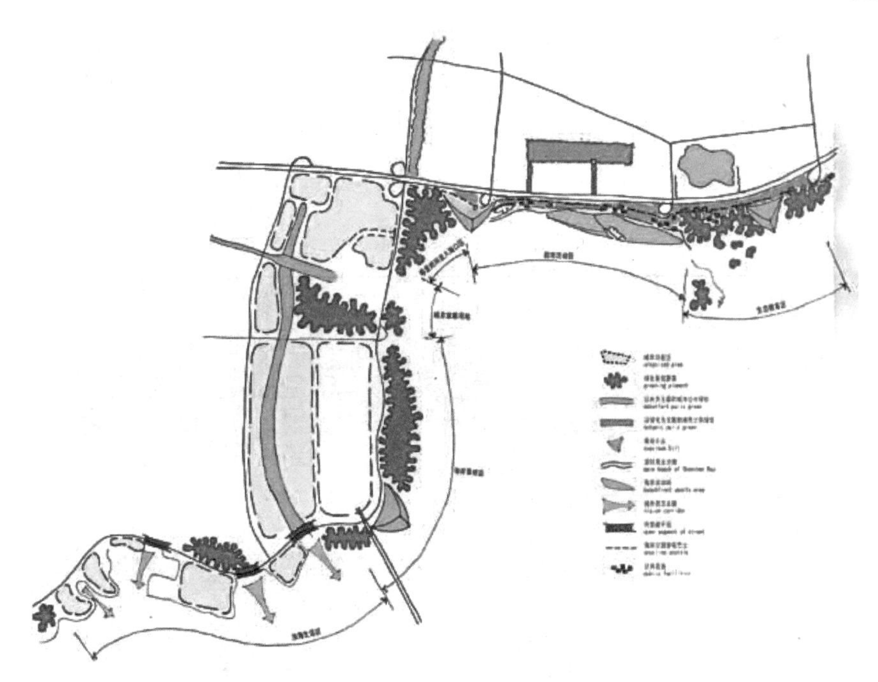

图 11　生态景观策略设计图

性作为滨海地区景观设计的首要前提，并相继开展深圳湾水文、水质测量（2006年3月）；建造了大尺度的深圳湾物理模型，开展深圳湾水动力学及红树林生态环境研究（2005年12月）；设计工作的核心是深圳湾的生态环境保护，选择最具深圳特色的红树林种植作为途径，结合科学的海洋生态环境研究分析，希望更加合理地确定适合深圳湾并有助于生态环境改善的种植范围与种群。积极改善生态环境，并最大限度地利用和完善现状已有的环境资源与设施。最终，经过与水动力模型的反复实验，海岸的填筑规模和岸线形态找到对于生态系统影响程度和必要公共空间拓展需求的平衡。设计不再是仅仅是美学的追求，而是科学的艺术表现。

（五）持续完善的规划和全程跟踪的规划服务

10年前，作为长期服务深圳地方的规划设计单位之一，规划设计方就已经在更大范围关注环深圳湾地区的城市资源组织与系统梳理，因此在以深圳湾公园为核心的空间格局和功能关系中，结合常年规划服务工作积累，还开展了更多周边地区的相关规划设计工作。特别是城市公共系统的构建工作，先后完成了与深圳湾公园密切对接联系的“华侨城欢乐海岸概念规划”、“深圳超级总部基地城市设计”、“后海中心区城市设计和详细蓝图”、“蛇口地区城市更新研究”和“蛇口海上世界概念规划”。这些项目都从另外一个角度呼应和诠释深圳滨海生活和城市系统的追求和延续。这些项目也都因深圳湾公园和彼此之间的密切联系而深深受益。据粗略统计，环深圳湾地区近 10km^2 城市土地和超过 1300 万 m^2 建筑受到深圳湾公园的积极影响。城市新功能逐步集聚完善，环深圳湾地区整体从边缘成为核心（图 12）。

图 12　深圳湾公园规划设计总平面图

四、实施后的效果和贡献

（一）实施情况

经过众多设计单位和政府部门长达 10 年的共同努力，2011 年 10 月，深圳湾公园正式开放，并在世界大学生运动会期间，成为深圳市民向世界展现自己滨海城市的窗口之一。

放弃一味的拓展，城市开始寻求稳定的格局、边界和对市民更有价值的城市环境，这是使得城市更加自信、市民更加自豪的城市特征所在。放弃一味自我发展，更谦逊地向自然学习，并在满足自身需求同时回馈自然，实现和谐的共生。深圳湾公园在建成使用后得到了民众和行业的认可，而设计团队并未就此结束。在 2013 年 10 月，配合“深圳公园之最”的公众民意调查活动，规划设计团队也同期开展了深圳湾公园用户使用回访（图 13），通过现场问卷方式，发放近 300 份问卷，进一步了解到现实深圳湾公园在使用过程中的问题和状况，为更加客观地评估规划设计构思提供了最真实的反馈，也为公园管理环节内容的完善提供了参考依据（图 14，图 15）。同时，为民众也是为自己，规划师们不懈追求理想的动力和不断增加的社会责任感终将影响项目和城市的未来。

图 13　深圳湾公园游人调查

回顾深圳湾公园 10 年的历程，规划设计、建设实施和管理运营在自然、市民和城市三方面获得了宝贵的实践经验。特别对于规划师而言，10 年亦长亦短，将自己有限的规划职业生涯与更多深思熟虑的城市发展计划和实际项目相结合，会获得更多宝贵的经验。项目和城市也将由此受益良多。

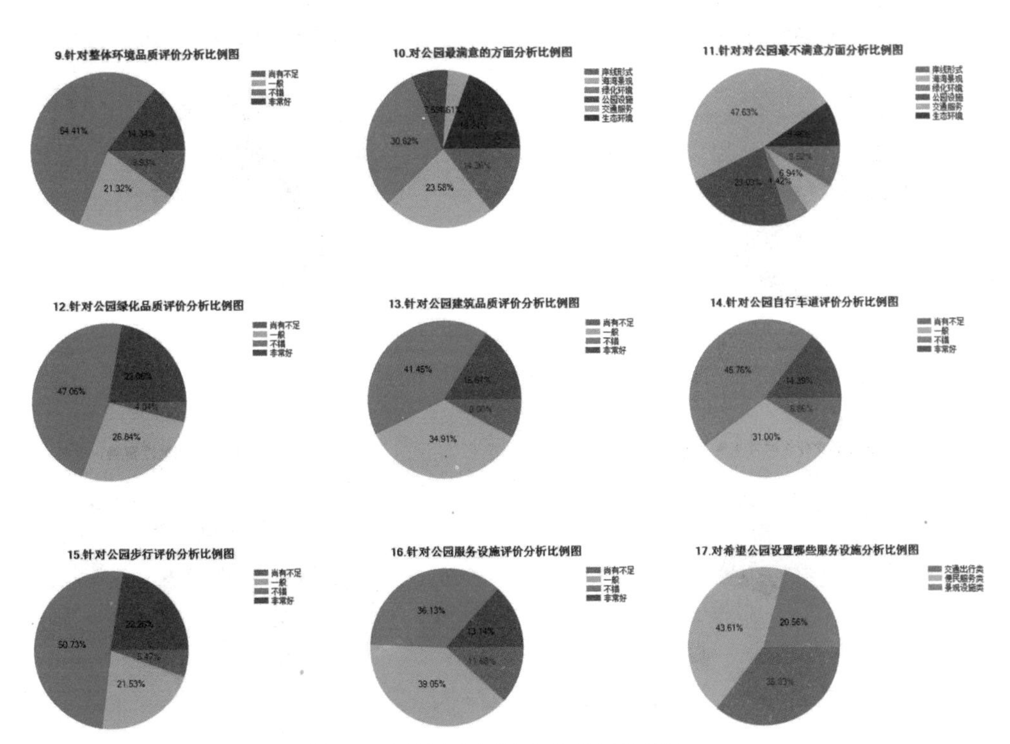

图 14　深圳湾公园游人调查问卷统计一

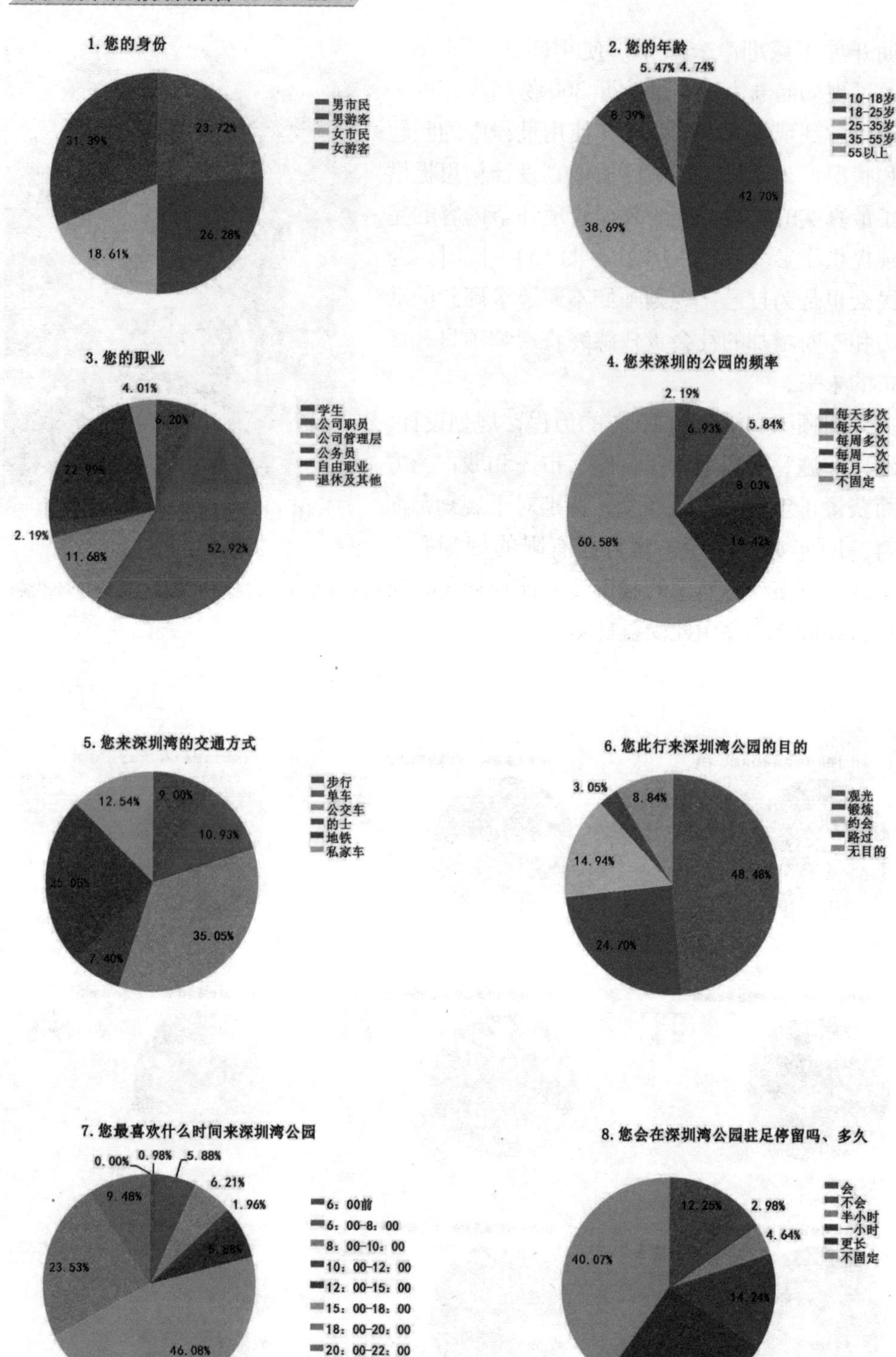

图 15　深圳湾公园游人调查问卷统计二

（二）之于自然

由于深圳湾公园的规划设计与建设实施，城市实现了环深圳湾地区深港河口湿地型生态系统的稳定格局。城市与自然边界从此和谐稳定下来，并优化了原有人工海岸边界的生态和形态特征，促进了生物链的交流与交换，特别是深圳湾滩涂底栖动植物的丰富，改善了湿地共生自持的食物与能量循环链（图16）。据广东内伶仃（福田）国家级自然保护区管理局和深圳市观鸟协会的统计，2011年至今，每年的候鸟种群数量稳定在200种左右。

图16 深圳湾公园红树林培育与鸟类栖息地

（三）之于市民

项目实现了人们最近、最直接的滨海体验，成为深圳城市市民引以为傲的“城市客厅”。2011年10月开放以来，累计接待市民及游客总计近千万人次，高峰节假日的单日瞬时访问高峰达20–30万人，人们的出行方式选择更丰富，可达性更高。同时，这也成为深圳城市绿道系统中最具特色和规模的一段。2013年被评选为深圳市民最满意、最具活力、最适宜骑行等奖项在内的公园（图17）。

（四）之于城市

深圳湾及其岸线演变标志着城市版图和边界演变的终止，标志着这座年轻的城市走向更加稳定成熟的阶段。同时，深圳湾公园的规划设计也开启了深圳城市海洋计划的大门，2008年深圳完成的《深圳东西部海岸线与深圳河沿岸整体城

图 17　深圳公园多个之“最”

市设计研究》，将深圳湾公园沿线外全市范围 200 余公里的海岸线资源纳入滨海城市公共体验的设计范畴，深圳人的滨海生活从梦想变成现实（图 18），进而覆盖全市。

深圳湾公园成为 2011 年第 26 届世界大学生运动会开幕式的所在地

图 18　深圳人的“滨海梦”

(图 19)，塑造了深圳城市滨海生活的窗口，成为深圳城市公共及社会生活中的重要事件之一。

图 19　深圳湾体育中心——26 届世界大学生运会开幕式所在地

深圳湾公园向人们提供了展示红树林、鸟类和滩涂生物之间共生关系的场所，引发了市民对于国家级红树林保护区和候鸟的关注，保护和维系了红树林在深圳湾的生长空间；并通过深圳湾公园项目获得了人工红树林再造的项目可能。

深圳湾公园还带动影响了周边相邻腹地的城市发展进程与格局。后海中心区、深圳湾总部基地、华侨城欢乐海岸、大沙河公园、红树林人工恢复计划等等一系列相关项目（图 20）。

图 20　深圳湾公园周边相邻地区

参考文献

[1] 麦克哈格．设计结合自然[M]. 芮经纬译．北京：中国建筑工业出版社，1992.
[2] 西蒙兹．景观设计学—场地规划与设计手册[M]. 北京：中国建筑工业出版社，2000.
[3] 寇耿．城市营造—21 世纪城市设计的九项原则[M]. 南京：江苏人民出版社，2013.

（撰稿人：朱荣远，中国城市规划设计研究院，副总规划师，教授级高级规划师；梁浩，中国城市规划设计研究院深圳分院，高级规划师；龚志渊，中国城市规划设计研究院深圳分院，中级规划师）

浙江省县市域城乡规划编制和实施探索

引言

我国已处于城镇化深入发展的关键时期，积极稳妥扎实有序推进城镇化，对我国社会经济发展具有重大现实意义和深远历史意义。城镇化的核心是人的城镇化，但是在从我国城镇化的实际情况来看，“土地城镇化”快于人口城镇化，建设用地粗放低效，浪费了大量耕地资源，威胁到国家粮食安全和生态安全。同时各种规划在用地空间上相互“打架”，严重影响城镇的健康发展。为此《国家新型城镇化规划(2014−2020年)》提出：要加强城市规划与经济社会发展、主体功能区建设、国土资源利用、生态环境保护、基础设施建设等规划的相互衔接。推动有条件地区的经济社会发展总体规划、城市规划、土地利用规划等“多规合一”。

浙江省在改革创新方面历来处于全国前列，近些年围绕县市域总体规划，尤其是两规衔接方面，做了一些积极的探索和创新。但是随着“多规合一”概念的提出，土地、发展和改革委员会以及环境保护部等部门都提出了新的规划衔接要求，提出规划中要明确生态红线、永久基本农田红线、城镇空间增长界线等内容。在新的背景下，我们原先工作需要进一步深化和创新，现将我们已有的探索以及思考整理出来，供全国同行参考，共同探索“多规合一”的内容深度与工作步骤。

一、县市域总体规划的背景

1. 应对资源环境压力的需要

浙江省是我国各类资源最贫乏的省份之一，特别是水土资源对社会经济发展的制约非常大。全省陆域面积10.18万km^2，仅为全国的1.06%，2005年全省人均耕地只有0.5亩。浙江尽管降雨量较大，但全省水资源的空间分布不均衡，从西到东逐渐递减，而浙江省的人口产业多集中在东部区域，水资源配置与人口产业的分布不一致，且调水工程的措施又没有跟上，从而使水资源不能根据经济发展的需要得到合理的配置。

浙江省中小城镇发展迅速，以民营经济和农村工业为特色的工业发展突出，由此带来小城镇发展速度快，农村地区工业发展速度快的现象。农村工业在小城镇和乡村随意布点，规模与范围也不断扩张，造成土地资源的极大浪费，给本就紧张的人地资源带来更大的压力。同时，由于农村工业遍地开花，很多工业园区与村庄和城镇混杂在一起，功能布局极不合理，带来了越来越多的环境问题，全省 70 多个市县中，供水水源遭到污染的有 45 个，河网水体黑臭，污水横流，水环境遭到严重破坏，而且给工业生产、农业灌溉、水产养殖，尤其是给城乡人民群众生活带来严重的危害。在浙江这个资源极度匮乏的省份，急需通过城乡总体规划遏制土地利用不合理的状况，改变城乡空间布局混乱的现状。

2. 社会经济发展新阶段的需要

浙江省是我国城乡发展差距最小的省份，经过改革开放二十多年的发展，实现了资源小省向经济大省、传统农业社会向工业社会、基本温饱向总体小康的跨越，主要经济社会发展指标居全国前列，综合实力显著增强，具备了统筹城乡发展、推进城乡一体化良好的基础和条件。浙江的城乡经济融合加快、城乡要素流动加快、城乡体制改革加快的发展趋势已经形成，一些发达市县开始迈入城乡一体化发展阶段，完全有条件、有能力在统筹城乡发展、推进城乡一体化方面走在全国前列。因此，通过编制城乡一体的县市域总体规划，统筹布局城乡建设发展空间、产业发展空间、生态保护空间、区域基础设施通道，统筹布局城乡基础设施和公共设施建设，是新时期浙江新型城镇化和工业化实践的客观需要和时代发展的要求。

3. 城乡规划管理的需要

长期以来，我国城乡之间规划各成体系，相互分割，在规划编制和实施负担过程中，缺乏统筹协调和有机联系。浙江省人多地少，城镇与村镇分布密集，城乡用地犬牙交错，城乡规划的不统一，给城乡规划建设带来损害更大。在城郊接合部、工业园区、重大基础设施节点地区，规划管理滞后于社会经济的发展，出现众多规划管理的死角。由于规划管理不到位，造成土地利用较为混乱，违章建筑较多，经常出现屡建屡拆的现象。同时，由于我国行政管理体制的原因，我国各类涉及空间布局的规划在空间上经常相互矛盾，特别是城市规划与土地利用规划、国民经济发展规划的矛盾较为突出，缺乏一个各类规划可以进行沟通的空间规划平台。通过县市域规划的编制，可以统筹城乡规划管理，为各类空间规划提供相互协调的规划平台。

4. 浙江行政管理体制的必然

县制是我国地方管理制度中跨越时间最长、制度最稳定的组织机构，是我国地方政权和基层政权的连接枢纽，同时也是我国国民经济的基本单元之一。浙江是我国县域经济发展最好的省区，也是我国实行强县扩权，完善县级治理全力推行力度最大的区域，2005 年浙江省县市经济总量已经占全省的 70%，县级市已经成为浙江最重要的行政单元。同时，浙江县域面积不大，城镇和乡村分布密集，使县级成为浙江统筹城乡发展最重要的空间单元。一方面，通过县市域总体规划可以对接省域城镇体系规划和跨区域的城镇群规划；另一方面，通过县市域规划还可以更好地指导其他各类专项规划和乡镇规划的编制，有利于城乡统筹规划的实施。

2004年3月，时任浙江省委书记的习近平在省统筹城乡发展座谈会上提出研究制定县市域总体规划的工作任务；2005年初浙江省委省政府制定了《浙江省统筹城乡发展推进城乡一体化纲要》，将编制县市域总体规划作为完善城乡规划体系的重点；2006年省政府先后出台浙政办发〔2006〕40号、浙政办发〔2006〕119号等文件，要求加快推进县市域总体规划；同年，省建设厅出台《县市域总体规划编制导则（试行）》，组织编制县市域总体规划，走城乡统筹、综合协调、集约创新的新型城市化道路。

二、县市域总体规划主要编制内容

以科学发展观为统领，按照新型城市化和建设社会主义新农村的战略要求，以国民经济和社会发展规划为指导，充分体现主体功能区划和生态环境功能区划要求，与土地利用总体规划紧密衔接，严格落实省域城镇体系规划、城市群规划和设区市城市总体规划等上位规划确定的基础设施和公共服务设施布局、资源环境保护布局等重大布局要求，全面优化城乡空间布局，加快推动城乡建设和发展模式从粗放型向集约型转变，促进经济社会全面、协调和可持续发展。县市域总体规划主要编制内容包括：

1. 深入做好规划编制的基础工作。在深入评价上一轮城市总体规划及城镇体系规划实施情况的基础上，运用遥感等新技术，综合分析县市域范围内土地、水、生态环境等资源条件，全面摸清城乡建设、基础设施、耕地、山林、水系等各类用地的现状规模以及人口、产业及各类设施的空间分布，以此合理确定县市域的发展目标、空间布局和建设重点（图1）。

2. 科学预测城乡发展规模。要坚持以人为本，充分考虑土地、水、能源、环境容量等因素，结合县市域经济社会发展目标，认真研究分析城镇人口集聚机制、县市域城乡人口分布和结构变化，以及流动人口的特点和发展趋势，科学预测规划期内的人口规模和用地规模。通过优化城镇布局、村庄布局和土地整理、滩涂及低丘缓坡地利用等途径，做好建设用地的来源分析和近、中、远期的平衡，合理确定城乡各时期建设用地范围。

3. 合理确定县市域空间布局结构。要统筹布局县市域城乡居民点，构建以中心城区、中心镇、中心村为主体的城乡空间布局总体框架，统筹规划城乡建设

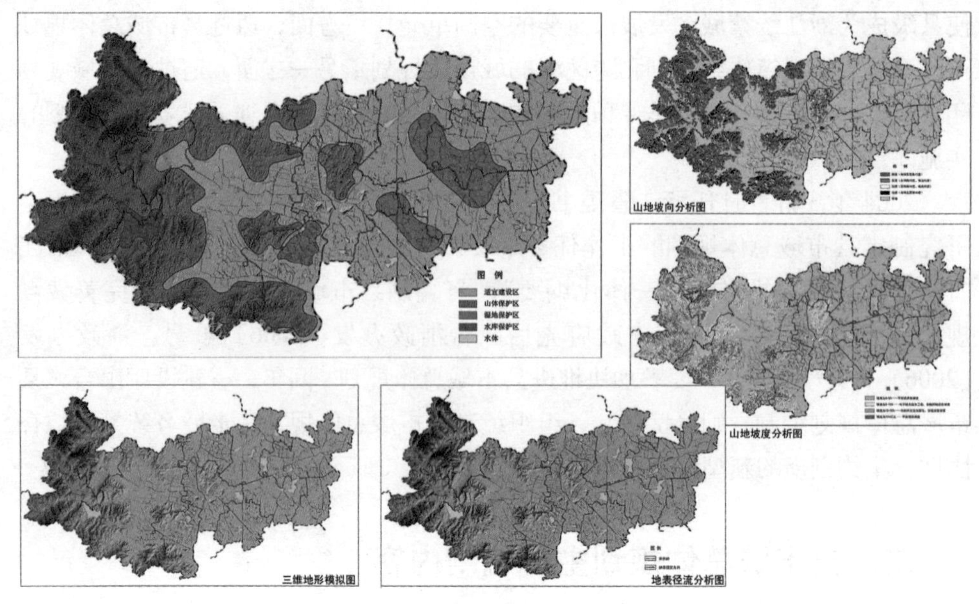

图 1　某县资源评价图

用地布局，引导人口向城镇集聚，工业向园区集中。综合协调和布局交通、能源、水利、防灾等设施建设，严格划定基本农田、生态绿地等非建设用地范围。要积极探索建立城镇建设用地增加与农村建设用地减少相挂钩的机制（图 2）。

4. 统筹安排城乡基础设施和公共服务设施建设。要按照城乡覆盖、集约利用、有效整合的要求，进一步落实跨区域重大基础设施。特别是在规划确定的重点发

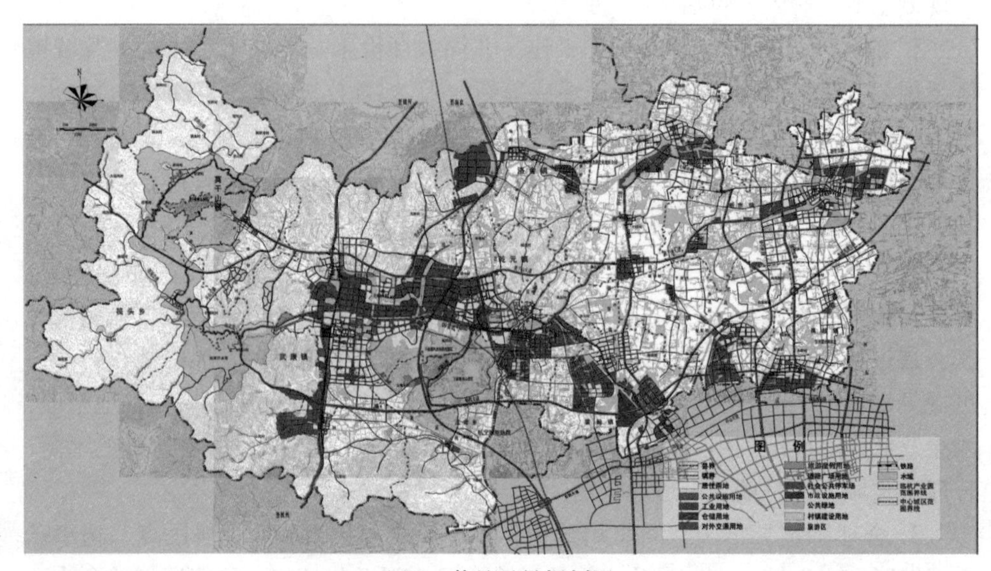

图 2　某县远景规划图

展区域，合理布局和建设城乡综合交通、给水排水、电力电讯、市容环卫等基础设施以及文化、教育、体育、卫生等公共服务设施，合理确定中心村基础设施和公共服务设施配置标准，引导城镇基础设施和公共服务设施向农村延伸（图3、图4)。

5. 明确空间管治的目标和措施。以省域城镇体系规划等上位规划为依据，充分体现主体功能区划和生态环境功能区划的要求，合理划定禁止建设区、限制建设区和适宜建设区，严格划定“蓝线”(水系保护范围)、“绿线”(绿地保护范围)、“紫线”（历史文化遗产保护范围)、“黄线”（基础设施用地保护范围)，并制定明确的管治措施（图5)。

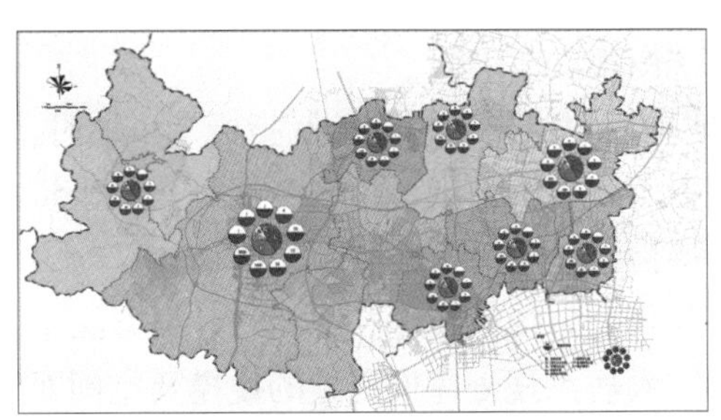
图3　某县社会设施规划图

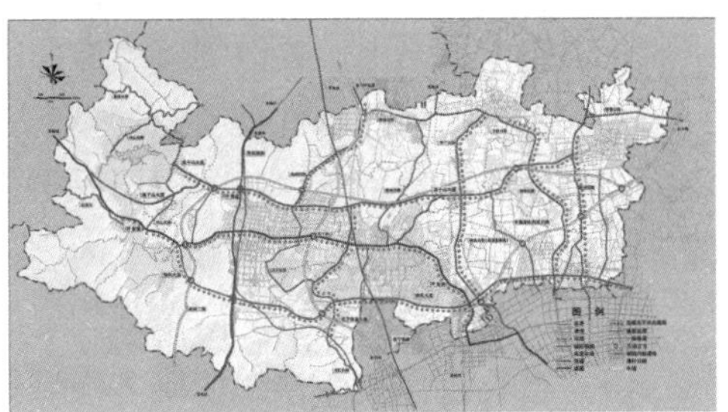
图4　某县交通规划图

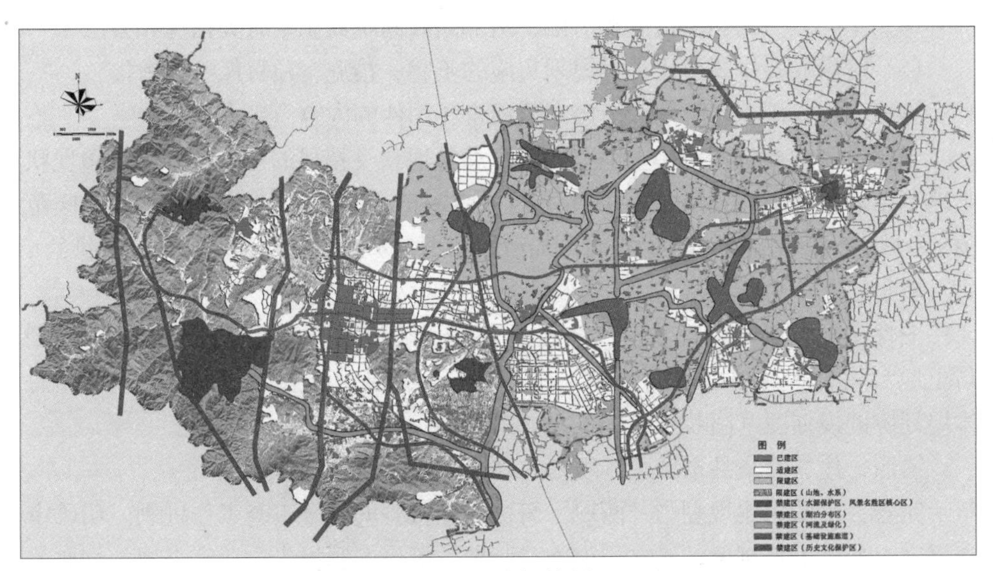

图5　某县空间管制图

三、“两规”衔接的主要内容与要求

为加快推进县市域总体规划编制进程，解决好全省县市域总体规划编制中“两规”衔接的有关具体问题，省住房和城乡建设厅会同省国土资源厅出台了《关于切实加强县市域总体规划和土地利用总体规划衔接工作的通知》（建规发〔2007〕178号）文件，并召开了县市域总体规划编制工作座谈会，出台《关于印发〈县市域总体规划编制工作座谈会会议纪要〉的通知》（建规发〔2007〕270号）的等文件，加快“两规”衔接工作。具体如下：

第一，建立健全“两规”衔接的工作机制，各市、县（市）城乡规划与国土资源部门应建立联合工作小组，共同参与规划编制、制定“两规”衔接的专题报告。

第二，认真贯彻落实“分段衔接、侧重近期、总量平衡、留有余地”的衔接原则，在技术层面上，要做到5个方面的“衔接”：

（1）建设用地总量规模要衔接，在土地利用总体规划主要控制指标未下达时，要按“耕地保有量不变，基本农田保护任务不变”的原则，由城乡规划与国土资源部门共同合理确定规模、布局等内容，待指标下达后，进一步核实；

（2）用地分类要衔接，两个部门要深入研究，统一各阶段规划的分类方法；

（3）增长边界要衔接，明确各级城镇、农居点规划建设用地的规模及空间布局的具体方案；

（4）集约、节约利用措施要衔接，两部门共同研究制定有关措施和方法；

（5）时序的安排要衔接，对规划实施的步骤、措施、项目保障要衔接。

第三，统一规范“两规”衔接专题报告和图件的内容。

专题报告主要包括：①土地空间资源总量现状及拓展的可能性分析；②现状土地利用情况和土地利用总体规划主要控制指标；③县市域生态林地和禁建区范围；④城乡建设用地分析；⑤空间布局衔接情况；⑥近期建设用地及分年度供给；⑦土地集约、节约利用措施。

图件主要包括：①现状图（图6）；②资源评价图；③近期县市域总体规划与土地利用总体规划协调规划图（图7）；④远期县市域总体规划与土地利用总体规划协调规划图（图8）。

第四，建立健全县市域总体规划的联合审查工作机制。

完善县市域总体规划与“两规”衔接专题报告的联合审查工作机制，明确审查程序，严格审查制度。建立先审查“两规”衔接专题报告、后审查规划纲要的工作制度。经省住房和城乡建设厅和省国土资源厅联合会同省有关部门审查通过后，报省政府审批。“两规”衔接专题报告需与县市域总体规划方案同时上报审批（表1）。

图 6　某县 2005 年“两规”衔接现状图

图 7　某县近期（2010 年）“两规”衔接规划图

图 8　某县远期（2020 年）“两规”衔接规划图

某县“两规”衔接总表 **表 1**

人口情况（万人）			现状（2005）			近期（2010）			远斯（2020）		
			县域总规	土地总规	衔接后数值	县城总规	土地总规	衔接后数值	县域总规	土地总规	衔接后数值
常住人口（总人口）			54.47	48.17	52.47	60	58	60	75	68	75
城镇		中心城区（含乾元）	16.5	16.43	16.5	22	22	22	30	30	30
城镇		建制镇	9.5	7.65	9.5	16	10	16	26.7	13	26.7
城镇		小计	26	24.08	26	38	32	38	56.7	43	56.7
乡村		农居点（农村人口）	26.47	24.08	26.47	22	26	22	18.3	25	18.3
乡村		含两栖人口	/	9.90	7.51	/	10.62	7.49	/	8.3	7.16
乡村		农村居住人口（含两栖人口）	/	33.98	23.98	/	36.62	29.49	/	33.30	25.46
独立工矿区			/	/	/	/	/	/	/	/	/
城市化水平（%）			49.55	50.00	49.55	63.33	55.17	63.33	75.60	63.24	75.60
用地规模（ha，人均 m^2）			现状（2005）			近期（2010）			远期（2020）		
			县城总规	土地总规	衔接后数值	县城总规	土地总规	衔接后数值	县域总规	土地总规	衔接后数值
县域总面积（km^2）			93792.82			93792.82			93792.82		
建设用地	城乡建设用地	城镇 中心城区（含乾元）	1922.58	1554.19	1922.58	3080	2485.52	2640	4032	3000	3450
建设用地	城乡建设用地	城镇（人均）	117	95	117	140	113	120	134	100	115
建设用地	城乡建设用地	城镇 建制镇	1353.96	626.37	1353.96	2382.5	714.48	2110	3860.64	1300	3127.2
建设用地	城乡建设用地	城镇（人均）	143	82	143	149	71	132	145	100	117
建设用地	城乡建设用地	城镇 城镇小计	3276.54	2180.56	3276.54	5462.5	3200	4750	7892.64	4300	6577.2
建设用地	城乡建设用地	城镇 人均	126	91	126	143.75	100	125	139	100	116
建设用地	城乡建设用地	乡村 农居点	4968.21	5616.66	4968.21	4070	4394.4	4070	3132	3663	3132
建设用地	城乡建设用地	乡村（人均）	188	233	188	185	169	185	171	147	171
建设用地	城乡建设用地	乡村（人均）含两栖人口	/	165	146	/	120	138	/	110	123
建设用地	城乡建设用地	独立工矿	2570.45	2956.17	2570.45	2038.28	3181.87	2038.28	1930.65	3567.78	1930.65
建设用地	城乡建设用地	城乡小计	10815.2	10753.39	10815.2	11570.78	10776.27	10858.28	12955.29	11530.78	11639.85
建设用地	城乡建设用地	（人均）	206	223	206	193	186	181	173	170	155
建设用地	发展备用地							712.5			1315.44
建设用地	交通用地		1003.62	1065.43	1003.62	1643.22	1725.23	1643.22	1920.45	2029.52	1920.45
建设用地	水利设施用地		680.6	680.6	680.6	1380.43	1380.43	1380.43	1179.83	1179.83	1179.83
建设用地	特殊用地		35.02	35.02	35.02	75.02	75.02	75.02	81.02	81.02	81.02
建设用地	合计		12534.44	12534.44	12534.44	14669.45	13956.95	13956.95	16136.59	14821.15	14821.15

续表

人口情况（万人）	现状（2005）			近期（2010）			远斯（2020）		
	县域总规	土地总规	衔接后数值	县域总规	土地总规	衔接后数值	县域总规	土地总规	衔接后数值
耕地保有量	25223.49	25223.49	25223.49	25364.41	25364.41	25364.41	25221.93	25221.93	25221.93
基本农田	19191.3	19191.3	19191.3	19191.3	19191.3	19191.3	19191.3	19191.3	19191.3
建设占用耕地					2027.27	2027.27		3548.46	3548.46
补充耕地					2291.25	2291.25		4071.76	4071.76
供地情况（hm^2）	现状（2005）			近期（2010）			远期（2020）		
净增建设用地（比基期年）	/				1422.51			2286.71	
新增建设用地（比基期年）	/				3850.42			6782.7	
新增建设用地	前5年平均供地量（2001—2005）			近期预测年均供地量			远期预测年均供地量		
年度计划指标	448.18			770.08			452.18		

“两规”从人口规模、城镇建设用地规模、建设用地空间布局上进行了较有效的衔接，对中心城市、建制镇的建设用地控制比较有效，对耕地资源的保护起到了一定作用。初步实现了城乡规划与土地利用总体规划的“五统一”：一是统一建设用地统计范围；二是统一规划基础图件之间相互交换；三是统一规划用地分类在口径上的对接；四是在时序、布局、项目安排上尽量统一；五是对策措施争取统一。“两规”衔接工作为全省逐步推进“多规合一”规划奠定了空间基础。

四、“多规合一”研究与探索

（一）“多规合一”工作重点

1. 以空间数据统计为依据，明确统一的指标、目标

在现状空间数据调查的基础上，计算现状城镇人口、现状地均产出等数据，通过发展环境、发展趋势分析，明确未来发展的人口、经济、产出效益等一系列目标、指标。

2. 以城镇空间增长边界为主线，构建统一的空间形态

以全县市行政区域作为规划范围，考虑城乡发展趋势和耕地保护要求，综合确定城镇空间增长边界、永久基本农田保护边界、生态保护红线和独立建设用地界线，形成全区域统一的空间形态。

3. 以城乡用地分类全覆盖为主导，落实统一的用地功能

城乡建设用地以城乡规划部门的用地分类标准为主，非建设用地以国土资源部门的分类标准为主，整合形成城乡统一的用地分类。

4. 以专项规划为指导，统筹布局各类设施线网

在四规的基础上，综合分析交通、市政、水利等专项规划的要求，预留廊道，统筹布局各类管线设施。

5. 以保护和合理利用为目标，建立统一的空间管制标准与分类体系

"多规"的四区划分概念相似，且各有交叉，易造成混淆，迫切需要形成统一的标准与分类，来指导空间管制。

6. 以近期项目为重点，构筑统一的建设时序平台

建议近期规划期限为5年，基本为一届政府的任期。"多规合一"重在协调，落在实施，将5年的社会经济发展目标、耕地保护目标等与空间资源合理利用挂钩，最终将成为一届政府的行动准则，并成为吸引市场主体参与建设的投资指南。

（二）"多规合一"工作步骤

第一，在规划建设部门现状人口、城市化水平调查的基础上，分析本地区的发展潜力和趋势，由发改部门明确本地区的社会经济发展目标，包括人口规模和城市化水平。

第二，在人口规模的基础上，考虑人均建设用地标准，结合国土部门上位规划下达的指标，明确中心城市规划用地规模、各城镇建设用地规模、村庄建设用地规模。

第三，在预测城市建设用地发展方向和发展趋势的基础上，结合基本农田保护、独立建设用地布局（独立工矿、区域性码头等）、生态环境保护等因素，划定永久基本农田边界、城镇空间增长边界、生态红线和独立建设用地界线，保证四类边界不相交。

第四，在城镇空间增长边界范围内，由规划建设部门明确城镇建设用地范围，并明确划分居住、商业、工业等用地类别。城乡建设用地以外的用地由国土部门明确划分耕地、园地、林地等类别（图9）。

（三）"多规合一"可能的路径

1. 突破体制：一张蓝图、一个文本

即突破现有的体制机制，把所有空间规划合并起来统一编制，形成一个统一的规划文本，一张规划蓝图，所有规划内容在一个文本和一张蓝图中体现。

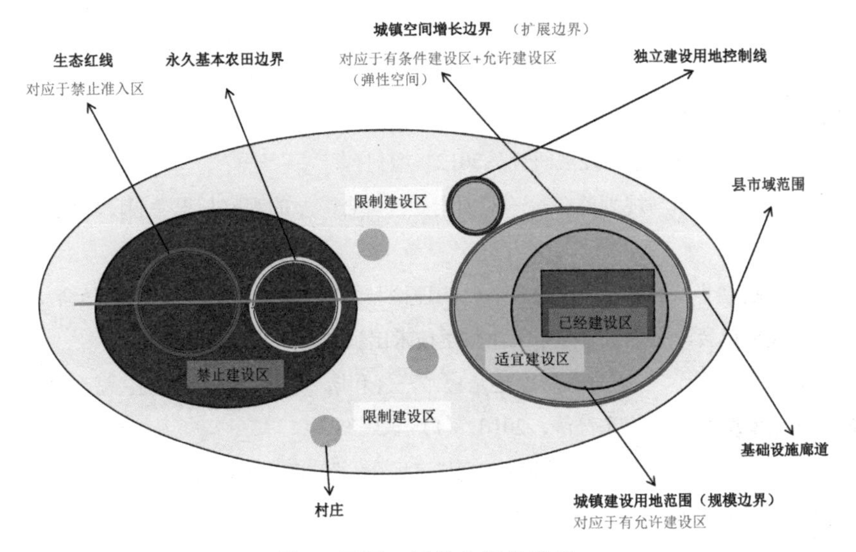

图 9　四区、四线空间关系图

2. 有限目标：一张蓝图、文数各表

即把所有规划的空间要素落实到一张蓝图上，具体的规划数据及规划内容在各专业规划中表达。

3. 立足部门：各自规划、专题衔接

即各部门编制各专业规划，但是需要先编制“多规合一”专题，在专题中衔接各规划需要衔接的内容，然后再反馈到各专业规划中去。

从浙江的实践和目前各部门的实际情况分析，各自规划、专题衔接是目前“多规合一”最可能的路径。

五、结语

随着规划由技术工具向公共政策、资源调控手段的转变，整合部门规划、专项规划，协调各方利益已成为必要。因此“多规合一”是新形势下加强和改进各类规划，努力构建城乡全覆盖的空间规划管治体系的一项重要内容，虽然目前在法律地位、协调机制、空间调控、技术方法以及后续规划等方面存在一些问题，但通过规划法定性、刚性、协调性以及系统性的完善与修正，以“多规合一”为重点的县市域总体规划必将为政府提供更好的发展策略和思路，成为多部门沟通、多层面协调、全方面统筹的重要规划手段。

参考文献

[1] 徐东辉．“三规合一”的市域城乡总体规划 [C]// 城市发展研究编辑部．城市发展与规划大会论文集．北京：城市发展研究，2012（增刊）．

[2] 黄叶君．体制改革与规划整合——对国内“三规合一”的观察与思考 [J]. 现代城市研究，2012（02）．

[3] 王天伟，赵立华，赵娜．“三规合一”的理论与实践 [C]// 中国城市规划学会 .2009. 中国城市规划年会论文集．天津：天津科学技术出版社，2009.

[4] 郭耀武，胡华颖．“三规合一”？还是应“三规和谐”——对发展规划、城乡规划、土地规划的制度思考 [J]. 广东经济，2010，（1）：33-38.

[5] 王天伟．“田园城市”“产业层级”说对实现“三规合一”的理论支持与实践依据 [J]. 现代财经，2010，（1）：65-68.

[6] 韩仰君．对城乡规划与土地利用规划、国民经济和社会发展规划——“三规”协调关系的思考 [C]// 中国城市规划学会 .2009 中国城市规划年会论文集．天津：天津科学技术出版社，2009.

[7] 赖寿华、黄慧明、陈嘉平、陈晓明，从技术创新到制度创新——河源、云浮、广州“三规合一”实践与思考 [J]．城市规划学刊，2013（05）．

[8] 王维山，“三规”关系与城市总体规划技术重点的转移 [J]. 城市规划学刊，2009（05）．

[9] 关于生态环境功能区规划试行工作的通知（浙环发（2007）94 号）．

（撰稿人：杨晓光，浙江省城乡规划设计研究院，副院长，教授级高级规划师；洪明，浙江省城乡规划设计研究院，高级规划师）

动态篇

2013 年城乡规划管理工作动态

2013 年是我国经济社会发展的一个重要节点。2012 年年底党的十八次全国代表大会作出了全面深化改革的战略部署；2013 年 11 月十八届中央委员会第三次全体会议进行了深化研究，作出了《中共中央关于全面深化改革若干重大问题的决定》；同年 12 月中央召开了城镇化工作会议，强调了城镇化对于我国的重大现实意义和深远历史意义，提出了推进城镇化的六大主要任务。

2013 年的城乡规划管理工作紧跟国家形势和中央精神，积极推动新型城镇化，坚持以人为本，改善城乡居民生活环境；坚持生态文明，着力推进绿色低碳发展；坚持优化格局、提高城镇化质量和效率；坚持妥善处理市场驱动和规划引导在城乡建设发展中的关系，从完善制度设计、加强服务等方面创新和完善规划管理工作。

一、基本情况

（一）积极推进行政审批制度改革

1. 取消和下放行政审批事项

根据国家进行机构改革和职能转变的要求，减少资质资格许可和认定。经研究论证，住房和城乡建设部提出取消了外商投资企业从事城市规划服务资格证书核发，纳入国内统一资质标准。取消对注册规划师执业资格的认定，由全国城市规划职业制度管理委员会行使认定职责。此外，结合广东省审批制度改革，将广东省注册城市规划师的变更和注销下放到广东省住房和城乡建设厅。

对取消和下放的项目，住房和城乡建设部加强事中事后监管和服务。一是健全了规划编制单位申报和管理信息系统，完善了注册城市规划师管理信息系统，加强了动态管理和实时监控，健全了有关信息发布、更新、查询等制度，推进了公众监督；二是推动地方规划管理部门建立了电子政务信息管理平台，并逐步与电子监察系统对接。

2. 规划审批由行政审批转向政府内部审批

住房和城乡建设部对非行政许可审批事项进行了全面清理，经研究，提出将 4 项非行政许可审批事项，调整为政府内部审批事项。

为提高规划审查效率、缩短规划报送审批周期，2013 年住房和城乡建设部对上报国务院审批的省域城镇体系规划、城市总体规划的审批内容、程序进行了深入研究。制定并印发了《关于规范国务院审批城市总体规划上报成果的规定》(暂行）和《关于规范省域城镇体系规划上报成果的规定》（暂行)，目的是提高规划上报成果的统一性和规范性，使规划可落实、可考核、可监管。起草了《城市总体规划审查工作规则》（修订稿)，以期完善和改进报国务院审批的城市总体规划审查和修改工作的思路，进一步突出国务院审查的重点；开展了《省域城镇体系规划编制技术导则》前期研究和起草；同时，研究改进城市规划部际联席会制度，适当减少和合并部分审查环节，既严格把关，提高审查质量，又缩短周期，提高审查效率。

3. 优化和改进建设项目规划许可程序

住房和城乡建设部指导地方规划管理部门改进和优化规划管理工作。一是优化规划并联审批制度，整合规划环节的行政审批职能，严格执行规划行政审批限时办结制度，提高规划行政审批效率和服务质量；二是指导各级城乡规划主管部门加强有关审查和管理工作，明确审查标准，规范审查程序，严格监督管理；三是建立健全城乡规划编制单位和个人管理信息系统。

（二）落实转增长、惠民生的总体部署

1. 加强调查研究，推进新型城镇化健康发展

2013 年，按照中财办部署，住房和城乡建设部组织有关技术人员赴全国东中西部 20 个县开展深入调研，完成城镇化和城镇群研究两个课题，为中央决策提供参考。按照中央新疆工作协调小组部署，住房和城乡建设部牵头编制完成了《新疆生产建设兵团城镇化发展规划》。此外，还参与国家发展和改革委员会牵头的《依托长江建设中国经济升级版支撑带指导意见》的制定工作，并提交长江经济带发展布局研究的专题报告；参与《铁路建设用地综合开发及既有土地开发利用专题研究》等专题调研，为城乡规划工作提供了技术支撑和储备。

国家高度重视城镇化对于社会经济发展的带动作用，并由国家发展和改革委员会牵头组织编制《国家新型城镇化规划（2014—2020 年)》。该规划力求围绕中国特色城镇化道路和高质量城镇化的要求，明确发展路径、主要目标和战略任务，统筹相关领域制度和政策创新，是指导全国城镇化健康发展的宏观性、战略性、基础性规划。2013 年，住房和城乡建设部积极参与该规划的编制工作，密切沟通协调，提出衔接意见，并研究提出住房和城乡建设部城镇化规划相关配套政策。

住房和城乡建设部加强对新区建设和各类区域规划的审查和协调工作，完成了陕西西咸新区等 4 个拟申报国家级新区、江苏昆山等试点示范区、约 30 个开

发区等的规划审核工作，对相关各类区域规划提出衔接意见。此外，还对《新城设立审核办法》等 90 余个法律法规提出衔接意见。

2. 充分发挥城乡规划的调控引导作用

为确保规划质量，强化省域城镇体系规划、城市总体规划的战略性地位和切实发挥其在指导下位规划制定和实施规划管理中的作用，2013 年，住房和城乡建设部组织专家组对青海省城镇体系规划成果进行技术审查，召开城市规划部际联席会议审查了福建、新疆、安徽、江苏、云南的城镇体系规划，并将福建、新疆城镇体系规划审查结果上报国务院待批，国务院同意批复了西藏自治区的城镇体系规划，并同意了河北、内蒙古开展省域城镇体系规划修改工作。目前，全国 27 个省（自治区）的省域城镇体系规划已全部编制完成并上报国务院，其中 24 个省（自治区）的省域城镇体系规划已经国务院同意批复。针对各地社会经济和城镇化快速发展的新形势，已有 13 个省（自治区）开展了省域城镇体系规划的修编工作，其中浙江等 3 省已经国务院同意批复实施。2013 年住房和城乡建设部召开城市总体规划部际联席会议审议了乌鲁木齐、广州、成都等 8 个城市的总体规划，报请国务院批复了石家庄、贵阳等 5 个城市的总体规划。报请国务院同意杭州、温州、宁波等 3 个城市开展城市总体规划修改工作，完成了长沙城市总体规划修改方案的审查并上报国务院。目前，需报国务院审批的 108 个城市总体规划中，2020 年版总体规划的编制工作已基本完成，93 个城市总体规划已上报国务院，已经国务院同意批准的有 58 个。

2013 年住房和城乡建设部进一步加强省域城镇体系规划的审查和报送审批工作，着力通过制定和实施省域城镇体系规划，促进区域协调、城乡统筹发展、大中小城市和城镇合理分工、密切城镇间联系、保障区域重大基础设施建设空间、实现珍贵资源和生态环境保护的目标。通过专家论证、省部联审、部级联席会制度等程序，严格把关，不断提高城市总体规划的科学性和合理性。同时，为适应新形势发展需要和总体规划审批周期较长、难以及时指导地方制定详细规划和引导建设的问题，加快研究《城市总体规划审查工作规则》和《城市总体规划修改工作规则》的修订研究工作，为进一步强化依法依规进行规划管理打下基础。

3. 促进节能环保，推动生态城镇（城区）试点

十八大提出了“大力推进生态文明建设”的战略决策，全面深刻论述生态文明建设的各方面内容，描绘了生态文明建设的宏伟蓝图，把“生态文明建设”与“经济建设、政治建设、文化建设、社会建设”相并列，共同构成建设中国特色社会主义事业的“五位一体”总体布局。

住房和城乡建设部从 2011 年开始就十分重视生态城镇建设工作，陆续在多个城市开展了试点工作。生态城镇试点工作一直作为部重点工作之一。2013 年，

住房和城乡建设部继续推进中新天津生态城建设。筹备组织了我国和新加坡两国副总理共同主持召开的中新天津生态城联合协调理事会第六次会议。继续协调各部委研究国家有关中新天津生态城的支持政策，在建设国家绿色发展示范区等方面取得积极进展。9月，住房和城乡建设部和国家发展和改革委员会、天津市政府、国际经济交流中心共同主办第四届中国（天津滨海）·国际生态城市论坛和博览会，促进生态城市建设经验的交流。

2013年住房和城乡建设部进行了整合规范低碳生态试点城镇与绿色生态示范城区工作，加强规划建设指标体系等相关问题研究，并具体开展了绿色生态示范城区试点工作。对南京河西新区等30个低碳生态试点城镇（即绿色生态示范城区）的申报材料进行初审，组织召开两次审查会，批复设立了11个绿色生态示范城区，并报请财政部给予中央财政补助资金支持。住房和城乡建设部在推动国内低碳生态城市建设中，与多个国家联合共建试点城市，评选出河北廊坊市等首批6个中美低碳生态试点城市。此外，住房和城乡建设部还配合商务部研究制定中国以色列水资源利用试点城市国际合作的遴选城市标准和方案等工作。

为促进国际交流和经验共享，2013年11月住房和城乡建设部组织召开了中欧城镇化伙伴关系论坛中的绿色城市和人文城市两个分论坛，论坛有250多名外方代表和200名中方代表就绿色城市和人文城市议题进行了交流。

各地对建设生态文明、推动生态城镇发展也做了大量工作。广东省在建设生态城市方面积极推进、全面部署。2013年11月广东省政府与住房和城乡建设部在广州签署了《关于共建低碳生态城市建设示范省合作框架协议》，广东省成为第一个在全国范围内推进低碳生态城市建设的省份。同时，广东省住房和城乡建设厅着手组织技术单位加快研究制定相关配套规划技术指引，包括：《广东省城市低碳发展规划编制指引》、《广东省低碳生态城区规划建设指引》、《广东省低碳绿色住区技术评估标准》、《广东省旧社区低碳化改造建设指引》、《广东省低冲击开发规划建设指引》、《广东省城市非机动车交通系统规划设计指引》等技术规范及指引，为全省低碳生态城市建设提供技术支撑。此外，广东省还与美国能源基金会进行了初步接洽，就低碳生态城市建设寻求广泛的国际合作。

4. 弘扬城市特色，加强历史文化名城名镇名村保护

针对当前城市建设中普遍存在"千城一面"的问题，住房和城乡建设部注重推进城市文化特色的挖掘和保护工作，赴天津等地调研，分别从城市规划、城市设计、历史文化保护、园林和建筑设计等方面研究提出改革措施，从规划设计角度，指导各地推进城市特色工作。

2013年，国务院批复公布江苏省泰州市、云南省会泽县、山东省烟台市和青州市为国家历史文化名城，国家历史文化名城数量增加至123个。此外，住房

和城乡建设部完成了黑龙江省齐齐哈尔市、浙江省湖州市申报国家历史文化名城的考察评估等相关工作；并会同国家文物局研究了通报批评国家历史文化名城后续工作，起草下发了《关于对聊城等 8 个通报批评国家历史文化名城进行复查的通知》，分别组织对聊城市等 8 个城市进行复查。

自 2008 年《历史文化名城名镇名村保护条例》颁布实施以来，住房和城乡建设部会同国家文物局开展了历史文化名镇、名村的申报评审工作。2013 年开展了第六批中国历史文化名镇名村申报和评审工作，共评出河北省武安市伯延镇、北京市房山区南窖乡水峪村等 178 个镇（村）。目前，中国历史文化名镇的数量达到 252 个，名村的数量达到 276 个。此外，住房和城乡建设部组织开展了《中国历史文化街区认定标准》研究。在此基础上，修改形成了《中国历史文化街区评价指标体系》、《中国历史文化街区基础数据表》，正在征求国家文物局的意见。待条件成熟后，将商国家文物局，择机启动中国历史文化街区认定工作。

广州市作为我国第一批公布的 24 个国家级历史文化名城之一，在快速城市化进程中对历史文化名城的认识不断深入，强调规划引导下的旧城有机更新实践。在市域层次，《广州城市总体规划》将“文化传承”作为规划原则之一；在历史城区和旧城的层次，进一步编制了《广州市旧城保护与更新规划纲要》，作为统筹 $54km^2$ 旧城保护与更新关系的框架性规划；在实施规划层次，一是编制 26 片历史文化街区、20 片历史风貌区的保护规划，二是对重要区域和元素编制整治实施规划，注重挖掘文化底蕴和历史内涵的力量，发挥重大节庆事件和重点更新地段及元素的催化作用。例如，以 2010 年亚运会为契机，广州编制并实施了《荔枝湾环境综合整治规划》，根据对旧城空间重构与文化复兴关系的解读提出街区多样化更新策略，具体通过恢复河涌、景观提升、功能更新和周边社区人居环境提升来实现。荔枝湾环境综合整治工程从 2009 年开始，至 2013 年年初二期工程基本建设完工，三期已进入施工阶段，四期也进入了规划设计阶段。荔枝湾地区的空间重构取得了较好的成效，再现了以涌为脉、以水为魂的景观风貌，引起了广州人的文化共鸣，由此产生的活力带动了本土文化的复兴，周边的商业及休闲产业也得到更新发展，荔枝湾的旧城形象得到重塑，同时也拉开了西关本土文化复兴的序幕。

云南省针对现有的名城、名镇、名村存在着系统性不强、类型不够全面，尚不能充分反映云南发展的历史和民族文化特色等问题，开展了省域历史文化名城（镇、村、街）保护体系规划制定工作，由省政府批复实施了《云南省历史文化名城名镇名村名街保护体系规划》（2012 年 9 月）。该规划在创新聚落类型分类、兼容民族文化研究、整合各种文化资源、梳理传统民居类型等方面进行了积极探索，为云南省系统保护各类历史文化名城、名镇、名村提供了基础和依据。除《云南省历史文化名城名镇名村名街保护条例》（2008 年）之外，昆明、丽江、大理、建水、巍山等地都颁布了地方保护条例，绝大多数历史文化名城（镇、村、街）编制了保护规划，划定了紫线；大部分历史文化名城（镇、村、街）还编制了保护性详细规划，为保护与发展发挥了积极的指导作用。此外，在财政方面，云南省级历史文化名城、名镇、名村、名街，一般一个地方每年获得 5 万 –10 万元的补助专项用于规划编制和管理工作。

5. 建设宜居城市，提高城市人居环境建设水平

按照国务院《关于加快发展养老服务业的若干意见》对城市养老服务设施建设的要求，住房和城乡建设部对《城镇老年人设施规划规范》、《城市居住区规划设计规范》、《城市道路交通规划设计规范》等标准规范进行了复审；参与《新建社区商业和综合服务设施建筑面积比例问题》等专题调研；完成了《关于新城新区有关问题的报告》、《关于媒体报道的“鬼城”、“空城”相关情况的报告》等调研报告；配合参与国土资源部《养老服务设施用地指导意见》的起草工作；并进一步拟修订相关标准规范，细化居住区服务设施建设标准，增加日间照料中心等为老年人服务的设施。

各地在改善城市基础设施和服务设施、营造宜居的城市空间方面做了大量工作。宁波市以创建“山海宜居名城”为目标，对外凸显城市特色，传递城市风情；对内创造宜居环境，提升城市品质。确立了从“大绿地”走向“大生态”的空间统筹思路，突破狭义的“绿地”、“公园”概念，将城市生态基底、环城绿带、环城郊野公园、城市公园等均纳入宁波都市区生态空间格局统筹考虑。统筹结构体系，打造与市域空间格局及中心城生态格局相吻合的城市绿地系统。同时，强化规划实施，建立了“三区”+“绿线”+“绿区”的控制体系。

长春市围绕绿色宜居森林城建设，突出生态、宜居，积极改善民生，在综合工程规划层面完成了 9 项规划，包括《长春市绿色宜居森林城规划》、《长春市城市环境总体规划》、《长春市环城绿带及楔形绿地建设规划（一期）》、《长春市保障房工程规划》、《南部新城核心区地下空间规划》、《长春市城市地下空间利用专项规划》（含总体体系与重庆路、文化广场两个重点地区研究）；编制了《长春市旧城改造规划指引》，重点研究旧城的建筑风格、地下管线、停车泊位、街头绿地、零星棚户区及危倒房改造等民生问题。

6. 参与灾后重建，帮助芦山等灾区恢复重建

“4 · 20”芦山强烈地震发生后，住房和城乡建设部应四川省住房和城乡建设厅请求，派员参加灾后重建并帮助做好灾后重建规划的政策指导和技术支持工作，使灾后恢复重建按照科学规划有序进行。具体地，住房和城乡建设部立即组织四家规划院的 100 余名规划师赴灾区，分别负责雅安市四区县的灾后恢复重建城乡

规划编制工作并召开现场动员会，后又组织四家规划院赴雅安四区县开展规划编制对口帮扶，完成了《"4 · 20"芦山地震灾区城镇房屋建筑安全鉴定和农房安全评估情况报告》，参加了国家发展和改革委员会组织编制的《芦山地震灾后恢复重建总体规划》，和四川省人民政府在京就庐山县和宝兴县灾后恢复重建城乡规划召开了专家咨询会，组织专家研究了地震活动断层对城乡建设的影响及对策并形成专题报告，并组成工作组对青海玉树灾后恢复重建的城市基础设施运行和建筑质量情况进行调研并形成专题报告。

（三）创新和完善城乡规划管理制度

1. 促进依法行政，完善城乡规划配套法规体系

为完善《城乡规划法》配套法规，2013 年住房和城乡建设部制定出台了《关于城乡规划公开公示的规定》，对各级人民政府及其有关部门在城乡规划的组织编制、修改、实施规划许可、违法建设查处等行政行为中的公开公示作出具体规定，推进城乡规划公众参与机制的建设，规范城乡规划公开公示工作。同时，进一步深化相关立法研究，完成起草《历史文化名城名镇名村街区保护规划编制审批办法（送审稿）》、《城市总体规划编制审批办法》（初稿）、《城乡规划违法建设查处办法（初稿）》、《城乡蓝线管理办法（修订稿）》等。此外，住房和城乡建设部推进城乡规划技术标准制定工作，建立起城乡规划的技术标准体系，截至目前，已实施或颁布即将实施的城乡规划标准 31 项，在编标准达 472 项。

各地十分重视城乡规划法规体系建设工作。陕西省进一步加大规划建设立法力度，制定出台了《陕西省城市地下管线管理条例》，已于 2013 年 10 月 1 日起正式实施；为了遏止建筑拆除的随意性，尤其是对体现历史文化风貌建筑的拆迁破坏等现象，制定出台了《陕西省建筑保护条例》，已于 2013 年 12 月 1 日起正式实施；为了合理利用城市公共空间，改善人居环境、完善城市功能，制定了《陕西省城市公共空间管理条例》，已于 2013 年 9 月通过并于 2014 年 1 月 1 日起实施。

武汉市重视城乡规划管理的有关立法工作。2013 年《武汉市地下空间开发利用管理暂行规定》以市政府令第 237 号颁布，并于 2013 年 7 月 1 日起施行。推进了《武汉市城乡规划条例》立法工作，目前已通过市人大常委会第二次审议。积极开展《武汉市建设工程规划管理技术规定》修改工作，拟于近期出台。

2. 加强监督检查，严格查处城乡规划违法建设

为遏止和严格查处城乡规划的违法违规行为，强化城乡规划实施监督，住房和城乡建设部积极贯彻近年来制定出台的《城乡规划违法违纪行为处分办法》、《建设用地容积率调整管理办法》、《城乡规划编制单位资质管理规定》等部门规章，督促地方落实《规范城乡规划行政处罚裁量权指导意见》、《历史文化名城名镇名

村保护规划编制要求（试行）》、《城乡规划管理廉政风险防控手册》等规范性文件。2013年，在已有城乡规划违法建设查处研究和广泛调研的基础上，进一步起草了《城乡规划违法建设查处办法（初稿）》和《关于规范违法建设查处工作的指导意见（草稿）》，为规范城乡规划违法建设查处打下基础。

借助卫星遥感和督察员及时了解各地在规划实施和执法过程出现的新情况、新问题；并起草了《利用遥感监测辅助城乡规划监督工作规程》。此外，部署开展省域城镇体系规划实施评估检查工作，加强规划实施监督。

河北省针对当前规划实施管理出现的新问题、新情况，决定自2013年至2015年，在全省开展加强和改进城乡规划实施管理专项行动，以维护城乡规划的权威性和严肃性，强化规划执行力。以省政府名义印发专项行动方案，召开工作部署专题会议。省厅印发了《关于做好规划实施管理自查工作的通知》、《关于利用遥感技术对城乡规划实施动态监测的通知》。2013年，省级层面首次利用遥感技术，对由省政府批准总体规划的承德等5市规划实施进行动态监测，加强对规划实施的监管。会同省直有关部门开展规划实施管理执法专项检查，从总体规划、控制性详细规划、建设项目许可等方面进行检查。指导各设区市完成总体规划实施情况评估报告，对近两年来2069个建设用地规划许可证、3555个建设工程规划许可证、625个选址意见书的核发情况进行梳理，共查处违法违规案件818个。

辽宁省贯彻落实《城乡规划违法违纪行为处分办法》，严格执法监察。省厅会同省监察厅、省人社厅转发了三部委令，下发了《关于认真学习贯彻〈城乡规划违法违纪行为处分办法〉的通知》，对涉及规划编制、规划审批、规划监察等环节的规定进行了深化，提出了严肃查处城乡规划违法违纪行为的工作要求。随后，省厅又会同省监察厅下发了《关于开展贯彻落实〈中华人民共和国城乡规划法〉和〈城乡规划违法违纪行为处分办法〉监督检查的通知》，开展了集中检查。截至2013年10月，已经完成13个省辖市（除沈阳外）及2个扩权县的集中检查，检查审批卷宗280卷，在建项目工地145个，检查工作完成后将通报检查结果。

郑州市人大出台了《郑州市人民代表大会常务委员会关于违法建设查处工作的决议》，为依法依规查处违法建设提供了政策支撑。以中心城区道路两侧20m内违法建设查处为突破口，坚持违法建设查处网格化管理。2013年，在巩固中心城区道路两侧违法建设查处工作成果的基础上，制定了《2013年郑州市违法建设查处工作实施方案》。重点对城镇住宅小区内的私搭乱建，占压高压走廊、铁路沿线和影响河道防汛泄洪等基础设施区内的违法建设，城中村及城郊村的违法建设，大遗址保护区及已列入旧城改造、棚户区改造范围内的违法建设进行整治，新增违法建设基本得到了有效遏制。

3. 注重城市安全，开展地下空间规划建设试点

城乡规划行业安全生产工作十分重要。为落实习总书记针对青岛输油管线爆炸事故的讲话中提出的重视城乡规划设计中的安全管理要求，住房和城乡建设部会同国家安全生产监督管理总局起草并下发了《关于在城乡规划和建筑、管线工程设计中加强安全管理工作的通知》，对规划设计建设要遵循“安全第一”的原则提出了明确的要求。

针对当前城市地下空间大多处于零星、分散、孤立的状态，为减少和防止安全隐患，提高地下空间的利用率，2013 年年底，住房和城乡建设部和国家人防办联合下发《关于开展城市地下空间规划、建设和管理研究与试点工作的通知》(建规 [2013]164 号)，试点城市从明确各相关部门的职责和权限开始，建立责权明晰、分工合作的协调机制，进行地下空间规划建设管理。这项工作也为开展地下空间规划建设立法工作提供了实践基础。

随着城市化进程加快和空间资源供需矛盾升级，不少城市都十分重视城市地下空间的开发利用和规划管理。上海市注重城市地下空间开发建设规划管理，积极探索科学规划、有序管理，制定了一批地下空间开发利用的专项管理制度和规范，包括《上海市轨道交通管理条例》、《上海市管线工程规划管理办法》、《上海市民防工程管理办法》。2013 年，针对缺乏一部关于地下空间开发利用的综合性规定的问题，研究起草了《上海市地下空间规划建设条例》，并同步修订了《上海市城市地下空间建设用地审批和房地产登记规定》，配套制定了《上海市地下建设用地使用权出让规定》。这些立法工作对于规范规划管理和建设管理，促进城市空间资源合理利用打下了坚实的法律基础。此外，上海市还建立了全市统一的规划国土资源基础信息平台，以数据为核心，建立集中统一的规划、土地、地矿管理要素数据库，覆盖地上、地表、地下各类信息，为日常管理、行政审批、执法监察等工作奠定必要的数据基础。在地上、地表数据进一步梳理完善的基础上，加快了地下管线数据库建设，以实施地下管线规划核查为抓手，加强管线数据的整合归集，加快建设全市统一的地下管线信息数据库。

二、面临的困难和挑战

在城镇化快速发展阶段，妥善处理好城乡关系、区域关系、发展空间与生态环境保护之间的关系，对于经济社会健康发展、建成小康社会和推进现代化具有重要的意义。城市规划工作因而也面临着比以往更为复杂的局面，当前工作中亦存在不少问题和挑战。

一是城乡规划编制审批体制机制亟待完善

《城乡规划法》中确定的法定规划中，全国城镇体系规划是引导全国城镇布局和城镇化健康发展的重要依据，然而全国城镇体系规划仍然处于缺位状态。2007 年 1 月住房和城乡建设部组织编制了《全国城镇体系规划（2006—2020 年）》上报国务院，但由于部门协调等原因，未获批复。考虑到全国城镇体系规划在法定的城乡规划体系中的重要地位和作用，当前需要按照新型城镇化的要求，重新编制新的一版全国城镇体系规划。

需报国务院审批的 108 个城市总体规划中，2020 年版总体规划的编制工作仍有 15 个城市未上报国务院，已上报国务院的 93 个城市中仍有 35 个城市未得到批复。这些城市在总体规划未经法定审批程序的情况下，城市建设和发展缺乏法定规划的引导和支撑。这与城市总体规划内容繁复、刚性和弹性内容不清晰、部门之间协调难度大、编制审批周期较长有关，同时也对改进和创新城市总体规划编制内容和审批程序提出了挑战。

二是规划的权威性、严肃性受到挑战

省域城镇体系规划是省（自治区）政府实施城乡规划管理的基本依据，是引导省域城镇化和城镇发展、统筹基础设施布局和生态环境保护、指导城市总体规划等下一层次规划编制的依据。《城乡规划法》规定，省、自治区人民政府组织编制省域城镇体系规划，报国务院审批。当前省域城镇体系规划批复形式是国务院同意后由住房和城乡建设部复函，而同级别的省级土地利用规划、一些重点地区的区域规划、重要城市的总体规划批复形式都由国务院直接批复，省域城镇体系规划规格低、受其他规划冲击和肢解，调控力度不足。

在一些地方，省域城镇体系规划和城市总体规划的严肃性受到挑战。一些城市突破总体规划确定的建设用地范围大规模圈地建设新区新城和各类开发区。此外，随意修改规划问题突出、违法建设屡禁不止。这些问题对提高省域城镇体系规划和城市总体规划的严肃性、探索规划实施的有效路径、增强规划的可实施性和可监管性，提出了更高的要求。

三是规划间的统筹协调不足

在县（市）层级，各类规划类型多样，相互矛盾，覆盖广度、深度不够，带来城乡分割、重城轻乡、用地粗放等问题。“三规合一”或“多规合一”的探索研究工作已开展多年，中央城镇化工作会议也对此进行了肯定，然而不同部门在具体开展工作时意见不尽相同，目标、方法等各异，“三规合一”统筹整合难度大。

四是名城保护工作面临严峻挑战

部分名城的领导缺乏正确的发展观和政绩观，为追求土地效益，成片拆除老城区进行房地产开发的现象突出。一些地方借传承文化之名，拆毁富有特色的真实遗存，“拆旧建新、拆真建假”现象屡禁不止。这对建立有效的监督和责任追究机制、创新历史文化名城保护资金渠道和加强技术、人员投入，提出了要求。

三、2014 年工作展望

2013 年的《中共中央关于全面深化改革若干重大问题的决定》提出了包括经济体制、政治体制、文化体制、社会体制和生态文明体制的五大体制改革要点。在基本制度和理论问题上取得了新的突破，如更加强调市场在资源配置中的决定性作用，完善产权保护制度，推进国家治理体系与治理能力现代化等。2013 年 12 月召开了中央城镇化工作会议，强调了走中国特色、科学发展的新型城镇化道路，提出了推进城镇化的六大主要任务，包括：推进农业转移人口市民化、提高城镇建设用地利用效率、建立多元可持续的资金保障机制、优化城镇化布局和形态、提高城镇化水平和加强对城镇化的管理。

中央深化改革的决定和城镇化工作会议确定的城镇化主要任务为今后一段时期的城乡规划管理工作提出了更高的要求。城乡规划管理工作必须适应改革要求、深入了解市场和规划管理之间的关系、抓住新型城镇化所关注的重点和需要解决的主要矛盾，引导城乡建设发展模式向更高效、更绿色、更可持续的方向转变，有计划、有步骤地统筹协调和管理城乡空间资源开发利用，从而提高人居环境质量，切实提高城镇化水平。在以上思路指导下，2014 年将重点开展以下工作。

（一）完善城乡规划体系

为贯彻落实国家新型城镇化规划和有关要求，应充分发挥城乡规划的综合调控作用，其中完善城乡规划体系最为基础，为开展城乡各类建设和实施规划管理提供基础和依据。

一是适时启动全国城镇体系规划研究，组织编制新一版的《全国城镇体系规划》，报国务院审批实施。力争提高省域城镇体系规划批复规格，加强规划的管控力度。

二是做好重点地区尤其是城镇群协调发展的指导。落实中央要求，开展京津冀协同发展空间布局研究，提出推动京津冀地区空间布局优化和协同发展的意见。

三是探索县域统筹规划试点。以城乡规划为基础，在县（市）探索经济社会发展规划、城乡规划、土地利用规划的“三规合一”或“多规合一”。加强和国家发展和改革委员会、国土资源部的协商，争取在县市层面“多规合一”的试点，将城乡规划作为空间规划的主体，以城乡规划为基础、经济社会发展规划为目标、土地利用规划提出的用地为边界，实现全县（市）一张图，县（市）域全覆盖。

（二）加强规章制度建设

中央深化改革的决定中尤其强调了建设法治政府和服务政府。城乡规划管理工作必须依法依规，完善城乡规划法律法规及配套规章制度至关重要。

一是制定出台《城市总体规划编制审批办法》，新办法拟精简和规范城市总体规划内容，突出重点，明确上报文本、图纸的规范性要求，进一步加强分类指导，增加城乡统筹规划的内容，强化规划强制性内容的刚性，弱化非强制性内容的具体规定，提高上报成果的规范性和电子化水平。

二是报请国务院办公厅修改完善《城市总体规划审查工作规则》，完善城市总体规划部级联席会制度，改进审查工作规则，减少环节，提高审查效率。

三是进一步规范省域城镇体系规划编制的内容，制定《省域城镇体系规划编制技术导则》。

四是完善规划评估，完善《城市总体规划实施评估办法》（试行），规范规划修改程序，提高总体规划的动态适应性，部署省域城镇体系规划实施评估检查工作。

五是强化和规范违法建设查处工作，制定出台《城乡规划违法建设查处办法》和《关于规范违法建设查处工作的指导意见》。

六是加快推进《历史文化名城名镇名村保护条例》配套规章的制定，加快地方配套法规建设，坚持科学编制、依法审批和严格实施各层次保护规划。

七是推进城乡规划技术标准复审和制修订工作，提高规划的科学性和规范性。因地制宜指导各省、自治区规划行政主管部门做好城乡规划审查审批，加强对控制性详细规划和城市设计工作的指导。

（三）强化城乡规划实施监管

一是进一步研究加强城镇体系规划和城市总体规划实施监管。研究开展省域城镇体系规划实施评估检查工作，加强对空间管制要求、重要资源和生态环境保护目标、区域性重大基础设施布局等强制性内容的实施监管。结合《省域城镇体系规划编制技术导则》制定工作，研究加强监管手段，提高规划质量，增强实用性、操作性和约束性。研究城市总体规划实施监督的措施，结合《城市总体规划编制审批办法》的制定，完善城市总体规划实施评估制度，对城市总体规划落实的情况及强制性内容的执行情况等，加强规划批后监管。

二是贯彻落实《城乡规划违法违纪行为处分办法》，开展实施情况专项检查。在了解各地在城乡规划管理方面存在的困难、问题的同时，督促地方加快制度建设、健全城乡规划领域廉政风险防控机制，并严格依法行政，严肃查处城乡规划违法违纪行为。

三是加大历史文化名城名镇名村保护监督力度，强化责任追究。完善城乡规划督察制度，实现国家历史文化名城的城乡规划督察全覆盖；利用遥感信息等技术手段对名城保护情况进行跟踪，对国家历史文化名城和中国历史文化名镇名村保护工作开展不定期的随机抽查，对保护工作不力的历史文化名城名镇名村提出整改要求，制止和查处违法违规行为；建立历史文化名城保护情况通报以及向国务院报告制度；强化省级住房和城乡建设部门对国家历史文化名城、历史文化名镇名村的监督指导；研究启动中国历史文化街区认定工作。

（四）加强城乡规划行业管理

为贯彻《城乡规划法》、《行政许可法》及《城乡规划编制单位资质管理规定》等有关规定，加强行业管理，2014 年计划开展城乡规划编制资质重新核定及换证工作。全国现持有甲、乙、丙《城市规划编制资质证书》的单位均应按核定资质标准进行自查，分别提出申请，经核定合格的单位可相应获得新的甲、乙、丙级《资质证书》。对不再符合规定条件的编制单位，依法依规进行处理。甲级规划编制单位规划资质的核定及换证工作由住房和城乡建设部负责组织实施；乙、丙级规划编制单位规划资质的核定及换证工作由所在省、自治区住房和城乡建设厅，直辖市规划局（规委）负责组织实施，并将核定合格的乙、丙级规划编制单位报住房和城乡建设部备案。

（五）推进各项试点工作

2014 年计划通过开展城乡规划管理试点工作进一步推进有关管理领域的机制创新和制度建设。

一是推进地下空间规划管理试点工作。一方面，开展地下空间规划立法前期研究和调研工作，为制定出台《地下空间规划条例》打下理论和实践基础；另一方面，继续加强同国家人防办的合作，切实推进落实城市地下空间规划、建设和管理研究与试点工作，拟制定下发《关于开展城市地下空间规划、建设和管理试点工作的指导意见》，并赴有关试点城市就试点开展情况进行跟踪和调研。

二是推进县、市“三规合一”试点工作。为贯彻中央精神，全面推进城乡发展一体化，转变发展方式，推进规划体制改革，在 2013 年《县市“三规合一”规划管理体制研究》的基础上，选择部分县市，开展试点工作，探索县、市域城乡规划编制和实施的新思路，总结和推广经验，提升县域发展活力，发挥县级单元在推进城镇化进程中的积极作用。拟下发《关于开展县（市）城乡规划总体规划暨“三规合一”试点工作的通知》，对试点工作开展作出具体部署。

三是推进绿色生态城区试点示范工作。继续开展绿色生态城区的试点示范，同时规范绿色生态示范城区的申报工作，完善绿色生态城区的审查、考核、评估工作，优化规划建设指标体系，研究出台低碳生态城市、绿色生态城区的规划建设指导意见，总结推广各地经验，结合城乡规划编制方法修改，推进城市低碳生态绿色发展。进一步推进国际生态城市合作。

（撰稿人：孙安军，住房和城乡建设部城乡规划司司长）

2013年中国城市科学研究会工作动态

2013年，中共中央十八届三中全会召开，随后《中共中央关于全面深化改革若干重大问题的决定》的发布，标志中国的发展进入新阶段，改革进入攻坚期和深水区。随着中央经济工作会议、城镇化工作会议的召开，显示了中央对城镇化工作的重视和把控意图，在核心目标、主要任务、实现路径、城镇化特色、城镇体系布局、空间规划等多个方面为今后中国的城镇化开出了一个大的任务清单，新型城镇化也体现出了转型的特点——人的城镇化、生态城镇化、城市群与增长极、优化空间、土地集约、注重“三农”等都是把握未来城镇化的重要关键词，学会工作围绕核心工作任务，在组织发展、学术交流、科技研究、决策咨询、出版发行等方面展开，现简述如下。

一、组织发展与机构拓展

（一）组织召开形式多样的工作会议，做好会员的联系交往和服务工作

根据学会组织建设工作的要点，2013年召开二次组织工作会议，明确年度工作计划、重点方向，交流工作经验。1月，结合会员日活动，召开分支机构与研究中心工作座谈会，对研究会各分支机构及研究中心的工作进展情况进行了梳理汇报，建立起通畅的信息沟通管道，通过对于工作经验的交流与探讨，互相借鉴，吸收经验，创新与拓展思维模式。分支机构与研究中心之间形成良好的互动、互补关系；同时着力强化秘书处对各分支机构、中心工作的分类指导；加强沟通和互动；形成对于不同类别二级机构的科学合理的考评机制。7月，结合2013城市发展与规划论坛的契机，在珠海组织召开了五届七次理事暨分支机构、团体会员单位代表工作会议（图1）。会议对学会6年的主要工作进行了概要总结，简要汇报一年来主要工作进展，交流工作经验，展望今后工作的重点及目标。

（二）完善内部机构设置，适应技术发展趋势

本届理事会的核心工作是要树立学会在学科建设方面的前沿领军作用，随着项目累积及实践经验的成长，今年将学术交流部细分成两个研究支部，一部主要以可持续的城市发展研究为主线，开展相关领域的科研与咨询活动，二部以城市

图 1　中国城科会五届七次理事会

水环境为主线，承担有关水系统规划、雨洪规划咨询工作。

学术一部（生态城市规划建设中心）目前下设 5 个专业研究所，分别为城乡规划所、资源环境所、社会经济所、生态景观所、新能源技术所。中心工作人员总数为 18 人，其中主任 1 人，首席研究员 1 人，副主任 1 人，总工 1 人，城乡规划所 3 人，资源环境所 3 人，社会经济所 3 人，生态景观所 2 人，新能源技术所 2 人，实习人员 1 人。工作人员中，博士员工比例 72%，硕士员工比例 22%。本年度共承担纵向课题 11 项，横向课题 8 项，在科研、科技咨询、国际合作、信息分析方面做了大量的基础性工作。

学术二部（水科技研发中心）于本年度 4 月成立，目标是建立针对水行业的需求、技术难点，从战略上研发和提供一揽子技术解决方案的团队。中心成立之初，共有 3 名成员，均来自于城科会原学术部。自 2013 年 4 月以来至今，共面试数批次 20 余人，经面试、见习期合格后转正正式录用 6 人。目前，中心队伍建设不断壮大，现有主任 1 名，部门成员 9 名，部门成员学历均为硕士及以上，其中博士 5 人（占 56%），硕士 4 人（占 44%），海归 2 人（均为硕士，占 22%）。2013 年申请水专项项目 4 项，独立承担科研项目 4 项，合作研究项目 4 项。

（三）启动有关换届筹备工作

基本完成有关第五届理事会工作报告，对 6 年主要工作进行了总结，有关内容已在本年度理事工作会议上进行了汇报，拟进一步征求对报告的修改意见。成立换届筹备工作组，提出了第六次会员代表大会代表及理事会人选分配方案，在学会第五届理事会任期 5 年中，党中央提出了新的理论和要求，形势的发展也对学会工作提出了新的要求，第五次会员代表大会通过的《学会章程》部分条款需要即时的充实和修改，目前已着手进行有关章程文本的修改与完善工作，并第一时间向常务理事征集有关意见。

二、精心组织，创新模式，推进学术研讨交流的深入，展示最新研究成果与前沿技术

全年共主办3次大型国际学术交流大会（国际绿色建筑与建筑节能大会暨新技术与产品博览会、城市发展与规划国际论坛、中国城镇水务发展国际研讨会与技术设备博览会），召开第二十届海峡两岸城市发展论坛研讨会；协助国家发展和改革委员会、住房和城乡建设部承办中欧新型城镇化伙伴关系论坛——绿色城市、人文城市两个分论坛；协助滨海新区管委会组织承办第四届中国（天津滨海）国际生态城市论坛平行论坛交流活动，上述几大会议平台，作为学会学术活动的精品项目，在国内外、行业内外已形成较大的社会反响与学术影响力，学术会议与会人数计5000余人次，会议交流论文篇数约400篇，参与演讲的嘉宾及学者约400人次。

（1）第九届国际绿色建筑与建筑节能大会暨新技术与产品博览会于4月1日在北京召开，大会以“加强管理，全面提升绿色建筑质量”为主题，根据国内外建筑节能与绿色建筑的现状和发展方向，设有1个综合论坛和31个分论坛。论坛得到了美国、德国、英国、法国、新加坡、丹麦、加拿大等拥有全球完善建筑节能政策体系、先进技术措施和科学设计理念的国家的相关机构鼎力协助，国内外建设系统政府机构、科研院所和企业代表齐聚一堂，共同交流绿色建筑与建筑节能的最新科技成果、发展趋势、成功案例，研讨绿色建筑与建筑节能技术标准、政策措施、评价体系、检测标识，分享国际、国内发展绿色建筑与建筑节能工作新经验，同期举办“国际绿色建筑与建筑节能新技术与产品博览会”，展示国内外建筑节能、绿色建筑、智能建筑和绿色建材的最新技术成果与产品应用实例。展示内容涉及建筑节能、生态环保、智能建筑、既有建筑节能改造、绿色照明、绿色施工、绿色房地产、可再生能源在建筑中的应用、大型公共建筑节能运行管理、新型绿色建材等方面的新技术与产品。自2005年首届国际绿色建筑大会在北京成功召开以来，历经9年，逐步成熟。大会已迅速发展成为绿色建筑节能技术和理念提供最全面、最国际化的交流平台（图2）。

（2）2013城市发展与规划大会于7月16日在广东珠海召开，本次会议主题为“生态城镇、智慧发展”，围绕主题安排了17个分论坛，论坛议题既是全球城市发展的前沿研究领域，同时也与当前中国新型城镇化的推进紧密相关，涵盖生态城市如何规划、城市地下管线管理、智慧城市的技术手段及评价体系、生态城市的水系统规划、绿色能源的运用、循环经济的发展等领域，前沿理念将为城市的可持续发展提供更清晰的实施路径（图3）。

（3）2013中国城镇水务大会于10月31日在湖南长沙召开，大会以“治理

图 2 2013 绿色建筑大会

图 3 2013 城市发展与规划大会

水污染，保障水安全，恢复水生态”为主题，重点围绕供水设施建设改造与运行管理、城市供排水系统节能降耗、污泥处理处置与技术进展、城市污水深度处理、再生利用和水生态修复等行业焦点热点议题展开。对中国城镇水行业的现状及前景提供有效的分析，深入解读行业政策及市场前瞻，提供水行业市场资讯，探讨产业发展机制，促进行业有效沟通，充分发挥政策对产业的指导作用，进一步完善水资源管理。研讨会外，大会紧密围绕中国水务发展现状与世界发展趋势，举办了亚洲开发银行水务论坛、亚欧城镇水务发展国际论坛、中韩水务技术发展论坛等国际水务高峰论坛，深度探讨全球水行业的多项重要课题及行业的热点话题，大会同期举办排水技术与设备博览会。依据行业发展趋势，集中展示了国内外先进适用的供水、节水和污水处理技术、设备、典型工艺及工程实例，汇集了来自法国、英国、荷兰、德国等多个国家和地区的知名企业参展，展出产品覆盖水行业产业链（图 4）。

(4) 2013 年 9 月 3 日，第二十届海峡两岸城市发展研讨会在贵州省贵阳市举行。作为海峡两岸城市科学领域学术交流的重要平台，本次研讨会时逢海峡两岸城市发展研讨会的第二十届，台湾都市计划学会共有 7 任新老理事长莅临，意

图 4　2013 中国城镇水务大会

义非凡。本次研讨会的主题是“生态文明，城乡统筹”。围绕主题，本次研讨会共举行了“区域开发、新型城镇化与城乡统筹发展”，“生态建设、转型发展与战略引导”，“空间演变、应对气候变化与智慧规划”，“土地利用、模式探索与民居建筑”等 4 个场次的研讨交流，来自海峡两岸的 8 位专家学者分别主持学术研讨，17 位嘉宾作了重要学术报告，另有 8 位专家学者进行了与谈和点评。交流内容既有宏观战略性问题的探讨，又有具体操作性方法的讨论，以及两地典型案例的剖析， 通过交流与研讨，两岸学者共识：在全球化背景下，要共同谋求应对气候变迁之策，寻求城市永续发展之路（图 5）。

图 5　第二十届海峡两岸城市发展研讨会

（5）中欧城镇化伙伴关系论坛。由中国国家发展和改革委员会与欧盟能源总司共同举办的 2013 年中欧城镇化伙伴关系论坛于 11 月 21 日在北京召开。论坛围绕“可持续城镇化”这一主题，邀请了中欧双方政府部门、企业和研究机构近 1000 名代表出席，就政府在城镇化中的角色、城镇化发展的地区实践、城镇化过程中的企业力量，以及智慧城市、人文城市、绿色城市、创新城市建设和城市交通发展等问题进行了深入交流。我会参与承办了绿色城市、人文城市两个分论坛的学术交流活动。

绿色城市分论坛围绕“人与自然和谐共存的美丽家园”主题，就城市绿色产业、绿色建筑、低碳技术等分享经验，探讨对策，开展深入的交流。通过论坛搭建的平台，中欧双方进行了激烈的讨论和深入的对话交流，中国有序推进城镇化、破解资源环境难题，需要立足于自己的国情，也需要学习和借鉴欧洲各国相关先进理念、技术与管理经验。同时，中国的城镇化、推动绿色城市发展以及节能减排等举措催生了公共基础设施建设和产品技术交流引进的巨大市场，为欧盟各国克服欧债危机、推动经济复苏带来了机遇。双方积极开展绿色城市规划、智能交通、建筑节能、垃圾污水处理等领域的交流合作，为双方的可持续发展目标努力。

人文城市分论坛围绕“建设人文城市——传承历史遗产、促进文化繁荣”主题，就“城镇化进程中的历史街区保护与更新”、“文化传承——历史文化名街保护的灵魂”和“城镇化：公共文化服务的机遇和挑战”等议题展开交流和讨论。面对快速发展的城镇化进程，中国政府将坚持中国特色新型城镇化道路，推进以人为核心的城镇化，充分发挥文化“以文化人”的作用，努力建设富有人文底蕴的现代城市。我们主张尊重每一座城市独特的历史文化，妥善处理现代化建设与地方特色文化保护的关系，传承历史文脉。把现代公共文化服务体系建设作为城镇化的重要战略任务之一，履行好政府的公共文化服务职责，欧盟在完善城市公共文化服务和文化遗产保护方面取得的成就令人瞩目，积累了丰富经验。中国也将以开放的态度，加强双方在人文城市建设方面的交流与合作（图 6）。

（6）中国（天津滨海）国际生态城市论坛平行论坛：绿色生态城区——生态城区的细胞单元。本论坛由绿色建筑专业委员会承办，邀请国内外生态建设方面的权威专家，就生态城区评价标准发展状况、生态城区建设实践经验总结以及专项技术研究与应用等方面展开交流探讨，以期在方法、技术和路线等方面为中国生态城区建设发展提供有益启发；同步邀请加拿大、德国以及我国贵阳、南昌、厦门、南通、呼和浩特等国内外生态城市的相关领导及建设管理人员，就生态城

图 6　中欧新型城市化伙伴关系论坛绿色城市分会场

市建设的各方面经验进行交流探讨，探讨资源环境、基础设施、经济产业、社会文化等生态城市系统建设下的创新驱动与应用推广、标准体系与评价管理、激励政策与配套机制等内容，基于我国生态城市建设的评析与展望，与国际生态城市的发展进行对话交流，探索出一套符合中国国情，具有中国特色的生态城市建设与体制机制，为生态城市的建设提供实践经验的借鉴平台。

在精品项目的基础上，积极组织承办各种学术沙龙活动，面向对接地方政府技术需求，通过专家研讨交流与主题对话，进行有关低碳生态理念的宣传与扩散；利用国际论坛举办的契机，围绕城市发展中的热点话题，承办有关专业分论坛交流活动，组织专家进行现场交锋、评析，引导科学理性思维。

（7）生态城市中国行——北京园博园 · 长辛店生态城站活动。活动选址在丰台区园博园 · 长辛店生态城，立足于更好地推广北京经验，为中国特大城市的经济转型与低碳生态发展提供经验支持及技术参考。丰台区政府区长冀岩、市政府副秘书长张玉平分别代表丰台区和市政府致辞。住房和城乡建设部副部长仇保兴出席并做题为《“共生理念”与生态城市》的主题演讲。在对话空间和学术沙龙环节，主要围绕北京低碳生态社区的建设，开展了政府、专家、设计单位及相关企业的互动交流（图 7）。

图 7　生态城市中国行——北京园博园 · 长辛店生态城站

（8）城市文化：城镇化的灵魂——城镇化进程中的城市文化问题研讨会。4 月 27 日，由《城市发展研究》与《文化纵横》杂志联合主办本次研讨会。来自城市规划、城市设计、世界遗产、城市地理学、城市社会学、哲学、中国传统文化等各领域的专家学者 20 余人汇聚一堂，以圆桌的方式，共同探讨城镇化进程中的城市文化问题，分别探讨了文化与科技、消费、社会、经济以及制度变迁的关系，得出了我们要有文化自信的结论。同时，正视城镇化是一把双刃剑的现实，需要积极解决其中的众多问题（图 8）。

图 8　城市文化：城镇化的灵魂——城镇化进程中的城市文化问题研讨会

（9）多学科交叉融合下的生态文明城市建设研讨会。9 月 17 日，由《城市发展研究》杂志社主办，基于已有的在城市科学研究领域的影响力，本着小型、高端的原则，邀请了城市经济、城市社会、城市环境、城市文化、城市规划等不同学科领域的近 20 位专家学者，共同探讨如何进行生态文明城市建设，探索多学科的融合机制，摸索适合我国国情的生态文明城市建设之路。9 位专家分别从城市文化、城市经济、水资源管理、城市交通、城市能源利用、城镇化等方面作了精彩演讲，多位专家在城市规划、环境及土地管理、水处理等方面进行了即席发言，与会专家达成以下几点共识：生态文明城市建设是一个多学科交叉融合的重要课题，如何融合如何发展，成为亟待研究的一个热点问题；生态文明建城市建设，要更多地强调系统性和综合性，寻找多学科的交叉点和结合部，融合更多学科；生态文明城市建设需要创新，通过理念创新、技术创新、体制创新、文化创新等进行模式的改变（图 9）。

图 9　多学科交叉融合下生态文明城市建设研讨会

三、推进决策咨询工作

（一）组织开展国家重大科技专项研究

学会紧密围绕国家和地方重大科技需求和战略部署，推动建立“产、学、研”相结合的技术创新体系。学会下属各专业委员会及技术研究中心发挥人才资源聚集、技术创新先行的引领作用，积极承接国家重大科技专项攻关及创新研究工作。

1. 数字城市专业委员会（数字工程研究中心）承担了多项国家重大专项课题研究工作。

（1）城市精细化管理先期攻关项目研究。完成了需求分析、总体方案设计、指标体系与产品体系等研究论证，突破了基于高分数据和规划专题数据的城乡建设目标检测技术等 7 项关键技术。

（2）基于遥感数据的水体水质评估课题研究。按照项目 2013 年考核指标形成了《高分遥感影像算法的研究及水体划分方法的研究报告》1 份，《嘉兴河网水体水质监测指标体系和反演模型研究报告》1 份，《嘉兴河网水体水质评估研究报告》1 份，嘉兴河网水体水质光谱数据库 1 个，嘉兴河网水体水质遥感影像数据处理工具 1 个，嘉兴河网水体水质评估管理业务平台原型 1 个。

（3）饮用水流域的管理体制运行机制与保障体系课题研究。进一步完善了《国内外饮用水流域管理、运行机制和保障体系调研报告》和《饮用水流域的管理体制、运行机制和保障体系研究报告》，形成了《关于促进我国饮用水流域管理机制建立和完善的若干政策》1 份，《关于进一步完善我国饮用水流域管理运行机制的意见》1 份。

同时启动地表空间特征识别和数字解析技术研究，以及城市内涝预警与雨水径流综合管控平台研究与示范－镇江示范课题研究，申报城市供水管网智能管理系统关键技术研究与示范课题，课题由天津市自来水集团有限公司牵头，目前处于三部委平衡阶段。

（4）开展科技支撑计划项目。智慧城市管理公共信息平台关键技术研究与应用示范项目研究，每季度组织项目实施风险识别和控制，通过向承担过不同类型国家软件科研项目的专家对软件科研项目风险评价指标的问卷调查，完成软件科研项目风险评价指标体系第一版，并应用于每季度的风险。智慧城市管理公共信息平台研究开发及规模应用示范课题研究，进一步完善智慧城市管理公共信息平台原型系统；完成智慧城市管理公共信息平台多项标准规范研究和草案编制；完成应用示范城市（区域）评选及管理办法研究；基于智慧城市管理公共信息平台开发智慧城市建设综合信息管系统，并在韶关、伊旗等地开展示范，制订相关标准化方案；完成应用示范系统开发设计和数据管理与交换方案设计；完成应用示范系统开发与数据交换系统建设；智慧城市管理公共信息平台应用示范试运行与系统优化。绿色建筑基础数据库课题研究，开展了相关科研和工程实施工作，包括绿色建筑基础数据库数据原型系统搭建，绿色建筑指标体系数据模型提炼与仿真等研究工作；形成绿色建筑指标体系一套，绿色建筑基础数据库和原型系统一套；开展实时监测系统的搭建工作，已完成电表、水表等部分设备的安装；开展监测数据的接入工作。

2. 学术一部承担中国科协“科技与社会远景展望 2049：城市科学与未来城市”咨询研究项目。在高度凝练城市发展的演变历程，城市与城镇化发展的总体特点与规律，城市科学的内涵、本质、研究内容、时代使命的基础上，提出未来城市科学学科体系的框架、未来城市发展的理念与趋势、重点领域的关键集成技术及技术对未来城市人们生产生活的改变，详细描述了未来城市生态、安全、智慧的美好愿景，提出了实现美好愿景的政策建议。

3. 学术二部于 2013 年 6–8 月申报了水专项原创课题，共申请到课题 4 项。其中直接牵头课题“利用粉煤灰、污泥及淤泥制备超轻高强陶粒技术研究”1 项，参与“污泥喷雾干燥自燃焚烧技术的研究”、“新型分散式源头低能耗污水处理系统”、“城镇及乡村的道路雨水高效渗透系统及关键部件产品”3 项。目前，课题的启动时间和预算尚未有水专项办公室确认。

4. 绿色建筑专业委员会承担国家“十二五”科技支撑项目科技项目“绿色建筑标准体系与不同气候区不同类型建筑标准规范研究”和“绿色建筑评价指标体系与综合评价方法研究”两课题，正在按进度实施。目前，《绿色建筑评价标准》和《绿色商店建筑评价标准》两部国家标准编制工作及其配套的研究和试评工作均已完成，绿色建筑综合评价方法研究和评价指标体系及权重研究工作也在顺利进行中。

（二）围绕住房和城乡建设部中心工作，组织开展有关课题研究工作

1. 学术一部 2013 年度科研课题主要围绕生态城市指标体系、规划方法、建设技术开展系统研究，并进一步拓展到小城镇、城乡规划等领域，全年承担的部级纵向课题共 11 项。

（1）完成部村镇司“绿色低碳重点小城镇建设经验研究”工作。针对当前我国小城镇建设发展中存在着资源能源利用粗放、基础设施和公共服务配套不完善、人居生态环境治理置后等突出问题，结合第一批绿色低碳重点小城镇两年多来的建设进展以及国内其他小城镇在绿色低碳建设发展方面的优秀经验与做法，提出

适宜推广的有利于加快小城镇绿色低碳发展的政策建议，课题组通过对北京、天津、江苏、安徽、福建、广州、重庆等地的实地调研，了解第一批绿色低碳重点小城镇的示范实施情况，重点关注小城镇在推广可再生能源与新能源、建筑节能及发展绿色建筑、城镇污水管网建设、环境污染防治、特色风貌保护、新农村建设等方面的技术经验与组织管理方法。目前已完成报告初稿写作。

(2)完成部村镇司“绿色低碳重点小城镇建设评价指标(试行)修订研究”工作。进一步完善《绿色低碳重点小城镇建设评价指标（试行)》，明确小城镇在生态环境、基础设施、人居环境、管理机制、经济社会发展等方面的要求，根据第一批绿色低碳重点小城镇的实施情况以及现场考评发现的问题，对试行的绿色低碳重点小城镇建设评价指标进行修订，使指标涵盖规划、建设、效果评估等方面，能够进行分级分类评价。课题组完成赴第一批 7 个试点小城镇的调研，并在北京古北口镇对指标修订的初稿进行了预评估，项目工作已基本完成。

(3) 组织启动部城乡规划司委托“省域城镇体系规划编制技术导则”编制研究工作。针对当前国内各地省域城镇体系规划编制存在内容不一、深度各异、规划实施的可操作性不强等问题，为发挥对新型城镇化的引导和调控作用，我会与部城乡规划管理中心、江苏省城市规划设计研究院合作参与此项技术导则编制工作，课题立足当前新型城镇化和城镇发展的新趋势和新要求，在总结我国省域城镇体系规划实践经验和前沿研究的基础上，对省域城镇体系规划编制内容体系、技术要点、成果表达、规划审批、实施管理等方面开展研究，形成具有可操作性的省域城镇体系规划编制技术导则，提升体系规划编制的科学性。

(4) 组织启动部建筑节能与科技司委托“绿色生态小城镇规划建设技术政策研究”项目工作。项目在收集、总结绿色小城镇的成功案例的基础上，分析其在土地利用、水资源利用、生态保护、综合交通等方面的规划建设和管理经验，形成绿色小城镇规划技术导则，为绿色小城镇技术政策研究提供借鉴基础。认真研究目前已有的国家层面关于小城镇建设的相关政策与标准，同时结合法定规划以及不同层次规划的要求，编制完成绿色小城镇规划技术导则。

(5) 组织完成部城乡规划司委托项目“宏观空间规划比较研究”工作。项目由我会与部城乡规划管理中心合作完成，项目在制度改革的背景下，借鉴国外空间规划编制和实施的成功经验，对当前我国的空间规划体系存在的问题进行研究和梳理，研究未来城镇体系规划改革与发展的主要方向，进一步发挥城镇体系规划对新型城镇化布局引导和调控作用。本会主要负责国外空间规划编制与实施的经验借鉴部分，对国外空间规划实践的历史与现状进行总结与归纳，重点研究西欧、北美、日本以及其他地区宏观层面的空间规划的编制体系、法律依据、技术内容和管理实施机制，为国内规划体制改革和城镇体系规划改革提供经验借鉴。项目已完成初稿，正在内部讨论完善中。

（6）组织启动部城市建设司委托项目“风景区资金机制”研究工作。本项工作由我会、中国城市规划设计研究院、国务院发展研究中心合作开展，通过对中国风景名胜资源的重要价值，及国家级风景名胜区资金机制存在的主要问题的研究，分析国家级风景名胜区事权划分及其相应的资金机制，并对各类资金进行资金匡算，同时借鉴国外资金机制和管理的先进经验，最后对国家级风景名胜区资金机制改革提出对策和建议。项目已完成初步分工方案和调研前期准备，明确初稿整体框架和研究方法。

（7）启动部城市建设司委托项目“风景区规划校核”工作，保证审批通过前的上报国家级风景名胜区总体规划和详细规划的格式、文字和图纸等规范准确，达到《风景名胜区条例》、《风景名胜区规划规范》等相关规定要求。

2．学术二部 2013 年完成有关课题研究 3 项。

（1）完成中国发展研究基金会“城市供水漏损管理”项目。研究我国城市供水管网漏损情况，筛查漏损原因；比较分析国际与国内漏损评价指标、漏损控制对策；从技术层面和管理层面上，探索我国漏损控制对策。

（2）推进部城建司“基于低影响开发的雨水控制利用措施技术经济评价”研究课题。调研分析我国不同建筑气候分区降雨、下垫面、水文及建筑特征；梳理总结适用于绿色建筑和住宅小区的基于 LID 雨水措施的技术经济效益特征；建立绿色建筑／住宅小区 LID 雨水措施技术经济比选指标体系。

（3）与北京仁创科技集团有限公司合作开展两年期“城镇水资源综合利用与新型材料应用技术”研究咨询工作。主要服务范围包括：雨洪综合治理与利用领域；污水处理及水体治理相关技术领域；新型材料在污水处理与雨洪综合治理利用领域应用的技术优化。研究国内外典型城市水资源综合利用现状及发展，分析我国城市开展雨洪资源利用面临的实际问题；分别从经济效益、社会效益、环境效益的角度分析雨洪资源综合利用前景；通过示范工程分析对比国内雨水利用的各种产品和系统集成技术的性能；对新型材料在污水处理与雨洪综合治理利用领域的应用提出可行性分析。

3．绿色建筑专业委员会承接开展有关科研项目 2 项。

（1）组织完成部科技司科研项目“既有建筑绿色改造评价标准”研究。拟建立我国既有建筑改造绿色评价指标体系，通过构建有关评价指标，直观量化反映出既有建筑绿色改造的效果水平；根据项目试评结果，并合理采纳试评单位在项目试评过程中所提出的修改意见，拟进一步调整标准条文，使之能够适用于不同类型的建筑、不同气候区以及建筑不同程度的改造。

（2）组织开展部科技司“绿色建筑检测技术标准”研究项目，以规范绿色建筑检测活动的依据以及支撑《绿色建筑评价标准》实施。标准的主要技术内容包括：总则、术语和符号、基本规定、室外环境检测、室内环境检测、围护结构热工性能检测、暖通空调系统检测、给水排水系统检测、照明和供配电系统检测、可再生能源系统性能检测、监测与控制系统性能检测、绿色建筑年采暖空调能耗和总能耗检测、绿色建筑节能量测量和验证、绿色建筑温碳排放计量等。目前已进入送审阶段。

4. 绿色建筑研究中心承接并完成相关课题 2 项。

（1）承接并完成部科技司“绿色建筑效果后评估与调研”项目。邀请了科研院所、设计咨询机构、地产开发企业作为参与单位，充分调动行业相关方的积极性，开展了全国范围内绿色建筑项目的调研，形成了相应的调研报告。课题各参加单位已完成了 100 项已竣工绿色建筑的深入调研，撰写了调研报告，目前正在进行最后的汇总工作，年前将完成验收工作。

（2）参与原铁道部重大课题“绿色铁路客站标准及评价体系研究”项目。在课题研究成果转换为标准的过程中，参与了施工章节的编写，并通过了原铁道部经济规划研究中心组织的验收。

5. 县镇工作部配合部村镇建设司组织第二批中国传统村落评选工作。制订了《传统村落补充调查要求》等文件，编辑修订、印刷制作《中国传统村落名录(图册)》。在第一批传统村落图册的基础上，增补第二批传统村落，共计 1561 个中国传统村落搜集资料进行编辑，制作完成《这个传统村落名录图册》一、二、三册共计 1700 余页，制订了《中国传统村落保护规划要求》；并在此基础上编制了《中国传统村落保护规划技术要点指南》，用以指导各传统村落的保护发展规划编制。同步开展传统村落档案制作与保护发展规划编制培训，在广西、贵阳、云南等地开展全国性的培训会议；组织专家分别在太原、运城、泉州、昆明、凯里、黄山、武汉、广州等地开展特别培训。组织编写《传统村落发展中长期纲要》。

协助村镇司规划处制订“村庄规划试点验收暨示范遴选专家会议”评审办法；组建评审专家组；对各地试点村庄的规划编制成果进行中期评审。组织编制《村庄规划试点成果集》，初稿完成，成果共计 620 余页。

协助村镇司规划处制订美丽宜居村镇评审办法，组建评审专家组；组织对各省、市、自治区推荐上报材料进行审核和初选排序；筹备编辑制作《美丽宜居村镇图册》。

组织实施大别山连片贫困区村庄规划试点工作，并且以安徽省金宅县响洪甸村为试点单位，进行规划设计。

（三）面向城市政府，为城市的生态城市规划、建设、管理与可持续发展提供思路与政策指引

1. 学术一部工作共计完成 6 项相关工作

组织开展湖南株洲云龙示范区管委会委托的三项技术课题："株洲云龙示范区生态城市规划体系创新研究"、"株洲云龙示范区全过程指标体系研究"、"株洲云龙示范区株洲云龙示范区生态规划体系与实施应用"。

(1) "生态城市规划体系创新研究" 主要针对当前既有的城市规划体系无法全面、有效地指导新兴的生态城市规划与建设的现状，梳理总结云龙示范区生态城市规划体系创新的方法与实践。包括：规划的编制理念、编制方法和规划成果（即一体化的总体规划、详细规划和工程设计）；被动式自然生态策略与主动式技术生态策略的应用；规划管理的组织架构、审批程序、实施监督以及政策保障等的规划控制方法，构建适合中国城市建设与发展的生态城市规划体系。

(2) "全过程指标体系研究" 以云龙示范区为例，构建覆盖规划、建设、运营和管理等多个方面，并综合考虑到建设时序以及部门事权的全过程指标体系。指标体系将为推动低碳生态指标的制定与落地提供重要借鉴。

(3) "生态规划体系与实施应用" 针对当前传统规划体系忽视对生态和文化的保护、未与技术充分衔接等问题，从规划方法体系入手，分别研究制定被动式和主动式规划方法。被动式规划方法对覆盖规划区最小流域范围内的气候环境、水生态系统、生物多样性、可再生利用资源、自然和文化遗产、公园绿地体系进行系统分析，提出需要保护的空间格局。主动式规划方法主要对土地利用空间布局、城市功能组织安排、交通系统、能源系统和绿色技术进行系统研究与布局，制定城市发展策略。

(4) 完成四川光华学院委托的"四川大英绿色校园生态规划"工作。针对四川光华学院的总体规划情况实施评估，在总体规划的基础上进一步开展生态规划的相关研究，提升生态建设水平，分别从土地利用、水资源环境、绿色交通、可再生能源、固废回收及利用等专题开展研究工作，给出了不同层面的规划建议和生态提升改进措施。

(5) 组织开展怀来县住房与城乡建设局"怀来县城乡总体规划"编制工作。对怀来县城乡总体规划进行修编调整的工作，规划年限为 2013−2030 年，在分析评价现行县城镇体系规划、中心城区规划实施情况的基础上，进一步明确本次规划的编制原则、重点内容；评价县域土地资源、水资源、能源、生态环境承载能力等城镇发展支撑条件和制约因素，提出重要资源、能源的保护与利用，以及生态环境保护和防灾减灾的要求。在综合考虑区域经济社会发展、人口资源环境

等条件的基础上，提出城乡空间布局、城乡居民点体系以及城乡总体发展结构等建议。

(6) 组织开展中国建筑设计研究院（集团）有限公司委托的“银川市生态规划”编制工作。结合银川市自身生态资源条件和发展状况，研究制定了全域银川生态城市发展战略和规划措施，分别从生态安全、土地利用、绿色交通、水资源、可再生能源、固废、绿色建筑、公共服务设施等方面提出生态建设主要任务及解决方案。项目初稿已经完成。

2. 学术二部完成相关工作 5 项

(1) 完成三亚市水务局委托“三亚市调整原水及自来水价格”咨询研究的前期调研工作。提供国家法律法规及政策、标准等政策指导；编制调价实施方案，过程资料审查，并及时提出建议；提供国内行业近期城市水价信息和发展趋势分析；帮助做好水价调整的多方案比较分析；编制听证会应准备的资料清单目录和代表可能提问清单及主要应答内容等；对听证会代表选择和事先沟通提供建议方案；编制调价前后的宣传建议方案。

(2) 完成横琴新区政府委托“横琴绿色生态新城水资源专项规划”编制工作。根据横琴新区的现状生态基底，借鉴新加坡等发达国家的水资源循环利用方式，分析现状河道和水体条件，利用评估工具模拟不同汇水方式，提出集“雨水渗透收集、中水利用和海水淡化”为一体的系统化水资源优化方案，为实现低冲击开发模式的规划设计提供支持。最终成果包括雨水收集利用工程规划图、中水工程规划图、海水利用规划图等。

(3) 完成重庆市九龙坡区政府委托“重庆桃花溪流域综合综合治理方案”研究工作。对《扬声桥污水处理厂升级改造方案》提出修改方案；对彩云湖生态补水项目升级改造工程进行环境容量计算。

(4) 完成“银川市生态发展战略”水资源部分专项研究报告的初稿，进行补充调研，配合整个生态战略其他部分做内容调整和完善。主要包括：中心城区的水系梳理与水质评价；银川水资源利用现状与存在问题；提出水资源与水环境发展总体思路与目标；最后提出水资源开发利用与水环境保护的战略举措。

(5) 完成“怀来县城乡总体规划”水资源利用和供水研究部分。研究成果目前正与总体规划其他部分一起协调、修改和完善，对怀来县水资源进行总体评价和水系梳理，计算水环境容量和承载力，提出水资源利用的总体规划。

3. 低碳生态城市研究中心 2013 年度共承担 10 余个规划设计咨询与研究类项目，涵盖总体规划、控制性详细规划、专项规划、城市设计及标准研究等：开展克拉玛依市生态承载力专题、太仓市现代田园城市规划、太仓市湿地资源保护与利用规划等市域总体规划层面的生态专项项目；开展钟祥莫愁湖绿色生态城区规划及控制性详细规划、镜月湖片区控制性详细规划及城市设计等控规层面项目；开展上海南桥新城、山东淄博绿色生态示范区、金华金义新区、首创京津未来智慧城、无锡中瑞生态城生态诊断、太仓市科教新城绿色生态城区规划等生态规划项目；启动山东威海双岛湾、长沙洋湖新区、合肥滨湖新区等绿色生态城区规划项目；推进德国建筑节能信息平台、北京市绿色生态示范区评价标准等研究类项目。

四、承接政府转移职能

夯实基础，积极创造条件，承接政府职能转移。本年度主要承接事项包括：科技评价、科技咨询与技术服务、行业标准（规范）制定、继续教育与培训。由中国城市科学研究会下属各研究中心承担业务工作。

（一）绿色建筑研究中心主要承担绿色建筑标识评价、标准制定、宣贯培训等工作

1.2013 年共举行 17 次绿色建筑设计标识评审会议、2 次绿色工业建筑设计标识评审会议、5 次运行标识绿色建筑评审会议、2 次运行标识绿色工业建筑评审会议，累计完成 197 个绿色建筑项目，数量同比增加 12.8%。其中包括 7 个运行项目（5 个民用建筑、2 个工业建筑）、4 个香港特区项目的评审组织工作；其中公共建筑 114 个，居住建筑 78 个，工业建筑 5 个，包含一星级 72 个，二星级 38 个，三星级 87 个。项目总面积数达到 2146.3 万 m^2，其中民用公共建筑面积 856.97 万 m^2，民用居住建筑面积 1237.6 万 m^2，工业建筑面积 51.8 万 m^2。评审项目中，公共建筑项目数量略高于居住建筑项目数量，与去年二者持平的情况不同，公建的增长趋势在绿色建筑国家政策出台后没有发生改变，居住建筑出现了转折。全年完成两批共 5 个绿色工业建筑项目的评审工作，其中 2 个为绿色工业建筑三星级运营项目的评审，实现了我国绿色工业建筑运营标识零的突破。

2013 年成功评审 3 个香港绿色建筑项目，与中国绿色建筑与节能（香港）委员会继续紧密合作，共同推动香港地区项目以及由香港机构在内地申报项目的绿色建筑评价工作。

联合中国土木工程学会咨询工作委员会、绿色建筑专业委员会，三家单位在北京组织了 2013 年度“住房和城乡建设部绿色施工科技示范工程”立项评审会，共评审 88 个项目，完成 5 个项目的验收以及 20 个项目的中间检查，参与了其中 1 个项目的中间检查及 3 个项目的验收工作。

为适应新阶段绿色建筑项目申报、评价的要求，评审部组织技术力量对民用

建筑的绿色建筑设计标识申报相关格式文件进行了修订，对申报书中评价关键指标情况进行了丰富；详细修订了申报书中关于项目增量成本的计算内容、方式；响应办公信息化的要求，将纸质申报材料压缩到仅提供项目基本材料部分，提高了申报、组织效率。

2. 承接住房和城乡建设部科技司绿色建筑培训宣贯任务，组织了520人参加有关培训活动。利用在桂林召开评审会的契机组织评审专家与桂林市住房和城乡建设部合作举办了绿色建筑技术讲座，来自广西各地的350人参加了会议，学员通过对绿色建筑理论和实践的深入了解和把握，已成为所在机构的技术骨干。

3. 参与BIM标准研究子课题及标准制定：绿色建筑研究中心会同中国建筑科学研究院上海分院、中国建筑科学研究院天津分院等单位，如期完成《绿色建筑设计评价P-BIM应用技术研究》与《绿色建筑验收P-BIM应用技术研究》两个子课题的研究工作；并同步参与中国建筑科学研究院主编的《绿色建筑设计评价P-BIM软件技术与信息交换标准》的编制，承担“专业任务交付文件”部分内容的研究。

4. 积极参与国标《绿色建筑评价标准》(GB50378-2006）的修订工作，密切关注修订工作的进展，目前该标准已经提交住房和城乡建设部标准定额司审查。

（二）绿色建筑专业委员会组织编制完成“绿色生态城区评价标准”

召开多次专题会议，征求意见稿面向建筑设计、施工、科研、检测、高校等有关单位和专家征集了249条修改意见和建议；考察了一定数量的申报城区，完成了8个绿色生态城区的试评工作。根据试评工作发现的问题和征求意见结果，已基本完成标准送审稿。标准将用于绿色生态城区规划设计和运营管理阶段的各类评价，为绿色生态城区的评价提供重要的依据，标准制定适应我国国情的绿色生态城区评价标准为宗旨，真正体现绿色生态城区可持续发展和低成本的理念。

（三）数字工程中心协助部科技司完成国家智慧城市两批试点评选和任务书签订组织工作

在创建任务书签署后，试点正式进入了智慧城市创建阶段，协助部科技司进一步细化了《国家智慧城市试点暂行管理办法》中过程管理的相关内容，形成了《国家智慧城市试点过程管理细则（试行)》;同时,为了指导试点城市（区、县、镇）做好重点项目推进工作，在寿光、天津、长沙、南京和西安等5地组织召开了“智慧城市试点重点项目推进培训会”，各省级住房和城乡建设部门，第一、二批智慧城市试点城市（区、县、镇）的负责同志，以及国内专家学者、国家智慧城市产业技术创新战略联盟成员共约800余人参加了分片区培训会。完成了两批试点城市重点项目的入库、分类、统计分析，针对绿色建筑、智慧社区、智能交通等重点领域开展了行业分析方面的工作，协助完成全过程管理工作。

（四）低碳照明研究中心组织城市照明节能评价标准制定编写工作

在公开征求意见和正式通过审查的基础上，根据专家审查意见进一步对《标准》进行修改和完善，形成最终的报批稿，并按照标准编制程序要求整理各项报批材料提交标准定额司。现已由住房和城乡建设部第 90 号公告批准发布，标准编号为 JGJ/T307-2013，自 2014 年 2 月 1 日起实施，对规范全国城市照明节能改造工作起到较好的作用。组织“城市照明自动控制系统技术规范”的编写工作，力求在城市照明自动控制系统领域建立统一的技术规范体系，组织开展“城市照明合同能源管理技术规程”的编写工作，推动城市照明合同能源管理模式的节能改造项目实施，保障项目安全、高效运行，以及节能效益的顺利回收。

同时，照明研究中心还积极参与了在照明节能试点示范方面的工作，受建筑节能与科技司的委托，组织召开了绿色照明科技示范项目立项评审会，经专家委员会认真审查和集体讨论，最终确定 12 个项目作为首批绿色照明科技示范项目，并于 2013 年 9-10 月组织已完工的 6 个绿色照明科技示范项目进行了验收申请。并积极协助建筑节能与科技司组织各地绿色照明科技示范项目 2014 年的申报工作，继续在立项评审和实施管理工作中全程提供技术支持。

五、期刊出版

2013 年，《城市发展研究》正常出刊 12 期，正文刊出 246 篇文章；出版增刊 2 期。在选稿上，本年度继续以各种方式开设不同类型的专栏，取得了较好的效果，共开设 7 个不同类型的专栏，继续跟进“绿道建设”专栏，以及纪念性专栏——“任震英大师百年祭”；结合新一轮《全国国土规划纲要 2011-2030》编制的研究设置专栏；结合国家水专项研究，深圳“转型规划”探索，城市地下管线、新型城镇化、国土规划、城市更新、城市排水行业管理等内容开设专栏。我会每年一度的绿色建筑大会和城市规划与发展大会、城镇水务大会，根据会议的不同特点，组织了专家视点形式的综述和重点问题分析的综述。

期刊的学术影响力不断扩大，2012 年影响因子为 1.822，学科排名 4 ：48，总被引频次 3292，学科排名 5 ：48，退稿率 92%。基于《中国学术期刊国际引证年报（2013 版）》（CNKI-JCR13），《城市发展研究》获得中国学术期刊（光盘版）电子杂志社、清华大学图书馆和中国学术文献国际评价研究中心颁发的“2013 中国最具国际影响力学术期刊”荣誉证书，该荣誉与“2013 中国国际影响力优秀学术期刊”统称为“2013 中国国际影响力 TOP 学术期刊”。 TOP 5% 期刊入选“2012 中国最具国际影响力学术期刊”，TOP 5%–10% 期刊入选“2012 中国国际影响力优秀学术期刊”。

与邮局合作，及时做好每期的发行工作；收集邮局 2013 年各期订数和销售册数；在《中国报刊订阅指南》上做好征订宣传；及时缴送各种样刊；对因各种原因未能按期收到刊物的单位及时处理；在《城市发展研究》杂志 11 期刊登刊物介绍和征订单；更新交流杂志名录，为 2014 年发行工作做好准备。

六、精心组织，编写完成 6 本权威年度报告

2013 年共编制完成 6 本本年度报告。

1.《绿色建筑 2013》

重点把握正确引导绿色建筑的健康发展，力求较全面地反映我国绿色建筑在 2012 年所取得的进展。结合在 2012 年加强了政策法规的建设这一工作特点，将原设 5 个篇章增加到 6 个篇章；政策和标准分别设立。综合篇增加较多篇幅，邀请了国内知名专家就绿色建筑发展中的热点问题和关键技术撰写了专题文章；政策篇主要收录了国家最新出台的有关发展绿色建筑的重要政策文件；标准篇介绍了国家有关绿色建筑方面的最新标准，并对国外绿色建筑相关评价标准的新动向进行了专题评述；科研篇简要介绍了部分“十二五”期间的与绿色建筑相关的科技研发项目；地方篇主要收录了北京、天津、内蒙古、上海、江苏、福建、山东、湖北、广东、重庆、厦门、深圳和香港等 13 个地方绿色建筑委员会或协会提供的稿件，介绍地区绿色建筑总体情况；工程篇重点介绍了 10 个绿色建筑标识项目。

2. 中国城市规划发展报告（2012–2013）

梳理了 2012 年度城乡规划领域的重点话题，从若干方面以综述的方式进行了总结，并对 2012–2013 年度城乡规划的重要事件、行业发展概况、学术动态进行了梳理。重点篇反映本年度城乡规划发展的重大事件或重要工作进展情况，涉及城镇化、生态文明、城镇供水安全和城市综合减灾 4 个方面；盘点篇主要概括介绍了本年度城乡规划编制和住房保障规划建设，城乡规划评估等工作的进展情况；焦点篇针对本年度的热点问题，针对“削山造城”引发的对山地城镇化的反思和历史文化名城中大拆大建问题进行报导；实例篇主要选取江苏省的“美丽乡村”和上海世博园区的会后发展规划建设实践案例，对全国城乡工作有较好的示范作用；动态篇则主要反映城乡规划行业的年度工作信息。

3.《中国低碳生态城市发展报告 2013》

吸纳国内相关领域研众多学者的最新研究成果，在沿袭原主题框架——最新

进展、认识与思考、方法与技术、实践与探索、城市生态宜居发展指数（优地指数，即 UD 指数）——的基础上，2013 版报告的创新和特色体现在两个方面：一是将 2012 年低碳生态城市研究和实践方面的重建微循环体系延续与扩展，形成城市与生态共生、城市与效率共生、城市与产业共生、城市与生活共生体系，总结了低碳生态城市建设进程中的可供借鉴经验与反思；二是关注低碳生态城市建设实施和定量化分析。

4.《中国智慧城市发展研究报告 2012-2013》

报告分为 5 大篇节部分。概念篇回顾了国内外智慧城市的建设发展状况，提出有关概念及内涵；建设篇对智慧城市的重点发展领域和重点建设项目进行了较为详细的介绍；运营篇对我国智慧城市的运营及投融资体系进行了分析 ，对未来发展进行了规划；实践篇重点介绍了住房和城乡建设部智慧城市试点建设情况，分析了试点的布局、目标及未来的探索；标准篇设计了智慧城市建设的三大指标体系——建设指标、技术标准和考核指标，对未来智慧城市的发展目标、趋势和方向进行了展望。

5. 编辑出版《中国城市交通规划发展报告 2011》，组织编写《中国城市交通规划发展报告 2012》

由我会牵头组织，会同中国城市规划协会、中国城市规划设计研究院、同济大学、北京交通发展研究中心、清华大学、上海市城市综合交通规划研究院等 20 余家业内单位，在《中国城市交通规划发展报告 2010》的工作的基础上，共同编纂出版了《中国城市交通规划发展报告 2011》，内容包括：中国城市交通规划的进展，城市空间布局与城市道路交通系统，区域交通与城际交通，公共交通规划，交通枢纽规划，城市非机动交通规划，停车规划与管理，交通需求管理，学术研究与公众参与等。

《中国城市交通规划发展报告 2012》目前正在编纂中，终稿已经完成并评审，正在进行最后的修改，将于近期出版。其主要内容包括：中国城市交通规划的进展，城市交通与空间布局，城际与区域交通，公共交通规划，多模式交通的转换与交通枢纽，城市非机动化交通，停车规划与管理，交通需求管理，学术研究和公众参与等。

6.《中国小城镇和村庄建设发展报告》

七、拓宽渠道，积极开展国际科技合作研究项目

（一）参与政府间合作项目的研究工作

参与了住房和城乡建设部与英国对外事务部的合作项目《中国低碳生态城市

规划方法》。该课题是由中国住房和城乡建设部和英国对外事务部共同发起的国际合作课题。我方为中方的课题承担单位，阿特金斯为英方的课题承担单位，两家单位共同完成课题。课题主要针对中国的低碳生态城市建设在实践中尚缺乏有效的方法指导，导致规划实施乏力、许多低碳生态城市名不副实等问题，开展低碳生态城市规划方法的研究及规划导则的制定工作。在总结国内外实践案例的基础上，提出与中国法定规划紧密结合、实用且可操作的低碳生态规划方法。课题已在珠海城市发展与规划大会上完成项目的正式启动，目前正在进行试点城市的选取，未来将进一步完善初稿并在试点城市进行其适用性的检验。

围绕木结构建筑技术组织开展了系列活动。2013 年 3 月，在国际绿色建筑大会上协助组织了“中加生态城市建设与木结构建筑技术研讨会——暨中国现代木结构建筑技术产业联盟会议”分论坛。2013 年 4 月 2 日，在第九届国际绿色建筑大会期间，举办了“中国生态城市建设与木结构建筑技术研讨会——暨中国现代木结构建筑技术产业联盟会议”，会议就中国生态城市建设情况与政策、绿色建筑以及木结构建筑技术与应用进行交流讨论。2013 年 10 与 24 日，加拿大木业协会以“现代木结构，绿色新建筑”为主题，在北京洲际酒店召开了研讨会，会议讨论了“绿色木结构建筑示范工程”评价方法、技术指标、实施细则等内容，交流了木结构建筑产业现状和发展趋势，讨论了木结构建筑如何顺应国家的产业政策和市场需求，促进了木结构联盟成员更好的合作，发挥联盟优势。

中欧合作方面，积极承担中欧 EC-link 项目的管理与组织工作。

（二）组织参与中美清洁能源联合研究中心相关课题项目

完成“西方各国绿色建筑激励机制与政策比较研究及对中国的启示”研究工作。课题主要针对英国、美国、澳大利亚、日本、新加坡及中国现有的绿色建筑相关政策进行比较研究，探讨建筑碳排放计算方法；并从支撑绿色建筑发展的政策、绿色建筑评价标识管理制度、既有建筑绿色化改造政策、经济激励制度、促进绿色产业发展制度等方面提出适合中国发展的绿色建筑激励机制与政策的建议初稿。已经完成全部考核指标并顺利通过验收。

完成“绿色建筑标识体系的推广机制研究”工作。通过对绿色校园评价指标、绿色商场建筑评价指标的研究，形成《绿色校园评价标准》和《绿色商场建筑评价标准》建议稿；通过对上海市、浙江省等具有典型气候和自然特点地区的绿色建筑评价标识推广的调研，从绿色建筑标识激励、绿色建筑评价标识培训、绿色建筑从业人员的资格认证、绿色建筑理念的宣传教育等多方面，研究我国适宜的绿色建筑标识体系的推广机制。课题已经完成全部考核指标并顺利通过验收。

低碳照明研究中心承担“新型照明系统设计及控制方法研究”相关工作。在前两年研究工作的基础上，2013 年主要工作是对第一阶段研究成果的总结和第二阶段研究工作的逐步启动。从 4 月开始，按照科技部关于项目管理的安排，汇总整理了各项研究成果和财务资料等课题验收材料，并于 10 月通过了课题财务验收，11 月底通过了课题技术验收，正式完成了课题一期研究工作。同时，积极跟进课题二期研究工作的开展，紧密联系合作单位沟通研究内容与合作形式，与美方合作单位进行深入沟通交流，就下阶段合作研究的方向和主要内容达成了共识。

（三）与美国俄勒冈大学建筑学院城市规划系合作成立了“中美城市发展交流研究中心”

主要围绕城市可持续发展，开展城市规划相关领域科研项目的合作。在核心领域展开中美双方的专业交流，为中美双方提供相关领域访问学者的机会，搭建城市规划与设计领域内实践项目合作的平台。中心作为中方支持单位，参加了“中美低碳生态城市试点示范”考察工作，为中美低碳生态城市试点工作提供技术支持，与美国相关机构建立了良好的工作联系；与美国“赫勒建筑设计咨询（上海）有限公司”签署合作协议框架，拟共同开展科研与规划合作。

（四）与 UTC（联合技术公司）合作，继续开展“生态城市指标体系构建与生态城市示范评价”项目研究工作

目前正在进行生态城市控规指标体系的应用研究、示范案例的总结梳理，并积极筹备 2014 年课题结题的年度发布会。

（五）由 EF 资助，完成有关可持续研究项目

1. 研究建立绿色城区评价标准

编制遵循因地制宜的原则，突出绿色生态城区的特点，结合城区所在地域的气候、环境、资源、经济及文化等特点，提出了规划、建筑、交通、生态环境、能源、水资源、信息化、碳排放和人文性等 9 个类别的指标，分别对城区进行规划设计阶段和运营管理阶段的综合评价，并按照相应得分，划分为一星级、二星级和三星级绿色生态城区。并以此为基础，建立一套绿色生态城区的评价标准体系，并将其落实到城区的规划建设与运营管理阶段。

2. 研究建立生态城市微观指标体系

生态城市的指标体系必须要从宏观向微观深化，落实到控规层面才能有效地指导地方的低碳生态实践。目前国内的城乡规划编制体系是从宏观到微观分层进行，存在编制周期长、局部与整体脱节、规划目标很难传递到实施层面等弊端。

尤其对于生态新城来说，在宏观规划层面，低碳生态城市所需的技术支撑体系往往难以植入；在微观管理控制中，量化控制指标也难以落实。在此背景下，将借鉴国内外生态新城发展的先进理念、方法和技术，梳理其生态规划建设的重点领域、核心问题及关键技术，同时以株洲云龙示范区、昆明呈贡新区以及中新天津生态城为例，对其现有总体规划以及完成的各专项规划（如水资源专项规划、土地利用专项规划、生态保护专项规划、能源利用专项规划、绿色交通专项规划，等等）中的指标进行梳理，对其中涉及控规层面的指标进行分析研究，对关键指标进行提炼与融合，构建面向管理需求的生态城市微观指标体系，可以全面系统地把控生态城市的建设。

3. 生态城市跟踪研究与中外生态城市对比研究

为了更好地实施城市规划和建设的相关活动，使已经编制并经过批准的城市规划项目中生态城市评价指标体系在落实过程中更加符合生态城市的要求，计划对指标体系的落实和实施情况进行跟踪研究。拟对河北省及昆明市呈贡新城等的生态城市规划和建设进行探索和跟踪研究。在新城的规划编制和生态指标建设阶段，协助组织国内外专家在新城规划编制、实施的不同阶段参加咨询和研讨会等活动，发挥专家作用，促进新城规划建设；对上述地区城市规划中的减碳措施进行跟踪，使河北省及昆明市呈贡新城等的规划建设更符合生态城市的要求，为控制性详细规划和修建性详细规划提供支持。围绕城乡发展工作的方针政策、城市规划中减碳措施以及城乡规划建设管理中的有关问题，开展会议和沙龙等形式的国际交流，对国内外生态城市的规划建设状况和途径进行对比研究。在研究的过程中，联系邀请能源与城市可持续发展、城乡规划、城市公共交通、生态城市、绿色建筑与建筑节能、低碳和气候变化等方面的国内外专家，借鉴国家生态城市的规划和建设，并结合中国城市的发展需求，得出具有参考借鉴意义的研究成果。

（六）完成 GEF 项目《促进低碳生态城市的政策建议》、《中国城市低碳发展规划纲要和指南》、《城市低碳发展培训》三项子课题的前期立项和项目建议书

（七）完成“中英繁荣基金（SPF）”2013 年的项目申请

围绕低碳绿色发展的主旨，申报“快速城镇化进程中的低碳转型路径探索——以深圳为例”，探索深圳市如何建立以低碳排放为特征的城市空间结构、绿色建筑、交通、新能源等的低碳转型路径，实现可持续发展。

（八）完成亚行项目“基于低碳生态发展的城乡规划技术方法”、“中国建筑垃圾资源化利用机制和管理政策研究”的项目概念书的撰写

2013 年中国城市规划协会工作动态

2014 年 4 月 29 日

2013 年，中国城市规划协会紧紧围绕贯彻落实党的“十八大”精神、住房和城乡建设部的中心工作，以及年初制订的工作计划开展各项工作，在充分发挥协会二级专业委员会作用，积极支持地方协会的工作的基础上，达到了与时俱进、成效显著、协作联动、工作活跃的目标，有力地推动了规划行业的发展进步，各项工作都取得了很大进展。

一、贯彻“十八大”精神，为构筑规划行业发展之梦积极开展各项有益活动

党的“十八大”报告为推动科学发展、促进社会和谐、实现中国梦提供了重要指导方针，协会把学习贯彻“十八大”精神作为 2013 年工作的首要任务，按照住房和城乡建设部城乡规划的工作重点，科学筹划各项工作，围绕城镇化发展、援疆规划、事业单位改革和规划管理新未来等主题及时组织并开展了丰富多彩的行业活动，切实把工作重点统一到“十八大”精神上来，统一到社会组织转型发展上来，积极为构筑规划行业发展之梦作出了有益的贡献。

（一）组织召开规划管理专业委员会三届五次年会暨大城市规划局长座谈会

2013 年 10 月，协会与管理专业委员会在成都召开了“三届五次年会暨大城市规划局长座谈会”（图 1）。住房和城乡建设部领导出席会议并讲话，来自天津、重庆、沈阳、深圳等 40 余个城市的规划局长及有关代表参加了会议。会议以贯彻“十八大”精神为宗旨，围绕会议主题“中国大城市规划管理的新未来”，开展了深入研讨。中国城市规划设计研究院院长李

图 1　规划管理专业委员会三届五次年会暨大城市规划局长座谈会

晓江建议“以县级单元为近中期发展重点，发挥资源整合优势，推进县级单元综合改革试验”，国家发展和改革委员会经济研究院研究员史育龙建议“改革设立市镇建制的模式，以建成区常住人口为基准完善设市标准，规范撤县设市、撤县设区，探索新的设市模式”，这两方面与12月份出台的城镇化工作重点不谋而合，体现了专家们的战略前瞻性；深圳市人民政府副秘书长许重光在主旨演讲中着重提到“社区规划师”模式，建议以深度合作为契机，强化社区规划师在社会综合治理中的作用，这种模式可以灵活多样的方式方法全方位服务社区发展，是值得探讨的新思路。参会代表畅所欲言，成都、重庆、厦门、天津等市规划局针对规划管理中的难点和热点问题展开了研讨和交流。

（二）组织召开2013年全国规划院院长会议

为了贯彻落实中央关于分类推进事业单位改革的指导要求，2013年11月，协会与浙江省住房和城乡建设厅在杭州联合主办了“2013年全国规划院院长会议”（图2）。会议以“全面深化改革”精神，围绕“再铸辉煌——新形势下规划院的改革与发展”主题，邀请有关专家分别做了作为“事业单位改革的政策解读”、“我国事业单位改革的进展与趋势”的专题报告。会议结合全国各地规划院面临的机遇和挑战，邀请参会的部分规划设计院代表结合自身发展实际，就事业单位改革面临的现状、主要问题以及改革的进展与发展走向进行了交流和探讨。会议倡导各规划院一定要继续秉持专业精神、创新精神和协作精神，不断完善自身发展建设，以更优异的成绩在我国城镇化健康发展过程中作出新的贡献。参会院长们共同认为：无论规划院实行何种体制，都要以“有利于履行公益职责、有利于提高服务能力、有利于巩固人才队伍、有利于规划事业发展”为原则积极推进改革，在改革中不断发展，取得更大的成绩。

图2　全国规划院院长会议

（三）组织召开新型城镇化暨青海城镇化发展论坛

为加快推进新型城镇化进程，在“2013·中国青海绿色经济投资贸易洽谈会”期间，协会与青海省人民政府、青海省住房和城乡建设厅在西宁联合主办了“新型城镇化暨青海城镇化发展论坛”（图3）。与会专家围绕“十八大”报告中提出的“新型城镇化”主题，针对新型城镇化发展建设问题进行生动论述。中国城市

图 3　新型城镇化暨青海城镇化发展论坛

科学研究会李兵弟副理事长从城乡统筹规划的角度出发，结合我国部分小城镇发展实例，就探索新型城镇化城乡发展空间特质等方面作了深入讲解；任致远副会长从城市文化的概念、作用、意义出发，指出城镇化发展必须以城市文化为支撑和指引，城镇化发展必须重视城市文化的保护、传承、创新和发展；中国城市规划设计研究院的陈明博士从城镇化的历史与经验教训、传统城镇化与新型城镇化以及生态文明下的新型城镇化等方面，对生态文明下的新型城镇化发展作了针对性内容的演讲。大家认为，会议对拓宽新型城镇化发展视野、准确把握好新型城镇化发展规律、促进我国城镇化科学有序健康发展发挥了十分重要的作用。

（四）组织召开新型城镇化与公共交通会议

图 4　新型城镇化与公共交通会议

2013 年 11 月，协会与中国城市交通协会、中国城市规划学会城市交通规划学术委员会等单位联合在深圳召开了“新型城镇化与公共交通发展”研讨交流会（图 4）。协会赵宝江会长主持会议，来自国家发展和改革委员会、住房和城乡建设部以及各有关城市的代表围绕新型城镇化与公共交通发展、大城市公共交通战略、我国地铁规划建设发展、城市公共交通发展政策实践等内容进行了深入探讨。面对当前城市交通面临的可持续发展压力，专家们深入分析了发展绿色交通体系的机遇和挑战，强调绿色交通建设是一项长期的系统工程，需要发挥政府引导与协调的核心作用，并指出要重视和加强对城市交通基本规律的研究，以便提出推进城市绿色交通发展的有效政策措施。本次会议搭建了城市规划建设、城市交通发展交流平台。

（五）组织召开第三届全国副省级城市规划院联席会

2013 年 7 月，协会在广州组织召开了“第三届全国副省级城市规划院联席会”（图 5）。会议主题是“新型城市化背景下的规划应对”，邀请到广州市委、同济

图 5　第三届全国副省级城市规划院联席会

大学、华南理工大学、中山大学、新加坡国立大学领导和专家分别以“广州市新型城市化政策解读”、“‘中等收入陷阱’之‘惑’与城镇化战略思维”、“智慧城市与新型城市化辨析”、“面对新型城镇化的三个规划转型问题”、“城乡一体发展——城市社会与乡村社区的统筹规划”为题作了主题报告。从不同角度对新型城市化进行了精彩的阐述和解读，并提出了许多建设性意见；院长们围绕事业单位分类改革发展、机制创新等热点问题进行了热烈交流；在美丽城乡、新区建设、旧城更新、规划创新四个分论坛上，与会专家、各院会议代表和规划院技术人员进行了深入的研讨。

（六）组织召开新型城镇化与中小城市规划论坛暨全国部分中小城市规划院联席会议

2013 年 6 月，协会规划设计专业委员会和潍坊市规划设计院承办的“新型城镇化与中小城市规划论坛暨全国部分中小城市规划院联席会议”在潍坊召开（图 6）。会议围绕“新型城镇化与中小城市规划”主题，交流了中小城市规划院发展与改革经验。会议还议定了《中小城市规划院联席会工作规程》，明确提出了中小城市城乡规划在新型城镇化建设发展中的地位、作用与发展方向，中小城市规划院应为此作出不懈的努力。

图 6　新型城镇化与中小城市规划论坛暨全国部分中小城市规划院联席会议

（七）组织召开中国新型城镇化与中小城市规划管理创新经验交流会

2013 年 11 月，协会在鄂州市组织召开“中国新型城镇化与中小城市规划管理创新经验交流会”（图 7）。会议从城乡统筹发展的基本理念方面出发，邀请城科会和中科院专家，分别从新型城镇化发展与土地政策、新时期规划转型与应对等方面，讨论了规划编制和规划管理的改革、创新和发展，对于贯彻全

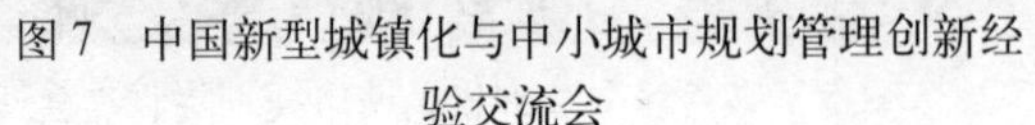
图 7　中国新型城镇化与中小城市规划管理创新经验交流会

图 8　第二届援疆规划编制工作研讨会

面深化改革精神，加强城乡规划管理与促进城乡统筹健康有序发展，起到了积极作用。

（八）召开第二届援疆规划编制工作研讨会

2013 年 5 月，协会与规划设计专业委员会在乌鲁木齐市组织召开了以“凝聚合力、规划援疆”为主题的“第二次援疆规划编制工作研讨会”（图 8）。赵宝江会长主持会议，会议深入了解各省、市对口支援的进度、经验和方法，实地考察援疆规划成果，共同探讨解决援疆规划过程中遇到的难处和问题，并要求各规划编制单位要进一步弘扬援疆精神，发挥主体作用，以更加积极主动、扎实有效的工作状态推进对口援疆工作，为促进我国城镇化科学、有序、健康地发展作出更大贡献。《中国建设报》对本次会议情况进行了详细报导。

（九）召开“2013 年中国城市规划信息化年会”

图 9　2013 年中国城市规划信息化年会

2013 年 10 月，协会及其规划管理专业委员会和中国城市规划学会联合在沈阳举办了“2013 年中国城市规划信息化年会”（图 9）。会议广泛交流了各地城市规划行业在信息整合、信息要素标准化、信息管理制度化以及各种高新技术在规划编制、设计与管理等方面的先进经验，并对城市三维建设与平台下进行电子报批和三维 GIS 在数字规划信息化平台建设中的作用进行了深入探讨。

（十）举行第四届京津地区城市规划系统文艺汇演

2013年9月，由协会主办、中国城市规划设计研究院承办、京津地区主要规划设计单位协办的“第四届京津地区城市规划系统文艺汇演”在北京举行（图10）。规划界的老领导、老专家及各参演单位职工共600多人观看了演出。汇演以“中国梦·规划情”为主题，整场节目主题突出、编排细致、表演生动，展示了规划人在进行城市规划，促进城市发展建设工作中励精图治、艰苦奋斗、卓越奉献和积极向上的精神风貌，极大地提高了京津地区规划行业的责任感、自觉性和凝聚力。

图10　第四届京津地区城市规划系统文艺汇演

二、以改革精神，全面规范全国优秀城乡规划设计奖评选工作

“全国优秀城乡规划设计奖”始创于1986年，至今已有27年历史，博得规划行业和全社会的认可。自2007年开展全国清理规范评比达标表彰工作以来，2010年被住房和城乡建设部批准为16个“评比达标表彰保留项目”之一。近几年陆续出现类型增多、评审标准不够统一现象，按照国家《评比达标表彰活动管理办法(试行)》及其实施细则规定,为了促进评优工作顺利进行,协会以改革精神，对评优工作进行了全面规范。

（一）成立“第三届全国优秀城乡规划设计奖评选组织委员会”

2013年6月，召开了“第三届全国优秀城乡规划设计奖组织委员会（以下简称‘组委会’）工作会议”，成立了新一届评优领导机构。本届组委会成员共21人，在前两届的基础上进一步完善了组委会成员的组织结构，既有规划编制单位的规划技术专家，又有从事城市规划的管理部门以及相关领域专家学者。扩大了委员的地域范围，增加了中西部省份的委员；增加了中青年专家的比例，本届占71%，上届为68%；并加强了组委会对评优工作的全面指导和监督，以便充分发挥组委会对规划评优工作的职能作用。

（二）修订《全国优秀城乡规划设计奖评选管理办法》

2013 年 7 月，召开“各类别组织单位工作会议”与“2013 年度全国优秀城乡规划设计奖部署工作会议”，针对五类别评优原则不统一的问题，协会对《管理办法》进行了修订，并经组委会讨论通过。新修订的《管理办法》对各类别组织单位、评选范围、申报条件、评审程序等进行统一规定，加强了各类别组织单位和各省级协会对评优工作的全程监督，以便能够规范和促进评选工作顺利进行。同时，对未经组委会批准的各类评选管理办法进行废止说明，并强调了评优过程要接受相关部门及社会的监督。

（三）完善评优申报评审系统

在 2013 年度的评优工作中，协会增加了省级部门网上推荐、各类别组织单位初步复核功能，逐步统一五类别的申报流程。

截至 2013 年年底，协会秘书处收到 28 个省、自治区、直辖市推荐的 1134 个申报项目，其中城市规划类 757 个，村镇规划类 227 个，城市勘测类 103 个，规划信息类 39 个，风景名胜区规划类 8 个。

（四）更新并完善中国城市规划协会专家信息库

历届评审专家都由规划司及组委会在专家库中遴选产生，为评优工作提供了坚实的技术保障。2013 年协会对专家库信息进行大规模更新与完善工作，截至目前，有 18 个省、自治区、直辖市对推荐专家进行了更新，新推荐专家 869 人。至此，各省、自治区、直辖市共推荐专家 1320 人。

（五）编辑出版《全国优秀城市规划获奖作品集（2011—2012）》

图 11 《全国优秀城乡规划获奖作品集（2011—2012）》

为提高编书质量，协会专门组织专家成立了作品集编委会，并召开了两次会议讨论编书方案与形式。为增强获奖项目范例的学习和借鉴作用，将作品集按项目规划类别分为上、中、下三册：上册主要包括区域规划、城镇体系规划、城市总体规划和近期建设规划及其相关研究等；中册包括控制性详细规划、修建性详细规划、城市设计及其相关研究等；下册以专项规划为主，包括市政公共设施规划、交通规划、历史文化保护规划、绿地系统规划及其相关研究等。已经全面完成了《全国优秀城市规划获奖作品集（2011—2012）》（图 11）的编辑出版工作。

三、为行业谋发展，努力完成住房和城乡建设部委托交办的任务

（一）组织开展“《城乡规划违法违纪行为处分办法》宣贯培训班”

《城乡规划违法违纪行为处分办法》（以下简称《办法》）于 2013 年 1 月 1 日起施行，受住房和城乡建设部城乡规划司委托，由协会负责组织对《办法》进行全面深入的宣贯学习。2013 年 3–10 月，与地方协会联合，分别在武汉、杭州、北京、安徽、广西等地组织了五期宣贯培训班，邀请到监察部法规司、住房和城乡建设部城乡规划司与法规司等曾参编《办法》的专家联合授课，共有 1300 人参加培训。专家们对《办法》作了全面而深入的解析，并针对各类城乡规划违法行为的具体处罚措施等问题进行了互动交流。培训班拓宽了学员工作思路，丰富了管理经验，对提高城乡规划管理依法行政的科学性、自觉性和严肃性起到了积极的推进作用。

（二）开展《新形势下我国城市规划编制机构改革与发展对策研究》课题研究工作

为探索我国规划编制机构改革和发展现状，推进我国城乡规划设计单位编制工作科学有序发展，受住房和城乡建设部城乡规划司委托，协会与北京市城市规划设计研究院、北京清华同衡城市规划设计研究院有限公司等单位组织形成课题组，承担了“新形势下我国城市规划编制机构改革与发展对策研究”课题的研究工作。课题组从城市规划编制机构发展的基本情况、编制机构改革与发展的背景和影响以及面临的主要问题等方面入手，在行业内开展了问卷调查，并分别赴杭州、深圳、广州等地召开课题研讨会，听取了不同地区对城市规划编制机构现状分析和改革发展的建议等，掌握了第一手资料，了解了我国城市规划编制机构改革与发展的动态。经过反复研究讨论，课题已经形成最终成果。

（三）完成外事考察与培训任务

1. 赴瑞典芬兰进行“低碳发展与城市规划”考察活动

结合“十八大”报告提出的生态文明建设要求，2013 年 7 月下旬，协会组织了赴瑞典、芬兰进行主题为“低碳发展与城市规划”的考察团。期间实地参观了低碳城市规划的典型项目，与邀请单位瑞典哈兰德省政府及芬兰赫尔辛基市规

划局讨论并交流了低碳城市规划建设的经验和体会，深入了解了北欧国家在可持续发展、低碳交通等方面的做法。

2. 赴美国参加“城乡统筹与交通规划”培训活动

受住房和城乡建设部城乡规划司的委托，经国家外专局审批，2013 年 9 月，协会组织会员单位业务骨干赴美国马里兰大学进行了为期 21 天的“城乡统筹与交通规划”培训。期间访问了马里兰州规划部、美国规划协会等机构，并实地参观了智能交通建设等实践项目。通过培训活动，进一步了解了美国城乡规划的最新理论及趋势动态，对美国城市规划法规体系、精明增长、城乡统筹和综合交通等规划理念有了较为全面的认识，收益很大，同时搭建了中美规划行业相互学习、交流的平台。

四、为促进行业全面发展，搭建行业内外交流平台

图 12 《武汉 2049 远景发展战略规划》全国专家研讨会

协会在注重行业建设活动的同时，十分重视理论研究成果在实践中的结合和运用，积极参与地方行业协会的各项活动，为地方会员单位的理论研究工作提供大力支持，搭建行业内外交流平台，共同为促进行业全面发展发挥有益作用。

2013 年 11 月，协会组织了“《武汉 2049 远景发展战略规划》全国专家研讨会”（图 12）。会议邀请到来自住房和城乡建设部、北京、广东、深圳、杭州、南京、厦门、宁波等地的政府、规划管理部门和高校等领导专家进行研讨。会议就武汉提出的 2049 年远景战略目标、区域发展、产业发展、功能定位、城市空间结构和交通枢纽建设等重大问题进行了深入讨论，提出了许多有益的意见和建议。

2013 年 9 月，协会派员到长沙参加湖南省规划学会组织的“首届城乡规划院院长论坛”。论坛围绕“规划设计与新型城镇化”等议题开展了相关专题学术报告活动。

2013 年 9 月，协会派员到南宁参加“2013 年西南地区规划院联谊会会议”。会议就行业拓展、体制改革、人才培养、质量管理以及规划院的改革与发展所面临的形势、困难和挑战及其应对策略与措施进行了广泛探讨和交流。

2013 年 11 月，协会派员到杭州参加“第 23 届华东地区规划院联席会议”。

会议以全面深化改革的精神，就当前事业单位改革与规划院的发展进步进行了畅所欲言的座谈交流。

五、加强对二级专业委员会及地方协会的指导，完善协会内部组织建设

协会加强了对七个二级专业委员会的指导和管理，大力支持各地方协会组织行业活动，不仅推进了区域间的规划交流与合作，也提高了协会的整体工作效能。

（一）加强对二级专业委员会的管理，鼓励支持其开展活动

一是修改与完善二级专业委员会管理办法。按照民政部印发的《关于规范社会团体开展合作活动若干问题的规定》文件，修改了《二级专业委员会管理制度》，对二级专业委员会组织制度、活动开展要求、财务管理等重点项目进行了重新修改、完善和规范，强化了业务活动、人员和财务等方面的管理，并落实指定联系人与二级机构定期沟通联系；二是指导二级专业委员会开展工作。各专业委员会围绕各自专业发展方向，认真履行工作职责，积极开展各类学术活动，为推进城市规划行业的顺利发展发挥了积极有效的作用。

1. 规划管理专业委员会

2013 年 10 月，在成都召开了“规划管理专业委员会三届五次年会暨大城市规划局长座谈会”；11 月，在鄂州召开了“中国新型城镇化与中小城市规划管理创新经验交流会”；10 月，与中国城市规划学会等共同在沈阳组织召开“2013 年中国城市规划信息化年会”。另外，参与组织“第九届天津科技论坛规划分论坛暨第四届天津规划师沙龙活动”，围绕“生态文明理念与城市规划建设”主题，就生态文明建设中的城市规划设计标准、规划设计师的职业精神和低碳交通模式等问题进行了研讨。

2. 规划设计专业委员会

2013 年 5 月，承办了“第二届援疆规划编制工作研讨会”；6 月，与潍坊市规划院组织承办了“新型城镇化与中小城市规划论坛暨全国部分中小城市规划院联席会”；7 月，与广州市城市规划勘测设计研究院承办了“第三届全国副省级城市规划院联席会”；10 月，在杭州市组织召开了“2013 年度全国规划院院长会”；开展了“新形势下全国城市规划编制机构问题调研”的课题研究工作。

3. 城市勘测专业委员会

为“2013 年度全国优秀城乡规划设计奖”（城市勘测类）评选工作做了前期准备工作；2013 年 5 月，在梧州市召开了城市勘测专业委员会四届四次常务理

图 13　城市勘测专业委员会年会

事（扩大）会议暨《城市勘测发展研究报告》课题复审会议；6月，在哈尔滨市召开了“智慧城市专家论坛暨中规协城市勘测专业委员会 2013 年会”（图 13）；8月，在大连市召开了城市勘测专业委员会四届五次常务理事会议暨《城市勘测发展研究报告》课题评审会议。之后，完成了《城市勘测发展研究报告》，报告就当前我国城市勘测行业的发展现状，面临的机遇及挑战，提出了相应的对策和建议。

4. 地下管线专业委员会

图 14　地下管线专业委员会年会

2013 年加强了委员会组织建设工作，健全了领导班子；7月，在青岛中召开了“全国城市道路塌陷灾害普查探测研讨会暨地下管线专家委员会二届二次会议”，形成《关于在全国试点和逐步推广城市道路塌陷灾害普查探测工作的建议报告》；11 月，在郑州市召开了“地下管线专业委员会 2013 年年会及二届三次常委会”（图 14），就地下管线探测作业证管理规定提案和普查定额调研工作内容进行了讨论；同时，组织参与制定本行业各项技术规范，并组织了行业技术培训。

5. 女规划师工作委员会

图 15　女规划师专业委员会年会

2013 年 9 月，在沈阳召开了第三届第三次年会，部分来自规划局、院、高校的女专家、女领导们围绕城市规划、城市建设和管理、教育等领域作了主题报告，并针对女规划师委员会来年的工作和活动展开了讨论（图 15）；积极参加全国妇联组织的十届五次执委会、团体会员负责人会议等，成功推荐女规划师委员会副主任黄艳为中国妇女第十一次全国代表大会的执委，进一步提升了女规划师委员会在全国妇联的地位。

6. 信息管理工作委员会

2012 年研发了全国优秀城乡规划奖申报、评审系统，并在城市规划类专业评审阶段初评（总体组）工作中投入使用，在此基础上，根据《全国优秀城乡规划设计奖评选管理办法》和该奖评选新要求，2013 年对该奖申报评审系统进行了优化和完善，完成各省级部门、申报单位、秘书处等相关功能的修改，可以在 2013 年度评优工作中，使该系统上线运行；10 月，在沈阳举办了“2013 年中国城市规划信息化年会”；编撰《中国数字城市规划专业领域 2012 年度发展报告》，为促进同行交流、研讨和推动数字城市规划的健康发展，提供了可供参考的信息内容、分析观点和发展方向。

7. 规划展示专业委员会

2013 年 10 月，在武汉组织主题为“展示城市魅力，实现中国梦想”的第二届第三次规划展示专业委员会年会（图 16）；召开第二届第四次与第五次主任委员会议；顺利完成《规划展示馆》杂志封面征集工作；圆满完成全国规划展示第二期讲解员培训工作，继续加强组织建设，提高专委会整体效能。

图 16　规划展示专业委员会年会

（二）组织召开 2013 年度会长工作会议

2013 年 1 月，协会在北京召开了 2013 年度会长工作会议。会议提出 2013 年协会工作要全面贯彻落实党的“十八大”精神，紧扣规划行业发展改革中的热点、焦点、难点和重点问题开展各项有益活动。与会代表审议通过了协会 2012 年工作报告，原则通过了 2013 年工作要点，并围绕 2013 年协会工作要点和行业发展建设的重点问题提出了许多建设性的意见和建议。

（三）组织 2013 年度全国规划协会秘书长研讨会

2013 年 4 月，协会在南通市召开了 2013 年度全国规划协会秘书长研讨会。地方协会代表分别就各自协会工作开展和自身建设情况进行了经验交流，并就协会在新形势下如何审时度势、总结经验、解决问题、健全制度、与时俱进、加强自身建设、进一步提高社会服务能力、促进行业发展进步等方面展开了深入讨论。

（四）召开中国城市规划协会兼职副秘书长、二级专业委员会秘书长务虚工作会

2013 年 12 月，协会在北京召开中国城市规划协会兼职副秘书长、二级专业委员会秘书长务虚工作会议。会议就协会 2013 年工作进行了总结并汇报了 2014 年的工作要点。协会七个二级专业委员会秘书长分别总结了 2013 年工作，汇报了 2014 年的设想。与会代表结合 2013 年协会取得的成绩与不足，共商 2014 年发展大计，发表了对协会今后工作的意见和建议。秘书处将把这些意见上报协会 2014 年会长工作会议讨论。

（五）召开第三届六次常务理事会议暨第三届全国优秀城乡规划设计奖评选组织委员会会议

2014 年 1 月，协会在上海召开第三届六次常务理事会议暨第三届全国优秀城乡规划设计奖评选组织委员会会议。会议原则通过了协会 2013 年工作报告、财务报告和 2014 年工作安排(要点)。会议指出协会应以深入贯彻落实党的"十八大"、十八届三中全会、中央经济工作会议、中央城镇化工作会议、中央农村工作会议与住房和城乡建设部建设工作会议以及国家机构改革、政府职能转变等指导思想为主要出发点，做好引导规划编制和管理改革的相关工作。会议汇报了"2013 年度全国优秀城乡规划设计奖"评选申报工作有关情况，为开展新一届评优工作打下良好基础。

（六）参与完成《中国城市规划发展报告（2012—2013）》

为更好地反映我国城市规划工作年度的进展情况，全面透析规划行业与学科发展的热点问题，协会协同中国城市科学研究会、中国城市规划学会和中国城市规划设计研究院共同编撰并出版了《中国城市规划发展报告（2012—2013)》，协会负责"中国城市规划协会工作动态"的编辑工作。

（七）加强秘书处自身组织建设和能力建设

协会秘书处围绕"十八大"精神，开展党的群众路线教育，多次组织集中学习和座谈讨论，认真制订党的群众路线教育实施方案，发放调查问卷(收回 30 份)，开展党员干部谈心交心、领导班子专题民主生活会等活动，并接受住房和城乡建设部督导组的具体指导及评议。秘书处根据部里转发的《行政事业单位内部控制规范（试行)》文件精神，上报了《内控规范落实工作和建设情况报告》及《内控规范实施方案》；秘书处还修改完善了《合同管理制度》等；及时地改版网站，以便全面展示协会对外新形象。

2013年城市规划学会工作动态

2013年，中国城市规划学会全年共举办国内学术会议29次（92场），国际学术会议4次，总参加人数达9620人，共发表会议论文2291篇，编辑论文集6套7800册；派往国外的团组共4个8人次，进行技术咨询20项，年总发行期刊500000册。

一、学会能力建设

学会年度内召开了四届九次常务理事会、四届十次常务理事扩大会议（图1），积极探讨国务院机构改革和政府职能转变对学会工作带来的机遇和挑战，充分发挥学会生力军作用，抓住机遇，拓展社会服务职能；召开了2013年全国城市规划学会工作会议（图2），统筹安排学会工作，加强与二级组织以及地方学会之间的沟通与交流；积极支持二级组织机构组织建设，审批了居住区规划学术委员会、城市交通规划学术委员会、城市生态规划学术委员会、城市安全与防灾规划学术委员会换届申请，审批了城市设计专业学术委员会、新技术应用学术委员会领导班子人员调整申请；完成了城市影像学术委员会申请和报批，酝酿成立城市规划实施学术委员会、山地城乡规划学术委员会、城乡发展战略与政策研究学术委员会。

图1　四届十次常务理事扩大会议议

图2　全国城市规划学会工作会议

学会于2012年获得中国科协优秀社团奖励并通过绩效评估，学会的综合服务能力进一步增强；学会参加民政部2012年组织的社团评估，各项工作得到民政部的大力肯定，被评为4A级社团。

学会进一步加强科技奖励工作，除了学会固有的终身成就奖、杰出学会工作者奖、金经昌优秀论文奖、全国青年论文奖、求是论文奖、优秀组织奖等奖励以外，2010 年开始评选全国优秀城市规划科技工作者奖，目前已表彰两届。2013 年在参与推荐评比第十三届中国青年科技奖的基础上设立了中国城市规划青年科技奖，并在年会上对获得首届中国城市规划青年科技奖的六名青年学者授予奖牌和证书。同时，为了更好地弘扬科技精神，树立热爱规划、尊重科学的良好风气，向全社会宣传推广规划行业，在进行大量调查研究的基础上，拟设立学会规划创新奖，已经通过常务理事会审议，并责成秘书处对奖励规程进行细化。

二、学术活动

2013 年学会工作围绕转型和创新发展，进一步发挥学会的平台作用，以非营利和公益组织活动为出发点，着力深化学术交流，继续打造以年会为龙头、专题会议为特色的学术会议品牌，积极搭建形式多样、层次丰富的学术交流平台，完善不同模式、不同类型的学术交流体系，创造良好的学术氛围，发挥学术交流服务创新驱动作用。

（一）2013 中国城市规划年会

2013 中国城市规划年会于 11 月 16–18 日在青岛召开，来自全国各地的 6200 多名城市规划师、城市管理人员和大学教授共同探讨“城市时代，协同规划”的主题，会议围绕城镇化、城市规划及其他规划的协同、乡村发展、城市规划信息化等重大话题，在一天的全体大会和 17 个专题会议、10 个自由论坛、2 个高端论坛、3 个特别论坛、3 个工作会议上进行了深入研讨（图 3）。

住房和城乡建设部副部长仇保兴、中国科学技术协会副主席唐启升、青岛市委书记李群等出席了会议并致辞。仇保兴副部长、青岛市委书记李群、复旦大学葛剑雄教授、中国科学院可持续发展研究中心主任樊杰研究员、北京大学城市与

图 3　2013 中国城市规划年会主会场场景

环境学院林坚教授、中央党校国际战略研究所副所长周天勇教授、香港大学地理系主任王缉宪教授、美国伊利诺伊（芝加哥）大学城市规划系张庭伟教授和英国伦敦大学学院巴特雷特规划讲座教授吴缚龙等在第一天的全体大会上作了报告（图 4）。

图 4　仇保兴副部长在年会上作主题发言

中国城市规划学会充分发挥跨地区、跨部门、跨学科的组织优势，会议内容涉及城乡规划、城市发展、宏观战略、社会经济、文化传承等多个方面，既包括城市规划领域的热点、焦点和难点问题，也有很多社会各界关注的话题，充分体现了学会作为政府与社会各界之间的桥梁纽带作用。

为了应对当前各地普遍存在的城镇化快速发展的挑战，年会设立了“新型城镇化与区域协调发展”、“对话城镇化——新型城镇化的协同推进”、“新型城镇化与城市规划教育改革”、“小城镇与农村建设”等平行会议；为适应低碳经济发展和城市转型升级，本次会议设立了“生态宜居，低碳实践”、“绿色文明，美丽城乡”、“城市绿色转型与发展论坛”等平行会议；在关注“三农”问题，促进农村人居环境改善领域，会议设立了“小城镇与农村建设”、“乡村规划：特点与难点”、“城市与乡村，保护与传承”的专题会议；针对当前历史文化遗产频遭破坏的窘境，会议专门设立了“城市规划历史与理论”、“城市保护与文化复兴”、“保护、提升与发展——香港青岛规划专题”等会议；强调规划引领发展，年会设立了“新时期园区发展和规划的新探索”、“交通与土地，协同与融合”、“健康城市与城市规划”、“百年都市青岛：规划引导与城市发展经验”、“拓地、节地、优化城乡环境——香港实践的分享”等平行会议；对于公共基础设施的邻避问题、工程与防灾规划问题、住房问题、城市景观与城市设计问题、城市交通拥堵与城市交通规划问题、大数据时代的城乡规划与智慧城市等社会关注的话题，也都有专门的会场进行研讨，此外，年会还专门设立论坛，讨论民营规划机构的角色与身份、国际经验在中国的实践等（图 5、图 6）。

国家最高科学奖得主、学会名誉理事长吴良镛院士在北京以视频会议的方式主持了年会“美好人居与规划变革”分论坛，吴良镛院士在会上指出，城镇交通系统、河湖系统，以及各种建设，没有统一的规划，难以达成共同目标，更难以让各个子系统各得其所（图 7）。他强调建立新型城镇关系的重要性，提出以县域为单元推进农村发展。过去相当长的时期里，重城轻乡，对于三农问题，缺少

图 5　部分领导、院士专家出席年会

图 6　年会会场场景

图 7　年会美好人居与规划变革论坛，吴良镛名誉理事长与现场视频连线

积极的措施。除了要研究城，要研究城市群，要研究大城市，要讲城乡统一，还更要对农民以县域为单位，有序地推进农村地区城镇化进程，依据各区域具有特色的自然经济基础、文化结构，还有自然生态条件，积极而稳妥地推行以县为单位的城镇文化建设。

年会共征集到学术论文 2422 篇，经专家严格匿名评审，有 163 篇论文在平行会议上宣读，1056 篇论文收录在正式出版的《2013 中国城市规划年会论文集（光盘版）》中。会议发布了《青岛宣言》（详见附录 1）（图 8）和《总规划师倡议书》（详见附录 2）。

图 8　年会发布《青岛宣言》

年会开幕式上学会对支持城市规划领域的学术活动公益活动的单位和个人进行了表彰，向第 7 届中国城市规划学会青年论文奖的获奖者、首届中国城市规划青年科技奖获得者、西部之光大学生暑期规划设计竞赛优胜

奖获得者颁发了奖状和奖章（图 9）。

会议期间，学会城市影像委员会还举办了城市摄影作品公益拍卖，将公益拍卖所得捐献给学会的“规划西部行”活动，为西部地区城市规划领域的能力提升提供经费支持（图 10）。

图 9　首届中国城市规划青年科技奖颁奖

图 10　参会代表参观年会展台

（二）专题学术会议

1. 新型城镇化专家座谈会

1 月 17 日，中国城市规划学会在北京组织召开了新型城镇化老专家座谈会，邀请学会名誉理事长吴良镛、周干峙、邹德慈院士，刘小石、赵士修、胡序威、朱自煊、陈为邦、周一星等学会顾问和老专家，就新型城镇化的问题进行了座谈，学会副理事长唐凯总规划师、住房和城乡建设部城乡规划司孙安军司长以及学会副理事长王静霞参事等参加了会议。与会的老专家指出，积极稳妥地推进城镇化是我国当前的一项重大战略型工作，不仅应该着眼于城镇化的数量增长，更要注重提高城镇化质量，城市化不是越快越好，城市不是越大越好，也不要把城镇化当成是解决中国所有问题的灵丹妙药。专家们希望学会进一步加强这一领域的学术研究（图 11）。

图 11　新型城镇化老专家座谈会

图 12　第五届规划理论年聚

图 13　产城互动与规划统筹研讨会

2. 第五届规划理论年聚

由中国城市规划设计研究院与中国城市规划学会联合主办的第五届规划理论年聚，2013 年 3 月 1 日至 3 日在北京举行。本次年聚由加籍华裔教授梁鹤年主持，邀请中国科学院院士、数学家王诗宬和北京中医药大学教授、医学家钱会南两位非规划领域的著名学者，通过他们介绍各自研究领域的理论，启发参与者对城市研究和城市规划理论的思考（图 12）。

3. 山地新型城镇化发展论坛

由中国城市规划学会、贵州省住建厅等单位支持协办的“山地新型城镇化发展论坛”2013 年 5 月 23 日在贵州安顺市召开，会议由中国科协和安顺市政府共同主办，是第十五届中国科协年会的卫星会场。

贵州省副省长慕德贵出席开幕式并致辞。中国工程院院士崔恺、侯立安，贵州省住建厅厅长张鹏，南京大学教授崔功豪，重庆大学建筑城规学院院长赵万民，贵州省规划院院长单晓刚，东南大学教授王兴平，华中科技大学建筑城规学院教授耿虹等出席了会议。专家们围绕山地城乡规划、山地城市特色风貌、山地城市产城互动等专题进行了学术交流。

4. 产城互动与规划统筹研讨会

产城互动与规划统筹研讨会 2013 年 5 月 25 日至 26 日在贵阳召开，本次会议由中国科学技术协会和贵州省人民政府主办，中国城市规划学会和贵州省住房和城乡建设厅承办，是第十五届中国科协年会的分会场之一（图 13）。

学会副理事长尹稚，贵州省住建厅厅长张鹏，学会城市规划历史与理论学术委员会副秘书长、东南大学教授王兴平等 9 位专家学者围绕主题作了专题报告，近 200 位业界专家、学者、从业人员就产业与城市发展良性互动的经验、教训和看法进行了交流探讨。会议论文着重探讨工业化与城镇化的关系、城乡统筹规划的理论与实践、城乡公共空间建设、生态文明建设等领域，重点突出城乡规划在工业化、城镇化发展中的作用。

针对贵州省城镇化的特点，专家们指出，要积极开创贵州多山地、多民族、民生型、生态型的特色城镇化道路，继续走资源依赖型的路径不可持续；要尊重贵州历史、保护地方文化、坚持生态优先、突出民族特色；要争取更多的政策支持，强化政策协同和制度保障。一方面要抓好大城市、特大城市、中心城市的发展，进一步强化功能，发挥引领与扩散的作用；另一方面要抓好一大批中小城市，特别是县城、县域这个层面的城镇化、工业化工作，要促进乡村发展，产、城、乡统筹发展，以城带乡，以产带乡。

5. 第二届泛珠三角省级规划院院长论坛

2013 年 6 月 16–17 日，第二届泛珠三角省（区）规划院院长论坛在海口观澜湖酒店召开（图 14）。本届论坛由学会主办、海南省建设项目规划设计研究院承办，旨在加强泛珠江三角洲地区各省份的规划联系，促进地区规划交流与合作。

图 14　第二届泛珠三角省（区）规划院院长论坛

论坛邀请了福建、江西、广西、广东、湖南、四川、云南、贵州和海南 9 省区的省级规划院以及香港地区、澳门地区城市规划主管部门、中国城市规划学会的领导和专家、省内主管部门领导以及兄弟单位共 80 多人参加论坛。海南省城乡规划委员会副主任李建飞、海南省发展和改革委员会副主任王长仁、海南省住房和城乡建设厅副厅长兼总规划师杜海鹰等出席论坛。

论坛以“绿色发展与新型城镇化”为主题，围绕新型城镇化的内涵、规划编制工作转型、绿色低碳规划等内容分别作了主题报告。广东省规划院、贵州省规划院、广西城乡规划设计院、四川省规划院分别介绍了本单位机构改革的思路及进展情况，各与会代表就宏观经济形势与区域规划设计市场分析、省级规划院员工能力建设需求评估、事业单位改革与规划管理等问题进行了讨论交流。

6. 2013 城市规划理论务虚会

7 月 15 日，由中国城市规划学会主办、学会学术工作委员会和上海同济城市规划设计研究院承办的“中国城市规划学会 2013 城市规划理论务虚会（图 15）及 2013 年会总体方案研讨会”在上海召开。

会议由学会学术工作委员会主任委员孙施文教授主持。与会专家在分析当前城市规划工作面临的形势，梳理城市规划学术研究与学术交流的思路以及探讨城市规划事业发展和学科建设的前沿问题的同时，结合“2013 年开门办年会”活动

图 15　2013 城市规划理论务虚会

征集到的建议，初步确定了年会大会报告人人选及建议的选题，拟定了自由论坛的选题方案。学会副秘书长曲长虹，上海同济城市规划设计研究院副院长张尚武，学工委王富海、张松、吕传廷、王世福、武廷海、段德罡、黄建中等委员参加了会议。

7. 新型城镇化与政策创新研讨会

由学会和南京大学建筑与城市规划学院主办，南京大学区域规划研究中心、南京大学城市规划设计研究院、南京大学人文地理研究中心承办的“新型城镇化与政策创新”学术研讨会于 2013 年 7 月 20 和 21 日在南京大学召开。

来自国内外的近 40 位专家、学者和规划师围绕新型城镇化和政策创新两个主题进行研讨。会议内容涉及城镇化中的城乡规划探索、乡村变迁、行政体制、土地管理、户籍制度等多个方面。会议期间，针对我国城乡发展战略和城乡规划政策研究相对薄弱的状况，与会专家形成了《关于推进我国城乡发展战略与规划政策研究的倡议书》，倡议加强城乡发展战略研究和规划政策研究，加快中国特色的城乡规划理论构建，以及加快研究平台建设。

图 16　第二届山地城镇可持续发展专家论坛

8. 第二届山地城镇可持续发展专家论坛

2013 年 12 月 12–13 日，由中国科协主办的第二届山地城镇可持续发展专家论坛在山城重庆隆重召开（图 16）。本次论坛的主题为“山地城镇生态与防灾减灾”，中国科学技术协会党组成员沈爱民、住房和城乡建设部总规划师唐凯、重庆市人民政府副市长吴刚等领导同志出席了本次大会，中国科协学会学术部副巡视员王晓彬主持开幕式，中国城市规划学会副理事长兼秘书长石楠、中国岩石力学与工程学会秘书长刘大安主持主题报告会。唐凯、国际著名城市规划专家迪鲁 · A · 塔塔尼，国土资源部地质灾害应急技术指导中心副主任、总工程师殷跃平，重庆大学建筑城规学院院长赵万民，中国科学院成都山地灾害与环境研究所所长邓伟，中国地震局兰州地震研究所所长、甘肃省地震局局长王兰民，国际城市与区域规划师学会副主席马丁·菲利普·威廉·达柏林，香港艾奕康董事赵圣乐等先后作大会报告。

论坛深入贯彻党的十八大和十八届三中全会精神，以及全国科技创新大会精神，积极发挥科技社团在推动全社会创新中的作用，在第一届山地城镇可持续发展专家论坛的基础上，进一步搭建了多学科、多部门、产学研相结合的高层次科技创新交流平台。来自全国17个省、市、自治区，涵盖城乡规划、地质地理、生态环境、地震减灾等多个学科领域的近200位专家、学者，围绕“山地城镇生态保育与开发”和“山地城镇安全与防灾减灾”两大议题，深入交流山地城镇产业发展、规划建设、防灾安全等重大问题，为促进山地城镇化健康发展献计献策。

论坛由中国城市规划学会、重庆市科协、重庆大学共同承办，中国岩石力学与工程学会、中国地震学会、中国林学会、中国生态学会、中国环境学会、中国地理学会、中国建筑学会、中国科学院成都山地灾害与环境研究所、国际城市与区域规划师学会、重庆市规划学会、香港规划师学会等十余家单位共同协办。论坛共征集到论文82篇，并录用论文65篇，由本届论坛专家委员会主任吴良镛先生作序，以“山地城镇生态与防灾减灾——第二届山地城镇可持续发展专家论坛论文集”为题正式出版论文集。此外，论坛还围绕主题，起草了专家建议书并向有关部门报送（详见附录3）。

9. 中国首届城乡规划实施学术研讨会

2013年12月22日，由中国城市规划学会主办，中国人民大学公共管理学院城市规划与管理系、新型城镇化协同创新中心和山西省城乡规划设计研究院联合承办的“中国首届城乡规划实施学术研讨会”在中国人民大学逸夫会议中心召开。来自全国城乡规划管理领域相关政府部门、高校和科研院所的150余名专家学者参加了研讨会。大会主论坛由中国城市规划学会常务理事、山西省住房和城乡建设厅李锦生副厅长主持，中国人民大学公共管理学院院长董克用教授致欢迎辞。

中国城市规划学会副理事长兼秘书长石楠教授、同济大学建筑与城市规划学院赵民教授、公共管理学院副院长张成福教授、住房和城乡建设部稽查办副主任俞滨洋、厦门市规划局赵燕菁局长、深圳市蕾奥城市规划设计咨询有限公司王富海董事长分别作主题演讲。参加大会各分论坛的发言人围绕新型城镇化背景下的城乡规划实施理论与实践、城市发展理论与国际规划实施经验借鉴、城乡规划实施制度与技术保障、城乡规划实施组织保障与管理、特色城市区域规划实施、小城镇与村庄规划实施、公共设施、交通与环境规划实施共七个主题进行报告并开展了有针对性的研讨。

研讨会为从事规划实施学术研究、管理实践和技术支持的工作者，提供了广泛的交流平台，推动了城市规划学科与公共管理学科的融合和交流，有助于探索服务“以人为本”新型城镇化的城乡规划管理理论与方法。

（三）二级委员会学术活动

1. 学术工作委员会

5 月 18 日，以“聚焦中国新型城镇化”为主题的同济 · 城市高峰论坛暨第二届金经昌中国青年规划师创新论坛在同济大学举行。论坛由同济大学、中国城市规划学会、金经昌城市规划教育基金联合主办，同济大学建筑与城市规划学院、上海同济城市规划设计研究院、《城市规划学刊》编辑部承办，中国城市规划学会学术工作委员会、中国城市规划学会青年工作委员会参与协办。来自国内主要规划院校、设计机构的约 500 余人参加了会议。论坛同时举行了第一届金经昌中国城乡规划研究生论文竞赛颁奖仪式，共有 6 篇论文获“优秀论文奖”，10 篇论文获“佳作奖”。

11 月 2–3 日，第 10 届中国城市规划学科发展论坛暨“2013 年金经昌中国城市规划优秀论文奖”颁奖典礼在上海同济大学举行，700 余人参加活动。论坛由金经昌城市规划教育基金、《城市规划学刊》编辑部、同济大学建筑与城市规划学院、上海同济城市规划设计研究院主办，中国城市规划学会学术工作委员会联合主办。论坛邀请了 9 位主题演讲嘉宾，中国城市规划学会学术工作委员会主持了“总规制定的难题与前景”自由论坛，嘉宾们就各自最前沿的学术成果进行了交流讨论。

2. 青年工作委员会

2013 中国城市规划学会青年工作委员会年会于 6 月 28–30 日在陕西西安召开。本次年会由学会青年工作委员会和中国城市规划学会学术工作委员会共同主办，西安建筑科技大学建筑学院、陕西省城乡规划设计研究院、西北综合勘察设计研究院、西安市城市规划设计研究院承办。年会吸引了来自北京、重庆、广东、黑龙江、湖北、江苏、辽宁、内蒙古、山西、山东、上海、四川、天津、云南、浙江、陕西等 16 个省、市、区的 60 余位规划师参加。

会议举行了以“乡村中国与城市中国”为主题的报告会。青工委主任委员郑德高、中山大学教授袁奇峰、西安建筑科技大学教授陈晓键、南京大学教授罗小龙、深圳蕾奥城市规划设计咨询有限公司董事长王富海、上海同济规划院副院长王新哲和中规院上海分院副总规划师孙娟分别作主旨发言。

会议举行了中国城市规划学会青年工作委员会第二届青年规划师演讲比赛，中国城市规划设计研究院钱川等 8 位选手获得比赛优胜奖。会议期间召开了青年工作委员会第四届二次会议。

3. 编辑出版工作委员会

2013 年 11 月 17 日，在青岛召开了 2013 中国城市规划学会编辑出版工作委员会年会，共有 23 家编辑部的 40 余名代表出席了会议。会议邀请了国家新闻出版广电总局报刊业务处李伟和住房和城乡建设部办公厅毕建玲处长分别作主题发言，编辑出版工作委员会执行主席、《城市规划》杂志社执行主编石楠主持了会议。会议讨论了编委会下一步的工作，如建立奖励机制，激励科技期刊编辑人员；开展合作交流活动，积极有效地进行多渠道沟通；各单位资源共享，协同发展，积极进取，创新改革，共同推动城市规划领域的期刊在行业内健康发展。

4. 风景环境规划设计学术委员会

1 月 22 日，由中国城市规划学会风景环境规划设计学术委员会主办，中国城市建设研究院承办的"生态文明，美丽中国"学术交流会在中国建筑设计集团德胜凯旋大厦举行。本次会议的主题是从"生态文明，美丽中国"战略角度看我国风景园林行业发展。谢凝高等 4 位主任委员、副主任委员，李金路秘书长、凌铿总工等 9 位学术委员，以及杨赉丽等 4 位特邀嘉宾出席会议并进行了主题发言，《风景园林》杂志社编辑杜婉秋、中国城市建设研究院白伟岚、周洋、朱婕妤等 6 位同志，列席会议。会议的主要内容包括十八大报告对风景园林行业的发展指导解读、风景园林法制建设、行业管理、学科研究、规划实践以及学会组织建设等。

图 17　风景环境规划设计学术委员会年会

3 月 21–23 日，中国城市规划学会风景环境规划设计学术委员会年会在广东丹霞山召开（图 17）。本次会议着重从风景园林行业如何贯彻落实中共十八大确立的未来中国经济建设、政治建设、文化建设、社会建设和生态文明建设五位一体的特色社会主义发展模式，如何发挥其在"促进生态文明，建设美丽中国"中的地位和作用，引领建设"天蓝、地绿、山青、水净"的美好家园进行研讨。中国城市规划学会秘书长曲长虹，学委会谢凝高、朱观海、李炜民、贾建中、王磐岩、刘彦 6 位主任委员，李金路秘书长，凌铿、唐艳红、孟鸿艳、李翅、张同升等学术委员，特邀嘉宾原桂林市规划局局长李长杰，以及来自肇庆市规划局、北京林业大学、南京师范大学、西南交通大学、中国城市规划设计研究院风景所、北京易兰建筑规划设计有限公司、江西省规划设计研究院、上海佛莱明景观规划设计院、深圳北林苑景观设计研究院、云南方城规划设计院、云南省设计院、南京市规划设计研究院、黑龙江省城市规划勘测设计研究院、四川省城乡规划设计研究院、浙江大学城乡规划设计研究院、中国建筑工业出版社等的 50 多位同仁参加了会议。广东省仁化县人民政府、丹霞山世界遗产协会给予本次年会大力支持。仁化县副县长李志贞致以热情洋溢的欢迎讲话；曲长虹秘书长作了关于两会后学会发展方向的讲话；李长杰对学委会前身中国建筑学会城市规划学术委员会风景环境规划设计学组的成立与前期发展历程作了系统回顾；北京大学世界遗产中心的谢凝高教授等 14 位嘉宾作了主题报告发言；北京市公园管理中心的总工程师李炜民和中国城市规划设计研究院风景所所长贾建中分别主持了上下午的学术会议并作精彩点评。

5. 城市生态规划学术委员会

由中国城市规划学会城市生态规划学术委员会协办，英国伦敦大学学院主办的中英可持续城市论坛于 3 月 13 日在英国伦敦召开，会议为期一天。参加会议的有来自中国的生态专委会委员、南京大学和中山大学代表，以及英国的伦敦大学学院、卡迪夫大学、纽卡斯尔大学等学校代表。会议共有彼特 · 霍尔等 11 个报告人，巴特雷特学院教授吴缚龙主持研讨会，研讨交流主题包括了健康城市、英国生态城镇和规划经验、中国低碳生态城市的发展和挑战、低碳城市动力机制、低碳能源、灾后重建以及可持续区域空间组织等问题，会上城市生态规划学术委员会秘书长陈小卉作了可持续的区域空间组织报告。

2013 中国城市规划学会城市生态规划学术委员会年会于 6 月 7–8 日在江苏无锡举行（图 18)。会议以“生态城市，宜居无锡”为主题，由学会城市生态规划学术委员会主办，江苏省城市规划学会、无锡市规划局协办，无锡市规划设计研究院承办。会上，住建部唐凯总规划师、学委会主任委员张泉、奥雅纳公司叶祖达博士、学会副主任沈清基教授、师武军院长等作了报告。来自全国各地的委员、论文作者代表结合学术成果研究及无锡、深圳等地方生态城市实践分别作了 9 个专题报告，探讨交流了我国生态城市规划领域最新的学术研究和实践成果。年会

图 18　城市生态规划学术委员会会议

期间，学委会还召开了换届会议。

6. 城市规划历史与理论学术委员会

第5届城市规划历史与理论高级学术研讨会暨中国城市规划学会城市规划历史与理论学术委员会2013年年会于5月27–28日在山西平遥古城隆重举行。本次会议由中国城市规划学会、东南大学建筑学院主办，中国城市规划学会历史与理论学术委员会、山西省城市规划学会、山西省城乡规划设计研究院、平遥县人民政府承办。

学术委员会主任董卫教授，山西省住建厅副厅长李锦生等致辞。开幕式后举行了两个场次、共三个环节的学术研讨会，来自山西省住建厅、华中科技大学、南京规划院、武汉市国土资源和规划局、华南理工大学、东南大学、南京大学、东京大学、庆应义熟大学、清华大学、重庆大学、深圳大学、广州市城市规划编研中心、天津大学等单位的18位专家学者分别围绕城市规划历史、城市规划理论、历史城市形制、工业遗产保护以及特色地域文化等多个议题与参会代表分享其学术研究成果。随后学委会部分委员结合平遥古城规划，围绕学委会如何为地方发展服务进行了讨论交流。会议期间还召开了学术委员会工作会议。

7. 城市设计学术委员会

2013年7月22日，中国城市规划学会城市设计专业学术委员会工作会议在北京召开。会议由学委会主任朱自煊主持，朱子瑜秘书长代表学委会秘书处作关于第一届学委会近12年来的工作汇报，杨保军副主任委员代表朱自煊主任向会议说明关于第二届学委会主任、副主任和秘书长人员改选工作的情况。对学委会自成立以来，在提升城市设计学术价值、推动学科进步、促进行业发展、扩大社会影响和服务城市部门等方面取得了不少成绩，与会专家对此给予了充分肯定，对学委会坚持“实地实景、实在实惠”的办会方式大加赞赏。经与会专家酝酿协商，会议按照“代表性、号召力、影响力、积极性”等要求，推举了第二届学委会主任委员、副主任委员和秘书长的人选名单，同时聘请老专家为学委会的顾问。

9月26–29日，中国城市规划学会城市设计学术委员会在天津召开以“全球视野，地方行动”为主题的学术会议，本次会议由学会城市设计学术委员会主办，天津市规划局、天津市城市规划学会承办，天津市城市规划设计研究院协办（图19）。

图19 城市设计学术委员会会议

学委会委员及各地代表共 110 余人参加了会议。会议组织了参观体验、分会讨论和大会主题报告等 3 个部分的交流学习。在天津市规划局沈磊副局长的带领和讲解下，委员代表们参观了天津文化中心等一批反映近年天津城市设计主要成果的优秀实例，分享了天津市在城市设计实施探索过程中的有益经验。分会讨论环节，在杨保军副主任委员的主持下，参会委员代表们纷纷发言，就单体建筑设计与城市设计整体性、城市设计作为建设决策和管理手段，以及组织城市空间的城市设计行动等话题进行了讨论。主题报告会由学委会秘书长朱子瑜主持，天津市副市长尹海林、沈磊和市规划院朱雪梅分别作报告，介绍天津城市设计工作开展的历程，特别是在城市设计管理实施当中取得的成果和经验。学委会主任、清华大学教授朱自煊先生参加会议，肯定并赞扬了天津在城市设计方面取得的好成绩。大家认为，在城市建设中只有充分重视规划管理工作，自觉运用城市设计的方法和技术手段，大胆创新，知而笃行，城市的物质环境建设才能有序开展，城市空间组织方能科学、合理、有效，从而逐渐形成特有的城市风貌环境。

8. 城市交通规划学术委员会

9 月 23 日，由学委会主办，广州市交通规划研究所承办的“新型城市化与现代有轨电车”学术研讨会在广州召开。欧亚科学院院士戴逢、东南大学交通学院院长王炜、中国城市交通规划学会常务副秘书长马林、中规院城市交通专业研究院副院长秦国栋等国内著名专家、学者，与来自北京、上海、南京、天津、宁波等国内外 30 多家的交通规划业界同行共同参与了交流和研讨。会上，中国城市交通规划学会常务副秘书长马林代表学会在大会上致辞，王炜教授及秦国栋教授分别作了题为“有轨电车的网络配置与运行控制”、“对有轨电车的认识”的精彩演讲，北京市城市规划设计研究院、上海交通发展研究院交通所、珠海市规划设计院、广州市交通规划研究所等单位代表也分别作了主题报告，共同分享了国内外有轨电车的发展经验、规划方案、技术标准，同时，针对有轨电车在城市公共交通系统中的功能定位、适用范围和建设标准等进行了深入的研究和反思，共同推进有轨电车在我国的健康、理性发展。本次研讨会是我国城市交通规划领域的一个重要展示窗口和交流平台，对促进交通规划行业的交流、提高国内交通规划管理水平具有重要意义。

11 月 25 日，“新型城镇化与公共交通发展”研讨交流会在深圳举行，会议由中国城市公共交通协会、中国城市规划协会和中国城市规划学会城市交通规划学术委员会联合主办，深圳市规划国土发展研究中心、中国城市规划设计研究院城市交通专业研究院和深圳市城市规划协会承办。原建设部副部长、中国城市规划协会会长赵宝江，全国政协常委、九三学社中央副主席、中国城市公共交通协会理事长赖明，国务院参事、中国城市规划学会城市交通规划学术委员会主任王静霞，住房和城乡建设部总规划师唐凯，国家发展和改革委员会巡视员李国勇，深圳市规划和国土资源委员会副主任梁俊乾等以及国内50多家规划设计研究机构与企业的近200人参加了本次研讨会。本次研讨会专题报告的专家来自城市规划、交通规划、交通管理和运营等多个领域，促进了多学科交融。会议以新型城镇化背景下的公共交通发展为主题，多位专家强调公共交通发展对促进新型城镇化、城市可持续发展具有非常重要的作用，重点探讨了如何规划建设符合新型城镇化特征、以人为本、公众乐于接受的公共交通系统。

9. 历史文化名城规划学术委员会

10月15日，中国城市规划学会历史文化名城规划学术委员会2013年学术讨论会在北京召开。会议由中国城市规划设计研究院名城所承办。住房和城乡建设部城乡规划司冯忠华副司长、中国城市规划设计研究院李晓江院长、中国城市规划学会副理事长兼秘书长石楠出席会议并讲话。讨论会主题为“什么是历史文化名城保护的正确道路”，历史文化名城规划学术委员会的50名委员参加了会议（图20）。

针对我国历史文化名城保护工作中存在的“认识不够，保护意识不强”，拆旧建新，复古造假屡禁不止等现象与问题，与会人员进行了激烈讨论，以澄清历史文化名城保护的目的，提倡正确的古城保护理念和方法。

10. 新技术应用学术委员会

2013中国城市规划信息化年会于10月17–18日在沈阳召开（图21）。来自全国的420多名代表参加了会议，参与单位和人数之多创历届年会新高。会议开幕式由沈阳市规划和国土资源局副局长赵辉主持，住房和城乡建设部城乡规划司管理处调研员蔡力群、住房和城乡建设部信息中心科技信息处处长米文忠、中国城市规划学会副理事长兼秘书长石楠、中国城市规划协会副会长任致远、辽宁省住房和城乡建设厅副厅长邵武、沈阳市人民政府副秘书长董文秋出席会议并分别致祝贺词。会议以“大数据时代的城市规划”为主题，并开设了3个分论坛。中

图20　历史文化名城规划学术委员会学术讨论会

图21　2013中国城市规划信息化年会

国科学院院士、中国工程院院士、国际欧亚科学院院士李德仁、广州市规划局副局长周鹤龙、武汉市国土资源和规划局副局长马文涵以及沈阳市经济和信息化委员会副主任葛苏分别作了主题报告。会议期间，主会场以及分会场的专家、代表们紧紧围绕主题报告，进行了交流和研讨，并就会议主题畅所欲言，纷纷介绍了各地规划行业及信息技术运用的心得和体会。此次会议还以图文并茂的形式，总结回顾了中国城市规划信息年会的创办和成长历程。

11. 国外城市规划学术委员会

11 月 29 日–12 月 1 日，中国城市规划学会国外城市规划学术委员会在湖北武汉市召开了中国城市规划学会国外城市规划学术委员会 2013 年年会。本次年会的主题是“全球网络中的区域与城市的发展”。

我国是全球城镇化发展最快的地区之一。新时期的城市和区域发展，既需要考虑国际竞争力，也需要着眼于本土市场，强调创新和区域合作，转变经济增长方式。与会专家一致认为，在市场化、全球化深层推进的今天，我国“大型城市数量不够、中小城镇发展过多”的城乡空间结构体系将更加“扁平化”。会议就“如何发挥大城市的带动作用和利用城市功能的多样性，使城市与区域的关系更为紧密，让更多中小城镇发挥自身优势得到发展”进行了讨论。既能实现大城市的国际化，又能带动中小城镇从人口的城镇化，转变为经济、产业的城镇化，将成为今后城市规划“求同存异”的发展方向。

主办方还举办了“城市治理与社会发展”、“国际视野与本土特色”、“面向智慧城市的时空行为研究”、“城市空间网络与城市文化”、“聚焦武汉国际化”等分会场及论坛。

12. 城市影像学术委员会

2013 年 4 月，学委会向社会发起公开征集“2013 城影相间”摄影作品活动，得到热烈反响，并组成了以著名摄影批评家鲍昆为组长的评审小组评选出 15 位摄影师的 120 幅作品参加展览。展览先后在上海、深圳、北京和青岛举行，在最后一站青岛年会上进行了作品的慈善公益拍卖活动，拍卖所得继续用于资助学会规划西部行活动（图 22）。

图 22　城影相间摄影作品拍卖

学委会与亚洲开发银行、同济大学建筑与城市规划学院合作，组织开展了《中国新城和新区——挑战与机遇的影像思考》的拍摄与展览。该项计划于 2013 年 3 月发起，并于 7 月得到亚行批准，学委会六名委员与著名摄影师共同完成了上海嘉定新城、无锡太湖新城、四川北川新城、河南郑东新区、大连经济技术开发区和宁波东部新城六个城市扩张发展的影像思考拍摄计划。其中选取 118 张优秀作品，于 2013 年 11 月 12 日在同济大学建筑与城市规划学院展出，并结合影展，举办了“亚行——同济知识中心研讨会”，中外嘉宾约 140 人出席了研讨会。作品还将在亚洲主要城市进行巡展。

13. 工程规划学术委员会

2013 年工程规划学术委员会工作会议于 9 月 5-6 日在绍兴召开，会议代表们围绕《国务院办公厅关于做好城市排水防涝建设工作的通知》和《城市排水（雨水）防涝综合规划编制大纲》，对城市排水防涝规划建设问题畅谈自己的想法，介绍了各地的工作经验。与会专家建议，尽快推动城市规划学会工程规划学术委员会网站建设，推动全国工程规划学术交流；继续扩大工程规划学委会委员规模，在空间上覆盖全国各省、区、市与工程规划专业领域发展较快的城市，并适度吸纳与工程规划领域相关的学科和市政设计的专家；近期以排水防涝为主题开展学术活动；与相关期刊合作，组织工程规划领域专题学术文章。

三、决策咨询

一年来，学会先后组织了一系列有关政策研究和学术研究项目。在项目操作方面，坚持学会搭台、专家唱戏的原则，充分发挥行业内专家的智慧，为政府决策服务、为行业科技进步服务、为职业发展服务、为学科建设服务。

1. 新区控规低碳指标体系研究

学会咨询部（北京营国城市规划咨询有限公司）完成了《新区控制性详细规划低碳指标体系研究》项目。该项目通过对新区控制性详细规划低碳指标进行系统研究，在原有控制性详细规划控制指标基础上增加有关微观技术层面的碳排放控制的指标，使低碳理念能够具体落实到控制性详细规划层面，从而实现在新区土地划拨、出让和建设中，有效减少城市碳排放量。研究提出生态环境、绿色交通、建筑能源、市政工程与资源节约四大类 21 项指标。

2. 承担中科院咨询课题

中国科学院学部于 3 月 2 日在北京举行中国城镇化高层研讨会，并启动“中国城镇化的合理进程与城市建设布局研究”院士咨询重大项目。中科院院士、中科院地理科学与资源研究所陆大道研究员主持该咨询重大项目的研究，两院院士吴良镛、周干峙等，国土资源部副部长胡存智等参加了研讨。中国城市规划学会承担该咨询课题中的子课题研究。该咨询课题将历时两年完成。

3. 承担中国工程院咨询课题

学会组织专家参与了中国工程院重大咨询项目“中国特色城镇化”研究中有关子课题，参加了相关调研、研讨和报告起草工作。学会理事长、专业委员会领导参与了该课题向国务院有关领导的汇报工作。

4. 承担《全国职业大典》的部分修订工作

按照主管部门的统一安排，对于《全国职业大典》中城乡规划部分的内容进行评估、修订，指出原方案存在对“城市规划学科”、“城市规划行业”和“城市规划职业”等基本概念没有清晰界定，基本观念没有按照市场经济条件下城市规划属性与定位的变化进行适当调整，对于城乡规划学科地位的变化也缺乏反映，对于城乡规划专业工作的内涵与外延缺乏深刻理解与准确把握，导致分类不尽合理，交叉重叠较为明显，名称也不够规范，对此，研究提出了具体的解决思路。

5. 承担《城乡规划学名词》编审工作

受全国科学技术名词审定委员会的委托，中国城市规划学会组织编写、审定《城乡规划学名词》。

全国科学技术名词审定委员会是经国务院授权，代表国家进行科技名词审定、公布的权威性机构。经该机构审定公布的名词具有权威性和约束力，对支撑科技发展，保障语言健康，传承中华文化，促进社会进步，维护民族团结和国家统一有着不可替代的重要作用和意义，全国各科研、教学、生产经营以及新闻出版等单位应遵照使用。

1996 年，该委员会曾经审定发布过《建筑园林城市规划名词》，近年又对此进行了修订。随着城镇化进程的加快，城乡规划学科也取得长足进展，2007 年《城乡规划法》颁布标志着我国城乡规划法制地位的提升，2011 年城乡规划学晋升为一级学科，城乡规划学科系统更加完善。原有的框架体系已无法全面反映城乡规划学的现状，难以满足科研、教学和学术交流需要，建立和完善学科术语体系、规范学科名词工作已经提上日程。

中国城市规划学会受委托将组织全国的相关权威专家，撰写并完成相应的上报工作，预计于 2016 年由全国科学技术名词审定委员会最终审定发布。

6. 中国地方政府城乡规划管理组织研究

该项研究由学会出面组织，与中国人民大学公共管理学院合作，是一项规划管理与规划实施领域的基础性工作，通过对全国 300 多个地级以上城市的规划主管部门进行调研，摸清他们的机构设置、人员编制、职能分工、业务联系等基本情况，为推动规划实施领域的进一步研究奠定基础。

7. 组织廊坊市空港新区研究

北京新机场选址在跨北京、廊坊的交接地区，将对廊坊市社会经济发展产生重大影响。受廊坊市城乡规划局委托，中国城市规划学会组织了“廊坊市空港新区定位及产业空间发展策略国际咨询”活动。

学会接受委托后，起草任务书并与符合本次咨询要求的多家知名咨询机构接洽，组织到廊坊进行项目对接，了解项目背景、明确任务要求。经过认真遴选、反复商谈，最终选择了罗兰贝格管理咨询有限公司和奥雅纳工程顾问有限公司参与本次咨询。召开了咨询成果专家评审会，专家们在对咨询成果仔细审阅、认真听取汇报的基础上，经充分审议论证，一致认为：两家机构咨询成果符合要求，对廊坊空港新区未来产业和空间发展具有较强的指导意义，达到了本次国际咨询的目的。

8. 学会专家参加中国科协调研咨询

为支持贵州省乌蒙山区域发展与扶贫攻坚工作，2013 年 8 月 24–28 日，由中国科协书记处书记王春法带队，以中科院院士孙鸿烈为组长的全国相关领域的院士、专家十余人，专程赴贵州省毕节市威宁彝族回族苗族自治县进行实地调研，重点为草海生态治理、威宁县域发展、新型城镇化等提供专家咨询。中国城市规划学会推荐的南京大学建筑与城市规划学院张京祥教授和同济大学建筑与城市规划学院沈清基教授一同参加了此次活动。

张京祥教授提出威宁要汲取东部地区城镇化的教训，努力走出一条特色、效益、可持续的城镇化道路，并就新农村建设与乡村特色、县城规划建设、草海与城市景观塑造等方面提出了建议。沈清基教授对如何准确摸清草海生态环境现状、有效开发利用草海、进行旅游开发及打造威宁的城市名片等提出了一系列具体的建议。中国科协将在院士专家们意见的基础上形成正式的调研与建议报告。

9. 为南京江北新区发展提供咨询

2013 年 8 月中旬起，应南京市规划局的邀请，中国城市规划学会组织了一批国内著名的专家学者，对南京市江北新区的战略规划问题提供咨询。

参与咨询的专家包括南京大学崔功豪教授、中国城市规划学会石楠秘书长、同济大学吴志强副校长、北京交通发展研究中心全永燊教授、同济大学赵民教授和深圳市蕾奥规划设计公司王富海董事长。

学会还协助南京市规划局与国际城市与区域规划师学会衔接，组织了国际咨询团队同期参与咨询。

10. 学会专家赴黄石进行专题咨询

按照中国科协的统一安排，中国城市规划学会于 9 月 10–12 日组织国内著名专家，就湖北省黄石市生态立市、产业强市、加强生态文明建设进行专题调研和咨询。专家一行先后前往多家企业、园区以及铜绿山古铜矿遗址等地深入调研，与黄石市委、市政府、市政协和有关部门的领导充分交换了意见，对于如何更好地通过规划引领，发挥资源型城市的政策优势，促进生态化转型发展，提出了一系列有针对性的意见和建议。

中国城市规划学会副理事长王静霞、石楠，学会理事吕斌、石铁矛，以及中科院地理科学与资源研究所张文忠研究员、东南大学建筑学院王兴平教授、清华同衡规划院副总规划师刘忠强等专家参与了咨询活动。

四、国际合作

学会在国际合作领域具有悠久的传统和技术优势，经国务院批准学会作为我国的官方代表，加入国际城市与区域规划师学会，打开了一扇与世界 78 个国家直接联系的大门。学会目前与联合国开发署、人居署、世界银行、国际古迹遗址理事会、国际规划学会以及美国、英国、日本、韩国等国家的规划组织保持着良好的关系和经常的业务联系。

（一）国际交往

2 月 4–5 日，国际城市与区域规划师学会 2013 年春季主席团会议在荷兰海牙国际规划学会总部召开，学会主席、副主席和秘书长参加了会议。会议研究了 2013 年的工作安排、预算和 2013 年第 49 届世界规划大会等事宜。中国城市规划学会秘书长石楠作为国际规划学会副主席出席了会议。

8 月 26 日，中国澳门特别行政区运输工务司办公室主任黄振东一行访问了中国城市规划学会，中国城市规划学会副理事长兼秘书长石楠等与澳门代表团进行了座谈。按照住房和城乡建设部与澳门特区政府运输工务司签署的合作备忘录，中国城市规划学会自 2008 年起作为协议书的具体执行机构，与澳门特区政府、澳门规划和建筑行业开展了研究、咨询和培训等方面的合作，组织、协调内地的有关专业机构和专家就澳门特区总体城市设计、填海区总体规划、遗产保护、轨道交通、法制建设等诸多领域提供了专业的服务。随着澳门《城市规划法》、《土地法》和《文化遗产保护法》相继颁布与实施，澳门跨入了依法编制、核准、实施、检讨和修改城市规划的新阶段。本次运输工务司官员来访，通报了这三部法律的基本情况，以及法律实施后双方开展进一步合作的设想。

9 月 26 日，应大韩国土 · 都市计划学会（KPA）的邀请，中国城市规划学会副理事长兼秘书长石楠出席了城市与传媒（City as Media）国际研讨会，并在会上作了题为“微博：中国规划界 2.0 版”的主旨报告。本次会议是由大韩国土 · 都市计划学会和韩国新闻记者学会联合举办，由首尔市政府资助的。会议旨在从传媒学和规划学的角度探讨城市发展的话题，研究信息社会城市的角色及其相应的规划应对，特别是在网络媒体高度发达、民众参与程度日渐提高的条件下，城市政府、城市规划师应该如何重新认识城市的传媒功能，以及传媒如何影响城市发展等广泛话题。参加会议的专家来自城市规划和新闻传媒不同的领域，除韩国和中国外，还包括美国、英国、日本等国家。首尔市市长朴元淳、大韩国土·都市计划学会会长和韩国新闻记者学会会长等参加了会议。

中国城市规划学会副理事长兼秘书长石楠率代表团出席10月1日至4日在澳大利亚布里斯班召开的国际城市与区域规划师学会第49届世界规划大会。本次大会的主题是“规划前沿：规划实践的崛起与没落”，共有来自世界70多个国家的300多名规划师、大学教授和政府官员出席了大会。中国城市规划学会、中国城市规划设计研究院、同济大学、西安建筑科技大学等机构和南京市、武汉市等城市派专家参加了会议，并在四个分会场作了学术报告。石楠副理事长以国际规划学会副主席的身份参加了9月29日举行的学会主席团会议。

10月24–25日，由联合国人类居住和规划署(UN–Habitat)组织，来自世界各地和相关国际组织的二十几位专家在法国巴黎召开了《国际城市与区域规划准则》(International Guidelines on Urban and Territorial Planning)专家组第一次会议。中国城市规划学会秘书长石楠应人居署邀请，作为专家组成员，参加了会议。

受新加坡第三届李光耀世界城市奖评委会委托，学会协助其在中国筛选、推荐优秀城市案例参与评选，学会推荐仇保兴理事长任其五人评委之一，推荐了我国有关城市申报该奖项。

学会加强与联合国人居署的合作与联系，积极推荐专家参与人居署的有关研究工作和学术活动，并向人居署推荐了国家开发银行的有关投资项目。

（二）国际会议

1. 第二届轨道交通综合开发国际研讨会

主题为“轨道交通沿线土地综合开发与规划”的第二届轨道交通综合开发国际研讨会2013年1月11–12日在北京交通大学举行。会议旨在研究探讨城市轨道交通沿线综合利用及其周边土地开发利用过程中涉及的前期策划、城市规划、建筑设计、开发建设、制度保障、管理配套等方面的理论进展、方法创新和经验教训。会议由中国城市规划学会和中国投资协会共同主办。学会名誉理事长邹德慈院士，中国地铁咨询公司总工程师、中国工程院院士施仲衡等出席开幕式并致辞（图23）。中国城市规划学会副理事长兼秘书长石楠主持会议开幕式。

邹德慈指出，要实行“三维规划”，要将地上、地下空间统筹考虑、综合规划，以确保城市交通的安全、高效、节能、环保、经济。石楠呼吁，应明确轨道交通综合开发和相关规划的编制机制、编制标准和编制主题，确立轨道交通综合开发相关规划的法律地位。

图 23　邹德慈院士在第二届轨道交通国际研讨会上发言

图 24　低碳生态城市国际研讨会

来自国内外相关政府管理部门、行业学（协）会、科研院校、工程设计单位等的 20 余位专家学者分别从宏观、战略与政策层面作了精彩的报告。并以城市与轨道交通可持续发展的视角，围绕轨道交通在新型城镇化中的作用和意义、沿线综合开发需要的建设体制、多模式下轨道交通的投融资渠道、轨道交通发展对新城规划与管理体系的影响以及综合开发的各种尝试和实践等方面作了深入探讨。

2. 低碳生态城市国际研讨会

由中国城市规划学会、美国能源基金会、德国墨卡托基金会联合主办，深圳大学建筑与城市规划学院承办的“建设低碳生态城市国际研讨会暨 2013 中国低碳生态城市大学联盟工作会”6 月 6–8 日，在深圳大学召开，此次会议主题为“低碳经济与生态城市”（图 24）。来自清华大学、同济大学、深圳大学、重庆大学、西安建筑科技大学、哈尔滨工业大学、山东大学以及加州大学戴维斯分校、波特兰州立大学、柏林理工大学、德国城市规划与设计学院等高等学府的 20 位知名专家出席了会议。与会专家围绕会议主题，从低碳生态规划理念、实践、技术和教育 4 个方面进行了深入交流。

与会专家一致认为，规划环节的控制将有效指导低碳生态城市建设过程。必须同时强调环境保护规划、空间精明拓展以及环境影响设计，并指出需要政策保障、设计理念与规划编制技术手段的协同作业。会上，与会专家分享了来自我国西北地区、高地极寒地区、东南沿海城市化率先发展地区以及国际的实践经验。

3. 第五届“21 世纪城市发展”国际会议

11 月 30 日 –12 月 1 日，由中国城市规划学会和华中科技大学联合举办的第五届“21 世纪城市发展”国际会议在武汉召开，中国城市规划学会副理事长兼秘书长石楠出席会议并发表主题演讲（图 25）。

此次会议以“都市中国 · 智慧规划”为题，聚焦于中国走向城市社会主导新阶段的特点及规划改革适应策略，来自美欧国家的 8 位学者及 10 余位国内专家在会上作了精彩报告。在“新型城镇化发展”议题中，杨保军、赵万民等与会专家重点探讨了低碳、绿色城镇化途径，西南、东北及中部地域城镇化发展差异性策略，提出了走适应气候环境条件的地域城镇化发展道路及其规划适应性理论。在“可持续性城市及其规划设计”议题中，丹尼尔·安德森(Daniel P. Anderson)、彭震伟等与会专家交流了国际、国内城市可持续性评估及规划设计实践探索的经验，并提出了许多有益的可持续城市规划设计方法。在“信息化与城市规划”议题中，阿莱士·坎普鲁维(Alex Camprubi)、施卫良等与会专家交流了微博、大数据等新媒体工具、海量信息处理对规划方式方法的影响，以及规划模式转型的问题，提出了许多有前瞻性的观点。在中国新的城市化时代，城市发展的新趋势、规划转型适应是本次会议关注的重点。

图 25 第五届“21 世纪城市发展”国际会议

本次会议共收到论文 70 多篇，主办单位择优选择 50 篇论文印制了国际会议论文集。

五、知识传播

宣传出版是学会传统的优势领域，为适应信息时代和网络社会的发展趋势，学会在这一领域进行了积极的探索。

（一）统筹规划领域的编辑出版

学会编辑出版工作委员会作为学会的工作机构，主动向新闻出版主管部门和住建部广泛宣传学会在出版、宣传方面的工作情况。委员会先后多次向国家新闻出版广电总局新闻报刊司报刊业务处和综合处进行汇报，报告委员会的组成与活动情况，得到了相关领导的赞同，并作为国家制定相关政策的调研对象。积极向住建部主管部门汇报委员会工作，并在住房和城乡建设主管期刊全体成员会议上作委员会工作开展的汇报发言。2013 年 11 月 17 日，在青岛召开 2013 中国城市规划学会编辑出版工作委员会年会（图 26）。

图 26 编辑出版工作委员会年会

学会编辑出版工作委员会组织各委员会成员联合签署了抵制学术不端的联合声明，建立了委员会成员信息沟通的QQ群，及时通报沟通学术不端的信息，成员单位协同行动，列入“黑名单”者将在一定时段内不再接受其投稿。

经11家编辑出版委员单位授权，《城市规划》杂志与相关数据出版方进行维护权益协商，《城市规划》杂志咨询、了解了相关知识产权的关系，多次与相关部门面谈，最终取得一定的结果。

（二）学术期刊建设

《城市规划》杂志编辑部扩充特约审稿人队伍，吸收了一批中青年专家，缩短了审稿周期。为提高本刊投稿的处理速度，方便各位作者、审稿专家和编委，《城市规划》杂志网上编审系统于2013年7月11日正式开通，成功注册用户名后，可在“作者投稿系统”中投稿、查询稿件审核进度和审稿结论。编者和审稿专家也都实现了在线稿件处理功能。《城市规划（英文版）》的主页www.ccprjournal.com.cn于2013年10月投入使用。

《城市规划》杂志移动客户端于2013年5月27日正式上线，电子版的杂志不仅包括了纸质版的全部内容，而且还包括了纸质版所没有的多媒体视频资料。同时，便捷的阅读方式、随意比例的页面缩小与放大效果等特点，为读者提供了全新的阅读体验。

《城市规划》杂志微信公众平台于2013年5月23日正式开通。读者可以通过手机等移动通信设备，获取《城市规划》杂志有关最新资讯。编辑部通过这一公众平台，定期向关注者推送本刊最新发表的论文内容，以方便读者充分利用碎片化的时间，第一时间了解刊物的学术内容。

《China City Planning Review》年内出版4期，清华大学建筑学院、研究所以及清华同衡规划院投入大量人力、物力、财力，保证了学会这一会刊的顺利出版，及时、全面、准确地把中国城市规划建设的最新学术成果和最新实践进展传达给世界各地的读者，学术地位不断加强，国际影响不断扩大。

为了拓宽英文版的海外发行，继2010年与中国知网合作之后，2013年与世界知名出版公司EBSCO（EBSCO Publishing Inc.）和ProQuest LLC进行商谈电子发行事宜。目前，与EBSCO签订协议，自2006年以来的全部文章将被纳入EBSCO公司旗下的Academic Search International数据库。与ProQuest的合作协议正在商谈中。

（三）网络媒体传播

学会对官方网站“中国城市规划学会网站”（www.planning.org.cn）进行

全面维护及改版工作，加强了对学会各类活动的报道，成为学会与外界沟通的重要窗口。

学会与年会承办城市合作，将中国城市规划年会专用网站(www.planning.cn)作为年会组织的重要平台，实现了注册报名、酒店预订、信息发布的网上全程服务。

学会与中规院等单位合作，作为“中国城乡规划行业网（www.china-up.com)”的主办单位之一，指定该网站作为学会学术活动的合作网络媒体，通过该网站发布学会的有关信息，传播学会活动的内容，播放学会各种会议的相关视频。

学会官方微博（@中国城市规划学会）已成为学会与网民沟通的重要途径，学会充分利用这一即时通信方式及时发布学会的各种动态。截至2013年年底已吸引了近两万名粉丝关注。年会专用微博（@规划年会）作为年会专用的补充信息发布渠道，实时发布年会的各项信息，截至2013年年底已有6700多名粉丝。《城市规划》杂志、《城市规划（英文版)》、工程规划委员会、城市影像委员会也均开通了官方微博（@城市规划杂志，@城市规划英文版，@城市规划学会工程规划学委会，@城市影像学委会)。学会官方微博群成为学会与行业以及社会，特别是青年规划师沟通的重要桥梁，拓展了学会工作的宣传渠道，更好地发出专业的声音，在行业内外赢得了良好声誉。

（四）编辑出版各类规划专业图书

学会和同济大学等合作，编辑出版《遗珠拾粹——中国古城古镇古村踏察》两册（图27)，汇编了《城市规划》杂志“遗珠拾粹”栏目近10年来刊登的100个古镇古村的学术资料，从概况、布局、建筑特色和保护建议等方面进行了系统的介绍。该书分两册出版，图文并茂，具有很强的学术性和资料性，是国内首部系统介绍古镇、古村的学术专著，同时，也是非规划、建筑专业人士了解相关知识的极好读物，面世不久即跻身历史类图书排行榜前三甲位置，专业书籍走向公众视野，成为公众的科普读物。

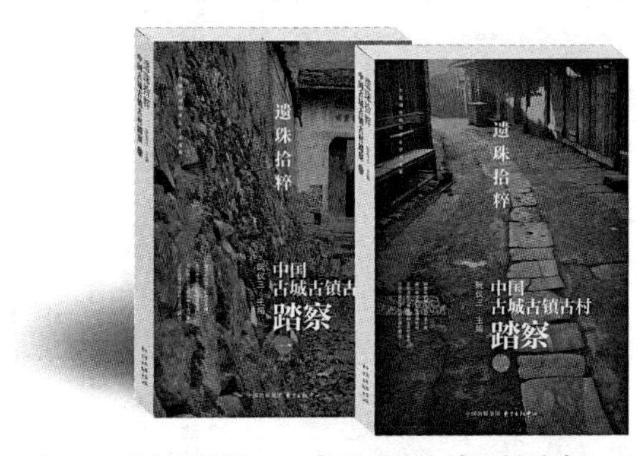

图27 《遗珠拾粹——中国古城古镇古村踏察》

作为中国城市规划学会学术成果之一的六校联合毕业设计成果《宋庄·创意·低碳》一书由中国建筑工业出版社出版。该书汇编了2013年清华大学建筑学院、天津大学建筑学院、东南大学建筑学院、西安建筑科技大学建筑学院、同济大学建筑与城市规划学院和重庆大学建筑城规学院联合举办的联合毕业设计的成果。

根据国际城市与区域规划师学会与中国城市规划学会达成的共识，中国城市规划学会协助国际城市与区域规划师学会出版其年刊第九辑《规划前沿——展望未来的人居环境》(Frontiers of Planning：Visionary Futures for Human Settlements)。本书由国际城市与区域规划师学会副主席、中国城市规划学会副理事长兼秘书长石楠担任总编辑，由英国和澳大利亚专家担任编辑，书中共包括 12 篇学术论文，涉及气候变化、跨境合作、城市复兴、城市安全、公私合作、低碳生态等领域，其中包括了吴缚龙、周岚、叶祖达、王红扬等撰写的三篇论文。本书在第 49 届世界规划大会召开前夕正式出版。

由学会和中规院、中国城市科学研究会等联合主编的《中国城市规划发展报告 2012—2013》全面回顾了 2012 年以来城市规划领域的重大进展，全书分为重点篇、盘点篇、焦点篇、实例篇和动态篇等，特别是对于城镇化、低碳生态转型发展、城镇供水安全、综合减灾等热点进行了全面和深入的阐述，书末附有 2012 年度中国城市发展大事记、重要政策法规索引等。

六、规划公益

图 28 “规划西部行”系列活动

学会进一步强调非盈利、公益组织的基本属性，强调学会是一个价值认同的社会组织，有别于利益认同的社会组织，鼓励和支持更多的会员参与公益事业，通过近年来一系列的公益活动，逐渐形成了学会独具特色的规划公益品牌活动。

1. 规划西部行

“规划西部行”是由学会组织实施的城市规划领域的公益平台，旨在加强东部地区对于西部地区的技术支持，在“专家咨询”、“义务设计”、“本土人才”和“西部学子”等子品牌下提供公益服务，自 2010 年启动以来，影响日益扩大。2013 年创新性地开展了一系列的公益活动（图 28）。

4 月 20 日，由学会和甘肃省住房和城乡建设厅、江苏省住房和城乡建设厅、国开行甘肃省分行主办的“凤凰城市论坛（兰州）”暨“规划西部行”公益活动在兰州成功举办。来自甘肃、新疆、青海、江苏、北京等东西部省、区、市的相关领导出席了此次活动，国内知名专家、城市和开发区管理者和建设者、金融及城市建设企业共同就“东部经验与西部创新——探索中国西部城市新区规划建设路径”展开主题研讨。同时，学会将“规划西部行”的旗帜正式授予江苏省规划院并希望以此次授旗仪式为契机，让更多的规划设计机构、团体加入到规划西部行的队伍中来，承担更多的社会责任，逐步形成星火燎原之势，更好地服务于我国的城乡规划发展。通过近一年的践行活动，江苏省规划院通过每个县市两个工作日的义务无偿规划咨询，为甘肃省西部省份的10个典型县市提供免费编制发展战略规划或新区规划咨询等类型的规划技术服务。发动有关同行，在范围、时间、内容上进一步扩大，为西部地区提供城乡规划服务；为西部地区规划专业技术和管理人员提供一定数量和周期的专业技术培训；发挥牵线搭桥的作用，介绍东部地区的开发企业和投融资集团到西部地区开展城乡建设。

学会设立专门资金资助西部院校学生实地调研、参加培训、参加年会。学会联合全国高等学校城市规划专业教育指导委员会于2013年6月到10月组织了首届“西部之光”全国大学生暑期规划设计竞赛，竞赛主题为“城市漫步”（图29）。通过竞赛促进低碳、生态等科学发展理念的传播，促进东西部大学城市规划专业之间的交流，提高西部大学城市规划专业设计水平。本次活动共有22所西部高校（西部设置城市规划专业的高校共35所），76支参赛队，共计400余名师生参赛。

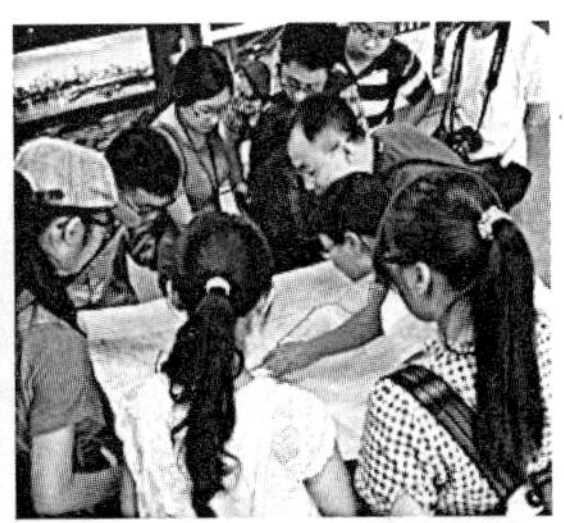

图29 “西部之光”大学生暑期设计竞赛

6月，首届“西部之光”全国大学生暑期规划设计竞赛在重庆正式启动。启动仪式上学会副理事长兼秘书长石楠教授讲了此次活动的由来和意义，强调学会作为公益组织在当中发挥的作用，启动仪式还邀请了渝中区人民政府区长扈万泰，扈区长表示，渝中区能作为此次竞赛命题的选址地是对渝中区规划建设工作的支持。

6月21–24日，参赛师生赴重庆参加现场培训及调研，清华大学建筑学院林文棋高级工程师介绍了低碳生态城市的缘起、理念与规划案例。同济大学城市规划设计研究院俞静高级工程师给师生们讲解了步行交通与步行环境，包括步行空间现实的反思、世博会的一些探索以及步行绿道。重庆大学许剑峰副教授介绍了山城重庆，激发了同学们的创作兴趣。美国能源基金会主任姜洋以基金会山城步道项目为例，详细介绍了重庆山城步道系统。重庆大学刑忠教授授课的内容为低碳生态与低环境影响——从低环境负荷到慢行交通。重庆市规划院余军副总规划师介绍了渝中区的规划与城市设计情况。魏皓严教授解读了此次竞赛的设计选题——山城漫（慢）步。76 支参赛队代表及指导老师根据自己的情况进行了竞赛地块选择和实地踏勘，重庆大学专门配备指导教师对地块详解，参赛师生根据调研心得提出初步规划设计构想与其他学校师生进行交流，来自不同高校的师生开展了热烈的讨论和交流。

学会邀请了专指委、学界、业界、高校、低碳生态城市大学联盟等方面的专家对 62 个参赛作品展开匿名评审，评选出一等奖 1 名、二等奖 2 名、三等奖 3 名、专项奖 6 项、佳作奖 10 项，共计 22 个获奖作品。其中，重庆大学杨文驰、甘欣悦、刘雅莹三位学生的作品《Urban Link——基于城市生活的慢行系统设计》夺得大赛一等奖；桂林理工大学作品《微交通·微生长》、内蒙古工业大学作品《Color live pavement design》获得二等奖；来自西安建筑科技大学、重庆大学、长安大学的三个代表队分获三等奖。此外，黄瓴等 10 位指导教师获得了“优秀指导教师”称号，重庆大学等 8 所高校获得了优秀组织奖；在 2013 中国城市规划年会开幕式上为获奖师生颁奖，22 份竞赛获奖作品也将集结成册正式出版。

2. 中国低碳生态能力建设

自 2012 年 10 月，学会与七所大学共同签署、正式签订《低碳生态城市大学联盟合作备忘录》，在大学联盟的框架下开始了一系列低碳生态能力建设活动。

由学会提供学术支持的 2013 年春季学期城市规划专业多校联合毕业设计，3 月 3 日在清华大学建筑学院启动，6 月 1 日在东南大学落幕。这是我国第一次举办城市规划专业多校联合毕业设计活动，来自清华大学、天津大学、同济大学、西安建筑科技大学、东南大学和重庆大学六所大学规划院系的 70 多名师生参加了这一活动（图 30）。旨在为高校的同学们提供更多校际交流的机会，优势互补，共同发展，提升毕业生面对社会现实、协同解决社会问题的能力。活动选取北京郊区宋庄作为案例，主题为“北京宋庄、创意、低碳”，围绕创意和低碳的主题进行设计和交流。设计成果对宋庄的规划建设起到一定的借鉴意义，学会继续提供各方面的支持，并积极协助这些院系对于本次活动的成果进行扩散，推动这一活动继续举办下去。

9 月 9–14 日，“中国低碳生态城市规划建设高级培训班”在同济大学举行（图 31）。来自全国各地城市规划编制单位、城市规划管理部门、国家级综合试验区规划建设管理机构等 20 余家单位的技术骨干参加了这次公益专业培训。培训班旨在通过课堂培训、专业考察、案例解剖、互动交流等教学活动，提升一线城市

图 30　城市规划专业六校联合毕业设计

图 31　中国低碳生态城市规划建设高级培训班

规划技术人员的低碳生态规划能力。从低碳生态城乡规划概要、可持续发展的城市规划设计与管理、低碳城市与绿色社区、绿色建筑与能源规划、低碳城市与可持续城市交通、低碳生态城市规划技术等方面进行了授课。培训考察了 EXPO 城市最佳实践区低碳改造项目及太湖新城，最佳实践区总设计师唐子来教授赴现场亲自教学，为学员们生动讲解了实践区从无到有的整个过程，为学员们介绍每个空间处理的理念和思路，并讲述了每个建筑建成背后的故事；无锡太湖新城现场实地教学过程中，得到了无锡市规划局和太湖新城战略指挥部的大力支持，太湖新城战略指挥部同志为学员们讲解系统生态城区的规划理念和实践。在分组讨论环节，学员通过介绍各自负责的低碳生态实践项目展开深入的交流讨论，并针对低碳生态专题，研讨该领域的技术要点和理论前沿，从培训授课内容及实地考察心得出发提出改进各自方案的思路，每组选派两名学员，对改进方案进行总结汇报。

张泉、唐子来、叶祖达、石楠、彭震伟、吴长福、龙惟定、潘海啸、林波荣、袁磊、王志高等行业专家作了专题报告、案例讲解，参与教学点评，培训班还特别邀请了来自“中国低碳生态城市大学联盟”的邢忠、岳邦瑞、袁青、谷健辉等教师共同参与交流点评。培训十分重视学员的参与和互动，学员通过介绍自己负责的实践项目，展开深入的交流讨论，研讨了低碳生态领域的技术要点和理论前沿，并根据培训授课内容提出改进各自方案的思路。学员均是骨干人员，将把学到的新知识、新理念传播于各自的相关单位。

附录 1

青岛宣言

1958 年 6 月 21 日至 7 月 3 日，中华人民共和国建筑工程部在青岛召开第一次全国城市规划工作座谈会，交流城市规划建设经验，部署城市规划工作。中国建筑学会同时举行专题学术研讨会，以青岛为题目，就生活居住区规划与建筑为题进行分析、调查和研究，并出版由梁思成先生作序的专题报告。

时任部长刘秀峰在会上作了长篇总结发言，主要论述城市规划十个方面的问题，涉及科学研究、区域着眼、协调发展、远近结合、因地制宜、深入群众等方面，并提出逐步建设现代化城市的目标。这次会议是我国城乡规划工作的一个重要里程碑，提出的各项方针影响深远，直到今天仍具有指导意义。

55 年后的今天，中国的城乡发展状况，包括城镇的数量、规模、形态、特征均发生了巨大变化，城镇化水平已超过 50%。在城市时代的新阶段，越来越多的城乡居民享受到经济繁荣和科技进步带来的美好生活。同时，城乡发展也面临诸多问题和挑战：资源承载能力和生态环境容量有限、建设用地粗放低效、公共资源供给能力不足、“城市病”日渐突出、城乡差距依然巨大等。

城市时代，全社会对城乡规划寄予厚望，城乡规划工作有责任为城乡发展走出新路创造条件，在促进城乡协调发展、维护社会公平、促进经济发展、保护生态环境、传承历史文化等方面作出更多的努力和贡献，担负起新形势下应有的规划责任。为此，我们提出宣言如下。

1. 立足城镇化前沿，完善理论体系

我们意识到，城镇化浪潮在中国已是不可阻挡。城镇化是经济繁荣的象征和必然结果，也将会成为推动经济发展、扩大内需的强大动力源。在城镇化大潮中，城乡规划不断呈现出新的特点和新的问题，我们将全力发挥学科优势和自身的能力，力求站在城镇化发展的前沿，重视超前研究预测，着力发现和解决问题，在促进城镇化健康发展的同时，完善中国特色的城乡规划理论和方法体系。

2. 配置公共资源，推动社会和谐

我们关注到，地区差距、城乡差距、城市内部差距所产生的问题依然突出。城乡规划作为政府行为，是空间和公共设施资源配置的参与者，必须坚守公共政策的基本原则，必须体现广大公众的利益和诉求。要在重视社会发展的整体要求下，尤其关注弱势群体。倡导公共服务设施、基础设施、就业岗位等社会资源的共享与均质。创造住有宜居、学有优教、劳有应得、老有颐养、病有良医的公平社会环境。在此基础上关注人的心理感受，体现人文关怀，提高规划决策过程中的公众参与度。

3. 优化产业布局，促进经济转型

我们认识到，城镇化、工业化、信息化和农业现代化的实质是通过经济和产业的转型与增长，实现可持续发展的长远目标。产业发展对城乡发展具有引领作用。我们将更加注重把握经济活动规律，研究产业发展需求，发挥城乡规划的公共政策效能，为经济转型和发展提供合理的空间资源和基础设施支撑，形成宜居宜业、产城融合、健康高效的城乡产业空间布局。

4. 保护生态环境，提升发展质量

我们承诺，将生态文明理念和原则全面融入城乡规划工作中，为城市发展方式的转变尽职尽责。切实研究和推动低碳生态技术在城乡规划中的应用，通过规划手段降低城乡建设活动对生态环境的冲击，力争以最小的生态环境代价，取得最为优化的发展成果。提高城镇发展建设质量，合理引导和控制城镇用地发展规模，重视和处理好近期发展与远景控制的关系，创造高效安全的城乡生活、生产环境。

5. 传承历史文化，保持地域特色

我们呼吁，传统文化的精髓是祖先留予的宝贵财富，是不可再生的资源。城乡发展建设，不能以损害历史文化遗产为代价。我们将努力处理好传承与创新的关系，保护和延续城乡原有历史风貌和文化特色，创造与环境融合、饱含文化印记的城乡空间，让我们的城镇和乡村更有识别性，更加富有特色。

6. 认识乡村价值，协调城乡发展

我们强调，城市时代不能忽略乡村的发展，必须付出更大的热情和更多的精力，深入到乡村基层，扎根乡村沃土，研究乡村的历史与文化特征，了解当地居民的精神和物质需求，在管理和服务上更加贴近乡村居民，制定适应当地生产生活特点的乡村规划，实现城乡统筹发展。

7. 推进协同规划，促进学科进步

我们感到，在城乡规划工作中，人的个体所掌握的知识和技能必须得到合理的组合，学科所涉及的内涵和外延必须得到不断的拓展，部门之间所履行的职能和责任必须得到有效的协作，才能应对城市时代所面临的问题。政治、经济、社会、地理、生态、文化、工程等方面相互交集形成科学共同体，作用于城乡发展的进程。规划的成功依赖于协同，城市时代需要协同规划。我们有信心在借鉴全球经验的同时，在国际规划领域承担起相应的责任，创造中国经验，推动学科进步。

110多年前，青岛这座城市伴随着现代城市规划理论的出现而诞生。55年前，在这里召开的重要城市规划会议，迎来了新中国城市规划的第一个春天。今天，在中国改革开放的关键时期，在向“两个百年”的奋斗目标奋力迈进之际，我们聚集在这座具有规划传统的美丽城市，认识到我们正处在一个充满机遇与挑战的时代。这是一个城市的新时代，也是一个乡村的新时代，更是城乡全面发展的新时代。我们或为城市作画，或为乡村吟歌。让每一个人生活得更美好，城乡规划工作者，责无旁贷！

附录 2

总规划师倡议《坚持专业精神》——我们的倡议

我们来自不同的规划单位，今天相聚青岛，探讨如何更好地履行社会赋予总规划师的职责，提高专业水平，秉持职业操守，积极应对当今城乡面临的重大挑战，以专业的态度倡导创新，扶植专业人才，促进学术交流和专业互助。

我们适逢城乡规划事业蓬勃发展的伟大时代！无论在规划编制还是规划实施管理的机构，在总规划师岗位上我们收获着大量前人未有的专业经验。伟大时代带来我们难得的机遇，但毋庸置疑，我们也遇到更加复杂的矛盾：城市快速扩张对城乡资源和环境带来前所未有的威胁；大规模人口流动使城市和农村以往的社会结构发生变化，城乡居民的需求更加复杂多样；局部的利益追求使优秀的历史文化遗产遭受破坏，城乡面貌丧失传统特色和地域特色；城市基础设施和公共服务设施建设跟不上社会经济发展的需要。面对全方位的挑战，奔忙在工作第一线的我们有时会为建设结果偏离规划的初衷而感到遗憾，为规划科学性遭到蔑视而感到愤懑，为低质量的规划设计在技术市场上鱼目混珠而感到无奈。

在实现中国梦的伟大事业中，历史赋予中国规划师的机遇弥足珍贵。我们郑重倡议，让我们振作精神，践行规划职业价值，维护规划职业尊严！

一、扎根于中国城市和乡村发展的实际，尊重自然，尊重历史，以人为本，不断总结规划实施中的经验和教训，发展规划理论，创新规划技术，努力建设中国特色的城乡规划理论和实践的体系。

二、牢记为人民服务的宗旨，坚持正确的职业价值观，维护公共利益，为国家发展和社会进步尽职尽责。

三、永不放弃对规划科学性的追求，讲真话，讲实话，反对伪科学，反对形式主义。积极沟通，求同更需求真！

四、顺应绿色发展的大势，倡导资源节约、环境保护的绿色发展模式，推进我国城乡人居环境的可持续发展。以开放的心态积极学习，促进先进技术的交流，探索当地适用的低碳规划技术，走出一条城乡生态文明的发展道路。

城乡规划的同仁们置身于国家经济建设、政治建设、文化建设、社会建设、生态文明建设的大局之中，一如既往，秉承规划职业为公的精神、务实的精神、科学的精神、创新的精神，忠实地履行我们的历史使命。

让我们行动起来！

附录3

我国山地城镇生态安全的若干问题与对策建议

引言

我国是一个多山的国家，山地约占全国陆地面积的70%，山地城镇约占全国城镇总数的一半。山区集中了全国绝大部分的矿产、森林等自然资源，但也是地质地貌复杂、生态环境敏感、工程和地质灾害易发生的地区。同时，山地城镇也是民族文化的富集区，是地域建筑和景观的特色地区。

党的十八大提出了“生态文明”和“美丽中国”的新型城镇化发展目标。党的十八届三中全会通过的《中共中央关于全面深化改革若干重大问题的决定》强调通过健全体制和制度创新来全面深化改革，明确指出“必须建立系统完整的生态文明制度体系”、“用制度保护生态环境”，同时需要破解“城乡二元结构”。相对平原城镇而言，山地城镇化和生态安全问题相关且更为紧密；山地资源的合理开发和利用不仅是本身可持续发展的需求，也是建设平原地区生态屏障的要求，对社会和谐发展起着极为重要的作用。所以，依据山地生态环境特征，针对性地探索山地城镇可持续发展路径，不仅是山区开发建设的需要，也是我国生态文明建设与和谐社会建设的重要战略举措。

山地城镇建设应该充分考虑生态安全问题，系统考虑山地地形气候复杂性、生态脆弱性和敏感性、灾害多发性等因素，多学科、多部门协同参与，协调山地城镇建设与生态安全之间的关系，促进山地城镇化健康发展。

一、我国山地城镇建设面临的重大挑战

如何解决山区快速城镇化的需求和生态安全的冲突，是我国山地城镇建设面临的重大挑战。

（一）城镇盲目拓展规模，威胁山地宏观生态安全格局

山区生态环境敏感脆弱，其人居承载力远低于平原地区。山地城镇建设中，还需要应对山洪、滑坡、崩塌、泥石流等自然灾害的威胁。随着城镇化进程加快，城镇建设对土地的需求不断增长，许多城镇出现了不顾自然规律，盲目、过度侵占山坡地的现象。对山地生态环境的侵害不断积累，一旦超过其自身修复的“阈值”，往往造成不可逆转的后果。

从生态演变规律来看，许多生态安全问题是由小范围、局部问题逐渐蔓延扩大成大范围、大区域问题，最终威胁整体生态安全格局。如，江西红壤及花岗岩

丘陵地区因流水侵蚀所造成的土地荒漠化面积，20 世纪 50 年代占全省面积的 6%，90 年代已上升到 27.6%。究其成因，除长期的陡坡开垦、过度采伐森林、不合理的农林耕作措施以及工矿、交通等因素外，近年来山地城镇建设带来的破坏性逐渐加剧也是其中的重要因素之一。

（二）工业化、城镇化脱离实际，引发和加剧山地生态与地质灾害

山区往往属于经济欠发达区域，国家在 2011 年确定的 14 个集中连片特困地区全部位于山地区域，各地脱贫致富的发展意愿十分强烈。不少山地城镇为了发展，不顾自身资源环境禀赋，盲目引进一些污染工业项目，或者大兴土木进行开发，严重破坏环境、危及生态安全。

2008 年的汶川大地震和 2010 年的玉树地震均损失惨重。这些灾害的产生，一方面是由于当地独特的构造、地貌及暴雨山洪等自然地质因素，另一方面与该地区长期追求城镇化、工业化的发展道路紧密相关。同时，山地生态安全不只是地质灾害问题，有不少地方还需要面对与山地生态特殊性相关的问题。如云南楚雄州属于干热河谷，降雨量相对较少，地区植被一经破坏，极不易恢复，并可能进入持续干旱的恶性循环。长期的人类活动造成该地森林覆盖率由 60 多年前的 12.8% 下降到 1985 年的 5.2%，但该地上马的企业仍然以高耗水、高能耗的电力、冶金企业等为主，脱离当地生态特征的发展模式使得水资源短缺的矛盾更为尖锐。

（三）建设项目选址不当，人民生命财产安全难以保障

受到地形和地貌条件限制，山地城镇建设主要沿江河两岸及沟谷分布，可利用土地较少。不少城镇在项目建设中在选址之初违背山地自然规律，忽视地质灾害的威胁，留下了安全隐患。一旦建设行为对山地地质环境造成扰动，极易诱发地质灾害，并引发新的地质安全隐患，危及人民生命财产安全。

近年来，山地城镇建设选址不当表现为以下几种模式：①不顾地质条件向陡坡地段后靠，一些城镇甚至出现了使用坡度大于 25% 的山坡等现象；②占用泥石流堆积扇、滑坡堆积体；③侵占河道。同时，山地城镇选址不当还表现为缺乏对山地灾害的群发性特征的深刻认识。如汶川地震灾区强震后又诱发了新的山地灾害隐患点 8627 处，其中 2008 年“9·24”暴雨泥石流灾害就是属于新出现的群发性地灾。这一灾害由暴雨引发，多达 72 条新泥石流突然爆发，掩埋了数个村庄和原北川中学宿舍区，导致 42 人死亡、4000 多人被困山里，并直接威胁下游居住有 300 多人的灾民安置区。

二、出现上述问题的原因

缺乏针对山地城镇建设特殊性的人居环境建设措施是造成山地城镇生态安全问题的重要原因，主要如下。

（一）缺乏对山区自然生态服务功能的系统认识

山地承载着特殊的生态服务功能，在涵养水源、保护野生动植物、大地景观资源、调节气候、维护生态平衡等方面具有重要的地位和无可替代的作用，这些价值很难直接用经济来衡量。如青藏高原是一个独特的地理区域，其特有的生物多样性对中国乃至全球均有重要意义，同时其提供的涵养水源、固碳滞尘、调节大气等生态服务价值远高于其产生的直接使用价值，据测算，两者价值比例约为 70：1。

山地城镇多位于经济欠发达区域，城镇化进程尚处于规模扩张阶段。城镇建设更多地表现为对自然资源的直接索取和对自然生态的侵占，只注重了短期经济效益，而忽视了自然生态长期性、隐形的生态服务价值；只看到一地、一城、一届政府的经济实绩，没有看到因此对整个流域、山区带来的生态代价和长期影响，减弱了山区生态系统的支持和调控功能，使原本脆弱的山地生态环境进一步恶化，并催生和加重了各种地质灾害。

同时，由于对山区生态服务功能缺乏系统深刻的认识，没有建立起相应的评价机制，城镇建设中的生态影响和生态效益没有充分纳入到市场经济机制和领导政绩考核体系中，客观上滋长了无视生态承载力、盲目推进工业化和城镇化的现象。

（二）缺乏针对性的政策和研究支撑

相对于平原，山地城镇人居建设有其内在特殊性和复杂性。一是地形、地质、地貌相对复杂，地域广阔但耕地缺乏；二是区域内人口密度相对较低，但城镇建成区人口密度往往偏高；三是经济欠发达，但文化多样性较高。山地区域城镇化关系到我国广大地区的脱贫致富、维系社会稳定、延续生态和文化多样性的重大压力和紧迫任务，但山地城镇建设面临基建投资费用多、能耗高、防灾减灾压力大等现实问题。当前，缺乏针对山地城镇发展和建设特殊性的政策指导，往往套用平原地区相同的耕地保护、城镇建设规范和政绩考核等标准，不利于山地城镇可持续发展。

（三）规划建设缺乏协同

在我国现行的行政管理架构下，相关部门在各自领域内的空间性规划和专项规划中，都对地质灾害的危险区域采取了相应的应对措施。在发改委主导的主体功能区规划、国土部门主导的土地利用总体规划、城乡规划建设部门主导的城乡规划中，对城镇发展空间、建设用地范围、适宜建设区域、具体用地性质、开发强度等，都进行了相应的规定。但这些规划相互之间衔接不够，缺乏协同机制。就一座具体城镇而言，要结合本地的生态安全特点，将城乡规划与主体功能区规划、土地利用总体规划、地质灾害防治规划、生态环境规划、林业规划等进行有机的衔接，从体制机制上协同考虑经济增长与生态环境、城镇建设与防灾减灾的关系。

三、促进山地城镇可持续发展的建议

针对山区人居环境生态安全的突出矛盾，在我国山区的特色城镇化过程中，需遵循“科学统筹、大处着眼、因地制宜、持续发展”的指导思想。

（一）完善山地城镇建设过程中的生态补偿机制

1. 建立山地生态系统服务价值的评价体系

建议引入国际通用的生态系统服务价值评价等方法，正确评价山地生态系统带来的隐性和显性价值；同时，在主体功能区划的基础上，将这一评价方法运用到县、市域范围内，按照评估结果划分山区的生态系统服务价值等级，并提出相应保护要求，以此指导相关山地城镇建设。

2. 确立切实可行的山地生态补偿制度

根据山地生态服务价值大小，分级、分区建立不同的山地生态补偿标准；并建议在目前财政政策框架的基础上，对生态系统服务价值高的山地提高补偿标准；同时，拓展多类型补偿方式（如：政策补偿、资金补偿、实物补偿、智力补偿等），以促进山地城镇发展的合理转型。

3. 修正山地城镇发展的政绩考核指标

建议结合各地山地城镇特征，将山地生态安全作为衡量山地城镇发展的最重要标准。改变一味追求城镇化水平量的增长的做法，建立有别于平原地区城镇发展的政绩考核指标体系；同时，明确生态补偿机制下各类山地城镇发展的责、权、利，提出相应奖惩措施。

（二）积极探索山地城镇化发展新模式

1. 鼓励山地城镇发展要素跨区域流动

突破山地城镇发展要素局限在其行政范围内的传统发展模式，以维护生态安全为原则，允许在省域、市域范围内进行资金、人员、物质以及耕地指标、城镇建设指标的内部平衡，并推行异地工业园、异地城镇化等模式，以保证山地的持续发展。

2. 建立适用于山区的土地流转制度

建议对耕地十分缺少的山区省、自治区、直辖市，从实际出发，在严格保护林地的前提下，适度减少耕地和基本农田保有的数量指标，推行跨区域土地指标的流转；同时，建议在山区整合土地流转（包括耕地和建设用地）和林地流转等政策，引导生态敏感区域人口外迁，在保护生态安全的前提下引导城乡建设有序集中，减轻生态敏感区的城镇化压力。

3. 建立适用于山地城乡建设的服务设施配置模式

针对山区面积大、城镇化水平低的特征，积极引导城乡服务设施下移，除中心城镇外，特别强化村级服务设施的功能；从中心镇、中心村两级重点建设医疗、教育、文化事业等服务机制，同时，结合山区的不同特点，积极探索具有地方性的城乡服务均等化模式。

（三）进一步落实山地防灾减灾法规体系建设

1. 构建针对山地防灾特征的管理体系

实行针对山区城镇以地质灾害防治为主、其他灾害防治为辅的综合防灾减灾管理体系。落实相关综合防灾减灾规划编制，建立由相关部门运作、具有针对性的多专业机构和部门参与协作的灾害管理整体联动系统，处理好危急状态下和常态中的防灾减灾管理关系，处理好跟踪、检测和灾害突发的关系，为山地城镇的防灾减灾工作提供有效保障。

2. 建立完善的山地城镇防灾减灾技术法规体系

改革我国现行地质灾害防治方面的标准规范，增加对山地城镇生态安全的针对性内容。结合我国地域广阔、地区差异较大、山地分布范围较广、地质灾害种类各异等状况，建议在国家层面建立山地城乡规划标准体系，同时结合各地特点，加强国土部门地质灾害评价标准、方法与各地城乡规划编制体系的对接。

3. 开展针对生态安全的山地城镇建设试点

建议国家选择条件比较好的山区开展山地城镇建设试点，在地方政府领导下，由城乡规划部门牵头，组织有关方面，从生态补偿、城乡统筹、耕地保护、地质灾害防治、城镇建设等多角度进行山地人居环境生态安全工作的改革和试验，包括制度建设、标准制定、科学研究、项目示范、人才培养等，积累经验，视情推广。

（撰稿人：曲长虹，中国城市规划学会副秘书长；刘静静，中国城市规划学会）

2013年高等学校城乡规划学科专业指导委员会工作动态

1．高等学校城市规划专业指导委员会正式更名为高等学校城乡规划学科专业指导委员会（以下简称专指委）。

2．2013年7月13日，住房和城乡建设部人事司在北京召开新一届高等学校土建学科教学指导委员会主任会议。住房和城乡建设部副部长王宁指示：按照《高等学校土建学科教学指导委员会章程》，开拓思路和积极进取，从研究、指导、咨询、服务四个方面，推进新一届专指委的工作。人事司副巡视员赵琦对于推进新一届专指委的工作，提出宣讲和贯彻专业指导规范的具体要求。

3．编制完成本科指导性专业规范。《高等学校城乡规划本科指导性专业规范（2013年版）》（以下简称《专业规范》）于2013年8月正式发布。第三届全国高等学校城市规划专业指导委员会按照教育部高教司及住房和城乡建设部人事司的有关要求，于2010年正式启动编制《高等学校城乡规划本科指导性专业规范》。指导性专业规范是国家教学质量标准的一种表现形式，是国家对本科教学质量的基本要求；专业规范主要规定了本科学生应学习的基本理论和应掌握的基本技能，是本科专业教学内容应该达到的基本要求。规范把专业知识划为核心和选修两类。核心知识是城乡规划专业必备的内容，学生必须掌握、熟悉或了解。规范按照基本要求设定核心知识范围，按最小的容量编写，目的在于留出足够空间和时间，鼓励学校办出专业特色，在教学实践中构建自己的专业内容，以体现特色。规范还进一步提出了社会经济类、建筑与土木工程类、景观环境工程类、规划技术类、规划专题类5个方面的选修方向知识单元。不同的学校可以在这个基本要求的基础上，根据本校的专业特色和定位增加有关教学内容，制订专业培养方案。《专业规范》明确了城乡规划专业本科教育的培养目标和规格，确定了教育内容和知识体系，制定了专业本科教育的办学条件要求，形成了本专业规范的主要参考指标。该规范的制定为城乡规划专业提升为城乡规划一级学科的办学和教育提供了指导意见和评价标准。同时完成的文件还包括《专业规范》编制研究过程、《专业规范》条文说明。本规范已经由中国建筑工业出版社出版，并将在2014年进行宣讲。

4. 制定《专业规范》宣讲工作方案。专业规范的宣讲工作从2014年春节后启动，力争在2014年上半年完成工作。宣讲活动针对尚未通过城乡规划专业本科教育评估的规划院校。依据住房和城乡建设部人事司提供的2012年全国规划院校清单，建立各个规划院校负责人和联系人名录。以专指委名义发函，要求各个规划院校派人参加《专业规范》的宣讲活动，力争做到全覆盖。以部分专指委委员所在院校为宣讲基地，全国分为9个片区，每个片区包含20所左右规划院校，确保宣讲效果和达到合理规模。

5. 高等学校城乡规划学科专业指导委员会年会暨第四届第一次会议于2013年9月27日在哈尔滨工业大学建筑学院召开。到会的专指委委员对负责片区的工作进展、问题和挑战等进行了详细汇报。

6. 2013年9月27–29日，全国高等学校城乡规划专业指导委员会2013年年会在哈尔滨工业大学建筑学院举行。本次年会的参会代表有400余人，分别来自29个省（直辖市）的113所院校，其中注册人数为267人（详见附件3）。年会的参会学校每年均有增加，今年突破100所，其中新增参会学校16所。

7. 年会开幕式上，中国工程院院士邹德慈，美国宾夕法尼亚大学设计学院荣誉院长、麻省理工学院城市规划系荣誉教授Gary Hack先生，英国剑桥大学Elisabete A.Silva教授，中国科学院院士、香港大学城市规划系系主任叶嘉安教授，台湾大学建筑与城乡研究所夏铸九教授分别做了主题报告。同济大学副校长、前专指委主任委员吴志强教授进行了上一届专指委工作报告和《专业规范》的宣讲。

8. 2013年年会对于城市设计作业评优方法进行了改良试验，采取网络初评和会议终评的两阶段方式，从而提高专指委年会的工作效率，使年会期间的专指委工作更为聚焦核心议题。基于2013年年会的改良试验，2014年年会的学生作业和教研论文评优将全部采取两阶段的评选方式。

9. 2014年年会将由深圳大学承办。专指委委员、深圳大学教授陈燕萍和深圳大学相关老师在年会期间进行了工作的对接，为2014年的年会顺利举办提供了基础。专指委同时投票确定了2015年年会承办学校为西南交通大学。

10. 本次年会的承办单位哈尔滨工业大学建筑学院对于工作会议和年会提供了卓有成效的支持，专指委对哈尔滨工业大学建筑学院师生表示衷心感谢。专指委为建筑学院颁发了“卓越工作团队”奖，表彰了冷红教授和吕飞副教授为“卓越工作者”。

具体参会情况如下：

参会嘉宾	中国工程院邹德慈院士，美国宾夕法尼亚大学设计学院荣誉院长、麻省理工学院城市规划系荣誉教授 Gary Hack 先生，英国剑桥大学 Elisabete A. Silva 教授，香港大学叶嘉安教授，台湾大学夏铸九教授，同济大学副校长吴志强教授、住房和城乡建设部人事教育司高延伟处长
参会媒体	中国建筑工业出版社、同济大学出版社、《城市建筑》、《城市规划》、《城市规划学刊》、《国际城市规划》、《西部人居环境学刊》、中国城乡规划行业网、清华大学出版社、辽宁科学技术出版社
参会企、事业单位	哈尔滨工业大学建筑设计研究院、哈尔滨工业大学城市规划设计研究院、黑龙江省住房和城乡建设厅、黑龙江省科学技术厅、哈尔滨市城乡规划局、东北林业大学、黑龙江科技大学、长春市城乡规划设计研究院、密山市住房和城乡建设局、大庆市规划建筑设计院、黑龙江省城市规划勘测设计研究院、哈尔滨市城乡规划设计研究院、内蒙古阿拉善盟住房和城乡建设局
参会院校/人数	29 个省（直辖市）的 113 所[1, 2, 3, 4]院校 400 余人[5]（附表 1，附表 2）。 注册人数为 267 人[6]。 注：[1] 113 所参会院校中，有 32 所为首次参会院校（附表 3，附表 4）。 [2] 省份统计包括中国香港和台湾。其中，贵州、海南、新疆、香港、台湾为首次参会院校所在省份（图 1）。 [3] 河北工业大学城市学院、浙江工业大学之江学院作为独立学院与本部同时参会，未统计在参会院校数据内。 [4] 北京大学除委员（吕斌）、台湾大学除大会嘉宾（夏铸九）外，没有其他教师参会，未统计在参会院校数据内。实际参会院校为 115 所。 [5] 该数据根据酒店住宿情况和开幕式会场座位数估算。 [6] 含减免注册费人数 35 人。

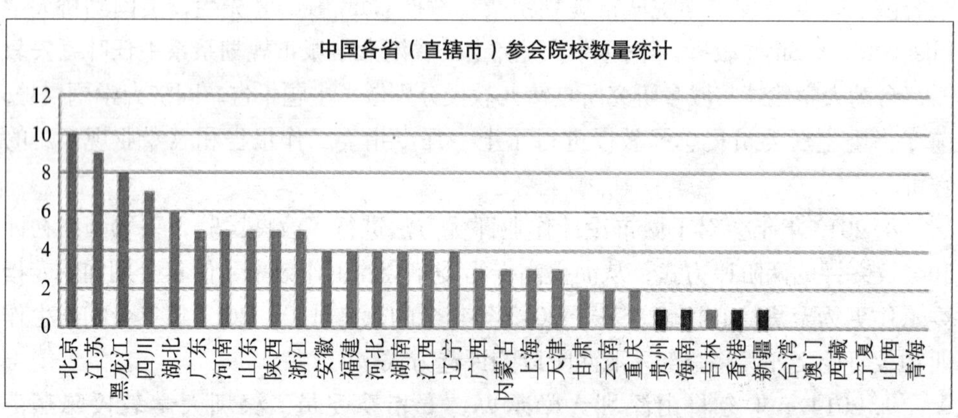

图 1 中国各省（直辖市）参会院校数量统计（深灰色为首次参与院校所在省份）

11．开展专指委相关文件的完善工作。秘书处编制完成并进一步完善《专指委年会筹备工作清单》，作为专指委为承办学校开展年会筹备工作的指导性文件。同时将编制完成专指委年会学生作业和教师教研论文的评选过程、评委会组成及相关规则，形成正式专指委文件。

12．开展城乡规划专业院校基本信息的收集工作。2012 年 9 月，在专指委年会中进行了城乡规划专业院校基本信息的收集工作，共 62 所学校填报表格。内容包括招生规模、全职教师人数、核心课程等信息。同时每个院校提供了负责人和联系人的信息，为进一步收集信息和开展工作提供了基础。2013 年，唐子来主任委员从住房和城乡建设部人教司获得全国城市规划院校清单，目前正在进行进一步的联络信息的收集工作。

13. 教改项目和教材建设推进顺利。高延伟处长传达了城乡规划学科专业指导委员会教改项目的目的和意义，介绍了教改项目目前的进展，并提出专指委需要抓紧时间，在项目期内完成教改项目的研究工作。中国建筑工业出版社杨虹编辑介绍了“十二五规划”专业教材的编写情况。专指委明确提出将对于已经立项的“十二五规划”城乡规划专业教材，进行年度进展检查，推进专业教材编写和出版。同时专指委明确将致力于组建专业教材的审稿委员会，确保“十二五规划”专业教材的质量。

（撰稿人：吴志强，同济大学副校长，教授，博士生导师；王兰，同济大学建筑与城市规划学院院长助理，博士，副教授，全国高等学校城乡规划学科专业指导委员会秘书）

2013 年城乡规划督察工作进展

在城镇化快速发展进程中，为加强对城乡规划实施情况的监督管理，切实发挥城乡规划的引导和调控作用，住房和城乡建设部借鉴西方发达国家经验，开展了派驻城乡规划督察员工作。2006 年至今，已向国务院审批总体规划的 103 个城市派驻了 116 名城乡规划督察员。2013 年，城乡规划督察员通过列席当地政府相关会议、查阅资料、踏勘现场、接受投诉和卫星遥感核查等方式，以规划强制性内容为重点，对事关城市长远发展的历史文化遗产、风景名胜资源、生态环境和水系、绿地等核心资源进行事前事中监督，在事前事中制止违法违规行为苗头 405 起，在促进城乡规划严格实施，维护规划权威性和严肃性，维护公共利益和长远利益等方面发挥了重要作用。

一、2013 年度城乡规划督察工作取得新进展

（一）从维护规划严肃性、权威性的高度做好规划督察工作

2013 年，派驻 103 个城市的 116 名督察员尽职尽责，共在事前事中制止违反规划行为 405 起。其中，违反城市总体规划“四线”行为 248 起。目前，各地侵占绿地行为最为严重，督察员共在事前事中制止违规违法行为 168 起，占全年总数的 67%，避免了 1120 万 m^2 城市绿地被侵占。其余依次是，黄线 14%、蓝线 11% 和紫线 8%。制止了侵占饮用水源地、河道水系等行为 26 起，维护了城市公共安全；制止了侵占城市基础设施用地搞商业开发行为 35 起，维护了城市长远利益和公共利益；制止了在国家级风景名胜区内建设会所、开发房地产和设立采矿场等严重破坏国家级风景名胜区的行为 35 起，保护了不可再生的国家资源；制止了破坏历史文化名城风貌和历史建筑的行为 19 起，保护了国家历史文化传承载体；事前制止和纠正地方规划部门违规审批 46 起，促进了依法行政；督促地方查处违法建设 36 起，有效震慑了违法建设行为。

（二）完善城乡规划督察制度

修订出台了《住房和城乡建设部城乡规划督察员工作规程》和《城乡规划督察员管理暂行办法》，进一步明确督察工作的组织机构、工作方式、工作重点和

工作程序，研究建立督察员工作考核制度，完善约束激励机制。

（三）推进利用遥感监测辅助城乡规划督察工作

出台《住房和城乡建设部利用遥感监测辅助城乡规划督察工作管理办法》，明确工作流程，完善工作制度。对103个城市开展两期遥感监测工作。构架属地管理和分类分级的工作体系，推动各地开展违法建设图斑查处工作。据92个城市不完全统计，通过遥感监测线索查处违法建设1407个，占应查处总数的78.6%，拆除和没收违法建设142万m^2，罚款9000余万元。

（四）继续推动建立覆盖全国的城乡规划层级监督体系

目前，有26个省（自治区、直辖市）建立了省派城乡规划督察员制度，其中16个通过派驻或巡查方式派出了督察员。山东、江西积极推进制度建设，向所辖城市派驻了督察员。安徽、广东等省进一步加大督察工作力度，基本实现了省内设区城市的全覆盖。在实践中探索建立部省联动督察工作机制，推动部省督察工作形成合力，有分工、有重点地开展督察工作。

二、城乡规划督察工作取得显著成效

（一）保护城市生态环境

驻河南某市督察员发现该市老城区历史文化街区改造的居民安置项目拟占用大面积的规划公共绿地，同时，为补偿开发企业在老城改造中的投资收益，该市又将另一更大面积的公共绿地调整为商住用地。上述两块城市公共绿地的调整将影响老城区乃至该市公共绿地系统的完整性，造成绿地系统结构性的破坏。督察员及时发出《督察建议书》予以制止，最终，该市政府决定停止一切违法行为，并进行整改。

驻云南某市督察员发现该市某度假区管委会与该市某石化公司合作，以公园改造提升为由，拟在公园内占地建设管理配套用房、餐厅、商铺等地上建筑。该项目未取得任何规划建设许可就擅自施工，严重破坏了该地区的生态自然资源和景观，对附近水体的改善与保护造成严重的影响。督察员及时发出《督察意见书》，要求修改项目并对违法建设依法予以拆除，维护了公共利益。

驻江苏某市督察员发现该市拟在市内某湿地公园范围内选址建设热电厂，项目选址侵占城市绿线和生态绿地，将对城市生态环境产生长远不良影响。规划督察员向市政府提出不得侵占绿地的建议，保护了城市生态绿地。

驻广东某市督察员获悉，该市著名半岛景区正酝酿着一个大的开发计划，珍稀的海洋半岛生态、银叶林等古树名木资源和一大批有保护价值的渔村面临破坏。督察员在开展调研的基础上向市政府发出《督察建议书》。市政府采纳了督察建议，表态取消相关项目。海洋半岛生态、银叶林等古树名木资源和一大批有保护价值的渔村的保护真正落到了实处。

（二）维护城市公共安全

驻辽宁省某市督察员发现某项目侵占河堤防洪堤坝进行开发建设。经深入调研后向市政府指出，拟建项目未按要求先完成河堤改造工程，而且大幅突破规划控高要求、侵占河道防护绿化带擅自动工建设，不仅侵犯了公共利益、存在较为严重的安全隐患，而且暴露出该市规划管理工作中存在控制性详细规划编制审批滞后、规划审批管理工作存在漏洞，使得总规的强制性内容不能落到实处。督察员要求在建项目立即停工，对相关建设项目方案进行评审，对其建筑高度、容积率、绿化和环境要求进行调整，然后依规划实施建设，对违规违法建设要依法予以查处。该建议最终被采纳，有效地维护了公共利益和公共安全。

驻河北省某市督察员发现，一训练基地建设项目拟在该市饮用水地下水源地和地下水源一级保护区内选址。这一区域是该市市区饮用水的主要来源和后备水源基地，是饮用水源井密集区。该区域地表下渗能力强，是地下水补给径流区。有关部门进行的“地表防污能力评价”结果显示，该区域为“极易污染”区。在此选址直接影响城市饮水安全，严重威胁该市数百万群众饮水安全。在深入调研的基础上，督察组向该市市政府发出《督察意见书》，要求另行选址建设，切实保护城市水源地。最终，市政府回函明确表示接受督察员的意见。城市水源地得到了有效保护。

（三）保护历史文化遗产

驻湖北某市督察员发现投资商拟在该市著名文化园内一处地块打造文化大酒店，而市领导已原则同意。该地块位于古城内东南角，是历史文化名城保护重要地段。目前，古城保护范围的控制性详细规划尚未制订，不应批准建设项目。督察员当即提出口头意见，该意见最终得到市政府主要领导支持，相关项目没有再推进下去。

驻浙江某市督察员发现该市在历史文化名城保护区建设控制地带内进行的旧城改造项目的容积率超出控规指标。督察员立即发出建议函，要求按规定程序完成规划方案的调整。最终，规划局依照控规指标要求降低了该地块的容积率。

（四）保护风景名胜资源

驻江苏某市督察员发现，该市拟在位于国家级风景区核心保护地段建设会所，项目占用大面积绿地，且未取得规划许可即擅自动工。督察员阐明项目违规问题的严重性，要求规划部门立即停止办理各项手续。最终，该地块被恢复成绿地，该景区景观风貌得以保护。

驻浙江某市督察员发现该市拟在市内某风景区核心保护区内建设隧道，已完成论证准备动工。督察员督促该市严格履行风景区项目建设的法定程序，促使该工程依法报上级建设主管部门审核。

（五）促进地方完善规划管理体制机制，建立长效机制

在制止违法违规行为的同时，督察员还注重剖析问题产生的根源，帮助地方规范规划管理工作。一是理顺规划管理体制。督察员督促市政府收回规划管理权限，实现全市规划体制统一集中管理。二是规范新区纳入城市总体规划。针对当前“新区热”中屡屡突破总规建设用地范围的情况，督察员督促派驻城市依照法定程序将新区规划纳入城市总体规划中。三是落实规划执法责任。针对部分城市以罚代管的问题，督察员督促地方成立了专门的规划执法监察队伍，执法效能显著提升。

三、2014 年度城乡规划督察工作总体安排

2014 年 3 月 16 日，党中央、国务院印发了《国家新型城镇化规划（2014—2020)》。该规划第十七章“提高城市规划建设水平”分别从创新规划理念、强化规划管控等方面为督察工作的开展提供了依据。特别是第三节“强化规划管控”，明确提出“健全国家城乡规划督察员制度，以规划强制性内容为重点，加强规划实施督察，对违反规划的行为进行事前事中监管”。该规划从国家战略高度，确立了城乡规划督察制度在保障规划实施、促进城镇化健康发展方面的重要地位。今后，城乡规划督察工作将围绕以下三个方面开展。

（一）加大城乡规划督察工作力度

结合派驻城市发展阶段及资源禀赋特点，加强对结构性绿地、风景名胜区、历史文化街区、农用地、海岸带、河道水系、湿地、水源地和基础设施用地等的动态监控，及时发现违法违规行为并提出督察意见、建议，预防地方政府决策失误，保护事关城市长远发展的核心资源。

（二）完善城乡规划督察制度

抓好新修订《住房和城乡建设部城乡规划督察员管理暂行办法》和《住房和城乡建设部城乡规划督察员工作规程》的贯彻落实。研究督察员工作考核制度，完善激励约束机制。

（三）完善城乡规划实施层级的监督体系

推动建立省级城乡规划督察制度，探索部省联动督察工作机制，适时起草出台《城乡规划督察员部省联动办法》，形成工作合力。

（撰稿人：王凌云，住房和城乡建设部稽查办规划督察员管理处处长）

2013年城乡规划标准规范工作动态

2013年是住房和城乡建设部城乡规划行业标准化技术支撑机构——城乡规划标准化技术委员会（以下简称标委会）成立、标准化工作机制转变并逐步走上正轨的一年。本年度城乡规划标准规范主要工作如下。

一、标委会召开第二次年度工作会议，进一步强化工作机制，凝聚专家力量，加强在编标准质量管理

2013年4月12日，城乡规划标委会在北京组织召开了2013年年会暨第二次工作会议，住房和城乡建设部唐凯总规划师以及标准定额司、城乡规划司、村镇建设司、标准定额研究所等领导，标委会委员、顾问委员计50人出席了会议。

会上，唐凯总规划师作了重要讲话，明确指出：城乡规划技术标准既是国家现有法规体系的重要组成部分，也是规划编制与实施、监督与检查的重要依据，是维护公共利益最基本的技术手段，因此要充分认识标准化工作的重要性，重视标准编制工作。针对标委会的工作任务，与会领导进一步强调：标准化工作应紧密结合我国经济社会发展的形势，坚持以人为本、科学发展的原则，加强标准立项的前期研究，及时反映科学技术的进步，保障标准编制的前瞻性、科学性和可操作性；加强标委会的凝聚力，充分发挥委员们的专家作用，加强对在编标准的质量管理，把握好标准的科学性、系统性和实用性；紧密结合行业发展的需求和技术积累，全面梳理现行城乡规划标准体系以及标准间的相互关系，统筹计划、突出重点，加快标准的制定、修订工作，坚持标准编制工作的开放性、紧迫性和时效性。

标委会主任王静霞作了《住房和城乡建设部城乡规划标准化技术委员会2013年度工作报告》，全面总结了城乡规划标委会2012年完成的主要工作和标准编制工作中存在的突出问题，并对2013年标委会的工作计划、委员们的工作任务进行了统筹部署和安排。通过年度工作会议，进一步强调了标委会工作机制的转变，明确了标委会年度工作的重点，落实了标委会项目工作组的分工以及委员们的工作任务。

工作会议还邀请城乡规划标委会顾问委员、中国城市规划学会副理事长兼秘

书长石楠先生对城乡规划基础标准《城乡规划基本术语标准》(征求意见稿)编制工作进行了详细介绍，与会委员分组对该标准征求意见稿进行了认真的研讨并提出了修改意见和建议。

按照《城乡规划技术标准编制工作管理试行办法》的要求，城乡规划标委会加大了委员对在编标准编制质量的管理力度，加强了标准重要编制环节的技术指导和审查；加强了在编标准各阶段与业务主管部门以及标准横向间的沟通与协调工作，及时解决和消化标准编制工作中的突出问题，对标准编制各阶段文件质量的提高成效显著。

二、业内专家对 7 项实施超过 5 年的标准进行了复审

按照住房和城乡建设部办公厅《关于开展工程建设标准复审工作的通知》(建办标 [2013]12 号)的精神，以及标准定额司《关于组织工程建设标准复审工作的通知》(建标标函 [2013]34 号)的要求，标委会组织有关标准主编单位的专家进行自审、业内专家进行评审，完成了城乡规划行业实施超过 5 年的 7 项标准的复审工作。复审内容包括适用范围、技术水平、指标参数、实施问题等。有关复审标准的名称及复审结论详见表 1。

2013 年城乡规划标准复审项目(7 项)　　表 1

序号	项目名称	主编单位	复审结论
1	城市居住区规划设计规范 (GB 50180—1993)(2002 年版)	中国城市规划设计研究院	建议在做好前期研究的基础上启动修订工作
2	城市道路交通规划设计规范 (GB 50220—1995)	同济大学建筑与城市规划学院	建议继续有效不再修订；有关内容并入新标准《城市综合交通体系规划规范》
3	城镇老年人设施规划规范 (GB 50437—2007)	南京市城市规划设计研究院	建议修订
4	城市公共设施规划规范 (GB 50442—2008)	天津市城市规划设计研究院	建议修订
5	村庄整治技术规范 (GB 50445—2008)	中国建筑设计研究院	建议修订
6	城市道路绿化规划与设计规范 (CJJ 75—1997)	中国城市规划设计研究院	建议继续有效不再修订；有关内容并入新标准《城市综合交通体系规划规范》
7	乡镇集贸市场规划设计标准 (CJJ/T 87—2000)	中国建筑技术研究院	建议局部修订

三、城乡规划标准体系再次梳理并修改完善

根据《住房和城乡建设部办公厅关于开展全国工程建设标准体系构建工作的通知》（建标办函[2013]182号）要求，标委会秘书处对2011年版城乡规划标准体系重新组织了梳理工作，主要包括体系框架及层级，项目构成及核心内容，项目状态、编码、标注，编制组织工作等。

标委会秘书处通过多方访谈、委员信函，有关专家座谈、小型专家座谈会等调查方式，分专业收集和汇总了专家的意见和建议，同时听取了有关业务主管部门及有关专业部门的意见，经过细化、修改、补充和完善，形成了三个修改方案；通过标委会主任委员会议确定了城乡规划标准体系修改方案，并报送住房和城乡建设部城乡规划司、村镇建设司、城市建设司等主管部门再次征求意见，最终修改完成。

通过本次梳理工作，城乡规划标准体系充分考虑了未来标准工作的计划与立项、编制工作的组织与管理，从“2011年版”的62项标准调整至79项，使未来的标准化工作目标明确、推进有序、便于实施。梳理修改后的城乡规划标准体系详见表2（包括[A1]1.0–[A1]1.3）。

城乡规划技术标准体系（共79项）　　表2

[A1]1.0 综合标准（1项）

体系编码	标准名称	现行标准编号	备注
[A1]1.0.1	城乡规划技术标准		待制定

[A1]1.1 基础标准（5项）

体系编码	标准名称	现行标准编号	备注
[A1]1.1.1 术语标准			
[A1]1.1.1.1	城乡规划基本术语标准	GB/T 50280—1998	修订中
[A1]1.1.2 用地分类与建设用地标准			
[A1]1.1.2.1	城市用地分类与规划建设用地标准	GB 50137—2011	现行
[A1]1.1.2.2	镇（乡）规划用地分类与规划建设用地标准		待制定
[A1]1.1.2.3	村庄规划用地分类与规划建设用地标准		待制定
[A1]1.1.3 制图标准			
[A1]1.1.3.1	城乡规划制图标准	CJJ/T 97—2003 J 277—2003	制定中。合并现行的《城市规划制图标准》

续表

[A1]1.2 通用标准（10 项）			
体系编码	标准名称	现行标准编号	备注
[A1]1.2.1 专项用地标准			
[A1]1.2.1.1	居住用地标准		待制定。合并制定中的《镇（乡）村居住用地规划规范》
[A1]1.2.1.2	公共服务设施用地标准	GB 50442—2008	待制定。合并待修订的《城市公共设施规划规范》
[A1]1.2.1.3	工业、仓储用地标准		待制定。合并制定中的《镇（乡）村仓储用地规划规范》
[A1]1.2.1.4	绿地标准		待制定。合并制定中的《城市绿地规划规范》及《镇（乡）村绿地规划规范》
[A1]1.2.1.5	交通设施用地标准		待制定。合并制定中的《城市停车规划规范》
[A1]1.2.1.6	市政设施用地标准		待制定
[A1]1.2.2 新技术应用标准			
[A1]1.2.2.1	智慧城市规划模式规范		制定中
[A1]1.2.3 基础工作与基本方法标准			
[A1]1.2.3.1	城乡用地评定标准	CJJ 132—2009	现行
[A1]1.2.3.2	城乡规划基础资料搜集规范	GB/T 50831—2012	待制定。合并现行的《城市规划基础资料搜集规范》和制定中的《镇（乡）村规划基础资料搜集规范》
[A1]1.2.3.3	城乡建设用地竖向规划规范	CJJ 83—1999	修订中。原《城市用地竖向规划规范》改名、扩内容

[A1]1.3 专用标准（63 项）			
体系编码	标准名称	现行标准编号	备注
[A1]1.3.1 城市规划标准（51 项）			
[A1]1.3.1.1 资源利用与保护规划标准			
[A1]1.3.1.1.1	城市生态规划规范		待制定
[A1]1.3.1.1.2	城市环境规划规范		制定中。原《城市环境保护规划规范》改名称、加主编单位
[A1]1.3.1.1.3	城市能源规划规范		待制定
[A1]1.3.1.2 公共服务设施规划标准			
[A1]1.3.1.2.1	城镇老年人设施规划规范	GB 50437—2007	修订中。下计划时已更名《城市养老设施规划规范》
[A1]1.3.1.2.2	城市公共文化设施规划规范		待制定

续表

体系编码	标准名称	现行标准编号	备注
[A1]1.3.1.2.3	城市体育设施规划规范		待制定
[A1]1.3.1.2.4	城市医疗卫生设施规划规范		待制定
[A1]1.3.1.2.5	城市教育设施规划规范		待制定
[A1]1.3.1.2.6	城市社会福利设施规划规范		待制定
[A1]1.3.1.3 交通规划标准			
[A1]1.3.1.3.1	城市综合交通体系规划规范	GB 50220—1995	制定中。合并现行的《城市道路交通设计规划规范》、《城市道路绿化规划与设计规范》和制定中的《城市对外交通规划规范》
[A1]1.3.1.3.2	城市对外交通规划规范	GB 50925—2013	制定中
[A1]1.3.1.3.3	城市轨道交通线网规划规范	GB/T 50546—2009	待制定。合并现行的《城市轨道交通线网规划编制标准》
[A1]1.3.1.3.4	城市公共汽（电）车设施规划设计规范		待制定
[A1]1.3.1.3.5	城市综合交通枢纽规划设计规范		待制定
[A1]1.3.1.3.6	城市步行、自行车交通规划设计规范		待制定
[A1]1.3.1.3.7	城市道路交叉口规划规范	GB/T 50647—2011	现行
[A1]1.3.1.3.8	城市停车规划设计规范		待制定。合并制定中的《城市停车规划规范》
[A1]1.3.1.3.9	城市交通设计技术规程		待制定
[A1]1.3.1.3.10	城市道路绿化规划与设计规范	CJJ 75/97	现行
[A1]1.3.1.3.11	建设项目交通影响评价技术标准	CJJ/T 141—2010 备案 J 998—2010	现行
[A1]1.3.1.3.12	城市综合交通调查技术规范		制定中
[A1]1.3.1.4 绿地规划标准			
[A1]1.3.1.4.1	城市绿地系统规划规范		制定中
[A1]1.3.1.5 历史文化保护规划标准			
[A1]1.3.1.5.1	历史文化遗产保护规划规程		待制定

续表

体系编码	标准名称	现行标准编号	备注
[A1]1.3.1.5.2	历史文化名城保护规划规范	GB 50375—2005	修订中
[A1]1.3.1.6 市政公用工程规划标准			
[A1]1.3.1.6.1	城市工程管线综合规划规范	GB 50289—1998	修订中
[A1]1.3.1.6.2	城市水系统规划规程	GB 50513—2009	待制定。合并现行的《城市水系规划规范》
[A1]1.3.1.6.3	城市给水工程规划规范	GB 50282—1998	修订中
[A1]1.3.1.6.4	城市排水工程规划规范	GB 50318—2000	修订中
[A1]1.3.1.6.5	城市再生水工程规划规范		待制定
[A1]1.3.1.6.6	城市电力规划规范	GB 50293—1999	现行
[A1]1.3.1.6.7	城市通信工程规划规范	GB/T 50853—2013	现行
[A1]1.3.1.6.8	城市供热工程规划规范		制定中
[A1]1.3.1.6.9	城市燃气工程规划规范		制定中。制定中的《城镇燃气工程规划规范》改名，镇的内容归入待制定的《镇（乡）能源工程规划规范》
[A1]1.3.1.6.10	城市环境卫生设施规划规范	GB 50337—2003	修订中
[A1]1.3.1.6.11	城市照明工程规划规范		制定中
[A1]1.3.1.6.12	历史文化街区市政公用设施规划设计规范		待制定
[A1]1.3.1.7 防灾规划标准			
[A1]1.3.1.7.1	城市综合防灾规划标准		制定中。合并制定中的《城市避难场所规划规范》
[A1]1.3.1.7.2	城市地质灾害规划规范		制定中
[A1]1.3.1.7.3	城市抗震防灾规划标准	GB 50413—2007	修订中
[A1]1.3.1.7.4	城市消防设施规划规范		制定中
[A1]1.3.1.7.5	城市防洪规划规范		制定中
[A1]1.3.1.7.6	城市内涝防治规划规范		制定中
[A1]1.3.1.7.7	城市居住区人民防空工程规划规范	GB 50808—2013	现行
[A1]1.3.1.8 地下空间规划标准			
[A1]1.3.1.8.1	城市地下空间规划规范		制定中，含城市人防工程规划部分内容
[A1]1.3.1.9 功能区规划设计标准			
[A1]1.3.1.9.1	城市居住区规划设计规范	GB 50180—2002	待修订

续表

体系编码	标准名称	现行标准编号	备注
[A1]1.3.1.9.2	城市物流园区规划设计规范		待制定
[A1]1.3.1.10 风景名胜区规划标准			
[A1]1.3.1.10.1	风景名胜区总体规划规范	GB 50298—1999	修订中。原标准《风景名胜区规划规范》更名
[A1]1.3.1.10.2	风景名胜区详细规划规范		制定中
[A1]1.3.1.11 评价标准			
[A1]1.3.1.11.1	绿色生态城区评价标准		制定中
[A1]1.3.1.12 其他标准			
[A1]1.3.1.12.1	建筑日照计算参数标准		制定中
[A1]1.3.1.12.2	城市人口规模预测规程		制定中
[A1]1.3.2 镇（乡）规划标准（10 项）			
[A1]1.3.2.1 综合性规划标准			
[A1]1.3.2.1.1	镇村体系规划规范		制定中。制定中的《镇域镇村体系规划规范》更名、扩容，内容和适用范围包括县域和镇域
[A1]1.3.2.1.2	镇（乡）规划标准	GB 50188—2007	修订中
[A1]1.3.2.2 设施规划标准			
[A1]1.3.2.2.1	镇（乡）公共服务设施规划规范		待制定
[A1]1.3.2.2.2	镇（乡）集贸市场规划设计标准	CJJ/T 87—2000	修订中
[A1]1.3.2.2.3	镇（乡）农业生产设施用地规划规范		制定中
[A1]1.3.2.2.4	镇（乡）道路交通规划设计规范		待制定
[A1]1.3.2.2.5	镇（乡）环境规划规范		制定中。《镇（乡）村环境设施规划规范》更名，剥离村庄内容
[A1]1.3.2.2.6	镇（乡）能源工程规划规范		待制定
[A1]1.3.2.3 防灾规划标准			
[A1]1.3.2.3.1	镇（乡）防灾规划规范		制定中。《镇（乡）村防灾规划规范》更名，剥离村庄内容
[A1]1.3.2.4 历史文化保护规划标准			
[A1]1.3.2.4.1	历史文化名镇、名村保护规划规范		制定中

续表

体系编码	标准名称	现行标准编号	备注
[A1]1.3.3 村庄规划标准（2 项）			
[A1]1.3.3.1 综合性规划标准			
[A1]1.3.3.1.1	村庄规划标准		制定中
[A1]1.3.3.1.2	村庄整治技术规范	GB 50445—2008	修订中

四、城乡规划标准的制定、修订工作继续稳步推进

（一）城乡规划现行标准将达 30 项（调整后），新颁布 4 项

截至 2013 年 12 月底，城乡规划新颁布标准 4 项（表 3），实施标准将增至 29 项（表 4），其中国家标准 22 项，行业标准 7 项；已启动修订的标准 11 项。

2013 年颁布的城乡规划标准（4 项） 表 3

序号	标准名称	标准编号	批准日期	实施日期
1	城市居住区人民防空工程规划规范	GB/T 50808—2013	2013 年 1 月 17 日	2013 年 5 月 1 日
2	城市通信工程规划规范	GB/T 50853—2013	2013 年 1 月 28 日	2013 年 9 月 1 日
3	城市规划数据标准	CJJ/T 199—2013	2013 年 10 月 11 日	2014 年 4 月 1 日
4	城市对外交通规划规范	GB 50925—2013	2013 年 11 月 29 日	2014 年 6 月 1 日

城乡规划专业已颁布（实施或即将实施）的工程建设技术标准（29 项） 表 4

序号	技术标准名称	标准代号	实施日期
国家标准			
1	城市用地分类与规划建设用地标准	GB 50137—2011	2012 年 1 月 1 日
2	城市居住区规划设计规范	GB 50180—1993（2002 年版）	2002 年 4 月 1 日，将修订
3	城市道路交通规划设计规范	GB 50220—1995	1995 年 5 月 1 日
4	城市规划基本术语标准	GB/T 50280—1998	1999 年 2 月 1 日，修订中
5	城市给水工程规划规范	GB 50282—1998	1999 年 2 月 1 日，修订中
6	城市工程管线综合规划规范	GB 50289—1998	1999 年 5 月 1 日，修订中
7	城市电力规划规范	GB 50293—1999	1999 年 1 月 1 日，修订中
8	风景名胜区规划规范	GB 50298—1999	2000 年 1 月 1 日，修订中
9	城市排水工程规划规范	GB 50318—2000	2001 年 6 月 1 日，修订中
10	城市环境卫生设施规划规范	GB 50337—2003	2003 年 12 月 1 日，修订中

续表

序号	技术标准名称	标准代号	实施日期
11	历史文化名城保护规划规范	GB 50357—2005	2005年10月1日，修订中
12	镇规划标准	GB 50188—2007	2007年5月1日，修订中
13	城镇老年人设施规划规范	GB 50437—2007	2008年6月1日，将修订
14	城市公共设施规划规范	GB 50442—2008	2008年7月1日，将修订
15	村庄整治技术规范	GB 50445—2008	2008年8月1日，将修订
16	城市水系规划规范	GB 50513—2009	2009年12月1日
17	城市轨道交通线网规划编制标准	GB/T 50546—2009	2010年4月1日
18	城市道路交叉口规划规范	GB 50647—2011	2012年1月1日
19	城市规划基础资料搜集规范	GB 50831—2012	2012年12月1日
20	城市居住区人民防空工程规划规范	GB 50808—2013	2013年5月1日
21	城市通信工程规划规范	GB 50853—2013	2013年9月1日
22	城市对外交通规划规范	GB 50925—2013	2014年6月1日
行业标准			
23	城市道路绿化规划与设计规范	CJJ 75—1997	1998年5月1日
24	城市用地竖向规划规范	CJJ 83—1999	1999年10月1日
25	乡村集贸设施规划设计规范	CJJ/T 87—2000	2000年6月1日，将修订
26	城市规划制图标准	CJJ/T 97—2003 J 277—2003	2003年12月1日
27	城乡用地评定标准	CJJ 123—2009	2009年9月1日
28	建设项目交通影响评估技术标准	CJJ/T 141—2010	2010年9月1日
29	城市规划数据标准	CJJ/T 199—2013	2014年4月1日

（二）城乡规划制定、修订在编标准共计42项

住房和城乡建设部标准定额司《关于工程建设标准编制工作分工的函》（建标标函[2012]38号），截至2013年年底，城乡规划标委会负责管理的城乡规划在编标准共计42项，其中国家标准35项，行业标准7项；制定标准30项、修订标准12项；共有41个主编单位、140余个参编单位，约600余人直接参与了城乡规划标准的编制工作。2013年城乡规划在编标准基本进展情况详见表5。

2013 年城乡规划在编标准进度情况　　表 5

序号	标准名称	性质	计划下达年度	2012 年进度	当前进展
1	城市居住区人民防空工程规划规范（制定）	国标	2006 年	报批稿	已颁布实施
2	城市通信工程规划规范（制定）	国标	2004 年	送审稿	已颁布实施
3	城市对外交通规划规范（制定）	国标	2002 年	已报批	已颁布，将实施
4	建筑日照计算参数标准（制定）	国标	2007 年	已报批	待批复
5	镇（乡）村仓储用地规划规范（制定）	行标	2006 年	已报批	待批复
6	城市防洪规划规范（制定）	国标	2004 年	已报批	待批复
7	城市消防设施规划规范（制定）	国标	2002 年	报批稿	待批复
8	城市供热规划规范（制定）	国标	2005 年	报批稿	待批复
9	城市电力规划规范（修订）	国标	2009 年	征求意见稿	待批复
10	城市照明规划规范（制定）	国标	2005 年	已上报	报批修改中
11	城市绿地规划规范（制定）	国标	2006 年	已上报	报批修改中
12	城市停车设施规划规范（制定）	国标	2005 年	已上报	报批修改中
13	镇（乡）村防灾规划规范（制定）	国标	2004 年	已上报	报批修改中
14	镇（乡）村环境设施规划规范（制定）	国标	2004 年	已上报	报批修改中
15	镇（乡）村规划基础资料搜集规程（制定）	行标	2004 年	已上报	报批修改中
16	城市综合防灾规划规范（制定）	国标	2008 年	已上报	报批修改中
17	城市抗震防灾规划标准（修订）	国标	2008 年	已上报	报批修改中
18	城镇燃气规划规范（制定）	国标	2007 年	送审稿	报批稿
19	镇域镇村体系规划规范（制定）	行标	2006 年	报批稿	修改报批稿
20	镇（乡）村居住用地规划规范（制定）	行标	2006 年	报批稿	修改报批稿
21	镇（乡）村农业生产设施用地规划规范（制定）	行标	2006 年	报批稿	修改报批稿
22	城市给水工程规划规范（修订）	国标	2009 年	征求意见稿	送审稿

续表

序号	标准名称	性质	计划 下达年度	2012 年进度	当前进展
23	村规划标准（制定）	国标	2007 年	征求意见稿	送审稿
24	镇（乡）规划标准（修订）	国标	2007 年	征求意见稿	送审稿
25	城市工程管线综合规划规范（修订）	国标	2009 年	征求意见稿	送审稿
26	城乡建设用地竖向规划规范（修订）	行标	2009 年	征求意见稿	送审稿
27	城乡规划基本术语标准（修订）	国标	2006 年	征求意见稿	征求意见中
28	风景名胜区详细规划规范（制定）	国标	2008 年	征求意见稿	征求意见中
29	城市排水工程规划规范（修订）	国标	2012 年	准备	征求意见稿
30	城乡规划制图标准（制定）	国标	2012 年	启动	征求意见稿
31	城市环境规划规范（制定）	国标	2005 年	更名并调整 编制内容	初稿
32	城市地下空间规划规范（制定）	国标	2004 年	换主编单位 启动	初稿
33	城市地质灾害规划规范（制定）	国标	2004 年	征求意见稿	初稿
34	城市环境卫生设施规划规范（修订）	国标	2012 年	启动	初稿
35	历史文化名镇名村保护规划规范（制定）	国标	2011 年	启动	初稿
36	风景名胜区规划规范（修订）	国标	2008 年	启动	初稿
37	历史文化名城保护规划规范（修订）	国标	2010 年	启动	调研
38	城市居住区规划设计规范（修订）	国标	2013 年	—	准备
39	城市内涝防治规划规范（制定）	国标	2013 年	—	准备
40	城市绿地系统规划规范（制定）	国标	2009 年	准备	启动
41	智慧城市规划模式规范（制定）	国标	2012 年	准备	准备
42	城市人口规模预测规程（制定）	行标	2005 年	搜集意见 修改报批稿	修改报批稿

五、重要标准开展前期配套研究将成为城乡规划标准编制工作的重要技术环节

根据住房和城乡建设部对标准化支撑机构的要求以及城乡规划行业标准化工作发展的需要，标委会成立以来尝试有计划地组织专家队伍围绕标准编制工作有针对性地开展前期配套研究，以提高标准制定、修订工作的技术水平和编制速度。

2012 年，标委会组织了有关城市交通标准的前期配套研究工作，由中国城市规划设计研究院承担了“城市道路合理级配及相关控制指标研究”项目。该研究已于 2013 年 10 月完成了中期研究报告，并于 11 月 11 日召开了中期成果专家研讨会。按计划该项目将于 2014 年 10 月完成正式成果，其研究成果即主要技术结论将作为 2014 年启动制定的《城市综合交通体系规划规范》的重要技术支撑。

2013 年复审的《城市居住区规划设计规范》(GB 50180—1993)(2002 年版)即将开展全面修订。该标准是我国颁布实施最早、也是使用普及率最高的城市规划标准之一，其修订工作必须坚持科学、慎重、符合实际的基本原则，保证标准的一致性、适用性、前瞻性和可操作性。鉴于此，2013 年标委会已开始组织中国城市规划设计研究院、中国建筑设计研究院、北京市城市规划设计研究院等该规范原主、参编单位开展前期配套研究工作。拟通过有针对性的调查，找出现行标准存在的主要问题，明确修订的主要内容和技术处理意见，以便稳妥、有序地开展修订工作。根据复审意见，拟重点研究以下问题 ：

(1) 城市住区规划建设与社区构建的对接，研究城市住区前期建设与后期管理的有效对接及公共服务设施的合理配置问题 ；

(2) 城市住区环境质量提升与差异化发展对策，研究居住环境品质提高的技术措施及城市差异化发展的分类指导，包括地域、纬度差异，地形、地貌差异，经济社会发展与开发模式差异，居住形态差异等 ；

(3) 城市既有住区（老、旧居住区）环境问题，研究建成区或老城区既有住区环境、设施改善的有关规划设计技术措施 ；

(4) 城市住区养老助残设施配置问题，研究城市必须分级分类提供的养老助残服务设施。

提前组织专业团队开展相关研究再启动标准编制工作，可缩短标准启动编制后用于调查、研究等基础性工作的时间，提高标准编制的工作效率，保证研究质量。这种提前开展预研究的标准编制工作组织方式，将成为今后城乡规划标委会组织重要标准制定、修订编制工作的重要技术支撑环节。

（撰稿人：鹿勤，中国城市规划设计研究院，教授级高级城市规划师）

附 录

2013年度中国城市发展大事记

2013年1月2日，国务院办公厅印发《实行最严格水资源管理制度考核办法》，对责任主体、考核内容、奖惩措施等作出了明确规定，这标志着最严格水资源管理制度有了“紧箍咒”。

2013年1月4日，国家发展和改革委员会官方网站发布了2011年各地区节能目标完成情况公告。公告显示，超额完成的地区有北京、天津、河北、山西、上海、山东、河南、湖北、四川、贵州10个省（市）；完成的地区有吉林、黑龙江、安徽、湖南、广西、重庆、云南、陕西8个省（区、市）；完成了年度节能目标但落后于“十二五”节能目标进度的地区有内蒙古、辽宁、江苏、福建、江西、广东6个省（区）；未完成的地区有浙江、海南、甘肃、青海、宁夏、新疆6个省（区），其中青海因玉树地震灾害的影响未完成年度节能目标。

2013年1月8日，中国指数研究院发布《2012年土地市场报告》(以下简称《报告》)。《报告》称，2012年全国300个城市土地出让金总额近2万亿元，同比减少12.6%。其中住宅用地出让金为1.3万亿元，同比减少14.3%。根据上述报告的统计，全国住宅用地出让金总额前三位均为二线城市，分别是武汉、重庆、成都，其中武汉、成都出让金同比增长幅度均超过 50%。而一线城市由于土地供应成交量下降，导致住宅用地出让金总额呈现下滑。

2013年1月10日，低碳发展蓝皮书《中国低碳发展报告(2013)》(以下简称《报告》)在北京发布。《报告》对中国低碳发展的政策执行和制度创新进行了全面评估、分析和总结。本次报告由清华大学气候政策研究中心完成。《报告》指出，中国低碳发展过程中，在节能、风能和光伏三个领域中形成了三种不同的政策执行模式。节能政策执行是基于政府行政体系、自上而下的压力传导模式；风电开发是在政府引导下、依靠市场机制自发执行的模式；太阳能光伏是自下而上的企业—产业推动模式。

2013年1月10日，全国海洋工作会议在北京召开。国家海洋局党组书记、局长刘赐贵在会上作了题为“真抓实干奋发进取为建设海洋强国而努力奋斗”的工作报告。报告要求，一是建设海洋生态文明示范区；二是预防和控制海洋污染；三是保护和节约利用岸线资源；四是深化海洋应对气候变化和风险评估。

2013年1月11-12日，全国国土资源工作会议在北京召开。国土资源部党组书记、部长、国家土地总督察徐绍史作了题为“以十八大精神统领国土资源工作为全面建成小康社会做出新贡献”的工作报告。其中，关于今年的城镇化用地管理，徐绍史作如下表述：一是保障城镇化建设合理用地。规范城市新区和开发区土地利用秩序。建设节地型城镇，合理安排生产、生活、生态用地。研究制定城市地上地下空间土地权利设定与确权登记办法。二是加强城镇建设用地调控。统筹增量和存量，科学制订和实施土地储备和供应计划。研究探索支持特大城市、大城市、中小城市、小城镇协调健康发展和促进产业转型升级的差别化用地政策。三是促进城乡统筹发展。加快建立城乡统一的建设用地市场。支持新农村建设和发展现代农业，特别是都市农业、设施农业、观光农业、休闲农业。

2013 年 1 月 14 日，中国城市科学研究会与国家开发银行在京举行《“十二五”智慧城市建设战略合作协议》签字仪式。国开行将在“十二五”后 3 年内，提供不低于 800 亿元的投融资额度支持中国智慧城市建设。根据协议，住房和城乡建设部与国开行将以推进新型城镇化为引领，以智慧城市（镇）基础设施建设和运营服务为契机，加强智慧城市试点示范城市（镇）基础设施、综合运营平台、城镇水务、建筑节能与绿色建筑等领域的合作。

2013 年 1 月 15 日，中国社科院在北京发布 2012 年《城乡一体化蓝皮书》(以下简称《蓝皮书》)。《蓝皮书》指出，城市化水平不是越高越好，进程也不是越快越好，要注意保持适当的进度和规模。《蓝皮书》举例称，拉丁美洲就是搞了超城市化。对比美洲与欧洲城市化，我们必须贯彻和落实科学发展观，推进生态文明建设，在资源约束下建设更加合理、生态化、大中小城市协调发展的区域城镇体系。

2013 年 1 月 15 日，低碳城镇化座谈会暨低碳城镇化战略研究课题启动会在北京召开。国家发展和改革委员会气候司司长苏伟透露，目前气候司正在着手推进低碳城镇化相关工作，在推进低碳省区和低碳城市试点的同时，将积极开展低碳城（区）、低碳小城镇、低碳社区、低碳产业园区等试点试验工作。

2013 年 1 月 16 日，社会科学文献出版社与上海社会科学院城市人口发展研究所联合发布国际城市蓝皮书——《国际城市发展报告 2013》。蓝皮书提出“创新塑造国际城市 2.0”的年度主题，认为城市创新纬度主要在于智慧发展、协同创新与包容性创新，相应地涉及城市战略、城市经济、城市社会、城市文化、城市生态、城市治理和城市空间等诸领域的创新。《报告》构造了一个兼顾资本控制和创新中心能力的“国际城市 2.0”的 70 强排名，中国内地城市上海和北京入选，分别排在 11 位和 15 位。

2013 年 1 月 22 日，国土资源部挂牌督办案件新闻发布会召开。国土资源部执法监察局副局长岳晓武表示，国土资源部今年将继续坚持挂牌督办违法案件制度，并督促各省级国土资源主管部门建立这一制度，同时加大部直接查办案件、部省联合查处案件的力度。会议明确，今年四类国土资源违法违规行为列入国土资源部重拳打击范围：违法占用耕地行为，违反国家产业政策的“两高一资”项目粗放利用、污染环境、违法违规用地行为，损害群众利益的违法违规用地行为，无证勘察开采矿产资源行为。

2013年1月22日，上海市人民政府印发《上海市主体功能区规划》。根据规划，上海将市域国土空间划分为四类功能区域，以及呈片状或点状形式分布于全市域的限制开发区域和禁止开发区域。规划表示，上海市推进形成主体功能区的主要目标是：功能布局更加清晰、空间结构逐步优化、用地效率明显提高、区域差距逐步缩小、生态环境不断改善。未来全市的土地开发强度将控制在39%以内。规划还指出，上海市将构建“两轴两带、多层多核”的城市化格局：优化和提升“城市东西向发展轴”，构建“东部沿海滨江发展带”，完善中心城、新城、小城镇等多层次的城镇体系。

2013年1月23日，国务院印发我国首部循环经济发展战略规划——《循环经济发展战略及近期行动计划》。到“十二五”末，我国主要资源产出率提高15%，资源循环利用产业总产值达到1.8万亿元。《计划》明确了我国循环经济发展的重点任务：构建循环型工业体系。在工业领域全面推行循环型生产方式，促进清洁生产、源头减量，实现能源梯级利用、水资源循环利用、废物交换利用、土地节约集约利用；构建循环型农业体系。在农业领域推动资源利用节约化、生产过程清洁化、产业链接循环化、废物处理资源化，形成农林牧渔多业共生的循环型农业生产方式，改善农村生态环境，提高农业综合效益。必须加快发展循环经济，从源头减少资源消耗和废弃物排放，实现资源高效利用和循环利用。

2013年1月25日，2013年全国环境保护工作会议召开。环境保护部部长周生贤强调，将经济发达、人员和技术条件相对较好，具备实施新空气质量标准工作基础的城市纳入PM2.5等监测范围。要及时准确地发布监测信息，不打折扣，引导社会公众主动参与，共同防护。

2013年1月29日，由住房和城乡建设部组织召开的国家智慧城市试点创建工作会议在北京召开。会议公布了首批国家智慧城市试点名单；住房和城乡建设部与第一批试点城市（区、县、镇）代表及其上级人民政府签订了共同推进智慧城市创建协议。首批国家智慧城市试点共90个，其中地级市37个，区（县）50个，镇3个，试点城市将经过3–5年的创建期，住房和城乡建设部将组织评估，对评估通过的试点城市（区、镇）进行评定，评定等级由低到高分为一星、二星和三星。

2013年1月30日，环境保护部发布《全国生态保护“十二五”规划》，要求根据不同类型的生态功能保护和管理要求，制定实施更加严格的区域产业环境准入标准，制定发布各类重点生态功能区限制和禁止发展产业名录，提出更严格的生态保护管理规程与要求，提高各类重点生态功能区中城镇化、工业化和资源开发的生态环境保护准入门槛。这意味着，在占我国陆地国土面积过半的区域内，部分高耗能、高污染产业将被限制。

2013 年 1 月 30 日，住房和城乡建设部与国家文物局联合下发通知，对山东省聊城市、河北省邯郸市、湖北省随州市、安徽省六安市寿县、河南省鹤壁市浚县、湖南省岳阳市、广西壮族自治区柳州市、云南省大理市因保护工作不力，致使名城历史文化遗产遭到严重破坏，名城历史文化价值受到严重影响的情况进行通报批评。

2013 年 1 月 31 日，中央一号文件《关于加快发展现代农业进一步增强农村发展活力的若干意见》(以下简称《意见》) 公布。《意见》说，全面贯彻落实党的十八大精神，坚定不移沿着中国特色社会主义道路前进，为全面建成小康社会而奋斗，必须固本强基，始终把解决好农业农村农民问题作为全党工作的重中之重，把城乡发展一体化作为解决“三农”问题的根本途径；必须统筹协调，促进工业化、信息化、城镇化、农业现代化同步发展，着力强化现代农业基础支撑，深入推进社会主义新农村建设。

2013 年 2 月 4 日，住房和城乡建设部发出《关于做好 2013 年全国村庄规划试点工作的通知》(以下简称《通知》)。《通知》强调，充分尊重村民在生产、土地使用和农房建设上的主体地位，农民的关切要体现在规划中，建设项目要与农民利益相结合。《通知》要求在规划调研、编制、审批等各个环节，通过简明易懂的方式向村民征询意见、公示规划成果，动员村民积极参与村庄规划编制全过程。尊重既有村庄格局，尊重村庄与自然环境及农业生产之间的依存关系，防止盲目规划新村，不搞大拆大建，重点改善村庄人居环境和生产条件，保护和体现农村历史文化、地区和民族以及乡村风貌特色。防止简单套用城市规划手法。

2013 年 2 月 18 日，国务院正式向社会发布《国民旅游休闲纲要（2013—2020 年)》(以下简称《纲要》)。《纲要》提出国民旅游休闲发展目标：到 2020 年，职工带薪年休假制度基本得到落实，城乡居民旅游休闲消费水平大幅增长，国民旅游休闲质量显著提高，与小康社会相适应的现代国民旅游休闲体系基本建成。

2013 年 2 月 20 日，国务院总理温家宝主持召开国务院常务会议，研究部署继续做好房地产市场调控工作。会议确定了以下政策措施：一、完善稳定房价工作责任制；二、坚决抑制投机投资性购房；三、增加普通商品住房及用地供应；四、加快保障性安居工程规划建设；五、加强市场监管。会议还要求进一步完善住房供应体系，健全房地产市场运行和监管机制，加快形成引导房地产市场健康发展的长效机制。

2013 年 2 月 23 日，《2012 年国民经济和社会发展统计公报》正式发布（以下简称《公报》)。《公报》显示，2012年我国国内生产总值首次超过50万亿元，达到519322亿元，比上年增长7.8%。相比2011年虽继续有所回落，但仍明显快于世界主要国家或地区，对世界经济增长的贡献率继续上升。

2013年2月28日，全国老龄委办公室发布第一部全面总结和评估老龄事业发展状况的蓝皮书——《中国老龄事业发展报告（2013)》(以下简称《报告》)。《报告》显示:中国老年人口基数大，人口老龄化进程快，老年人慢性病患病率高。老龄事业面临的主要问题包括：应对人口老龄化的顶层设计和战略规划滞后；政府、市场、社会多元主体共同应对人口老龄化的体制尚未形成；养老保障和医疗保障水平还比较低；农村老龄事业发展明显滞后。

2013年2月28日，全国经济综合竞争力研究中心发布最新一期《中国省域经济综合竞争力发展报告》，连续第七年为全国31个省级行政区经济综合竞争力排名。广东、江苏、上海仍然位列前三，前9名与上一年未发生任何变化。重庆上升4位排在第15位，年度升幅最大；江西下降5位排到第21位，降幅最大。

2013年3月5日，国务院总理温家宝向十二届全国人大一次会议作政府工作报告。温家宝从如下八个方面回顾了政府过去五年所做的主要工作及特点：一是有效应对国际金融危机，促进经济平稳较快发展；二是加快经济结构调整，提高经济发展的质量和效益；三是毫不放松地抓好“三农”工作，巩固和加强农业基础地位；四是坚持实施科教兴国战略，增强经济社会发展的核心支撑能力；五是坚持把人民利益放在第一位，着力保障和改善民生；六是深化重要领域改革，增强经济社会发展的内在活力；七是坚定不移扩大对外开放，全面提升开放型经济水平；八是切实加强政府自身建设，进一步深化行政体制改革。

2013年3月5日，国家发展和改革委员会向全国人大提交计划报告。报告显示，2013年，中国城镇化率预期达到53.37%。将加强统筹规划，围绕提高城镇化质量，编制出台城镇化发展规划。将从实际出发，因地制宜，发挥大城市的辐射作用，增强中小城市和小城镇的产业发展、公共服务、吸纳就业、人口聚集功能，在资源环境承载条件较好的地区培育发展城市群。加强区域规划、土地规划、城市规划的协调衔接。引导和规范新城新区健康发展。增强城镇综合承载能力。推动城市群基础设施一体化建设和网络化发展，加强综合交通运输网络与城镇化布局的衔接。落实全国城市饮用水安全保障规划，加快城镇供暖设施建设与改造，强化城市地下管网设施、排水与暴雨内涝防治综合体系建设。建立可持续的市政建设投融资机制。

2013年3月8日，十二届全国人大一次会议第二次全体大会在人民大会堂举行。国土资源部部长徐绍史指出，2013年，中国房地产土地供应充足，供应数量预计在16万hm^2左右，与此同时，中国政府会继续坚守十八亿亩耕地红线。

去年，中国房地产供地为 16 万 hm^2，该数量高于前三年平均供地数。现在在建的有 34 万 hm^2，待建的有 14 万 hm^2，总共是 48 万 hm^2，相当于三年的供地总量。

2013 年 3 月 14 日，国家土地总督察签发《国家土地督察公告（第 6 号）》，向社会公开 2012 年国家土地督察工作情况。公告显示，通过对北京市门头沟区等 54 个地区 361 个县（市、区）开展例行督察，发现 2012 年地方土地利用主要存在八类问题。一是部分地区违法违规批准农用地转用和土地征收，征地补偿安置落实不到位，新增建设用地有偿使用费、耕地开垦费征收不到位；二是部分地区土地出让金收支管理不规范，违法违规出让土地，涉及 52 个地区；三是部分地区存在土地批而未供问题，闲置土地处置不到位，擅自改变土地用途；四是部分地区存在土地违规抵押融资问题，违规办理土地登记；五是部分地区违法违规占用土地，土地执法监管职责履行不到位，涉及 51 个地区；六是少数地区耕地占补平衡落实不到位，基本农田保护不到位；七是部分地区规划部门违规办理用地规划许可，发展改革部门未经土地预审或违反产业政策批准、核准建设项目，建设部门违规办理施工许可；八是部分地区违规下放土地管理审批权限。

2013 年 3 月 15 日，住房和城乡建设部根据《关于印发〈中国人居环境奖评价指标体系〉（试行）和〈中国人居环境范例奖评选主题及内容〉》（建城 [2010] 120 号）及《关于做好 2012 年中国人居环境奖和中国人居环境范例奖组织申报工作的通知》（建城综函 [2011]261 号），经中国人居环境奖工作领导小组办公室初审、现场考察和专家评审，并经中国人居环境奖工作领导小组研究批准，决定授予江苏省太仓市、山东省泰安市 2012 年中国人居环境奖；授予“上海市宝山区顾村公园建设项目”等 38 个项目 2012 年中国人居环境范例奖。

2013 年 3 月 19 日，社科文献出版社出版的《京津冀发展报告（2013）——承载力测度与对策》正式发布。该报告由中国社科院、首都经贸大学，以及国家发展和改革委员会、北京市发改委等单位专家学者组成的课题组完成。报告首次对京津冀区域的人口、土地、水资源、生态环境、基础设施等方面的承载力进行实证研究。其中，北京市 2011 年常住人口已达 2018.6 万人，人口密度由 1999 年的 766 人 /km^2 增加到 2011 年的 1230 人 /km^2，已经超出了土地资源人口承载力。

2013 年 3 月 21 日，中科院科技政策与管理科学研究所发布《2013 中国可持续发展战略报告》。该报告今年的主题为生态文明建设，据称，全国 31 个省、直辖市和自治区中，上海的可持续发展能力最强，西藏的可持续发展能力最弱，北京排名第二，天津、江苏、吉林分别位列其后。

2013 年 3 月 26 日，国家发展和改革委员会印发了《促进综合交通枢纽发展的指导意见》（以下简称《意见》）。《意见》要求各地以运输需求为导向，新建与改造相结合，推进我国综合交通枢纽的一体化发展。《意见》提出，按照有关文件的要求，“十二五”期间我国需基本建成42个全国性综合交通枢纽。除省会城市和直辖市外，辽宁大连、河北秦皇岛、河北唐山、山东青岛、江苏连云港、江苏徐州、浙江宁波、福建厦门、广东湛江、山西大同亦入选。各地政府将组织编制其综合交通枢纽规划，纳入城市总体规划进行审批。

2013年4月9日，住房和城乡建设部发布《关于做好2013年城镇保障性安居工程工作的通知》(以下简称《通知》)。《通知》中称，今年全国城镇保障性安居工程建设任务是基本建成470万套、新开工630万套。各地要尽快将确定的年度建设任务落实到具体项目，抓紧开展立项选址、征收补偿、勘察设计、施工手续办理等前期工作。同时，积极推进棚户区、危旧房改造。到“十二五”期末，力争基本完成集中成片棚户区改造。

2013年4月12日，国土资源部举行2013年第1次国土资源领域违法违规案件挂牌督办和公开通报新闻发布会。国土资源部表示，从今年起，将根据线索，对重大案件实行即时挂牌督办，同时将根据实际需要，对通报和挂牌的方式作出适当调整。这意味着，实施多年的国土资源领域违法违规案件公开通报和挂牌督办制度迎来新的变化。对于重大典型案件，国土资源部将不再按季度顺排查办，而是即时查办。

2013年4月18日，国土资源部印发《保发展保红线工程2013年行动方案》(以下简称《方案》)，明确2013年的主题为“严守耕地保护红线，促进城乡统筹发展”。《方案》明确了三项重点工作：一是严格土地规划管控，促进城乡统筹发展；二是全面实施节地制度，促进经济发展转型；三是完善保护激励机制，切实守住耕地红线。

2013年4月20日，国土资源部《2012中国国土资源公报》正式向社会发布。《公报》显示，2012年全国批准建设用地61.52万hm^2，其中转为建设用地的农用地42.91万hm^2，耕地25.94万hm^2，同比分别增长0.6%、4.5%、2.5%。

2013年4月23日，中共中央政治局常务委员会召开会议，进一步全面部署四川芦山抗震救灾工作。会议强调，现在抗震救灾工作正处在关键时刻，要把抗震救灾作为当前一项十分重要而紧迫的工作，以更加有力的举措、更加科学的方法，坚决完成好抗震救灾这项重大任务，把灾害损失减少到最低程度。当前，重点要抓好以下工作：一是继续搜救被困群众、全力救治受伤人员；二是妥善安排灾区群众基本生活；三是抓紧做好基础设施修复和废墟清理工作；四是做好恢复生产和灾后重建工作；五是加强舆论引导；六是加强对抗震救灾工作的领导。

2013年4月24日，由中国建投投资研究院、社会科学文献出版社联合主办的“城镇化与投资研讨会·2013年《投资蓝皮书》发布会”在北京举行。蓝皮书认为，未来 20 年是中国城乡变动最剧烈的时期。到 2030 年，中国的城镇化水平将达到 70%，将有 3 亿人由农村移居到城市和城镇。蓝皮书称，随着更多的富余劳动力到城市就业定居，居民的生活条件、生活保障等方面将大幅改善。城镇化能够产生启动经济、扩大内需的效果，未来将成为推动经济社会发展的核心力量。

2013 年 4 月 25 日，社科院发展与环境研究所与社会科学文献出版社联合发布 2013 年《房地产蓝皮书 No.10》。蓝皮书指出，2013 年房地产市场调控难度加大，部分城市房价可能出现较大幅度攀升，应扩大房产税试点，增加持有环节税费。在存量房释放减少的背景下，2013 年新建住房交易量可能略有上升，但受制于新建住房供给能力，城市间市场分化加剧，大都市区可能迎来较高的房价增长，而多数中小城市房价走势可能相对平稳甚至回调。

2013 年 5 月 6 日，国务院总理李克强主持召开常务会议，研究部署 2013 年深化经济体制改革重点工作。会议决定再取消和下放 62 项行政审批事项。会议指出，年内还将出台居住证管理办法，分类推进户籍制度改革。

2013 年 5 月 13 日，国土资源部办公厅下发《关于严格管理防止违法违规征地的紧急通知》(以下简称《通知》),要求进一步加强征地管理,防止违法违规征地，杜绝暴力征地行为，保护农民的合法权益，维护社会和谐稳定。《通知》提出五点要求：一要强化思想认识，严防因征地引发矛盾和冲突。二要开展全面排查，坚决纠正违法违规征地行为。三要加强调查研究,完善征地政策措施。四要改进工作方法，建立健全征地矛盾纠纷调处机制。五要落实工作机制，严格实行监督问责。

2013 年 5 月 19 日，中国社会科学院财经战略研究院发布《2013 年中国城市竞争力蓝皮书新基准：建设可持续竞争力理想城市》。蓝皮书显示，2012 年城市综合经济竞争力前 10 名的城市依次是：香港、深圳、上海、台北、广州、北京、苏州、佛山、天津和澳门，港澳台地区、东南地区和环渤海地区三分天下，分别占据了 3 席、5 席和 2 席。

2013 年 5 月 21 日，农业部公布了第一批中国重要农业文化遗产名单，河北宣化传统葡萄园等 19 个传统农业系统入选。“全球重要农业文化遗产保护项目试点”数量最多的中国，已经逐渐建立起自己的重要农业文化遗产的认定、申报和评选体系。农业文化遗产作为一种新的遗产类型，逐渐得到重视。

2013 年 5 月 27 日，国家统计局发布了《2012 年我国农民工调查监测报告》(以下简称《报告》)。《报告》显示，我国农民工人数逐步增加，收入也逐年上升。截至 2012 年年末，我国农民工总量达到 26261 万人，同比增长 3.9%，而外出农民工人均月收入水平为 2290 元，较上年提高 241 元。

2013 年 6 月 4 日，环境保护部发布《2012 中国环境状况公报》(以下简称《公报》)。《公报》显示，2012 年全国化学需氧量排放量为 2423.7 万 t，氨氮排放量为253.6万t，分别比上年减少3.05%、2.62%；废气中二氧化硫排放量为2117.6万t，氮氧化物排放量为2337.8万t，分别比上年减少4.52%、2.77%。2012年的监测结果表明，全国环境质量状况总体保持平稳，但形势依然严峻。

2013年6月8日，北京市社科院、社科文献出版社联合发布2013年《北京蓝皮书》。其中包括《北京经济发展报告》、《北京文化发展报告》、《北京公共服务发展报告》。蓝皮书指出，2012年北京经济总量已达17801亿元，在全国率先进入发达经济初级阶段。蓝皮书还指出，北京PM2.5预计2030年达标。

2013年6月10日，国家藏羌彝文化产业走廊项目青海沿线重点项目发布会召开。国家藏羌彝文化产业走廊项目涵盖黄南、海北、海南、海西、果洛、玉树6个自治州所辖30个县（市）和3个行委，海东、西宁部分藏族乡。项目实施时间分两个阶段，第一阶段为2012年至2015年，第二阶段为2016年至2020年。该项目以黄南州及国家命名的青海"热贡文化生态保护实验区"为核心区，以海北、海南、海西、果洛、玉树5个自治州为辐射区域，以西宁市为城市枢纽，突出环青海湖、三江源、热贡艺术藏区文化版块。以藏区文化资源实现产业转化为目的，以文化产业项目为支撑，以特色藏民族文化县、乡、镇为载体，依托唐蕃古道、三江源自然生态保护区、青海湖、青藏铁路（公路）、黄河沿线，大力实施藏区文化产业园区建设，形成国家以及西部地区有鲜明特色的文化产业走廊。

2013年6月14日，国务院总理李克强主持召开国务院常务会议，部署大气污染防治十条措施。一是减少污染物排放；二是严控高耗能、高污染行业新增产能；三是大力推行清洁生产，重点行业主要大气污染物排放强度到2017年年底下降30%以上；四是加快调整能源结构，加大天然气、煤制甲烷等清洁能源供应；五是强化节能环保指标约束，对未通过能评、环评的项目，不得批准开工建设，不得提供土地，不得提供贷款支持，不得供电供水；六是推行激励与约束并举的节能减排新机制，加大排污费征收力度；七是用法律、标准"倒逼"产业转型升级；八是建立环渤海包括京津冀、长三角、珠三角等区域联防联控机制，加强人口密集地区和重点大城市PM2.5治理，构建对各省（区、市）的大气环境整治目标责任考核体系；九是将重污染天气纳入地方政府突发事件应急管理，根据污染等级及时采取重污染企业限产限排、机动车限行等措施；十是树立全社会"同呼吸、共奋斗"的行为准则，地方政府对当地空气质量负总责，落实企业治污主体责任，国务院有关部门协调联动，倡导节约、绿色消费方式和生活习惯，动员全民参与环境保护和监督。

2013年6月17日，是我国第一个"全国低碳日"。全国节能宣传周（6月15日至21日）和低碳日的主题是"践行节能低碳　建设美丽家园"。

2013年6月18日，国家发展与改革委员会公布《国家发展改革委贯彻落实主体功能区战略推进主体功能区建设若干政策的意见》（以下简称《意见》）。《意见》明确，全面落实《国务院关于印发全国主体功能区规划的通知》要求，要通过加大政策力度、突出政策重点、优化政策组合、注重政策合力、提高政策效率等举措完善推进主体功能区建设的配套政策，推进主体功能区建设，以引导优化开发区域提升国际竞争力，促进重点开发区域加快新型工业化、城镇化进程。

2013 年 6 月 18 日，中国第一个正式运行的碳市场——深圳市碳排放权交易试点正式运行，此举标志着中国在碳市场建设上迈出关键性的一步。

2013 年 6 月 20 日，交通运输部正式公布了《国家公路网规划（2013—2030 年)》。据此规划，我国到 2030 年，普通国道总规模将达到 26.5 万 km，国家高速公路里程达到 11.8 万 km^2，为此投入约 4.7 万亿元。

2013 年 6 月 20 日，中国社科院发布 2013 年《生态城市绿皮书》。报告指出，面对极端的降雨事件，许多城市缺乏科学的预警机制、应对技术和治理手段。中国生态城市建设仍然任重而道远。绿皮书同时公布了 2011 年前十位中国生态城市：①深圳市；②广州市；③上海市；④北京市；⑤南京市；⑥珠海市；⑦厦门市；⑧杭州市；⑨东莞市；⑩沈阳市。

2013 年 6 月 25 日，是第 23 个全国土地日。今年的主题为“珍惜土地资源，节约集约用地”。

2013 年 6 月 26 日，国务院总理李克强主持召开国务院常务会议，研究部署加快棚户区改造，促进经济发展和民生改善。会议强调，棚户区改造既是重大民生工程，也是重大发展工程，可以有效拉动投资、消费需求，带动相关产业发展，推进以人为核心的新型城镇化建设，破解城市二元结构，提高城镇化质量，让更多困难群众住进新居，为企业发展提供机遇，为扩大就业增添岗位，发挥助推经济实现持续健康发展和民生不断改善的积极效应。

2013 年 6 月 26 日，第十二届全国人大常委会第三次会议召开。国家发展和改革委员会主任徐绍史作了《国务院关于城镇化建设工作情况的报告》。报告中称，我国将全面放开小城镇和小城市落户限制，有序放开中等城市落户限制，逐步放宽大城市落户条件，合理设定特大城市落户条件，逐步把符合条件的农业转移人口转为城镇居民。

2013 年 6 月 27 日，国家发展和改革委员会发布《2013 年促进中部地区崛起工作要点》，对去年国务院发布的《国务院关于大力实施促进中部地区崛起的若干意见》提出 2013 年的工作要点。要点提出，继续推进基础设施建设，增强发展的支撑力，并具体提到一批交通基础设施建设项目和重大能源工程，提出将加快实施国家高速公路剩余路段建设，机场迁建、扩建等；推动洞庭湖生态经济区建设，适时编制洞庭湖生态经济区规划；研究编制大别山革命老区发展振兴规划；

鼓励和支持长江中游城市群一体化发展，做好一体化发展规划编制前期工作等。

2013年7月3日，国务院总理李克强主持召开国务院常务会议。会议原则通过了《中国（上海）自由贸易试验区总体方案》。会议强调，在上海外高桥保税区等4个海关特殊监管区域内，建设中国（上海）自由贸易试验区，是顺应全球经贸发展新趋势，更加积极主动对外开放的重大举措。

2013年7月4日，《国务院关于加快棚户区改造工作的意见》（以下简称《意见》）公布。《意见》指出，我国将在5年内改造各类棚户区1000万户，使居民住房条件得到明显改善，基础设施和公共服务设施建设水平不断提高。《意见》还指出，棚户区改造是重大的民生工程和发展工程。2008–2012年，全国改造各类棚户区1260万户。为进一步加大棚户区改造力度，根据《意见》，2013–2017年5年改造城市棚户区800万户，其中，2013年改造232万户。

2013年7月5日，《中国城市发展报告2012》（以下简称《报告》）首发式在北京举行。全国人大常委会原副委员长蒋正华为《报告》作序，住房和城乡建设部部长、中国市长协会执行会长姜伟新以“转变城市发展方式，积极稳妥地推进城镇化健康发展”为题为《报告》撰写前言。《报告》以城镇化为主题，侧重民生和绿色环保，在各篇章中为读者展现出1年来中国城市发展的清晰脉络和丰繁画卷。

2013年7月5日，中国城市科学研究会历史文化名城委员会2013年华北片区会暨历史文化名城保护评价研讨会在北京召开。会上发布了《北京历史文化名城保护评价指标体系》（以下简称《指标体系》）的主要研究成果。《指标体系》针对北京历史文化名城整体格局、历史文化街区、历史文化名镇名村、文物单位和历史建筑、非物质文化遗产、北京名城特质6个层面的保护工作内容，制定了具体的指标体系和单指标评分标准，通过专家打分对历史文化名城保护工作进行定量和定性评价。《指标体系》还提出了未来深化推进北京历史文化名城保护与发展的对策和建议，对现有政策措施进行补充、完善，并强调了对策措施的可操作性。

2013年7月11日，全国土地利用动态巡查工作会议召开。国土资源部副部长胡存智强调，清查闲置土地将是国土部下半年的一项重点工作。胡存智介绍说，当前的土地市场存在着供地者和用地者达成“默契行为”，通过违规出让等手段，导致大量土地囤积在用地者手中，长期不开发或开发不足。其中既包括房地产用地，也包括其他用途的土地。

2013年7月11日，住房和城乡建设部、国家发展和改革委员会、财政部联合印发《关于做好2013年农村危房改造工作的通知》（以下简称《通知》）。《通知》确定，国家对贫困地区农村危房改造的户均补助标准由7500元提高到8500元，同时还在建筑面积、主要部件、结构安全、基本功能等方面设置基本要求。

2013年7月12日，住房和城乡建设部下发通知，要求各城市要编制并报送城市排水（雨水）防涝综合规划。住房和城乡建设部此次专门印发了《城市排水（雨水）防涝综合规划编制大纲》（以下简称《大纲》），要求各城市参照《大纲》抓紧编制各地城市排水（雨水）防涝综合规划。

2013 年 7 月 15 日，中华人民共和国中央人民政府官方网站公布了《芦山地震灾后恢复重建总体规划》。规划中明确指出了规划范围，分析了灾区特点及重建条件；明确了重建的指导思想、原则、目标；介绍了重建分区、城乡布局、土地利用等问题。同时还涉及了重建中有关居民住房和城乡建设、公共服务、基础设施、特色产业、生态家园、政策措施等方面的内容。对于重建目标该规划提出，用三年时间完成恢复重建任务，达到户户安居有业、民生保障提升、产业创新发展、生态文明进步、同步奔康致富。规划将重建区域进行了分区，分为人口集聚区、农业发展区、生态保护区、灾害避让区。

2013 年 7 月 15 日，2013（第八届）城市发展与规划大会在广东省珠海市召开。会议主题为“生态城镇、智慧发展”。开幕式上，住房和城乡建设部副部长、中国城市科学研究会理事长、中国城市规划学会理事长仇保兴作了主题报告。

2013 年 7 月 20 日，生态文明贵阳国际论坛 2013 年年会在贵阳开幕。中共中央总书记、国家主席习近平向论坛发来贺信。他强调，保护生态环境，应对气候变化，维护能源资源安全，是全球面临的共同挑战。中国将继续承担应尽的国际义务，同世界各国深入开展生态文明领域的交流合作，推动成果分享，携手共建生态良好的地球美好家园。

2013 年 7 月 21 日，西北大学中国西部经济发展研究中心与社科文献出版社在北京联合发布了《西部蓝皮书：中国西部发展报告（2013）》（以下简称《报告》）。《报告》显示，2012 年，西部地区经济增速在各大区中继续保持最快。全年共实现地区生产总值 113914.64 亿元，净增加 12642 亿元，比上年增长 12.48%，增速比上年下降 1.55 个百分点，但仍分别比东部地区、中部地区快 3.18 和 1.54 个百分点，比全国平均水平快 2.16 个百分点；占全国 GDP 的比重达到了 19.75%，与 2011 年相比提高了 0.38 个百分点，进一步缩小了与东部地区的经济落差。

2013 年 7 月 23 日，住房和城乡建设部、国家发展和改革委员会、国土资源部等六部委联合召开全国棚户区改造工作电视电话会议，明确要求各地在 10 月底前编制完成 2013–2017 年棚户区改造规划，要求分年度、分类别改造，并落实到市县。这是继日前国务院下发《国务院关于加快棚户区改造工作的意见》后首次对棚户区改造具体实施阶段工作作出统筹安排。

2013 年 7 月 24 日，住房和城乡建设部、国家发展和改革委员会、财政部、国土资源部、农业部、民政部、科技部联合印发了《住房和城乡建设部等部门关于开展全国重点镇增补调整工作的通知》（建村 [2013]119 号），决定对 2004 年公布的全国重点镇进行增补调整。全国重点镇增补调整名单计划于2014年4月前公布。

2013年7月30日，中国社会科学院发布《2013城市蓝皮书》。蓝皮书指出，当前中国城镇中农业转移人口处于快速稳定增长阶段，现有总量约2.4亿人。2012年，全国按户籍人口计算的城镇化率仅有35.29%，若按城镇中农业转移人口市民化程度平均为40%推算，中国真实的完全城镇化率只有42.2%，比国家统计局公布的常住人口城镇化率低10.4个百分点。

2013年7月31日，国务院总理李克强主持召开国务院常务会议，研究推进政府向社会力量购买公共服务，部署加强城市基础设施建设。会议确定以下重点任务：一是加强市政地下管网建设和改造。完善城镇供水设施，提升城市防涝能力。二是加强污水和生活垃圾处理及再生利用设施建设，"十二五"末，城市污水和生活垃圾无害化处理率分别达到85%和90%左右。三是加强燃气、供热老旧管网改造。到2015年，完成8万km城镇燃气和近10万km北方采暖地区集中供热老旧管网改造任务。四是加强地铁、轻轨等大容量公共交通系统建设，增强城市路网的衔接连通和可达性、便捷度。加快在全国设市城市建设步行、自行车"绿道"。做好城市桥梁安全检测和加固改造，确保通行安全。五是加强城市配电网建设，推进电网智能化。六是加强生态环境建设，提升城市绿地蓄洪排涝、补充地下水等功能。

2013年8月5日，住房和城乡建设部公布了2013年度国家智慧城市试点名单，试点城市多达103个。尽管第二批智慧城市试点名单公布进度较计划有所延迟，但数量超过市场预期的50个。

2013年8月22日，商务部通报近日国务院正式批准设立中国（上海）自由贸易试验区。试验区范围涵盖上海市外高桥保税区、外高桥保税物流园区、洋山保税港区和上海浦东机场综合保税区等4个海关特殊监管区域，总面积为28.78km^2。主要任务是要探索我国对外开放的新路径和新模式，推动加快转变政府职能和行政体制改革，促进转变经济增长方式和优化经济结构，实现以开放促发展、促改革、促创新，形成可复制、可推广的经验，服务全国的发展。

2013年8月27日，联合国开发计划署在北京发布《2013中国人类发展报告》（以下简称《报告》）。《报告》预测，到2030年，中国将新增3.1亿城市居民，城镇化水平将达到70%。届时，中国城市人口总数将超过10亿。这份题为"可持续与宜居城市——迈向生态文明"的报告说，近年来，中国的城镇化进程不断深入，城镇化速度也不断加快。在20世纪80年代初期，中国仅有1.91亿城镇人口，而现在这一数字已剧增至7亿左右，而且每年还有超过2000万的新增人口进入城市。城市居民在总人口中所占比重从1950年的13%提高到2012年的

52.6%。《报告》说，在过去20年里，城市是推动中国经济增长的主要动因，预计这样的趋势在未来几十年内还将持续下去。《报告》预计，到2030年，城市对国内生产总值的贡献将达75%。这份报告由联合国开发计划署与中国社会科学院城市发展与环境研究所共同撰写。

2013年8月29日，环境保护部启动中部地区发展战略环境评价，强化环境保护对经济结构调整的倒逼机制，推动中部地区加快经济绿色转型，打造中部经济升级版。中部地区发展战略环境评价的主要内容包括：区域经济社会发展战略分析、区域生态环境现状评价与主要环境问题演变、重点区域经济社会发展资源环境压力评估、重点区域发展的资源环境承载力综合评估、重点区域发展的环境影响和生态风险评估、环境保护优化区域经济社会发展的总体战略方案和重点区域经济社会与资源环境协调发展的对策建议。

2013年8月30日，中共中央政治局常委、国务院总理李克强专门邀请两院院士及有关专家到中南海，听取城镇化研究报告并与他们进行座谈。徐匡迪同志、陆大道院士分别介绍了工程院、中科院的城镇化课题研究成果。10余位院士、专家结合各自的研究领域，纷纷发表见解、建议。李克强认真倾听，与大家互动探讨。

2013年9月6日，国务院印发《关于加强城市基础设施建设的意见》（以下简称《意见》）。这是新一届政府统筹稳增长、调结构、促改革，以薄弱环节建设为抓手，促进民生改善和经济持续健康发展的重要举措。《意见》既利当前更利长远，既能增强城市综合承载能力、造福广大群众、提高以人为核心的新型城镇化质量，又能拉动有效投资和消费、扩大就业、促进节能减排、推动经济结构调整和发展方式转变。

2013年9月10日，《中国流动人口发展报告2013》发布。调查显示，新生代流动人口在20岁以前就已经外出的比例达到75%，在有意愿落户城市的新生代流动人口中，超过七成希望落户大城市。此次报告重点分析了新生代流动人口的发展特征，重点关注了新生代城镇户籍流动人口、已婚新生代流动人口等人群。

2013年9月12日，国务院发布《大气污染防治行动计划》（以下简称《计划》）。这是当前和今后一个时期全国大气污染防治工作的行动指南。《计划》确定了十项具体措施：一是加大综合治理力度，减少多污染物排放。二是调整优化产业结构，推动经济转型升级。三是加快企业技术改造，提高科技创新能力。四是加快调整能源结构，增加清洁能源供应。五是严格投资项目节能环保准入，提高准入门槛，优化产业空间布局，严格限制在生态脆弱或环境敏感地区建设“两高”行业项目。六是发挥市场机制作用，完善环境经济政策。中央财政设立专项资金，实施以奖代补政策。七是健全法律法规体系，严格依法监督管理。八是建立区域协作机制，统筹区域环境治理。九是建立监测预警应急体系，制订完善并及时启动应急预案，妥善应对重污染天气。十是明确各方责任，动员全民参与，共同改善空气质量。

2013年9月16日，中国环保部表示，将在全国开展生态红线划定工作，力争在2014年完成全国生态红线划定技术工作。环保部已着重对位于内蒙古、江西、广西、湖北境内的国家重要生态功能区、生态环境敏感区、脆弱区等区域划出了生态红线，初步完成了试点省域生态红线划定方案。

2013年9月21日，《2013中国绿色发展指数报告——区域比较》在北京发布。在中国内地30个省份2011年的绿色发展指数测算和排名中，北京、青海和海南位列前三，甘肃、宁夏和河南则排名垫底。

2013年10月17日，减贫与发展高层论坛在京举行。国务院副总理汪洋出席开幕式并代表中国政府致辞。汪洋强调，城镇化对于统筹城乡发展、减少农村贫困、实现社会公平等具有十分重要的作用。中国将坚定不移地走新型城镇化道路，有序推进农业人口转移，促进经济社会持续健康发展。新型城镇化将更加重视解决人的城镇化问题，更加重视资源节约和环境保护，更加重视城乡一体化，更加重视区域协调发展。中国将加快推进贫困地区基础设施建设和城镇化步伐，让更多的贫困人口充分享受工业化、城镇化的成果。

2013年10月17日，国务院新闻办公室举行新闻发布会，住房和城乡建设部村镇建设司司长赵晖介绍说，目前，全国经过调查，上报了1.2万个传统村落。这些村落形成年代久远，其中清代以前的占80%，元代以前的占1/4，包含2000多处重点文物保护单位和3000多个省级非物质文化遗产代表项目，涵盖了我国少数民族的典型村落。

2013年10月21日，东北亚开发研究院、中小城市经济发展委员会等单位联合发布《2013年中国中小城市绿皮书》。根据课题组构建的中小城市新型城镇化质量评价体系，评价结果显示，2013年度中小城市的总体城镇化质量指数为43.2，这表明中小城市的总体城镇化质量还比较低。

2013年10月30日，据国土部消息，为了贯彻十分珍惜、合理利用土地和切实保护耕地的基本国策，促进节约集约利用土地，国土部起草了《节约集约利用土地规定(草案)》(征求意见稿,以下简称《规定》),已向社会公开征求意见。《规定》提出，办法明确，国家对新增建设用地实行总量控制。下级土地利用总体规划确定的新增建设用地总量不得突破上级土地利用总体规划确定的控制指标。

2013年10月31日，据《江西日报》报道，《江西省百强中心镇规划编制与修编指导意见》近日出台，江西省百强中心镇将在2014年3月底前完成总体规划编制，把产业发展作为中心镇建设的核心要素，推进镇区公共服务和基础设施向周边农村地区延伸，引导偏远的、规模小的村庄农民向中心镇集中。

2013年11月2日，由国务院发展研究中心、全国老龄办联合主办的“2013

中国老龄事业发展高层论坛”在北京召开。人社部副部长胡晓义在会上指出，去年净增260万退休人员，到今年9月底全国老年人已经超过2亿。在今年新增的60岁以上人口中，每天有2.5万人进入老龄人行列中。发达国家进入老龄化社会时，人均国民生产总值一般为5000-10000美元，或者更高。而中国，2000年进入老龄化社会时，人均国民生产总值才刚超过1000美元。人口老龄化问题已经成为21世纪的全球性难题，在中国尤为严峻。

2013年11月11日，2013年北京市第一批自住型商品房项目规划设计方案在位于前门地区的北京市规划展览馆开始展出。据悉，首批7个项目分布在朝阳、丰台、海淀、昌平四个区县，套型面积均为90m^{2}以下，共可以提供16020套自住型商品房。根据北京市《关于加快中低价位自住型改善型商品住房建设的意见》，北京市将通过采取“限房价、竞地价”等方式供地，建设套型建筑面积90m^{2}以下的住房，销售均价比同地段、同品质商品住房低30%左右。今年年底前将完成2万套供应，明年预计完成5万套。

2013年11月12日，据新华社报道，山西省以全省11个设区市的中心城市或市辖区为先行试点，推进城市规划“五规合一”。目前，“五规合一”试点工作已部署启动，11月底，各市将完成规划文本、附图及展示沙盘制作。“五规合一”，是将国民经济和社会发展、城镇规划、国土规划、产业规划、环保规划的核心要素进行重组和整合，用以解决现行规划体制下各种规划各自为政、目标抵触、内容重叠、项目重复建设以及管理分割、指导混乱等一系列问题。

2013年11月12日，国务院正式印发《全国资源型城市可持续发展规划(2013—2020年)》(以下简称《规划》)。这是我国首次出台关于资源型城市可持续发展的国家级专项规划，对于维护国家能源资源安全、促进经济发展方式转变、推进新型工业化和新型城镇化、建设资源节约和环境友好型社会具有重要意义。《规划》首次界定了全国262个资源型城市，并根据资源保障能力和可持续发展能力差异，将资源型城市划分为成长型、成熟型、衰退型和再生型四种类型，明确了不同类型城市的发展方向和重点任务。

2013年11月13日，据《银川日报》报道，在近日于上海召开的国家公共文化服务体系示范区创建工作会议上，银川、苏州、成都、长沙等31个城市荣获第一批国家公共文化服务体系示范区称号，并被正式授牌。

2013年11月16日至18日，由中国城市规划学会主办的“2013中国城市规划年会”在青岛举行，与会人士围绕“城市时代，协同规划”的主题，畅议“城市时代”加强不同层级、不同类型的规划之间的合作与协调，推动我国城镇化快速健康发展。年会上共同讨论《青岛宣言》，提出立足城镇化前沿，完善理论体系；配置公共资源，推动社会和谐；优化产业布局，促进经济转型；保护生态环境，提升发展质量；传承历史文化，保持地域特色；认识乡村价值，协调城乡发展；推进协同规划，促进学科进步等七条倡议。

2013 年 11 月 17 日，《安吉幸福指数报告 (2013)》在京发布。新华社国家金融信息中心指数研究院同时启动“中国美丽乡村幸福指数”课题研究。统计显示，截至目前，我国超过 100 个城市政府将“幸福”作为施政理念。幸福指数已经成为国内外学术界及执政者高度关注的热点问题。相关专家表示，启动中国美丽乡村幸福指数研究有其重要性，形成的相关标准和指数可以供地方政府在实际操作中参考。

2013 年 11 月 20 日，国务院总理李克强主持召开国务院常务会议，决定整合不动产登记职责。会议决定，将分散在多个部门的不动产登记职责整合由一个部门承担，理顺部门职责关系，减少办证环节，减轻群众负担。一是由国土资源部负责指导监督全国土地、房屋、草原、林地、海域等不动产统一登记职责，基本做到登记机构、登记簿册、登记依据和信息平台“四统一”。行业管理和不动产交易监管等职责继续由相关部门承担。各地在中央统一监督指导下，结合本地实际，将不动产登记职责统一到一个部门。二是建立不动产登记信息管理基础平台，实现不动产审批、交易和登记信息在有关部门间依法依规互通共享，消除“信息孤岛”。三是推动建立不动产登记信息依法公开查询系统，保证不动产交易安全，保护群众合法权益。

2013 年 11 月 21 日，2013 年中欧城镇化伙伴关系论坛在京举办。作为论坛系列活动的重要组成，“绿色城市”分论坛和“人文城市”分论坛吸引了来自中欧双方政府部门负责人和城镇化建设领域专家学者的广泛关注。住房和城乡建设部副部长仇保兴、齐骥作为两个分论坛主办方的代表分别在分论坛开幕式上致辞。仇保兴在“绿色城市”分论坛上指出，中国政府按照建设“绿色城市”理念和要求提出了转变城镇发展模式、提高城镇发展质量等 9 项主要措施。论坛为中欧双方开展各层级对话和项目合作搭建了平台。仇保兴希望双方利用这一平台，切实发挥各自所长，在城市可持续发展领域，促进双向投资合作，推进科技合作交流，积极开展在绿色城市规划、智能交通、建筑节能、垃圾污水处理等领域的交流合作，实现互补共赢。

2013 年 11 月 23 日，江苏省文物局、浙江省文物局在昆山市周庄镇召开江南水乡古镇联合申报世界文化遗产工作推进会。在会议上，江苏省文物局、浙江省文物局宣布共同成立江南水乡古镇联合申报世界文化遗产协调指导小组。会议确定由昆山市周庄镇牵头江南水乡古镇联合申报世界文化遗产，江南水乡古镇项目包括江苏周庄、锦溪、千灯、同里、甪直、沙溪，浙江西塘、南浔、乌镇、新市等十个古镇，涉及江浙两省三个地级市和八个县（市、区）。

2013 年 11 月 26 日，据《贵州都市报》报道，国家标准化管理委员会、财政部日前批准首批 12 个全国农村综合改革标准化试点省份,贵州名列其中。据悉，为进一步规范农村综合改革，国家标准化管理委员会和国务院农村综合改革工作领导小组办公室联合组织开展农村综合改革标准试点工作。试点工作将围绕美丽乡村建设、农村公共服务运行维护和农业社会化服务，通过 1–2 年试点，形成以标准化支撑农村公共服务的长效机制，促进城乡公共服务均等化和城乡发展一体化。

2013 年 12 月 3 日，中共中央政治局召开会议，分析研究 2014 年经济工作，听取第二次全国土地调查情况汇报。会议提出，要用改革的精神、思路、办法改善宏观调控，科学把握宏观调控政策框架，保持政策连续性和稳定性。要抓好对中央改革总体部署的落实，积极推进重点领域改革，着力增强发展内生动力。要坚持扩大内需战略，加快培育消费新增长点，着力优化消费环境，促进投资合理增长和结构优化，改善投资管理和服务。要实施互利共赢开放战略，积极拓展出口市场，强化多边双边及区域经济合作，推动对外开放向纵深拓展。要加快发展现代农业，保持主要农产品生产稳定发展，支持发展生态友好型农业，加快构建新型农业经营体系，加强综合生产能力建设。要加快实施创新驱动战略，推动战略性新兴产业发展取得新进展，促进传统产业改造升级，促进服务业与制造业融合发展，下大气力推动产业转型升级。要坚持绿色低碳清洁发展，加强生态文明制度建设，狠抓环境治理和生态保护，毫不放松抓好节能减排，积极应对气候变化。要走新型城镇化道路，出台实施国家新型城镇化规划，落实和完善区域发展规划和政策，增强欠发达地区发展能力，扎实推进海洋强国建设。

2013 年 12 月 5 日，据《中国建设报》报道，住房和城乡建设部近日下发通知，确定北京市北沟村等 28 个村庄规划为第一批全国村庄规划示范。通知强调，住房和城乡建设部将总结试点经验，编制村庄规划示范案例集、村庄整治规划编制办法和不同类型村庄规划编制指南，组织培训和宣传推广。各地要组织规划编制单位和基层管理部门学习示范经验，结合本地情况探索符合农村实际、更加实用的村庄规划理念和方法，不断提高村庄规划编制质量。同时，做好明年村庄规划试点准备工作。

2013 年 12 月 6 日，第 68 届联合国大会第二委员会通过有关人类住区问题的决议，决定自 2014 年起将每年的 10 月 31 日设为“世界城市日”。这是中国首次在联合国推动设立的国际日，获得了联合国全体会员国的支持。2010 年中国上海世博会第一次以人类城市生活为主题，巩固和分享国际社会在探讨城市可持续发展方面的成果，全面展示并深度演绎了“城市，让生活更美好”的主题。2010 年 10 月 31 日上海世博会闭幕之时，联合国、国际展览局和上海世博会组委会共同发表《上海宣言》，倡议将每年的 10 月 31 日设立为“世界城市日”。3

年多来，在中国政府和有关各方的共同努力下，国际展览局全体大会、联合国人居署理事会和联合国经社理事会先后建议设立“世界城市日”，联大二委最终作出正式决定。

2013年12月8日，住房和城乡建设部副部长齐骥发表访谈时称，在住房保障制度改革方面，近期将着力推进两项具体工作：一项是在地方实践的基础上，对廉租住房和公共租赁住房实行并轨运行。这样做，一是可以方便群众申请。二是给群众提供了更大的选择余地。三是给在保的住房困难家庭带来了方便。四是优先解决收入较低家庭的住房困难问题。另一项是指导地方有序开展共有产权保障房的探索。主要做法是，地方政府让渡部分土地出让收益，有的还给予适当财政补助、税费减免，以降低住房的建设成本，然后以低于市场价格配售给符合条件的购房家庭。配售时，在合同中明确共有双方的产权份额及将来上市交易的条件和增值所得的分配比例。下一步，住房和城乡建设部将指导各地有序开展共有产权保障的探索，完善产权分配和上市交易收益调节机制，切实消除牟利和寻租空间。

2013年12月9日，住房和城乡建设部下发通知，明确继续开展城市步行和自行车交通系统示范工作。到2015年，建成100个左右城市（区）步行和自行车交通系统示范项目，步行和自行车出行分担率逐步提高，力争在现有基础上提高5%–10%。通知指出，示范项目建设应符合安全、连续、方便、舒适和易于维护的原则。要依据城市总体规划和城市综合交通体系规划编制（修订）城市（区）步行和自行车交通系统专项规划，并与城市轨道交通、公共交通、停车设施等专项规划相衔接，重点落实和细化城市步行和自行车交通系统的发展政策和设施布局，结合城市地形地貌、自然条件和城市交通发展实际等，合理规划步行道、自行车道及停车设施，并提出近期建设方案。同时，建成具有一定规模的城市（区）步行和自行车交通系统示范区域。

2013年12月12日至13日，中央城镇化工作会议在北京举行。会议提出推进农业转移人口市民化、提高城镇建设用地利用效率、建立多元可持续的资金保障机制、优化城镇化布局和形态、提高城镇建设水平和加强对城镇化的管理等六项主要任务。会议指出城市建设水平是城市生命力所在。城镇建设，要实事求是地确定城市定位，科学规划和务实行动，避免走弯路；要依托现有山水脉络等独特风光，让城市融入大自然，让居民望得见山、看得见水、记得住乡愁；要融入现代元素，更要保护和弘扬传统优秀文化，延续城市历史文脉；要融入让群众生活更舒适的理念，体现在每一个细节中。会议强调，要加强建筑质量管理制度建设。在促进城乡一体化发展中，要注意保留村庄原始风貌，慎砍树、不填湖、少拆房，尽可能在原有村庄形态上改善居民生活条件。

2013 年 12 月 13 日，住房和城乡建设部对外公布全国首批 20 个建设美丽宜居小镇、美丽宜居村庄示范名单。云南腾冲和顺镇、浙江奉化溪口镇等 8 个镇确定为全国美丽宜居小镇示范；江苏南京石塘村、河南信阳郝堂村等 12 个村确定为美丽宜居村庄示范。这是我国首次评选美丽宜居村镇。首批 20 个美丽村镇是从我国约 2 万建制镇、60 多万行政村中脱颖而出。美丽宜居村镇特别提出“七不要”的基本要求：一要尊重村镇的原有格局，不要拆村并点；二不要一味建新村新镇；三要以民为本，不要以形象为本、打造行政中心或工业中心；四要保持和塑造村镇特色，不要盲目照搬城市模式；五要保持传统文化的真实性和完整性，不要拆旧建新、嫁接杜撰；六要绿色低碳，不要贪大求洋；七要尊重居民意愿，不要代民做主，强行推进。

2013 年 12 月 14 日，国家发展和改革委员会主任徐绍史在全国发展和改革工作会议上表示，明年会同有关部门抓好五方面工作。一是推动规划实施。国家新型城镇化规划出台后，要及时分解落实规划确定的主要目标、重点任务、改革举措，明确责任部门和工作要求。二是推动出台户籍、土地、资金、住房、基本公共服务等方面的配套政策，研究推出促进中小城市特别是中西部地区中小城市发展的支持政策。三是编制配套规划。组织编制实施重点城市群发展规划，各地则要以国家规划为指导，因地制宜地编制和实施本地区新型城镇化发展规划。四是开展试点示范。国家发展和改革委员会将围绕农业转移人口市民化成分分担机制、多元化可持续的城镇化投融资机制、降低行政成本的设市模式、改革完善农村宅基地制度，在不同区域开展不同层级、不同类型的试点。五是完善基础设施。提高东部地区城市群综合交通运输一体化水平，推进中西部地区城市群主要城市之间的快速铁路、高速公路建设，加强中小城市和小城镇与交通干线、交通枢纽城市的连接，强化市政公用设施和公共服务设施建设。

2013 年 12 月 16 日，在安徽省召开的首届智慧城市发展论坛上，专家指出，目前中国已有 230 多个城市提出或在建“智慧城市”，蜂拥而上重复建设、信息安全隐患等问题突出，亟待采取应对措施。专家们建议，做好顶层设计，涉及智慧城市的总体架构和业务架构，涉及基础设施建设、系统部署和分阶段推进，涉及智慧城市建设和管理体制及机制等问题；做好部门间、区域间的协调发展、资源共享、互联互通；政府引导的同时，注重发挥社会力量，企业主体地位；注意在云计算、物联网、电子商务等领域扶持平台类企业。

2013 年 12 月 18 日，国务院总理李克强主持召开国务院常务会议，部署推进青海三江源生态保护、建设甘肃省国家生态安全屏障综合试验区、京津风沙源治理、全国五大湖区湖泊水环境治理等一批重大生态工程。会议强调，加强生态保护和建设，不仅要加大政府投入，更要用改革的办法，积极探索，创新方式，着力构建生态保护、经济发展和民生改善的协调联动机制，生态补偿的长效机制和多元投入的投融资机制，确立推动科学发展的正确导向和考核评价机制，使重大生态工程建设任务切实落到实处、见到实效，提高经济社会可持续发展能力。

2013 年 12 月 23 日至 24 日，中央农村工作会议在北京举行。会议指出，坚持党的农村政策，首要的就是坚持农村基本经营制度。坚持农村土地农民集体所有，这是坚持农村基本经营制度的"魂"。坚持家庭经营基础性地位，农村集体土地应该由作为集体经济组织成员的农民家庭承包，其他任何主体都不能取代农民家庭的土地承包地位，不论承包经营权如何流转，集体土地承包权都属于农民家庭。坚持稳定土地承包关系，依法保障农民对承包地占有、使用、收益、流转及承包经营权抵押、担保的权利。要不断探索农村土地集体所有制的有效实现形式，落实集体所有权、稳定农户承包权、放活土地经营权，加快构建以农户家庭经营为基础、合作与联合为纽带、社会化服务为支撑的立体式复合型现代农业经营体系。会议强调，到 2020 年，要解决约 1 亿进城常住的农业转移人口落户城镇、约 1 亿人口的城镇棚户区和城中村改造、约 1 亿人口在中西部地区的城镇化，推动新型城镇化要与农业现代化相辅相成。

2013 年 12 月 24 日，在全国住房和城乡建设工作会议上，住房和城乡建设部部长姜伟新在部署 2014 年工作时明确表示："继续抓好房地产市场调控和监管工作"，同时传递出三个政策信号：更加注重分类指导，探索发展共有产权住房和强化市场监管。姜伟新说："鼓励地方从本地实际出发，积极创新住房供应模式，探索发展共有产权住房。"住建部认为，从一些城市的实践来看，发展共有住房，在政府的支持下，充分发挥市场作用，能够调动群众依靠自己努力改善住房条件的积极性，有利于加快解决群众住房困难。同时，发展共有产权保障房，符合公平、效率原则，可以避免陷入福利陷阱，有利于保持或激发社会的活力。2014 年的保障房建设计划同时公布，其目标为新开工 600 万套以上，基本建成 480 万套以上。此外，要重点推进各类棚户区改造，2014 年完成棚户区改造 370 万套以上，同时，安排 260 万户左右农村危房改造任务。

2013 年 12 月 25 日，国土资源部副部长胡存智在资源环境承载力与国土开发基础座谈会上表示，中国首份国土规划纲要已形成送审稿，目前进入国务院审查阶段。在这份纲要中，尤其突出对环境的保护，拟在中国构建分类分级的全域保护格局。胡存智透露，在综合考虑不同地区的生态功能、开发程度和保护方式后，纲要突出环境质量、人居生态、自然生态、水资源和耕地资源五大资源环境主题，并在各地区分保护、维护和修复三个级别。这种有针对性地对环境的保护将通过规划的实施覆盖中国全部陆域国土。

2013 年 12 月 25 日，由国家文物局、住房和城乡建设部、河北省人民政府在河北正定联合召开古城保护现场会。针对当前古城保护存在的拆古建新、拆真建假、盲目建设、破坏空间格局、改变山形水势、过度商业开发、过多外迁居民等错误倾向，来自全国 29 个古城的政府代表和专家学者当日通过了《古城保护正定宣言》。文化部副部长、国家文物局局长励小捷说："推进城镇化绝不是要把古镇都变成城市、把古村都变成集镇、把古民居都变成高楼群，而是要把古城保护、文化传承作为城镇化发展中的'软实力'和'助推器'，实现古城保护与城镇化有机结合。"

（撰稿人：金晓春，中国城市规划设计研究院学术信息中心主任；郭磊，中国城市规划设计研究院学术信息中心规划师）

2013年度城市规划相关政策法规索引

名称	批号（文号）	发布机构	发布日期
国务院办公厅关于批准襄阳市城市总体规划的通知	国办函[2013]1号	国务院办公厅	2013年1月1日
国务院办公厅关于转发发展改革委住房和城乡建设部绿色建筑行动方案的通知	国办发[2013]1号	国务院办公厅	2013年1月1日
国务院办公厅关于印发实行最严格水资源管理制度考核办法的通知	国办发[2013]2号	国务院办公厅	2013年1月2日
国家能源局、财政部、国土资源部、住房和城乡建设部关于促进地热能开发利用的指导意见	国能新能[2013]48号	国家能源局、财政部、国土资源部、住房和城乡建设部	2013年1月10日
住房和城乡建设部办公厅关于2012年“迪拜国际改善居住环境最佳范例奖”获奖项目的通报	建办城函[2013]24号	住房和城乡建设部办公厅	2013年1月15日
国务院办公厅关于印发近期土壤环境保护和综合治理工作安排的通知	国办发[2013]7号	国务院办公厅	2013年1月23日
国务院办公厅关于印发国民旅游休闲纲要（2013—2020年）的通知	国办发[2013]10号	国务院办公厅	2013年2月2日
住房和城乡建设部关于做好2013年全国村庄规划试点工作的通知	建村函[2013]35号	住房和城乡建设部	2013年2月4日
交通运输部、公安部、国家发展改革委、工业和信息化部、住房和城乡建设部、商务部、国家邮政局关于加强和改进城市配送管理工作的意见	交运发[2013]138号	交通运输部等	2013年2月6日
国办关于落实中央一号文件有关政策措施分工的通知	国办函[2013]34号	国务院办公厅	2013年2月7日
国务院关于同意将江苏省泰州市列为国家历史文化名城的批复	国函[2013]26号	国务院	2013年2月10日
国家发展改革委关于印发西部地区重点生态区综合治理规划纲要的通知	发改西部[2013]336号	国家发展和改革委员会	2013年2月20日
国家发展改革委关于印发深入推进毕节试验区改革发展规划的通知	发改西部[2013]365号	国家发展和改革委员会	2013年2月25日

续表

名称	批号（文号）	发布机构	发布日期
国务院办公厅关于继续做好房地产市场调控工作的通知	国办发 [2013]17 号	国务院办公厅	2013 年 2 月 26 日
住房和城乡建设部等部门关于开展创建无障碍环境市县工作的通知	建标 [2013]37 号	住房和城乡建设部等	2013 年 2 月 28 日
国家发展改革委关于浙江嘉善县域科学发展示范点建设方案的批复	发改地区 [2013]419 号	国家发展和改革委员会	2013 年 2 月 28 日
国务院关于贵阳市城市总体规划的批复	国函 [2013]44 号	国务院办公厅	2013 年 3 月 5 日
国家发展改革委关于印发促进综合交通枢纽发展的指导意见的通知	发改基础 [2013]475 号	国家发展和改革委员会	2013 年 3 月 7 日
住房和城乡建设部、工业和信息化部关于贯彻落实光纤到户国家标准的通知	建标 [2013]36 号	住房和城乡建设部、工业和信息化部	2013 年 3 月 11 日
住房和城乡建设部关于开展美丽宜居小镇、美丽宜居村庄示范工作的通知	建村 [2013]40 号	住房和城乡建设部	2013 年 3 月 14 日
国家发展改革委关于印发全国老工业基地调整改造规划（2013—2022 年）的通知	发改东北 [2013]543 号	国家发展和改革委员会	2013 年 3 月 18 日
国务院办公厅关于做好城市排水防涝设施建设工作的通知	国办发 [2013]23 号	国务院办公厅	2013 年 3 月 25 日
住房和城乡建设部关于进一步加强城市窨井盖安全管理的通知	建城 [2013]68 号	住房和城乡建设部	2013 年 4 月 18 日
中华人民共和国旅游法	中华人民共和国主席令第三号	—	2013 年 4 月 25 日
国家发展改革委关于印发苏南现代化建设示范区规划的通知	发改地区 [2013]814 号	国家发展和改革委员会	2013 年 4 月 25 日
住房和城乡建设部印发关于进一步加强公园建设管理的意见的通知	建城 [2013]73 号	住房和城乡建设部	2013 年 5 月 3 日
国务院关于同意将云南省会泽县列为国家历史文化名城的批复	国函 [2013]59 号	国务院办公厅	2013 年 5 月 18 日
国务院批转发展改革委关于 2013 年深化经济体制改革重点工作意见的通知	国发 [2013]20 号	国务院办公厅	2013 年 5 月 18 日
关于印发《加快推进绿色循环低碳交通运输发展指导意见》的通知	交政法发 [2013]323 号	交通运输部	2013 年 5 月 22 日
关于印发《国家生态文明建设试点示范区指标（试行）》的通知	环发 [2013]58 号	环境保护部	2013 年 5 月 23 日
国家发展改革委关于印发 2013 年促进中部地区崛起工作要点的通知	发改地区 [2013]993 号	国家发展和改革委员会	2013 年 5 月 28 日
国务院办公厅关于公布辽宁大黑山等 21 处新建国家级自然保护区名单的通知	国办发 [2013]48 号	国务院办公厅	2013 年 6 月 4 日

续表

名称	批号（文号）	发布机构	发布日期
国务院关于黑龙江省“两大平原”现代农业综合配套改革试验总体方案的批复	国函 [2013]70 号	国务院	2013 年 6 月 13 日
住房和城乡建设部、工商总局关于集中开展房地产中介市场专项治理的通知	建房 [2013]94 号	住房和城乡建设部、工商总局	2013 年 6 月 13 日
国家发展改革委贯彻落实主体功能区战略推进主体功能区建设若干政策的意见	发改规划 [2013]1154 号	国家发展和改革委员会等	2013 年 6 月 18 日
住房和城乡建设部等部门关于实施以船为家渔民上岸安居工程的指导意见	建村 [2013]99 号	住房和城乡建设部等	2013 年 6 月 20 日
住房和城乡建设部关于印发全国动物园发展纲要的通知	建城函 [2013]138 号	住房和城乡建设部	2013 年 6 月 24 日
住房和城乡建设部、中国残联关于优先支持农村贫困残疾人家庭危房改造的通知	建村 [2013]103 号	住房和城乡建设部	2013 年 6 月 28 日
住房和城乡建设部关于印发《农村危房改造最低建设要求（试行）》的通知	建村 [2013]104 号	住房和城乡建设部	2013 年 7 月 1 日
国务院关于促进光伏产业健康发展的若干意见	国发 [2013]24 号	国务院	2013 年 7 月 4 日
国务院关于加快棚户区改造工作的意见	国发 [2013]25 号	国务院	2013 年 7 月 4 日
住房和城乡建设部等部门关于开展全国重点镇增补调整工作的通知	建村 [2004]23 号	住房和城乡建设部等	2013 年 7 月 24 日
国务院关于同意将山东省烟台市列为国家历史文化名城的批复	国函 [2013]83 号	国务院办公厅	2013 年 7 月 28 日
住房和城乡建设部关于做好 2013 年中国城市无车日活动有关工作的通知	建城 [2013]114 号	住房和城乡建设部	2013 年 7 月 29 日
国务院关于加快发展节能环保产业的意见	国发 [2013]30 号	国务院	2013 年 8 月 1 日
国家发展改革委关于印发 2012 年西部大开发工作进展情况和 2013 年工作安排的通知	发改西部 [2013]1529 号	国家发展和改革委员会	2013 年 8 月 8 日
国家发展改革委关于印发黑龙江和内蒙古东北部地区沿边开发开放规划的通知	发改地区 [2013]1532 号	国家发展和改革委员会	2013 年 8 月 9 日
国务院办公厅关于批准常州市城市总体规划的通知	国办函 [2013]86 号	国务院办公厅	2013 年 8 月 15 日
国家发展改革委办公厅关于企业债券融资支持棚户区改造有关问题的通知	发改办财金 [2013] 2050 号	国家发展和改革委员会办公厅	2013 年 8 月 22 日
教育部办公厅关于在当前安全生产大检查中重点加强洪水、泥石流等自然灾害防范工作的紧急通知	教发厅函 [2013]79 号	教育部办公厅	2013 年 8 月 22 日

续表

名称	批号（文号）	发布机构	发布日期
住房和城乡建设部、文化部、财政部关于公布第二批列入中国传统村落名录的村落名单的通知	建村 [2013]124 号	住房和城乡建设部、文化部、财政部	2013 年 8 月 26 日
国务院关于加强城市基础设施建设的意见	国发 [2013]36 号	国务院办公厅	2013 年 9 月 6 日
国务院关于加快发展养老服务业的若干意见	国发 [2013]35 号	国务院办公厅	2013 年 9 月 6 日
国务院关于印发大气污染防治行动计划的通知	国发 [2013]37 号	国务院办公厅	2013 年 9 月 10 日
国务院关于石家庄市城市总体规划的批复	国函 [2013]101 号	国务院办公厅	2013 年 9 月 13 日
关于启动第二批国家电子商务示范城市创建工作有关事项的通知	发改高技 [2013]1772 号	国家发展和改革委员会等	2013 年 9 月 13 日
国务院办公厅关于支持岷县漳县地震灾后恢复重建政策措施的意见	国办发 [2013]94 号	国务院办公厅	2013 年 9 月 14 日
国务院办公厅关于批准新乡市城市总体规划的通知	国办函 [2013]93 号	国务院办公厅	2013 年 9 月 22 日
关于印发全国物流园区发展规划的通知	发改经贸 [2013]1949 号	国家发展和改革委员会等	2013 年 9 月 30 日
城镇排水与污水处理条例	国务院令第 641 号	国务院办公厅	2013 年 10 月 2 日
国务院关于全国高标准农田建设总体规划的批复	国函 [2013]111 号	国务院办公厅	2013 年 10 月 17 日
国务院办公厅关于印发突发事件应急预案管理办法的通知	国办发 [2013]101 号	国务院办公厅	2013 年 10 月 25 日
安徽省人民政府关于深化农村综合改革示范试点工作的指导意见	皖政 [2013]69 号	安徽省人民政府	2013 年 10 月 28 日
住房和城乡建设部关于加强住房保障廉政风险防控工作的指导意见	建保 [2013]153 号	住房和城乡建设部	2013 年 10 月 28 日
住房和城乡建设部关于更新《中国国家自然遗产、自然与文化双遗产预备名录》的通知	建城 [2013]156 号	住房和城乡建设部	2013 年 10 月 29 日
国务院办公厅转发教育部等部门关于建立中小学校舍安全保障长效机制意见的通知	国办发 [2013]103 号	国务院办公厅	2013 年 11 月 7 日
住房和城乡建设部关于公布第一批建设美丽宜居小镇、美丽宜居村庄示范名单的通知	建村 [2013]159 号	住房和城乡建设部	2013 年 11 月 11 日

续表

名称	批号（文号）	发布机构	发布日期
关于印发国家适应气候变化战略的通知	发改气候 [2013]2252 号	国家发展和改革委员会、财政部、住房和城乡建设部等	2013 年 11 月 18 日
国务院关于同意将山东省青州市列为国家历史文化名城的批复	国函 [2013]120 号	国务院	2013 年 11 月 18 日
住房和城乡建设部、财政部、国家发展改革委关于公共租赁住房和廉租住房并轨运行的通知	建保 [2013]178 号	住房和城乡建设部、财政部、国家发展和改革委员会	2013 年 12 月 2 日
国务院关于印发国家级自然保护区调整管理规定的通知	国函 [2013]129 号	国务院	2013 年 12 月 2 日
关于印发国家生态文明先行示范区建设方案（试行）的通知	发改环资 [2013]2420 号	国家发展和改革委员会等	2013 年 12 月 2 日
关于棚户区改造有关税收政策的通知	财税 [2013]101 号	财政部、国家税务总局	2013 年 12 月 2 日
住房和城乡建设部关于开展城市步行和自行车交通系统示范项目工作的通知	建城 [2013]181 号	住房和城乡建设部	2013 年 12 月 9 日
关于同意北京市等 16 个城市（群）开展国家下一代互联网示范城市建设工作的通知	发改办高技 [2013]3017 号	国家发展和改革委员会办公厅等	2013 年 12 月 11 日
国务院办公厅关于公布山西灵空山等 23 处新建国家级自然保护区名单的通知	国办发 [2013]111 号	国务院办公厅	2013 年 12 月 25 日
住房和城乡建设部关于印发城市步行和自行车交通系统规划设计导则的通知	建城 [2013]192 号	住房和城乡建设部	2013 年 12 月 30 日

（撰稿人：金晓春，中国城市规划设计研究院学术信息中心主任；郭磊，中国城市规划设计研究院学术信息中心规划师）

2013 年度中国人居环境奖获奖名单

中国人居环境奖

江苏省镇江市
安徽省池州市
山东省东营市
江苏省宜兴市
浙江省长兴县

中国人居环境范例奖

1. 北京市海淀区翠湖湿地公园生态保护项目
2. 天津市文化中心环境建设工程
3. 天津市郭家沟生态村提升改造项目
4. 河北省涞源县地下综合管廊建设项目
5. 河北省邯郸市数字化城市管理项目
6. 河北省秦皇岛市在水一方住宅小区建筑能源节约与利用项目
7. 黑龙江省哈尔滨市何家沟综合整治工程
8. 上海市长宁区废弃物综合处置中心建设项目
9. 上海市杨浦区新江湾城人文生态社区建设项目
10. 上海市杨浦区五角场地区智能交通系统建设项目
11. 江苏省常熟市碧溪新区城乡统筹垃圾处理与资源化利用项目
12. 江苏省昆山市陆家镇小城镇人居环境建设项目
13. 江苏省江阴市新桥镇新型社区建设项目
14. 江苏省宿迁市幸福新城危旧片区改造示范工程
15. 江苏省淮安市古淮河环境治理工程
16. 浙江省杭州市中东河综合整治与保护开发工程
17. 浙江省杭州市区公共厕所提升改造工程
18. 浙江省嘉兴市南湖新区能源节约型示范区建设工程
19. 浙江省丽水市城区街头绿地建设项目
20. 浙江省临海市紫阳街历史街区保护开发建设项目

21. 山东省潍坊市数字化城市管理拓展提升项目

22. 山东省诸城市新型农村社区建设项目

23. 山东省沂源县节能改造温暖万家工程

24. 河南省漯河市沙澧河开发建设项目

25. 湖北省襄阳市污水处理厂污泥和餐厨垃圾处理项目

26. 湖南省长沙市洋湖湿地生态修复与保护暨洋湖湿地公园建设项目

27. 湖南省郴州市苏仙区西河沙滩公园建设项目

28. 湖南省株洲市城市管理与体制创新项目

29. 广东省深圳市深圳湾滨海休闲带建设项目

30. 重庆市璧山县低碳生态绿岛建设项目

31. 重庆市荣昌县濑溪河流域水环境综合治理工程

32. 宁夏回族自治区中卫市老城区宜居家园城中村及棚户区改造建设项目

33. 宁夏回族自治区吴忠市市区建筑节能项目

34. 新疆维吾尔自治区克拉玛依市克拉玛依区信息技术推动城市管理机制创新项目

35. 新疆维吾尔自治区库车县老城区历史文化街区保护工程

36. 新疆维吾尔自治区天池景区环境综合整治工程

第一和第二批智慧城市试点名单

一、第一批国家智慧城市试点名单

北京市

北京市东城区、北京市朝阳区、北京未来科技城、北京丽泽金融商务区

天津市

天津市津南区、中新天津生态城

上海市

上海市浦东新区

重庆市

重庆市南岸区、重庆两江新区

河北省

石家庄市、廊坊市、邯郸市、秦皇岛市、迁安市、秦皇岛北戴河新区

山西省

太原市、长治市、朔州市平鲁区

内蒙古自治区

乌海市

黑龙江省

肇东市、大庆市肇源县、佳木斯市桦南县

吉林省

辽源市、磐石市

辽宁省

沈阳市浑南新区、大连生态科技创新城

山东省

德州市、威海市、东营市、寿光市、新泰市、昌邑市、肥城市、济南西部新城

江苏省

无锡市、常州市、镇江市、泰州市、南京市河西新城区（建邺区）、苏州工业园区、盐城市城南新区、昆山市花桥经济开发区、昆山市张浦镇

安徽省

芜湖市、淮南市、铜陵市、蚌埠市禹会区

浙江省

温州市、金华市、诸暨市、杭州市上城区、宁波市镇海区

福建省

南平市、福州市仓山区、平潭综合实验区

江西省

萍乡市、南昌市红谷滩新区

河南省

郑州市、鹤壁市、漯河市、济源市、新郑市、洛阳新区

湖北省

武汉市、武汉市江岸区

湖南省

株洲市、韶山市、株洲市云龙示范区、浏阳市柏加镇、长沙大河西先导区

广东省

珠海市、广州市番禺区、广州市萝岗区、深圳市坪山新区、佛山市顺德区、佛山市顺德区乐从镇

海南省

万宁市

云南省

昆明市五华区

贵州省

铜仁市、六盘水市、贵阳市乌当区

四川省

雅安市、成都市温江区、成都市郫县

西藏自治区

拉萨市

陕西省

咸阳市、杨凌农业高新技术产业示范区

宁夏回族自治区

吴忠市

新疆维吾尔自治区

库尔勒市、奎屯市

二、第二批国家智慧城市试点名单

（一）市、区（83个）

北京市

北京经济技术开发区

天津市

武清区、河西区

重庆市

永川区、江北区

河北省

唐山市曹妃甸区

山西省

阳泉市、大同市城区、晋城市

内蒙古自治区

呼伦贝尔市、鄂尔多斯市、包头市石拐区

黑龙江省

齐齐哈尔市、牡丹江市、安达市

吉林省

四平市、榆树市、长春高新技术产业开发区

辽宁省

营口市、庄河市、大连市普湾新区

山东省

烟台市、曲阜市、济宁市任城区、青岛市崂山区、青岛高新技术产业开发区、青岛中德生态园

江苏省

南通市、丹阳市、苏州吴中太湖新城、宿迁市洋河新城、昆山市

安徽省

阜阳市、黄山市、淮北市、合肥高新技术产业开发区、宁国港口生态工业园区

浙江省

杭州市拱墅区、杭州市萧山区、宁波市（含海曙区、梅山保税港区、鄞州区咸祥镇）

福建省

莆田市、泉州台商投资区

江西省

新余市、樟树市、共青城市

河南省

许昌市、舞钢市、灵宝市

湖北省

黄冈市、咸宁市、宜昌市、襄阳市

湖南省

岳阳市岳阳楼区

广东省

肇庆市端州区、东莞市东城区、中山翠亨新区

广西壮族自治区

南宁市、柳州市（含鱼峰区）、桂林市、贵港市

云南省

红河哈尼族彝族自治州蒙自市、红河哈尼族彝族自治州弥勒市

贵州省

贵阳市、遵义市（含仁怀市、湄潭县）、毕节市、凯里市

甘肃省

兰州市、金昌市、白银市、陇南市、敦煌市

四川省

绵阳市、遂宁市、崇州市

西藏自治区

林芝地区

陕西省

宝鸡市、渭南市、延安市

宁夏回族自治区

银川市、石嘴山市（含大武口区）

新疆维吾尔自治区

乌鲁木齐市、克拉玛依市、伊宁市

（二）县、镇（20个）

北京市

房山区长阳镇

河北省

唐山市滦南县、保定市博野县

山西省

朔州市怀仁县

吉林省

白山市抚松县、吉林市船营区搜登站镇

山东省

潍坊市昌乐县、平度市明村镇

江苏省

徐州市丰县、连云港市东海县

安徽省

六安市霍山县

浙江省

宁波市宁海县、临安市昌华镇

江西省

上饶市婺源县

湖南省

长沙市长沙县、郴州市永兴县、郴州市嘉禾县、常德市桃园县漳江镇

贵州省

六盘水市盘县

宁夏回族自治区

银川市永宁县

（三）2012 年试点扩大范围（9 个）

常州市试点新增新北区

武汉市试点新增蔡甸区，2012 年试点含江岸区

沈阳市：新增沈河区、铁西区、沈北新区，2012 年已批复浑南新区

南京市：新增高淳区、麒麟科技创新园（生态科技城），2012 年已批复河西新城区（建邺区）

长沙大河西先导区：新增洋湖生态新城和滨江商务新城，2012 年试点含梅溪湖区

佛山市：新增南海区，2012 年已批复顺德区、顺德区乐从镇

中国城乡规划行业网移动客户端技术说明

为应对大数据时代的机遇与挑战，中国城乡规划行业网在今年也及时作出了努力，主要是在移动客户端平台上实施了一些新的举措。重点说明如下。

——2013 年我们已经实现

1. 移动平台应用

近些年随着苹果和 Android 两大智能移动操作平台发展态势的不断加速，我们使用的手机早已经告别了只是通信工具的定义，办公、游戏、社交、资讯等应用功能结合 3G 网络的升级，使中国移动互联网的智能化和多元化成为发展主题。特别是随着近两年微博微信的火爆，移动互联网早已成为人们办公、生活、购物以及获取资讯的重要平台。

针对移动互联网的发展态势，中国城乡规划行业网在 2013 年也陆续推出了一些新的举措，继微博平台不断成熟后，又相继推出了微信和播客平台，并做到了三大平台之间在重点内容上的相互推送，致力于将“规划中国”这个中国城乡规划行业网的子品牌，在移动互联网平台上不断巩固做强（图 1）。

图 1　三大平台互动示意

现就三大平台的互动内容做一下简要说明。

一是微博平台，最新的会议视频内容作为重要内容被即时推荐，受众点击链接后直接进入播客平台上收看视频（图 2)。

图 2 微博平台页面

二是微信平台，图 3 左侧显示我们在微信的公众平台上将最新的会议或其他信息直接发送给订阅用户，图 3 右侧显示用户通过微信收到的最新会议介绍、图片和录像地址，通过点击链接直接观看会议视频。

图 3 微信平台页面

三是播客平台。图 4 左侧是电脑上的订阅界面，右侧是手机上的订阅后界面，点击标题就可以观看专家的演讲，通过这种方式拓宽了视频录制技术在应用层面的浏览渠道，使受众通过移动设备很便利地配合着 PPT 画面聆听业内外专家的真知灼见。

图 4　播客平台的订阅界面

当然，传统播客平台本身只包括视频和音频数据，而我们在此基础上又增加了图文数据，包括“规划成果”和“规划资讯”两个类别，定期推送最新的行业资讯和中国城市规划设计研究院的最新成果，使用户通过手机客户端便捷地获取到丰富的高端学术资源。播客平台也同时支持电脑和手机访问，图 5 左侧为电脑屏幕的浏览效果，右侧为手机界面上的浏览效果。

图 5　播客平台的浏览界面

2. 视频录制与直播技术的提升

最近我们在拥有丰富的视频录制技术经验的基础上，又进行了积极的探索，在原有技术上进行改良与提升，通过优化网络模块，实施全新的直播技术，用三个“一”（一台笔记本、一台摄像机、传输速率为 4M 以上的网络）所支撑的硬件与网络环境，就可实行流畅的网络会议直播，实现千人在线同时观看，并支持移动设备在线浏览，同时实现了专家演讲画面与其 PPT 演示文件同屏的效果(图 6)。

图 6　会议直播画面

——2014 年我们即将实现

新闻采集系统、行业竞争情报系统

为应对行业内机构间竞争日益激烈的趋势和高速增长的专业信息需求，我们利用 TRS 网络信息雷达系统 V4.6 采集互联网上有关规划行业的相关信息，包括行业信息、管理信息、招标公告、中标公告，将信息导入“TRS 内容协作平台”发布。

行业信息、管理信息在甄选后将相应内容在行业网的新闻和机构等频道中进行发布，其他内容在中规院内部行业竞争情报系统发布。

信息采集范围来自各地规划院、规划局；中央及各省政府采购网站；其他政府机构发布的权威招标投标信息，总计 200 个网站左右。通过雷达采集的信息经接口导入到 TRS　WCM 系统中，雷达与 WCM 之间网络逻辑隔离。后期在系统

图 7　TRS 网络信息雷达采集示意

中自动通过设置好的关键词进行筛选，留下可用信息后，最后进行人工二次筛选，保证信息的可用性和真实性（图 7）。

我们借此版面对近一年来网站在新技术应用层面的探索与实践作了简要梳理，期待与同仁加强交流，共同进步。欢迎大家多提宝贵意见！

附表：各频道重点栏目数据更新量汇总

（2013 年 1 月 -2013 年 11 月）

频道	栏目名称	更新总量
资讯	新闻	2000 余条
	热点追击	300 余条
	特别专题	1000 余条
视频	视频专区	共报道了 7 次会议，点击率达到 61869 余人次（其中“2012 年度中国城市规划设计研究院业务交流会”获得 15645 次的最高点击率），学者共计 200 余位，其中最高被点击量为 2419 次

续表

频道	栏目名称	更新总量
资源	规划成果	99 项
	政策法规	41 余条
	专家文库	更新 7 位专家的 236 篇文章
	海外资源	简讯等 200 余条；案例研究近 20 篇
	博文精萃	增加 4 位作者的 296 篇文章
百科	城乡规划百科	6 个词条
机构	中规院专版	中国城市规划设计研究院专版引介了《城市规划通讯》(中规院专栏) 的 16 期内容

(撰稿人：吴江，中国城乡规划行业网技术总监)